中国石油勘探开发研究院技术培训中心系列教材(一)

岩性地层油气藏

邹才能　袁选俊　陶士振　朱如凯　侯连华　等编著

石油工业出版社

内容提要

本书简要介绍了沉积、储层和层序地层学等基础知识，重点介绍了中国石油"十一五"以来所取得的主要地质认识，包括大面积岩性地层油气藏、连续型油气藏、地层油气藏与火山岩油气藏的形成主控因素与油气分布规律，最后介绍了较为成熟的区带、圈闭与火山岩勘探评价方法与核心技术。

本书可供石油勘探专业技术人员使用，也可作为大专院校相关专业的辅助教材。

图书在版编目(CIP)数据

岩性地层油气藏/邹才能等编著．
北京：石油工业出版社，2009.11
ISBN 978 – 7 – 5021 – 7512 – 2

Ⅰ．岩

Ⅱ．邹

Ⅲ．岩性油气藏 – 油气勘探

Ⅳ．P618.130.8

中国版本图书馆 CIP 数据核字(2009)第 211321 号

出版发行：石油工业出版社
　　　　　(北京安定门外安华里2区1号　100011)
　　　　　网　　址：http://www.petropub.com.cn
　　　　　发行部：(010)64523620
经　销：全国新华书店
印　刷：北京晨旭印刷厂

2009 年 12 月第 1 版　2009 年 12 月第 1 次印刷
787×1092 毫米　开本：1/16　印张：24.25
字数：616 千字　印数：1—3000 册
定价：120.00 元
(如出现印装质量问题，我社发行部负责调换)

版权所有，翻印必究

序

21世纪以来,岩性地层油气藏已经成为我国陆上最为现实的勘探领域。中国石油天然气股份有限公司近几年的油气探明储量中岩性地层油气藏已占到总探明储量的70%以上,中国石油化工集团公司在渤海湾盆地济阳坳陷岩性地层油气藏勘探也取得重要进展。全国最新资源评价结果表明,岩性地层油气藏剩余资源量很大,仍将是中国陆上今后的重要勘探领域。

近年来,国内三大油气公司和科研院校积极开展岩性地层油气藏地质理论和勘探技术攻关,取得了重大进展。如2003年中国石油化工集团公司胜利油田和中国石油大学等院校联合完成的对断陷盆地隐蔽性油气藏的理论技术攻关取得重大进展,曾荣获2003年度国家科技进步一等奖。

"十五"期间,中国石油天然气股份有限公司对岩性地层油气藏勘探和研究十分重视,全面组织和推进了岩性地层油气藏的理论研究、技术攻关和勘探部署。设立了"岩性地层油气藏地质理论与勘探技术"重大科技攻关项目,分陆相断陷、坳陷、前陆和海相克拉通四类盆地,围绕砂砾岩、碳酸盐岩、火山岩三类储层进行了系统研究,在理论、技术创新与生产实效等方面取得重大成果,曾荣获2007年度国家科技进步一等奖。

该书作者邹才能等人,从"十五"以来一直从事岩性地层油气藏地质理论和核心勘探技术方法攻关,是中国石油天然气股份有限公司"十五"攻关项目的核心团队,并正在组织实施大型油气田与煤层气开发国家油气重大专项"岩性地层油气藏成藏规律、关键技术及目标评价"项目,重点开展中国大型、特大型岩性地层油气田(区)形成与分布规律、沉积储层特征与成藏机理、区带与圈闭评价等理论与技术攻关。目前已在坳陷湖盆中央砂质碎屑流成因模式、大中型地层油气藏形成主控因素、"连续型"油气藏形成与分布特征、地震叠前储层预测和盆地模拟技术开发等方面取得了新的成果和认识。

总之,该书作者具有较高的岩性地层油气藏理论技术水平和勘探实践经验,由他们编著的该书作为岩性地层油气藏地质理论与勘探技术培训教材,比较全面地反映了目前我国、特别是中国石油天然气集团公司"十五"以来在岩性地层油气藏领域研究的最新成果和认识。相信本培训教材的出版将对我国岩性地层油气藏的进一步勘探研究与人才培养起到有力的推动和促进作用。

中国科学院院士

2009年11月28日

前　言

　　岩性地层油气藏主要是指由沉积、成岩、构造与火山等作用而造成的地层削截、超覆、相变，使储集体在纵、横向上发生变化，并在三度空间形成圈闭和聚集油气而形成的油气藏（贾承造，2003）。包括岩性、地层油气藏和以构造为背景的岩性与地层复合油气藏。岩性地层油气藏与隐蔽油气藏在概念上有较大差别，但岩性地层油气藏是隐蔽油气藏的主要类型。

　　21 世纪以来，随着中国陆上油气勘探总体从构造油气藏向岩性地层油气藏的转变，岩性地层大油气田目前已进入到了发现高峰期。"十五"以来相继在松辽、渤海湾、鄂尔多斯、四川、准噶尔、塔里木等重点盆地发现了多个亿吨级以上的大型岩性地层油气田，并形成了鄂尔多斯、四川等多个 5 亿至 10 亿吨级储量规模的大油气区（层），展示出其较大的勘探潜力。岩性地层油气藏已经成为目前我国陆上最重要的勘探领域和储量增长的主体，以中国石油天然气股份有限公司为例，2003 年以来，岩性地层油气藏探明储量占总探明储量的比例已达到 60%～70%。

　　"十五"期间，中国石油天然气集团公司开展了"岩性地层油气藏地质理论与勘探技术""产、学、研"一体化攻关，取得了重大理论突破和勘探技术创新。在理论认识上，建立了中低丰度岩性地层油气藏大面积成藏地质理论，推动了松辽、鄂尔多斯和四川盆地须家河组的大规模勘探。如揭示了陆相坳陷湖盆大型浅水三角洲分布模式，这一模式突破了过去认为湖盆中心没有储油砂体，是勘探禁区的思想。新的理论认为，湖泊中心广泛分布河道砂体，满盆有砂、满盆含油。鄂尔多斯盆地石油勘探从湖边向湖盆中心推进，新发现了 3 至 5 亿吨级整装规模储量。在勘探技术上提出以油气系统为单元的"四图叠合"区带评价新方法，开发出层序地层学与地震叠前预测两项核心技术，完善了大面积高分辨率三维地震勘探与火山岩油气藏钻井、压裂技术系列。为中国石油岩性地层油气藏储量增长提供了强有力的技术支撑。该成果荣获中国 2007 年度国家科技进步一等奖，主要成果已出版专著《岩性地层油气藏地质理论与勘探技术》，由贾承造、赵文智、邹才能等编写。

　　"十一五"以来，中国石油天然气集团公司加大了岩性地层油气藏的勘探与科技攻关力度，特别是 2008 年正式启动的国家科技重大专项"大型油气田及煤层气开发"，岩性地层油气藏成藏规律、关键技术及目标评价是其重要攻关内容。通过攻关，近期又在大型浅水三角洲和湖盆中心砂质碎屑流成因与分布、成岩相定量评价方法、"连续型"油气藏形成与分布、大型地层油气藏形成主控因素等方面取得了重要研究进展。

　　为了继续推进岩性地层油气藏勘探领域的不断深入，中国石油天然气集团公司人事部委托中国石油勘探开发研究院组织编写了《岩性地层油气藏》培训教材，目的是将已取得的地质成果认识和较为成熟的勘探评价技术进行推广。本书即是对上述成果的系统整理与汇编。

　　本培训教材分为三篇。第一篇简要介绍了沉积、储层和层序地层学等基础知识；第二篇重点介绍了中国石油"十一五"以来所取得的主要地质认识，包括大面积岩性地层油气藏、"连续型"油气藏、地层油气藏与火山岩油气藏的形成主控因素与油气分布规律；第三篇介绍了目前较为成熟的区带、圈闭与火山岩勘探评价方法与核心技术。第一章由袁选俊编写，第二章由朱如凯、罗平、张兴阳等编写，第三章由贾进化、吴因业等编写，第四章由陶士振、袁选俊等编写，第五章由邹才能、陶士振等编写，第六章由邹才能、陶士振等编写，第七章由邹才能、侯连华等编写，第八章由邹才能、张光亚、朱如凯、赵霞等编写，第九章由袁选俊、池英柳、郑晓东等编写，第十章由文百红、杨辉编写，第十一章由袁选俊、郑晓东、郭秋麟等编写。全书最后由邹才能、袁选俊、陶士振、朱如凯、侯连华统编。中国石油勘探开发研究院技术培训中心靳久强教授、刘忠高级工程师等参与了部分出版组织工作。

在本书编著过程中，得到了贾承造院士的亲切指导和大力支持并为本书做序；同时本书还引用了中国石油大庆、长庆、西南、新疆、塔里木、华北、吉林等油气田分公司的大量科研成果，在此一并表示诚挚的谢忱！

本书难免有不足之处，欢迎各位读者批评指正。

目 录

第一篇 基 础 知 识

第一章 含油气盆地主要沉积相类型与特征 (3)
  第一节 陆相沉积体系 (3)
  第二节 海相沉积体系类型 (19)

第二章 主要储集体类型及形成主控因素 (31)
  第一节 四类原型盆地发育的主要储集体类型 (31)
  第二节 有利砂砾岩储集体发育控制因素 (37)
  第三节 有利碳酸盐岩储集体发育控制因素 (46)
  第四节 有利火山岩储集体发育控制因素 (56)
  第五节 "两相、两带"控制储层物性 (65)

第三章 陆相层序地层学分析技术 (75)
  第一节 层序地层学理论体系 (75)
  第二节 区域层序地层解释方法技术 (86)
  第三节 层序地层学在油气勘探中的作用 (98)

第二篇 地 质 认 识

第四章 岩性地层油气藏勘探研究现状与进展 (105)
  第一节 岩性地层油气藏与构造油气藏的共性和差异性 (105)
  第二节 岩性地层油气藏勘探和研究现状 (121)
  第三节 "十五"主要研究成果与勘探成效 (132)

第五章 大面积岩性地层油气藏形成条件和分布规律 (144)
  第一节 油气藏特点与勘探潜力 (144)
  第二节 低丰度岩性油气藏形成背景 (163)
  第三节 低孔渗岩性油气藏地质特征与控制因素 (181)

第六章 连续型气藏形成分布与评价 (200)
  第一节 连续型油气藏成藏机理、分布特征与评价方法 (200)
  第二节 连续型气藏及其大气区形成机制与分布 (214)

第七章 大型地层油气藏形成与分布规律 (228)
  第一节 地层油气藏勘探研究现状 (228)

  第二节 地层油气藏类型 ……………………………………………………………（230）
  第三节 地层油气藏成因机制 ……………………………………………………（237）
  第四节 地层油气藏控制因素及分布规律 ……………………………………………（248）
第八章 火山岩油气藏地质特征 ……………………………………………………………（256）
  第一节 国内外火山岩油气藏研究现状 …………………………………………………（256）
  第二节 中国火山岩油气藏石油地质特征 ………………………………………………（261）
  第三节 中国火山岩油气藏分布规律 ……………………………………………………（280）

第三篇 评 价 技 术

第九章 岩性地层油气藏勘探核心技术 ………………………………………………………（289）
  第一节 层序地层学工业化应用技术 ……………………………………………………（289）
  第二节 储层预测关键技术 ………………………………………………………………（298）
第十章 火山岩重磁电震综合预测技术 ………………………………………………………（317）
  第一节 火山岩勘探方法技术现状 ………………………………………………………（317）
  第二节 技术流程 …………………………………………………………………………（318）
  第三节 技术发展趋势及综合勘探建议 …………………………………………………（341）
第十一章 岩性地层油气藏区带、圈闭评价方法与技术 …………………………………（343）
  第一节 勘探思想与勘探程序 ……………………………………………………………（343）
  第二节 区带评价方法与技术 ……………………………………………………………（351）
  第三节 圈闭评价技术 ……………………………………………………………………（357）
  第四节 区带、圈闭评价软件介绍 ………………………………………………………（364）

参考文献 ……………………………………………………………………………………………（373）

第一篇 基础知识

第一章 含油气盆地主要沉积相类型与特征

沉积相编图已经从传统的地质模式方法进入到目前地质、地球物理多学科综合应用工业编图方法。高分辨率地震资料和储层预测技术的广泛应用,极大地提高了岩性预测能力和沉积相编图精度。充分应用地震资料的多学科沉积相编图方法与技术已经成为目前的主流。但沉积学相关基础知识与典型沉积相模式仍是沉积相编图的最重要指导原则。

本章将分陆相和海相两大类沉积体系,简要介绍国内外目前沉积相研究的主要成果和认识,其目的是使读者了解我国含油气盆地内发育的主要储集体类型及其沉积特征和沉积相模式,以进一步指导沉积相研究与工业化编图,推动中国岩性地层油气藏的勘探实践。

第一节 陆相沉积体系

中国石油系统经过半个世纪的不断探索,以吴崇筠、裘亦楠、薛叔浩、顾家裕等为代表的老一代沉积学家,已经建立了比较完整的陆相湖盆沉积体系,特别是在生产应用层次上更适用于油气勘探。前人通过对中国古代湖盆沉积充填特征的分析以及对现代湖盆考察对比,确认陆相湖盆中主要充填冲积扇、河流、三角洲、水下扇、湖泊、沼泽等六大沉积体系(表1-1)。不同类型原形盆地具有各自的充填模式,沉积相类型与分布、沉积体系有所差异。

表1-1 陆相湖盆沉积体系及相带划分方案

	沉积体系	沉积相	亚相	微相及骨架砂体	主要沉积作用
I	冲积扇体系	干旱扇 湿地扇	扇根 扇中 扇端	主槽、侧缘槽、槽滩、漫洪带、辫状河沟槽、漫流带(水道间)	泥石流、牵引流
II	河流体系	曲流河 辫状河 网状河	河道 河道间	河床滞留沉积、边滩、心滩、天然堤、决口扇泛滥平原、牛轭湖	牵引流
III	三角洲体系	曲流河三角洲 辫状河三角洲 扇三角洲	平原 前缘{内带 外带} 前三角洲	分流河道、分流河道间、水下分流河道(间)、河口坝、席状砂	牵引流为主,重力流次之
IV	水下扇体系	近岸水下扇 湖底扇 滑塌浊积体	供给水道 内扇 中扇 外扇	主水道、天然堤、辫状水道、水道间、无水道区席状砂、滑塌透镜体	重力流为主,牵引流次之
V	湖泊体系	淡水湖 半咸水湖 盐湖	滨湖 浅湖 (半)深湖 湖湾	碎屑岩滩坝、碳酸盐岩滩坝、生物礁	湖流、波浪、化学、生物
VI	沼泽体系	湖泊沼泽 河流冲积平原沼泽 三角洲平原沼泽			生物

湖盆砂体主要发育在前四大沉积体系中,而湖泊和沼泽沉积体系以泥岩、煤系地层及膏盐沉积为主,仅发育滩坝砂体和少量浊积岩砂体。因此,陆相湖盆中主要发育四种砂体类型,即冲积扇砂体、河流砂体、三角洲砂体和水下扇砂体,其次在一些湖盆中还发育有滩坝砂体。冲积扇与河流砂体的成因与湖泊存在与否原则上没有关系,是典型的大陆环境沉积产物,其主要沉积作用以牵引流为主;而三角洲、水下扇和滩坝砂体的成因与湖泊存在与否直接相关,其沉积作用多样,既有牵引流,又有重力流,还有湖流和波浪等。目前一般将沉积成因与湖泊有关的砂体统称为湖泊砂体。广义上讲,湖泊砂体分布范围很广,类型繁多,在湖泊各亚相带,即从湖中深湖到边缘滨浅湖均有砂体分布。湖泊砂体是湖泊内生成的油气优先聚集的场所,我国中—新生代油气田的绝大部分储层都是湖泊中沉积的各种砂体。

勘探实践和研究表明,陆相湖盆中分布的各类砂体均可含油气。湖盆砂体能否含油气,主要取决于砂体离生油区或生油层的远近、生储盖组合的配置关系,而砂体规模大小、砂层厚度及其连通性以及物性的好坏对产能有较大影响。由于陆相湖盆地质结构、盆地演化、沉积环境、充填模式和油气成藏等方面的差异,因而形成大小不一、形态各异、埋深也有一定差别的各类含油气砂体。坳陷型陆相湖盆的主要含油砂体类型为大型河流三角洲,其次是扇三角洲和辫状河三角洲,洪(冲)积扇与河流也可成为含油砂体。裂谷断陷型陆相湖盆则是河流、各类三角洲、近岸水下扇、湖底扇、滩坝及冲积扇等众多类型砂体均可含油气。

据薛叔浩对我国陆相湖盆中主要含油砂体类型所占储量统计表明(1997):各种三角洲体系是陆相湖盆最主要的含油砂体类型,探明储量占55.3%,河流砂体占13%,水下扇砂体占12.6%,冲积扇砂体占6.5%,滩坝砂体占5%,盆地基岩占7.6%(图1-1)。

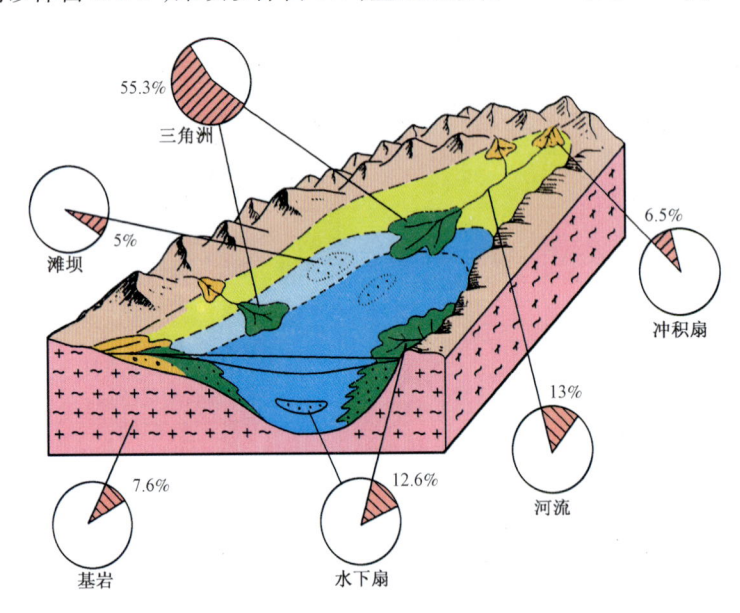

图1-1 陆相湖盆沉积体系及地质储量分布(据薛叔浩,1997)

一、冲积扇砂体

(一)沉积特征与分类

冲积扇是陆源碎屑最近源的沉积。山区(碎屑物供给源区)河流出山口进入山麓平原,由于坡降突然变小,水流分散,流速和搬运能力骤减,将大量碎屑物在山口堆积下来,形成向平原发散的扇形沉积体,即为冲积扇。冲积扇主要出现于大陆地区的山前带,常环绕山脉沿山麓大面积成群成带分布,并且这些大大小小的冲积扇和充填其间的山麓坡积、坠积物共同组成山麓—洪积相。山麓—洪积相属于陆相的一个重要组成部分,其形成和发展受自然地理、气候条件和地壳升降运动等因素的制约。造山作用越强、地形高差越大、气候越干旱,山麓—洪积相就越发育。

冲积扇在空间上是一个沿山口向外伸展的巨大锥形沉积体(图1-2),其延伸长度可达数百米至百余千米。在横剖面上沉积体为丘状,在纵剖面上为楔形,向盆地内部厚度减薄,总体上表现为明显的锥状外形,而且在横向上多个冲积扇往往沿着断层边界呈串珠排列,形成冲积扇裙。

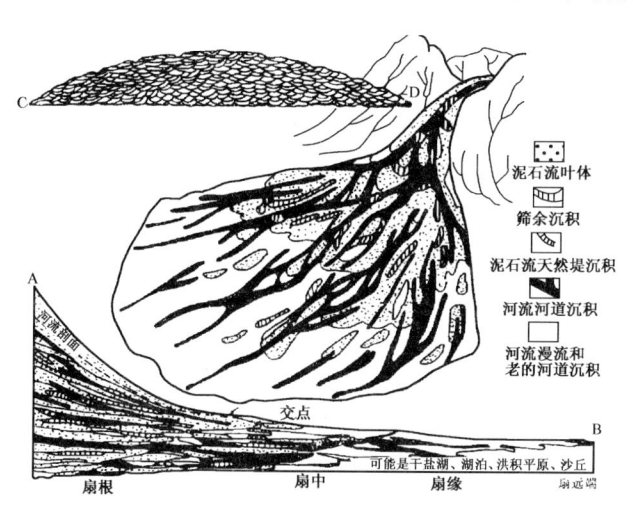

图1-2　理想冲积扇形态及模式(据斯皮林,1974)

AB—纵剖面;CD—横剖面

冲积扇上的沉积物按成因可分为水携沉积物和泥石流沉积物两种类型。前者可进一步按沉积的位置和沉积物特征划分为河道沉积、漫流沉积和筛余沉积。冲积扇可以由某种单一的沉积类型组成,如为漫流或泥石流的单一沉积,但大多数冲积扇是由上述几种沉积类型共同组合而成的。总体来说,以漫流和泥石流沉积为主,河床充填沉积和筛状沉积在组合中占的比重较小。

根据气候条件不同,可将冲积扇划分为湿润型和干旱型两种类型,即旱扇与湿扇,它们的沉积特征、形态等有较大差异(表1-2)。

表1-2　旱扇与湿扇地质特征对比

特征 \ 类型	旱扇	湿扇
气候条件	干旱	潮湿
水流特征	间歇性水流或洪水	常年流水
形态	扇形清楚	扇形不清
河道	主河道或单一河道	叠加河道,辫状平原
沉积物	以副砾岩为主,分选差,混杂堆积。纵向粒度变化快,常见红层或膏盐类沉积。无煤层	正砾岩发育,无副砾岩,分选好。纵向粒度渐变,无红层或膏盐类沉积。可见煤层
沉积构造	类型少,不太发育	齐全并发育
重力流	碎屑流发育	缺少碎屑流,可发育泥流
相带	相带分布清晰	相带分布不清

润湿型冲积扇单个扇体大,表面积可是干旱型冲积扇的数百倍,最大面积可达16000km², 扇体中河流作用明显,发育河流作用产生的结构和构造。

干旱型冲积扇呈面积较小的锥形体,扇体面积一般小于100km²,山根处沉积厚度大,向扇缘处沉积厚度减薄。干旱型冲积扇地处降雨量少的干热气候带,季节性暴风或高山积雪融化形成间歇性河流,这些河流携带大量沉积物,主要以泥石流形式在山口处大量堆积。

(二)沉积模式

冲积扇总的岩性特征是组成物质粗而杂乱,粒级分布很宽,从泥、砂直至巨砾。砾、砂含量高,分选和磨圆度差,碎屑成分完全承袭物源区母岩的成分。扇体横剖面呈底平顶凸的丘状体,纵剖面呈底平顶凹的楔状体。从山口向外,扇体厚度和砂砾层的单层厚度均由厚变薄,碎屑由粗变细,分选变好。沉积学教材和文献一般都把冲积扇分为扇根、扇中、扇端三个亚相(图1-2)。

1. 扇根

亦称扇顶、扇头、近端或近基。扇根靠近山口,坡角较大。沉积类型主要有泥石流沉积和(或)河道沉积(含泥相对较少的砂砾岩),少量的河床冲填沉积和(或)筛状沉积。

2. 扇中

形成于中等坡度或低坡度地带,一般由辫状河道沉积与泥石流和漫流沉积互层组成。河道沉积中可发育大型的、多层系的交错层理;其中砾石多呈叠瓦状排列,扁平面倾向山口。泥石流沉积多呈块状构造,砾石分布杂乱。漫流沉积常呈块状,亦可出现交错层理或细的纹层。总体上讲,扇中的分选性要比扇根好。

3. 扇端

亦称扇缘或远端相,分布于冲积扇的尾部,以低度角为特征。扇端沉积作用以洪水漫流为主,形成砂、粉砂和泥质沉积物,可见波状和水平层理以及块状构造,砂层厚度变薄。但扇端亦可发育辫状河道,形成分选较好的砂质沉积,且发育交错层理、平行层理,常见砾石碎屑呈叠瓦状排列。

我国最具代表性的是张纪易据对准噶尔盆地克拉玛依油田众多冲积扇储层的研究,建立的偏潮湿气候条件下冲积扇的沉积模式(图1-3)。扇根亚相一般由主槽、侧缘槽、槽滩、漫洪带等微相组成;扇中相又可进一步细分为辫流线、辫流沙岛、漫流带等微相。

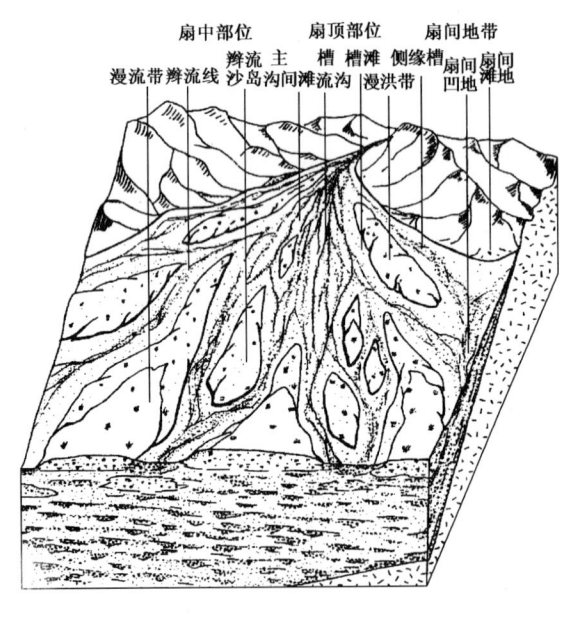

图1-3 冲积扇相带划分示意图(据张纪易)

(三)油气分布特征

冲积扇砂砾岩体主要是粗碎屑岩。由于冲积扇沉积作用的特殊性,并非所有的冲积扇粗碎屑岩体均可形成良好的储层。冲积扇体储集性是源区母岩性质、气候条件、沉积类型及相带等因素的综合函数。当源区母岩泥质岩发育、植被较少,在气候干旱的条件下,泥石流十分发育,且漫流和河道沉积中含泥质时,形成砾、砂、泥混杂、分选极差的泥质砂砾岩体,这类沉积的储集性能差,一般不能作为储层。如果源区母岩泥质较少,且气候不十分干燥,甚至为潮湿气候时,泥石流不甚发育且主要分布于扇顶,冲积扇沉积则表现为少含泥的砾、砂混杂的特征,这种沉积可以形成油气储层。

从冲积扇的三个亚相来看,扇顶砂砾岩体的储集性能比较复杂,因为它既可有孔隙性差的泥石流沉积,又有储集性相对较好的河道冲填沉积,甚至可发育孔渗性很好的筛状沉积。扇顶储层及其储集性能的好坏取决于这些沉积类型的相对比例。扇中的储集性能相对较好,沉积物经过一定程度的分选(但总的来说,分选性仍较差),含泥相对较少,因而具有一定的储集性。扇端以漫流沉积为主,悬浮泥质相对较多,储集性相对较差。

冲积扇环境的碎屑岩,由于紧邻沉积物源而远离深水的油源环境,在世界上作为油气储层的报导很少。但在陆相湖盆中,冲积扇砂砾岩作为石油储层却屡有发现,并可形成较大规模的油田,如新疆克拉玛依油田,其探明储量达 $8 \times 10^8 t$。新疆克拉玛依油田三叠系储层由七个冲积锥体组成,扇中发育连片的河床砂砾岩层,物性最好,含油性也最好。冲积扇体砂砾岩油田可具有多种类型的油藏,如断块油藏、岩性油藏、断裂背斜油藏、断层不整合油藏、地层超覆不整合油藏等。其次大港油田黄骅坳陷枣园油田的孔一段、玉门油田酒西盆地老君庙油田的中新统 M_3 油层、胜利油田济阳坳陷的草桥油田等也是以冲积扇砂体为主要储层的油田。

二、河流相砂体

(一)基本沉积特征与河流类型

河流是沉积盆地中搬运碎屑物质的主要地质营力,也是重要的堆积场所。发育于不同大地构造背景和古气候带的各类沉积盆地均有河流沉积体系的分布。在沉积盆地的沉积演化过程中,河流沉积体系的分布与湖泊的扩张和收缩相消长,在沉积旋回的早期和晚期河流沉积体系分布最为普遍。

河流沉积物明显有别于其他类型的沉积物。河流上游坡降大,流速高,搬运和堆积的碎屑较粗大,磨圆度低,分选性差,甚至泥砂混杂。较粗粒的碎屑物质沿河底拖曳运动,跳跃前进(底载荷)。河流中下游坡降小,流速慢,搬运和堆积的碎物质较细,主要为细砂、粉砂和黏土。细粒的泥质以悬浮方式搬运(悬浮载荷)。底载荷是组成河流沉积物的骨架部分,是最重要的多孔隙储集体。

河流是陆相环境中一种重要的沉积体系,形态复杂多样,并且研究较为详细,因此其分类标准和命名方案比较多。拉斯特(Rust,1978)根据河道分岔参数和弯曲度提出了一个河流分类体系。所谓河道分岔参数是指在每个平均蛇曲波长中河道沙坝的数目。这些河道沙坝是被河流中线所围绕和限制的河道砂体。河道分岔参数的临界值为1或小于1者为单河道,大于1者为多河道。河道弯曲度是指河道长度与河谷长度之比,通常称为弯度指数,其临界值小于或等于1.5为低弯度河,大于1.5为高弯度河。根据上述两个参数,可将河流分为平直、曲流、辫状、网状四种类型(图1-4)。其中以曲流河和辫状河分布最广,而平直河和网状河较少见,并且与油气勘探有关的河流相类型以曲流河、辫状河为主。

由于受地形坡度、流域岩性、气候条件、构造运动以及河水流量、负载方式等因素的影响,在同一河流的不同河段或同一河流发育过程的早期和晚期,其河流类型可有所不同。甚至在同一时期的同一河段,因水位不同,河形亦有变化,如高水位时表现为网状河,低水位时表现为辫状河。

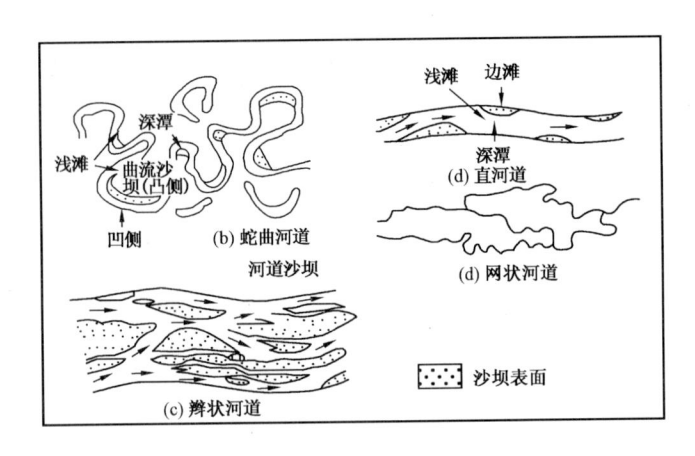

图 1-4　河流类型示意图（据迈尔，1977）

目前石油系统一般在遵循与沉积学分类基本统一的分类命名基础上，针对古代湖盆勘探开发实际和沉积研究的重要性和特殊性，一般采用以形态分类为主同时考虑其他分类的最新研究成果的方案，把河流按形态分为辫状河、曲流河、顺直河和网状河以及季节性河流五类。辫状河可进一步分为砾质河流和砂质河流，曲流河也可进一步划分为低弯曲和高弯曲河流等。目前，油田地下能识别的最主要河流类型是辫状河、曲流河和网状河。

(1) 辫状河：辫状河是一条宽而浅的河流，河道被许多心滩分割，水流呈多河道绕着众多心滩不断分叉和重新汇合，心滩和河道都很不稳定。一般分布在冲积扇与曲流河之间。辫状河可进一步分为砾质辫状河和砂质辫状河。

(2) 曲流河：曲流河以弯曲的单一河道为特征，比辫状河坡降小，河深大，宽深比小，携带的碎屑物中推移质/悬移质比小，流量变化也相对小一些。但其本身变化仍然很大，长时间的低水位和短期的洪泛依然存在。曲流河一般发育于三角洲之上辫状河之下。曲流河也可进一步划分为低弯曲流河和高弯曲河流等。

(3) 网状河：网状河是沿固定心滩流动的多河道河流。河道因心滩和河岸坚固而稳定，这也是辫状河与网状河的主要区别。网状河一般出现在河流的中下游、三角洲平原等。

(4) 顺直河：顺直河是弯曲率很小，河岸比较稳定的单一河道河流。

(5) 季节性河流：河道水流的季节性变化而形成的沉积变化很大的河流。

不同的河流类型具有不同的水动力条件和迁移、演化规律，不仅造就出的地貌形态不同，各自形成的沉积物在岩性、粒度、沉积构造及其组合与垂向层序和空间形态与展布等很多方面都存在明显的差异。辫状河、曲流河、网状河的识别对比标志见表1-3。

表1-3　不同类型的河流沉积识别标志对比（据于兴河，2002）

特　征	辫状河	曲流河	网状河
亚　相	心滩(坝)	点沙坝	网状河道
岩　性	以砂、砾岩为主，常发育厚层的砾岩和含砾粗砂岩	以砂、泥岩方主，一般砾岩层较薄	以粉砂岩、泥岩为主，砂、砾岩次之
剖面组合	"砂包泥"	"砂泥间互"	"泥包砂"
垂向层序	正韵律结构，细粒沉积薄或缺失	典型的正韵律结构	不明显的正韵律结构

续表

特　征	辫状河	曲流河	网状河
沉积构造	发育各种大型槽状、板状交错层理,常见块状层理,一般缺乏小型沙纹层理	多种多样,以下切型板状交错层理为常见标志	以槽状交错层理和水平层理为主
粒度分布（概率图）	以三段式为主	以二段式为主	以二段式为主
砂体形态	平面上:单个砂体为低弯度条带状,河道带砂体为板状或宽条带状;剖面上:单砂体和河道带砂体为透镜状	单个砂体为弯曲的条带状;曲流河复合砂体为平板状	平面上窄条带状并交织、扭结成网;剖面上为直立或倾斜的窄而厚的墙状,相互分隔远离
厚度规模	中厚层状至厚层状,几米至几十米	中厚层状,几米至几十米	中层状,几米至几十米
砂体叠置	多层式垂向叠置	单边或多边式侧向叠置	孤立式

（二）主要类型河流沉积模式及砂体分布规律

1. 曲流河沉积特征及其沉积模式

在自然界顺直河是不常见的,其沉积特征与曲流河具有一定的相似性。曲流河不论是现代还是古代都是最常见和最重要的河流类型,也是目前研究程度最高、最详细的一种河流。艾伦(Allen,1964)根据现代河流发育的地貌特征,提出了曲流河沉积环境立体模型(图1-5)。根据环境和沉积物特征可将曲流河相进一步划分为河床、堤岸、河漫、牛轭湖四个亚相。

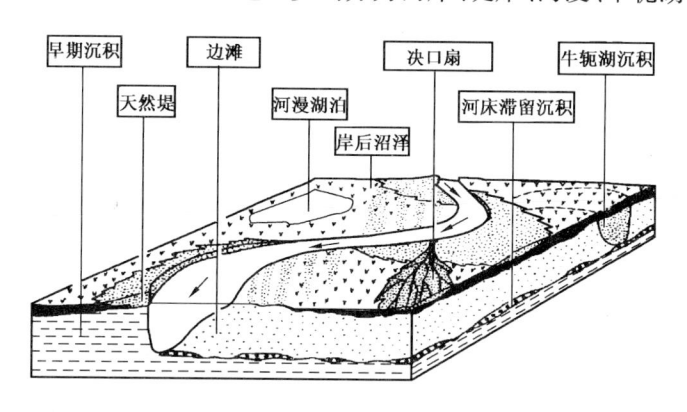

图1-5　弯曲河流沉积环境模型(据艾伦,1964)

2. 辫状河沉积特征及其沉积模式

目前对辫状河形成的机理尚不十分清楚,但比较统一的认识是辫状河具多河道、河床坡降大、宽而浅,侧向迁移迅速等特点。按河流的微地貌特征,沃克和坎特提出了辫状河沉积的立体模型(图1-6)。它突出地反映了辫状河发育心滩(或称为河道沙坝),边滩沉积不发育,这是与曲流河环境的重要区别。

心滩的形成与河流的水动力结构有一定关系。因辫状河弯曲度较低,在短距离内河床近似于顺直河道。在这种河道中,沿主流线两侧形成两个螺旋式前进的对称环流。这种环流是由表流和底流构成的连续的螺旋形前进的横向环形水流。表流为发散水流,由中部向两岸流动,并冲刷侵蚀两岸。底流由两岸向河流中心辐聚,并携带沉积物在河床中部堆积下来。遇到河流的洪水季节,这种堆积作用尤为显著,从而形成心滩。心滩的上游方向较陡,沉积物较粗,

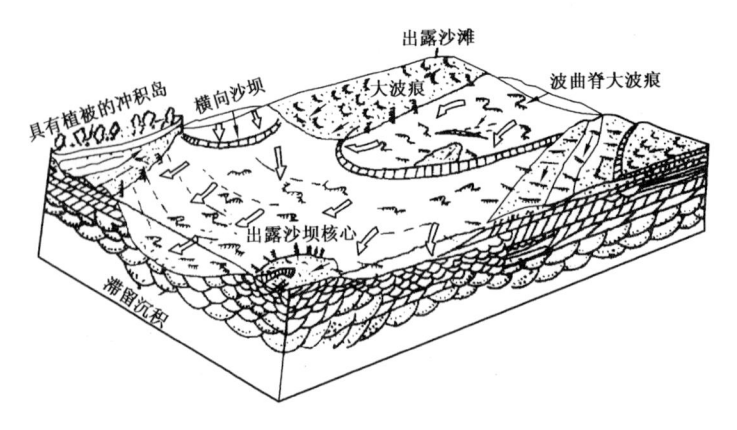

图1-6 辫状河沉积环境立体模型(据沃克,1979)

并遭受侵蚀作用,而下游方向较平缓,主要发生沉积作用。上游的不断侵蚀和下游的不断沉积,导致了心滩不断向下游迁移。由于沉积物的快速堆积,在低水位时期出露水面,并有植被的生长和发育,形成了相对固定的河心冲积岛(或称为江心洲)。心滩沉积物一般粒度较粗,成分复杂,成熟度低。对称的螺旋形横向环流亦导致心滩发生侧向加积作用。由此而形成的巨波痕、大波痕等各种底形经过不断迁移,可形成各种类型的交错层理,如巨型或大型槽状、板状交错层理,在低水位时期亦发生细粒物质的垂向加积作用。

辫状河除有发育的心滩外,在河道沉积亦发育与曲流河相同的河床滞留沉积,出现在河床底部,以砂砾沉积为主,其上发育心滩。辫状河河道迁移迅速,稳定性差,所以天然堤、决口扇、泛滥平原沉积不发育,而且辫状河废弃河道一般不形成牛轭湖,这也是辫状河与曲流河沉积的重要区别。

(三)河流沉积与油气的关系

陆相湖盆发育各种类型的河流砂体,空间分布广,规模大。在我国中—新生代陆相含油气盆地中,已发现了大量以河流砂体为主要储层的油田,其探明储量在各类砂体居第二位。如渤海湾盆地新近系以辫状河砂体为主的孤岛、孤东、埕岛、北大港等大中型油田,松辽盆地以泉头组曲流河为主的扶余油田,鄂尔多斯盆地以侏罗系延安组网状河砂体为主的马岭油田等。这是陆相含油气盆地中特有的石油地质规律之一,根本原因在于陆相沉积盆地中河流沉积的储层砂体相对发育兴盛,盆地不同演化期,各个构造部位都可有河流砂体沉积,只是发育程度有所不同而已。

陆相沉积盆地中可形成各种河流砂体类型,但辫状河流砂体最为发育。断陷盆地的横向沉积体系,小型山间盆地、山前盆地,都是辫状河流广为发育的场所。很多这类沉积体系中,往往是辫状河直接与三角洲沉积相邻,不演化成曲流河型。干旱气候下的湖盆蒸发期,也是辫状河盛行之时。当然,在大型纵向沉积体系中和盆地平原化时期,河流近源段也大量属于辫状河型。辫状河砂体在陆相沉积盆地中占有首要的地位。除大型坳陷湖盆纵向沉积体系外,一般很难形成大规模的曲流河体系,所以,一般地说,高弯度曲流河沉积的砂体,在体积上不占重要地位。网状河型的限制性河道沉积,在我国陆相盆地构造活跃期的纵向沉积体系中也已发现。

河流相沉积砂体是油气储集的良好场所。古河流砂体如果接近油源,可成为油气储集的储集岩。由于河流砂体岩性变化快,其内部储油物性的非均质性较为明显。垂向上以旋回下部河床亚相中的边滩或心滩砂岩储油物性最好,向上逐渐变差;横向上透镜体中部储油物性较好,向两侧变差。

古河流砂体可形成岩性油气藏、地层—岩性油气藏以及构造—岩性油气藏。如美国怀俄明州下白垩统砂岩中凯奥帝溪油田、米勒溪油田,加拿大阿尔伯达省贝尔希尔油田分别属于河流相的岩性油藏和地层—岩性油藏。

三、湖盆三角洲相砂体

(一)三角洲沉积特征及成因分类

三角洲是在河流携带大量沉积物流入相对静止和稳定汇水盆地或区域(如海洋、湖盆等)所形成的、不连续岸线的、突出的似三角形砂体;其沉积物供应速度比由当地盆地作用再分配的速度要快。集水盆地为海洋时形成海相三角洲,集水盆地为陆相湖盆时形成湖相三角洲。这两类三角洲从成因、控制因素、内部结构等诸多方面有很大的差别。

陆相湖盆由于其复杂的成盆机制和古构造、古地理背景,因此在其沉积充填演化过程中形成了多种类型的三角洲砂体。目前对湖盆三角洲砂体类型划分一般按坡降和距碎屑物源区的远近进行分类,根据这两个因素,可对形成的三角洲砂体的基本特征作出预测(图1-7)。目前,湖盆三角洲一般分为扇三角洲、辫状河三角洲和曲流河三角洲三种类型。扇三角洲和辫状河三角洲一般发育于盆地的短轴方向,其上一般与冲积扇相接,其下一般与水下扇和湖相泥岩相接。曲流河三角洲一般发育于盆地的长轴方向。这三类三角洲的形成条件、几何形态、沉积特征与岩性组合等方面都有明显差别。

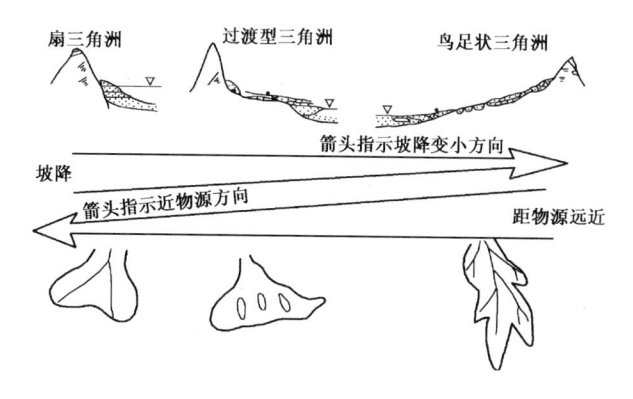

图1-7 湖盆三角洲分类示意图(据裘怿楠,1997)

1. 扇三角洲

冲积扇直接入湖形成扇三角洲,它一般发育于断陷盆地的陡坡,可细分为扇三角洲平原、扇三角前缘和前扇三角洲亚相,扇三角洲平原与冲积扇扇中的沉积特征相似,扇三角洲前缘类似海相河控三角洲前缘的沉积特点,但其岩性较粗,相带范围较窄。我国中—新生代盆地中发育许多扇三角洲,如辽河坳陷西部凹陷古近系的双台子扇三角洲,松辽盆地白垩系的英台扇三角洲、泌阳盆地的双河扇三角洲等。

扇三角洲的主要沉积特征:① 具陆上、过渡带、水下环境;② 地形坡降大,沉积面积小;③ 近源,粗粒,成熟度低;④ 不同环境的相带组合有很大的差异;⑤ 常见进积型的向上变粗层序。

2. 辫状河三角洲

辫状河三角洲是由冲积扇前的辫状河直接入湖形成的沉积体,它是在半干旱—半潮湿的气候条件下,在离源区稍远的湖盆短轴滨岸地带,由辫状河携带沉积物入湖形成。因此,辫状河三角洲不同于扇三角洲,李彦芳等(1993)简述了辫状河三角洲区别于扇三角洲的特征,即:① 与冲积扇毗连的辫状平原,并不是冲积扇复合体的组成部分,辫状河平原往往是独具特色的沉积体系;② 辫状河三角洲沉积物中缺少在扇三角洲沉积中大量存在的泥石流沉积,总的沉积特征也显著不同;③ 辫状河三角洲形成有较稳定的限制性河口,而扇三角洲相反。

3. 曲流河三角洲

源远流长的曲流河从大型湖泊的长轴方向入湖,由于水体较深或波浪作用较强,河流携带大量的碎屑物在河口形成朵叶状、鸟足状或席状三角洲。对这类三角洲的研究起源于 Gilbert(1895,1890)对 Bonneville 湖 Provo 三角洲、Fork 三角洲和 logan 三角洲等的描述,据此建立的模式(Gilbert 三角洲模式)为广大的三角洲学者所熟悉并一直沿用至今。典型的例子还有 Mclaughlin 和 Nilsen(1982)对美国加利福尼亚小 SulpurCreek 盆地的曲流河三角洲的研究;Dune 和 Hemptom(1984)对土耳其 Hazar 湖长轴方向的河口坝型三角洲的描述;裘怿楠(1980)对我国松辽盆地白垩系中曲流河三角洲的研究。因为该类三角洲储存着丰富的油气、煤等能源资源,至今人们仍在不断研究和探索该类三角洲的形成特点、控制因素、砂体分布规律等。如近期邹才能等提出了在我国松辽、鄂尔多斯等陆相坳陷湖盆敞流型发育阶段,可形成大型浅水三角洲砂体。

(二)辫状河三角洲与正常三角洲、扇三角洲的区别

实际上,辫状河三角洲的沉积特征介于正常三角洲与扇三角洲之间。表1-4反映了渤海湾盆地东营凹陷三种三角洲类型的特征对比。

表1-4 东营凹陷不同类型三角洲特征对比表(据蔡进功等,2002)

类型 内容	曲流河三角洲	辫状河三角洲	扇三角洲
形成条件	沿盆地长轴分布,盆地坡度较缓	平行盆地短轴发育,多位于陡坡带	形成与湖盆边缘的陡崖内侧
分布形态及长度比	近三角形或扇形,长宽比1:1	近三角形或扇形,长宽比1:2	朵状,长宽比2:3
岩性	细、粉砂岩,分选好,呈中一厚砂层	砂岩夹砾岩,分选差,砂层多为厚层	砂岩含泥砾,多呈巨厚层砂岩
沉积构造	大型板状、楔状交错层理	斜层理、大型槽状交错层理	层理不发育,主要为块状层理
单砂层韵律性	清楚的反韵律	清楚的反韵律	反韵律不明显,与下伏泥岩呈突变接触
电性	漏斗形、锯齿形	漏斗形、锯齿形	箱形
地震反射响应	具典型三元结构,前积反射呈"S"形	具三元结构特征,前积层反射不明显	三元结构不完整,前积反射不发育,地震反射较乱
岩性组合	主砂岩内含少量湖相泥岩夹层,为持续稳定的充填作用	反粒序砂层与碳质泥岩层频繁交互,表明边界断层间歇活动	巨厚砂岩中几乎不含泥岩夹层,为快速冲填的产物

1. 与正常三角洲的区别

辫状河三角洲的沉积特征与正常三角洲相似,而两者最大的区别在于供源和粒度的不同,通常辫状河三角洲是由辫状河作为供源,为短流程三角洲;而正常三角洲多以曲流河作为供源,为长流程三角洲。另外,辫状河三角洲通常粒度较粗,为粗粒三角洲;而正常三角洲粒度比辫状河三角洲要细,为细粒三角洲。辫状河三角洲亚相也可划分成三段,即三角洲平原、三角洲前缘和前三角洲沉积。

2. 与扇三角洲的区别

辫状河三角洲与扇三角洲同属粗粒三角洲,有的学者认为它们都可并入扇三角洲,但两者在沉积特征上存在着明显的差别,最主要的差别在于二者的供源与重力流发育情况不同。辫状河三角洲供源为辫状河,而扇三角洲供源为冲积扇(包括干扇和湿扇);另外,辫状河三角洲平原上泥石流不发育,而扇三角洲平原上多见泥石流,尤其是干旱扇三角洲泥石流更为发育。

(三)三角洲相与油气的关系

陆相湖盆中各种三角洲类型砂体非常发育,是湖相碎屑岩中最主要的组成部分,由于它紧邻湖相生油岩,因而成为湖盆中最重要的油气储层。目前我国在三角洲类型砂体储层中发现的探明储量占总探明储量的一半以上,几乎在各个陆相含油气盆地中都发现有三角洲砂体储层油气藏。坳陷湖盆发育的大型浅水三角洲是我国目前大面积岩性油气藏勘探的最重要领域。

我国中—新生代陆相含油气盆地中油气田分布规律表明,一个含油气盆地中最大的碎屑岩主力油田总是形成于盆地内最大的河流—三角洲(或冲积扇—扇三角洲)体系中。除了具有充足的油源和丰厚的储层砂体这两个得天独厚的条件之外,另外还有一个很有意义和有趣的现象,即往往形成砂体富集带与构造圈闭的良好配合。三角洲沉积体系以丰富的砂质碎屑物插入湖盆,被周围湖相泥岩所包围,这一复合砂体与周围泥岩在沉积过程中的差异压实首先提供了一个构造雏形,后期的构造活动往往在它的影响下进一步改造形变,形成构造圈闭。这是为什么陆相含油气盆地中三角洲复合砂体与构造圈闭经常很好配合的重要原因之一。我国目前最大的含油构造大庆长垣正是如此,它是大型长垣背斜构造与盆地内最大河流—三角洲体系高度重合的产物;济阳坳陷最大的胜坨油田也是如此,坨二、三区和坨一区两个局部构造高点,正是两个大的三角洲叶状体;泌阳坳陷最大的双河油田也是盆地内最大的扇三角洲砂砾岩体上发育的鼻状构造。湖盆中三角洲沉积的另一重要特点是以建设性三角洲占统治地位,这是湖泊水体能量相对较弱所致。河流入湖主要形成建设型河控三角洲,冲积扇直接入湖形成建设型扇三角洲。在湖盆三角洲类型及其沉积砂体的储层特征的古地理因素中,起决定性作用的是坡降和距碎屑物物源区的距离。

在大型坳陷湖盆主沉降期的长轴方向,往往发育的是河流建设型鸟足状三角洲。碎屑物源区离湖的沉积中心较远,坡降很小,河流源远流长,流域面积广大,河流由辫状河向低弯度曲流河、高弯度曲流河逐渐演化,最后由分流河道入湖建设成以分流河道砂和指状沙坝为主体的鸟足状三角洲。这种三角洲砂体成藏条件好,规模大,是寻找大型油田的首选目标。如松辽盆地大庆油田下白垩统青山口—姚家组萨、葡、高油层就是典型的曲流河三角洲砂体。松辽盆地在早白垩世中晚期(即泉头组—嫩江组沉积期)是盆地发育的极盛时期,进入大型塌陷发展阶段。尤其是进入青山口组沉积期以后,盆地形成一个统一的中央塌陷区,成为一个规模巨大的松辽古湖盆。这一时期湖盆沉积的基本特征是以中央坳陷为沉降沉积中心,环绕湖盆周边以多物源、多沉积体系向湖盆汇聚,形成了五大河流三角洲沉积体系。最大的一个即来自北边沿盆地长轴发育的北部沉积体系。由边缘的冲积扇沉积经广阔的冲积平原环境,河流由辫状河逐渐演化成高弯度曲流河,经三角洲分流平原入湖建造了一个大型河流三角洲体系,沉积了一套1000多米的砂泥岩建造。大庆油田即形成于这一沉积体系的下游端,以包括部分冲积平原河流相及整个三角洲体系沉积的砂体为储层,成为我国至今已发现的最大油田,原始探明储量高达40多亿吨。

陆相湖盆,特别是断陷湖盆陡坡一侧,横向体系的冲积扇直接入湖一般形成建设型扇三角洲或辫状河三角洲。湖盆短轴陡坡侧,一般是湖泊沉积中心距碎屑物物源区很近,坡降很陡,在绝大多数构造成因的湖盆,经常是受活跃的断层控制,碎屑物源区与湖泊沉积中心有时近至数千米,坡降大,可达每千米下降数十米。在这样的古地理背景下,山麓冲积扇环境直接与湖泊环境相邻,不可能形成冲积平原环境,大量粗碎屑物经冲积扇直接入湖,形成建设型扇三角洲或辫状河三角洲砂砾岩体。扇三角洲和辫状河三角洲一般发育在湖盆深陷扩张期,紧邻生烃洼陷,油源丰富,具有良好的储盖组合,目前在多个陆相盆地中发现了扇三角洲和辫状河砂体储层油气藏。如辽河西部凹陷陡坡带的兴隆台扇三角洲油藏、缓坡带的曙光辫状河三角洲油藏、塔里木库车前陆盆地辫状河油气藏(克拉2号气田)以及鄂尔多斯盆地志靖扇三角洲油藏等典型油气田。

针对三角洲砂体油气成藏与油气分布,前人开展了大量工作,取得了一系列重要研究成果和认识。其中最为重要的认识就是沉积相带和砂体微相类型控制了三角洲砂体油气分布富集与油藏类型。一般说来,三角洲前缘的内前缘油气富集高产,油藏类型以构造—岩性复合为主,而三角洲前缘的外前缘主要发育岩性油藏,在三角洲平原主要发育构造油藏。如兴隆台扇三角洲砂体油田的油气层主要分布于前缘亚相的水下分支流河道、河口沙坝和分支流间浅滩微相中,前扇三角洲和扇三角洲平原中几乎没有油层。

四、水下扇砂体

(一)沉积特征与砂体类型

自20世纪50年代早期许靖华等人发现浊积砂体可成为极重要的油气储层之后,以浊积砂体作为油气储层的油气田在世界各地陆续被发现,使浊积砂体成为继河流、三角洲之后又一个找油的重要领域。

我国含油气浊积砂体主要集中在中—新生代陆相断陷湖盆中,并且是断陷湖盆中的主要储集砂体类型之一。从70年代浊流概念被引入我国以来,80—90年代为了配合油气勘探的需要,我国众多沉积学家专门针对湖相浊流沉积开展了系统研究,总结了湖相浊流、碎屑流等重力流沉积的机理、成因、岩石组构、分布规律及控制因素,提出了多种相模式,成为我国浊流研究和油气勘探的一大特色。湖盆中的重力流成因砂体,在我国一般笼统称为水下扇。

陆相湖盆具有多种构造成因,受多种地质作用影响控制,可划分为多种湖盆类型。水下扇沉积体系主要发育在裂谷断陷湖盆中,而且是裂谷断陷湖盆的主要含油气沉积体系之一。渤海湾盆地古近系重力流沉积广泛发育,形成了主要的储集砂体——水下扇。根据水下扇的形成机制及砂体分布位置,可将其进一步分成四种水下扇类型,即近岸水下扇、远岸水下扇、滑塌浊积扇及轴向重力流水道砂体(图1-8)。它们在断陷湖盆中分布在不同的构造位置,具有各自的沉积特征与内部结构。

图 1-8　渤海湾盆地箕状断陷湖盆深陷期砂体分布模式图

1. 近岸水下扇

近岸水下扇分布在箕状断陷湖盆的陡岸。在湖盆深陷扩张阶段,湖盆水体较深,深水环境直抵陡岸。山地洪流沿斜坡直接入湖并很快进入深湖环境,形成沉积物重力流继续沿陡坡运移,并在深水区坡度变缓处迅速将碎屑物质堆积下来,形成近岸水下扇体。由于在较陡坡度条件下形成的沉积物重力流能量很大,进入湖底后仍有继续向前推进和下切的能力,因此形成辫状水道,并将一些较细的碎屑颗粒继续向前搬运和沉积,形成规模较大的水下扇体。如东营北带、廊固凹陷大兴断裂下降盘、南堡凹陷板各庄断层下降盘、东濮凹陷兰聊断层下降盘、辽河西部凹陷冷东断层下降盘等。

东营凹陷是一个典型的箕状断陷,北陡南缓。在断陷深陷扩张阶段(沙四上—沙三中亚段沉积期),沿陈家庄凸起的边界断层强烈活动,因此该边界断层上升盘的陈家庄凸起形成了山高坡陡、沟梁发育的古地貌景观;而在断层下降盘的东营北带地区形成了深水湖相环境。此时在湿热的气候条件下,季节性河流频繁发育,并且携带大量陆源碎屑物质沿陡坡迅速入湖并在湖底堆积而形成近岸水下扇。据郑和荣、付瑾平等研究,东营北带共发育了与凸起上"十沟十一梁"相对应的十大扇体群,广泛分布在陈家庄凸起以南、林樊家构造以东、青坨子凸起以西,长近 100km,宽约 20km,约 2000km^2 范围内,目前东营北带近岸水下扇群是东营凹陷的重要勘探目标。

近岸水下扇在纵剖面上呈楔状,在横剖面上呈透镜体。单个扇体贴近在湖底基岩面上,在平面上向湖心伸张,并逐渐与深湖相暗色泥岩、油页岩过渡。如东营凹陷北带永 551 扇体主要发育在沙四上亚段,由南向北由三个退积型的扇体叠覆而成,叠合面积约 18km^2,砂砾岩平均厚度 165.5m,埋深 2900~3800m。

2. 远岸水下扇

远岸水下扇分布在箕状断陷靠近缓坡一侧的湖底。在断陷湖盆缓坡低水位期发育的冲积扇—扇三角洲体系上分布的辫状河道,在水进期(湖盆深陷扩张期)往往易继续成为陆源物质向湖底搬运的通道,但此时这些前期古河道大都处在较深水环境,因此陆上洪流入湖后顺着水下古河道很快形成沉积物重力流,并沿着沟道继续搬运,直至湖底才将大量碎屑物质堆积下来,形成离岸较远的浊积扇。

远岸浊积扇与前述的近岸水下扇在成因、形态、沉积相带展布和岩性、沉积特征等方面基本相似,均为粗碎屑浊积岩,碎屑来源都是岸上洪流入湖后形成的沉积物重力流携带。它们差别主要在于远岸浊积扇供给水道发育在缓坡上,沟道较长、坡度较缓,因此其水动力条件相对较弱,携带进入湖底的碎屑物颗粒相对较细。另外,缓坡一侧湖底地势平坦,分布广泛,因而湖底扇具有更广阔的发育空间,所以单个扇体湖底扇规模较大,如东营凹陷梁家楼浊积扇、沾化凹陷渤南浊积扇、辽河凹陷西斜坡锦—欢浊积扇规模均在 $100km^2$ 以上。

3. 滑塌浊积扇

滑塌浊积扇一般形成在湖盆高水位阶段中后期,此时湖盆水体逐渐开始收缩,在前期近岸水下扇、湖底扇及湖相泥岩沉积之后,湖底地形逐渐变平,水体逐渐变浅,因此在湖盆边缘浅水地带开始发育大规模的三角洲(扇三角洲)大型砂体。三角洲砂体纵向形态具有典型的前积结构,随着三角洲砂体的继续发育壮大,在砂体堆积处与湖相泥岩过渡带逐渐形成一沉积斜坡,随着砂体的堆积厚度增大,斜坡坡度也越来越大,因而在三角洲前缘斜坡上的砂质在重力作用下处于不稳定状态,若有外界动力(地震、特大风暴等)诱发时,很容易顺斜坡滑塌,并很快与湖水混合而形成浊流,因而浊流携带这些碎屑物质向深水区搬运而形成滑塌浊积扇或小型透镜状砂体。另外,滩坝砂体堆积较厚时,顺其斜坡也有滑塌浊积砂体分布,但规模较小。

在渤海湾断陷湖盆深水区,滑塌浊积体较为发育,如东营凹陷永安镇三角洲前缘斜坡下部、惠民凹陷临南三角洲前缘斜坡下部、辽河西部凹陷西斜坡沙二段大型三角洲斜坡下部等。由于滑塌浊积体系三角洲前缘砂滑塌至深水区堆积而成,属于事件性堆积,故单个砂体规模一般较小,面积 $0.5\sim1km^2$,厚 $6\sim10m$ 不等。但在大型三角洲前缘下部发育多个透镜砂体,它们随着三角洲的摆动进退,因而浊积体也随之进退叠覆,形成平面上连片、纵面上多层叠置的特征,在三角洲前缘下部逐渐演化成大规模滑塌浊积岩群,如牛庄洼陷沙三段中上部浊积岩透镜体叠合连片面积约 $200km^2$。

滑塌浊积体属于再搬运沉积产物,岩性较细,以粉细砂岩为主。含有大量盆内碎屑,如泥岩撕裂屑、泥砾等。常见变形构造、液化和泄水构造等。砂体形态多样,常呈透镜体等。

4. 轴向重力流水道砂体

轴向重力流水道主要沿湖底断槽或断沟分布。这是典型的非扇体浊积体,其浊积岩分布主要受控于湖底断槽或断沟这种特殊地形。

渤海湾盆地属于裂谷盆地,断裂非常发育。因此在箕状断陷的缓坡上往往发育与断陷轴向平行的反向断层。这些反向断层活动导致在斜坡上形成平行湖岸的断槽。当浊流顺斜坡向下流至断槽后,因浊流向下继续流动受到阻挡而改变方向顺槽流动(即拐弯重力流),从而形成与湖岸平行的条带状沟道砂体。斜坡上可有多个浊流供应点,因而断槽中任一点的剖面都可能是多物源的浊流沉积物的随机叠加。

一般说来,这种轴向重力流水道砂体形成于湖盆水进早中期,其分布与断裂控制的断槽密切相关,并具有填沟补齐的特点。沉积特征岩性混杂,分选较差。沟道填平后浊流将进一步顺斜坡向下运移,再到下一个沟槽堆积或进入湖底形成湖底扇。因此,轴向重力流水道既可以沿斜坡断槽分布,也可以分布于深湖断槽。

(二) 沉积模式与相带划分

20 世纪 80 年代以来,前人对渤海湾盆地多个水下扇砂体进行了详细解剖研究,建立了多种类型的沉积模式(图 1—9)。渤海湾盆地水下扇砂体既有扇形模式,又有非扇形模式:近岸水下扇、远岸水下扇主要表现为扇形模式;滑塌浊积岩和沟道浊积岩主要表现为非扇形模式。下面重点阐述扇形沉积模式及沉积特征。

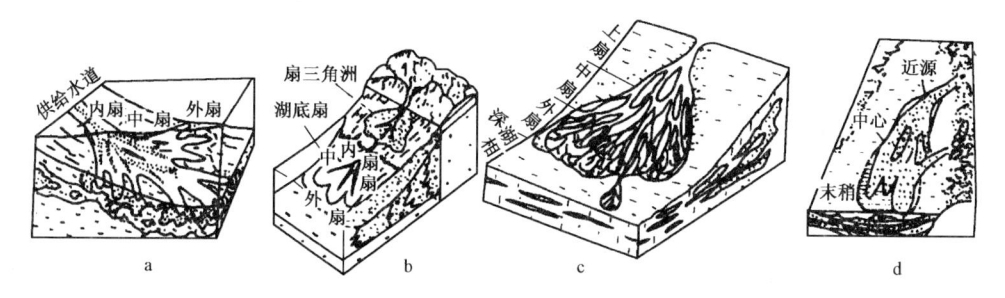

图1-9 渤海湾盆地各种水下扇砂体沉积模式(据裴怿楠,1997)
a—曙光大凌河油层;b—曙光热河台油层;c—高尚堡Es_3^{2+3}油层;d—高升地区莲花油层

湖盆水下扇扇形沉积模式与Walker建立的经典模式基本一致(图1-10),包括四种亚相类型,即供给水道、内扇、中扇及外扇。扇体的具体形态主要受控于湖底地形。各亚相主要沉积特征如下。

1. 供给水道

供给水道相当于斜坡上的侵蚀沟谷,其上端与凸起山间出口相接,其下与内扇过渡,相对说来供给水道一旦形成就相对固定,它是陆源碎屑物质向湖底运移的通道。供给水道的规模主要受山间出口流量和斜坡坡度及斜坡基岩岩性、湖水深浅等因素控制。出口流量越大、坡度越陡,基岩易于侵蚀、湖水浅,那么供给水道切割较深,规模较大;反之规模较小。如东营凹陷永北地区供给水道发育在基岩古斜坡上,在地震剖面上可见沟道宽1.8km,沟道深约300m。向湖底随湖水加深,

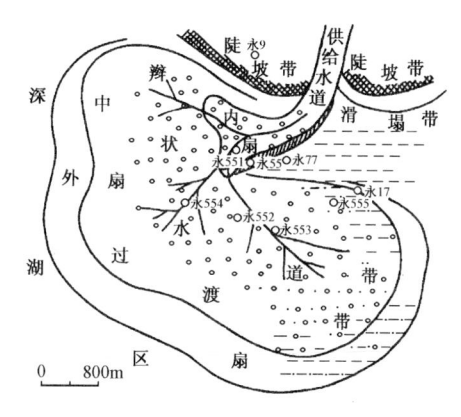

图1-10 东营凹陷永北地区水下扇沉积模式图
(据隋凤贵,1994)

水道变宽变浅,沟道深度由300m渐变为50m左右。供给水道由于发育在坡度较陡的斜坡上,水动力很强,因此保留下来的沉积物是充填水道的粗碎屑,如碎屑流形成的、分选极差、无层理的含砾泥岩及混(紊)乱砾岩。同时,供给水道主要以沉积物重力流沉积为主,山间出口至浅水区主要为泥石流,深水区则逐渐变为砂砾质高密度浊流。因此,山间出口至浅水区主要沉积砾岩及含砾泥岩,而深水区则主要沉积块状砾岩。水道内砾岩侧向堆积在宏观上显示大型斜层理。

2. 内扇

内扇发育在供给水道前端斜坡坡度变缓的基岩面上,其沉积形态一般是一个单一的、两侧被天然堤限制的较深水道,向下游开始分叉进入中扇区。内扇分布范围较小。水道内水动力较强,主要为砾质高密度浊流,其沉积物主要为颗粒支撑的较粗砾岩,递变层理、块状层理发育。两旁阶地上水动力减弱,主要为砂质高密度浊流,其沉积物主要为较细砾岩和砂岩,块状层理发育;天然堤上水动力较弱,主要为低密度浊流,沉积物主要为薄层粉细砂岩与泥岩互层,在纵向上组成Bouma序列EDE组合。

— 17 —

3. 中扇

中扇是近岸水下扇的主体相带,发育在内扇向湖心的地势低洼平坦区。随着地势逐渐平坦,来自供给水道和内扇的强水动力条件的砂砾质高密度浊流能量逐渐减弱,在中扇区演化成为砂质高密度浊流—低密度浊流,能量逐渐衰减。因而中扇区是沉积物重力流中砂质碎屑物质的主要卸载和堆积场所。

根据水道发育程度和分布位置,中扇区又可分为两带,即内带辫状水道区和外带无水道区(中扇过渡区)。

内带辫状水道区分布在内扇前端,与内扇水道分叉处相接,辫状水道发育,水道宽而浅,且经常摆动,因而水道间的泥质沉积物常被后一次辫状水道冲刷掉,所以在内扇辫状水道区保留下来的沉积物主要是辫状水道砂体,砂岩厚度一般占扇体地层厚度的50%以上,单层厚度可达数十米,砂岩累计厚度可达数百米。

辫状水道以砂质高密度浊流沉积为主,岩性以含砾中粗砂岩、中—细砂岩为主,在纵向上一般为正递度含砾砂岩和块状砂岩多次叠加,砂岩分选较好。

外带无水道区位于中扇内带辫状水道的前端平坦区,在这里水道已经消失,水动力条件较弱,以低密度浊流沉积为主,沉积物为砂、泥岩互层,砂岩以席状砂围绕辫状水道成片成带连续分布,但单层厚度较薄,一般1~3m以下,累计厚度较小,一般占地层厚度的10%~25%。

4. 外扇

外扇位于中扇的外围,与深湖平原衔接并向湖内逐渐过渡为深湖相。外扇区地势平坦,沉积缓慢,形成薄层粉细砂岩与深湖泥岩不等厚互层,显示 Bouma 层序 CDE 段特征。砂岩岩性细,以粉细砂岩为主,分选好,分布广,但单砂层厚度薄,一般小于1m,累计厚度一般小于地层厚度的10%。

(三)水下扇砂体与油气的关系

水下扇砂体是裂谷断陷盆地一种重要的储层砂体类型,其中以渤海湾盆地最为典型,目前已相继在渤海湾盆地的各个富油气凹陷中都发现了水下扇砂体油气藏,如沾化凹陷渤南湖底扇油田、东营凹陷梁家楼湖底扇油田、东营北带近岸水下扇油田群、辽河西部凹陷冷东近岸水下扇油田,廊固凹陷大兴断裂下降盘的近岸水下扇油田,东营凹陷牛庄滑塌浊积岩油田等。水下扇是分布在渤海湾盆地古近系裂谷断陷湖盆深湖—半深湖相泥岩环境中的储集砂体类型,与生油岩直接接触或被生油岩体所包裹,因此具有早期成藏和持续成藏的特点,已经成为渤海湾盆地目前的重要勘探领域,特别是岩性油藏的勘探。水下扇砂体由于其特殊的成因机制和分布规律,具有有别于其他类型砂体的成藏条件和规律。

水下扇砂体具有优越的油气源条件及成藏组合,是分布在深湖—半深湖相泥岩中的一种重要含油砂体。水下扇属于断陷湖盆深陷扩张阶段在深湖—半深湖环境中以重力流成因为主的事件性沉积,因此水下扇砂体与深湖—半深湖相泥岩共生。在宏观上近岸水下扇一般呈楔状体直接伸入到湖相泥岩中,而湖底扇和滑塌浊积岩一般呈透镜状被湖相泥岩包裹。在剖面上水下扇砂体与湖相泥岩呈砂、泥岩不等厚互层,这种结构是纵向上组成多套自生自储成藏组合的物质基础。

水下扇砂体在宏观上与湖相泥岩共生,直接与烃源岩接触,很容易接受油源成为油气储层。只要有一定的圈闭条件,即可成为油气藏。水下扇砂体主要发育岩性圈闭、构造—岩性复合圈闭为主的油气藏。渤南油田是渤海湾地区唯一主要以水下扇砂体为储层的亿吨级大油田,已探明石油地质储量11887×10⁴t,主力含油层系为沙三段浊积扇体,其石油地质储量占总储量的93%。岩性油气藏是因浊积砂体分布的局限性而形成圈闭的油气藏,又分为透镜体油气藏和上倾尖灭油气藏两种;构造—岩性油气藏由构造和岩性两种因素形成,即上倾方向和侧向由岩性尖灭或断层遮挡圈闭的油气藏;构造油气藏主要是浊积砂体上倾方向由局部构造和断层圈闭的油气藏,如断鼻构造油气藏、单斜储层上倾方向由断层圈闭的油气藏、储层上倾方向由两条或多条断层相接圈闭的油气藏等。

第二节 海相沉积体系类型

海相沉积体系主要分布在克拉通盆地,大陆边缘海是海相沉积和保留的主要场所。克拉通盆地发育碳酸盐岩、碎屑岩两类沉积物,但碳酸盐岩与碎屑岩成因明显不同。碳酸盐岩以生物作用成因为主(碳酸盐工厂),属于内物源的原地沉积物;而碎屑岩以沉积物重力分异作用成因为主,属于外物源重新分配的异地沉积物。碳酸盐岩、碎屑岩一般不能同时共生。碎屑岩沉积环境一般用沉积构造等判断,因此大部分能够通过肉眼观察;碳酸盐岩沉积环境一般用结构—成因判断,大部分只能借助显微镜观察。因此碳酸盐岩的结构—成因分类是碳酸盐沉积环境分析的前题。

海相盆地是地球表面沉积物的最终卸装场所和汇水区域。按照大的自然地理区划,海相盆地可以分为海洋环境和海陆过渡环境。前人通过对古代海相盆地沉积充填特征分析以及对现代海相盆地考察对比,发现在海洋环境中主要发育滨海、生物礁(滩)、浅海陆棚、次深海、深海等沉积体系(表1-5),而在海陆过渡环境中主要发育三角洲和河口湾沉积体系。油气勘探实践和研究表明,海相盆地中发育多种储层类型,既有三角洲、滨岸和海底扇砂岩储层,又有碳酸盐岩和生物礁储层,这与陆相湖盆主要发育各种砂岩储层明显不同。

表1-5 海相盆地主要沉积体系及相带划分(据刘宝珺,1980修改)

沉积环境	沉积体系	沉积相	亚相
海陆过渡环境	三角洲	河控三角洲 浪控三角洲 潮控三角洲	三角洲平原 三角洲前缘 前三角洲
	河口湾	下切河谷	
海洋环境	滨海(海岸)	有障壁海岸(局限海)	潟湖 潮坪 障壁岛(滩)
		无障壁海岸(广海)	海岸沙丘 后滨 前滨 近滨
	生物礁、滩	点礁、环礁等	
	浅海陆棚	潮上带、潮间带	潮成砂体
	次深海	斜坡扇、海底扇	浪成砂体
	深海	海底扇	

下面按碎屑岩、碳酸盐岩两大类简要介绍沉积相类型与模式。

一、海相碎屑岩沉积体系

海相碎屑岩分布在四种沉积环境中，主要发育八种沉积体系类型。海陆过渡环境发育三角洲、河口湾沉积体系，滨岸环境发育障壁海岸、无障壁海岸沉积体系，浅海环境发育潮成砂体、浪成砂体沉积体系；次深海—深海环境发育斜坡扇、海底扇沉积体系。目前我国含油气盆地油气勘探主要集中在海陆过渡环境三角洲和滨岸环境砂体中，下面进行简要介绍。浅海—深海环境发育的潮成、浪成砂体和海底扇砂体等目前在我国陆上含油气盆地中发现较少，但值得进一步探索。

（一）海陆过渡沉积体系

1. 三角洲砂体

三角洲体系是海陆过渡环境中的主要沉积体系，同时也是海相盆地中最为重要的储集砂体类型。三角洲的现代定义是由巴雷尔（1912）提出的，他认为"三角洲是河流在一个稳定的水体中或紧靠水体处形成的、部分露出水面的一种沉积物"。至今，这个定义仍得到广泛的应用。三角洲的定义有四方面含义：第一，三角洲沉积物来源于一个或几个可确定的点物源；第二，三角洲以进积结构为特征；第三，尽管三角洲能最终充填盆地，但它们都发育于盆地周缘；第四，因河流提供了进入的物源，所以三角洲最大沉积位置受到限制。三角洲环境包括陆上和水下两部分沉积区，平面上大致为三角形。依水体性质不同，存在湖泊型三角洲和浅海型三角洲。海相三角洲的发育受多种因素控制，稳定的构造、宽浅的陆棚、曲折的岸线、明显的河流作用和物源供给、较为湿润的气候、较细粒的沉积物、较高的水体盐度等都有利于三角洲的发育。

由于海洋是陆上河流的最终汇聚场所，所以在海陆过渡环境中一般发育长源河流三角洲。相对陆相湖盆而言，海相盆地扇三角洲和辫状河三角洲不太发育。在形成三角洲的海陆过渡环境中，除了河流作用外，波浪和潮汐作用也非常强烈，这是与湖盆三角洲在沉积作用上的最大不同。海相三角洲是河流与海洋相互作用的结果，两者的作用强度不同以及沉积物粗细的差异，就形成了不同类型的三角洲。三角洲的分类得益于对现代大型海相三角洲沉积的综合研究。斯考特和费希尔等（1969）曾根据河流、潮汐、波浪作用强弱将三角洲分为建设性的和破坏性的两种类型。建设性三角洲是在以河流作用为主、泥砂在河口区堆积速度远大于波浪所能改造的速度的条件下形成的。其特点是增长速度快、沉积厚、面积大、向海突出、砂泥比低，大型河流入海多形成此类三角洲。当海洋作用增强而超过河流作用时，波浪、潮汐、海流的能量等于或大于河流输入泥砂的能量，河口区形成的泥砂堆积经海洋水动力的改造、加工和破坏，就形成了破坏性三角洲。这类三角洲形成时间短、分布面积小，多为中、小型河流入海所形成。

由于河流、波浪、潮汐对三角洲的形成起直接控制作用，故很多学者主张按这三者的相对强度来划分三角洲的成因类型。盖洛韦（Galloway,1976）根据上述三种作用的相对关系，分析了世界上一些代表性三角洲，提出了三角洲的三端元分类（图1-11）。三角形三个端元分别代表了以河流、波浪、潮汐作用为主的三角洲类型，分别称为河控三角洲、浪控三角洲和潮控三角洲。前者属于建设性三角洲，后两者属于破坏性三角洲。我国渤海湾发育的黄河三角洲就是一个典型的河控高建设型曲流河三角洲，1855年黄河改道，由以前注入东海而改变注入渤海湾，在150余年的时间内，形成了达数万平方千米的大型三角洲。我国的珠江三角洲是一个典型的潮控三角洲。

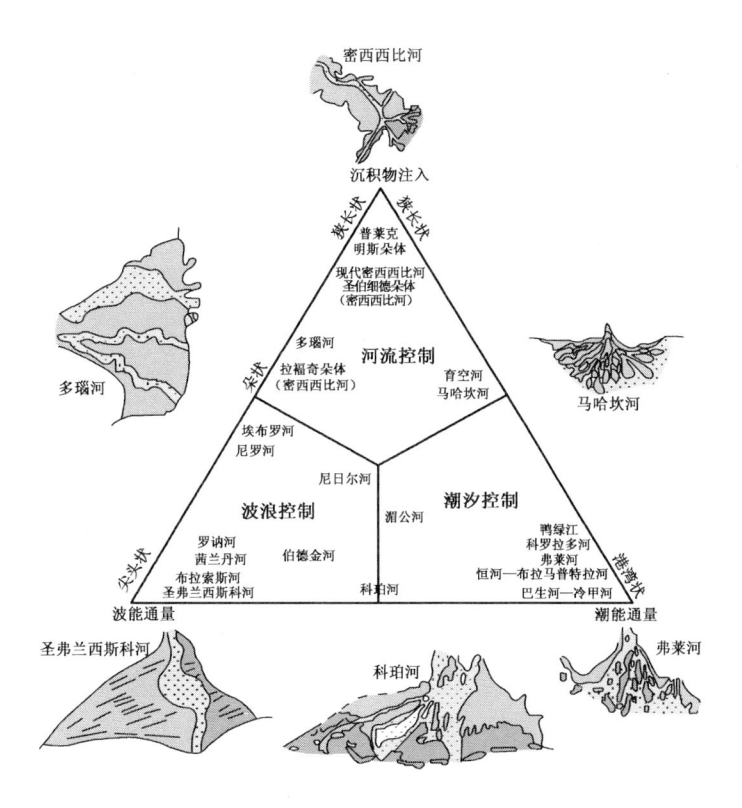

图1-11 海陆过渡相三角洲类型三端元分类（据Galloway,1976）

2. 河口湾与下切河谷砂体

河口湾是海陆过渡带普遍存在的一种地貌单元，如我国沿海大陆架的长江口、珠江口等。下切谷形成的物理模拟表明，下切河谷主要形成于全球海平面下降时期的大陆架，如Mississippi河在冰期形成的下切谷、冰期后充填。低位期形成的下切河谷导致了河口湾沉积环境，发育三角洲和下切河谷两类储集体，即低位期形成下切河谷，海侵初期河流充填，高位期为三角洲。

河控型河口湾在三角洲之下往往分布下切河谷砂体，且下切河谷砂体在纵向上分布更广，25%岩性油藏来自下切河谷砂体（Brown,1993）。鄂尔多斯盆地上古生界的砂体分布受下切河谷控制，下切河谷砂体容易形成优质储层。

不是所有的河口湾都转化为三角洲，只有河控型河口湾才能转化成三角洲，河口湾是三角洲发育的早期阶段，三角洲是河口湾发展的必然结果。

中国下切河谷沉积层序的结构复杂。在中国下切河谷相序中，既无湾顶三角洲，又无湾口海成砂体，自然也无中央盆地。难以用国外广为采用的下切河谷层序的形成过程解释中国的实例，因此，要认识中国河流三角洲的下切河谷充填和沉积层序的形成，需要寻求另外的途径。

（二）滨海环境沉积体系与模式

滨岸相处于正常浪基面和最高涨潮线之间，波浪和潮汐作用强烈，也可称为海岸相或海滩相。滨岸相可分为障壁型和无障壁型两种。

1. 无障壁海岸相砂体

无障壁海岸相可划分为海岸沙丘、后滨、前滨和近滨四个亚相，均为砂体沉积场所（图1-12）。

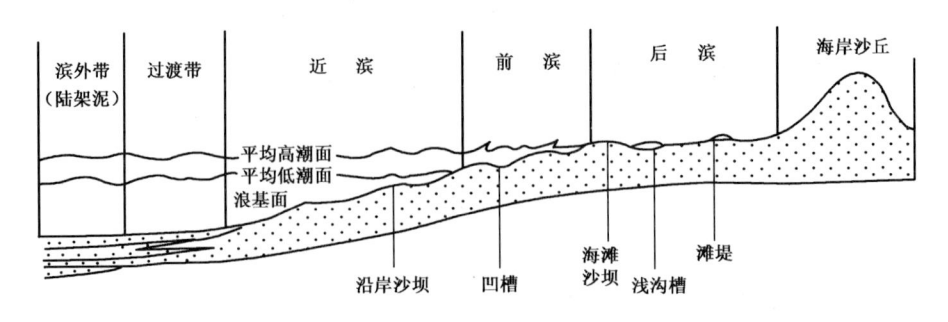

图 1-12 无障壁滨岸沉积环境划分示意图

1）海岸沙丘

海岸沙丘位于潮上带的向陆一侧,即特大风暴潮所能到达的位置,包括海岸沙丘、海滩脊、沙岗等砂体。海岸沙丘呈长脊状或新月状,宽可达数公里,由中、细砂组成。

海滩脊是出现在最大高潮线附近的线状沙丘,常由较粗的砂、砾石和贝壳碎片组成,高达数米,宽达数十米,长可达数百米至数十千米,可单个或成群出现。成群出现的海滩脊多平行排列,是海岸向海不断推进形成的,其间距为 30~200m 左右。海滩脊常在特大高潮或风暴潮期间向陆迁移,与下伏地层常形成冲刷侵蚀接触。

沙岗又称为沙岭或"千尼尔沙岗",也是一种海滩脊,高 3~6m,宽数十至数百米,长数十千米,平行海岸延伸,可成群出现。与一般海滩脊的区别是它孤立的位于滨岸沼泽的泥炭和黏土层中。它是通过泥坪进积作用和波浪改造作用交替进行而形成的。

2）后滨

后滨位于海岸沙丘与平均高潮线之间,属于潮上带。其地形较平坦,沉积物主要是中、细砂,分选、磨圆好,平行层理发育,可见小型交错层理和潜穴等遗迹化石。在低洼处常有积水,发育泥沼和藻席,干旱气候则发育盐壳。

3）前滨

前滨位于平均低潮线和平均高潮线之间,地形平坦,微向海倾斜。其沉积物主要是中、粗砂,磨圆和分选好,以低角度（通常小于 10°）相交的冲洗层理发育为特征。这种冲洗层理的单个纹层平行海岸延伸可达几十米,垂直岸线延伸十几米,是前滨特有的构造。此外还发育多种波痕、拱石构造及石针迹等遗迹化石。

4）近滨

近滨位于平均低潮线至正常浪基面之间的潮下带,也称浅海潮下带或临滨,沿岸沙坝发育。沙坝数目与海底坡度有关,坡度越小,沙坝越多,一般 2~3 列,多者可达 10 列。沙坝间距一般为 20~30m,长几千米至几十千米。其沉积构造主要为各种波痕和交错层理,生物扰动构造也常见。向海方向粒度变细,泥质夹层变多。

5）垂向沉积序列

海退、海进可分别形成进积型和退积型的滨岸垂向沉积序列。在古代地层中一般以向上变粗的进积型垂向层序最常见。在进积型垂向层序中,沉积相自下而上依次为滨外陆棚、过渡带、近滨、前滨、后滨和风成沙丘。持续海退可形成相当稳定的席状砂体。在统一的席状砂体中,常存在一些薄的向海倾斜的泥质夹层,这些泥质夹层分布于相邻的进积砂体之间,形成低渗透屏障,是在短暂的海进期间沉积形成的。

2. 障壁型滨岸砂体

障壁型滨岸沉积体系主要由障壁岛、潟湖和潮坪等地貌单元共同组成有障壁的潮坪潟湖体系(图1-13)。在障壁岛内侧的潟湖中，水体受限，能量低，但由于潮汐作用的影响，可在潟湖周围广阔而平坦的地带形成潮坪沉积。潟湖、潮坪、障壁岛密切共生，构成障壁岛海岸沉积体系，其中砂体主要形成于障壁岛和潮坪环境。

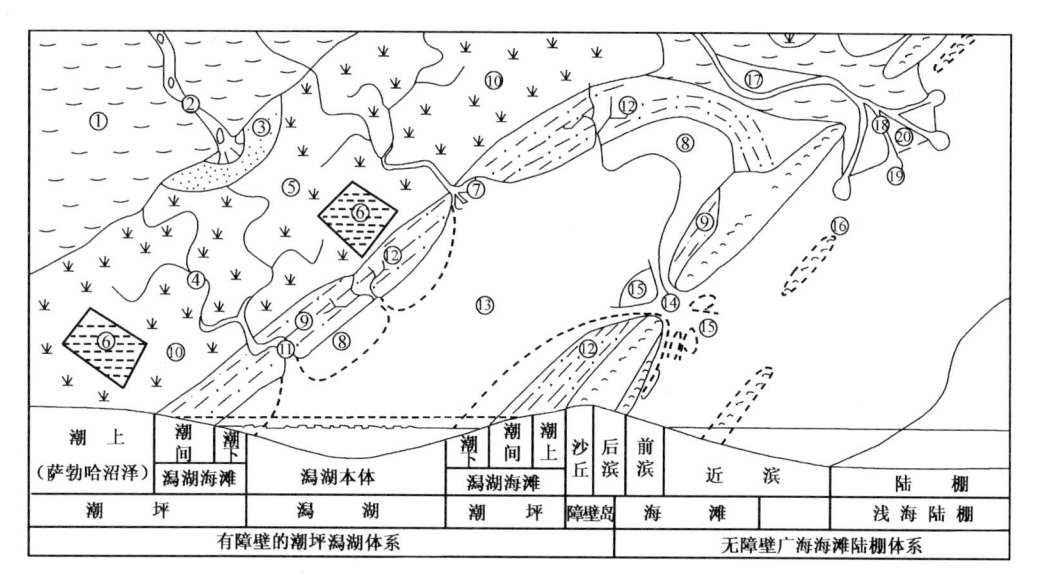

图1-13 有障壁海岸地貌景观示意图

① 冲积平原；② 游荡性河；③ 冲积扇；④ 曲流河；⑤ 滨岸沼泽；⑥ 萨勃哈；⑦ 河流潮汐三角洲；⑧ 沙坪；⑨ 混合坪；⑩ 泥坪；⑪ 河口湾；⑫ 潮渠、潮溪；⑬ 潟湖；⑭ 潟湖通道；⑮ 潮汐三角洲；⑯ 离岸沙坝（浅滩）；⑰ 边滩；⑱ 支流河道（三角洲平原）；⑲ 河口沙坝（水下三角洲）；⑳ 支间沉积（三角洲平原）

1) 障壁岛砂体

障壁岛砂体主要为中、细砂岩和粉砂岩，颗粒分选、磨圆好。向海一侧的沉积富含生物贝壳和云母。上部沙丘因风的改造砂质纯净。沙丘之后的障壁坪沉积常掺杂粉砂，粒度比沙丘砂细。障壁岛砂体发育厚层楔状、槽状交错层理，也发育低角度板状交错层理，常具不对称波痕及冲蚀痕迹，可见虫孔。

障壁岛砂体呈与海岸平行的狭长带状，笔直或微弯曲，也可有微弱分支。据对现代障壁岛调查，其长度一般为几千米至几十千米，宽数百米至数千米，厚数米至数十米。剖面上呈底平顶凸的透镜状。

2) 潮汐通道砂体和潮汐三角洲砂体

潮汐通道也称为潮道，是切割障壁岛、连接潟湖与海洋的通道。其发育程度取决于潮差，潮差小则很少形成潮道。宽度可从几百米到几千米，深度一般几米至几十米，这主要取决于潮汐强度和持续时间。潮汐通道属潮下高能环境，其沉积物以砂为主，并可沿平行海岸方向侧向迁移，与曲流河的侧向迁移相似。

潮汐通道砂体底部通常由贝壳、砾石及其他粗粒沉积物组成，并具侵蚀底面；下部由较粗粒砂组成的深潮道沉积，具双向大型板状交错层理和平行层理及波纹层理，为向上变细的沉积层序。

潮汐三角洲是由于沿潮汐通道出现的进潮流和退潮流在潮道口内侧和外侧发生沉积作用

而形成的。由涨潮流在障壁岛向陆一侧形成的称进潮或涨潮三角洲,由退潮流在向海一侧形成的称退潮三角洲。前者受海浪作用影响小,而后者海浪和沿岸流的影响大。

3) 潮坪砂体

潮坪发育在潮汐作用明显、无强烈风暴、地形平缓的海岸地区,如障壁岛内侧的潟湖沿岸。潮坪可分为沙坪、泥坪和混合坪。在平均高潮线附近,能量低,以泥质沉积为主,称"泥坪"或"高潮坪";平均低潮线附近能量高,以砂质沉积为主,称为"沙坪"或"低潮坪";二者之间的过渡地带,能量中等,为砂、泥质混合沉积,称为"混合坪"或"中潮坪"。其中在沙坪和混合坪中经常发育潮汐水道。

潮坪砂体主要发育在沙坪、混合坪和潮汐水道环境。在平面上,由海向陆,沉积物粒度呈由粗变细的带状分布。

沙坪沉积的砂体主要为中、细砂岩,呈侧向上相当稳定的席状,一般厚数米至数十米,宽几千米至十几千米,其内泥质砂层少见。颗粒分选、磨圆好,大型和小型交错层理以及双向交错层理发育。

混合坪环境沉积砂体主要为细砂岩,泥质夹层多,压扁层理、波状层理、透镜状层理、双向交错层理发育,常见生物潜穴构造。

潮汐水道是潮流的往复运动和冲刷形成的,并可发生侧向迁移。它们向陆地常出现分叉,形似树枝状,主要分布于潮间带和潮下带上部,是潮坪上能量最高的环境。潮汐水道砂体通常呈总体与海岸线垂直的条带状,以砂岩为主,常富含生物贝壳与泥砾。其中大型和小型交错层理以及双向交错层理发育,底部具冲刷面。

4) 垂向沉积层序

海进和海退可分别形成潮坪的退积层序和进积层序。进积层序为向上变细的层序,而退积层序为向上变粗的层序。在古代沉积中,前者较常见。

滨岸相沉积环境中具有良好的生、储、盖组合条件。在其中的潟湖环境中,生物种类单调但数量多,且水体安静,有利于有机质的堆积,潟湖底部常形成富含 H_2S 的还原环境,有利于有机质的保存和向油气转化。其中发育的不同类型的砂体,有利于油气的储集。尤其是障壁岛砂体,砂质碎屑的粒度适中、分选好、岩性均一,横向上与潟湖、浅海等有利生油的相带相邻,对油气的储集更为有利。潟湖、潮坪广泛发育泥质岩类,也可以成为良好盖层。总之,由于海侵和海退的交替变化,在垂向上作有规律的递变,有利于形成完整的生、储、盖组合。

二、海相碳酸盐岩沉积体系

(一)碳酸盐岩沉积模式

碳酸盐岩是海洋环境中最为重要的内源沉积岩,它的形成过程与陆源碎屑岩有很大差别。陆源碎屑物质主要是母岩风化、崩解后产生的,这些在母岩区形成的碎屑物质一般经过水动力搬运到某一沉积环境下沉积下来,并最终演化成陆源碎屑岩。陆源碎屑岩的成分、结构、沉积构造等常常是其形成环境水动力的重要表征,并且这些沉积特征在经历成岩作用改造后一般都能很好的保存下来,因而碎屑岩的原始沉积环境较易判断。碳酸盐沉积物是在沉积盆地内形成的,其原始矿物成分、结构组分具有明显的环境标志,但由于碳酸盐沉积物在其成岩后生作用过程中,许多原始沉积特征,包括矿物成分很容易变化、消失,所以这对研究古代碳酸盐岩沉积环境很不利。因此,碳酸盐岩沉积模式也是在大量的现代碳酸盐岩考察基础上提出来的。

前人对碳酸盐岩沉积体系进行了广泛研究,提出了多种沉积模式。肖和欧文首先奠定和总结了陆表海碳酸盐清水模式;拉波特提出波基面之下陆源碎屑沉积相带和碳酸盐岩与碎屑岩共存的陆表海模式,较好地解决了模式中碳酸盐岩与碎屑岩共存的问题;威尔逊和塔克模式是对前人各类沉积模式的补充与发展,使碳酸盐相模式的分析更加趋于系统和完善。我国关士聪等综合了中国古海域的特点,提出非常适合于中国南方海相碳酸盐研究的沉积模式。里德的动态发展模式不仅是对众多前人模式的高度总结和归纳,而且引入了构造和盆地分析的概念,使该模式更加适合于研究碳酸盐沉积环境的形成、演化和消亡全过程。

碳酸盐岩沉积模式在碳酸盐沉积相研究中得到了广泛应用。在国内影响比较大的是威尔逊(1975)、塔克(1981)、阿尔(1973)和关士聪(1980)等提出的沉积模式。

威尔逊根据对海底地形、水深、水动力条件、海水盐度、氧化界面等综合因素控制碳酸盐沉积作用的认识,在前人研究的基础上提出了一个理想的碳酸盐标准相带序列(表1-6)。

该模式从海岸到深海盆地分成三大相区、九个标准相带以及24个标准微相。其中沉积碳酸盐岩的主体是第7、8、9台地相带和4、5、6台地边缘相带,故该模式被称为碳酸盐台地模式。另外,九个相带中的1、2、3三个相带是深水陆棚及深海盆地环境,常含有一定比例的陆源沉积物。从整体来讲,该模式的基本格局是在陆棚的背景上形成了浪基面之上的沉积碳酸盐的台地环境。台地边缘存在斜坡和障壁作用的台缘生物圈、台缘浅滩,台地上则主要是沉积碳酸盐的台地潟湖和碳酸盐潮坪。海水波浪的能量主要消耗在台地高能区。往台地内部向大陆方向,波浪能量减弱,潮汐作用增加。

威尔逊所提出的碳酸盐标准相带模式是一个高度概括的理想模式,它最早介绍到国内来,对国内碳酸盐沉积环境研究起到了明显的推动作用,虽然在研究中很难找到与理想的标准相带模式完全相符的例子。

总之,碳酸盐岩主要发育在浅海开阔陆棚环境,一般形成碳酸盐台地。其成因基本以生物化学作用为主并经历后生成岩作用共同形成。碳酸盐岩是海相环境中最为发育的储层类型,在世界范围内已发现了多个大型碳酸盐岩油气田。

在生产应用中,塔克模式(图1-14)能更清楚地反映生储盖层的分布。生油岩主要发育在盆地—较深水斜坡和开阔台地凹陷等相带中;储集岩主要发育在台缘礁滩、开阔台地边部、礁前斜坡等相带中;盖层主要发育在蒸发台地萨勃哈、滩后潟湖等相带中。

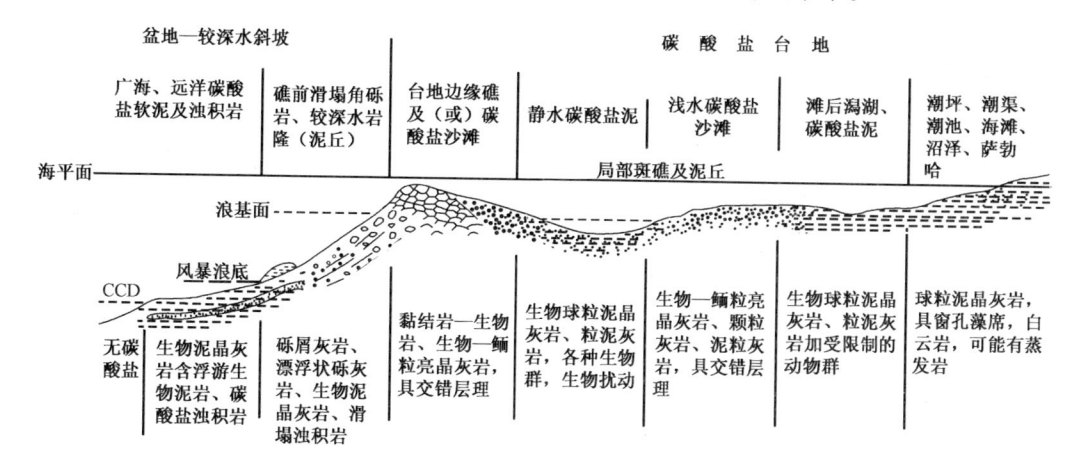

图1-14 塔克碳酸盐岩沉积模式图

表1-6 威尔逊的碳酸盐岩标准相带模式及主要特征

图解剖面	氧化界面 —— 风暴浪底 —— 正常浪底 —— 正常滨底 含盐度增加→								
相号	1	2	3	4	5	6	7	8	9
相	盆地（停滞缺氧的或蒸发的）：①细碎屑；②碳酸盐；③蒸发岩	开阔陆棚（波浪型）开阔浅海：①碳酸盐；②页岩	碳酸盐斜坡脚	前斜坡：①层状细粒沉积物具滑塌；②前积层状砂屑及灰砂；③灰泥块体	生物(生态)礁：①黏结岩块体；②生物堆积的灰泥碎积上的残壳、黏结岩；③障积岩	台地边缘砂：①浅滩灰砂；②具砂坝或白云岩的岛	开阔台地（正常海,有限的动物群）：①灰砂岩；②次积岩区；③碎屑区	局限台地：①生物碎屑泥岩、潟湖及海湾中的潮汐水道中的岩屑及生物一生物碎屑砂；③灰泥潮汐坪；④细碎屑单位	台地蒸发岩：①盐坪上的结核状硬石膏及白云岩；②湖泊中的纹理蒸发岩
岩性	暗色页岩或粉砂岩、薄层盆地灰岩(饥饿盆地),蒸发岩,含盐	富含化石的石灰岩与泥岩互层;岩层分异良好	细粒石灰岩,在某些情况下有楼石	因斜坡上的水的能量变化,沉积物碎屑及灰砂	块状石灰岩—白云岩	砂屑石灰岩—鲕状灰砂,或白云岩	多变的碳酸盐及屑灰岩	一般为白云岩及白云质石灰岩	不规则纹理状白云岩及石膏,可变为红层
颜色	暗褐黑红	灰、绿、红、褐	暗到亮	暗到亮	亮	亮	暗到亮	亮	红、黄、褐
颗粒类型和沉积结构	灰泥岩;细粉屑石灰岩	生物碎屑石灰岩和完整化石泥岩;有粉屑石灰岩	大都为灰泥岩;有粉屑石灰岩	灰粉砂和生物碎屑次积岩一次积颗粒岩;不同粒级的岩屑	黏结岩和生物颗粒的囊状体次颗粒	分选良好的颗粒岩;圆磨粒	结构变化大;颗粒岩到泥岩	凝块的、球粒的泥岩和颗粒岩;纹理状泥岩;水道中的粗岩屑次泥岩	

续表

相号	1	2	3	4	5	6	7	8	9
层理和沉积构造	很平的毫米级纹理，韵律层理，波状交错纹理	虫孔遍布，薄到中层，波状结核状层，层面呈现小间隔	纹理可很少，常呈块状层，递变沉积物的透镜体，岩屑及外来石块，韵律层	软沉积物中的滑塌，前积层层理，斜坡生物丘，外来石块	块状生物构造或开放格架，具或盖顶孔穴，与重力相反的纹理	中到大型交错层理，槽状交错层常见	虫孔遗迹很多	坪上有鸟眼，叠层石，毫米级纹理，递变层理，潮坪白云石壳，水道中有交错层砂	硬石膏取代石膏，结核状，玫瑰花状，鸡丝状和刀片状，不规则纹理，碳酸钙质层
陆源碎屑混杂层或互层	石英粉砂和页岩，细粒粉砂岩，燧石质	石英粉砂，砂质页岩，岩屑分异良好	有一些页岩，粉砂岩和细粒粉砂岩	有一些页岩，粉砂岩和细粒粉砂岩	无	仅有一些石英粉砂混入	碎屑及碳酸盐呈分异良好的岩层	碎屑及碳酸盐呈分异良好的岩层	风成搬运的，来自陆地的混入物，碎屑可以是重要单位
生物群	独特的自游一浮游动物在层面上局部富集	极不相同的带壳动物，内生动物和外生动物均有	生物碎屑，主要来自上斜坡	完整化石群体及生物碎屑	囊状体中有大量的分枝状造架生物，在某些隐蔽处有原地生物群落	生活在斜坡上的钻虫和磨蚀的介壳，原地生物少见	缺少开阔海洋动物如棘皮类、头足类、腕足类、软体动物、海绵、有孔虫、藻常见，有斑礁	很有限的动物，主要为腹足类、藻、某些有孔虫（栗米虫）和介形虫	除叠层藻外，几乎没有原地生物群

— 27 —

近期国外对碳酸盐岩台地内的台内凹陷有突破性认识,认为台内凹陷烃源岩发育,以泥岩、页岩为主,台内盆地水深一般小于200m,中东地区仅几十米;若水太深,有机物容易氧化。这有别于以前认为碳酸盐岩台地烃源岩缺乏的认识。

(二)生物礁

生物礁储层是我国近期克拉通盆地勘探的热点和亮点。2000年以来,已相继在塔里木盆地塔中1号地区台缘带、四川盆地开江—梁平海槽台缘带发现了多个亿吨级以上大油气田。下面对生物礁分类、亚相特征进行简单介绍。

1. 生物礁的基本形态与分类

不论是现代还是古代生物礁,其本身是一种生物学及生态学现象,生物礁是主要由生物和生物作用(包括宏观生物以及微观生物)所形成的、具有地貌特征的碳酸盐岩体。这是较流行的一个广义定义,包括了所有由生物和生物作用成因的碳酸盐岩体。生物原地生长堆积形成的抗浪块体,抗浪块体中的大部分生物保持生长生态特征(35%),地貌上呈明显的凸起,高:宽之比大于1:30为生态礁,小于1:30为地层礁。

邓哈姆(1970)提出的礁的双重概念:广义礁和狭义礁。狭义礁即所谓生态礁,是指造礁生物原地生长造成的坚固的抗浪骨架,它在地形上具有隆起的正性地貌特征。广义礁实际上是指厚的碳酸盐岩体,横向延伸不远,即是一个三度空间上的碳酸盐岩几何体,包括如下众多同义或基本同义的多种名词:石化礁、生物礁、生物岩礁、有机建造、生物丘、灰泥丘、生物层、层状礁、地层礁等。

澳大利亚大堡礁沿昆士兰陆架延伸1900km,约有2500个独立的礁体,大部分礁体都不大于几平方千米。我国南海热带海域中也广泛发育珊瑚礁。

在地质历史时期,寒武—奥陶纪主要发育滩或礁滩复合体。在造架生物大量繁盛的地质时期,台地边缘形成大型障壁礁,礁后浅水区发育点礁,台内和斜坡发育灰泥丘。在造架生物不发育的地质时期,台地边缘发育碳酸盐颗粒滩,在台内与斜坡下部静水处发育灰泥丘。

生物礁的分类方案较多,按地理位置分为岸礁(堤礁)、沿岸礁(堤礁和丘礁)、台内礁(点礁和斑礁)、边缘礁(堤礁)、圆丘礁(灰泥丘)、盆地礁(环礁、宝塔礁、马蹄形礁)6种;按几何形态分为补丁礁(点礁)、丘礁、堤礁(堡礁)、宝塔礁、环礁、马蹄形礁6种;按造礁生物属种分为珊瑚礁、层孔虫礁、苔藓虫礁、海绵礁、水螅礁、有孔虫礁、厚壳蛤礁、藻礁等8种;按海水进、退序列分为海侵礁、海退礁2种。本书建议根据礁的沉积环境进行分类:台内礁(点礁、滩礁)、台地边缘礁、盆地礁。

2. 生物礁的沉积亚相划分

生物礁主要由礁核和礁翼组成。在一些群礁复合体中,礁间沉积也与礁的发展有密切关系(图1-15)。

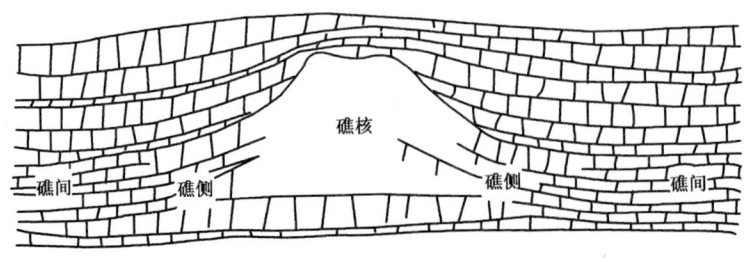

图1-15 生物礁的一般沉积相模式(据Janes,1978)

一个发育完整的礁组合,在垂向剖面上从底到顶通常可区分出:礁基、礁核、礁坪和礁盖等四种微相;在横剖面上可划分出礁核、礁翼、礁间海、礁前斜坡等微相。台缘礁可分为前礁、礁核和后礁三个单元。

礁核:指礁体中能够抵抗波浪作用的部分,乃礁的主体。它主要由原地堆积的生物岩或黏结岩组成。其中生物的含量很高,主要是造礁生物,还有一些附礁生物。这些造礁生物有时保存原地的生长骨架,骨架间常有礁的破碎物充填。其原生孔洞不是被内部沉积物充填,就是被早期纤状文石和镁方解石胶结。

礁翼:通常是指礁相与非礁相呈指状交错过渡的部分礁体。礁体迎风的一侧称为礁前,背风的一侧称为礁后。在一些盆地或潟湖的斑礁或塔礁中,由于未受到方向性风浪作用的影响,礁前同礁后极为相似,所以礁翼就分不出礁前和礁后。

礁前处于迎风一侧,在风浪冲击下,礁碎屑顺着礁前缘的陡坡堆积形成的岩石一般称为礁前塌积岩或礁前礁砾岩。这些礁碎屑大都未被磨圆且分选差。通常坡前的礁屑与灰泥混积,向盆地方向,砂屑增加,砾屑减少,它们与正常海的盆地相泥质沉积物呈指状接触。

礁后沉积多由分选较好的砂屑石灰岩组成,胶结物多为亮晶方解石。背风的地方含有较多的灰泥基质。碎屑物质主要为来自礁核的生物碎屑。礁后也可以出现一些特殊的生物,例如某些藻类、有孔虫以及某些软体动物的种属。与礁核的差别是动物群富含单体生物,与礁前相比,其生物门类和种属大为减少。在礁发展的晚期,在礁后相中,有纹层构造、叠层石以及鸟眼构造,还有早期白云石化的现象。

礁间:在一些群礁复合体中,礁与礁之间的沉积物和生物组分与礁的发展有着及其密切的关系。在海侵的情况下,群礁一般是发展的,在礁间可以出现正常的海相碳酸盐沉积;当海退时,群礁的发展受到抑制,礁间可以出现一些潟湖相的沉积。有时礁间也可以包括在礁组合的复合体中。

古代生物礁鉴别标志包括:在碳酸盐岩地层中生物礁相中造礁生物和附礁生物的大量出现,具有明显的原始地貌隆起,加上礁相和非礁相之间的差异压实作用,因此,礁相地层的厚度明显比同期非礁相地层的厚度大。礁核发育骨架岩、障积岩和黏结岩。礁前的垮塌礁角砾也是礁的识别标志之一,礁顶、礁翼的生屑、砂屑灰岩易发生白云岩化而成为良好的油气储层。礁体常呈灰白色块状岩体,成层性差、无层理。礁灰岩内示顶底构造发育。

3. 生物礁与油气分布的关系

一般说来生物礁孔隙发育,各种溶蚀作用发育强,是碳酸盐岩沉积地层中最好的储集体。生物礁及其复合体极易形成岩性地层圈闭而成藏。可以说凡有碳酸盐岩发育的地区,大部分都存在由礁控制的油气田。因此,礁与油气关系密切,且礁具有独特的富油气特征。

(1)礁常常是成群或成带分布。

礁群或礁带不仅平面上有这样分布的特点,而且在垂向上也成群分布。众所周知,单个礁体有发生、发展和消亡(定殖、拓殖、泛殖、统殖)的过程。这样的过程受着环境和亚环境的控制,从而礁体随着环境和亚环境的不断变化而不断形成,所以在垂向上也形成多个礁体的复合体。

(2)礁型圈闭常常具有较高的孔隙度和渗透率。

碳酸盐岩储层通常具有较低的孔隙度和渗透率,礁型储集体则相反,常具有异常高的孔隙度和渗透率,比良好的砂岩储层的孔隙度和渗透率还高。

根据20世纪70年代的统计,世界上有8口日产万吨的油井,其中有4口产自礁型油田

(墨西哥黄金巷3口,利比亚伊特里斯1口),这些油田的礁储集体具有很高的孔隙度和渗透率。

大量统计资料表明,礁型油气田一般都具有大于10%的孔隙度,渗透率在100μm²以上(表1-7)。因此礁型油气田单井产量常常很高。这是由于礁体白云岩结构构造的特殊性所致。

表1-7 礁型油气田物性特征

国 家	油 田	孔隙度(%)	渗透率(μm²)	国 家	油 田	孔隙度(%)	渗透率(μm²)
伊拉克	基尔库克	72~25	—	加拿大	金穗	15	—
利比亚	英蒂萨斯	22	4~500	加拿大	朱迪湾	12.5	170
美国	利史纳得	7.6	19.4	加拿大	虹G	10.6	565
加拿大	邦尼格仑	9.55	115~1271	中国	建南	14.6	—
加拿大	列杜克D	8	100~1000	中国	滨南	46(礁核)	—

对整个礁体而言,孔隙度和渗透率相当不均。礁核相带孔隙度和渗透率最高,而礁侧相(后礁相、前礁相)则孔隙度和渗透率很低。如伊拉克基尔库克油田,后礁相—潟湖相灰岩岩性比较致密,物性很差;礁核灰岩孔隙度、渗透率很高;前礁灰岩由于白云岩化作用,使孔隙度、渗透率增高。利比亚英蒂萨斯礁块油田,礁块的中央(礁核部分)孔隙度高达22%~26%,而礁侧相则孔隙度下降到15%。又如我国陆相碳酸盐岩滨南礁型油田,礁核孔隙度可达46%,而礁侧相为6%左右。世界上许多礁型油田都具有类似的特点。

值得注意的是,在实际中有不少礁型油气田,由于白云岩化作用和充填胶结作用,使礁块的物性特点发生异常。

(3)礁型油气田具有良好的生储盖层的组合。

礁块的存在是沉积环境的一个标志。在向岸一方常常是潟湖相的沉积环境,从礁向广海(广湖)一侧则是盆地相的沉积环境。许多资料表明,前礁的盆地相和后礁的潟湖相都是有机物质丰富的细粒碳酸盐岩沉积。这些有机物质丰富的石灰岩或泥灰岩,可以在有利的条件下形成生油岩。有的礁体周围直接就为黑色页岩所围,这些黑色页岩可能是良好的生油岩。因此礁的周围常常是生油岩系包围。不论是海进或是海退,在礁块上覆盖蒸发岩系或细粒碳酸盐岩、页岩,形成良好的盖层。

(4)礁型油气田一般油气分布于礁核。

一般油气分布于礁核,这是由于礁核相具有最好的孔隙度和渗透率所致,所以在勘探礁型油气田时,一定要搞清礁相带的分布。但是经常也可以看到油气的分布不是受礁核相带的制约,而是受白云岩化作用的控制。例如我国建南礁型气田,生物礁发育于上二叠统长兴组中部,礁高为156m,面积约为15km²。造礁生物以海绵、层孔虫、蓝绿藻为主。储集体的储集空间是以次生白云岩的晶间孔隙和溶蚀孔隙为主,孔隙度达14.6%,而生物骨架灰岩则具有很低的孔隙度。因此建南气田的天然气分布受白云岩化作用的制约。

第二章　主要储集体类型及形成主控因素

储集体系作为储油气载体和圈闭的组成部分,是油气藏形成的基础要素和前提条件。沉积和成岩是控制储集体质量的两个重要因素,同时后期的构造运动产生的裂缝,一方面为盆地内储集体成岩过程中的流体运移提供通道,同时裂缝本身也可以作为储集空间,成为连接孔洞、改善储集性的重要因素。大多数研究者已认识到,储集体质量在空间和时间上的变化受众多因素控制,沉积盆地的性质和沉积环境控制了沉积物的组成、岩石的结构和原生孔隙。储层成岩作用是一个十分复杂的地球化学过程,受构造演化、沉积作用、矿物、盆地热流性质、流体运移及成岩环境中物理化学条件等多种因素控制,最关键的是矿物与孔隙流体之间的相互作用条件、方式及随之发生的迁移方向、途经与沉淀位置等。流体流动是影响成岩作用的关键因素,主要表现在两个方面,一是基于水—岩反应的古流体恢复,二是盆地成岩定量化研究。20世纪90年代流体热的兴起,使人们认识到流体在世界上许多大型和超大型矿床的成矿作用中发挥了巨大的作用。近年来,随着油气储层成岩作用与油气成藏研究的不断深入,人们也在不断探索盆地流体类型、流体动力学与成岩演化及油气成藏的关系,认为活动热流体具有重要的石油地质意义。对于古流体与成岩作用的关系探讨,以前人们更多的是以地层水分析资料为基础,但现存的油田水已经过后期的各种改造,并不能代表古水体的特性。而流体包裹体测温和成分分析及自生矿物的微量元素分析和同位素分析可以判断沉积成岩和成藏作用发生时的流体特征和古地温梯度,恢复成岩环境、判断成藏和成岩作用发生的时间和流动速率,从而得出沉积盆构造运动演化、成岩作用和油气运移的时序,确定流体流动模型。

本章首先介绍了四类原型盆地中发育的主要储集体类型,然后重点分析了三种岩性(砂砾岩、碳酸盐岩和火山岩)储集体发育和分布的控制因素。最后从本源上分析了"两相、两带"对储层物性的控制作用。

第一节　四类原型盆地发育的主要储集体类型

中国在古生代以来的地质历史中,普遍发育四种结构类型的含油气盆地,即断陷盆地、坳陷盆地、前陆盆地和克拉通海相盆地。勘探实践和研究表明:不同结构类型的沉积盆地充填了不同的沉积体系并且发育各具特色的储集体类型(表2-1)。本节重点分析砂砾岩、碳酸盐岩、火山岩三种类型储集体形成的沉积主控因素。

表2-1　不同类型盆地的主要沉积背景及其储集体类型

沉积特征 \ 盆地类型	陆相断陷盆地	陆相坳陷盆地	陆相前陆盆地	海相克拉通盆地
盆地成因与几何形态	深大裂谷,伸展走滑;受边界断裂控制,沉积凹陷多呈狭长形	地幔热沉降,基底下沉;呈不同形态的开阔湖盆,如长方形、菱形等	逆冲挤压,山前沉降;呈平行褶皱带方向的狭长形	大陆陆棚浅海和陆表海以及大陆周缘洋盆
盆地内部结构	结构复杂,呈多隆多坳、多凸多凹相间排列,高低错落	结构简单,大型隆起和坳陷或平缓斜坡	结构简单,一般包括冲断带、沉降带和斜坡带	结构复杂。存在岛弧系统以及大陆架、大陆坡等

续表

沉积特征 \ 盆地类型	陆相断陷盆地	陆相坳陷盆地	陆相前陆盆地	海相克拉通盆地
主要物源方向	横向短程物源为主，纵向长程物源为次	纵向长程物源为主，横向短程物源为次	以来自褶皱带、斜坡带的横向物源为主	以洋盆四周的长物源为主
主要沉积体系类型及相带展布特征	冲积扇、扇三角洲、辫状河三角洲、水下扇等砂体和湖相泥岩，相带分异程度较差，相带狭。沉降中心紧邻陡坡生长断层一侧，沉积中心向湖方向偏移，深陷期深水区可占1/2	以长轴河流—三角洲沉积体系为主，相带分异程度高，相带宽；其次为短轴辫状三角洲体系。单一沉降沉积中心，两者位置一致，位于盆地中心，深水区占10%~15%	来自褶皱带一侧为扇三角洲，来自克拉通方向一侧为河流—三角洲。前者相带狭，后者相带宽。沉降中心位于山前沉降带，沉积中心向克拉通方向偏移	海洋环境中发育滨岸、生物礁、浅海陆棚、次深海、深海等多种沉积体系，而在海陆过渡环境中主要发育三角洲和河口湾沉积体系
主要储集体类型	扇三角洲、辫状河三角洲、水下扇为主，并常见火成岩、变质岩等	三角洲为主，次为辫状河三角洲、河流和扇三角洲	冲积扇、扇三角洲、辫状河三角洲为主，其次为河流—三角洲	滨岸相砂体、碳酸盐岩（包括生物礁滩）为主
实例	渤海湾盆地(E)、二连盆地(K_1)	松辽盆地(K_2)、鄂尔多斯盆地(Mz)	川西坳陷(Mz)、库车坳陷(Mz)	塔里木盆地(Pz)、四川盆地(Pz)

一、断陷盆地储集体类型

断陷盆地主要分布在中国东部中—新生代，如渤海湾盆地(E)、二连盆地(K_1)、苏北—南黄海盆地(E)等。断陷盆地由于形成于裂谷伸展、拉分的成盆机制，具有多凸多凹、多物源、近物源的古地理背景和在短期内可形成较大的可充填沉积空间，因此广泛发育冲积扇、扇三角洲、辫状河三角洲、水下扇及滩坝等多种砂体类型。裂谷湖盆初始张裂期和衰亡期以冲积扇及河流充填为主；在湖盆深陷期山高水深，坡降大，是重力流沉积最发育阶段，有分布于陡坡带的近岸水下扇，也有出现于缓坡带具有供给水道的远岸扇、轴向重力流水道；在湖盆收缩期和沉降早期湖区范围较小，水体较浅，以发育各种类型三角洲为主。扇三角洲见于陡坡带，辫状河三角洲见于缓坡带。在湖盆稳定沉降期，湖盆经前期充填，地形趋于平缓，水广而浅，滨浅湖滩坝砂和碳酸盐类沉积较发育。伴随裂谷断陷演化过程有多期基性火山喷发，形成独特的火山岩储集体，其中以初始张裂期最普遍。

通过对早白垩世滦平小型断陷盆地的野外露头精细解剖还发现，断陷盆地除了在其短轴陡坡、缓坡部位发育众多的扇三角洲砂体外，在其长轴方向还发现了规模较大的桑园扇三角洲砂体(图2-1)。

裂谷断陷湖盆中发育的河流、各类三角洲、近岸水下扇、湖底扇、滩坝及冲积扇等众多类型砂砾岩储集体，由于具有近油气源的有利位置，成藏条件优越。通过对渤海湾、二连盆地主要凹陷各类储集体探明储量统计表明，扇三角洲、辫状河三角洲、近岸水下扇、湖底扇四种砂体是主要岩性地层油气藏储集体类型，其探明储量占总探明储量的68%。另外，火山岩和湖相碳酸盐岩等储集体也具有一定潜力。

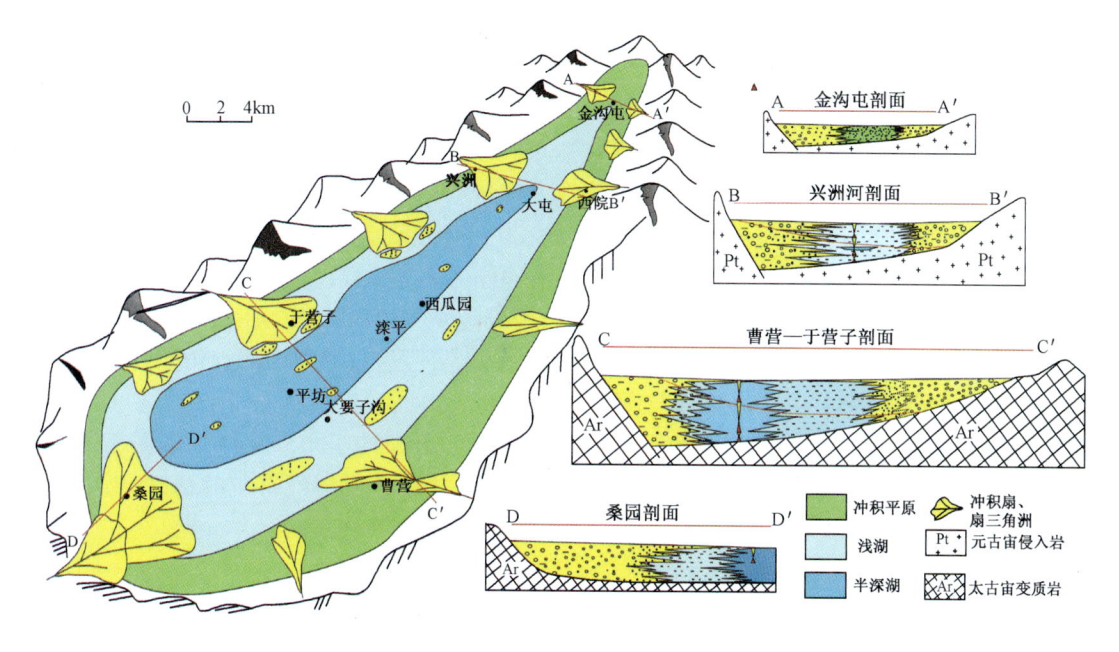

图 2-1 滦平小型断陷盆地扇三角洲沉积模式图

二、坳陷盆地储集体类型

在我国陆上，中—新生代坳陷盆地广泛发育，如松辽、鄂尔多斯、准噶尔等盆地。坳陷盆地一般形成于克拉通内热沉降地区，因此其内部结构相对简单，或自盆地边缘斜坡向盆地内部坳陷倾斜（松辽盆地），或为低幅度隆坳相间（鄂尔多斯、准噶尔盆地）。坳陷盆地一般具有较为宽阔平缓的湖盆区域和比较稳定的长程供源水系沉积背景，因此其岩性、岩相分异显著和沉积厚度变化小；并且各个沉积体系规模较大，但沉积速率较低。沉积相带的分布多呈环带状，沉降中心和沉积中心基本一致，深湖区位于湖盆中部。在一侧有断裂隆升的坳陷盆地，其沉积相带多呈不对称环带状，沉降中心和沉积中心有偏离，深湖区一般临近山前坳陷向盆地内部坳陷的过渡区。

坳陷湖盆在长轴方向一般发育冲积平原—曲流河—三角洲砂体，如松辽盆地北部沉积体系；在短轴陡坡一般发育冲积扇—扇三角洲砂体，如松辽盆地西斜坡英台沉积体系；在短轴缓坡一般发育冲积扇—辫状河—三角洲砂体，如鄂尔多斯盆地安塞沉积体系发育大型浅水三角洲（图 2-2），其纵向分布可达上百千米以上。坳陷盆地以长轴和短轴缓坡发育的大型曲流河—三角洲砂体为特色。

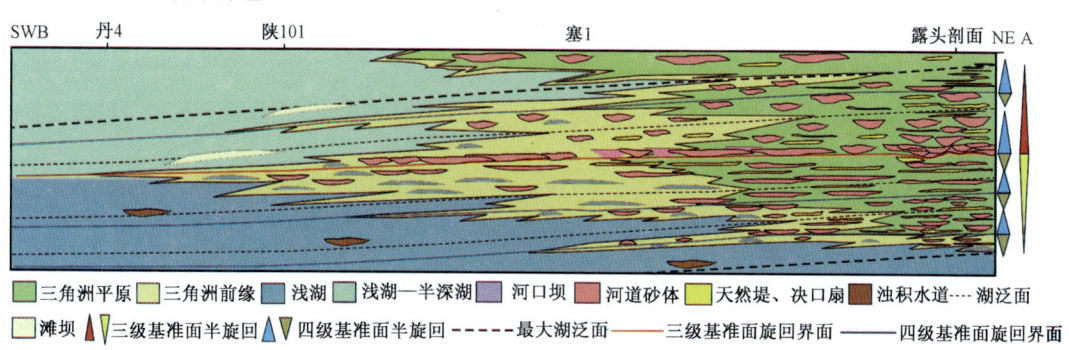

图 2-2 鄂尔多斯盆地安塞大型浅水三角洲沉积层序模式图

随着松辽、鄂尔多斯等大型坳陷湖盆的深入勘探,浅水三角洲及湖盆中心砂体已成为中国陆相盆地岩性油气藏勘探的重要目标。大型浅水三角洲形成所需的条件有:相对较浅的水体、稳定的构造背景、平缓的坡度及充足的物源。如松辽盆地下白垩统青一段沉积湖区面积可达 $8.7 \times 10^4 km^2$,嫩江组一段沉积期湖区面积可达 $15 \times 10^4 km^2$,但最大湖扩期深水区的水深仅 30~60m(吴崇筠等,1993)。现今的鄱阳湖赣江三角洲也具备浅水三角洲的典型特点。

浅水三角洲的主要特征是:① 水体相对较浅;② 砂体宏观叠合连片,大面积分布;③ 水下分流河道很发育,延伸较远;④ 河口坝被后续河流冲刷而不易保存。

鄂尔多斯盆地中生界延长组长 8 段是较为典型的浅水三角洲沉积。在盆地周边露头剖面上可发现长 8 段沉积期三角洲平原河道砂体规模较大,连片发育;盆地中部三角洲前缘分流河道发育,延伸范围宽广;湖盆中心煤线与碳质泥岩发育,说明水体浅,面积较小(图 2-3)。长 8 段沉积期的北部三角洲面积可达 $48000 km^2$,如此大面积分布的三角洲朵体是多期三角洲纵横连片延伸到盆地中心的结果。大规模连续分布的长 8 段砂体是油气富集的基础,为中生界石油勘探的有利目标区。

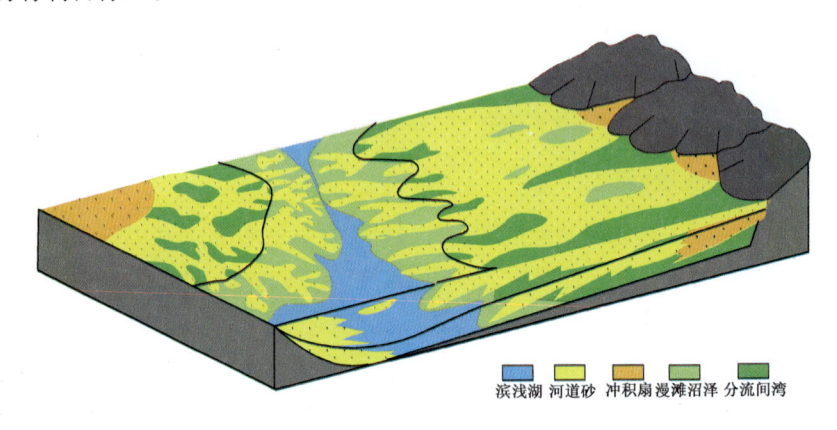

图 2-3 鄂尔多斯盆地延长组长 8 段沉积期浅水三角洲沉积模式

大面积三角洲砂体是多期三角洲朵体平面上连接而成的三角洲复合砂体,湖盆的敞流性是湖盆中心浅水三角洲砂体发育的重要条件,敞流通道对湖盆中心砂体分布及方向有重要控制作用,湖盆中心各类浅水砂体的走向垂直于敞流通道,向溢出口收敛。

大型浅水三角洲体系三级层序界面上覆叠置连片砂体为盆地流体运移的重要通道,三角洲平原带三级层序界面上覆叠置砂体富集岩性油气藏,勘探潜力较大。

大型浅水三角洲体系具备前三角洲泥岩、湖沼相煤岩及下三角洲平原煤岩等三套烃源岩;低渗透(致密)砂层对优质溶蚀储层的上倾封堵,三角洲(分流河道)间(湾)泥岩对三角洲(分流河道)优质溶蚀储层的侧向封堵,三角洲砂体差异压实所形成的低隆构造背景等形成良好的聚集条件。浅水三角洲岩性油气藏勘探正由三角洲前缘带向湖盆中心及三角洲平原带扩展,呈现出连片趋势。

坳陷盆地深湖区离物源较远,发育远源细粒浊积岩砂体和三角洲前缘滑塌浊积岩砂体。同时随着近年来油气勘探的深入及湖盆中心厚砂体成因机理的深入研究,认识到湖盆中心厚层块状砂体是砂质碎屑流成因。砂质碎屑流是鄂尔多斯盆地形成"连续型"油气藏的重要砂体类型。Shanmugam 等在大量露头观察基础上建立的砂质碎屑流理论,是对现行经典浊流理论的部分否定与补充。砂质碎屑流可定义为泥质含量少、体积浓度较大、具多种支撑机制、层流为主、整体固结的宾汉塑性流体。其沉积物呈不规则的朵叶状,无固定水道。国外众多学者通过水槽试验证明了水下砂质碎屑流的存在。一期深水重力流的发育可分为连续的四个阶段:滑动、滑塌、砂质碎屑流、浊流。在鄂尔多斯大型宽缓的湖盆中,重力流主要以砂质碎屑流的形式保存下来,而不是浊流。

砂质碎屑流与浊流的主要区别表现在流态、流变特征、流体浓度、层理特征、发育位置、平面展布、砂体形态等七个方面。浊流特征:① 紊流支撑的悬浮搬运;② 牛顿流体;③ 流体浓度小于28%;④ 粒序层理;⑤ 发育于一期流体的顶部与前端;⑥ 沉积物平面呈有水道扇形;⑦ 剖面砂体呈孤立透镜体。砂质碎屑流特征:① 多种支撑机制搬运;② 宾汉塑性体;③ 流体浓度大于50%;④ 具块状层理,顶部常有漂浮的泥岩或页岩颗粒;⑤ 发育于一期流体的底部;⑥ 平面呈不规则的舌状体;⑦ 剖面砂体呈连续块状或席状。

鄂尔多斯盆地白豹地区延长组长6油层组普遍发育砂质碎屑流沉积,浊流沉积较为少见。该地区砂质碎屑流最具代表性的岩性为含泥砾砂岩与无任何层理的块状砂岩。含泥砾砂岩的岩性较细,为细砂岩—粉细砂岩,泥砾的粒径差异较大,一般为3~5cm,最大可达10cm,部分泥砾还保留有原始的沉积构造——水平层理。块状砂岩是研究区重要的储层,岩心中可见大量含油块状砂岩,单层厚度0.6~1.5m,累计厚度可达10~20m,这些块状砂岩的存在是长6油层组高产的基础,为盆地长6油层组整体连续油层分布奠定了基础。

通过露头、岩心观测和测井参数分析,建立了以鄂尔多斯盆地长6段为代表的坳陷湖盆中心深水"砂质碎屑流"重力成因沉积模式。白豹地区三角洲前缘由于砂体快速堆积,沉积物常常不稳定,在地震、波浪等外界动力机制触发下,沿坡折带或斜坡发生滑动形成重力流沉积。松动的岩层首先发生滑动,然后发生滑塌变形,随着水体注入,岩层块体破碎搅浑,以碎屑流的形式呈层状流动,在三角洲前缘坡折带及深湖平原形成大面积砂质碎屑流舌状体;碎屑流沉积物的前方或者顶部发育少量的浊流沉积(图2-4)。

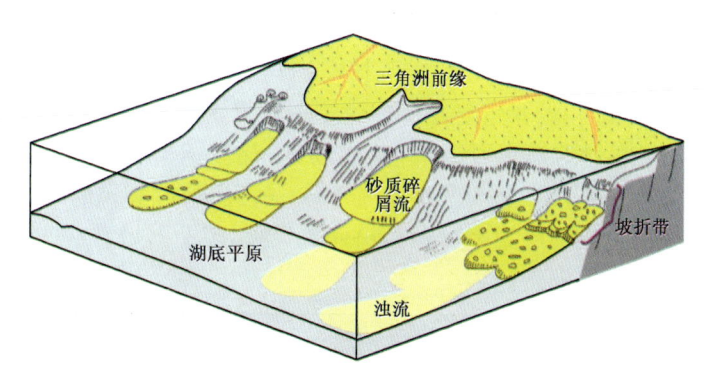

图2-4 砂质碎屑沉积模式

白豹地区长6油层组三角洲前缘坡折带下部是砂质碎屑流分布的主要场所,砂体具有纵向延伸不远、横向叠置连片规模大、分布较广、厚度较大、物性较好的特点,有利勘探面积达4000km²以上(图2-5)。坳陷湖盆斜坡中下部或坡折带底部发育大规模砂质碎屑流,而呈扇状展布的浊流分布规模很小,这一观点打破了鲍马序列和海底扇等深水沉积传统认识。在我国松辽坳陷、渤海湾断陷等大型湖盆中心也发现大规模"砂质碎屑流"沉积,这一新认识拓展了我国在湖盆中心部位找油的新领域。

坳陷型陆相湖盆在紧邻中央坳陷湖盆生烃区主要发育三角洲砂体储层,因此其主要含油砂体类型以三角洲为主,如松辽、鄂尔多斯、准噶尔盆地三角洲储集体储量占其各自总储量的80%。其次是扇三角洲和辫状河三角洲,远源浊积岩砂体的勘探潜力等待发掘。

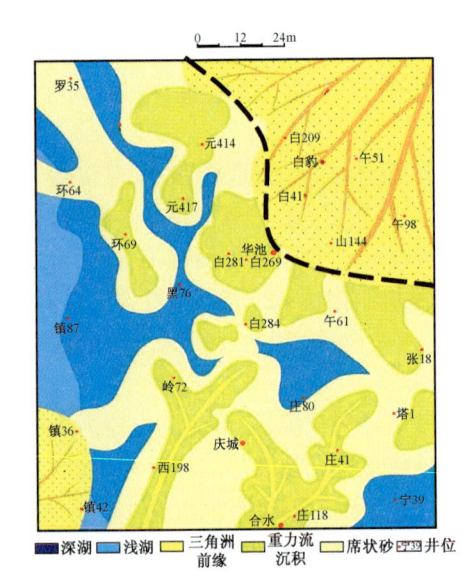

图 2-5 鄂尔多斯盆地湖盆中心长6段沉积相平面展布图

三、前陆盆地储集体类型

前陆盆地是沿造山带分布的沉积盆地，为位于活动造山带与稳定克拉通之间的过渡带，在山前出现强烈沉降带，向克拉通方向沉降幅度逐渐减小，沉积底面呈斜坡状。前陆盆地沉积剖面形态呈不对称箕状，自近造山带向克拉通可分为冲断带、沉降带、斜坡带和隆起带。前陆盆地沉积物厚度、厚度梯度和沉积速率变化较大，如川西龙门山前陆盆地西北陡东南缓，西北厚东南薄。

前陆盆地在冲断带一侧广泛发育冲积扇、扇三角洲或辫状河三角洲砂体，呈进积式堆积。垂向上总体呈向上变粗的沉积层序，由近物源的砂砾岩至远物源的中细砂岩和泥岩沉积组成；平面上砂体形态大致呈扇形，厚度、岩性变化迅速，在10km距离内，厚度可由800m减至300m。而在盆地斜坡带一侧主要发育水进型三角洲砂体，垂向上为向上变细的沉积层序，由较远物源中细粒岩屑石英砂岩和湖相泥岩组成三角洲前缘沉积层序；平面上为典型的三角洲形态，厚度、岩性变化较缓慢。

前陆盆地主要储集体类型以冲积扇、扇三角洲、辫状河三角洲等为主。如准噶尔盆地西北缘克拉玛依大油田的主要储集砂体类型为冲积扇和扇三角洲，库车前陆盆地克拉2号气田的含气层段主要以古近—白垩系巴什基奇克组的辫状河三角洲砂砾岩体为储层。

四、克拉通盆地储集体类型

克拉通海相盆地中发育多种储集体类型，既有三角洲、滨岸和海底扇砂岩储层，又有碳酸盐岩和生物礁储层，这与陆相湖盆主要发育各种砂砾岩储集体明显不同。目前我国在海相盆地主要发育海陆过渡相砂体和碳酸盐岩（包括生物礁）储集体类型。如塔里木盆地台盆区各油田的主要储层为泥盆—石炭系的滨岸相滩坝砂体（东河砂岩）和碳酸盐岩（图2-6），四川盆地二叠系天然气田的主要储层为生物礁（滩）储层，鄂尔多斯盆地石炭—二叠系天然气田的主要储层为海陆过渡相三角洲砂体。

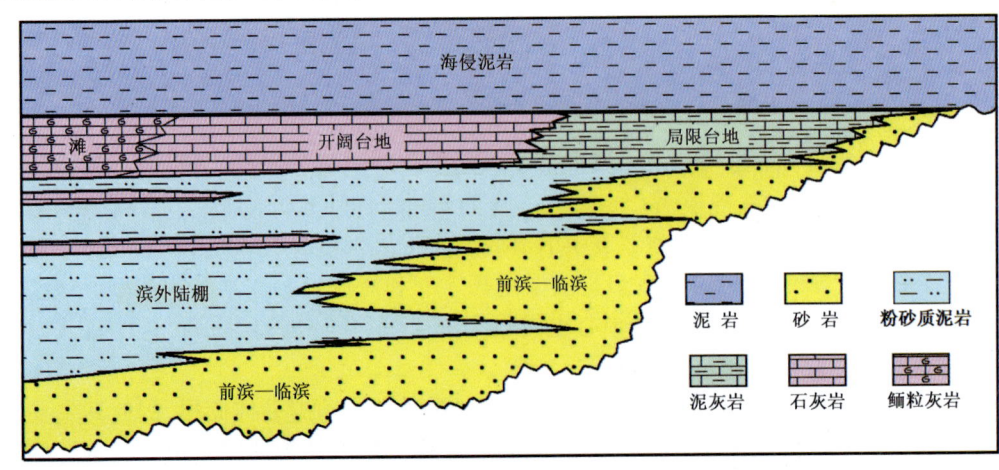

图 2-6 塔里木盆地古生界海相—海陆过渡相沉积模式图

滨岸相可分为障壁型和无障壁型两种。在无障壁滨岸相中主要发育海岸沙丘、滩堤、海滩沙坝、沿岸沙坝等砂体;在障壁型滨岸相中主要发育障壁岛、潮汐通道和潮汐三角洲和潮坪等砂体。

碳酸盐岩是海相盆地中最为重要的内源沉积岩,它的形成过程与陆源碎屑岩有很大差别。碳酸盐岩主要发育在浅海开阔陆棚环境,一般形成碳酸盐台地。其成因基本以生物化学作用为主并经历后生成岩作用共同形成。碳酸盐岩是海相盆地中最为发育的储层类型,在世界范围内已发现许多大型碳酸盐岩油气田。另外,在海相盆地中还广泛发育一种特殊类型的碳酸盐岩,即生物礁和滩坝。生物礁及其复合体极易形成有效圈闭而成藏。

第二节 有利砂砾岩储集体发育控制因素

中国含油气盆地中,油气储层岩石类型多,在各种类型的储层中都发现了工业性油气藏。砂砾岩储集体主要发育陆相和海陆过渡相、海相两种主要类型,陆相砂砾岩体在各含油气盆地均有分布,而海陆过渡相、海相砂砾岩体主要分布在中西部的塔里木盆地、鄂尔多斯盆地、四川盆地等。

一、陆相有利砂砾岩储集体发育控制因素

作为陆相沉积盆地最主要的沉积充填物——陆源碎屑岩,由于赋存了绝对数量的石油储量,它们占有特殊的重要地位。据统计,在我国已投入开发的油田中,各种类型的砂砾岩储集体石油储量占总储量的90%以上。

陆相岩性地层油气藏主要赋存于各种砂砾岩体中,常见的储集砂体类型有三角洲、扇三角洲、辫状河三角洲、水下扇、河道砂、冲积扇、滩坝等。陆相盆地砂体物源主要来自盆地周围隆起区,其次来自盆地内部隆起和凸起。不同的陆相盆地在特定古气候、古地貌、物源水系控制下,形成不同类型沉积体系和储集体,围绕湖盆沉积中心呈环带状分布。研究发现"古地形、古物源、古水深"是控制陆相盆地砂砾岩储集体形成和分布的三个重要因素,并因此提出了陆相湖盆的"三因素"控砂模式(图2-7)。一般情况下,古地形控制砂体展布方向,古物源供给水系规模控制砂体大小,古水深控制砂体类型。

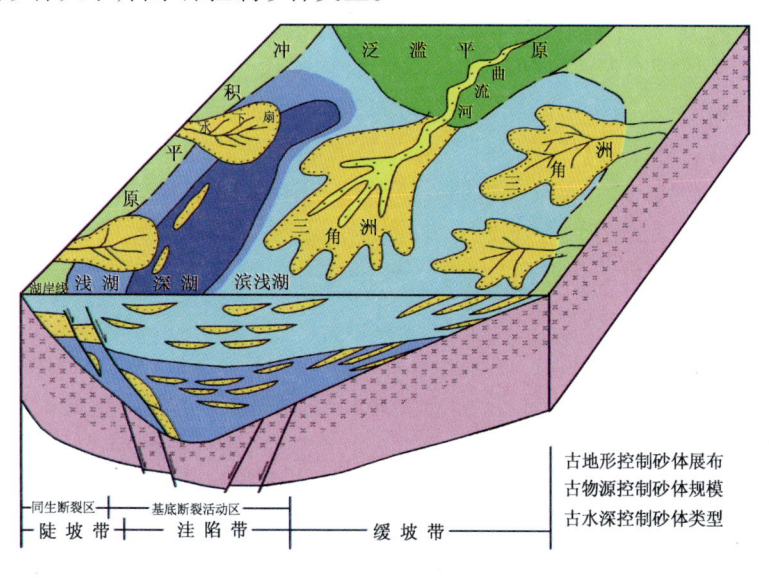

图2-7 陆相湖盆"古地形、古物源、古水深"三因素控砂模式图

(一) 古地形控制陆相盆地砂体展布

古地形是沉积盆地沉积时的地貌特征,影响了盆地沉积充填的次序和展布。本质上,沉积盆地充填过程中的古地形演化受制于古构造的演化。其中,断裂构造的类型、活动方式和组合样式控制了砂体的展布。

1. 盆缘断裂

盆地边界同沉积断裂的活动性决定了物源区与沉积区的古地形差异,影响风化剥蚀作用强度和剥蚀产物粒度,对砂体发育特点具有重要影响,往往形成呈扇状或裙状线性展布的粗碎屑储集体。如西北地区库车等中—新生代前陆盆地,边界逆冲断裂强烈活动期,物源区构造抬升作用强烈,母岩侵蚀作用快速,在前陆盆地近山一侧发育厚度很大的粗碎屑冲积扇—扇三角洲—辫状河三角洲沉积体系。冲断造山带碎屑物质供给量较大时,砂体前缘带可延伸覆盖至前缘隆起,如准噶尔盆地中生界砂体均来自盆地外围的冲断造山带,向盆地腹部陆梁等隆起区逐层超覆。在东部断陷盆地,陡坡断块的深陷与断隆山体的隆升耦合发育,临凹山系成为断陷主要的物源区,形成冲积扇、扇三角洲、水下扇等粗碎屑砂砾岩体,如渤海湾盆地南堡凹陷、大港歧口凹陷等。坳陷盆地断裂边缘的砂体,构成辫状河冲积平原与辫状三角洲的粗碎屑砂体,如鄂尔多斯盆地西南的西峰辫状三角洲体系,准噶尔盆地南缘郝家沟侏罗系八道湾组下部的辫状河冲积体积。

断裂活动造成的盆山耦合效应是盆地边缘断裂同沉积活动提供短程水系、近物源沉积的主要原因。无论前陆盆地、断陷盆地还是坳陷盆地,都表现为沿断裂展布的粗碎屑类沉积特点,储集体主要为粗砂岩和砂砾岩体。

2. 基底断裂

盆地基底早期隐伏断裂方向控制盆内砂体展布的走向。后裂谷盆地坳陷期断裂活动微弱,沉积相分界线一般不受断裂面控制,但早期断陷期的主要断裂走向仍然控制河流走向及砂体延伸方向。如松辽盆地断陷期发育北北东和南东东两组主要断裂,断陷期活动的基底断裂一般不直接断穿坳陷期沉积地层,但基底断裂对坳陷期沉积砂体分布仍然有重要影响。北北东方向断裂控制盆地长轴北部和南部水系和三角洲砂体的平面分布,南东东向断裂控制短轴水系和三角洲砂体分布。辽河坳陷新近系为泛滥平原河流相沉积,来自坳陷西北侧燕山隆起和东南侧辽东隆起区的水系近东西向进入辽河坳陷后,汇聚成两条向西南方向流动的曲流河水系,形成沿东部凹陷和西部凹陷长轴走向分布的条带状河道砂体,说明古近纪形成的断槽走向继续控制了砂体延伸方向。鄂尔多斯盆地早期北北东向断裂影响了延长组主砂体的展布方向,西峰辫状三角洲与安塞—志靖三角洲砂体展布方向与基底断裂基本一致。基底断裂虽然不直接影响到沉积地层的展布,但盆地下坳的几何形态深受盆地基地的影响,大的基底断裂控制了砂体(沉积体系)宏观展布方向。

3. 坡折断裂

坡折断裂控制盆地坡折带各类砂体的展布。坡折断裂依盆地类型不同而有所差异。断陷盆地的坡折断裂可分为两种类型,既顺向断坡式和反向断槽式。顺向断坡式坡折断裂下盘有沉积物堆积的广阔可容空间,砂体顺物源展布成扇体或朵体;反向断槽式的断裂体系构成了垂直物源方向的限制性长条槽状可容空间,重力流砂体沿断槽展布(图2-8)。坳陷盆地的坡折断裂离盆缘一定距离,常常平行于盆地边界,即是湖盆水体的边界(湖岸线),又是物源水系到此处卸载的场所,发育各类三角洲和浊积扇等砂体。坡折断裂处是盆地沉降的枢纽线,它与物源水系的相互作用,使湖平面升降,湖岸线在坡折断裂附近前后摆动,构成了坡岸交割控砂的有利储集条件。砂体成朵体垂直岸线向湖区展布,由于三角洲前缘坡度的变大,构成滑塌或冲积扇,形成三角洲—冲积扇砂体组合,如松辽盆地西部的英台坡折带。

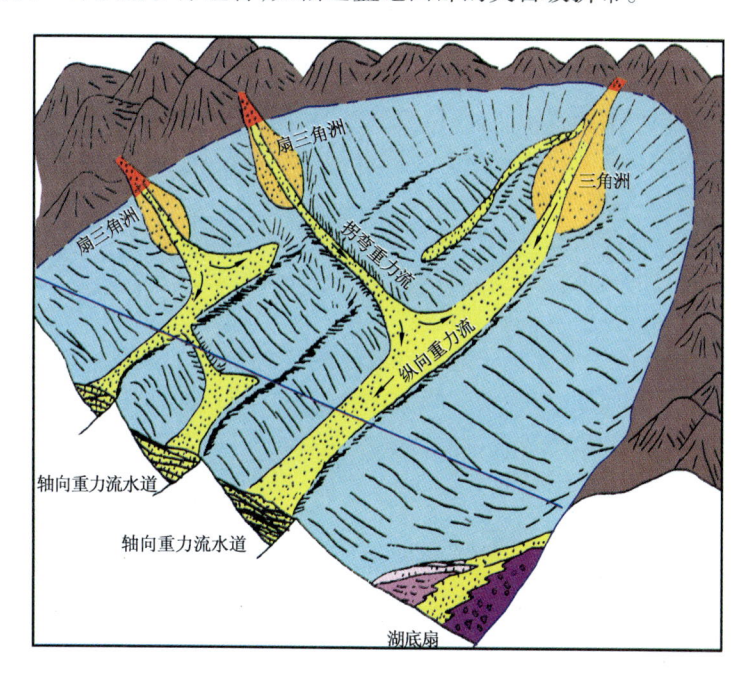

图2-8 重力流砂体沿反向断裂的沟槽充填模式图

前陆盆地的斜坡带也存在坡折断裂,如川西前陆盆地的龙泉山断裂是川西前陆盆地向川中稳定地块过渡的转折部位。宏观尺度上,川西前陆盆地地层向川中隆起超覆,但在坡折处是沉积厚度发生变化的枢纽带,也是斜坡长程物源水系在此卸载形成三角洲沉积体系的场所,大型三角洲砂体成朵状展布。

4. 调节断裂

调节断裂是与各主断裂的共轭派生断裂,对不同位移量的地质体起传递和调节作用,同时对砂体的展布起着重要的控制作用。不同构造背景下的调节断裂对砂体的控制作用有各自的特点。前陆盆地的调节断裂位于前陆冲断带,与主冲断裂或盆地边界垂直,为各推覆体或断块之间的横向调节断层。它们通常成为物源水系的通道,前陆隆起产生的大量沉积物顺此注入盆地,形成各种扇状和朵状砂体,顺源依次发育冲积扇—扇三角洲、辫状河—三角洲和水下扇等横向沉积体系序列,如川西新场水系和都江堰水系。断陷盆地的调节断裂可分为控盆调节断层和局部调节断层。如辽河雷家凹陷的局部调节断层,主要在两个断凹的断层末端转换处,控制了局部短物源砂砾岩体的展布。辽河坳陷西斜坡控盆一级的多个调节断层形成多水系的通道,并与断槽结合构成沉积地貌上的沟谷—断槽体系,形成了四大扇三角洲横向沉积体系序列。

陆相盆地中同沉积的断裂活动是重要的控砂因素,它们控制了砂体的展布方向和范围,控制了砂体在时间域上的变道位置,是最重要的控砂因素。

不同级次的断裂对砂体的控制程度不同。控盆一级的断裂,如基底断裂、盆缘断裂,对大的沉积体系起到制约作用,次一级的坡折断裂和调节断裂,进一步影响了砂体(沉积体系)的走向和更具体的展布范围,如坳陷盆地的坡岸交割控砂,断陷盆地的谷槽控砂。辽河坳陷古近系主要发育北东向和近东西向两组断裂,其中与凹陷边界平行的北东向断裂为主干断裂,将辽河西部凹陷和东部凹陷切割成多个北东向展布的断槽,控制了砂体平面延伸方向。古近系沙河街组发育众多扇三角洲或浊积扇砂体,多层砂体相互叠合形成多个条带状砂岩复合体,砂体延伸方向与北东向断槽走向平行,与物源区水系输入方向垂直。

(二)古物源水系规模控制砂体的规模

陆相沉积盆地是多物源沉积盆地。在一特定地质时期供源水系可能只有一个主水系,或辅以多个次要水系。在时间域上考察,不同地质时期可能存在不同的主水系,进而影响了砂体的展布和盆地充填式样。一般说来主水系可能在某一区域占据重要位置,可以认为是盆地的主物源水系,如松辽大庆长垣水系。

一个沉积盆地水系物源区的大小,决定了水系携带沉积物的能力,其次是可供物源的充足程度。例如地形高差大的山区,风化剥蚀强烈,沉积物多,反之近夷平的丘陵区,供物源能力较弱。因此物源水系的规模是汇水流量和其携带沉积物载荷的综合表现,供物源能力大的水系成为主水系。所以,水系的大小决定了盆地砂体规模的大小。

水系自隆起区进入湖盆后,水流动能降低,携砂能力减弱,粗碎屑物质在斜坡区优先堆积,形成沉积物粒度向湖盆中心区逐步变细的沉积体系。斜坡区位于湖盆边缘,受湖盆扩张和收缩影响较大,砂层沿斜坡向上超覆与向湖盆中心推进,容易形成多套、多种成因类型砂体相互叠置的砂岩复合体。

对于不同类型的陆相沉积盆地,其主物源水系的分布位置不同。坳陷盆地一般与盆地长轴有关,与长程的广阔汇水物源盆地相关联。前陆盆地的主物源水系较为复杂,主供源区与迅速隆升的冲断带有密切关系,主水系位于前陆隆升区一侧。裂谷系的断陷盆地群由于各个小盆地相互分割,形成即有局部物源为特色的近源水系,亦有在长轴方向联通远源物源的水系,其规模因不同构造部位而表现出各自特色。

坳陷盆地一般由一个主物源水系和若干个次物源水系组成。主物源水系由于携带沉积物多,优先充填其入湖处,形成较大的三角洲,发育成大面积浅水环境,由于物源供给充分、稳定,易形成大型砂体。大型坳陷盆地有多个物源,如松辽盆地除主水系大庆长垣水系外,还发育有白城、英台、保康、怀德等多个次级物源水系,它们的沉积体系规模相较于中央水系小,但也是重要的岩性地层油气藏的储集砂体发育区。坳陷边缘次级水系三角洲前缘砂层与生油岩呈指状交互接触,有利于形成大面积分布的岩性地层油气藏。如松辽盆地中央坳陷西部斜坡区,齐齐哈尔、英台、白城、保康等多个三角洲砂体前缘带,与古龙—长岭凹陷西部斜坡带上的鼻状构造背景相配合,有利于形成砂层上倾尖灭岩性油藏、砂岩透镜体岩性油藏、断裂构造—岩性复合油藏。

鄂尔多斯盆地安塞志靖三角洲延长组长6段沉积体系是当时的远源主水系(图2-9),以曲流河三角洲为特点,形成主要与三角洲前缘砂体岩性油藏;西峰三角洲为长8段沉积期的主水系沉积体系,以短程辫状三角洲为特征。这两大主水系沉积体是岩性油气藏勘探的主要方向。

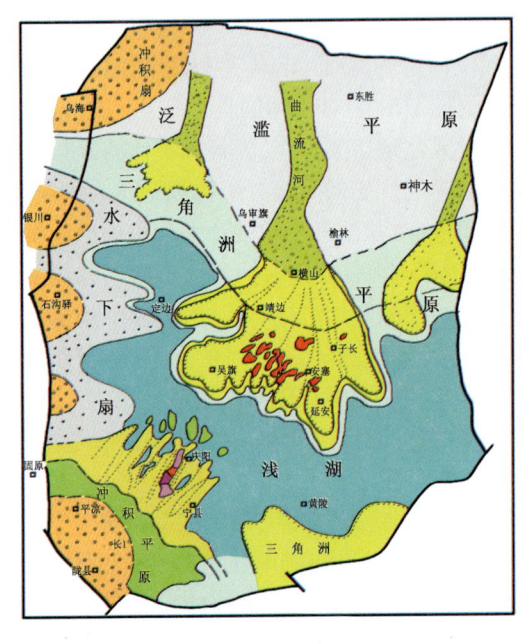

图2-9 鄂尔多斯盆地主水系沉积体展布图

断陷盆地的规模小,其汇水盆地亦小,决定了供源水系小,砂体规模一般较小,不能与大型盆地相提并论,但具有富油气凹陷的勘探优势。断陷盆地是以多物源、近物源的水系展布为特征,砂体规模小,但深入生油层系,直接接触油源,具有极大的勘探潜力。如渤海湾盆地、二连盆地等,以半地堑为相对独立的构造—沉积单元,具有近物源、多物源、沉积厚、相变快等沉积特点,普遍发育各种扇形砂体,围绕断陷湖盆中心斜坡呈环状或带状分布。缓坡带沉积地形相对平缓,主要发育三角洲或扇三角洲砂体,部分凹陷缓坡带还发育滩坝砂体,砂体分布面积比较大,可形成大型岩性地层油藏。辽河西部凹陷西斜坡来自燕山的齐家、西八千等砂体,与高升、曙光、欢喜岭三个大型鼻状构造相配合,形成了三个亿吨级大油田。陡坡带受边界断层控制,坡度较大,沉积物快速入湖,形成冲积扇、扇三角洲和深水浊积扇等砂体,单个砂体的面积不大,但数量多、厚度大,形成较大规模岩性油气藏群。辽河西部凹陷沿陡坡带形成雷家、冷家堡、小洼、海外河四个扇三角洲、浊积扇砂体,与鼻状构造聚油背景相配合,形成多个岩性地层油藏与构造油藏的复合体,已发现四个数千万吨级至亿吨级大油田。

前陆盆地的水系主要靠近造山一侧,次为斜坡一侧。我国中西部前陆盆地与国外经典前陆盆地有较大差异,除了川西、鄂西等少数盆地外,往往缺少被动边缘海相沉积层序,以陆相沉积为特色,砂体主要来自造山带一侧。如库车前陆盆地北部天山在中—新生代时期的造山作用,在山前坳陷陡带堆积厚度很大的冲积扇—扇三角洲沉积体系。在干旱气候条件下,形成冲积扇—扇三角洲与蒸发岩交互沉积;在半潮湿气候条件下,形成冲积扇—辫状河三角洲与湖相—沼泽含煤交互沉积。川西晚三叠世前陆盆地也是一个巨大的楔状体,在潮湿气候下,发育湿型冲积扇、扇三角洲和辫状河三角洲,与深陷区的烃源岩密切接触,形成了川西多个大型气田,如中坝气田、新场气田等。在斜坡区次要水系以远源的河流三角洲体系砂体为特点,虽然离主烃源区相对较远,但也是大型岩性地层油气藏发育的地区。

(三)古水深控制砂体类型与分布

湖盆水体深度主要控制砂体类型和亚相带分布(图2-10)。水上沉积环境,在盆地边缘主要形成冲积扇、洪积扇等扇体,围绕物源区水系出山口分布;向盆地内部,演变为冲积平原、泛滥平原等类型沉积,其中发育带状分布的辫状河或曲流河道砂体,在湖泊水体浅水区主要形成三角洲砂体,在湖泊深水区主要形成浊流砂体。

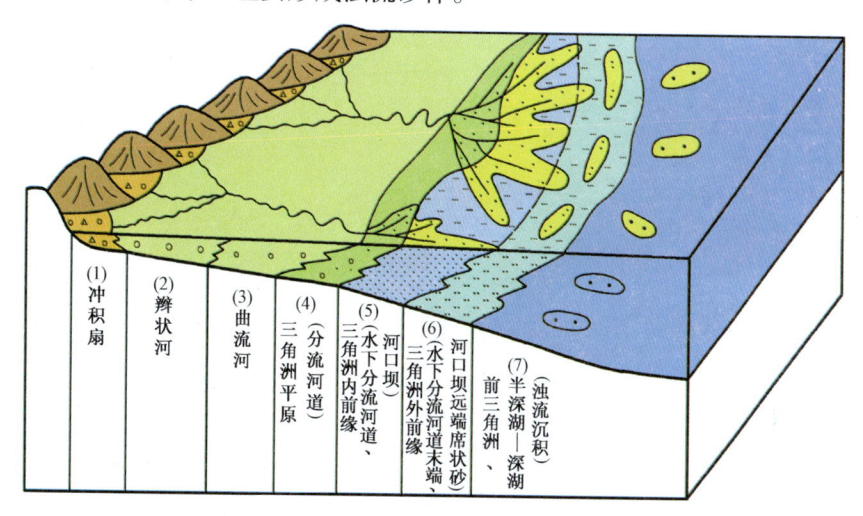

图2-10 陆相湖盆河流三角洲沉积体系不同水深砂体类型图

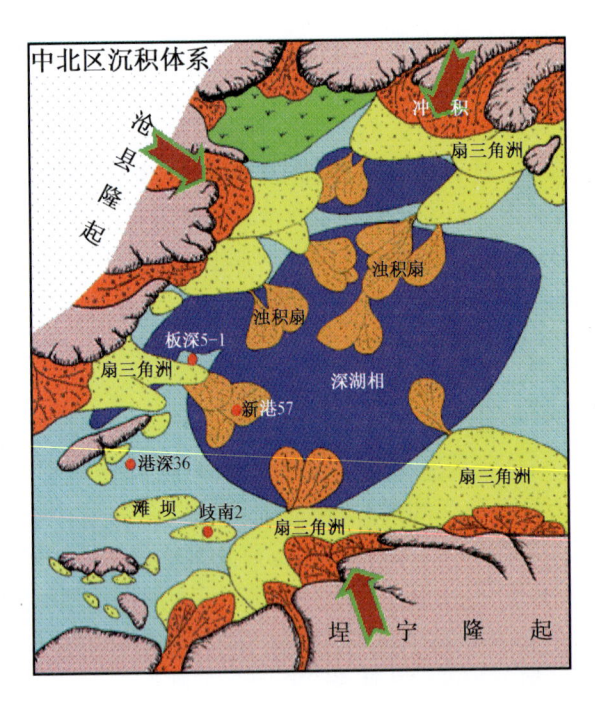

图 2-11 渤海湾盆地歧口凹陷沙三段沉积体系分布图

一般说来，断陷盆地、前陆盆地主要充填时期水体较深，深水分布范围占盆地面积比例较大，且深水环境离物源近，地形坡度变化大，水动力强，流程短、卸载快，因此断陷、前陆盆地除在浅水区容易广泛发育粗碎屑扇三角洲砂体外，在深水区也容易广泛发育重力流砂砾岩体。如渤海湾盆地歧口凹陷沙三段沉积期，在凹陷周缘浅湖相区主要发育扇三角洲和滩坝砂体类型，而在深湖相区广泛发育浊积扇砂体类型（图 2-11）。

坳陷盆地主要充填时期水体较浅，深水区分布范围占盆地面积较小，且深水环境离物源远，地形坡度变化小，因此坳陷盆地在长轴方向主要在浅水环境形成大型河流—三角洲砂体，而在深水区主要以泥岩沉积为主，砂体明显不发育。在坳陷盆地短轴斜坡深水区也可能发育远源细粒浊积岩，主要由扇三角洲或辫状河三角洲前缘砂体滑塌而形成，如松辽盆地西斜坡英台三角洲前缘外带深水区分布的滑塌浊积岩砂体（2-12）。

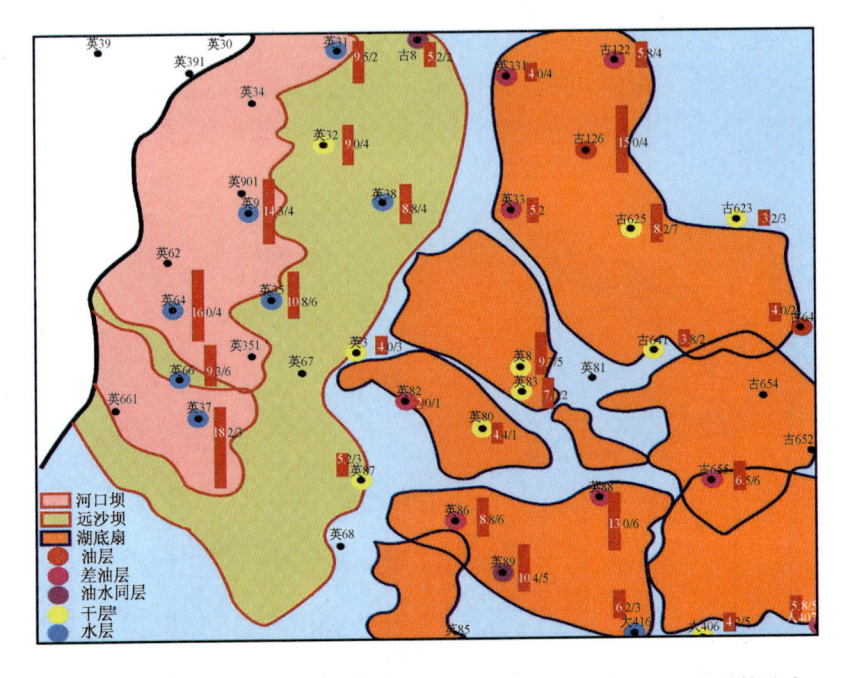

图 2-12 松辽盆地西斜坡英台三角洲前缘外带深水区滑塌浊积岩砂体分布

浅水环境是陆相湖盆砂体广泛发育的有利沉积环境,最重要的是三角洲和扇三角洲砂体,在缺少大型水系输入的滨浅湖区,还可以发育滩坝砂体或粒屑灰岩沉积。上述砂体都是形成岩性地层油气藏的有利储集体,松辽盆地、鄂尔多斯盆地、准噶尔盆地、渤海湾盆地等许多盆地主要岩性地层油气藏,都以三角洲或扇三角洲砂体为主要储集体。

在坳陷盆地的三角洲前缘外带、断陷盆地的陡坡和前陆盆地的前渊深湖区,由于坡度很大,易形成重力流沉积,如三角洲滑塌浊积岩,冲积扇直接入湖的碎屑流水下扇等成为最重要的岩性地层油气藏储集砂体。在渤海湾盆地辽河西部凹陷、歧口凹陷、东营凹陷、沾化凹陷等地区,已发现数量可观的水下扇砂体岩性油气藏,其中高升油田、渤南油田是两个亿吨级大油田,以沙三段水下扇砂体为主要储集体。古水深是控制砂体类型的主要因素。

此外,气候条件对陆相沉积盆地充填的影响很大,不仅影响了剥蚀区沉积物的种类,而且对砂体的结构、相带的分异有重要的控制作用。干旱气候条件下,以物理风化作用为主,岩屑类砂砾碎屑占主导,粒径粗大,容易形成阵发性的洪水,陆上重力流和片流是主要的沉积物搬运方式。潮湿气候条件下,化学风化作用很强,剥蚀作用也很强,沉积碎屑中单矿物颗粒比重增加,粒径变小,沉积物的搬运以长年流水的牵引流和限制性河道搬运为主要方式。两者的水动力环境、径流强度和沉积物类型上的差异,使得不同气候条件下,陆相盆地沉积充填和相带的分异以及砂体的结构有着明显的不同。

干旱气候条件下,如柴达木盆地古近—新近系,以阵发性洪水搬运的片流、重力流沉积方式为主,形成以快速卸载的环盆地边缘的粗碎屑沉积,盆地内以洪水搬运而来的悬浮质细粒物为主,构成砂少泥多的沉积充填格局,并在一定条件下大量发育湖相碳酸盐岩沉积。砂砾岩的分布面积占盆地的沉积面积较小,小于70%。说明一方面没有大的物源水系具有足够能量将沉积物充填到盆地中心,另一方面说明非限制性水流以片流在盆缘快速卸载,形成狭窄的相带或冲积扇体系。酒西、二连银根—额济纳旗诸多早白垩世干旱气候的小型断陷盆地中,都具有湖相泥岩发育,在盆缘粗碎屑冲积扇、扇三角洲发育,缺乏大型河流三角洲正常砂体的沉积特点。准噶尔盆地白垩系的三角洲朵体,相较于侏罗系,规模上要小得多。同时相带的分异性变差,阵发式洪水搬运、片流式快速卸载直接影响了砂体的岩石结构,干旱气候下的砂岩结构成熟度和成分成熟度低,比潮湿气候下的差。即重力流沉积的砂体结构比牵引流沉积要差。因此,在成分(岩屑含量)、分选、磨圆度等岩石结构上,潮湿气候条件下的砂体要优于干旱气候条件下的砂体。

二、海陆过渡相、海相有利砂砾岩储集体发育控制因素

中国海相碎屑岩储层主要发育于海滩前滨—临滨、浅海沙坝、陆棚、潮汐沙坝、潮汐水道、沙坪、三角洲分流河道、河口坝等环境。滨岸—浅海陆棚环境储层主要发育于塔里木盆地下志留统柯坪塔格组、上泥盆—下石炭统东河砂岩段、石炭系中泥岩段、四川盆地志留系、华北地台区的石炭系。潮坪环境储层主要分布于塔里木盆地的志留系、石炭系砂泥岩段、华北地台区及河西走廊地区的石炭系。三角洲储层主要发育于华北地台区—河西走廊地区的石炭—二叠系、塔里木盆地的石炭系砂泥岩段、志留系及四川盆地的志留系(表2-2)。

影响海相碎屑岩储层储集性的因素主要有沉积环境、成岩作用等,但在具体的某一地区,往往是沉积相或成岩作用的某一个或几个因素起主要作用(图2-13)。

表2-2 中国海相碎屑岩储层基本特征对比表

沉积体系	滨岸—浅海陆棚体系			三角洲体系	
砂体类型	海滩砂体	潮坪砂体	陆棚砂体	辫状河三角洲砂体	浅水三角洲砂体
岩石结构	干净、分选好、细砂	干净、分选好、极细砂	分选好、细砂、粉砂	中、粗砂，含砾	中、粗砂，滞留沉积常见
粒序结构	反粒序	正粒序	复合粒序	正、反粒序	正、反粒序
沉积构造	冲洗层理、平行至微斜纹层和波状层理、虫孔少见	小—中型高角度交错层理、部分反纹交错层理、虫孔少见	低角度斜层理、交错层理	底部冲刷、大型槽状交错层理、平行层理及纹层层理	板状和槽状交错层理、平行层理常见
粒度特征	中、细粒，$\sigma<0.7$	细粒、粉砂，$0.8<\sigma<1.4$	中细粒、粉砂，$0.5<\sigma<0.8$	中、粗粒	中、粗粒
测井相	曲线齿化光滑、漏斗形	曲线齿化明显、钟形	曲线齿化光滑、弓形、漏斗形	箱形、钟形、漏斗形	钟形、漏斗形
相带特征	以典型的滨带前滨冲洗带砂岩组合为特征	以典型的潮间带潮汐层理层理组合为特征	以与典型的陆棚泥岩共生为特征	砂体底部较平整、砂层厚度大、大型槽状交错层发育	常与煤、石灰岩共生
砂体走向及分布	与沉积走向平行的建造	与沉积走向近垂直的延长限制带	与沉积走向平行或斜交	与沉积走向近平行、前缘砂坝近垂直	与沉积走向近平行、前缘砂坝近垂直
岩石类型	中—细粒砂岩，以岩屑石英砂岩或石英砂岩为主	粉砂、细粒岩屑砂岩	细粒石英砂岩、次长石岩屑砂岩和细粒岩屑砂岩	中细粒、中粗粒岩屑砂岩	含砾粗—中石英砂岩、中—粗粒石英砂岩、岩屑砂岩、细中粒石英砂岩
储集空间	（残余）原生粒间孔、粒内溶孔、超大孔隙、基质内孔隙	次生—原生孔隙型、原生孔隙型、微孔隙型	剩余原生粒间孔、粒间溶孔、粒内溶孔	剩余原生粒间孔、颗粒溶孔、粒间溶孔、粒内溶孔等	（残余）粒间孔隙、超大孔隙、粒内溶孔、微孔隙
储集性	$\phi:3.42\%\sim17\%$，$K:0.403\times10^{-3}\sim385.6\times10^{-3}\mu m^2$	$\phi:1.09\%\sim11.55\%/4.27\%$，$K:0.05\times10^{-3}\sim87.293\times10^{-3}\mu m^2$	$\phi:3.05\%\sim19.9\%/12.05\%$，$K:0.10\times10^{-3}\sim29.5\times10^{-3}\mu m^2/5.36\times10^{-3}\mu m^2$	$\phi:3.76\%\sim14.53\%/7.83\%$，$K:0.03\times10^{-3}\sim21.4\times10^{-3}\mu m^2$	$\phi:9.1\%\sim10.2\%$，$K:0.48\times10^{-3}\sim1.02\times10^{-3}\mu m^2$
分布	塔里木盆地泥盆系—石炭系河砂岩、塔北志留系柯坪塔格组	塔里木盆地志留系塔埃尔塔格组	塔里木盆地志留系柯坪塔格组中下段	塔里木盆地塔志留系	鄂尔多斯盆地C—P

— 44 —

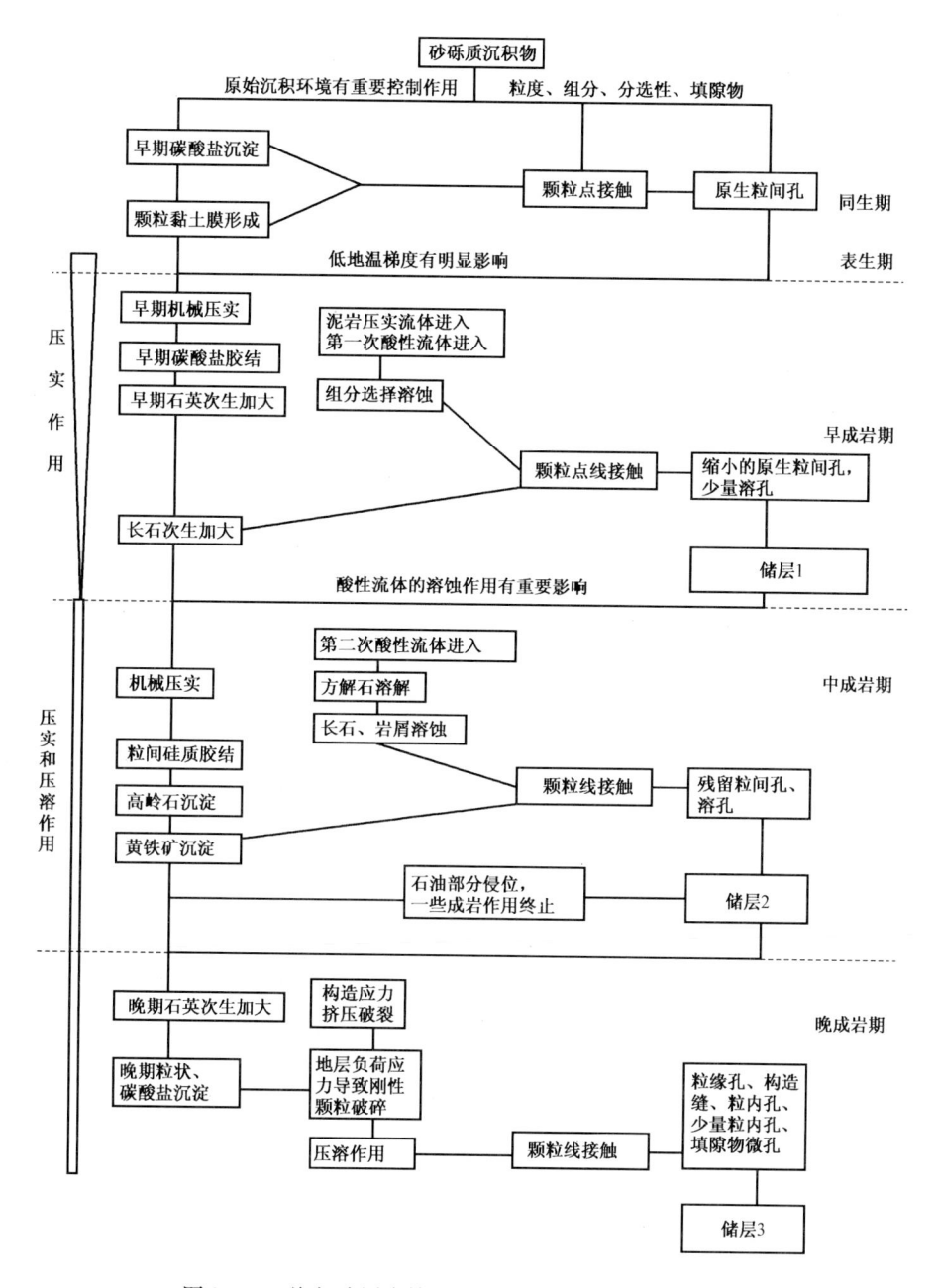

图 2-13 海相碎屑岩储层成岩演化与孔隙演化成因模式

沉积相所控制储层的碎屑组分、粒级、分选性和泥质杂基含量等对储层质量具有极重要的控制作用。如塔中志留系海滩砂体、浅海沙坝砂体和陆棚砂体孔渗性优于潮下带砂体（图 2-14）。同时压实作用和压溶作用、胶结作用对储层有重要影响,根据对塔里木盆地东河砂岩压实率的统计,总体看压实程度较弱,如东河塘地区东河砂岩压实作用为中—强,碳酸盐胶结物与压实损失孔隙度之和一般为26%左右。东河砂岩埋深5600m左右时,因压实而损失的孔隙度为15%～22%;埋深大于6000m时,损失孔隙度为20%～25%。塔中地区东河砂岩段埋深3500～3700m时,因压实而损失的孔隙度为13%～26%,与东河塘地区埋深5600m时压实强度相当,说明在相同条件下东河塘地区压实程度远远弱于塔中地区,这可能与该地区在二叠纪—三叠纪末一直处于剥蚀浅埋藏和早期碳酸盐胶结作用有关。溶蚀作用是塔里木盆地东河砂岩优质储层形成的关键因素,与油气进入时酸性成岩流体对碳酸盐胶结物溶解、迁移和重新分配有关,被溶蚀的物质主要有不稳定颗粒(如长石、岩屑等)、碳酸盐胶结物(方解石、含铁方解石)、石盐和石膏等。早成岩阶段碳酸盐胶结物溶蚀量可达15%,甚至可以达到20%,而对储层影响最大的晚期溶蚀增孔量为2%;但朱筱敏等认为碳酸盐胶结物溶蚀对储集空间的贡献甚微。

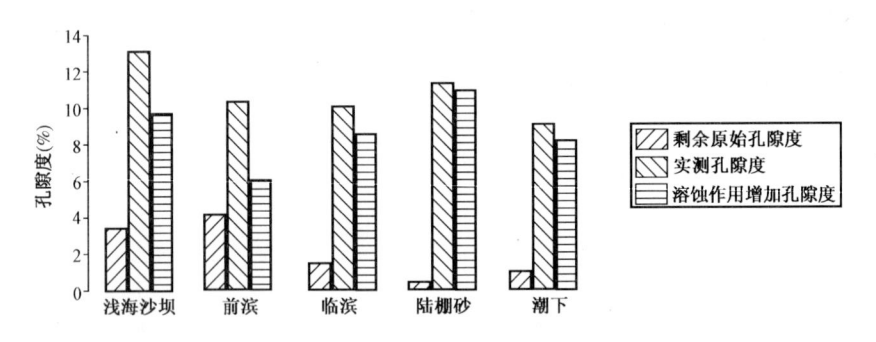

图 2-14 不同沉积微相砂岩中剩余原始孔隙度与溶解作用增加的孔隙度

其他如油气的早期充注、古地温等对成岩演化及储层孔隙保存均有重要的影响。如塔里木盆地(台盆区)进入晚古生代后成为一个"冷盆",地温梯度很低,在塔中隆起区地温梯度平均约为 2.16℃/100m。如志留系储层目前埋深 4000~5000m,但其经受的最高古地温仅约 105~120℃,这种低地温场背景导致目前志留系储层尚处于中成岩期 A_2 亚期,这对志留系储层孔隙的保存无疑非常有利。

第三节 有利碳酸盐岩储集体发育控制因素

碳酸盐岩主要发育在浅海开阔陆棚环境,一般形成碳酸盐台地(图 2-15),是海相盆地中最为发育的储层类型。

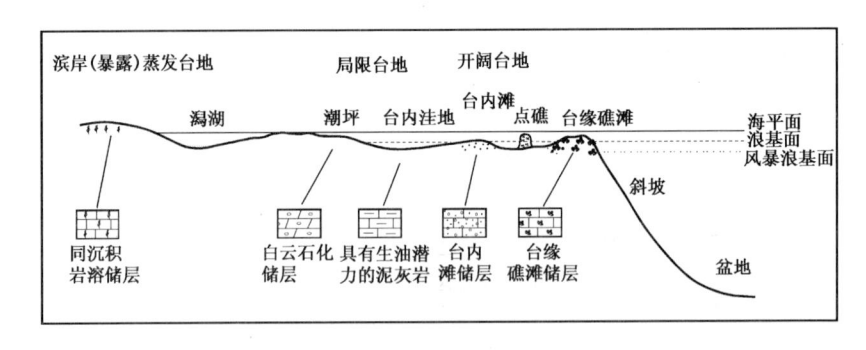

图 2-15 与沉积环境相关的碳酸盐岩储集体

海相碳酸盐岩储层的形成主要受控于三大因素,即沉积环境、成岩作用和构造活动。碳酸盐沉积物一经产生,就发生强烈的成岩作用,其原始岩石结构在沉积物阶段、埋藏阶段和表生阶段发生巨大的改变,矿物成分也发生不同程度的转化。由文石、高镁方解石向低镁方解石变化,方解石向白云石变化,这些变化有些在沉积时就开始了,有些在埋藏成岩阶段发生。此外,碳酸盐岩的颗粒和粒间充填物以及胶结物为同一种大类的碳酸盐矿物,因此在沉积时的海底成岩环境中,沉积物可以迅速胶结形成致密的石灰岩。另一方面,海平面的频繁升降对刚成岩暴露的岩石进行淋滤(同沉积岩溶作用),形成一定的大气淡水溶蚀孔隙。沉积作用是基础,它控制着储集体的类型、几何形态和空间展布,以及岩石的成分、结构、构造、原生基质孔隙的孔隙结构和发育程度等。同时,它还决定了部分成岩作用的成岩环境。成岩作用的改造是储集体形成的关键。一种原生孔隙极为发育的沉积体,在经历充填、胶结、压实乃至压溶等一系列破坏性成岩作用之后,可导致其孔隙完全丧失。相反,一种不具储渗能力的沉积体,在强烈的大气水溶蚀淋滤下,也可以形成相当规模的岩溶型储层。构造作用可使沉积体发育众多裂缝。如许多基质孔隙度非常低,在正常情况下属非储层的沉积体,经历了构造活动之后,则可形成裂缝性储层。大部分碳酸盐岩尤其石灰岩类很少有单一型的孔隙性储层,多属孔隙—裂缝型或裂缝—孔隙型、裂缝—溶洞型,这足以说明构造活动在储集体的形成中有着举足轻重的影响。总之,沉积作用是原生的、内在的因素;成岩作用和构造作用是次生的、外部的因素。国内外勘探实践表明,碳酸盐岩储集体都与碳酸盐岩的沉积环境、成岩作用密切相关。总的来说,碳酸盐岩最有利的储层可分为四大类型:礁滩储集体、白云岩储集体、岩溶储集体和裂缝储集体。前两类受沉积环境和成岩作用控制,后两类受构造运动和古气候控制。

碳酸盐岩储层相对碎屑岩储层具有更大的差异性、复杂性和多样化等特点,中国碳酸盐岩储层的年代比较老,地质历史复杂,在其形成及演化过程中,盆地的区域构造背景无疑是控制碳酸盐岩储集体类型及储层演化的最根本因素,但在特定条件下,在一定的成岩演化阶段,不同储层的孔隙演化特征不同。笔者根据碳酸盐岩储层发育的沉积相带、成岩作用及岩性组成,将中国海相碳酸盐岩储层分为礁滩型储层、岩溶型储层、白云岩储层、裂缝型储层四类(表2-3)。中国海相生物礁储层在四川盆地上二叠统长兴组发育最为典型,是重要的天然气产层;鲕滩储层以四川盆地川东三叠系飞仙关组鲕滩储层最为典型;生屑滩、砂屑滩储层以塔里木盆地石炭系生屑灰岩段发育较为典型;礁、滩复合体储层以塔里木盆地塔中地区中—上奥陶统最为典型。风化壳岩溶储层以塔里木盆地轮南—塔河油田的寒武—奥陶系、四川盆地的震旦系—古生界及鄂尔多斯盆地的奥陶系、渤海湾盆地的震旦—奥陶系较为典型。白云岩储层分布广泛,如四川盆地的震旦—寒武系、中—下三叠统雷口坡组及嘉陵江组,塔里木盆地的震旦—奥陶系,鄂尔多斯盆地奥陶系,渤海湾盆地的震旦系等。裂缝型储层分布于各盆地中,如四川盆地的下三叠统飞仙关组、二叠系、石炭系及塔里木盆地轮南—塔河油田的奥陶系。

表2-3 中国海相碳酸盐岩储集体特征及成因类型综合表

成因特征	礁滩型储集体	岩溶型储集体	白云岩储集体	裂缝型储集体
地质环境	沉积环境、热演化、溶蚀作用	多期构造运动、沉积间断、表生成岩作用	沉积环境、热演化、溶蚀作用	局部构造破裂、埋藏成岩作用
主要岩性	生物碎屑灰(云)岩、礁灰(云)岩、鲕粒灰(云)岩	各种石灰岩、白云岩	白云岩、粒屑云岩、藻云岩	各种石灰岩、白云岩
主要沉积相	礁、滩相	各种环境	潮坪、局限台地、蒸发台地	各种环境
储集空间	孔隙型	裂缝—孔隙型、孔隙—裂缝型	孔隙型	裂缝—溶孔型

续表

成因特征		礁滩型储集体	岩溶型储集体	白云岩储集体	裂缝型储集体
储集空间组合		粒间孔—粒间溶孔（洞）组合	溶孔—溶洞—裂缝组合	晶间孔—晶间溶孔组合	缝合线—微孔—裂缝组合
裂缝意义		不起控制作用	裂缝的作用主要是沟通孔洞,决定产能		裂缝不仅是渗滤通道,也是储集空间
孔隙演化	成岩早期 准同生	++	+	++	-
	浅埋	++	+或-	++	-
	晚期 深埋	+或/	+或-	+	+或-
	表生期	+或/	++	+	++
主要成岩作用		压实作用、胶结作用、白云石化作用、溶解作用	多期淋滤、溶解作用	早期白云石化作用、溶解作用	构造破裂作用、晚期溶解作用
典型实例		塔中 O_{2+3}、四川 T_1f	轮南—塔河 O、鄂尔多斯 O、华北 Z—O	四川 C、T_1j	四川 T_1j、C、P

++:代表强烈作用;+:代表作用中等;/:代表作用较弱;-:代表无作用。

碳酸盐岩储集性的控制因素很多,作为其物质基础的岩石类型或沉积相以及时间是基本的控制因素;白云石化作用、溶蚀作用对碳酸盐岩储层来说是尤为重要的控制因素,而对古生代多旋回盆地的碳酸盐岩储层而言,溶蚀作用和构造破裂作用显得尤为重要(图2-16)。

首先沉积相带为储集空间的形成提供了岩性基础,沉积相控制岩石的结构和岩性,从而控制岩石原生孔的发育程度,并在很大程度上影响溶蚀孔隙的发育,虽然储集孔隙主要为次生溶蚀孔隙,但原生孔隙的存在是溶蚀作用发生的必要条件。从川东北地区二叠纪长兴期生物礁储层的储集性分析情况看,以台地边缘礁滩相礁白云岩和颗粒白云岩储集性最好。

胶结、压实作用是碳酸盐岩储层减孔的最主要因素,胶结作用发生于海底成岩作用环境、大气淡水成岩作用环境及埋藏成岩作用环境,而压实作用主要发生于埋藏成岩作用环境,可以分为机械压实和化学压实,对于碳酸盐岩储层而言,均是破坏性成岩作用,减少孔隙度,降低渗透率。

白云石化作用是改善储层质量的重要因素,从四川盆地川东北飞仙关组鲕滩气藏储层岩性特征看,具有一定规模的大中型气藏储层皆为白云岩,白云石化形成大量晶间孔,最发育的时候晶间孔的孔隙度可达到10%以上,但随着后来白云石自形边的增厚,晶间孔逐渐缩小,有的甚至完全消失成为嵌晶白云岩。溶蚀作用是碳酸盐岩优质储层形成的根本原因,碳酸盐沉积物的溶解作用可发生于沉积物埋藏历史的任一阶段,溶蚀事件通常会增加孔隙空间。相应地古岩溶的类型可归纳为表生成岩期古岩溶和埋藏成岩期古岩溶两大类,表生成岩期古岩溶可进一步划分为同生期层间岩溶和暴露期风化壳岩溶,埋藏成岩期古岩溶可进一步划分为中—深埋藏期压释水岩溶和深埋藏期热水岩溶。埋藏溶蚀作用主要与有机质成岩作用、盆地深部流体活动有关,以及硫酸盐生物和(或)热化学还原作用演化相联系的溶蚀作用现象及过程。如在川东北飞仙关组储层中明显见到石膏、硬石膏结核部分被方解石交代和与硫磺共生的现象,且石膏、硬石膏结核已完全被方解石交代,也有一些是仅外层被交代而结核内部仍然为石膏、硬石膏,表明确实发生过硫酸盐的还原过程,孔隙度一般可达5%~15%,局部可达25%。

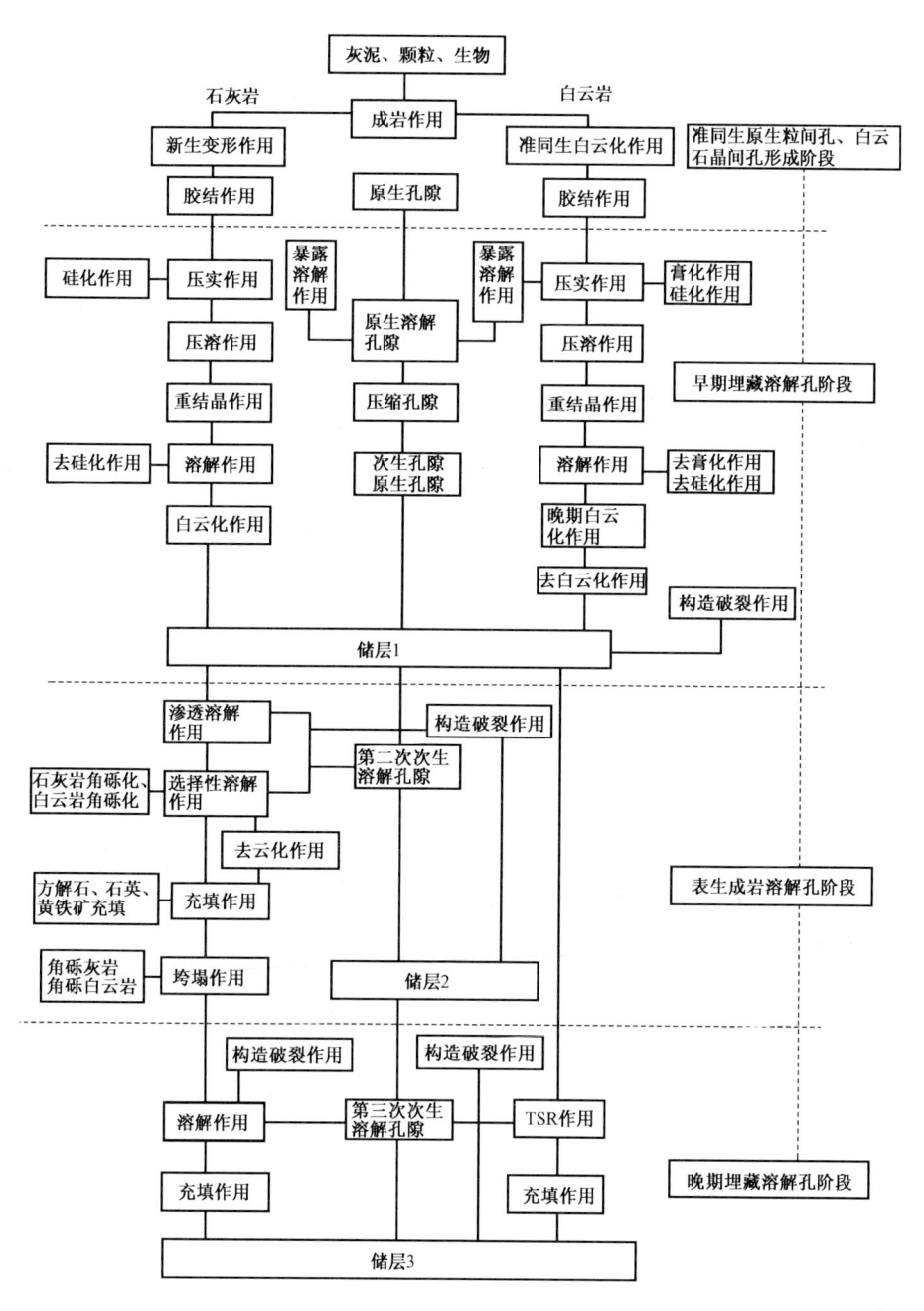

图 2-16 海相碳酸盐岩储层成岩演化与孔隙演化成因模式

一、礁滩储集体

礁滩是对这类具有碳酸盐建隆性质的一种统称。具体说,以生物骨架为主体的生物建隆即为生物礁;以小型生物丘个体为核心,主体由大量生物碎屑颗粒岩构成的生物建隆,可称之为礁滩复合体。以各种碳酸盐碎屑形成具有一定迁移性的地质体则为碳酸盐碎屑滩。可细分为生物碎屑滩,颗粒主要为生物骨骼碎屑;鲕粒滩,颗粒主要由鲕粒构成;砂屑滩,颗粒成分复杂,具有较多的内碎屑(如球粒等)。

宏观上说,碳酸盐岩沉积体的堆积和形成与大地构造背景有关,具体而言,它受海底地貌、水深、水的能量和盐度、光照度和清洁度等诸多因素的控制。根据上述因素影响程度的差别,通常把碳酸盐的沉积环境分为深水和浅水两个大区,它们的界限大体在台地边缘的上斜坡附近。目前我国已知的油气田或油气储集体主要形成于浅水区环境。

从沉积地貌单元看,礁滩可分为台地边缘礁滩(包括缓坡边缘)和台内礁滩两种类型(图2-17)。台地边缘礁滩具有抗浪格架或一定的抗浪能力,形成厚度较大的、岩石结构较好的颗粒岩,是有利的沉积型碳酸盐岩储层,如塔里木盆地塔中台缘带礁滩体。台内滩主要在环潮坪的环境中形成,受波浪和潮流的作用,形成分布面积广、厚度较薄的迁移性滩坝,由于其能量低于台缘,其岩石结构相对较差,厚度较小,原始储集性质弱于台缘滩,如四川盆地飞仙关组台地边缘滩。

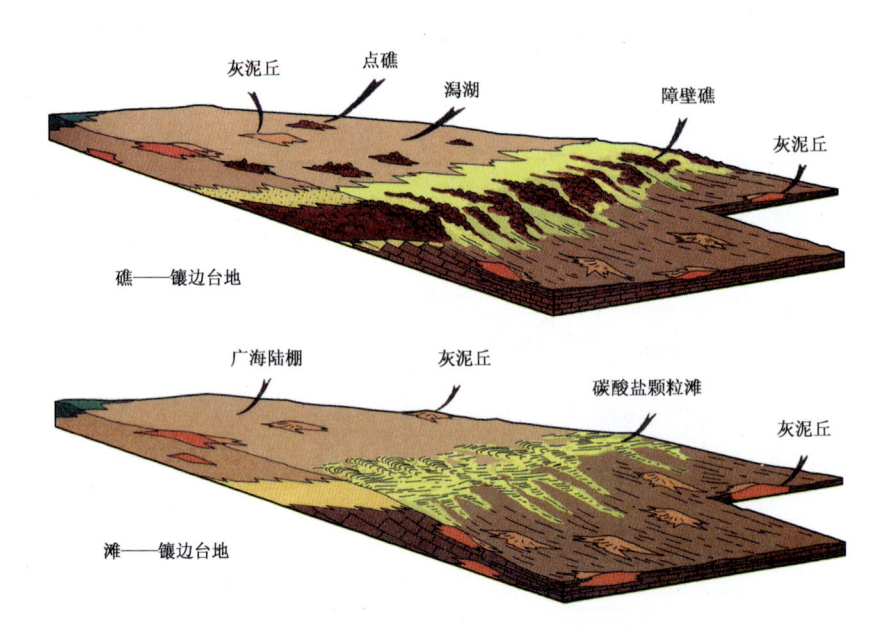

图2-17 与塔里木奥陶系台缘礁和四川飞仙关组台地边缘滩类似的两种台地类型

对浅水区储集体的形成起关键性作用的因素有以下几个:一是在高能浅水区,海水循环好、透光性强,氧气和营养物质充足,适于生物繁殖和颗粒的形成;二是在海底地貌微有起伏的背景下,利于沉积物的筛选并堆积和造礁生物群落的聚集繁殖,容易形成各种类型的礁和滩;三是蒸发作用强烈,经常出现变盐度环境,并由此导致准同生或准同生后的白云石化作用的发生,不仅形成礁、滩白云岩,在低能潮坪区还形成连片分布的白云岩;四是随着海平面的波动,沉积物经常间歇性地暴露,活跃的大气水将对早期海底胶结物或部分富文石质的颗粒进行溶解,为有效储层的形成和保护创造了先决性的条件,同时大气水的注入,也是某些白云石化作用必须的条件之一。

与沉积作用关系密切的储集体主要有高能环境下的礁、滩和低能环境下的潮坪白云岩。一些台内点礁、点滩,也必须有一个凸起的正地貌背景并处在相对高能的水动力环境。

目前所知我国礁储集体主要见于奥陶系、石炭系、二叠系(图2-18),发现的礁滩油气藏主要分布在四川盆地和塔里木盆地。最发育的礁储集体是在四川盆地的上二叠统,已发现有十余个礁型气藏。

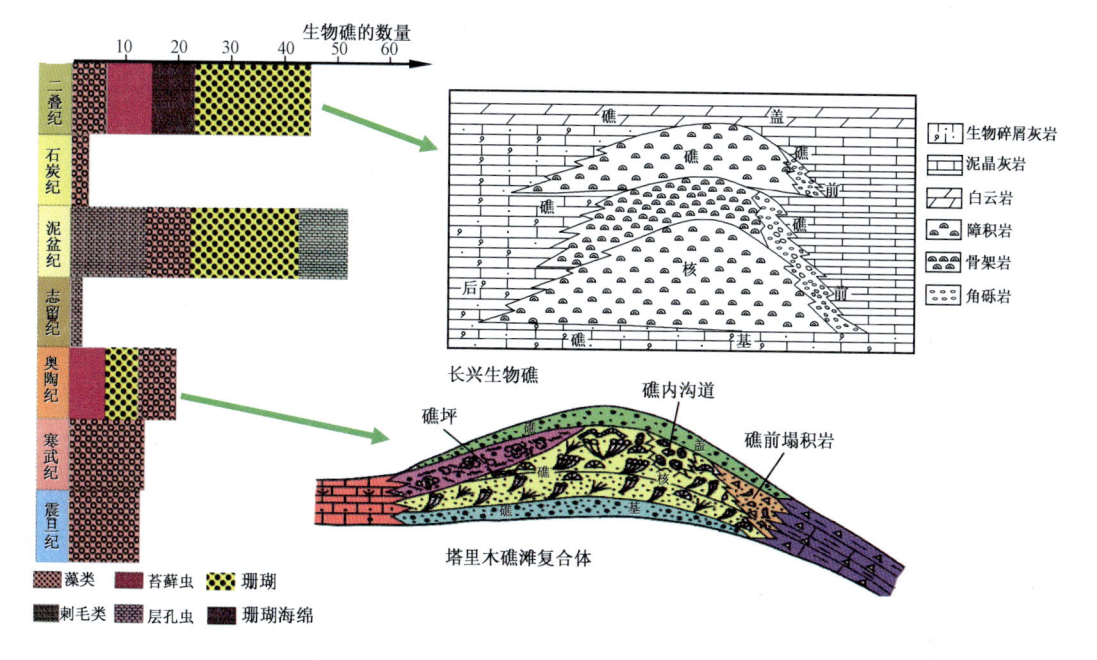

图 2-18 礁体发育在地质历史生物繁盛时期

塔里木盆地塔中奥陶系的台缘礁滩主要由以造架生物托盘类与万葛藻等藻类粘结而成,部分具有障积作用,海百合茎是主要的造屑生物,形成以小型生物丘为核心的,以棘屑滩为主体的,具有一定抗浪格架的生物建隆,即礁滩复合体(图 2-19)。在四五级海平面升降作用下,短期暴露,具有同沉积岩溶改造的特征,沿四五级层序界面具有较高的储集性能,埋藏成岩作用进一步改造,具有相当的储集能力。在川东北开江—梁平海槽两侧晚古生代长兴期形成了以众多点滩组成的天然气藏,点滩主要产生在较深水的灰泥中,个体小者小于 $1km^2$,大者可达 $10km^2$。造礁生物主要为海绵、层孔虫、藻类,孔隙发育与白云石化密切相关。

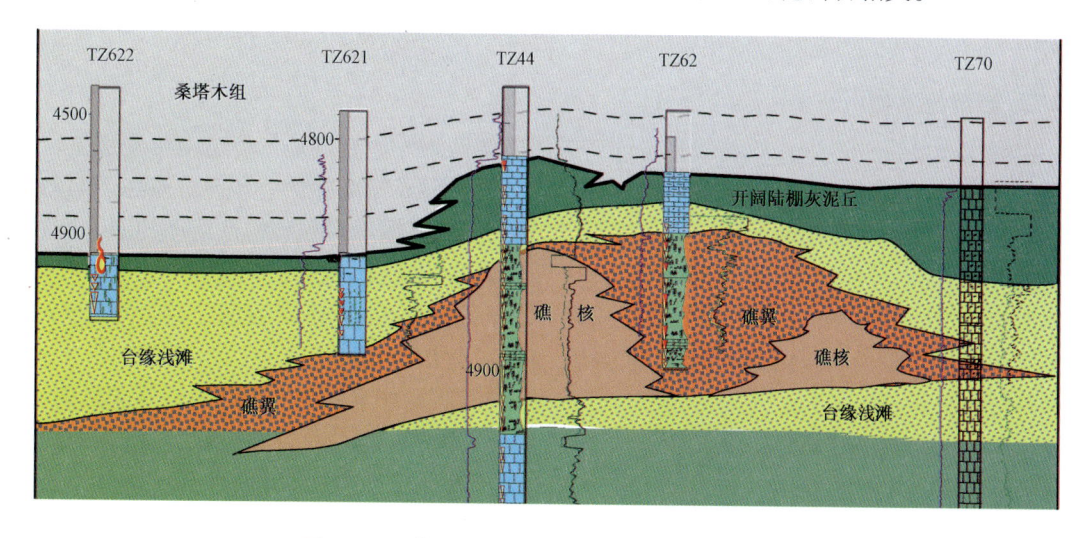

图 2-19 塔中奥陶系礁滩复合体:平行台地边缘

滩储集体主要见于四川盆地下三叠统飞仙关组和嘉陵江组,主要为鲕滩和生屑滩,下二叠统茅口组也有,但规模要小,主要是虫藻滩。川东北飞仙关组为台缘鲕粒滩坝储集体,颗粒主

— 51 —

要由化学沉淀—机械成因的鲕粒组成,缺少生物碎屑,含少量的砂屑。有利的白云岩相带主要沿台缘分布,白云石化是好储层发育的关键。成藏过程中溶蚀孔隙的发育提高了储集性能,成为我国最大的碳酸盐岩气田群。四川盆地之外还有两个地区见到滩储集体,一是塔里木盆地塔中 161 井上奥陶统的藻屑滩和鲕粒滩储集体,另一个是珠江口盆地几个古近—新近系礁体伴随有滩储集体。

潮坪储集体是目前所知分布最广的一种类型。这一地区仅潮汐作用就可以导致其经常暴露于大气环境,遇有海退,则暴露的时间更长。因此,白云石化和大气水溶蚀淋滤是这一地区常见的地质现象,其储集体广泛分布也正在于此。已知四川、鄂尔多斯、塔里木盆地的碳酸盐岩储集体有相当一部分属潮坪类型。其中,四川盆地最多,分布也最广。最老的是威远气田的震旦系灯影组,依次为川东地区的石炭系黄龙组,川东、川南、川西南地区的下三叠统嘉陵江组,川中地区的中三叠统雷口坡组。鄂尔多斯盆地下奥陶统马家沟组、塔里木盆地塔中、塔北地区的上寒武统、渤海湾盆地黄骅坳陷的奥陶系,亦属于潮坪型。另外,渤海湾盆地冀中坳陷前寒武纪的古潜山油藏,其储层亦是潮坪型沉积。已知碳酸盐岩储集体与沉积环境的关系见表 2-4。

表 2-4 中国主要盆地已知碳酸盐岩储集体发育层位与沉积环境的关系表

环境 盆地	潮坪	台缘礁	台内礁	台缘滩	台内滩	开阔海
四川	Z、C、T	P	P	T	P、T	P*
渤海湾	Pt、O		Pt		Pt	C*
鄂尔多斯	O				O	
塔里木	Pt	O	O			
南海大陆架		N	N、C	N	N	

* 属裂缝成因。

二、岩溶储集体

岩溶作用可将致密少孔的碳酸盐岩改造成优质的储集体。岩溶是构造运动将碳酸盐岩暴露地表,受大气淡水淋滤、地下水溶蚀的一种地质作用。形成的地貌景观和地质体在不同的岩溶阶段和不同的构造部位而不同,所以岩溶是气候、经纬度、地理高程和构造活动的综合产物。按岩溶发育阶段,早期岩溶(均衡升降运动)以岩溶漏斗的地貌景观为主,岩溶成熟期则形成峰林地貌(如桂林阳朔),晚期则成为残丘或夷平。从剖面上看,可将岩溶划分为岩溶高地、岩溶斜坡和岩溶洼地。从岩溶剖面结构看,从上而下可分出渗滤带(表层)、渗流带和潜流带。储层发育段主要是溶孔和洞穴发育的渗流带和潜流带,有利岩溶发育的时期为岩溶成熟期,溶蚀发育的部位为岩溶高地和岩溶斜坡,岩溶斜坡储层最优(图 2-20)。在岩性上,白云岩的岩溶储层优于石灰岩岩溶储层,颗粒灰岩、礁滩灰岩优于其他石灰岩;如川东北石炭系白云岩岩溶储层,鄂尔多斯中部奥陶系岩溶储层,塔里木塔河—轮南油田岩溶储层(图 2-21)。岩溶储层主要分布于古潜山风化面以下约 200m 范围内,有效储层发育程度主要受控于岩溶古地貌——岩溶斜坡最好、高地次之、洼地最差。层间岩溶则与海平面升降幅度有关,岩溶层厚度在米级范围内。

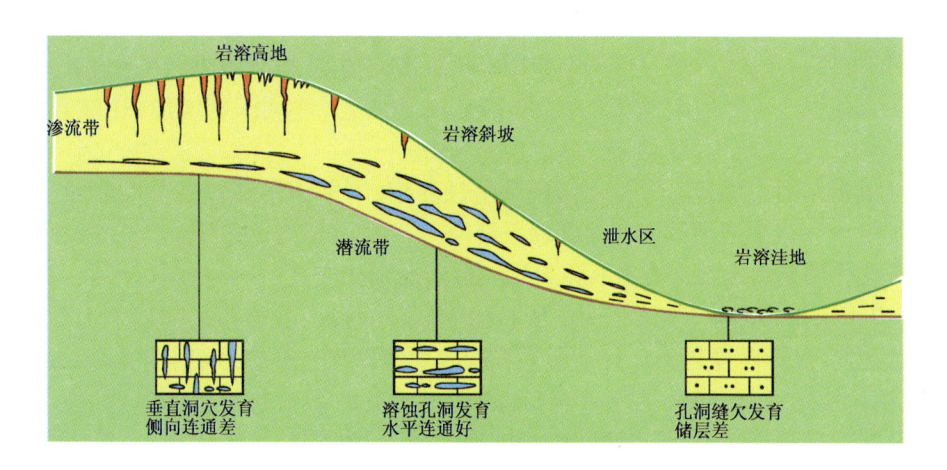

图 2-20　岩溶储层发育模式

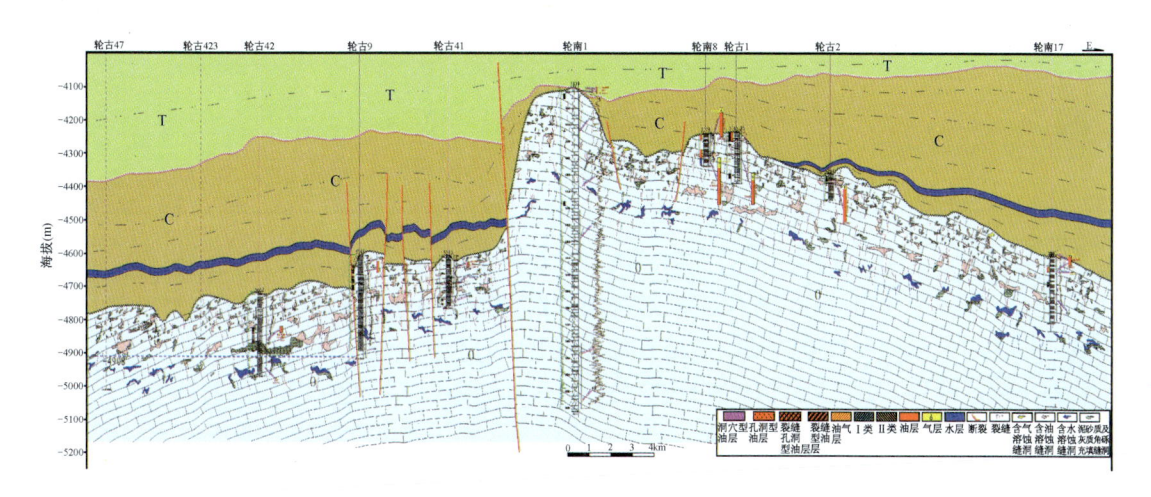

图 2-21　轮南凸起奥陶系石灰岩古潜山岩溶储层发育模式

同沉积岩溶：许多滩、礁，甚至白云岩由于同沉积期间歇性暴露，都经历过早期大气水溶蚀作用，如四川下三叠统飞仙关组鲕白云岩储集体，上二叠统礁白云岩储集体，以及四川石炭系和鄂尔多斯奥陶系马家沟组那些被不渗透层相隔的层状白云岩储集体。

抬升暴露岩溶：地层被埋藏后，经过构造运动而抬至地表，遭受地表水、大气水淋滤而促使储集体发生溶蚀。四川盆地威远灯影组、石炭系、下二叠统茅口组、中三叠统雷口坡组，鄂尔多斯和塔里木盆地奥陶系，虽然这些储集体经历过白云石化和早期溶蚀，但这些地层顶部或近顶部发育的许多溶洞甚至岩溶却是后期暴露的结果，而暴露受控于区域构造运动。这种溶蚀作用在有的地区表现的相当强烈，鄂尔多斯奥陶系受加里东运动影响，其溶蚀厚度在 50m 以上，塔里木奥陶系溶蚀厚度达 100~300m。渤海湾盆地冀中坳陷任丘潜山油气藏也与表生风化淋滤作用有关，只是它经历的构造运动更多，背景也更为复杂。

三、白云岩储集体

碳酸盐岩储层研究中习惯上把不利于或破坏孔隙发育的叫破坏性成岩作用，把有利于孔隙发育的叫建设性成岩作用。

破坏性成岩作用主要指胶结作用、压实—压溶作用和充填作用等。碳酸盐沉积物在同沉积期至深埋藏的整个历史过程中，在没有溶蚀作用发生时，胶结作用都在进行。它导致像藻礁那样原生孔隙极发育的沉积体完全丧失储渗能力。压实、压溶不仅脱水,而且使颗粒变形、碎裂,并紧密的排列在一起,压溶可给胶结作用提供更多的物源,也导致重结晶发生。胶结作用、压实、压溶作用是时间和埋藏深度的函数,随着时代变老、埋藏深度增加,孔隙会变得越来越小。

建设性成岩作用主要有白云石化作用和溶蚀作用,溶蚀作用又包括早期溶蚀(沉积物半固结的浅埋阶段)、表生溶蚀或古岩溶和埋藏溶蚀。

白云石化作用是白云石对方解石以分子对分子的形式交代,白云石化可增加12%~13%的孔隙度(Chilingar,1969)。实践证明白云石化作用可明显改善岩石的储渗能力(表2-5),白云石含量越高,其孔隙度越大。目前所知我国潮坪相储层皆是白云石化的结果,就礁、滩储集体而言,除个别地区外(南海古近—新近系、塔里木奥陶系),皆经历了强烈的白云石化作用。大部分非白云石化的礁、滩,其孔隙度也仅有1%~2%。

表2-5 四川盆地板东4井长兴组碳酸盐岩岩性—孔隙度关系

岩 性	石灰岩	含白云质灰岩	白云质灰岩	灰质白云岩	含灰质白云岩	白云岩
岩心平均实测孔隙度(%)	1.53	3.28	4.76	6.05	7.07	12.31
白云石含量(%)	<10	10~25	25~50	50~75	75~90	>90

白云岩是重要的层状碳酸盐岩储层。白云石化作用可分为同沉积白云石化和埋藏白云石化两大类。蒸发泵作用、卤水渗透回流、混合水作用白云石化,属于同沉积期的白云石化;埋藏期成岩作用白云石化和热液活动的白云石化为埋藏成岩白云石化。同沉积白云石在埋藏后进一步发生成岩变化,因此,地层中的白云岩是同沉积和埋藏白云石化综合作用的结果。

白云石可极大地改善储层的孔隙结构,提高孔隙度和渗透率。石灰岩变成白云岩可以增加13%的孔隙度,但潟湖潮坪纹层状的微晶白云岩,其白云石晶体细小,结构致密,一般不易成为储层。鲕粒滩、生物滩等颗粒灰岩在白云石化后可形成结晶粗大的粉晶和细晶白云岩,具有良好的晶间孔和其他与白云石化过程中相关的次生孔隙,成为良好的储层。如川东北鲕滩白云岩(图2-22),孔隙度较好层段可达10%~20%,渗透率达数百毫二次方微米。即使是以礁为主体的储层,其白云石化亦是孔隙发育的关键,如开江—梁平海槽两侧的点礁,白云石化程度决定了单个礁体的储量和产能(表2-5)。

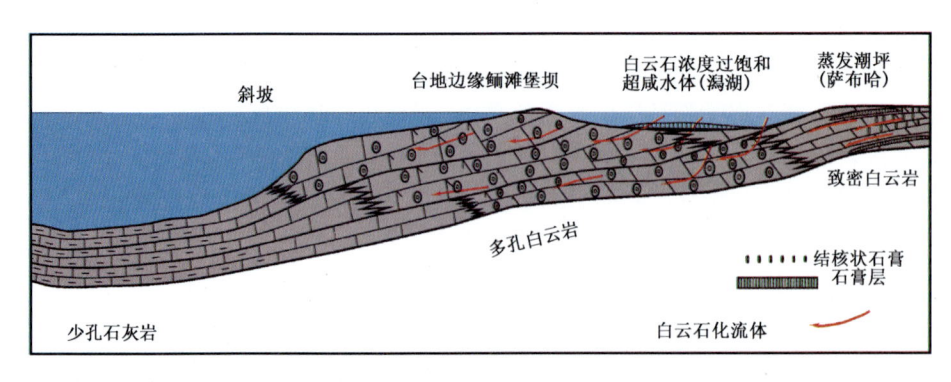

图2-22 川东北飞仙关组鲕滩白云石化模式与储层分布

四、裂缝型储集体

构造作用主要是指地层的形变褶曲和断裂,对储集体的形成主要起以下作用。一是形成裂缝,使致密层形成有效储层;二是沟通孔隙,改善储渗性能;三是导致地下水流通,形成溶蚀缝、溶洞、溶孔;四是改造古岩溶,可以导致岩溶塌陷,也可以形成裂缝—洞穴。

四川盆地下二叠统茅口组是分布最广的裂缝—溶洞型储层,已知川东东溪、川南阳高寺、庙高寺、川西南自流井、黄家场及川西北河湾场等十几个气田存在此类储集体。它们的基质孔隙度一般小于1%,渗透率小于$0.01 \times 10^{-3} \mu m^2$,而其单井产能可达每日数十万立方米。该盆地上二叠统长兴组、下二叠统栖霞组则属裂缝型储集体。鄂尔多斯奥陶系马家沟组也不乏裂缝储层,如马5_3、马5_2^2、马5_1^1等,在塔里木盆地塔中地区、轮南地区以及英买力地区下奥陶统亦比较常见。

裂缝的发育受局部构造控制,它们常发育在构造的高点、轴部,以及断层发育和地层形变剧烈的部位。与其有关的储集体非均质性极强,同一构造上同一层既有大缝大洞发育区(如自2井放空4.45m末到期底,漏失钻井液100m³,并发生强裂井喷,测试产量$100 \times 10^4 m^3/d$),也有致密带存在。同一背斜存在多个裂缝系统是构造控制因素的最大特点。典型实例如四川盆地纳溪气田(图2-23),已获18口工业气井分布于15个裂缝系统中。

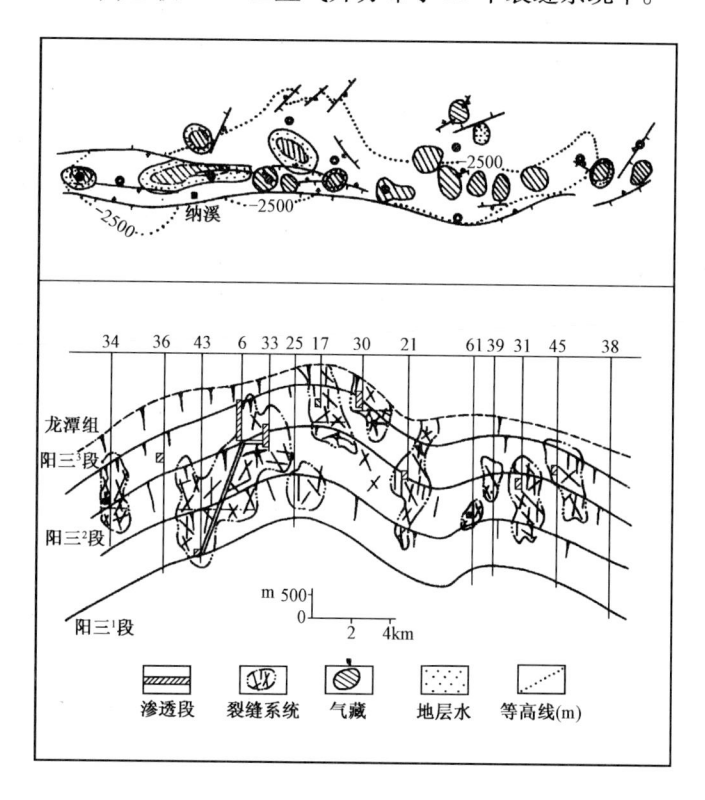

图2-23 四川盆地纳溪气田茅口组多裂缝系统背斜气藏

尽管在讨论储集体成因时分为沉积、成岩和构造三种控制因素,但大部分储集体则是沉积、溶蚀、白云石化、构造等因素共同作用的结果。从上述中可以看出,无论那个地区、那个层位,其储集体的形成都受多种因素控制。

第四节　有利火山岩储集体发育控制因素

中国火山岩分布广泛,特别是中国东部燕山期火山岩体分布规模巨大,如东南沿海燕山期火山岩面积超过 $50\times10^4\text{km}^2$,大兴安岭火山岩带面积超过 $100\times10^4\text{km}^2$。火山岩中的油气勘探已有一百多年的历史,随着国内外油气勘探的进展和火山岩储层的不断发现,火山岩储层作为油气勘探的新领域,已引起了石油界学者们的关注和兴趣,如日本新生代火山岩储层的特点是产层厚、产率高、储量大,已成为最重要的勘探目标。中国许多含油气盆地内部及其周边地区广泛分布着各种类型的火山岩,在这些火山岩中已发现了大量油气储层,相继在渤海湾盆地、松辽盆地、二连盆地、准噶尔盆地、塔里木盆地、四川盆地等火山岩油气勘探中取得了重大突破,同时浙闽粤东部中生代火山岩分布区及东海陆架盆地中的长江凹陷、海礁凸起、钱塘凹陷和瓯江凹陷等中—新生代火山岩发育也成为探索寻找油气的新领域。

火山岩油气储层是一个复杂而特殊的储层类型,这方面的研究目前在国内外仍是一个新的研究领域,许多问题还不清楚,尚缺乏深入研究,如火山岩发育特征及其分布规律,火山岩喷发方式与喷发类型,火山机构特点,各种类型火山岩相、岩性、火山机构中孔隙结构的特征及其形成机理与分布规律,火山岩储层的类型和含油性等。

一、含油气盆地火山岩储集体概念体系

火山岩是火山作用形成的一系列产物,经过成岩、压实等作用形成的岩石类型,与沉积岩在形成条件、发育环境、分布规律等方面大不相同(表2-6)。中国自20世纪60年代在含油气盆地中发现火山岩油气储层以来,在火山岩储层的岩石特征、岩相组合、发育环境、储集空间与储集性及控制因素等方面开展了大量研究工作,但由于使用者大多根据研究目的和对象不同而各取所需,存在着火山岩油气储层研究中的分类命名混乱、概念模糊等问题,导致出现了同名异意和同意异名等现象,这给跨区火山岩对比和与基础地质研究领域的交流造成困难。笔者认为火山岩分类和定名等概念的统一是现期急需得到解决的问题,有必要基于火山岩地质学研究中统一岩石、岩相分类命名体系,同时强调含油气盆地火山岩储层岩性、岩相研究中的可操作性和实用性,注重岩相与储层物性的关系,建立一套比较系统的火山岩储层概念体系,必须兼顾油气勘探的实用性,以及与基础研究领域的可交流性的双重需要。

表2-6　火山岩与沉积岩形成条件对比表

岩石类型	岩浆岩		沉积岩	
	火山岩	侵入岩	碎屑岩	碳酸盐岩
温压	高温、高压		常温、常压	
环境	约3km深至地表	地壳深部	地表或近地表	
方式	高温熔融、喷出作用	高温熔融、侵入作用	机械搬运,重力分异	生物化学,原地生产
成分	石英、长石、暗色矿物		石英、长石、岩屑	方解石、白云石
构造	气孔、枕状	节理	层理构造	生物成因构造
产状	层状、块状	块状	层状	层状、块状
压实	影响火山碎屑岩	不影响	明显	明显
分布	不连续		连续	

（一）火山喷发方式、环境与火山机构

火山作用指深部岩浆依照一定方式，经过火山管道喷出地表或侵位于近地表，从而形成各类火山生成物的过程。火山喷发按能量、速率、成分等可以划分爆发、喷溢、侵出三种基本方式；按火山喷出通道类型，划分为裂隙式喷发、中心式喷发和复合式喷发三种；按喷发和堆积位置分为陆上和水下两种环境。陆上火山岩多为面状，范围一般较小，主要为原生或氧化色，以具有原生的高温矿物及火山玻璃为特征，玻基及球粒结构发育，球粒直径大，放射状及同心圆状较多，重结晶的长英质常为等粒结构；气孔构造、氧化顶、柱状节理发育，火山碎屑含量及粒度较大，火山弹、火山泥球、熔结火山碎屑岩、泥流角砾岩较发育，分选程度较差，一般形成绳状熔岩、渣状熔岩或块熔岩。水下火山岩常为带状，范围一般较大，以常见次生的低温矿物及含水矿物（水化）为特征，枕状构造、层理构造较为育，多见厚的淬火边、不规则裂纹及淬碎玻屑，分选较好，易形成枕状熔岩和玻璃碎屑岩，含海相和湖相化石，以含粉砂岩、泥质岩、硅质岩及碳酸盐岩夹层为特征。火山机构"又称火山体、火山筑积物，指火山喷发时在地表形成的各种火山地形，如火山锥、火山穹丘、火山口、破火山口、熔岩高原等，有时还涉及火山颈、火山通道等地下结构"，主要分为盾火山、层火山、渣锥火山三种基本类型。

（二）火山岩岩石类型与岩相

火山岩一般分为熔岩和火山碎屑岩两类，从火山喷溢流出的熔浆冷却而形成的岩石叫熔岩，从火山爆发出来的各种碎屑物堆积（陆上或水下）而成的岩石叫火山碎屑岩。火山熔岩建议采用化学成分分类命名方案，可根据其 SiO_2 含量进一步分为苦橄岩、玄武岩、安山岩、粗面岩和流纹岩五类，其间可以有过渡类型，如玄武安山岩、英安岩、流纹英安岩等。火山碎屑岩，首先根据火山物质来源和生成方式、胶结类型划分为火山碎屑熔岩、火山碎屑岩和火山—沉积碎屑岩三类，然后根据粒级组分划分为集块岩、火山角砾岩和凝灰岩；再以火山碎屑物态、成分和结构给予详细定名。

火山岩相是研究火山作用过程中的火山产物类型、特征及其堆积类型的总和，反映了火山喷发类型、搬运介质及方式、堆积环境与气候等综合地质特征。目前国内外对火山岩相的划分很不统一。火山岩基础地质与石油地质研究存在尺度差异，基础地质通常从单一岩浆机构出发建立岩相概念，如爆发相、喷溢相、侵出相等，三者代表同一岩浆旋回不同阶段的产物，在垂向上可以叠置。而火山岩石油地质关于岩相划分更多地满足"岩心—测井—地震"三相转换的需要，倾向于采用与环境对应的、地震可识别的分类方案，如"火山通道—火山集块岩相、火山熔岩相、沉凝灰岩相"划分方案。并且不同作者对火山岩相的划分是环境相带与岩相的命名之间没有严格的区分，笔者认为常见的近火山口相、中距火山口相和远火山口相分类方案更接近于环境的定义，建议将"近火山口相"等定义改为"近火山口环境"等，赋予更多地理环境特征。

火山岩相分类中既要遵循一般分类原则又要考虑其实用性，目的是从火山产物特征入手，恢复它的喷发或堆积环境，为盆地火山岩研究提供一个行之有效的分类方案，使研究者能够参照分类表中的岩相鉴定标志在剖面、岩心、岩屑和薄片尺度上识别出各种火山岩相和亚相，通过地质相—地震、测井相转换能够用地球物理资料识别火山岩相和亚相，并能够在岩相和亚相识别的基础上初步评价火山岩储层物性。在我国含油气盆地火山岩相综合研究基础上，提出火山岩相五相、十五种亚相的划分方案（表 2-7）。

表2-7　中国含油气盆地火山岩相主要特征

相	亚相	形成深度	岩石类型	形成方式	产出状态
火山通道相	火口—火山颈	地表—岩浆层或火山源区	熔岩、火山碎屑熔岩及火山碎屑岩	火山机构被剥蚀,出露出火山管道中的充填物	平面上呈长圆形、圆形、多边行岩颈
	次火山岩	地表以下约3km	熔岩、角砾熔岩、角砾岩	火山机构及其附近,或产于火山岩区及其附近地层中	岩床、岩墙、岩株、岩枝以及隐爆角砾岩体
	隐爆角砾岩		隐爆角砾岩	富含挥发分岩浆入侵破碎岩石带产生地下爆发作用	火山口附近或次火山岩体顶部或穿入围岩
爆发相	空落	地表	块状火山碎屑岩为主	火山喷发产物	火山碎屑、围岩碎屑与水蒸气混合成多相体系
	热基浪	地表	波状构造凝灰岩、火山角砾凝灰岩		
	热碎屑流	地表	熔结火山碎屑岩	火山爆发	火山喷发炽热碎屑流堆积
喷溢相	上部亚相	地表	各种熔岩	火山喷溢,泛流产物	岩流、岩被;绳状、柱状、渣状等
	中部亚相				
	下部亚相				
侵出相	中心	地表	熔岩及角砾熔岩	火山颈熔岩等挤出地表的产物	岩针、岩塞、岩钟和穹丘
	过渡				
	边缘相				
火山喷发沉积相	沉火山碎屑岩	地表	喷出岩、沉积火山碎屑岩、火山碎屑沉积岩和沉积岩	火山喷发间隙期、低潮期沉积产物	陆相、盆地相;层状、透镜状沉积等
	含外碎屑火山碎屑沉积				
	再搬运火山碎屑沉积				

(三) 火山韵律、火山旋回、火山—沉积构造层序

火山喷发是火山物质(熔岩、火山碎屑和火山气体)喷出到地表面的现象,对一座火山而言,总是有从开始喷发到活动加强又逐渐减弱直至停息的规律。关于火山喷发活动纵向演化的表述,目前不尽在火山地质学中应用概念不统一,在含油气盆地火山岩储层研究中更是混乱,常见的概念包括有喷发旋回、火山喷发旋回、火山旋回、火山活动旋回、火山韵律、火山序列、火山相序、火山地层、火山岩层、喷发阶段、喷发周期、火山活动周期、火山喷发—沉积旋回、火山沉积层序等,上述概念各使用者定义的内容又相差非常大,给研究工作带来非常大的不便。笔者建议火山喷发活动可以用喷发旋回、火山旋回、火山—沉积构造层序三级分类体系进行描述。

火山韵律:火山活动由初喷期经历高峰期、衰退期到休眠期的整个过程称喷发旋回,一个喷发旋回往往包括多次喷发活动,在两个旋回之间常隔有一定间断,表现为构造不整合、喷发不整合或具有一定过渡的沉积夹层,构成火山的韵律性喷发。

火山旋回:是指火山作用过程中,在某一阶段形成的各种产物及其在空间分布格局特征的总和,一个火山活动旋回可包括多次基本连续的喷发,可发育多个火山韵律。同一旋回火山活动产物组成火山地层,反映了同一活动旋回或期次的火山地层厚度、物质组成、碎屑粒度、结构构造及其喷发类型、搬运方式、堆积环境以及与毗邻层位三维空间的接触关系;由于受控于同

期的区域构造作用和岩浆来源,造成它们在岩性、岩相组合韵律、岩石化学演化、火山机构空间分布等方面具有自身特点和可对比性。两个相邻旋回之间则存在一定的间断,常表现为构造不整合、喷发不整合或厚度较大的区域性正常沉积岩夹层。

火山—沉积构造层序:在含火山岩系地层中,火山岩与沉积岩大部分呈层状产出,岩性复杂多变,缺乏岩性标志层,且火山喷发具有瞬时性、阶段性、周期性的特征,与基准面旋回及沉积旋回缺乏必然联系,地层对比非常困难;但构造运动控制火山、沉积作用,火山喷发旋回反映了构造环境的特点,构造不整合常造成火山岩系成分演化的间断或突变、沉积间断出现底砾岩,区域分布范围广,因而构造不整合面具有等时可对比性的特点。因而火山—沉积构造层序指某一构造活动期内,火山活动前—火山活动同时—火山活动后发育、充填的火山—沉积岩系,厚几百至几千米,常见多次喷发与沉陷,可以有多个火山旋回。

二、含油气盆地火山岩储层发育模式与分布

(一)火山喷发方式

我国火山岩主要发育在海相和陆相两种环境,其中陆上又可以分为水上和水下两种。岩石类型主要为基性、酸性岩类,少量中性和碱性岩类。东部燕山期火山爆发均为中心式喷发,东南沿海已恢复古火山153座,其中破火山口102座。

中国含油气盆地内火山岩分布范围广,以中心式喷发为主,部分发育裂隙式喷发。松辽盆地营城组火山岩单个火山机构主要由中心式喷发形成,整体上又受区域大断裂控制而呈串珠状平面分布。但也有人认为营城组火山岩裂隙式喷发、中心式喷发均有发育,横向厚度变化较大,火山岩相以喷溢相、火山沉积相为主,常发育火山锥;火石岭组火山岩以裂隙喷发方式为主,横向上分布范围广,厚度变化相对较均匀,多发育层火山机构,火山岩相以喷溢相为主。辽河坳陷火山岩沿断裂分布,古近—新近纪火山活动以房身泡组沉积期最强烈,根据喷发强度和火山岩时空分布,分为4期12次喷发,为与沉积同时的水下多次喷溢产物,属于水下间歇性、多次沿断裂喷溢。南堡凹陷火山岩喷发分为5期,为中心式喷发、裂隙式喷发和沿断裂的溢出。东营凹陷火山岩以熔岩流、熔岩被为主,以喷溢相为主,爆发、侵出相极少;喷发环境以陆相为主,也有水下喷发,以中心式喷发为主;少数为受断裂控制,呈线状排列,断裂复合处是火山活动最强裂的喷发中心。二连盆地中生代火山活动属于陆相喷发,晚侏罗世为裂隙式喷发;早白垩世阿尔善期为裂隙—中心式喷发;晚白垩世早期为裂隙式喷发,新生代为裂隙式喷发,第四纪更新世为中心式间歇喷发。苏北高邮凹陷闵桥火山岩属陆上中心式喷溢而成,后期为陆上喷发,流入水中,在水下堆积形成,离火山口越近火山岩厚度越大。江汉盆地在白垩纪至古近纪期间火山岩以水下喷发为主,但江陵凹陷金家场等构造高部位发育陆上喷发火山岩。

塔里木盆地塔河地区二叠系火山活动具有间歇性喷发特征,以喷溢时间较长的缓慢溢流与短时的迅速喷发交替进行为特点。喷发方式以较宁静的溢流式喷发为主,间或伴随较强烈的爆发式喷发,形成从玄武岩到英安岩或单一英安岩的火山喷发旋回。准噶尔盆地西北缘石炭系火山喷发为裂缝—中心式,腹部石西广泛分布的角砾熔岩、褐色、红褐色火山岩所占的比率高,为陆上特别是喷发时遇大气降水或浅水下喷发;东部五彩湾凹陷基底以石炭系火山岩(熔岩与火山碎屑岩交替出现)为主,颜色总体较深,多为灰绿色,很少角砾熔岩、熔结角砾岩,夹薄层泥岩、砂岩,沉积岩层中含海相化石,属陆表海沉积环境,火山活动总体表现为早石炭世相对较弱,晚石炭世相对较强的特征,呈大陆间歇性火山喷发作用特征,属陆表海火山—沉积环境,以深水下喷发为特点,火山岩在水体深部喷发,从西向东火山岩喷发环境有自水上向水

下转换的趋势。

(二) 火山岩岩性类型

中国含油气盆地火山岩储层岩石类型多，熔岩类主要有玄武岩、安山岩、英安岩、流纹岩、粗面岩等；火山碎屑岩类主要包括集块岩、火山角砾岩、凝灰岩、熔结火山碎屑岩等。

海拉尔盆地兴安岭群自下而上可分为三段：下部中酸性火山岩段主要为一套中酸性熔岩、火山碎屑岩、灰黄色流纹斑岩、粗面岩、灰绿色凝灰岩；中部为中酸性火山岩夹煤层段，岩性为灰紫色安山岩、安山玄武岩夹煤层；上部中基性火山岩段岩性为厚层黑—灰黑色玄武岩，夹薄层黑色泥岩。松辽盆地火山岩岩石类型主要有12种，即流纹岩、安山岩、英安岩、玄武岩、玄武安山岩、粗安岩、流纹质角砾凝灰岩、流纹质火山角砾岩、英安质火山角砾岩、玄武安山质火山角砾岩、安山质晶屑凝灰岩、沉火山角砾岩。其中，厚度频率最大的是流纹岩，占70.46%；其次是安山岩和英安岩，分别占6.15%和5.42%；玄武岩占3.43%；粗安岩占3.04%；流纹质角砾凝灰岩占2.80%；英安质火山角砾岩占2.72%；玄武安山岩占1.73%；流纹质火山角砾岩和玄武安山质火山角砾岩都占1.49%；安山质晶屑凝灰岩占0.86%，沉火山角砾岩占0.40%。其中中酸性火山岩占样品总数的86%，基性火山岩占样品总数的14%，主要属于碱性和钙碱性系列。渤海湾盆地主要为玄武岩、粗面岩、辉绿岩；如辽河盆地中生代火山岩以安山岩为主，古近纪火山岩以玄武岩和粗面岩为主。冀中坳陷侏罗系为暗紫红色、灰色安山岩为主夹凝灰岩，顶部为玄武岩、安山质角砾岩、火山碎屑砂岩；白垩系下部为杂色火山角砾岩，上部为灰色凝灰质砂砾岩、砂岩、安山质角砾岩。东营凹陷广泛发育有基性火山岩、次火山岩及火山碎屑岩。主要岩石类型为橄榄玄武岩、玄武岩、玄武玢岩、凝灰岩和火山角砾岩等。黄骅坳陷风化店地区火山岩主要为碱流岩、英安流纹岩、流纹岩和流纹英安岩。南堡凹陷主要为基性火山碎屑岩、中性火山碎屑岩和玄武岩。高邮凹陷为灰黑、灰绿、灰紫色玄武岩。江汉盆地白垩—古近系火山岩岩石类型主要是石英拉斑玄武岩、橄榄拉斑玄武岩、玄武玢岩（次玄武岩），次要的有辉绿岩和火山碎屑岩。二连盆地主要发育有自碎角砾状安山岩、气孔状—杏仁状熔岩、块状熔岩、凝灰岩、角砾岩和集块岩。银根盆地查干凹陷火山岩主要为中基性玄武岩、粗安岩及安山岩，少量凝灰岩、熔结角砾岩和辉绿岩。

四川盆地二叠系火山岩主要为斜长玄武岩、凝灰岩、凝灰质角砾岩等。塔里木盆地二叠系火山岩熔岩类包括玄武岩和英安岩，以英安岩为主，英安岩占火山岩总厚度的80.3%，其次包括角砾英安岩和少量角砾玄武岩、角砾状凝灰质英安岩、角砾状凝灰质玄武岩、凝灰质角砾岩及火山碎屑角砾岩、晶屑玻屑凝灰岩、晶屑岩屑凝灰岩和晶屑凝灰岩、沉凝灰岩和沉火山角砾岩、凝灰质砂砾岩及凝灰质泥岩、凝灰质泥质粉砂岩，少量含砾凝灰质泥岩、含砾凝灰质粉砂岩。准噶尔盆地陆东—五彩湾地区主要有玄武岩、安山岩、英安岩、流纹岩、火山角砾岩、凝灰岩等；西北缘地区石炭系岩性主要为安山岩、玄武岩、安玄岩、火山角砾岩、凝灰角砾岩、熔结角砾岩、凝灰岩、集块岩等。三塘湖盆地二叠系火山岩主要有玄武岩、安山岩、英安岩、流纹岩、凝灰岩、火山角砾岩等。

三、中国含油气盆地火山岩储层形成及其特征

(一) 储层储集空间类型及成因

火山岩储层存在的孔、洞和裂缝是油气储存的空间和通道。按成因可将火山岩储层的储集空间分为原生孔隙（气孔、粒间孔、晶间孔）、次生孔隙（溶孔、溶洞）和裂缝（冷凝收缩缝、炸裂缝、构造拱张裂缝、剪切缝、风化裂缝）三大类（表2-8）。原生孔隙为火山物质喷出地表形

成的气孔及不完全被杏仁体充填的残余孔隙、晶间微孔、火山角砾间孔等。次生孔隙主要是球粒流纹岩脱玻化孔、长石(包括斑晶、晶屑、微晶、脱玻化形成的长石)和火山灰及黏土矿物的溶蚀孔、气孔充填的碳酸盐杏仁体、裂缝充填的碳酸盐脉以及岩石碳酸盐化形成的碳酸盐矿物的溶蚀孔;次生孔隙的形成主要是火山岩体遭受风化剥蚀、溶蚀的结果。裂缝的形成一方面由火山作用和成岩作用形成爆裂缝、收缩缝,另一方面由构造应力作用使火山岩体发生变形、错动而发育构造裂缝,可以成为火山岩的主要渗流通道和部分储集空间。风化剥蚀溶蚀作用和构造应力对火山岩体的剥蚀与破坏作用相辅相成,互相叠加,即使火山岩被上覆地层覆盖后,大量水或有机酸溶液也会沿断层或裂缝渗流到火山岩体中,发生深部溶蚀作用,产生溶蚀孔和溶蚀缝。火山岩储层的气孔和溶蚀孔一般含油较多,而构造裂隙和风化裂隙主要起连通气孔、溶蚀孔及其他储集空间的作用,在油气运移中主要起输导管的作用,本身也可成为储油空间,但储油规模较小,各类储集空间一般不单独存在,而是以某种组合形式出现,孔、缝、洞交织在一起则可构成有利的油气储集空间,而且不同的储层段具有不同的储集空间组合。

表2-8 储集空间类型及特征

储集空间类型		对应岩类	成因	特点	含油气性
原生孔隙	气孔	安山岩、玄武岩、角砾岩、角砾熔岩	成岩过程中气体膨胀溢出	多分布在岩流层顶底,大小不一,形状各异	与缝、洞相连者含油气较好
	粒(砾)间孔	火山角砾岩、集块岩、火山沉积岩	碎屑颗粒间经成岩压实后残余孔隙	火山碎屑岩中多见	含油气好
	晶间孔及晶内孔	玄武岩、安山岩、自碎屑角砾熔岩	造岩矿物格架	多分布在岩流层中部,空隙较小	大多不含油
	冷凝收缩孔	玄武岩	熔浆在冷凝过程中发生体积收缩形成	这种孔无一定方向,形状常常不规则	与气孔连通时充填油气
次生孔隙	脱玻化孔	球粒流纹岩	玻璃质经脱玻化后形成	微孔隙,但连通性较好	较好的储气空间
	长石溶蚀孔	各类岩石	长石的溶蚀常常沿着解理缝发育	孔隙形态不规则	是主要的储集空间之一
	火山灰溶孔	凝灰岩、熔结凝灰岩、火山角砾岩	火山灰灰蚀	孔隙虽小,但由于数量多,连通性好	能形成好的储层
	碳酸盐溶孔	各类岩石	方解石、菱铁矿溶解	孔隙较大	含油气性好
	溶洞	玄武岩、安山岩、角砾熔岩、角砾岩	风化、淋滤、溶蚀	沿裂缝、自碎碎屑岩带及构造高部位发育	含油气好
裂缝	炸裂缝	自碎角砾化熔岩、次火山岩	自碎或隐蔽爆破	有复原性	含油气性较好
	收缩缝	玄武岩、安山岩、自碎角砾熔岩	岩浆冷却收缩、冷凝过程中,底部岩浆上涌破坏上部熔岩	柱状节理,呈张开形式,面状裂开,但少错动	含油气性一般较好
	构造缝	各类岩石	构造应力作用	近断层处发育,较平直,多为高角度裂缝	与构造发生作用时间有关
	风化裂缝	各类岩石	各种风化作用	与溶蚀孔缝洞和构造缝相连	储集意义不大

(二)储层类型

中国大部分含油气盆地中发育火山岩类,且分布范围和厚度都有较大规模,依据成因特征可以划分熔岩型储层、火山碎屑岩型储层、溶蚀型储层、裂缝型储层四类(表2-9),各种类型在产出部位、展布形态、孔隙类型和孔渗性特点等方面都存在明显差异。

表2-9 火山岩储层形成作用与类型

控制作用	储集空间	储层类型	分布与产状	储层大类
火山作用	原生型	火山熔岩	喷溢相,层状	熔岩型储层 火山碎屑岩型储层
		潜火山岩	浅成侵入相,筒状	
		火山碎屑岩	爆发相、堆状、环状	
成岩作用	次生型	风化壳岩溶型	内幕储层,可达300m	溶蚀型储层 裂缝型储层
		埋藏岩溶型	酸性流体溶蚀,深度不限	
		蚀变型	岩床、岩株、蚀变带	
构造作用	裂缝	裂缝型	构造高部位,断裂带	

(三)储层分布

我国含油气盆地古生界和中—新生界广泛发育火山岩,具有分布范围广、地质时代长的特征,不具岩石类型的专属性,无论是基性岩、中性岩还是酸性岩,无论是火山岩还是侵入岩,也无论是熔岩还是火山碎屑岩,自新生代到太古宙都有好的储层。如松辽盆地营城组火山岩储层,银根盆地苏红图组火山岩储层,二连盆地阿北油田兴安岭群火山岩储层,渤海湾盆地中—新生界火山岩储层,江汉盆地、苏北盆地中—新生界火山岩储层,西北地区新疆克拉玛依油田石炭系火山岩储层,陆东五彩湾石炭系火山岩储层,塔里木盆地、三塘湖盆地、四川盆地二叠系火山岩储层(表2-10)。

表2-10 中国含油气盆地火山岩储层储集性特征

系	统	组	盆地	岩性	孔隙度(%)	渗透率($\times 10^{-3} \mu m^2$)
新近系	中新统	盐成群	高邮凹陷	灰黑、灰绿、灰紫色玄武岩	20	37
		馆陶组底	东营凹陷	橄榄玄武岩	25	80
			惠民凹陷	橄榄玄武岩	25	80
古近系		三垛组	高邮凹陷	玄武岩	22	19
		沙一段	东营凹陷	玄武岩、安山玄武岩、火山角砾岩	25.5	7.4
		沙三段	惠民凹陷	橄榄玄武岩	10.1	13.2
			辽河东部凹陷	玄武岩、安山玄武岩	20.3~24.9	1~16
		沙四段	沾化凹陷	玄武岩、安山玄武岩、火山角砾岩	25.2	18.7
		新沟嘴组	江陵凹陷	灰黑、灰绿、灰紫色玄武岩	18~22.6	3.7~8.4
		孔店组	潍北凹陷	玄武岩、凝灰岩	20.8	90

系	统	组	盆地	岩性	孔隙度（%）	渗透率（×10⁻³μm²）
中生界	白垩系	营城组	松辽盆地	玄武岩、安山岩、英安岩、流纹岩、凝灰岩、火山角砾岩	1.9~10.8	0.01~0.87
		青山口组	齐家—古龙凹陷	中酸性火山角砾岩、凝灰岩	22.1	136
		苏红图组	银根盆地	玄武岩、安山岩、火山角砾岩、凝灰岩	17.9	111
	侏罗系	兴安岭群	二连盆地	玄武岩、安山岩	3.57~12.7	1~214
			海拉尔盆地	火山碎屑岩、流纹斑岩、粗面岩、凝灰岩、安山岩、安山玄武岩、玄武岩	13.68	6.6
古生界		C—P	准噶尔盆地	安山岩、玄武岩、凝灰岩、火山角砾岩	4.15~16.8	0.03~153
		P	塔里木盆地	英安岩、玄武岩、火山角砾岩、凝灰岩	0.8~19.4	0.01~10.5
		P	三塘湖盆地	安山岩、玄武岩	2.71~13.3	0.01~17
		P	四川盆地	玄武岩	5.9~20	

火山岩储层孔隙度受埋藏深度影响不大,这是因为火山岩骨架较其他岩石坚硬,抗压实能力强,在埋藏过程中受机械压实作用的影响小,使得火山岩的孔隙比其他岩石更容易保存下来。在同一深度下,碎屑岩孔隙度较火山岩孔隙度小,如准噶尔盆地石西油田石炭系火山岩在深度大于3800m时,火山岩孔隙度变化范围在8.46%~19.78%之间,平均为14.4%,而碎屑岩孔隙度平均约7.13%（图2-24）。

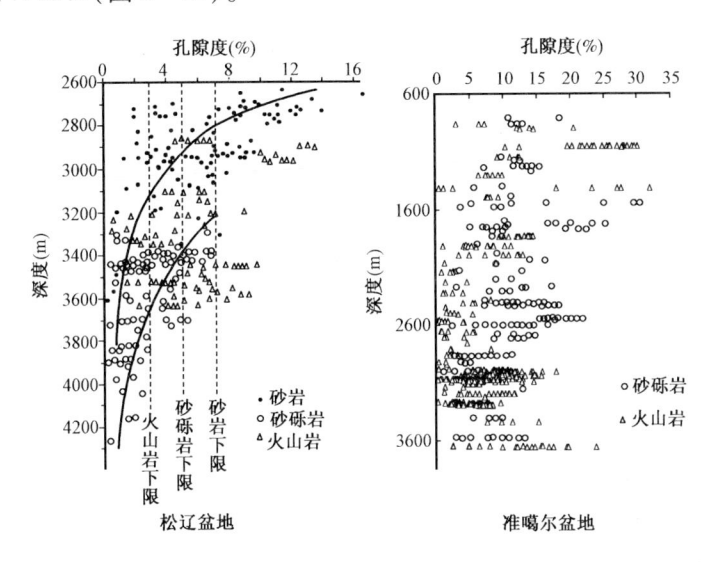

图2-24 松辽、准噶尔盆地火山岩孔隙度随深度变化

四、含油气盆地火山岩储层形成主控因素

火山岩储集空间的形成、发展、堵塞、再形成等一系列不同阶段的演化过程是非常复杂的,原生孔隙和裂缝主要受到原始喷发状态,即火山岩亚相控制;在相同的构造应力作用下构造裂缝的发育和保存程度也受到原始喷发状态(亚相)的控制。火山喷发后冷凝熔结和压实固结后形成的火山岩虽然有原生气孔存在,可是互不连通,没有渗透性,只有经过后期不同阶段的

各种作用改造才具有储集性。总体来说火山作用、构造运动、风化淋滤作用及流体作用是影响和控制储层发育程度的主要地质作用。

(一)火山作用对储层的控制作用

火山作用不仅控制了储集体的形态规模及相互间的联系,也控制着储集空间类型和储层岩石的矿物组分特征。在同一地区火山岩储层的储集性能主要受火山岩岩石类型和岩相的控制,不同岩石类型的火山岩储层发育不同类型的储集系统。如准噶尔盆地五彩湾凹陷基底火山岩中,火山碎屑岩具最高的孔隙度(1.26% ~ 30.08%,平均9.84%),其次是安山岩(8.14%)、凝灰岩(7.92%),玄武岩的孔隙度最低(5.89%);凝灰岩具最高的平均渗透率($2.09 \times 10^{-3} \mu m^2$),其次是安山岩、火山角砾岩,玄武岩的渗透率最低($0.89 \times 10^{-3} \mu m^2$)。

火山岩相是影响储层的重要因素,不同岩相、亚相具有不同的孔隙类型,同岩相的不同亚相储层物性可能差别很大,因为各相中各种亚相之间岩石结构和构造存在较大差别,岩石结构和构造控制着原生和次生孔缝的组合和分布,可以说火山岩储层物性和储集空间类型、特征和变化主要受火山岩亚相控制。火山通道相储集空间主要为孤立的气孔及火山碎屑间孔,如济阳坳陷商74-6井下部2541.71 ~ 2548.27m井段的火山通道相熔岩,实测孔隙度为13.1% ~ 16.4%,渗透率为$0.106.95 \times 10^{-3} \mu m^{-2}$,熔岩中还常见柱状节理发育,从而形成良好的储集空间。火山爆发相以火山碎屑岩的产出为特征,爆发时的冲力将顶板及围岩破碎形成大量的裂缝裂纹,同时形成火山角砾岩,火山角砾间孔及气孔发育;另外,由于火山爆发相一般都处于古侵蚀高地,容易遭受风化淋滤作用,因此溶蚀孔(洞)和溶蚀裂缝发育,能够形成有利储集相带。如济阳坳陷商74-12井1975 ~ 1979.6m的火山角砾岩孔隙度为20.7% ~ 33.1%,渗透率为11.2×10^{-3} ~ $140 \times 10^{-3} \mu m^{-2}$,商74-6井1830 ~ 1838m的火山角砾岩孔隙度为16.7% ~ 37.4%,渗透率为0.988×10^{-3} ~ $3170 \times 10^{-3} \mu m^{-2}$,该相带也是较为有利的储集相带。火山喷溢相形成于火山喷发的各个时期,熔岩原生气孔发育,次生孔隙主要表现为长石的溶蚀和玻璃质经过脱玻化形成长石、石英等矿物后,发生体积缩小产生的孔隙,据统计,喷溢相上部亚相是松辽盆地兴城和升平地区储层物性最好的岩相带。侵出相中心带亚相储集空间主要为裂缝、溶孔、晶间孔等微孔隙,储集物性较好,是有利的储集相带。

(二)火山喷发环境

喷发环境对火山岩储集空间的形成有很大影响,以准噶尔盆地腹部石西油田和五彩湾凹陷石炭系火山岩储层为例。五彩湾凹陷火山岩与沉积岩互层,沉积岩层中含海相化石,属陆表海沉积环境,火山岩在水体深部喷发,由于深水静水压力大,溶解于岩浆中的挥发分不容易逃逸难以形成气孔,故原生气孔极不发育,加之水体的共同作用,火山岩发生明显的蚀变(绿泥石化)和充填作用,使本来就少的原生孔隙减少;而腹部石西油田广泛分布的角砾熔岩是在浅水环境或陆上喷发的,特别是喷发时遇大气降水,一方面溶解于熔浆中的挥发分可以大量逃逸形成原生气孔,另一方面由于炽热岩浆突遇水体产生的淬火作用形成大量原生微裂隙并把原生气孔很好地连通起来,可以构成良好的原始储集空间。不同的喷发环境导致储层物性差异较大,如五彩湾凹陷火山岩的孔隙度(8.14%)、渗透率($1.14 \times 10^{-3} \mu m^2$)均不及腹部(分别为14.77%和$2.08 \times 10^{-3} \mu m^2$)。

(三)成岩作用对储层的控制作用

火山岩成岩作用同沉积岩一样复杂多样,根据热演化特征可以将火山岩的成岩作用过程划分出冷凝成岩和次生成岩两个阶段,其中次生成岩阶段又包括热液作用、表生作用和埋藏成岩作用三个阶段,成岩作用类型主要有压实作用、充填作用、溶解作用、交代作用等,它们对储层形成的作用不尽相同,有的起到了积极作用,有的起到了消极作用。充填作用降低储层的孔渗性,不利于火山岩储层的发育;压实作用不利于储层的形成、保存及发展,特别是对于火山碎屑岩影响显著。较常见的成岩蚀变包括绿泥石化、方解石交代、沸石化等,对火山岩储层形成既有消极影响,也有积极作用,火山岩中的气孔往往不直接成为储集空间,而是先被绿泥石、沸石、方解石等充填,尔后被地下水溶蚀,再由裂缝连通才能成为储层。

所有火山岩几乎都要经历不同程度的风化淋滤作用,对多数火山岩来讲,孔隙发育程度与淋滤作用密切相关,淋滤作用不但可以使岩石破碎,也可以使岩石的化学成分发生显著的变化,如发生矿物的溶解、氧化、水化和碳酸盐化等。如升深2井营城组顶部的紫色安山质熔结凝灰岩,由于风化淋滤作用使得原本致密的爆发相凝灰质熔岩变得极为疏松,在岩心中呈豆腐渣状,其孔隙度大于15%,渗透性好。因此,淋滤作用不仅是影响火山岩储集性能的一个重要因素,而且是火山岩普遍存在的地质现象,火山岩顶面距离不整合面的远近成为风化淋滤溶蚀储层储集空间发育的重要控制因素。溶蚀作用主要表现为物质的带出过程,总的效应是使孔隙增加,次生孔隙都与溶蚀有关,是控制火山岩储集性能的另一重要因素,在酸性水(有机酸和无机酸)的作用下,使火山岩中的不稳定组分发生溶解,形成次生孔隙。

（四）流体活动导致的蚀变和胶结与充填作用对火山岩储集性的影响

火山活动和构造运动以及排烃作用等都会引起大规模的流体活动,流体对火山岩的直接影响是引起物质的带入和带出,使火山岩体处于开放体系下。流体可分为热液流体和与有机质有关的酸性流体。流体使火山岩孔隙结构发生变化,大大改善了火山岩储层的物性,使火山岩储集空间类型更加复杂多样。热液活动的直接后果是导致原有矿物发生蚀变、溶蚀,同时有新的矿物形成导致次生胶结和充填作用发生,蚀变和溶蚀使火山岩孔隙度增加,胶结和充填使孔隙度、尤其是渗透率降低。

（五）构造作用

构造运动和构造部位对断裂的形成和裂缝的发育程度起着主导作用。裂缝的形成对储层发育有三方面的影响:其一,在气孔—杏仁孔发育带形成裂缝,提高了气孔的连通程度,更重要的是,地表淡水或地下水沿裂缝对火成岩进行溶解改造,在原来气孔、残余气孔及基质晶间孔的基础上形成大量的溶蚀孔隙,甚至溶洞;其二,在致密段形成裂缝,可形成单纯的裂缝型储层,且在一定条件下,还可发育溶孔,甚至溶洞;其三,裂缝的存在可以改善地层水分布和流动特点,从而促使溶解作用的发生、发展,如在岩心或显微镜下所见顺构造裂缝发育的次生溶孔,就是该种因素的结果。如三塘湖盆地石炭—二叠系火山岩至少发育两期构造裂缝,其中Ⅰ期裂缝形成得较早,规模较大,对储层的影响较大(是溶孔、溶洞发育的成岩水渗流通道),但裂缝本身绝大部分已被充填;Ⅱ期裂缝规模较小,对储层的改造作用不如Ⅰ期,但因该期裂缝大部分为开启缝,充填物质少,故对储层质量提高有较大的意义。

第五节 "两相、两带"控制储层物性

以上分析了储集体发育和分布的控制因素,这里简要分析储层物性的主控因素。从根本上说,"两相、两带"对储层物性具有决定性的控制作用。"两相"是指沉积相和成岩相,"两带"是指地层不整合带和断裂带。它们通过影响储层物性的不同方面控制储层物性的变化,如沉积相通过控制不同岩性、岩相的发育进而控制储层的原生孔隙发育状况,成岩相通过成岩

作用控制次生孔隙的发育。

一、"两相"储层物性主控因素

沉积相不仅控制储集体成因类型和分布（沉积建造），而且也控制储集体的原生物性。不同沉积相带的岩性、岩相、粒度、分选性等存在差异，进而决定了其原生孔隙的发育程度，在一定程度上也影响着成岩作用的发育程度及次生孔隙的发育，如三角洲前缘带、水下扇中扇和滩坝相等砂体物性较好，储油条件有利（图2-25A、C、D）。成岩相控制储集体物性（后生改造），主要是控制次生孔隙的发育和演化，是优质储层形成的关键，如鄂尔多斯盆地浊沸石的溶蚀程度与石油产量的正向关系（图2-25B）。

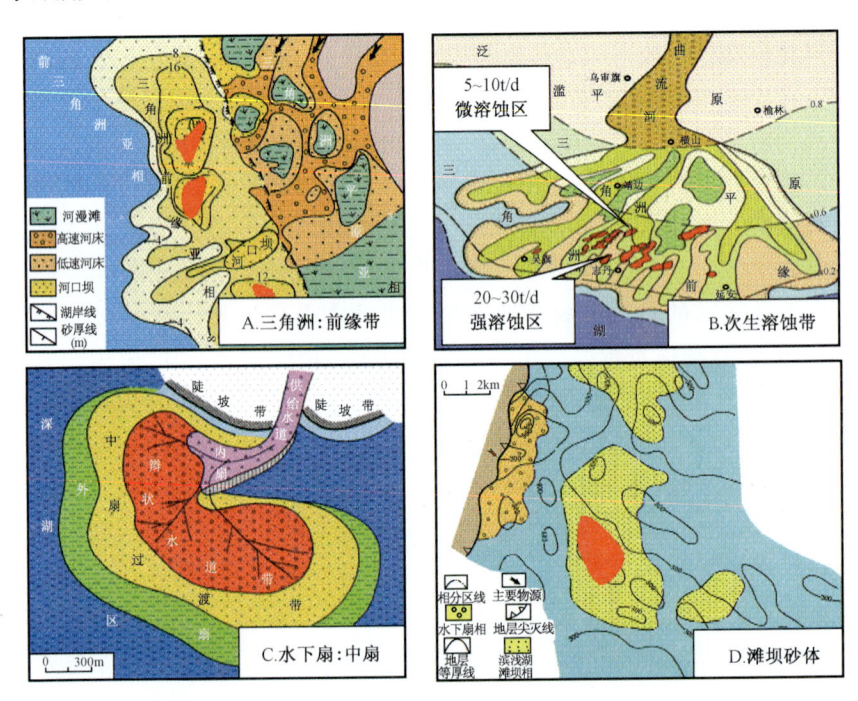

图2-25 有利沉积相和成岩相控制油气分布和富集

（一）沉积相对岩性地层圈闭储集体的控制作用

1. 沉积相对陆相盆地碎屑岩储集体的控制作用

陆相沉积盆地碎屑岩储集体成因类型、规模、几何形态和分布规律受物源区地形、盆地内部地形和水动力条件、气候带、构造活动性等多种因素的控制，这些因素综合作用的结果表现为沉积相带对碎屑岩储集体的控制作用。

对我国陆相盆地岩性地层圈闭的统计表明，坳陷湖盆岩性地层油气藏储集砂体类型以扇三角洲、曲流河三角洲、辫状河三角洲及河流砂体为主，占总体的74%。曲流河三角洲前缘水下分流河道及河口坝砂体、辫状河三角洲前缘砂体及河道砂体为岩性油气藏最主要的砂体类型。三角洲砂体岩性油气藏占坳陷湖盆岩性油气藏总数的74%。其中，三角洲前缘砂体是三角洲内最主要的岩性圈闭砂体类型，对58个三角洲砂体岩性地层圈闭的统计表明，三角洲前缘砂体占三角砂体岩性圈闭总数的95%，三角洲平原砂体占5%。根据对曲流河三角洲前缘砂体类型的统计，河口坝及水下分流河道为主要砂体类型，分别占55%及31%；其次是席状砂，占14%。

陆相盆地不同沉积相带岩性地层圈闭储集体发育特征各异,主要表现在以下方面。

(1)冲积扇、特别是湿地冲积扇可以成为较好的储集相,但由于冲积扇内总体上缺乏细粒隔层,储层渗透率在横向及垂向上连续,而且扇体发育的位置靠近沉积盆地构造上活跃的边缘地带,导致了冲积扇更容易形成构造圈闭,所形成的岩性圈闭主要为复合圈闭及不整合遮挡圈闭,如准噶尔盆地发育的9个冲积扇岩性圈闭中,有5个为断层—岩性复合圈闭,另4个为超覆不整合圈闭。

(2)河流相储集体受沉积相的控制作用表现在:① 主要的储层是河道充填砂和沙坝砂,决口扇砂是次要的储集相;② 总的砂体走向平行于沉积倾向,但是很可能存在显著的局部性变化;③ 储层的连续性好到极好,至少是平行于河道的。在构造简单的盆地内,河流沉积物为油气的区域性运移提供了极好的通道。

(3)三角洲平原砂体横向连通性较好,且上倾方向与河道砂体连通,容易形成构造圈闭或同沉积构造圈闭。而三角洲前缘水下分流河道及河口坝与细粒湖相沉积伴生,具备封堵条件形成岩性圈闭,特别是河口坝砂体因岩相变化更容易形成岩性圈闭。这种差异可能是造成三角洲前缘砂体岩性圈闭发育的程度远大于三角洲平原砂体的原因。三角洲前缘带合适的砂地比、分流河道砂体与分流间泥岩的侧向封堵、前缘带与平原带砂体成岩差异性均可形成不同类型的岩性圈闭。三角洲前缘带发育的储层与前三角洲及湖相生油层直接接触,有利于前缘带岩性圈闭捕集油气,从而形成陆相盆地最有利的岩性油气藏富集区带。如松辽盆地发育的六大三角洲前缘带叠合面积可达 $5 \times 10^4 \mathrm{km}^2$,三角洲前缘带控制了岩性圈闭形成的有效储层分布范围。鄂尔多斯盆地晚三叠世东北河流三角洲前缘带及西南辫状河三角洲前缘带砂体为盆地中生界最重要的油气储层,目前上三叠统发现的岩性油田多位于三角洲前缘带。

2. 沉积相对海相克拉通盆地碎屑岩储集体的控制作用

海相碎屑岩不同相带形成岩性地层圈闭储集体的条件有所差异。滨岸带沉积体系一般包含潜在的储油砂体与浅海泥或受海水影响的泥成互层的一种混合物,砂体通常平行于沉积走向,因此上倾尖灭是大多数滨岸带体系固有的现象,很可能发育成岩圈闭。障壁砂体、海岸砂体及障壁—潟湖体系中发育的砂体具有不同的几何形态及岩性圈闭形成条件,海侵的障壁砂体和滩脊砂体往往以孤立、狭长、平行于走向的条带出现,油气在地层上被圈闭在储层突然向上尖灭的部位。从目前塔里木盆地已发现的海相砂岩油气藏特征看,油气藏主要分布于三级层序最大海泛面下的浅海沙坝和陆棚砂体中,砂岩的区域性尖灭和砂泥组合的储盖关系是控制形成岩性地层圈闭的主要因素。滨岸砂体向陆的超覆尖灭带易形成地层超覆圈闭。浅海沙坝分为与滨岸砂连接和孤立的两种,其中孤立浅海沙坝处于滨外泥岩之中,易形成砂岩透镜体圈闭。陆棚砂岩分布面积大,与一定的构造反转背景配合,可形成一定规模的圈闭和油气藏。陆棚和海滩砂体储层性质好,潮道砂次之,潮坪砂差;海侵砂体是岩性圈闭发育的有利场所;第一个三级层序的最大洪泛面下的砂体储层质量好,是上超尖灭和透镜体砂岩岩性圈闭的有利发育部位。海相碎屑岩体系不同相带不同微相类型的储集物性存在差异性,高能水体环境的微相类型储集物性较好。塔里木盆地志留系浅海陆棚沙坝和滨岸沙坝砂岩储层物性好于潮坪相砂岩。沥青充填的主要为原生孔隙,现今的原油产层为原生孔和次生孔的混合类型,沉积作用以及沥青充填对成岩的综合影响是控制后期优质储层成因的主要因素。潮坪相泥质含量高、孔渗低,滨岸沙坝、陆棚砂泥质含量低、孔渗高。潮下带水道砂岩石英含量为 73.6%,长石为 6.3%,岩屑为 20%,平均孔隙度为 9.01%,平均渗透率为 $20.3 \times 10^{-3} \mu \mathrm{m}^2$。前滨、后滨砂岩石英含量为59.42%,长石为8.64%,岩屑为31.57%,平均孔隙度为9.8%,平均渗透率为$10.15 \times 10^{-3} \mu m^2$。浅海沙坝砂岩石英含量为67.31%,长石为2.9%,岩屑为20%,平均孔隙度为11.45%,平均渗透率为$73.23 \times 10^{-3} \mu m^2$。

3. 沉积相对海相克拉通盆地碳酸盐岩储集体的控制作用

从全球范围看,碳酸盐岩储层从岩性上主要分为白云岩及石灰岩两大类,国外大型碳酸盐岩油气田内晚前寒武纪—奥陶纪及三叠纪碳酸盐岩储层均为白云岩,而白垩—新近纪碳酸盐岩储层主要为石灰岩。碳酸盐岩储层发育的沉积环境主要为陆架型碳酸盐岩台地及碳酸盐缓坡相粒屑灰岩、生物礁灰岩及生屑滩灰岩,此外陆棚相及盆地相的泥质碳酸盐岩也可成为较好的储集岩。

与碎屑岩储集体及国外埋深浅、时代新的碳酸盐岩储集体不同,我国深埋的古生界碳酸盐岩储集体的储集空间受成岩作用改造强烈,主要为次生孔隙,但高能沉积相带对储集体发育的控制作用依然明显。

碳酸盐岩储层孔隙成因复杂,骨骸碳酸盐岩的分泌作用,沉积物的填塞、收缩和膨胀作用,岩石的裂隙化作用,沉积颗粒的选择性溶解或非选择性溶解,生物钻孔或有机物分解等各类成岩作用,皆可在碳酸盐岩中形成各种孔隙。溶蚀作用、白云岩化作用及破裂作用是最为重要的建设性成岩作用。碳酸盐岩储集体可细分为六类:碳酸盐滩型、生物建隆型、泥质白云岩—泥灰岩型、白垩型、不整合岩溶型及晚期埋藏成岩型。碳酸盐滩型储层分布于镶边碳酸盐陆架型边缘及缓坡背景,镶边碳酸盐陆棚边缘高能碳酸盐浅滩通常是寻找碳酸盐滩相油气藏的目标相带。由于在大多数情况下,碳酸盐台地边缘相对容易确定,所以此类油气藏的展布也容易确定。边缘滩的进积作用形成富泥质相对致密碳酸盐岩包围内的颗粒灰岩沉积体。碳酸盐缓坡也发育有大量的碳酸盐滩型油气藏,但其发育特征比陆架边缘型油气藏复杂。缓坡碳酸盐滩更容易形成地层圈闭,碳酸盐缓坡常出现在碳酸盐台地发育的早期。碳酸盐浅滩以条带状或滩坝形式发育于缓坡的高能带内。由于坡度较平缓,碳酸盐形成区域的面积较广,海平面的细微变化都能导致垂向上岩性的变化,横向上岩性较稳定。根据储层基本形状及地震响应,生物建隆油气藏可分为4种类型:台地边缘生物建隆型油气藏、生屑滩型油气藏、礁丘—点礁油气藏及边缘礁油气藏。由此可见,滩相及生物礁相储集体受沉积相带控制作用明显,如塔里木盆地奥陶系高能碳酸盐台地边缘礁滩相带已成为塔里木台盆区碳酸盐岩最重要的岩性地层油气藏富集区带。此外,不整合岩溶型及晚期埋藏成岩型碳酸盐岩储集体也多以高能沉积相带石灰岩为物质基础,如川东北飞仙关组环蒸发潟湖的高能鲕粒灰岩相带白云石化后形成优质储集体,塔里木盆地、四川盆地等多数埋藏溶蚀作用的对象也均为高能相带的石灰岩。

(二)成岩相对碎屑岩储层的控制作用

随着勘探、开发的不断深入,储层的质量预测越来越受关注,利用平面上成岩相的分布进行有利储层预测是一种有效的方法。成岩作用对储层性质的影响贯穿于整个成岩作用的全过程,现今状态的储层经历了多种成岩作用的相互叠加,从中确定与储层发育最密切的成岩作用命名为成岩相可更直观地反应成岩作用对储层的控制。

储层质量在空间和时间上的变化受众多因素控制,沉积盆地的性质和沉积环境控制了沉积物的组成、岩石结构和原生孔隙。流体流动是影响成岩作用的关键因素,近年来,不同研究者均试图从基于水—岩反应的古流体恢复和盆地成岩定量化研究等方面来探讨储层质量控制因素分析和储层评价的新方法。如国际上以层序格架内的成岩作用演化与孔隙演化模型建立为重点,探讨层序格架内不同层序界面、不同体系域成岩作用的差异性及对储层的控制作用。国内对于成岩相定量评价的研究则有两方面趋势,一方面以单因素分析与定性命名相结合,实行半定量划分成岩相类型,采用压实系数(压实率)、胶结系数(胶结率)、溶蚀系数(溶蚀率)分别分析压实强度、胶结强度、溶蚀强度;同时根据镜下特征分析成岩相特征,两者相结合,半定量划分成岩相类型。另一方面采用"成岩系数"参数定量表征成岩相,存在两种方案,第一种为成岩系数 =(原始孔隙体积—现今孔隙体积)/原始孔隙体积,综合表征压实作用、胶结作用、溶蚀作用对储层的影响;第二种为成岩系数 = 面孔率/(视压实率 + 视胶结率 + 微孔隙率)×100%,该种方法认为,分子代表使储层质量变好的成岩作用效应,分母代表使储层质量变差的成岩作用效应。如以四川盆地上三叠统须家河组为例,建立了一套成岩相定量评价的方法和流程。

四川盆地上三叠统须家河组储层在岩石学上表现为低成分成熟度、低胶结物含量和结构成熟度中等的"两低一中"特征,储集岩主要为岩屑长石砂岩和长石岩屑砂岩。粒度以中粒为主,次为中—细粒、细粒,分选中等—好,磨圆度为次棱—次圆,多呈孔隙式胶结。储集空间主要为残余粒间孔,普见溶蚀孔隙。总体储层物性较差,属低孔低渗和特低孔特低渗储层,局部发育有少量中孔低渗储层。以合川须二段为例,砂岩岩心孔隙度在 4.0% ~ 12% 之间,平均孔隙度为 7%,产气段主要孔隙度为 6% ~ 12%;渗透率主要分布在 $0.022 \times 10^{-3} \sim 0.385 \times 10^{-3} \mu m^2$ 之间,平均渗透率为 $0.103 \times 10^{-3} \mu m^2$,产气段渗透率为 $0.02 \times 10^{-3} \sim 0.32 \times 10^{-3} \mu m^2$。

1. 储层成岩演化与成岩阶段划分

根据薄片鉴定、阴极发光分析、包裹体分析、扫锚电镜能谱分析等分析各成岩矿物共生组合关系,可以确定成岩矿物由早到晚形成的相对顺序与孔隙演化关系(图 2 – 26)。

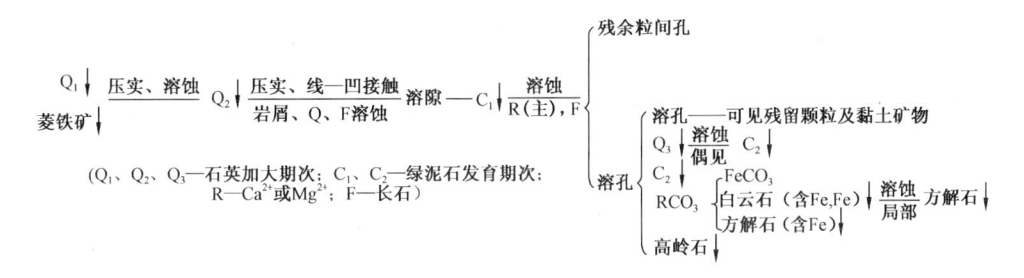

图 2 – 26 四川盆地须家河组自生矿物沉淀与孔隙演化序列

采用 R_o、黏土矿物组合、T_{max} 等数据定量确定成岩阶段。四川盆地中部须二段营山、广安、龙女寺、合川一带,R_o 为 1.3% ~ 1.8%,伊蒙混层比一般小于 15;安岳、潼南、磨溪一带,R_o 为 1.2% ~ 1.3%,伊蒙混层比一般为 20。根据成岩阶段划分标准,合川区块以北均进入到中成岩 B 阶段,而安岳、潼南、磨溪一带为中成岩 A 阶段。从平面上看,从北至南,成岩阶段越来越早,成岩强度越来越弱。

2. 成岩相成因类型及成因机理分析

压实作用、胶结(充填)作用、溶蚀作用为碎屑岩最主要的三大成岩作用,在一定的成岩环境下,分别对沉积后的岩石进行改造,从而形成现今的成岩相特征。通过视压实率、视胶结率、视溶蚀率等一系列成岩作用参数,确定成岩相成因类型,划分为八种主要成岩相类型。Ⅰ类:溶蚀相;Ⅱ类:胶结—溶蚀相;Ⅲ类:溶蚀—压实相;Ⅳ类:溶蚀—胶结相;Ⅴ类:胶结相;Ⅵ类:胶结—压实相;Ⅶ类:压实相;Ⅷ类:裂缝相。

在此基础上,针对胶结—溶蚀相、溶蚀—胶结相、胶结相、胶结—压实相,将相对含量最多的胶结(充填)物参与命名。如绿泥石胶结—溶蚀相、方解石胶结—溶蚀相等。进一步结合储层物性特征,采用"孔渗级别+成岩(亚)相"综合命名法进行定名,如低孔渗长石溶蚀相、低孔渗绿泥石胶结—溶蚀相等等。

同时根据各分析井段上述参数(视压实率、视胶结率、视溶蚀率)进行成岩作用强度的单因素平面成图,确定平面上的成岩作用强度分布趋势(图2-27);结合地层水矿化度、黏土矿物分布、R_o、压力等平面分布趋势,明确不同构造背景、不同流体背景、不同沉积背景(沉积体系、亚相、微相)的成岩相平面展布规律,探讨成岩相成因分布规律。在区域上,压实作用与盆地的古地温、压力密切相关,胶结作用与地层水的性质密切相关,溶蚀作用与地层水性质、有机酸的来源区密切相关。而R_o可以作为古地温的指标,地层水的矿化度、pH值是地层水的主要性质指标,煤系地层的有机酸来源主要是煤及碳质页岩。因此,绘制有机质成熟度、地层水相关参数、煤岩厚度平面分布图,在此基础上,寻找压实率、胶结率、溶蚀率与相关成因参数平面图的相关关系,探讨压实作用、胶结作用、溶蚀作用强度在区域上的控制因素。其次,绘制岩石成分平面分布图,寻找不同物源区三类成岩作用的差异,探讨岩石成分对于这三类成岩作用的相关性。最后,寻找同一种沉积体系内同一成因单元的成岩相演化规律,明确不同微相单元的成岩相差异。大量地层水资料统计表明,四川盆地须家河组须二段地层水pH值存在明显分

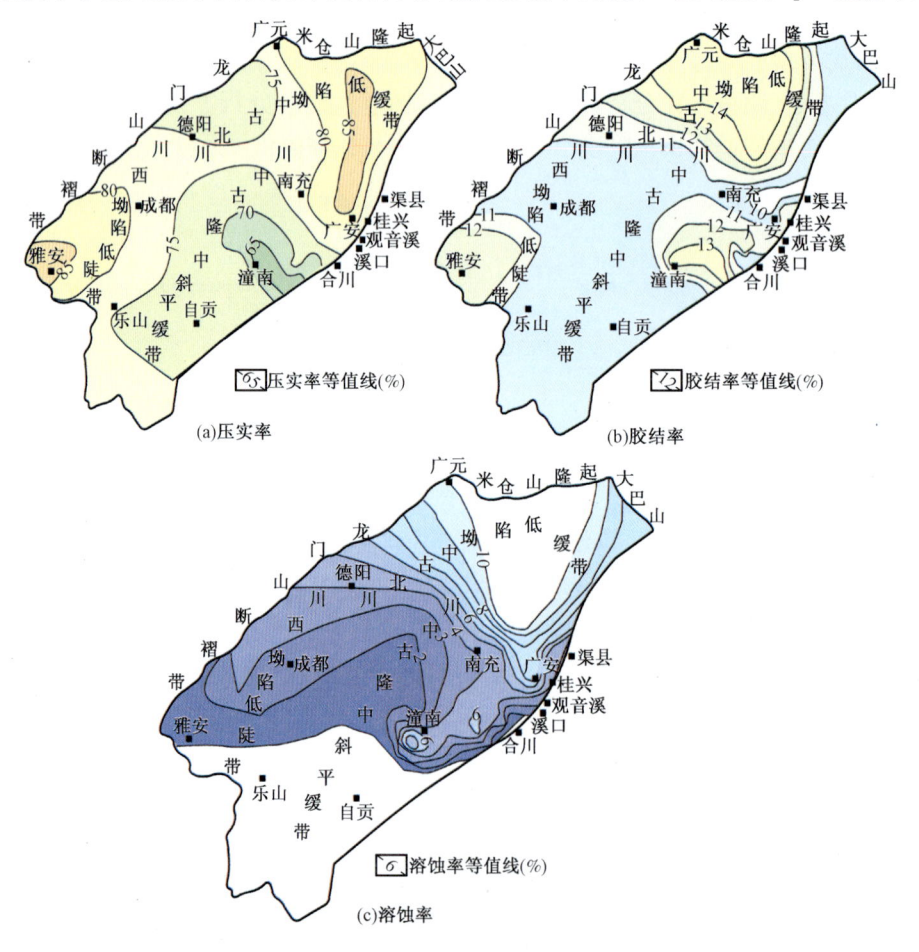

图2-27 四川盆地须家河组二段压实率、胶结率、溶蚀率平面分布图

区,川西坳陷北段梓潼地区和盆地东南部潼南地区地层水 pH 值大于6.5,部分超过7,显示出地层水偏碱性特征,与此相对应的储层岩石胶结物主要为碱性胶结物(碳酸钙胶结)含量较高,含量普遍在7%～9%;川中广大地区地层 pH 值小于6,多在5～6之间,显示出地层水偏酸性特征,与此相对应的储层岩石碱性胶结物(碳酸钙胶结)含量较低,含量普遍在5%～6%。这种特征表明偏碱性地层水环境更有利于碱性胶结物发育。

3. 成岩相的测井、地震参数提取

结合测井资料,提取各成岩相典型测井参数(如元素测井、伽马测井、密度测井等),建立单井成岩相综合剖面,进一步根据典型井成岩相特征标定,提取地震属性参数。

4. 成岩相综合成图与有利区带预测

结合成岩相成因分布、地震属性特征、物性参数,叠合成图,进行有利储层评价预测,最终预测川中—川南过渡带是四川盆地须家河组最为有利的储层分布区。

二、"两带"储层及其物性主控因素

岩性地层油气藏储层物性除了受沉积和成岩"两相"控制外,还受"两带"即地层不整合带和断裂带的控制。尤其是地层油气藏(包括潜山油气藏),不整合带控制着储集体的分布,有利储集体多沿不整合面上下分布。同时,在一定条件下,地层不整合带作为成岩流体的运移通道及建设性成岩作用发育的有利场所,对储层物性有明显的控制作用。断裂带及其伴生裂缝对各类储集体分布和储层物性具有改造作用,就火山岩储层而言,断裂带对储集体分布及其物性均具有决定性的控制作用。

（一）地层不整合带对地层油气藏储层及其物性的控制作用

1. 地层不整合带通过控制沉积成岩作用进而控制储层物性的变化

地层不整合是地层序列中两套地层之间的一种不协调的接触关系,常常是层序界面。不整合作为层序的转换面,在其上下控制有利于砂体及高能碳酸盐岩的发育,同时,对储集体岩石原始结构构造、粒度、分选度、物性等均具有直接的控制作用。并且,地层不整合带通过控制沉积成岩作用进而控制储层物性的变化。如松辽盆地白垩系坳陷层沿不整合面不仅砂体发育,而且粒度粗、物性好,是油气富集的层段;同样,塔里木盆地塔中轮南奥陶系沿不整合带溶蚀淋滤作用充分发育,是优质碳酸盐岩储层发育带(图2-28)。

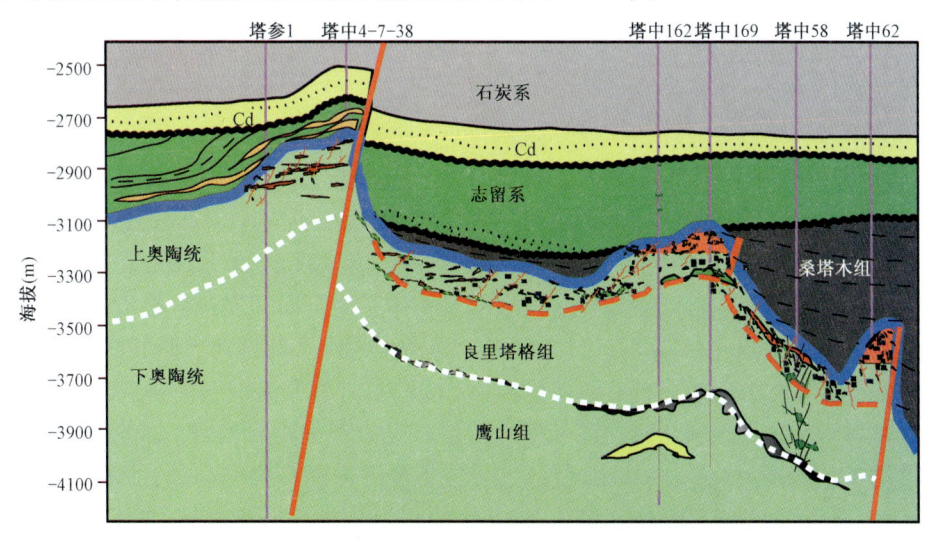

图2-28 塔里木盆地塔中轮南奥陶系油藏不整合带与储层发育相关图

尽管某些不整合面并未发育与其共生的暴露成因的孔隙,但其意义仍然重大,因为不整合面对其后的沉积和成岩形式具有明显影响,而沉积和成岩形式对晚期的孔隙发育具有关键意义。shaller A. H. 等曾报道过格棱兰上二叠统大型古喀斯特面上覆岩层沉积和成岩形式的复杂性及其对储层物性的控制。与此相似,得克萨斯西部二叠系 Clear Fork 组大多数储层孔隙度和渗透率与三级层序边界上覆地层的沉积形式有关。此外,不整合面亦对晚期地下流体的运移提供了通道,Lisburne 油田 Wahoo 组储层孔隙是地下深部埋藏流体沿不整合面运移形成的。

与不整合面有关的成岩作用所产生的孔隙体系同时阻碍了压实作用的进行,从而增大了储层的储集潜力。与地表暴露无关的盆地流体的溶解作用在地下深处亦可形成溶洞、裂缝和角砾。不整合面及其附近的岩性变化(如页岩盖在碳酸盐岩之上)会对深埋期间地下流体流动有一定的影响,从而导致沿不整合面分布的深埋溶解作用。

2. 地层不整合带是风化淋滤作用的有利场所

不整合带在长期的抬升、暴露和剥蚀的过程中,是地表水、大气水和地层水交互作用极其活跃的地带,是表生成岩作用极易发生的场所,有利于风化淋滤作用的充分进行。如渤海湾盆地古近系底界面的地层不整合带,在前古近系长期暴露地表经历强烈的风化淋滤后,储集条件明显变好,在不整合之上覆盖了非渗透层的地区,可形成"古潜山"型不整合遮挡油气藏。轮南潜山油藏高孔渗储层也是沿地层剥蚀不整合带长期风化淋滤的结果。

塔北、塔中地区下奥陶统白云岩、白云质灰岩的原始孔隙类型主要为粒间(鲕粒、砂屑间)孔和基质微孔。海底成岩环境形成的纤状、刃状、柱状胶结物使孔隙度一度下降,持续的埋藏压实使孔隙度降至3%,埋藏溶蚀虽使孔隙度升至6%,但随后的胶结作用又使孔隙降至2%,埋藏白云石化产生8%左右的晶间孔,这时孔隙度升至10%,即早期成藏时注油的孔隙特征(艾华国等,1998)。志留—泥盆纪,不整合面形成时表生淡水的淋滤溶蚀,进一步溶蚀扩大前期剩余孔隙,形成各类溶孔、溶洞、溶缝,使孔隙度增至15%～25%(分布不均匀),并破坏了早期形成的油气藏。再埋藏压实和胶结(硅质充填)作用,使孔隙度再次下降,但压溶缝合线、埋藏溶蚀、裂(溶)缝使孔隙度增加,局部高达10%～15%,主要为晶间孔、残余晶间溶孔,胶结物溶孔、基质溶孔、溶洞、溶缝、缝合线、晶间缝、晶缘溶缝,即晚期成藏注油期的孔隙特征。可见不整合面形成时表生淡水的淋滤溶蚀作用对高孔隙度的形成和保存具有关键意义。

(二)断裂带对储层分布和物性的控制作用

1. 基底断裂控制沉积体系的宏观走向及火山岩的发育和原始物性

断裂带尤其基底深断裂对沉积体系的宏观走向和展布具有决定性的控制作用。众所周知,河流包括分流河道多沿断裂带分布,深大断裂控制盆地级沉积体系的宏观格局。如鄂尔多斯盆地三叠系延长组无论是陡坡带还是缓坡带沉积体系的走向和展布从根本上来说受北东向断裂带的控制,松辽盆地白垩系沉积体系的分布也受北东向和北西向大断裂的控制。

基底深断裂对火山岩的分布有直接的控制作用,特别是中国东部包括松辽盆地的中—新生代火山岩明显受北东向和北西向深断裂的控制。目前对火山岩发育的成因有不同的认识,无论裂隙式喷发,还是中心式喷发,均受断裂带或不同方向断裂的交会处(中心式喷发)控制。有认为一些火山岩是壳幔熔融作用形成,但其分布仍沿构造薄弱带延展,即沿断裂带发育,只是断裂作用和岩浆作用互为因果。分析目前钻井及地震资料预测火山岩分布不难发现,火山岩主要分布于深大断裂附近,NNW—SSE方向和近NE—SW方向相交的深大断裂附近火山岩喷发期次多、厚度大、物性好,如升平—汪家屯地区火山岩厚度可达600m左右;沿NNW或NE单一方向展布的火山岩喷发期次少、厚度薄,如徐家围子断陷北部西斜坡昌德东地区沿NNW向断裂分布的火山岩厚度一般小于70m。在断陷期及断坳转换期,断裂构造活动较强烈,造成了火山岩的广泛发育,而且多分布于断陷边部和大断裂附近。目前发现的火山岩储层主要以喷发岩为主,岩性从基性到酸性都有分布,从现在所取到的岩心分析鉴定资料看,具一定储集能力的火山岩储层多为中性岩(安山岩)和酸性岩(流纹岩、流纹质凝灰岩),还有少量火山碎屑岩。从纵向(层段)上看主要发育在营城组和火石岭组。以营城组分布最广,火山岩的分布主要受深大断裂控制。通过高精度航磁预测,发现深层火山岩优势展布方向为NNW、NW和近SN向。除徐家围子外,东部断陷带火山岩发育程度普遍不如西部断陷带。徐家围子断陷发育NNW、NE两条火山岩带;古龙—常家围子断陷发育NW向火山岩带;长岭断陷则显示火山岩大面积分布特点,走向SN—NE。

2. 断裂及其伴生裂缝改善储集性能

盖层中的后期断裂及其伴生裂缝对各类储集体(包括砂砾岩、碳酸盐岩和火成岩等)的物性有明显的改善作用,大大增加了储渗空间。同时,断层和裂缝不仅是油气运移的通道,且裂缝本身即为油气的储集空间,断裂对储集体及油气富集有明显的控制作用,如松辽盆地北部卫星地区葡萄花油层砂体及高产油井的分布与断裂裂缝发育带有明显的对应关系(图2-29)。强烈的构造运动使得松辽深层非常致密的火山岩产生了许多裂缝,这些裂缝不但使孤立的原生气孔得以连通,而且还增大了火山岩的储集空间。多次的构造运动导致了裂缝的多期性,常常可以见到早期裂缝被晚期裂缝所切割。火山岩裂缝的多期性,为油气的运移及储集提供了良好的条件。

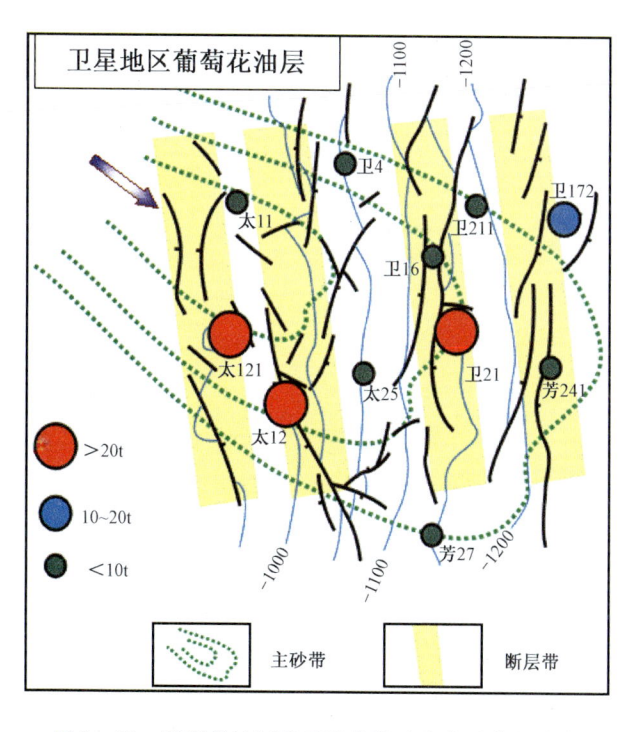

图2-29 断裂带控制优质储集体及高产油井的分布

同时,断裂对古岩溶的形成演化具有十分重要的控制作用。断裂带的渗透性、构造应力以及热能等因素不同程度地影响古岩溶的发育。断裂的渗透性越强,大气淡水通过越畅通,对断裂带及其两侧的岩溶作用越强烈。

在流体运移的过程中,断裂的垂向运移作用和不整合面的侧向运移作用相结合,使大气淡水、深部热液流体等在碳酸盐岩地层中形成环流体系,从而组成良好的岩溶系统,使岩溶分布具有垂向分带、侧向连片的特征。越靠近断裂或不整合面附近的区域,岩溶体系越发育,储层的孔隙度和渗透率越高。鄂尔多斯盆地西南缘旬探1井、耀参1井位于断裂活动带的边缘,由于受断裂多期活动的改造,在区域低孔低渗的背景下,其孔隙度和渗透率得到了大大的改善。旬探1井马家沟组3142.9~3144.8m,孔隙度最大为12.68%,平均8.61%;渗透率最大2122×10^{-3} μm^2,平均483.77×10^{-3} μm^2。耀参1井1504.84~1509.54m,孔隙度最大达19.8%,最低为5.0%,渗透率最高为13.3×10^{-3} μm^2(李振宏等,2003),是本区目前已发现的最好储集层段。孔洞中方解石、白云石半充填,部分孔缝中见有方铅矿、闪锌矿晶体,证明其形成与断裂的活动密切相关。

第三章 陆相层序地层学分析技术

第一节 层序地层学理论体系

一、概述

现代层序地层学理论方法源于海相盆地研究,首先由 EXXON 石油公司的研究人员提出。20 世纪 70 年代以来,Vail(1977)、Mithum(1977)、Jervey(1988)、Haq(1988)、Posamentier(1988,1993)、Van Wagoner(1990)等在被动大陆边缘盆地油气勘探研究实践的基础上,先后建立了地震地层学和层序地层学的理论方法体系,提出了比较成熟的海相被动大陆边缘盆地层序模式,并在深海扇等领域油气勘探中发挥重要作用。

我国油气资源主要分布于中—新生代陆相盆地(翟光明等,1996;戴金星,2001),因而层序地层学方法引入我国后,国内地学界着重开展陆相层序地层学研究。在陆相层序成因、层序划分对比、层序演化规律等理论方法方面取得一些进展(李思田等,1992,2002;徐怀大,1993,1997;顾家裕,1995;池英柳等,1996,1998;冯有良等,1999,2000)。但还存在一些问题,其中最主要的问题是工业化应用研究不足,不能完全满足岩性地层油气藏勘探的技术需求。

近几年来,中国石油勘探开发研究院在过去十几年研究积累的基础上,以"陆相层序地层学技术方法研究"、"岩性地层油气藏形成理论与勘探实践"等一系列重大科技攻关项目为依托,致力于层序地层学工业化应用研究技术开发,取得了突破性进展。在 2003 年中国石油股份公司勘探年会上,提出了层序地层学工业应用的六个步骤研究程序与技术方法,将层序地层学由理论探索阶段发展成为岩性地层油气藏勘探的关键技术,得到了中国石油股份公司勘探界领导和专家的充分肯定。

层序地层学一般原理的产生可以上溯到一百多年前(Sloss,1988)。目前层序地层学使用的基本概念、原理和研究方法,主要是 20 世纪 70 年代以来提出和不断完善的。在 Payton 等(1977)编辑的论文集《地震地层学——在油气勘探中的应用》(Seismic Stratigraphy—Application to Hydrocarbon Exploration)和 Wilgus 等(1988)编辑的论文集《海平面变化——综合研究方法》(Sea—Level Changes:an Integrated Application)中,提出或根据以往的地质学概念补充完善,建立了层序地层学常用的基本概念。

层序是指以底、顶不整合面或相关整合面为界的、内部叠置有序的一套沉积组合,因此,层序地层分析中界面的识别是划分层序和确定层序成因类型的依据。目前有关层序划分的方案主要有三种(图 3-1)。

(一)Exxon 沉积层序地层学派

以 Exxon 公司"Vail"学派为代表,是以不整合面或相关整合面为层序边界(Vail,1987)。几个重要概念是 I 型和 II 型层序界面、层序内部划分了低位(陆棚边缘)、海侵和高位体系域,体系域由一系列的准层序组成的准层序组组成。适用于被动大陆边缘背景(陆棚—陆坡—盆地各地貌单元发育完整,存在一个水体明显变深或变浅的变化点,即坡折带),以地层不整合面或与此不整合面相对应的整合面为边界。该学派一般理解为经典的层序地层学,以下将重点介绍。

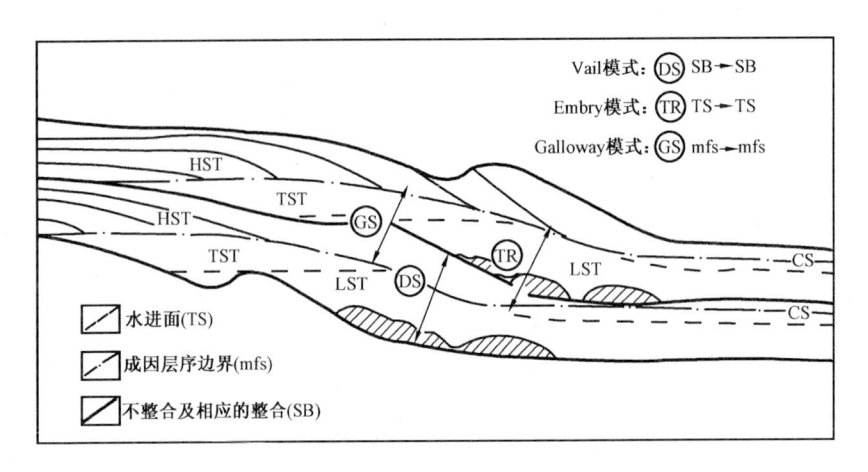

图 3-1 层序地层学不同学派对比

Vail 经典层序地层学的前提条件是构造沉降均衡,且向盆内沉降速率增大,海平面变化呈正弦式变化。但实际上,地质历史上存在不同构造背景沉积盆地,如克拉通陆表海、前陆盆地和活动大陆边缘等。这些盆地的局部因素都会影响地层结构样式的变化,所以必须深入研究控制地层结构的因素。除此之外,不同的古地貌特征、海平面上升和下降速度的快慢等也决定了地层结构样式。

(二)Galloway 成因层序地层学派

以 Galloway 为代表的成因地层学,以最大湖泛面作为层序边界(Galloway,1989),其间为一个成因层序(genetic sequence)。国内李思田(1990)、夏文臣(1994)等都在这一方面做了较多的工作。

Galloway(1989)依据 Grazier(1974)沉积模式旋回分析发展起来的成因地层学日益受到人们的关注,虽然 Galloway 强调其模式与 Exxon 模式之间的不同,但实际上,两个模式主要差别在于对层序边界面的定义。Exxon 模式重点强调不整合,而 Galloway(1989)指出,在某些情况下,不整合可能不容易定义或缺失,也即不整合不总是容易识别和做图,尤其在 II 型不整合中的陆架边缘体系域,沉积作用可能最终连续穿过层序边界。因此,Galloway 强调采用最大洪泛面作为层序的边界。它强调在地层纪录中这些面十分明显,并容易做图。在某些情况下,如海泛面与层序边界(Exxon 模式)相重合时,凝缩段与最大海泛面(Galloway 层序边界)作为对比的起点,才有可能识别不整合面。

该层序地层模式的发展是将层序界面不仅仅是最大海泛面,也可能是多种因素联合作用的结果,不一定非与海平面变化联系不可,它也可能是构造作用形成的构造不整合面。其不足之处是最大海泛面往往不是一个面。所谓最大海侵也是相对而言。

(三)海侵—海退层序旋回学派

以 Johnson 和 Embry(1988)等所强调的地表不整合或海侵不整合面为界的海侵—海退(T—R)旋回层序地层学(Johnso,Klapper 和 Sandbery,1985),层序内划分出海侵和海退体系域,适合于克拉通陆表海盆地背景。

(四)Cross 陆相高分辨率层序地层学派

以 Cross(1994)为代表的高分辨率层序地层学,国内一些研究者将其层序划分方法称作高分辨率层序地层学派。该学派强调基准面变化和可容纳空间对地层旋回的控制作用。几个重要概念是基准面、可容纳空间以及短期、中期和长期旋回。

Cross(1995)强调基准面的上升半旋回和下降半旋回的划分方法。Cross 等(1995)引用并发展了 Wheeler 提出的基准面的概念,分析了基准面旋回与成因层序形成的过程——响应原理。他们认为地层基准面并非海平面,也不是相当于海平面的一个向陆方向延伸的水平面,而是一个相对于地球表面波状升降的、连续的、略向盆地方向下倾的抽象面(非物理面),其位置、运动方向及升降幅度不断随时间而变化。基准面在变化中总是向其幅度的最大值或最小值单向移动的趋势,构成一个完整的上升与下降旋回。在一个基准面旋回变化过程中保存下来的岩石为一个成因地层单元,即成因层序。它是建立在岩心、露头、测井及高分辨地震反射剖面等资料的综合分析基础上,并以地层形成过程中的响应沉积动力学为基础,其理论和方法主要包括地层基准面原理、体积划分原理、相分异原理和旋回等时对比法则。高分辨率层序地层学的理论核心是:在基准面旋回演化过程中,由于可容纳空间增长速率和沉积物补给通量比值的变化,相同沉积体系域或相域中发生沉积物的体积分配作用,导致沉积物的保存程度、地层堆积样式、层序、相类型及岩石结构等发生变化。这些变化是地层记录在基准面旋回中所处的位置和可容纳空间的函数。该理论着眼于沉积矿产,特别是油气勘探中具体目标的精确预测,运用精细层序划分和对比技术建立油田乃至油藏级高分辨率层序地层格架,对生、储、盖分布进行评价与预测。

Cross 高分辨率层序地层学也存在如下问题与困惑:① Cross 的高分辨率层序地层学中短期、中期和长期旋回,尤其是短、中期旋回的划分存在人为性,如在 1:200 和 1:1000 测井柱子上划的短期旋回不同;短期旋回的界面选择是砂岩底的冲刷面还是泥岩中的湖泛面? 涉及短期旋回划分的原则。② 河流—三角洲的自旋回与基准面旋回如何区分。③ 沉积物的进积和退积是否是受沉积因素控制,而不是受基准面控制。如河流相沉积序列的二元结构等,从而带来具体操作上的人为性。④ 从盆缘向盆内,一般基准面旋回数目增加,存在其机制与划分对比问题,同一盆地内次级凹陷或不同沉积体系之间短期基准面旋回之间是否可对比等问题。

以上前三种层序类型尽量划分方法不同,但均强调海平面变化对层序成因和相分布的内在控制作用,使用于海相(或湖相)地层。而 Cross 地层基准面是一种综合作用面,是一个相对于地球表面波状升降的、连续的、略向盆地方向下倾的抽象面,其优点是对不同级别的地层层序刻画更加精细,不仅适用于海相,也适用于陆相。不足是短期和中期旋回的划分有一定的人为性。

二、层序地层学的形成和发展

层序地层学是近 20 年发展起来的一门新兴科学,它起源于地震地层学,又与沉积学进行了充分的结合,主要是由美国 Exxon 石油公司的科学家在 20 世纪 80 年代创立的。现代层序地层学的发展大致可分为 4 个阶段:层序概念萌芽阶段、地震地层学发育阶段、层序地层学理论发展阶段、层序地层学的工业化运用阶段。

(一)"层序"概念萌芽阶段

"层序(Sequence)"最早是作为岩石地层单位出现的。不同的研究者从不同的角度理解层序的含义。Sloss(1948)最早在"Sedimentary Facies in Geological History"的专题讨论会上提出的"层序"是指一套以不整合面为界的地层组合,是相当于群或超群的岩石地层单位。之后,《地层学与沉积作用》(Krumbein 和 sloss,1951,1963)扩大了对层序的定义,指以不整合面为界的,比群或超群更高的地层联合体,相当于地层单位的"系"。后来的研究使人们认识到:

以不整合面为界的地层单位不同于其他地层单位,如 Wheeler(1958,1959,1960,1963)、chang(1975)提出了以区域不整合面为界的沉积幕的概念,从而出现了异域地层单位(allostratigraphic units)(北美地层规范,1983)的概念。由于早期研究者提出的层序单位所代表的时间跨度太大,难以满足详细地层划分和对比的需要,因此,Sloss 等提出的层序概念在 20 世纪50—70 年代并未被广泛接受。

以上"层序"概念的提出为现代层序地层学的形成和发展奠定了基础,但其含义却与现今意义上的层序含义有着明显不同。有些学者将该阶段划为层序地层学的概念萌芽阶段(蔡希源,李思田等,2003)。

(二)地震地层学发育阶段

Vail,Mitchum,Sangree 等(1977)在 AAPG 第 26 集上发表的《地震地层学》论文集标志着现代层序地层学开始形成,孕育着层序地层学的雏形。

在此,作者们以地震剖面的处理与解释技术为基础,在地震剖面上识别了地震反射界面,认为地震反射界面具有年代地层意义,并可以在盆地范围内进行追踪对比。为解释这种现象,他们提出并强调了海平面升降的概念,并建立了全球海平面变化曲线。在成因上将海平面变化作为地震层序形成与演化的主导因素,并建立了不同级别的地震层序,提出了如何在地震剖面上进行地震层序划分的一些技术方法。同时,对层序的概念又加以修改和扩展,认为"层序是有一套相对整合的、成因上有联系的地层序列,其顶和底以不整合面或与之相对应的整合面为界"。

(三)层序地层学理论发展阶段

地震地层学理论虽然解决了层序的划分及其成因解释等问题,但对层序内部地层的几何构架仍未完全阐述清楚,而且所应用的资料也主要为盆地内的地震资料。1987 年,Vail 和 Van Wagoner 在 AAPG 上发表文章,明确使用了"层序地层学"这一新概念。在资料运用上,不局限于地震剖面,而是综合利用地质露头、地震和测井等资料。在层序内部,根据海平面升降趋势,划分了低位体系域、海侵体系域和高位体系域等三个体系域,并把每个体系域内部细化为更次一级的准层序和准层序组,从而建立了被动大陆边缘典型海相地层的层序地层模式和一系列相关的概念术语。1988 年,Wilgus 等主编的《海平面变化——综合研究方法》刊登在 SEPM 第42 号特刊上,标志着层序地层学新学科的诞生。之后,有关层序地层学的论文大增,进入了层序地层学理论形成和综合发展阶段。其代表性人物为 Vail,Sangree,Van Wagoner,Mitchum,Einsele,Posamentier,Weimer。

(四)层序地层学的工业化运用阶段

20 世纪 90 年代以后,随着层序地层学的迅猛发展,相继出现了许多分支学科,如成岩层序地层学、构造层序地层学、高分辨率层序地层学、陆相层序地层学、碳酸盐岩层序地层学等等。这些分支学科的出现,大大丰富和发展了层序地层学理论。

随着各种地震信息的定量分析技术应用到了层序地层学中。层序地层学与计算机运用和三维地震技术紧密结合,大大提高了层序地层学研究结果的定量化程度,不断丰富了层序地层学的理论内涵和应用前景。尤其在应用于生储盖组合和岩性地层油气藏预测中取得了明显的进展。一些重要的地球物理手段在层序地层研究中发挥了重要作用,如三维地震解释、三维相干体技术、三维可视化技术、数理统计与神经网络分析及数值模拟等新方法。通过层序地层综合分析与三维地震技术的有机结合,将大大提高层序地层学的预测精度和工业化运用前景。

层序地层学现今在应用于生储盖组合评价和岩性地层油气藏勘探的实践中,取得了明显的进展,同时也丰富了层序地层学的内涵和发展前景。

三、层序地层学的基本原理及主要概念

层序地层学是研究时空范围内地层层序的科学,因此,层序地层学仍属地层学的范畴。层序地层学分析依赖于对各级地层单元的识别,它们以侵蚀不整合面、沉积间断面及其对应的层面为边界。不同级别的界面限定了不同规模的地层单元,而地层单元的解释有赖于地层成因控制因素的分析。因此,在层序地层学成因分析方法上,主要有四种体系方法——① 经典的 Exxon 层序地层学;② Galloway 的成因层序地层学;③ T—R 层序地层学;④ Cross 的高分辨率层序地层学。

层序地层学中主要有四个控制变量,它们控制了地层单元的几何形态和沉积作用。它们是:① 构造沉降,控制沉积物的可容纳空间;② 全球海平面变化,控制地层和岩相的分布模式;③ 沉积物供应,控制沉积物的充填和古水深;④ 气候,控制沉积物的类型。其中,构造沉降、海平面升降及相对于盆地边缘的海岸线位置等三者结合在一起决定了可容纳空间的变化,决定了盆地内地层的演化和空间分布格局,亦决定了盆地内的层序及其次级单元的发育和分布。在层序地层学中,有一系列重要的概念体系(表 3-1)。

表 3-1　层序地层学的主要概念体系(据蔡希源,李思田等,2003)

概念体系	层序构成体系	层序界面体系	层序成因控制体系	控制层序的地貌体系
名字术语	层序、体系域、准层序组、准层序、凝缩层	层序界面、海泛面、初始海泛面、最大海泛面	可容纳空间、基准面、全球海平面变化、相对海平面变化	下切谷、坡折带、河流均衡面

(一)层序(Sequence)

层序是层序地层分析的基本地层单位,它是指一套相对整一的、成因上有联系的、其顶底以不整合面或与之相对应的整合面为界的地层序列(Vail 等,1977)。一个完整的层序组成自下而上为:层序底界面、低位体系域、初始海泛面、海侵体系域、最大海泛面、高位体系域、层序顶界面。一个层序可以解释为一套完整的海平面上升—下降旋回,限定于海平面升降旋回中两个相邻的下降拐点。

在大陆边缘盆地中可识别出两类层序:Ⅰ型和Ⅱ型层序。当海平面下降速率大于沉积滨线坡折带处盆地构造沉降速率时,形成Ⅰ型层序,其层序组成有低位体系域、海侵体系域、高位体系域。当海平面下降速率小于沉积滨线坡折带处盆地构造沉降速率时,形成Ⅱ型层序,其层序组成有陆架边缘体系域、海侵体系域、高位体系域(图 3-2)。

(二)体系域(System tracts)

体系域是指一系列同时期形成的沉积体系的组合。在层序内部,一般可以划分出低位体系域、海侵(或湖侵)体系域和高位体系域。

低位体系域主要分布在盆地斜坡及其下部。当海平面下降速率超过盆地边缘构造沉降速率时,就会出现陆架暴露和河流下切作用,形成Ⅰ型不整合面。剥蚀下来的沉积物向盆地方向搬运,以盆底扇、斜坡扇和低位楔状体的形式沉积在陆架以外的深水斜坡—盆地部位,构成了低位体系域。但陆相湖盆和冲积盆地的低位体系域分布可能更为复杂。

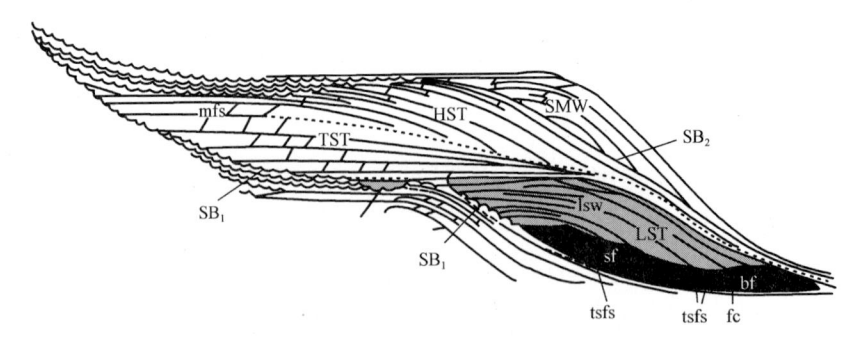

图 3-2 经典的层序地层模式（据 Vail 等,1987）
LST—低位体系域;TST—海侵体系域;HST—高位体系域;mfs—最大海泛面;
SMW—陆棚边缘体系域;lsw—低位楔状体;sf—低位斜坡扇;bf—低位盆底扇;
tsfs—扇顶面;fc—扇水道;SB$_1$—Ⅰ型层序界面;SB$_2$—Ⅱ型层序界面

随着海平面的逐渐抬升，陆架逐步被淹没，沉积中心向陆地方向转移，形成以退积为主的海侵体系域。海侵体系域由一系列较薄的、不断向陆地方向退积的准层序组组成。主要的沉积体系有陆棚三角洲、滨岸平原、含煤的海陆交互相沉积以及潟湖和滨岸湖泊等。当海平面上升速率达到高峰时，由于沉积物供应的相对不足，沉积作用缓慢，形成细粒泥质、富含大量有机质的凝缩层（Condensed section），是盆地内主要的生油层和盖层。

当海平面上升速率开始下降时，沉积物又开始向海推进形成加积和进积的高位体系域。主要的沉积体系有河流—河流三角洲和湖泊沉积。

(三) 准层序(Parasequence)和准层序组(Parasequence set)

准层序是组成层序的最基本单位，也是构成油气藏的基本单元。准层序是一个以海泛面或与之相应的层面为界，在成因上有联系的相对整一的一套岩层或岩层组。准层序在垂向组合上反映了水体逐渐变浅的过程，上下界面均为两次小的海泛面。在岩石组合上表现为三种类型：向上变粗准层序、向上变细准层序和基本均一的准层序（图 3-3）。

准层序组是指一系列成因上有联系的准层序形成的特定形式的叠加，其界面主要为海泛面或与之对应的界面。根据准层序组内部的准层序叠加样式，可将其划分为进积型、退积型和加积型三种。

(四) 凝缩层(Condensed section)

凝缩层又称为密集段和缓慢沉积段，是由薄层的深海（湖）或半深海（湖）沉积物组成的地层单元。凝缩层发育于高位期沉积的下部和海侵期沉积的上部。由于沉积物与海水的长期接触引起的各种原生作用和成岩作用，凝缩层常发育薄层页岩、丰富的海相微古生物或超微古生物化石、自生绿泥石、菱铁矿、磷灰石、原生白云岩等。在测井上相应表现为低电阻、高自然伽马值，岩性上以暗色泥岩为主。

(五) 层序界面(Sequence boundary)

层序界面是划分层序的最关键要素之一。层序界面是以不整合面或与之对应的整合面为特征，它是在横向上连续、在盆地范围内广泛分布的界面。在 Exxon 的经典层序模式中，将不整合面划分了Ⅰ型和Ⅱ型两类。Ⅰ型不整合面发育于快速海平面下降期和更迅速的构造沉降期。海岸线移至陆架边缘，沉积相向盆地方向迅速迁移，不整合面之下的高位体系域遭受广泛的侵蚀作用，发育下切谷。沉积物被搬运到陆架斜坡的底部，形成低位体系域。Ⅱ型不整合面发育于海平面缓慢下降期。在陆架区没有明显的侵蚀或大的相带迁移，而以陆架边缘体系域为主。

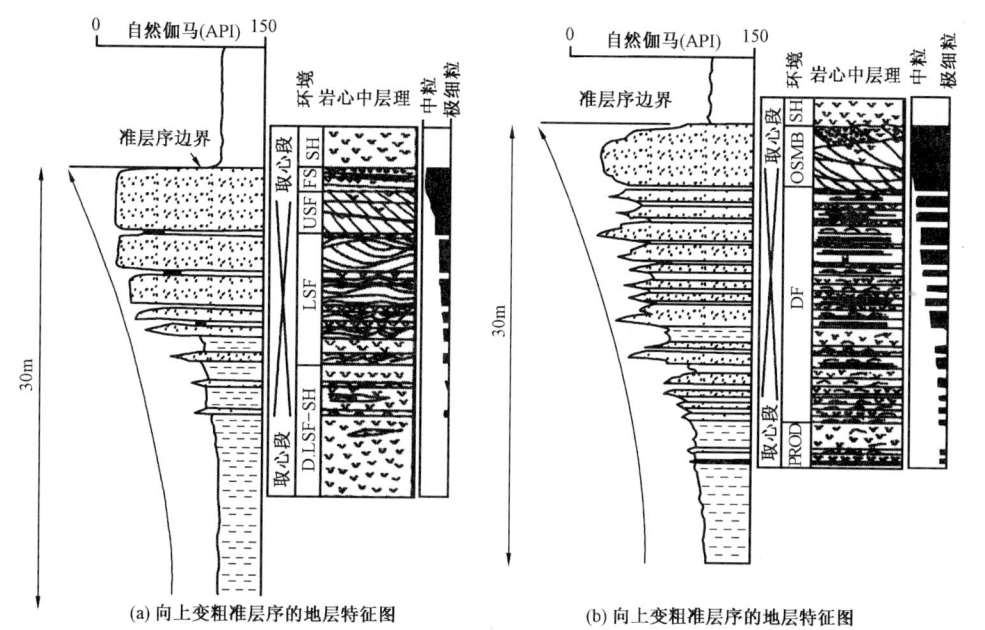

(a) 向上变粗准层序的地层特征图
该层序形成于砂质的、波浪或河流控制的海滩环境中

(b) 向上变粗准层序的地层特征图
该层序形成于砂质的、波浪或河流控制海岸的三角洲环境中

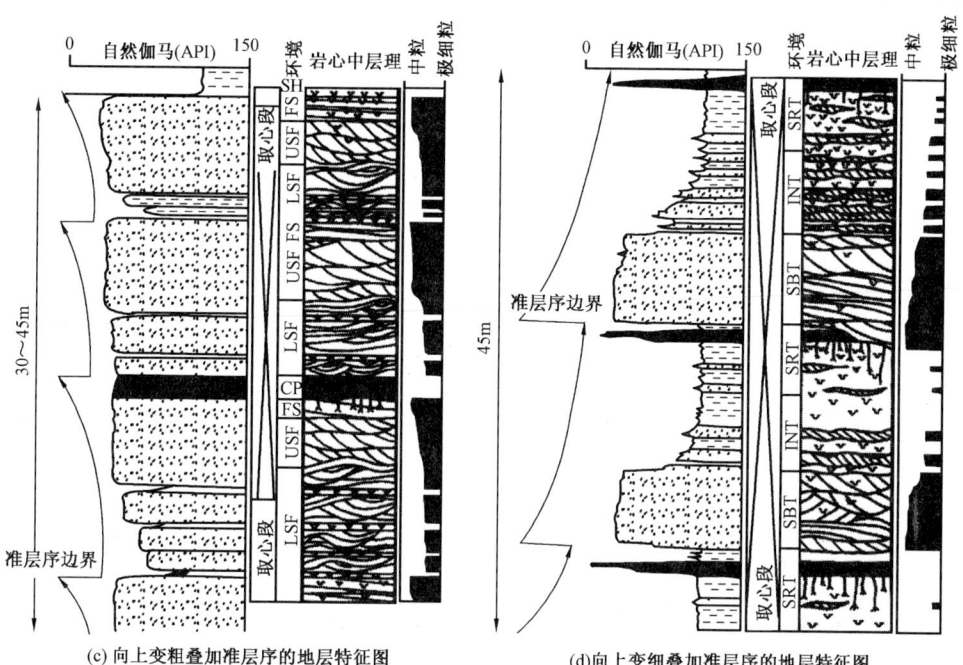

(c) 向上变粗叠加准层序的地层特征图
该层序形成于砂质的、波浪或河流控制海岸的海滩环境中，其沉积速率与沉降速率相等

(d) 向上变细叠加准层序的地层特征图
该层序形成于砂质的、潮控海岸的潮汐浅滩到潮下环境中

图 3-3　滨岸、三角洲和潮坪环境出现的准层序特征（据 Wagoner 等,1990）
SH—陆架；FS—前滨；USF—上滨面；LSF—下滨面；DLSF—远下滨面；OSMB—外河口坝；
DF—三角洲前缘；PROD—前三角洲；SRT—潮上；INT—潮间；SBT—潮下；CP—煤层

(六)海泛面(Marine flooding surface)、初始海泛面与最大海泛面

海泛面是一个分开新老地层的界面,穿过该界面具有海水深度突然增加的证据(Van wagoner,1990)。这种水深的突然增加,经常伴随有小规模的水下侵蚀和无沉积作用,表面存在小规模的沉积间断。在海岸平原和大陆架,海泛面是一个可对比的界面。

海泛面有不同规模,并在层序划分中起着重要作用。通常,海泛面即是准层序界面。初始海泛面是 I 型层序内部初次跨越陆架坡折的界面,也是低位体系域和海侵体系域的物理界面。它可以由于后期海平面下降而遭受剥蚀或发生无沉积作用,也可以由于后期海平面上升而遭受侵蚀。最大海泛面则是一个层序中最大海侵时形成的物理界面,也是海侵体系域和高位体系域的分界面。在最大海泛面上下一定的区间形成凝缩层。

(七)全球海平面变化与相对海平面变化

全球海平面变化又称绝对海平面变化(Eustacy 或 Global sea level),是指海面相对于一个固定的基准面,如地心的位置,因此其升降与局部因素无关,而是其他因素引起的海水体积变化引起的(图 3-4)。相对海平面体现了局部的沉降和上升,指的是相对处在或者靠近海底的一个基准面的位置(如基岩)的海面位置。

值得提出的是,即使在全球海平面停滞甚至缓慢下降的时期,由于局部沉降作用,相对海平面也可能继续上升并增加空间。海平面变化与基准面以上的沉积物堆积无关,不应与水深混淆起来。水深是指沉积物表面到海平面的距离。

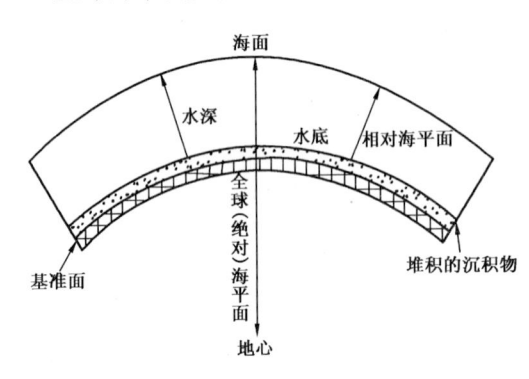

图 3-4 全球海平面、相对海平面与水深的定义
(据 Jerner,1988)

(八)可容纳空间(Accommodation)

可容纳空间是指沉积物表面与沉积基准面之间可供沉积物堆积的所有空间。可容纳空间是全球海平面升降变化、构造沉降的函数,海平面与构造的相对升降变化决定了可容纳空间。

(九)基准面(Base level)

基准面是一个抽象的动态平衡面。Wheeler(1964)从地层保存作用出发,认为基准面既不是海平面,也不是海平面向陆方向延伸的水平面,它是相对于地表波状起伏的、连续的、略向盆地方向下倾的抽象面(非物理面)。Cross 将基准面看作是一个势能面,它反映了地球表面与力求其平衡的地表过程间的不平衡程度。在此面以上不发生沉积作用,已沉积的物质将被剥蚀搬运而难以保存下来;在此面以下会发生沉积作用(Jervey,1988);沿此面即无沉积作用也无侵蚀作用。一般海洋(湖泊)环境的基准面就是海(湖)平面,陆相环境的基准面就是河流平衡剖面。基准面可以简单地看作是可容纳空间的顶界面。它可能位于地表之上,也可能位于地表之下,还可能与地表交叉。

(十)层序级别

尽管 Exxon 学派强调层序的识别和划分应主要依据其"自然属性"和物理特征(Van Wagoner 等,1995,1990),而不是时限。但在具体工作中,时限仍是层序级别划分和海平面变化旋回的重要属性。自 Vail 等(1977)按层序发育的持续时间长短对层序级别进行了划分后,许多学者也对此提出异议(Embry,1993,1995)。Vail(1991)对其过去的理论进行了补充和完

善,进一步阐明了大地构造作用、全球海平面变化和沉积作用之间的关系,强调了大地构造的幕式事件与全球海平面变化对有效可容纳空间的影响及其在时空上的分布。在这一划分中,一级巨层序旋回称为大陆海泛旋回,时限大于50Ma;二级超层序旋回主要为海进和海退旋回,时限为3~50Ma(平均9~40Ma);三级层序旋回主要与全球性大陆冰川的消融有关,时限为0.5~5Ma。三级以下的海平面旋回周期,由于影响复杂,难以进行全球性范围的对比。

王鸿祯等(1998;Wang Hongzhen 等,1996)在总结前人成果的基础上,根据中国近年来层序地层研究的实践提出了一个较完整的层序级别划分体系。他把沉积层序分为六级(王鸿祯等,2000),分别为:大层序、中层序或层序组、层序、亚层序(副层序组)、小层序、微层序,时限分别为60~120Ma、25~40Ma 或8~15Ma、2~5Ma、0.8~1.5Ma、0.1~0.4Ma、0.02~0.04Ma。

四、海相层序地层学的基本特征

(一)海相硅质碎屑岩层序地层特征

1. 具有陆棚坡折盆地的Ⅰ型层序地层模式

陆棚坡折盆地具有清晰的陆棚、陆坡和深水盆地地形。相对突变的陆棚坡折带将陆棚与陆坡沉积物分开,坡折带之上具有海平面下降期的下切侵蚀作用、下切谷及相关的大型河流体系;坡折带之下存在盆底扇和斜坡扇等重力流沉积。

该环境由低位体系域、海侵体系域和高位体系域组成(图3-5)。低位体系域由盆底扇、斜坡扇和低位楔状体组成。下切谷(Incised valley)也是低位体系域的重要组成部分,它是下切的河流体系,随着相对海平面下降,河道向盆地延伸,并切入下伏地层。在陆棚上,下切谷以层序界面为底界,以初始海泛面为定界,形成块状测井曲线的辫状河道与陆棚泥岩突变接触。这种垂向上不同环境成因的、缺少过渡相的相变接触关系是在相对海平面下降期间,相带向盆地方向迁移造成的。区域分析表面,海相硅质碎屑岩层序中很大比例的储层都发育在低位体系域中,这种砂体易于形成岩性地层油气藏。

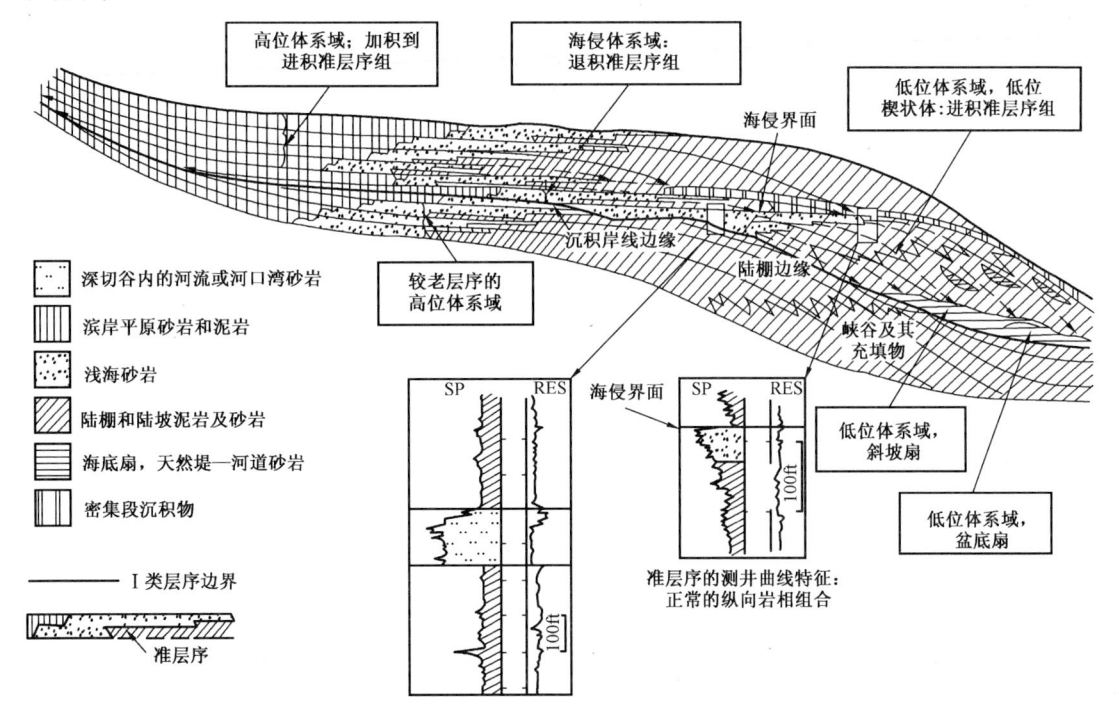

图3-5 具有陆棚坡折盆地的Ⅰ型层序地层模式(据 Van Wagoner,1988)

盆底扇是指沉积在盆地底部或大陆斜坡下部的海底扇,为具有明显鲍马序列的重力流沉积。斜坡扇为位于大陆斜坡中部或底部的重力流沉积,其顶被低位楔状体下超,以发育有堤活动水道和溢岸席状韵律浊积砂为沉积特征。以上扇体难以识别出准层序,缺少向上水体变浅的特征。低位楔状体是在海平面相对上升期间形成的,其近源部分主要由下切谷充填沉积物组成,远源部分由厚层富泥的楔状体前积组成。

海侵体系域底界面为初始海泛面,顶界面为下超的最大海泛面,由一个或多个退积的准层序组组成,形成于相对海平面上升时期,主要有陆棚和海岸平原的障壁岛—潟湖—潮坪等沉积体系。随着海平面上升速率的增加,海岸线向陆迁移,表现为其内部的准层序向陆地方向层层上超,向盆地方向则下超到海泛面之上,形成向上变细的沉积序列,在最大海泛面处形成缓慢沉积层——凝缩层。

高位体系域通常广泛分布在陆架上,其底界面多是下超面,下伏凝缩层,顶界面是相邻层序界面。其下部通常由一个加积准层序组构成,上部由一个或多个进积准层序组构成,高位体系域形成在全球海平面上升晚期、全球海平面停滞或下降早期,主要的沉积体系与海侵体系域类似,但河流沉积作用更明显,河道砂发育,潮汐影响变小。

2. 缓坡边缘盆地的Ⅰ型层序地层模式

缓坡边缘盆地具有坡度小(小于1°)、具叠瓦状至"S"形斜坡地形的特点,因此不存在坡折带和与之相关的盆底扇和斜坡扇。随着相对海平面下降,深切作用可下切到低位滨岸沉积,形成低位三角洲和其他滨岸砂岩沉积。该类盆地与上述盆地相比,其海侵和高位体系域相似,但低位体系域有所不同(图3-6)。低位体系域不发育斜坡扇和盆底扇,而是由一些厚度相对较薄的低位楔构成。在向陆一侧发育宽窄不一的下切谷,通常由河流和潮汐三角洲组成;向海一侧由上倾的下切谷充填沉积和下倾的一个或多个前积准层序组构成。同时,该环境中的高位体系域也缺乏明显的前积层沉积。

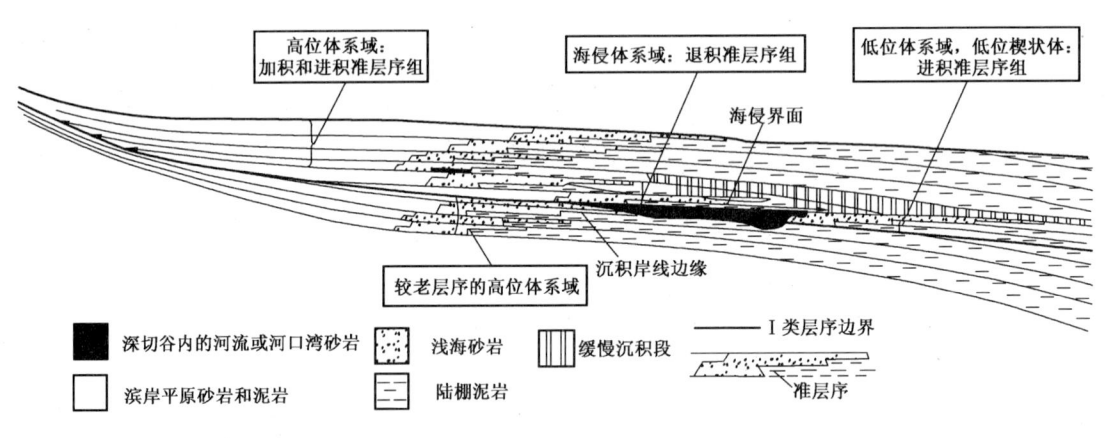

图3-6 具有缓坡边缘盆地的Ⅰ型层序地层模式(据Van Wagoner,1988)

3. Ⅱ型层序地层模式

Ⅱ型层序界面是全球海平面下降速度小于沉积滨线坡折带处盆地沉降速度时形成的。Ⅱ型层序与缓坡边缘盆地的Ⅰ型层序类似,自下而上由陆棚边缘体系域、海侵体系域和高位体系域组成。它可沉积在陆棚上的任何地方,并由一个或多个轻微进积到加积型准层序组成,这些准层序组由上倾滨岸平原—浅海相准层序组组成。由于Ⅱ型层序在沉积岸线坡折处没有发生实质性的相对海平面下降,所以在Ⅱ型层序的陆棚边缘体系域没有下切谷与河流回春造成的侵蚀和削截作用(图3-7)。

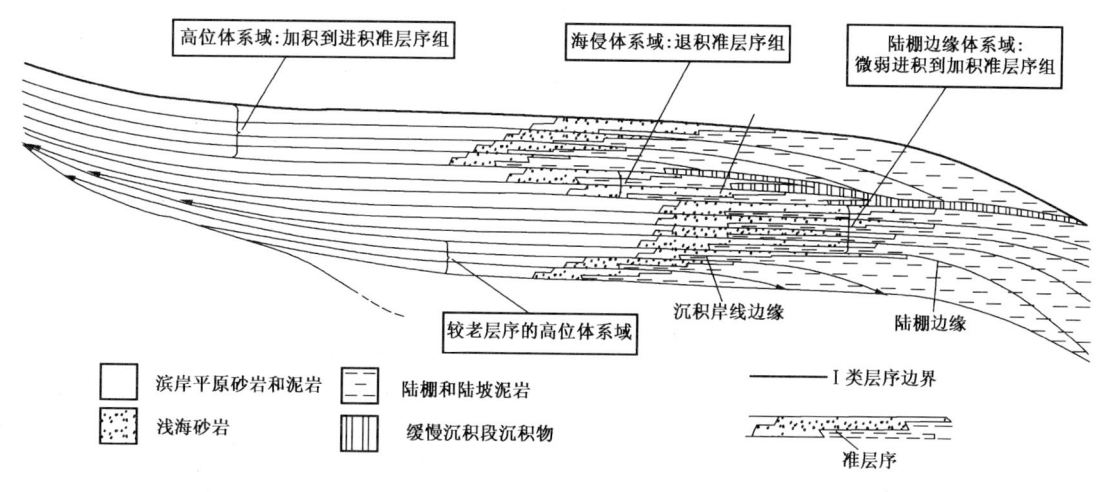

图 3-7　具有缓坡边缘盆地的Ⅱ型层序地层模式（据 Van Wagoner,1988）

（二）海相碳酸盐岩层序地层特征

在碳酸盐岩中,有三个因素控制了层序地层的结构样式和岩相分布：① 相对海平面变化引起的可容纳空间变化是控制碳酸盐岩生产率、台地或滩发育及沉积相带分布的首要因素；② 盆地沉积背景是影响碳酸盐岩层序的另一重要因素。开阔海盆地海水循环良好、盐度正常,有较高的生物生产率,而局限盆地因盐度高、含氧量低而只有少量或已异化的生物群落,其横向相变快,如裂古盆地边缘或孤立台地边缘；③ 气候是控制碳酸盐岩沉积物类型的第三个重要因素,包括降雨量、光照、温度等,如干旱气候有利于蒸发岩的形成。

Sarg(1988)认为碳酸盐岩存在着与硅质碎屑岩类似的层序地层样式,碳酸盐岩层序也有Ⅰ型和Ⅱ型两种层序界面。层序组成(图 3-8)也主要有低位体系域、陆棚边缘体系域、海侵体系域和高位体系域,只是在岩石组合上有所差别。Ⅰ型层序界面形成于海平面下降速率大于台地边缘构造沉降速率时期。这一时期造成台地或滩被暴露侵蚀,并伴随着陆坡前缘的海底侵蚀和上覆地层的上超。海岸上超向盆地方向迁移,使得潮坪相沉积直接覆盖在"较深水"的潮下带沉积上。Ⅱ型层序界面形成于海平面下降速率小于或等于台地或滩边缘的沉积速率时期,其上缺乏明显的侵蚀作用,地层一般是平行和加积的。

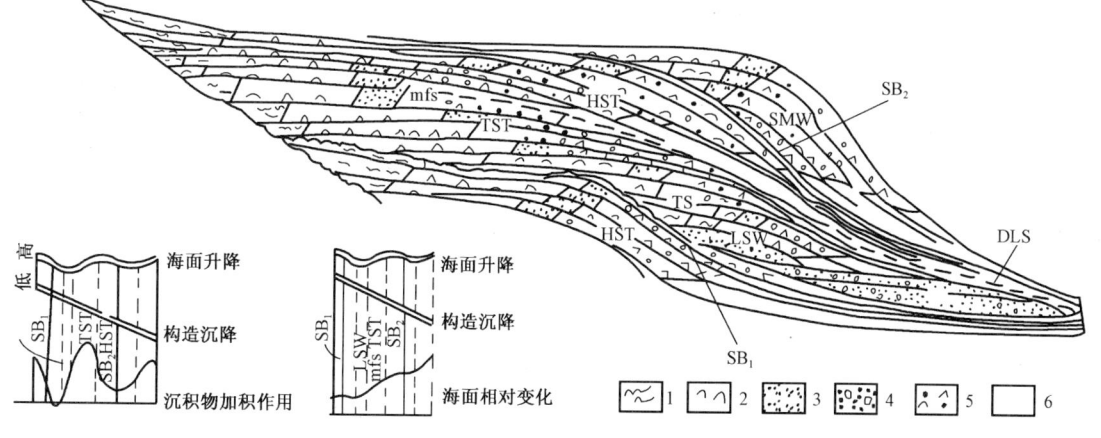

图 3-8　碳酸盐岩层序地层模式（据 Sarg,1988）

1—潮上带；2—台地；3—台缘粒状灰岩或礁；4—巨角砾岩或砂岩；5—陆坡前缘；6—陆坡脚或盆地；
SB$_1$—Ⅰ型层序界线；SB$_2$—Ⅱ型层序界线；DLS—下超面；mfs—最大海泛面；TS—海侵面；
HST—高位体系域；TST—海侵体系域；LSW—低位楔；SMW—陆架边缘楔状体系域

低位体系域位于Ⅰ型层序界面之上,由来自于斜坡侵蚀产生的异地碎屑沉积和沉积于斜坡上部的原地碳酸盐岩楔组成。前者常呈海底扇和斜坡裙位于台地边缘和深水盆地中,后者形成于低位期中后期的海平面相对缓慢上升期。自生碳酸盐岩楔跨过斜坡和外台地向陆棚方向上超,以生物礁、丘、台缘粒屑灰岩、白云岩、蒸发岩及深水泥灰岩等为主。

陆棚边缘体系域位于Ⅱ型层序界面之上,由一个或多个微弱前积到加积准层序组组成,呈台缘或滩缘楔叠接在原先台缘或滩缘向陆一侧的台地上,向盆地方向逐渐过渡为层理发育的石灰岩和半深海泥灰岩等。

海侵体系域主要由一套退积型准层序组组成。它可以在陆棚或滩上形成厚层碳酸盐岩,但在盆地中则往往因不饱和而形成薄的凝缩层。凝缩层通常由微晶灰岩和页岩组成,有很薄的含生物潜穴的泥灰岩和大量硬底沉积。

高位体系域处于海平面上升的晚期和下降早期,具有相对较厚的加积到前积几何形态,总体呈"S"形至斜交形沉积,形成宽阔的台地、缓坡和进积滩及其浅海孤立台地上的对应沉积体。在高位体系域早期,相对海平面处于上升的晚期,碳酸盐岩堆积速率较慢,在台缘或滩缘区呈以加积—"S"形进积为特征,台缘带普遍可见早期水下胶结物和以富泥贫粒准层序为主的追赶型(Catch-up)(或译为追上型、追补型、沉积补偿平衡型)碳酸盐岩沉积体系。在高位体系域晚期,相对海平面处于下降早期,海水循环变得良好,有利于形成碳酸盐岩,在台缘或滩缘区以丘状加积和倾斜形进积为特征,早期水下胶结物较少,形成以富颗粒贫灰泥的同步型(Keep-up)(或译为并进型、平衡型、保持型)的碳酸盐岩沉积体系。

第二节 区域层序地层解释方法技术

层序地层学的区域解释方法技术主要是利用露头、钻测井、地震资料和井—震联合等方法对层序地层构型进行综合分析,这里强调了层序地层学的综合研究。层序地层学研究的目的是搞清地层结构样式。它必须是建立在详细沉积学基础上,与盆地构造背景和盆地演化紧密结合。而不是单纯的进行层序的划分,层序划分的目的是具有对比意义。对油气勘探而言,层序地层学即是一门理论也是一门手段和技术。

从层序地层学的解释方法体系看,大致分为几类:① 露头层序地层学;② 钻、测井层序地层学;③ 地震层序地层学;④ 井—震联合层序地层学。

一、露头层序地层学

野外露头是最基础的第一手资料。露头层序地层学分辨率最高,具有直观、形象、具体的特点。通过露头层序地层的划分与对比,可以进行大比例尺的高分辨率层序地层学研究,在层序研究上可划到5级层序,厚度达米级至厘米级,这为建立精确的层序地层模型提供了新途径。

露头是层序地层学最直观、最真实、最详细的资料,具有钻井和地震资料所不具备的高分辨率的特点,因而在考虑研究区露头的覆盖性、不连续性以及被构造运动后期改造变形的基础上,应选择那些地层出露齐全、能连续追踪、易于观察的露头进行野外露头踏勘、分层和丈量,识别层序边界、体系域和凝缩层及沉积相标志,进行高分辨率的层序地层学解释(王华等,2002;王训练,2003)。

(1)识别层序界面、划分层序类型:层序界面的识别标志有构造不整合面、铁质和铝质风化壳、古土壤和植物根土层、底砾岩层、深切谷及其充填物、地层接触关系、颜色和岩性的垂向变化。

(2)层序时代的确定:从生物地层学的角度确定层序单元的年代。

(3)准层序的识别与层序组成分析:以岩性、岩相以及地层叠置样式来确定各层序的凝缩层、体系域和准层序组的特征,运用可容纳空间的概念进行沉积相、沉积体系分析,明确各层序中体系域的组合特征、准层序的叠置样式以及沉积体系的时空分布。

(4)露头层序格架内的储层精细研究:包括沉积学分析、成岩分析、储层物性非均质性分析,建立储层地质模型,分析储层控制因素,以达到地下储层预测,尤其是井间储层预测的目的。

(5)编制露头层序地层学各类图件:包括综合分析图及不同露头的层序地层对比图等,并努力建立与钻井和地震层序的对应关系。

(6)露头层序的生储盖初步评价:通过评价,指出较有利的生储盖组合。

二、钻、测井层序地层学

钻、测井层序地层学的分辨率也较高,在层序划分上可划到3~4级,厚度达十几米。与地震资料相比,钻、测井资料的地质含义明确且分辨率高,既可以用于识别大套层序界面,也可用于3~4级高分辨率层序划分与对比。

钻井层序划分对比的一般步骤方法是:首先选择位于过渡相带的典型井,在岩心相分析的基础上,根据测井和录井资料反映的岩电组合特征,分析垂向上沉积相序演变过程,进而通过识别可容纳空间演变趋势的转换面和突变面,识别准层序、准层序组、体系域和层序边界,确定初步的层序划分方案;然后通过多条基干联井剖面层序对比,调整层序划分结果,并根据地层叠置样式识别准层序组和体系域边界,建立钻井剖面层序地层格架。

下面以塔里木盆地阿瓦提坳陷三叠系为例,说明钻、测井层序地层的划分对比。

(一)层序界面的识别

层序界面包括层序的边界(不整合面)、初次洪泛面(低位体系域和湖侵体系域的界面)和最大洪泛面(湖侵体系域和高位体系域的界面)。

(1)层序边界的典型特征之一是边界下伏层序的湖岸上超点向盆地中心迁移,其在钻井剖面中表现为沉积相向盆地方向的迁移,即浅水粗粒的沉积物逐渐覆盖于较深水沉积物之上。

(2)由于层序界面之下是高位体系域,水体有向上变浅的趋势,反映在粒度上一般是向上逐渐变粗。而层序界面之上是低位或湖侵体系域,水体向上为变深的趋势,反映在粒度上为向上逐渐变细。所以碎屑岩粒度由向上变粗至变细的转换面可作为层序边界的识别标志。

(3)层序边界不整合面常伴随有侵蚀作用,鄂尔多斯盆地三叠系顶部河道侵蚀切割现象多见,地层剖面中的冲刷现象和河道滞留沉积可以作为层序边界的识别标志。松辽盆地河道侵蚀切割现象局限于盆地边缘部分,盆地主体部分无明显侵蚀。

(4)层序界面上测井曲线组合形状反映的相序演变趋势发生转折。在 SP 和 RT 测井曲线上,层序边界的下部一般是齿状的漏斗形,而边界的上面一般是倒置的漏斗形,所以边界一般是测井曲线幅度最大的位置。

(5)层序界面附近古生物化石的分异度和丰度显著降低,一般缺少生物化石,有时为无化石的"哑层"。

(6)在低位体系域不发育时,地层的叠置方式由进积式向退积式转变的位置可以作为层序边界的识别标志。

(7)层序界面附近沉积物的颜色一般为氧化色,如褐色、棕色和棕红色等。

在塔里木盆地阿瓦提坳陷,三叠系层序界面表现为除顶底为典型的构造不整合面外,三叠系内部发育6个三级层序界面——SB_6、SB_2、SB_3、SB_4、SB_5、SB_7,均为沉积不整合界面(图 3-9)。

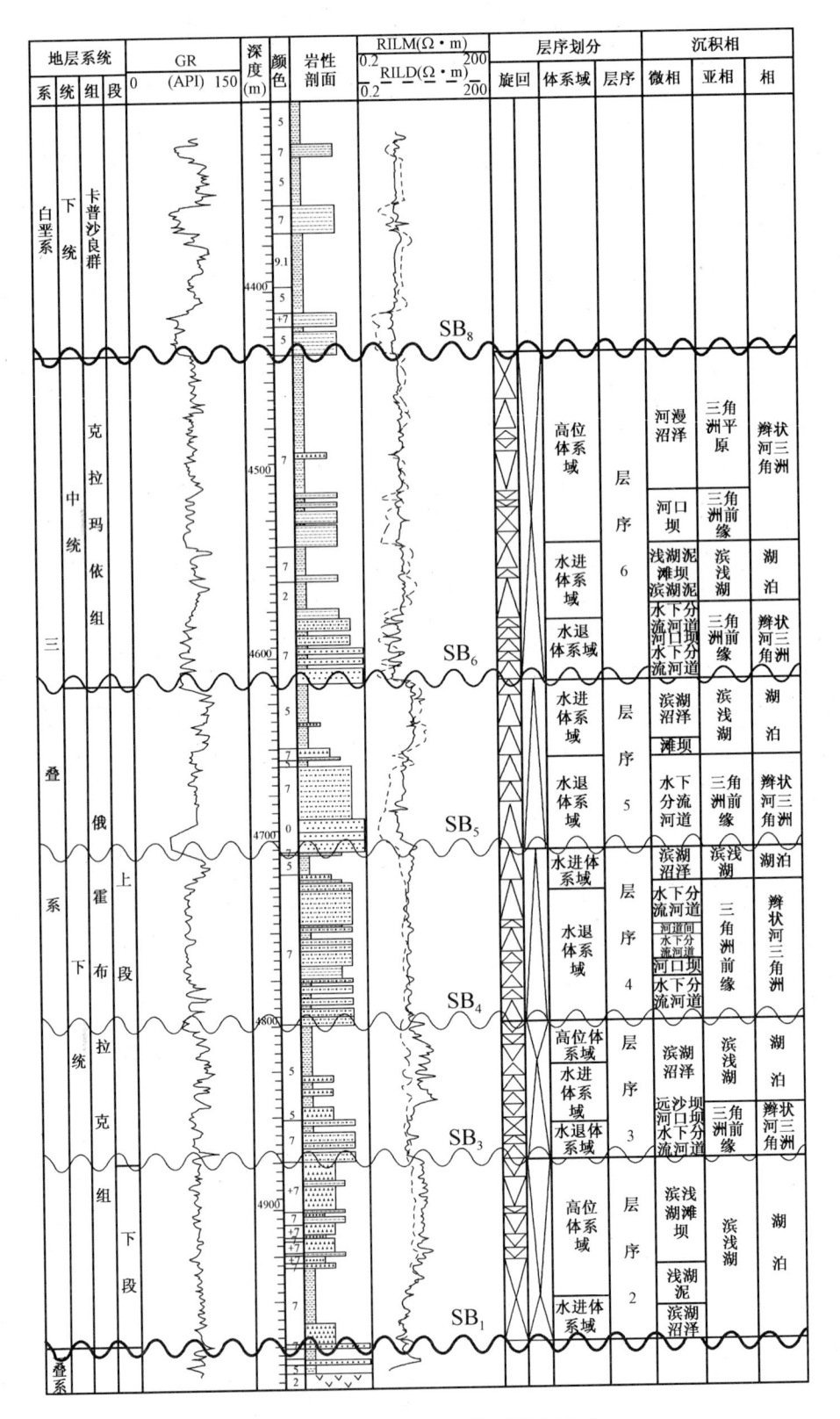

图 3-9 胜利 1 井三叠系层序界面划分

三叠系内部层序界面附近,均表现为明显的岩性和沉积结构发生突变(图3-10、图3-11)。上覆多为低位体系域的河道砂岩,下伏为湖相泥岩和砂岩,反映了沉积结构的明显突变,同时,在层序界面附近上下的自然伽马曲线和电阻率曲线也呈明显突变。如沙南1井层序3底部界面表现为上覆为辫状河三角洲相,下伏为向上变粗的滩坝相,沉积结构发生明显变化,这在电性曲线上也有明显的变化(图3-11)。另外,沙南1井层序5底界面也表现为上覆为辫状河三角洲相,下伏滨湖滩坝相砂体,测井曲线有明显变化(图3-11)。

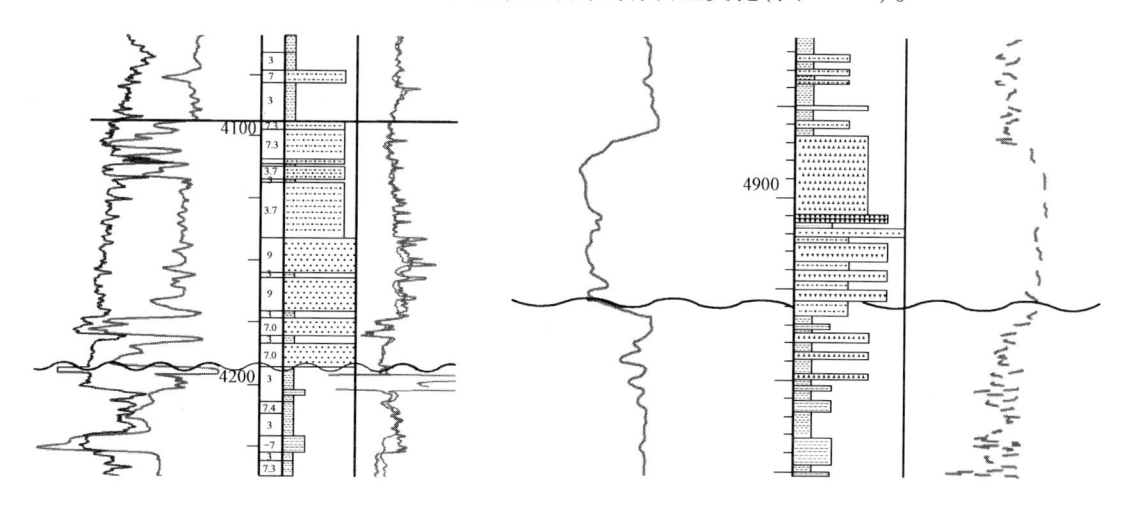

图3-10 阿满2井三叠系底部(左)、阿参1井三叠系顶部(右)层序界面

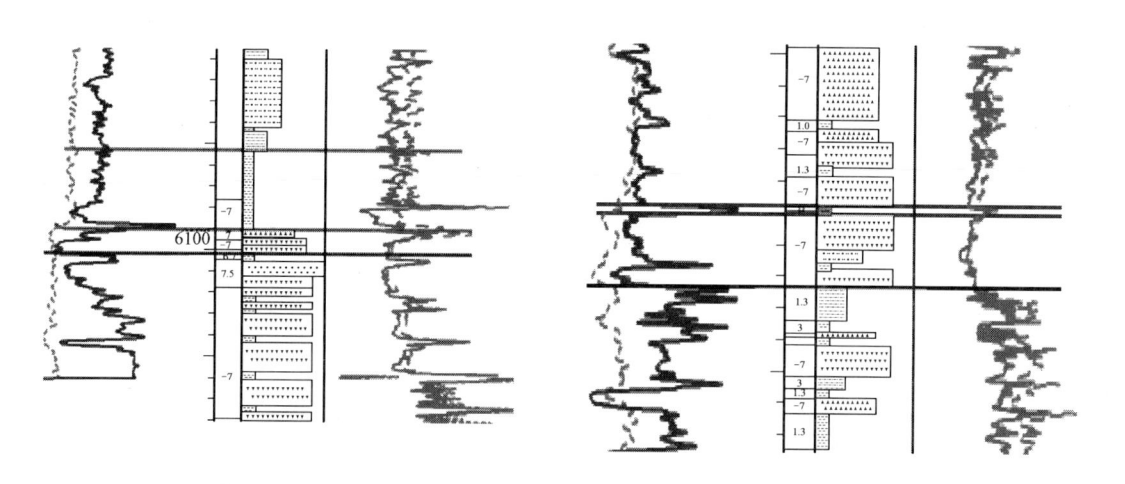

图3-11 沙南1井三叠系层序3底部(左)、层序5底部(右)层序界面

(二)准层序与层序的划分与对比

准层序(即四级层序)是成因上有联系的多个岩层或岩层组组成的地层单元,地层规模相当于四级沉积旋回或砂层组,准层序内部纵向上地层相对连续、无明显沉积间断。钻、测井四级层序的划分分两步,即单井层序的划分与对比和连井层序的划分与对比。在选择井的时候注意到,由于井所处盆地位置的不同,在同一盆地不同地理位置的井所反映出的层序发育特征是不同的。所以,在研究中,首先选择位于凹陷深处地层发育齐全的深井来进行垂向层序分析,然后外推到盆地边部的其他井上。

1. 单井准层序划分与对比

准层序的划分与对比最主要的依据是相邻两口井有相似的岩电组合特征,并且从盆地边缘到盆地中心方向,准层序的厚度变化比较平稳或有一定的趋势,一般是逐渐变厚的。单井层序的划分对比最常用的资料是测井曲线和录井岩性资料,划分标志和方法如下:

(1)遵循由大到小的划分原则,即在三级层序划分的基础上划分准层序,以三级层序边界为约束。

(2)准层序划分以沉积相为基础,不同类型沉积相准层序的划分标志有所不同。本区湖相和过渡相(三角洲相、滨浅湖相)准层序为向上变粗、变浅的沉积序列,即准层序内部砂层向上变厚或砂泥比向上变大,沉积物粒度总体变粗,在测井组合上多表现为漏斗形。但在河流相和浊积相沉积序列中,准层序也可以由向上变细的沉积序列组成。

(3)准层序边界为沉积相演变序列的突变面,湖相沉积环境准层序底部为湖侵泥岩,在河流相和浊积扇相序列中准层序底部为砂岩。

(4)单井准层序划分结果需要连井地震剖面的对比结果修正,不同井划分的准层序界面在地震剖面上应处于同一个反射界面上。

2. 层序组成和体系域研究

仍以塔里木盆地阿瓦提坳陷三叠系为例。通过层序划分对比,可以识别出层序组成。三叠系每个层序由低位体系域(LST)、湖侵体系域(TST)、高位体系域(HST)组成,个别层序只有低位体系域和湖侵体系域,而缺失高位体系域。

低位体系域一般为辫状河三角洲平原—前缘亚相的粗粒砂岩和砂砾岩;湖侵体系域一般为滨浅湖、半深湖、滨湖沼泽亚相的泥岩、粉砂岩;高位体系域一般为滨浅湖、滨湖沼泽、河漫沼泽、辫状河三角洲前缘亚相(图3-12)。

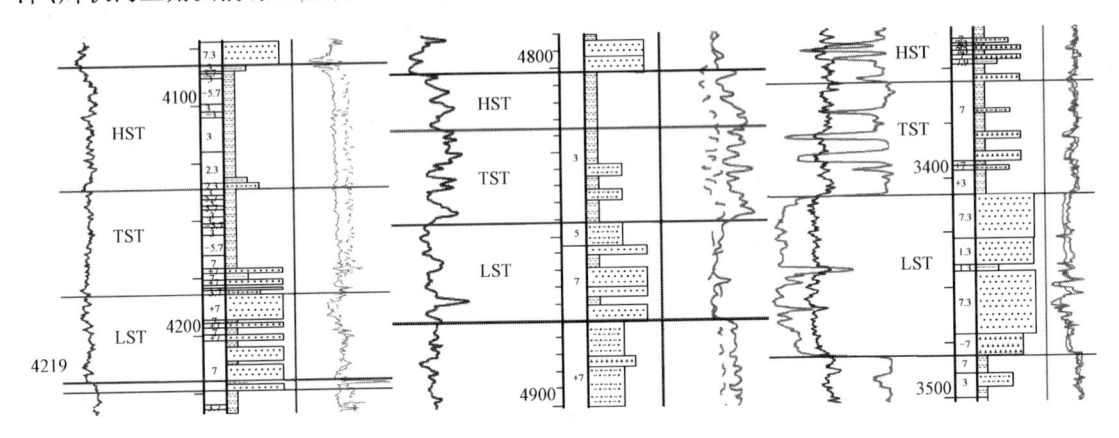

图3-12 塔里木盆地阿瓦提坳陷三叠系层序和体系域组成类型

通过岩心及单井沉积相分析,编制了单井沉积相和层序地层分析的综合柱状图(图3-13),明确了沉积体系格架,识别出扇三角洲—辫状河三角洲沉积体系,微相主要有分流河道、河口坝、滨浅湖滩坝、滨浅湖泥、半深湖泥等。在沉积相与沉积体系研究基础上,进行准层序和层序的划分与对比。

3. 连井层序格架的划分与对比

连井层序地层格架的建立为主要含油气准层序的储层追踪和预测提供了框架。在单井沉积相精细分析和层序地层划分对比基础上,进行研究区层序格架下的连井对比剖面图的编制。

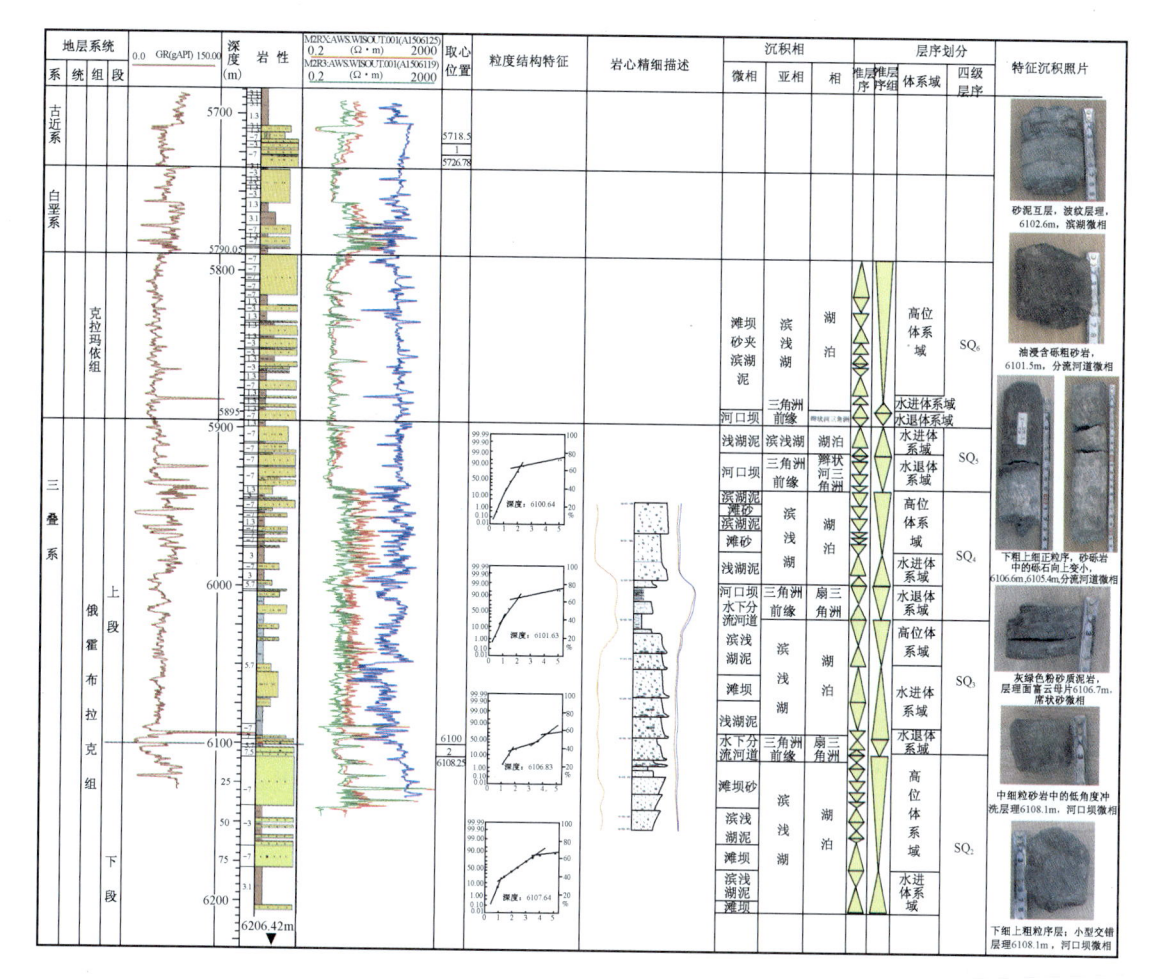

图 3-13　丰南 1 井三叠系精细沉积相与层序地层学分析柱状图

阿瓦提坳陷三叠系主要为多物源控制下的辫状河三角洲沉积体系与滨浅湖沉积体系的交替。在靠近陆源位置，表现为扇三角洲、辫状河三角洲平原等，在湖岸附近表现为辫状河三角洲前缘沉积。砂体分布也受此控制。从阿参 2—沙南 1—胜利 1—阿满 1—阿满 2 井东西向连井剖面图（图 3-14）看，物源主要来自靠近西部的阿参 2 井、北部的胜利 1 井和东南部的阿满 2 井一带。

三、地震层序地层学

地震层序地层学可以从二维或三维角度研究层序的空间变化，层序可划分到 2~3 级，厚度达几十米，这主要依赖于地震分辨率的提高。

地震层序以不整一及与之可以对比的整一地震反射为界，内部反射相对整一的地震反射单元。地震层序划分主要利用地震反射界面具有等时性、资料覆盖整个工区的优势，可建立系统、连续和区域分布的等时地层格架，将盆地沉积序列划分为不同级别的层序地层单元（樊太亮等，1997）。

（一）地震层序界面的识别

地震层序划分的关键是识别各级层序界面。这里所指的层序界面属广义的层序界面，除了界定一套层序的不整合界面之外，还包括层序内部存在的界定各层序单元的界面，如最大洪泛面、初次洪泛面等。

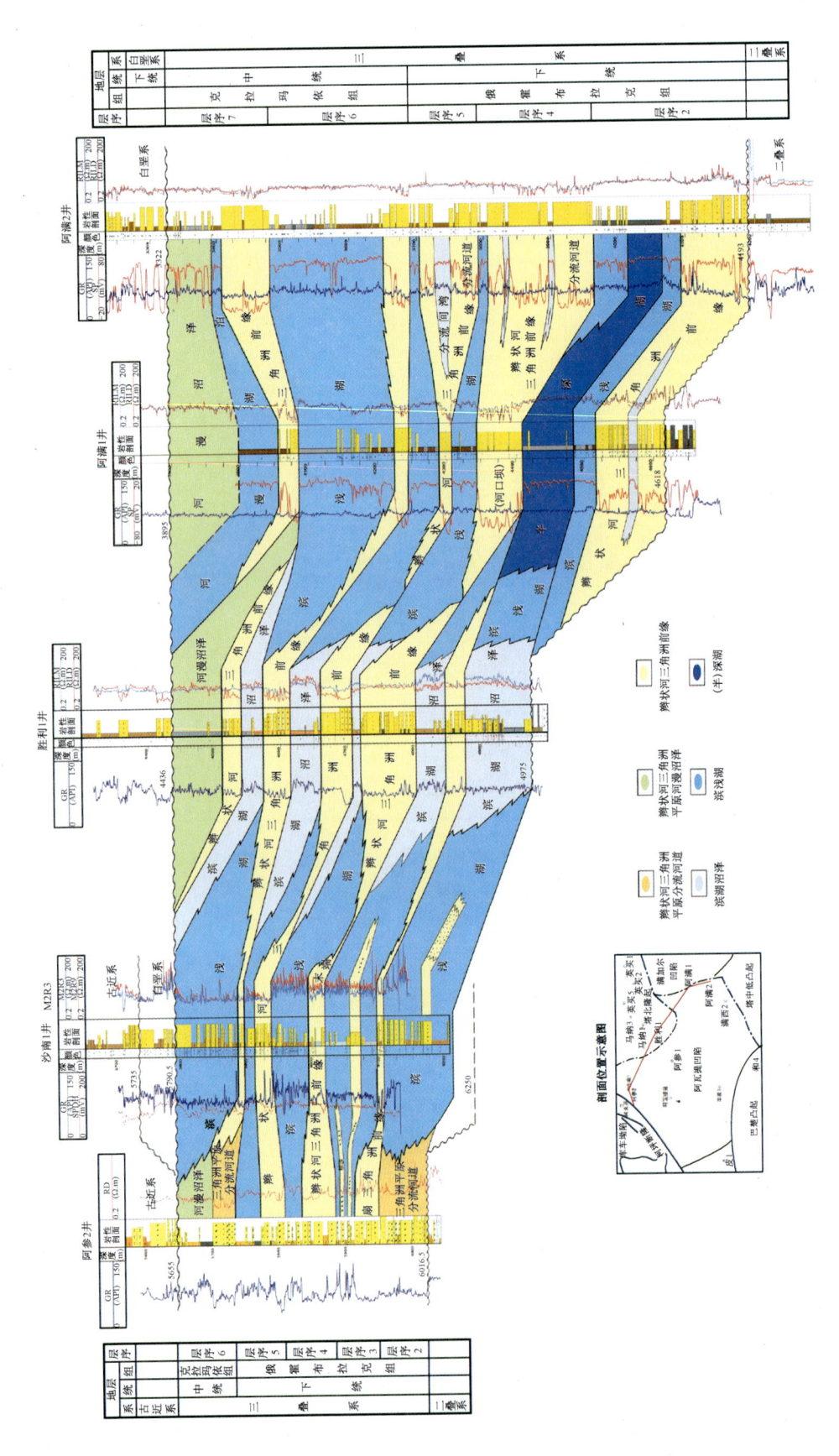

图 3-14 阿参 2—沙南 1—胜利 1—阿满 1—阿满 2 井东西向连井剖面图

1. 不整合面的地震识别

不整合面是代表地质历史记载中时间间断的侵蚀面和无沉积面,它往往与层序边界相对应。地下地层的接触关系表现在地震上可分为整一关系(协调关系)和不整一关系(不协调关系),前者代表地层之间的整合关系,而后者则对应地层之间的不整合关系,在地震上表现为不同反射同相轴之间的终止交切关系,根据反射终止的方式可分为四种类型:削截(削蚀)、顶超、上超和下超(徐怀大等,1990;李正文等,1988)(图3-15)。

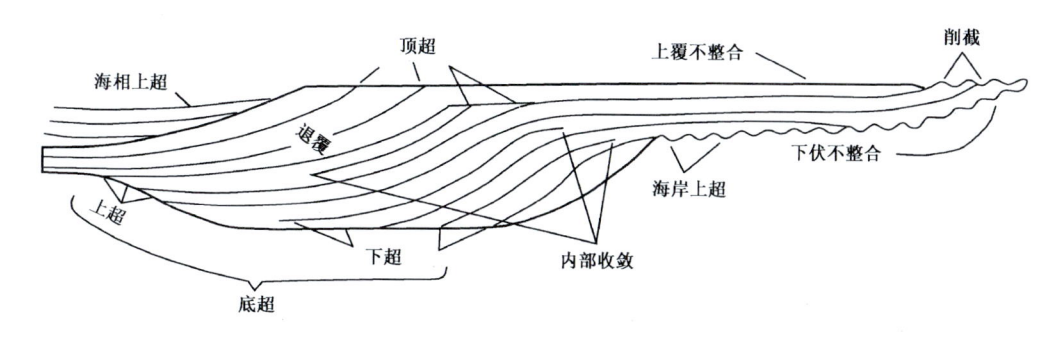

图3-15 地震层序内部反射终止示意图(据徐怀大等,1990)

削截(削蚀):属于层序的顶部反射终止,既可以是下伏倾斜地层的顶部与上覆水平地层间的反射终止,也可以是水平地层的顶部与上覆地层沉积初期侵蚀河床底面间的终止。

顶超:下伏原始倾斜层序的顶部与由无沉积作用的上界面形成的终止现象。它通常以很小的角度逐步收敛于上覆层底面反射上。削截作用与顶超作用往往不容易区分,削截作用对应于较强的侵蚀,而顶超则对应于沉积路过作用。

上超:层序底部地层逆原始沉积倾斜面逐层向上尖灭,它代表水域不断扩大情况下逐层超覆沉积现象,当湖盆较小而物源又比较充分时,沉积物可能会越过凹陷中心而在彼岸形成远端上超。

下超:一套地层沿原始沉积面向下倾方向终止,它往往与沉积物的前积作用及"沉积饥饿"现象有关。

当由于构造运动而使原始地层产状变化时,上超与下超往往不易区分,因此可将二者统称为底超。另外,由于斜坡披覆沉积作用及沉积物的逐层下超作用(新地层逐层下超到老地层顶面之上)可能会产生视上超和视下超现象(图3-16),但由于地震分辨率低往往不易与真上超与真下超区分,而随着地震分辨率的提高也应对视上超和视下超加以注意和识别(徐怀大,1997)。

不同的反射终止类型对应不同成因的不整合面类型,削蚀对应侵蚀型不整合,上超和下超则属于沉积型不整合。其中侵蚀型不整合与上超型不整合往往与层序边界相对应。

2. 最大洪泛面的地震识别

最大洪泛面(或称最大湖泛面)是层序内部,尤其是三级层序内部的重要分界面,是沉积层序中水进体系域和高位体系域的分界。在测井和录井资料上最大湖泛面通常位于颜色相对较深、质地较纯的泥岩中间,代表湖进范围最大时的深水沉积,当泥岩较厚时其准确位置则难以确定。在地震剖面上,靠近盆地边缘最大洪泛面往往与下超面对应(图3-17),地层下超的终止点连线即为下超面,下超面的形成是由于沉积物供应速率高于构造沉降速率并达到一定关系时,沉积物在近端向盆地方向推进、在远端出现"沉积饥饿"的结果。然而当物源供给速率很高,远远大于构造沉降速率时,向盆地一方不会出现"饥饿沉积"现象,则不存在下超面或超面不明显。如果这样,还可根据最大洪泛时期可容纳空间接近最大这一特征在地震剖面上寻找最大上超点,与它所对应或可对比的同相轴可作为最大洪泛面的位置(蔡希源等,1999)。

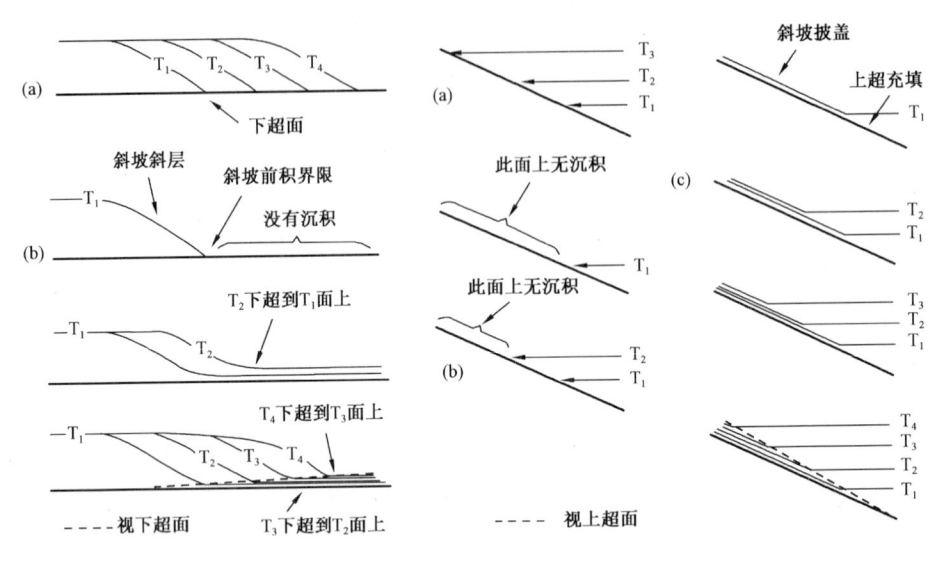

图 3-16 真上超、真下超与视上超及视下超的起因(据徐怀大等,1997)

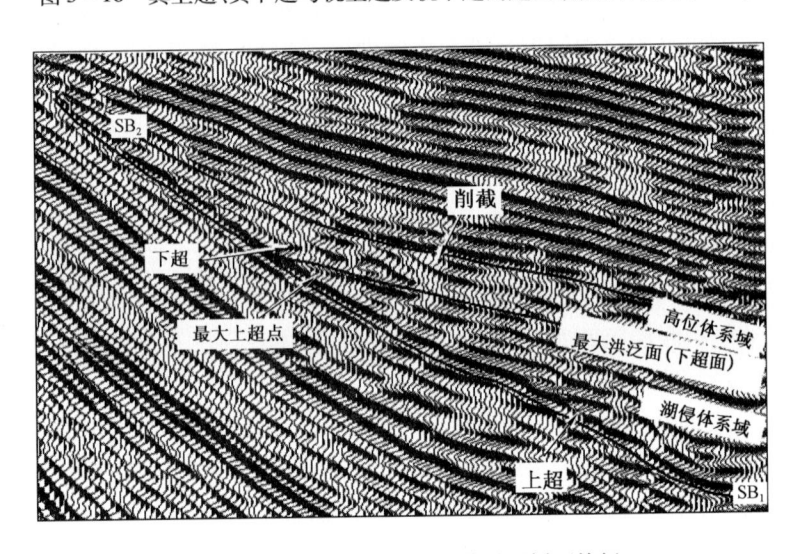

图 3-17 层序界面及最大洪泛面剖面特征

当研究工区远离盆地边缘而位于盆地内部时,地震剖面上不存在下超和上超作为参照,这时最大洪泛面的特征多表现为分布最广、连续性最好的强反射。多年来,常规的地震解释及构造成图都是将剖面上的强反射、连续性好的同相轴作为地层的分界,并常常认为它就是不整合面,然而以层序地层学的观点,强的连续反射往往就代表最大洪泛面,是深水稳定沉积的低速泥岩与下伏浅水高速粗粒沉积形成的强波阻抗界面的反射,真正的不整合面应该在强反射下面(徐怀大,1997)。

3. 初次洪泛面的地震识别

初次洪泛面是层序内部另一重要的分界面,初次洪泛面之下为低位体系域,之上为湖进体系域。同被动大陆边缘盆地层序模式中初次洪泛面和低位体系域与陆棚坡折带有关一样,陆相湖盆层序模式中的初次洪泛面及低位体系也应根据特定盆地的地形坡折带来进行识别及划分,或者是明显将原来范围较小、水深不同、形态各异的分隔水体连成一体的洪泛面也可称为初次洪泛面。在地震剖面上,首次越过地形坡折带的第一个湖岸上超点所对应的同相轴即为初次洪泛面的位置。当然在有些坳陷型盆地中不存在明显的地形坡折,初次洪泛面难以确定,因此只能将一个沉积层序二分为湖侵体系域和湖退体系域(朱筱敏等,2003;蔡希源等,1999)。

以上介绍的各层序界面的地震反射特征是地震地层学及层序地层学多年发展总结出的典型模式,在实际地震剖面上,在不同盆地类型或者同一盆地不同部位可能有不同的表现形式。例如,三级层序的各类界面,在盆地边缘地区诸如削蚀、上超、下超等反射终止特征表现得比较明显,但在盆地内部往往变为整合界面与之对应,当工区范围位于盆地中部时,要在地震剖面上识别层序边界则比较困难。由于地震资料分辨率较低或者品质较差,即使在盆地边缘,要识别出典型的不整合特征也是比较困难的。因此,在实际地震层序划分对比中,除了明显的不整合标志外,还要综合运用(地震)地层结构分析、波阻特征对比等手段帮助判别层序边界的位置,同时还要参考钻井层序划分方案(通过合成地震记录标定在地震剖面中),地震反射特征明显则以地震为主,若地震特征不明显应参考钻井,因此,需要进行井—震联合的综合层序地层学研究。

四、井—震联合层序地层学

井—震联合层序地层学可以从三维角度进行高分辨率的层序地层研究,这有赖于地震分辨率的继续提高,最终落实到工业化应用,并直接用于油气勘探,如利用高分辨率三维地震资料进行层序地层可视化研究等。

地震资料与钻井资料的分辨率不同,在层序划分和对比中的作用也不同。一般 2~3 级层序及其内部的体系域界面在地震剖面上有清楚的显示,以地震层序划分为基础,准层序以钻井层序划分为基础。由于陆相地层横向沉积相变化快,单纯依据一方面的资料难以保证层序划分结果的等时性,因此,需要通过井—震交互对比,采用合成记录标定、岩电组合与波组特征对比、地层结构对比等方法(邹才能等,2004)进行井—震联合层序地层学研究。

(一)层位标定

层位标定就是确定钻井与地震的对应关系。目前常用的层位标定方法有以下几种:① 根据一个地区的统一时深转换关系,确定钻井分层界面对应的地震反射界面。这种方法误差较大,地震速度横向变化可导致同一个地层分界面在地震上不在同一反射界面。② 根据速度谱资料建立变速度场,形成工区内各点时深关系均有所差异的数据体,这样任意给定一个井点分层深度,就可以在地震上找出相应的分层界面。速度谱是一项重要资料,不仅对标定层位有用,还可以用于地层压力、岩性乃至含油气性分析。通过建立速度场标定层位,需要与后面两种方法配合使用才有效。③ VSP 测井资料,这是确定井—震层位对比关系最准确的方法。④ 用声波测井等资料编制合成地震记录,通过与井旁地震道对比标定层位。根据该区的地震和测井资料的特点和限制,选择合成记录的方法来标定层位。

1. 地质统层

层位标定是地震资料解释中最基础、同时也是最重要的工作。由于不同年度的井在钻井地质分层上并不完全一致,因此在层位标定前必须对这些井进行地质统层。具体做法是:对区内钻井的声速曲线、录井剖面进行分析,制作连井剖面,确定需标定地质层位的声速和岩性特征,并以此特征统一各井的地质分层。

2. 合成记录的制作

制作合成地震记录即正演是从井曲线开始计算其相应的合成地震记录。处理的流程为：声波时差曲线和密度曲线、波阻抗曲线、反射系数序列与子波褶积合成地震记录。其原理是：首先将速度和密度的乘积，即波阻抗求出来；然后利用公式：反射系数 = $(\rho_2 v_2 - \rho_1 v_1)/(\rho_2 v_2 + \rho_1 v_1)$，求出反射系数；最后反射系数与子波褶积，结果就是合成地震记录。在做合成地震记录时注意如下两点：① 确定合成记录的极性必须和地震剖面的一致。如果地震剖面是 SEG 标准的正极性，则必须给子波或者反射系数乘以 -1，但二者不能同时乘 -1。如果地震剖面是 SEG 标准的负极性，则直接计算即可。② 必要时应该采用时变褶积，即子波的主频从浅到深应逐渐降低。

3. 层位标定

合成记录的主要作用是层位标定。要将合成记录上每个反射波与地震剖面完全对应起来是不现实的，但应尽可能把工作做得精细，使其有可对比性。在层位标定过程中，地质分层和地震分层往往会出现不一致，这时应首先检查地震解释有无问题。如果层位追踪过程中没有窜相位或断层错开的问题，那么就要详细检查钻井地质分层的可靠性。

（二）井震统一格架的建立

在阿瓦提坳陷三叠系，经过钻井—地震的精细层序地层对比，建立了其层序地层格架。如在钻井上可以将三叠系划分出 7 个层序，但在地震格架内则可以划分出 4 个地震层序，这 4 个层序在横向上是可以对比延伸的。

根据钻井层序在地震剖面上的反映，7 个钻井层序在横向上存在着尖灭和减薄现象，通过区域大剖面对比，在地震剖面上划分出可以对比的 4 个地震层序。其中地震层序 I 相当于钻井层序 1 和 2；地震层序 II 相当于钻井层序 3 和 4；地震层序 III 相当于钻井层序 5；地震层序 IV 相当于钻井层序 6 和 7。

层序及层序界面在工区内可以很好地追踪对比，其中 SQ_1、SQ_2、SQ_3 从北向南增厚，SQ_4（即钻井层序 6 + 7）在丰南 1 井尖灭（图 3 - 18），被古近系削蚀。各层序从阿参 1 井向沙南 1 井、胜利 1 井方向减薄。从西部的沙南 1 井向东部的满西 2 井层层抬高。横向上，SQ_1、SQ_3 尖灭（图 3 - 19）。

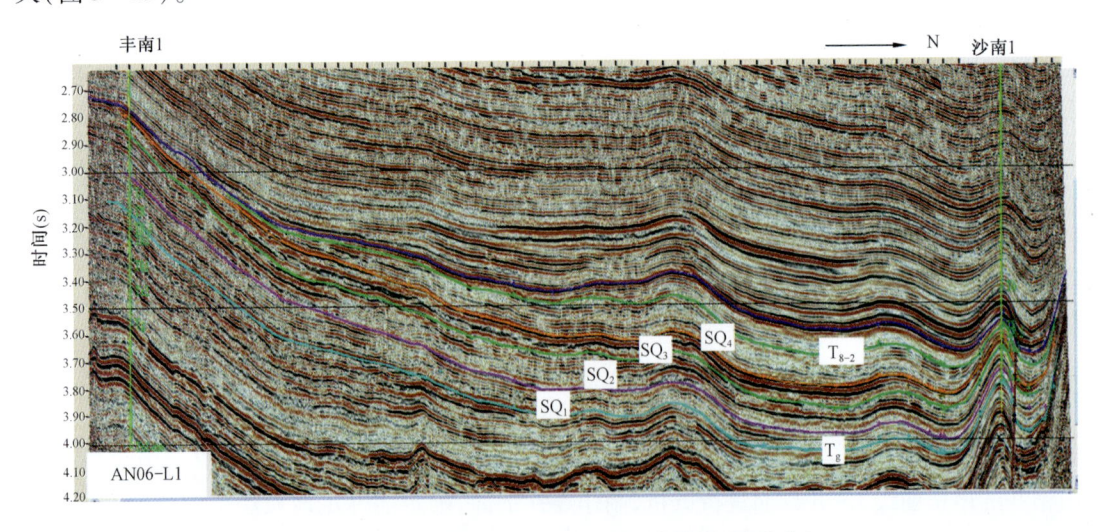

图 3 - 18　阿瓦提坳陷三叠系地震层序格架（南北向）

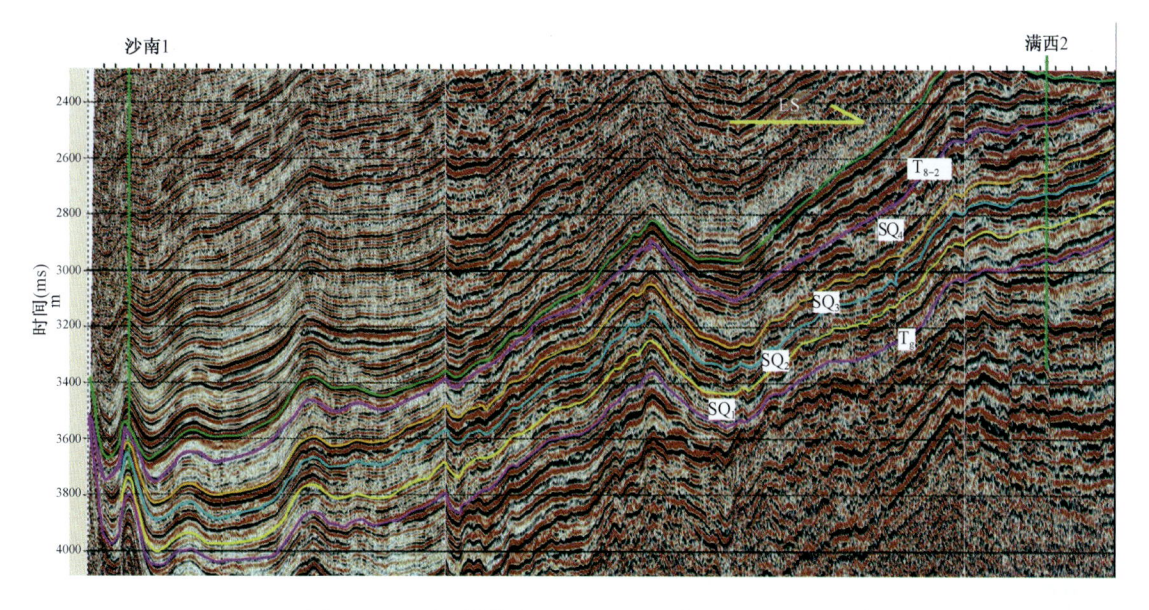

图 3-19　阿瓦提坳陷三叠系地震层序格架(东西向)

(三) 井震结合层序地层学的流程和相关图件

通过井震结合的层序地层学研究,主要完成以下几方面的工作:① 茧自缚建立单井和区域性连井沉积相剖面;② 在井上划分沉积层序、体系域、准层序、准层序组;③ 地震与测井、地面露头的精确标定对比与层序确定;④ 区域常规主干地震剖面的层序解释;⑤ 建立井—震统一的层序框架;⑥ 地震特殊处理与反演,提高地震解释精度(反演—地震属性参数—三维可视化图形—地质解释);⑦ 解释沉积体系、沉积充填特征,编制高精度的岩相古地理图;⑧ 预测生油层、储层与有利成藏区带评价;⑨ 分析层序的形成机制。

将完成的主要图件有:① 单井及连井的层序地层划分对比图;② 区域地震层序地层解释图;③ 以体系域或层序为单位的高精度岩相古地理图(包括砂岩等厚图、砂岩百分比图与测井相图);④ 层序框架内烃源岩平面展布图;⑤ 层序框架内储集岩平面展布图;⑥ 有利区带评价图。

综上所述,在陆相层序划分对比时,需要注意以下几个问题:

(1)陆相沉积相变快,一般缺少很稳定的标志层,必须充分利用各种钻井和地震信息,采用多种方法才能建立等时层序格架,单独根据钻井剖面或地震剖面都难以建立合理层序格架,钻井和地震层序划分必须统一。

(2)盆地局部区块层序划分,必须与全盆地构造演化阶段和层序演化过程相一致,才能通过多个项目的研究积累,最终确认一个盆地合理的、普遍接受的层序划分方案。

(3)陆相层序形成主要受构造演化阶段控制,能够指示不同级别构造幕或旋回开始和结束的标志,都可以作为层序划分依据。

(4)层序界面是不同级别的沉积间断面,区域分布、沉积中断时间长的界面,是一级、二级层序界面,而局部沉积间断则是三级、四级层序的界面,层序划分必须从大到小。

第三节 层序地层学在油气勘探中的作用

一、层序地层学在油气勘探不同领域中的作用

层序地层学在油气勘探中的作用主要体现在两个方面：

(1)不同构造背景下盆地不同尺度的综合层序地层学研究。

层序地层学的研究必须与地层学、沉积学、大地构造学、古生物学、地球化学等多学科综合,区分不同盆地类型、不同沉积背景,利用露头、钻井和地震等多技术融合的方法,从沉积大区—盆地—区带—油藏等不同层次或尺度上进行研究。

沉积大区—盆地分析尺度:建立盆地充填序列和层序地层格架,确定主力烃源岩、储层和盖层的时空分布以及生储盖组合的关系。

区带—油藏评价尺度:利用高分辨率层序地层学,建立油田或油藏级的储层对比格架,搞清储集体(砂岩和碳酸盐岩)分布,提高储层描述的精度和预测水平。

(2)利用高分辨率层序地层学进行不同尺度的储层描述、预测和评价。

这代表了储层层序地层学发展方向。通过高分辨率层序地层划分与对比,建立层序格架下的储层对比模型,在沉积相研究基础上,进行不同级别储集体的精细描述和预测。微观尺度上,与成岩层序地层学、胶结物层序地层学、储层岩石学研究紧密结合,深入分析优质储层控制因素。根据成岩相和层序地层学对优质储层物性的控制作用,从宏观和微观两个尺度上达到储层精细描述和评价的目的。

根据以上应用,层序地层学在油气勘探不同领域发挥的作用也有所不同。

在预探与目标评价领域的主要研究内容是:以层序地层学为主线,综合其他学科,通过全盆地层序地层学和生油岩、储集岩和盖层的综合研究,从层序地层格架和成盆动力学角度,准确地预测不同体系域和生储盖组合在平面和纵向上的分布特征,确定主要勘探目的层,更好地寻找岩性地层圈闭或油气藏。

主要是通过井震层序地层划分与对比,在层序地层格架内,以层序和体系域编制高精度岩相古地理工业图件;进行生储盖组合的评价预测,结合油气成藏和断裂构造分析,进行岩性地层圈闭目标的研究。在层序地层的级别方面,主要涉及到的三级层序的划分对比。

在油藏描述与评价领域,主要是进行高分辨率的层序地层学研究。在高频层序地层格架内,对有利砂体进行精细描述、预测和评价。首先是在高频层序地层格架下进行小层砂体的划分与对比,搞清单砂层或砂层组在空间上的展布特征;其次,对层序控制下的储盖层分布与连通性研究、储层微观及油气水研究,分析高级别层序格架内储层流动单元的特征,以及储层成岩过程中的烃—水—岩相互作用对储层的后期改造作用,最后对储层进行整体评价和预测,达到油气藏描述与评价的目的。期间,主要涉及 3~4 级层序的划分对比。

二、层序地层格架内的生储盖组合与油气聚集规律

(一)层序地层格架内的生储盖组合分布

根据前述,一个完整的三级层序由低位体系域(LST)、湖侵体系域(TST)、高位体系域(HST)组成。有利于生油的有机质在不同的体系域内有着不同的分布规律,储集体在不同的体系域内也有着不同的发育特征。各体系域在储层发育的基础上,如果有良好的成藏条件,就可形成油气藏(刘招君等,2002)。

以精细的沉积学和层序地层学研究为基础,可以进行生储盖分布与组合规律的研究,并且

在层序格架内能够保证生储盖预测的准确性。Sangree(1988)总结了层序地层中不同体系域的生储盖组合及运移、圈闭状况(表3-2)。同时,他还指出在勘探中特别要注意:含油气好的深水砂体的地层圈闭;受张犁式断层控制的储层预测;低位体系域进积楔滨面砂体的顶超和上超尖灭;低位体系域切入河谷砂体的圈闭。

表3-2 层序地层格架内不同体系域的生储盖及运移、圈闭特征(据Sangree等,1988)

体系域		储层	生油层	盖层	运移	圈闭
低位体系域	盆底扇	典型的具极好的孔隙度、渗透率,连续性可变。上部水道化叶状体往往是个问题	来自较深层的渗漏。顶部和侧向的凝缩段页岩可能为生油层	深海凝缩段页岩极好,如被斜坡扇覆盖,则有缺失盖层的危险	从较深部生油岩垂向运移。也可能从凝缩段向下和侧向运移	典型的为地层圈闭
	斜坡扇(带天然堤水道)	水道砂5~40m厚。溢岸砂薄,1~30cm厚。水道砂不连续。溢岸砂可广泛分布,但难于识别和评价	不确定,可能是深部的	内部的页岩盖层,顶部凝缩段页岩盖层。天然堤限制了溢岸砂和裙边式尖灭	不确定,可能经过断层通道或从低水位扇体垂向运移	典型的为地层圈闭,一些为构造地层圈闭
	进积复合体	可变的、堆叠的河流、三角洲和滨面相。连续性可变	较深层或顶部海侵体系域生油层	海侵体系域顶部盖层好,侧向封闭性可能差	较深部油源可能取决于断层通道。也可能从海侵体系域向下运移	典型的为构造圈闭,可能有压实圈闭
	海底峡谷充填	变化很大。海底水道砂、浊积砂体等。连续性可变	不确定,同期烃源岩可能以生气为主	局部的页岩盖层	不确定,通过断层的垂向运移可能最佳	地层尖灭
	切入谷充填	典型的为辫状河砂。连续性好到中等	顶部海侵体系域的生油层,可能有深部生油层	海侵体系域页岩,侧向封闭性差	从海侵体系域向下运移,可能通过断层垂向运移	典型的为构造圈闭或鼻状构造圈闭
海侵体系域		海滩—滨面砂体,孔隙度、渗透率极好。潟湖相可变。可预测的线性延伸	海侵体系域顶部和侧向的生油层好	海侵体系域顶部盖层好,侧向和底部可变	典型的在海侵体系域内向下和侧向运移	孤立砂体为地层圈闭,底部连续的海侵体系域要求构造圈闭
高位体系域		以不连续的河流相、三角洲相为主。滨面相次之	通常是个问题。深部生油层典型。高位体系域页岩通常较差,且以生气为主	向上倾方向渗漏到海进体系域,侧向渗漏。泛滥面常是顶部盖层	气和贫油一般来自同期生油岩。好的油源通常需要垂向的断层通道	构造圈闭为主。形成时间早是关键
	冲积扇	冲积砾和砂。连续性差到中等,渗透率差到中等。最好的储层砂位于海侵体系滞留砾岩的顶部	难以生成油源。最可能的是深部老生油层	无盖层风险大。与海侵体系域有关的页岩最佳,但被水道割切	经断层垂向运移或通过高位体系域向侧向运移	构造圈闭最佳,深部盆地具地层圈闭

(二)层序地层格架控制下的油气藏类型及其分布规律

油气藏的形成是生、储、盖、运、圈、保等六大要素有机结合的结果。只有它们在时间和空间上配置较好时,才有可能形成油气藏。因此,油气藏类型与分布受烃源岩的位置、储层纵横向分布、构造和圈闭形成时间、盖层优劣等条件的制约。在层序地层格架内,由于基准面的升降和可容纳空间的变化,不同类型体系域内烃源岩分布和有机质丰度不同,各体系域内储层砂体的沉积环境和发育程度不同,盖层的分布厚度及其优劣也不同,从而造成各体系域内生储盖组合和圈闭特征的不同,在一定程度上,控制了油气藏的分布。

1. 低位体系域内油气藏分布

(1)砂岩透镜状岩性油气藏:主要分布在低位体系域顶部(扇)三角洲前缘前端及较深水区。它们以较深水重力流沉积的浊积扇砂体为特征,砂体呈透镜状分布,周围被具有生油能力的半深湖—深湖相泥岩包围。

(2)相变型上倾尖灭油气藏:位于湖盆斜坡带低位体系域(扇)三角洲前缘的砂泥岩相变带中。地层向斜坡一侧上倾,易与下倾方向的同期较深水相泥岩构成指状交互的相变带,使得分叉的边缘砂体构成上倾尖灭型圈闭。

(3)地层超覆油气藏:在盆地缓坡带,早期河流或滨湖沉积物遭受湖浪改造后形成分选好、泥质含量少、侧向变化快的砂体,分布于不整合面之上,其上部被海侵体系域的泥岩覆盖,从而构成地层超覆油气藏。

2. 湖侵体系域内油气藏分布

(1)砂岩透镜状岩性油气藏:湖侵体系域发育时期,直接进入深湖—半深湖中的重力流或河流三角洲砂体被周围泥岩包覆,形成岩性油气藏。油气富集程度取决于储层砂体距生油凹陷的距离、烃源岩的质量和断层对油气的输导能力、储层的物性条件等。

(2)地层超覆油气藏:主要发育在盆地边缘湖侵体系域的底部。

(3)砂岩上倾尖灭型岩性油气藏:也主要发育湖侵体系域的底部。

3. 高位体系域内油气藏分布

(1)高位体系域油气藏类型相对简单,以构造型油气藏为主,岩性地层油气藏次之。

(2)地层不整合遮挡油气藏:在高位体系域晚期,盆地边缘斜坡部位,由于基准面下降,三角洲沉积体系不断向盆地内进积,向上形成顶超、向下终止于前三角洲泥岩,顶部是基准面下降时期的沉积间断面或不整合面,被后期湖侵体系域的泥岩超覆,在不整合面的覆盖配合下形成良好的封堵条件,从而形成地层不整合遮挡油气藏。

油气在层序中分布有一定规律可循,层序地层的各体系域中均发育不同程度的储集体,但它们在形成油气藏时的作用和地位存在着较大差异。各体系中烃源岩发育特征和形成的储盖组合规律也有差异,因此聚集油气的能力和规律不尽相同。

Van Wagoner(1991)认为,大部分油气产于低位体系域的碎屑岩中,这个推论已得到一些被动大陆边缘海相盆地的证实,但对陆相断陷、坳陷和前陆盆地,油气分布可能更加复杂。

如对断陷盆地,在紧邻断陷盆地控盆断裂的部位,在低位体系域的顶部、湖侵体系域的底部及水退体系域顶部扇三角洲前缘与湖相泥岩过渡带易形成上倾尖灭型岩性油气藏。在低位体系域、湖侵体系域和水退体系域的盆地腹地较深水中心部位,可形成水下砂体透镜状油气藏。低位体系域和湖侵体系域在缓坡边缘可形成地层超覆油气藏。在低位体系域中,连续分布的砂体侧向封堵较差,需与构造配合形成构造—岩性、构造—地层复合型油气藏。在水退体系域靠近控盆断裂部位,由于同生断层的逆牵引作用,常形成同生背斜圈闭,当油气沿断裂运移时,油气可充注到背斜构造中,形成背斜油气藏。在断陷盆地缓坡一侧,当斜坡带翘起的地层经过风化剥蚀,上部被非渗透性盖层覆盖,可形成地层不整合遮挡油气藏(图3-20)。

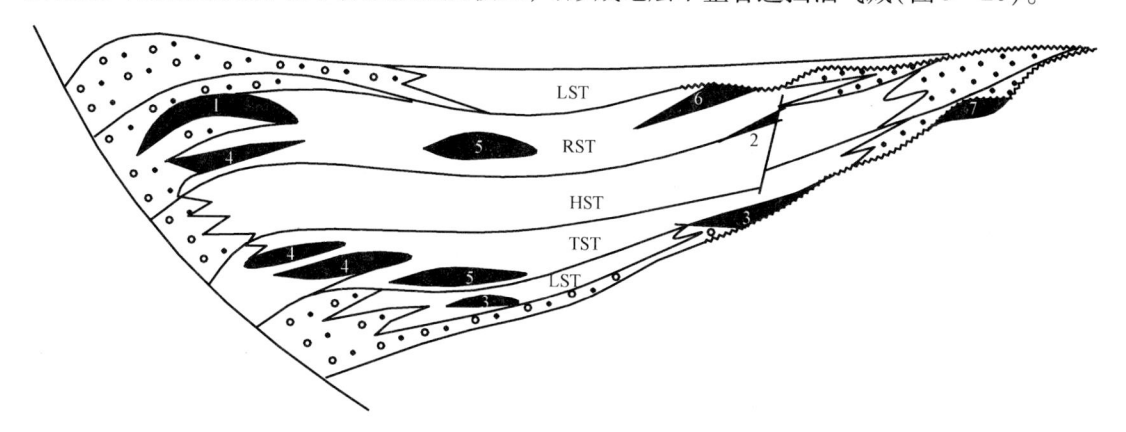

图3-20 断陷盆地层序地层格架内的油气藏分布(据刘招君等,2002)
1—背斜油气藏;2—断层遮挡油气藏;3—地层超覆油气藏;4—上倾尖灭型油气藏;
5—透镜状油气藏;6—地层不整合遮挡油气藏;7—潜山油气藏

总体上,断陷盆地的断坡、陡坡带以背斜、上倾尖灭型油气藏为主;缓坡带以地层超覆型、削蚀型、潜山型油气藏为主。

对陆相坳陷盆地,在斜坡带的边缘部位,低位体系域和湖侵体系域的顶部砂体直接覆盖在不整合面之上,形成地层超覆型油气藏。在低位体系域、湖侵体系域和水退体系域的较深水和深水环境中,三角洲前缘砂体形成岩性油气藏,重力流形成的水下扇砂体形成砂岩透镜状油气藏。在湖侵体系域的斜坡带,砂体向上倾方向尖灭形成上倾尖灭型油气藏。水退体系域在水下局部隆起靠近湖岸一侧可形成上倾尖灭型油气藏。高位体系域在三角洲前缘远端部位常形成孤立砂体,砂体被烃源岩包围形成透镜状岩性油气藏。在水退体系域和高位体系域的顶部,连续沉积的砂体与构造配置,形成构造—岩性复合油气藏和构造油气藏(图3-21)。

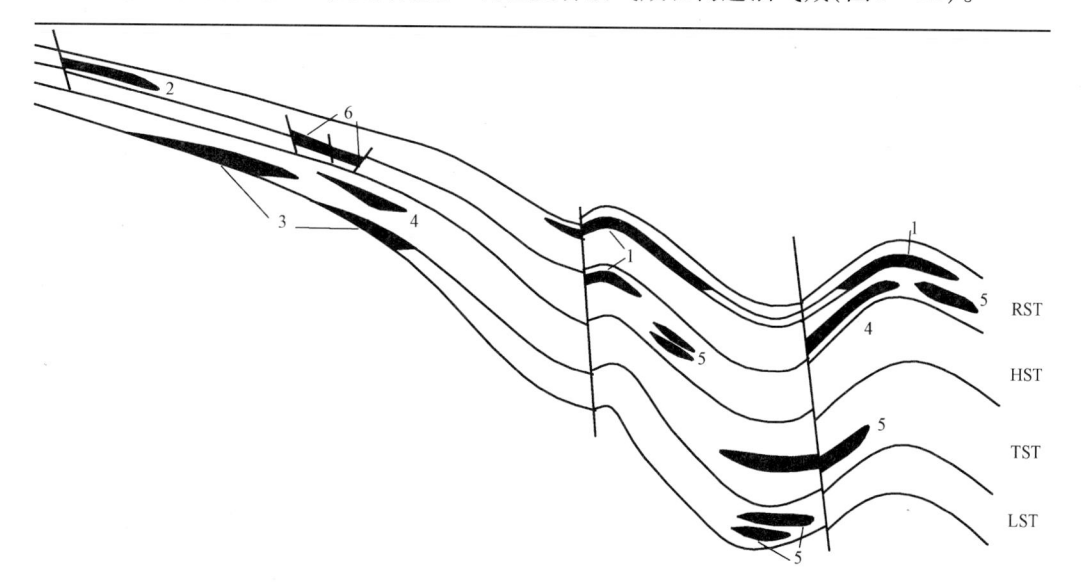

图3-21 坳陷盆地层序地层格架内的油气藏分布(据刘招君等,2002)
1—背斜油气藏;2—断层遮挡油气藏;3—地层超覆油气藏;4—上倾尖灭型油气藏;5—透镜状岩性油气藏;6—断块油气藏

总体上,坳陷盆地的陡坡带以背斜、上倾尖灭型、透镜型油气藏为主;缓坡带以地层超覆型、断块型、断层遮挡型油气藏为主。

— 101 —

第二篇　地 质 认 识

第四章 岩性地层油气藏勘探研究现状与进展

我国陆上油气勘探已进入了岩性地层油气藏与构造油气藏勘探并重的新阶段,大部分盆地岩性地层油气藏已成为"十五"期间陆上储量增长的主体,成为我国陆上最重要的勘探领域。预计在今后相当长一个时期内,岩性地层油气藏仍是我国陆上最现实、最有潜力的油气勘探领域(贾承造等,2003)。本章首先系统分析了岩性地层油气藏与构造油气藏的共性和差异性,基于析国内外岩性地层油气藏勘探和研究现状的回顾,深入剖析了在勘探和研究中存在的关键问题,理清了研究思路和攻关目标,确定了主要研究内容。最后简要介绍了中国石油天然气股份有限公司在"十五"期间取得的主要研究成果和勘探成效。

第一节 岩性地层油气藏与构造油气藏的共性和差异性

构造圈闭型大油气区和岩性地层圈闭型大油气区是两大重要的大油气区类型,占据了圈闭类型的绝大多数(除了水动力圈闭、毛细管压力圈闭等少数圈闭)。

一、概述

岩性地层油气藏与构造油气藏油气的运聚成藏机制及其特点明显不同。在石油和天然气工业发展的初期,世界上油气勘探的主要对象是背斜构造。自从1917年发现委内瑞拉马拉开波盆地玻利瓦尔油区的许多巨大地层油气藏,1930年又发现美国的东得克萨斯大型地层油气田以后,地层油气藏才逐渐引起人们的重视。特别是近几十年来,随着勘探技术的不断进步,在世界各地发现的岩性地层油气藏越来越多,不仅数量多、分布广,而且储量规模很大,油气藏类型也是多种多样。油气勘探实践表明,易于发现的构造油气藏总是最先被发现,但随着一个地区勘探程度的增加,包括岩性地层油气藏在内的非构造油气藏的比例不断增加(Hubbert,1953;Bruce等,2000;Greg等,1999)。因此,明确两类油气藏和大油气区的不同特征,把握二者的特殊性,对指导今后勘探具有重要意义。

岩性地层油气藏过去视为隐蔽油气藏的一部分,勘探和研究程度较低。1880年卡尔提出隐蔽油气藏的概念,1934年威尔逊提出了非构造圈闭概念,1936年莱复生提出地层圈闭的概念。1986年胡见义等提出非构造油气藏分岩性型、地层型与混合型等三大类14亚类,强调圈闭形成由3线和3面六个要素(岩性尖灭线、地层超覆线、构造等高线、地层不整合面、储集岩体的顶底板面、断层面)的有机组合而成。2003年李丕龙等针对济阳坳陷隐蔽油气藏提出了断—坡控砂、复式输导、相—势控藏的成藏认识。过去和现在对构造油气藏的圈闭和成藏机制、勘探技术和评价方法研究较多也较为成熟,而对于岩性地层油气藏的研究相对来说较为薄弱,勘探中也一直是或多或少地沿袭构造油气藏的勘探思路,对两者的形成理论和勘探实践尚缺乏系统性的综合比较研究。本节在分析岩性地层型与构造型圈闭和油气藏概念和特征的基础上,系统地阐明了两类油气藏成藏要素、成藏作用、分布富集、评价方法和勘探技术的异同及其成因机理。

岩性地层油气藏和构造油气藏的圈闭成因、成藏机理、富集规律和勘探思路等方面存在明显差异。本节对两类油气藏的圈闭条件及控制因素、成藏机制、油气水关系、产地类型和储量丰度、分布规律等进行了系统的比较研究。比较发现,岩性地层圈闭的形成主要是在沉积、成岩作用和剥蚀作用下,由于岩性、岩相、物性的变化、地层间断,在侧向或上倾方向被致密岩性封堵或围限而形成的圈闭。构造圈闭主要是在构造作用下,由于褶皱背斜、断层、底辟和裂缝等因素,被致密岩性围限而形成的圈闭。典型岩性油气藏——透镜体油气藏成藏机理的核心要点是:毛细管压力差将砂岩与泥岩接触带油气驱进砂岩透镜体,浮力使油气向砂岩透镜体的顶部聚集,水自然地进入到泥岩中。典型构造油气藏——背斜油气藏成藏机理主要靠流体势差,即浮力作用驱使油气向构造圈闭的高部位运移聚集。岩性地层油气藏存在多种类型油(气)水关系,圈闭中可以是纯油(气)、纯水、油(气)水混杂或干层,且横向上可间互出现,无统一的油气水界面,大面积分布。构造油气藏通常为单一类型油气水关系,即上油(气)下水型,存在统一的油(气)水界面。岩性地层油气藏多数为分散性产地,可采储量丰度多数为中低丰度。构造油气藏多数为集中性产地,可采储量丰度多数为高丰度。在空间区域分布上,岩性地层油气藏受"三大界面"控制,构造油气藏受"三大要件"控制。构造油气藏的分布遵循"背斜理论"、"源控论"和"复式油气聚集带"等规律,而岩性地层油气藏的分布主要遵循"相控论"和层序地层学的内在规律。最后对两类油气藏的勘探思路、部署原则和评价方法进行了对比分析。

二、岩性地层油气藏与构造油气藏内涵的异同

这两类油气藏是基于圈闭成因的分类,不同成因类型的圈闭反映了相应油气藏之间的本质区别。因此,这里分析两类油气藏的异同时,首先从岩性地层型和构造型两大类圈闭的成因机制进行分析和比较研究。

从严格意义上说,两类油气藏应该分别称之为岩性地层圈闭油气藏和构造圈闭油气藏,为了从简起见,这里简称为岩性地层油气藏和构造油气藏。

(一)两类油气藏内涵的相同点

众所周知,圈闭是适合于油气聚集、形成油气藏的场所,由三个部分组成:一是储层;二是盖层;三是侧向封闭介质,即阻止油气继续运移、造成油气聚集的遮挡物,它可以是盖层本身的弯曲变形,如背斜,也可以是断层、岩性、物性变化、不整合致密岩性遮挡等(表4-1)。不论是岩性地层圈闭,还是构造圈闭,其组成均为上述三个部分。

表4-1 岩性地层油气藏与构造油气藏圈闭和成藏特征对比表

异同点	项别		对比分析	
			岩性地层油气藏	构造油气藏
相同点	圈闭组成要素		均由储层、盖层、封堵介质三部分组成	
	圈闭封闭(围限)条件		均为致密岩性围限,只是围限的方式和部位不同,构造圈闭为储集体顶部盖层弯曲、断层遮挡、底辟岩体外围被致密岩性围限;岩性地层圈闭为侧向或上倾方向被致密岩性封堵或围限(或是岩性、物性变化所致,或是地层不整合封堵)	
	成藏基本条件		烃源灶、有效圈闭、输导体系和运聚动力	
不同点	圈闭成因和特征	地质作用	主要是沉积、成岩作用和剥蚀作用	主要是构造作用,即变形和变位(断层、底辟)
		圈闭成因	岩性、岩相、物性的变化、地层间断	由背斜、断层、底辟和裂缝等因素形成

续表

异同点	项别		对比分析	
			岩性地层油气藏	构造油气藏
不同点	圈闭成因和特征	发育特征	分散而大面积层状发育,如三角洲前缘带、平原带分流河道岩性圈闭,前陆斜坡带岩性地层圈闭等	成群成带发育、集中性分布,如长垣、前陆冲断带、隆起带等
		分布控制因素	受相变带(高能沉积相和建设性成岩相,侧向上与致密岩性有效组合)和有利的地层不整合面控制。砂泥岩薄互层型分布于砂比20%~60%范围内;厚层块状致密砂岩型受控于建设性成岩相;海相地层受控于台缘台内礁滩带及次生溶蚀带	受背斜带(古隆起)、断裂(冲断、断块)带和底辟构造带控制。陆相层系通常砂体较厚,砂地比较高(大于60%),连通性较好,易于形成构造油气藏;海相层系受古隆起岩溶发育带和背斜带(如川东石炭系)控制
	成藏条件	构造背景和资源分布	平缓(小幅度)的构造格局与大范围的聚油气背景及较低的油气丰度(油气聚集程度低、大面积分散分布,油气水交互分布,高产井与低产井共存,油气井与水井、干井间互分布)	明显分异的隆凹格局和突出的构造幅度,造成油气的聚敛式富集,储量丰度高
		沉积背景和岩性组合	稳定的沉积背景和大面积砂泥岩间、交互组合,成藏机理多元化(稳定的构造背景下,振荡性的整体构造运动,引起湖水周期性的缩张,湖水进退波及范围广,烃源岩和砂岩储层纵向间互组合,横向交互镶嵌接触,整个三角洲体系从平原到前缘乃至湖盆中心都具备成藏条件)	活动性的构造动力学条件和不稳定沉积沉降条件,造成砂体和烃源岩的不均匀性聚集分布。砂体厚度大,分布范围相对局限;烃源岩厚度大,丰度高,但分布范围相对较小
		沉积体系和圈闭规模	大规模的沉积体系和小尺度的分割性圈闭(圈闭数量多、面积大、分布广)	沉积体系规模相对较小,但圈闭幅度大,分布范围小,且孤立不连片
		古地形和圈闭幅度	宽缓的构造条件与低幅度圈闭和薄油气层厚度(间互式薄油气层厚度,大面积成藏)	相对陡倾的古地貌背景和较大幅度的构造圈闭、较厚的油气层厚度,但成藏范围小
		成岩作用和成藏条件	非均一建设性成岩环境和分割式孤立状的成岩、成藏背景(往往大范围厚层砂岩发育局限性、星点状、小幅度成岩圈闭散嵌于砂体中)	成岩作用的非均质性相对不明显,圈闭主要受后期构造变形或断层控制,同一构造内有效储层通常连续分布
	油气藏特征	典型油气藏形成机理	透镜体油气藏:具有多种动力学机制的"三段式"成藏过程	背斜油气藏:浮力起主导作用,克服毛细管力驱动油气向高部位运聚成藏
		流体势	高势区边缘或高势背景中的低势区	油气藏总是位于低势区
		分布特征	"三大界面"即最大洪泛面、不整合面、断层面控制岩性地层油气藏的区域宏观分布	"三大要件"即隆起带、断裂带和底辟构造带控制大中型构造油气藏的宏观分布
		产地类型	多数为分散性产地	多数为集中性产地
		储量丰度	中低丰度,大多数为低丰度	多数为高丰度

续表

异同点	项别	对比分析	
		岩性地层油气藏	构造油气藏
不同点	油气水关系 / 类型	多类型油(气)水关系:上油(气)下水、下油(气)上水、油(气)水界面倾斜和油(气)水混杂型等	单一类型油气水关系:上油(气)下水型
	分布特征	圈闭中可以是纯油(气)、纯水、油(气)水混杂或干层,不因空井和干井而影响大区的勘探,往往新的发现就在空井和干井的周围	圈闭上部要么是油(气)、要么是水或干层,从发现井可以在一定区域内展开
	与构造形态关系	与构造起伏没有必然联系,低部位可以含油(气)	高部位是油(气),低部位是水
	系统特征	多个油气水系统,油气水关系复杂	统一的油(气)水界面

两大类油气藏的形成过程,都是在各种成藏要素的有效匹配下,油气从分散到集中的转化过程。能否有丰富的油气聚集,形成储量丰富的油气藏,并且被保存下来,主要取决于是否具备生油层、储层、盖层、运移、圈闭和保存等成藏要素及其优劣程度。成藏的基本和必要条件都是烃源灶、有效圈闭、输导体系和运聚动力,故两者对成藏条件和成藏要素的要求是相同的。

(二)两类油气藏内涵的不同点

1. 圈闭的成因机制

虽然两类油气藏存在上述共性特征,但岩性地层油气藏和构造油气藏在圈闭要素的特征上存在着明显差异。岩性地层圈闭的形成主要是在沉积、成岩作用和剥蚀作用下,由于岩性、岩相、物性的变化、地层间断,在侧向或上倾方向被致密岩性封堵或围限(或是岩性、物性变化所致,或是地层不整合封堵)而形成的圈闭。岩性地层圈闭在国外通称为地层圈闭(stratigraphic trap),包括地层内部的圈闭(即岩性圈闭和成岩圈闭)和地层之间的圈闭(即依附于不整合面的地层圈闭)。构造圈闭主要是在构造作用,即变形和变位(断层、底辟)下,由于褶皱背斜、断层、底辟和裂缝等因素,即储集体顶盖弯曲、断层遮挡、底辟岩体外围被致密岩性围限而形成的圈闭,包括背斜圈闭(anticline trap)、断层—岩性圈闭(fualt - stratigraphic/lithologic trap)和刺穿圈闭(impale trap)。

2. 圈闭形成的控制要素

岩性地层圈闭成因远比构造圈闭复杂,多数受两个或两个以上要素的有效配置,才能构成围限或封堵而形成圈闭。通过大量典型油气藏解剖,发现岩性地层圈闭的形成均受"六线"、"四面"十个要素的控制,"六线"指岩性尖灭线、地层超覆线、地层剥蚀线、物性变化线、流体突变线、构造等高线,"四面"指断层面、不整合面、洪泛面、顶底板面。岩性地层圈闭均由上述十个要素中的两个或两个以上要素有效组合而成。而构造圈闭是由构造等高线、断层线、底辟岩体边界线中的一种或一种以上的要素构成。

岩性地层圈闭(油气藏)和构造圈闭(油气藏)是根据单个圈闭的侧向和上倾方向的封闭或围限因素而定,而不是根据宏观构造背景或圈闭发育带整体格局厘定,如背斜中不一定都是构造圈闭,向斜中不一定都是岩性地层圈闭(图4-1)。

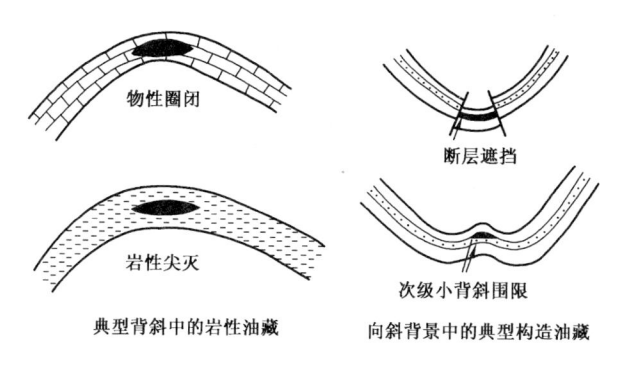

图 4-1 典型构造背景下的异常圈闭类型

3. 圈闭发育和分布影响因素

两类圈闭的发育特征和分布控制因素明显不同(戴金星,1983;迟元林等,2000;邹才能等,2004;赵文智等,2004)。岩性圈闭分散而大面积层状发育,如三角洲前缘带、平原带分流河道岩性圈闭,前陆斜坡带地层圈闭等。岩性地层圈闭的分布控制因素主要受相变带(高能沉积相和建设性成岩相,侧向上与致密岩性有效组合)和有利的地层不整合面控制。砂泥岩薄互层型分布于砂地比 20% ~ 60% 范围内;厚层块状致密砂岩型受控于建设性成岩相;海相地层受控于台缘台内礁滩带及次生溶蚀带。构造圈闭常常成群成带发育、集中性分布,如长垣、前陆冲断带、隆起带等不同规模的构造圈闭;构造圈闭的分布受受背斜带(古隆起)、断裂(冲断、断块)带和底辟构造带控制;陆相层系通常砂体较厚,砂地比较高(大于 60%),连通性较好,易于形成构造油气藏;海相层系受古隆起岩溶发育带和背斜带(如川东石炭系)控制。

三、岩性地层油气藏与构造油气藏形成机制的差异

(一)两类油气藏形成的地质背景的差异

我国具有形成岩性地层油气藏的独特有利地质条件。首先是中国大陆经历了世界上其他地区罕见的复杂演变历史,各油气区均经历了多旋回构造演化阶段,纵向上形成多个沉积旋回和不整合面,有利于沿不整合特别是一些区域不整合面,形成不整合遮挡、地层超覆与潜山等类型地层油气藏,纵向上在洪泛面上下有利于形成多层系岩性油气藏,在平面上叠置连片,形成大规模岩性地层圈闭油气区。其次是我国陆相沉积地层发育,石油资源也主要分布于陆相盆地,普遍存在相变频繁、储集体规模小、分布范围广泛而分散的特点,有利于各种储层上倾尖灭和孤立岩性体成藏。第三是储集岩类型多样,横向上储层物性变化大,不仅普遍发育各种类型砂岩类岩性地层油气藏,在塔里木、四川等古生界海相地层中,还发现了大面积次生溶蚀型碳酸盐岩油气藏,在松辽、辽河等地区发现了大型火成岩岩性油气藏。第四是地层构造变形比较强烈,但在盆地边缘斜坡、盆地内部大型古隆起和背斜带的围斜部位,均是岩性地层油气藏集中发育的有利部位。

同样,我国也具有构造油气藏形成的有利地质背景和成藏条件。往往在岩性地层油气藏不发育的区域有利于形成岩性地层油气藏,两者在空间分布上具有"互补性"(杜金虎等,2003),如前陆盆地冲断带、克拉通古隆起区、坳陷盆地中央隆起带(如长垣等)、断陷盆地盆缘带、断块区等是构造油气藏发育和富集的有利地区带。我国大陆构造运动频繁、活动强度剧烈,断层和褶皱发育,有利于形成构造圈闭和油气运聚成藏。构造油气藏多发育在有一定的构造变形幅度且保存条件有利,断层的开启和闭合及其输导和封闭功能与油气运移和成藏在时

空上要构成有利的匹配。陆相地层较高的砂地比、连通性好的砂岩储层有利于大型构造油气藏的形成。海相地层大型古隆起和岩溶储层有利于油气的大规模运聚和成藏。对于天然气来说,晚期成藏和保存条件非常重要,是构造油气藏形成并得以保存的关键。

(二)两类油气藏成藏条件的差异

1. 岩性地层油气藏成藏条件及其特征

不同类型盆地均具有岩性地层油气藏形成和分布的地质背景(Cordell,1977;Sant 等,2006),尤以陆相坳陷和海陆交互相层系最为有利,储量规模最大。这些层系中岩性地层油气藏既具有利的成藏条件,也具有相应的复杂性,存在着以下几方面的对立统一性,正是这些矛盾的对立统一运动形成了一系列大中型岩性地层油气田,同时预示着勘探和发现的艰巨性和复杂性。

(1)小幅度平缓的构造格局与大面积低丰度的聚油气背景。

岩性地层油气藏多发育于构造高点以外的部位,即斜坡或向斜部位,构造平缓,起伏不大。在低平宽缓的构造背景下,油气聚集程度低、大面积分散分布,油气水交互分布,高产井与低产井共存,油气井与水井、干井间互分布。但由于油气分布范围广,储量规模大,仍能形成大油气田。如松辽盆地中浅层白垩系油层、鄂尔多斯盆地中生界油藏、川中侏罗系油藏、上三叠统须家河组气藏等。但这些油气田储量丰度低,原油可采储量丰度多数在 $20 \times 10^4 t/km^2$ 以下,天然气可采储量丰度多数在 $2.5 \times 10^8 m^3/km^2$ 以下。

(2)单一振荡性的沉积环境与多元化复合型的成藏机制。

平缓稳定的沉积背景造就了单一的沉积中心和沉积体系的继承性发育。在稳定的构造背景下,振荡性的整体构造运动,形成的沉积体系类型较为单一、规模大、分布广,岩性岩相和沉积厚度分布较为稳定。因为盆地构造活动较弱,以垂向振荡运动为主,引起湖水周期性的缩张,湖岸线摆动幅度大,湖水进退波及范围广,砂体与泥岩在垂向上交替出现,在侧向上交错分布,横向交互镶嵌接触,生储盖优势组合达到最佳化,有效烃源岩大面积生烃,近距离运聚成藏,生排烃和运移充注聚集效率高,河道横向迁移、多期交错叠置,垂向升降运动导致释压与聚压周期性交替,使得烃源岩高效的生烃和排运。大规模沉积体系中,圈闭和成藏范围广,高低部位均有油气藏分布。大规模的沉积体系造就了低丰度大面积成藏,从三角洲平原带到前缘带乃至湖盆中心叠合连片,其中最为典型的是向斜区具备成藏的动力条件,使成藏范围跳出构造高部位,勘探范围明显扩大。

单一振荡性沉积条件下,大范围水进超覆,水退与退覆剥蚀是形成低丰度地层油气藏的沉积背景。在湖泛面上下的三角洲前缘带易形成岩性油气藏,前三角洲及湖盆中心易形成透镜体岩性油气藏,以及受岩性和物性控制的深盆油气藏,具有多种成藏机制和模式。

(3)大规模砂泥岩交互的沉积体系和小尺度分割性的岩性圈闭群。

岩性地层油气藏多发育于三角洲平原带、前缘带,尤其大型浅水三角洲体系油气最富集。一般大型的沉积体系如三角洲体系是在湖盆发育到中期以后,即湖盆经过深陷期回返之后,盆地趋于稳定发育阶段,地形渐趋平缓,河流流域扩大,水体变浅,才适于大型三角洲及低丰度大型油气田的形成。

平缓的构造格局和稳定的沉积背景决定了大规模沉积体系的形成。地形平缓,使得沉积相带宽。沉积物厚度较薄,厚度梯度和沉积速率较小。如我国东部的松辽坳陷、中部的鄂尔多斯坳陷和川西前陆盆地川中缓坡带,地形开阔而平缓,沉积物分异较充分,因而反映盆地内部次级地貌单元的沉积相带较为宽广,沉积背景以缓慢沉降为主,沉积物的供给与沉降处于均衡状态,湖区经常处于浅水环境,深水区仅位于湖盆中部。

大规模的沉积体系中,砂泥岩纵向上间互、横向上交互分布,易形成小尺度分割性的岩性圈闭群。圈闭数量多、面积大、分布广,具备大面积低丰度大型油气田形成的沉积储层和圈闭条件。

(4)整体低孔渗背景下的建设性成岩环境与非均质性的"砂裹砂"式成岩圈闭。

陆相坳陷和海陆交互相沉积阶段,构造活动弱、地形平缓,沉积砂体大面积分布,颗粒分选程度高。但总体为低孔低渗背景,有效储层和成岩圈闭受建设性成岩作用控制,在大套厚层砂体中,发育局限性、星点状"砂裹砂"式成岩圈闭,散嵌于周围致密砂体中。

(5)大范围起伏小的厚层岩性体与低幅度"薄饼状"的油气层。

由于平缓的构造背景,起伏小的厚层砂岩,纵向上呈砂泥岩间互或砂岩中致密疏松层间互的岩性物性分布特征,因而,有效储层薄,圈闭幅度低,油气层高度小,对盖层封闭性能要求不高,致密砂岩就可封闭,侧翼突破压力要求更小,有利于形成侧向或上倾方向被低孔渗砂岩封堵的成岩圈闭。因此,易形成间互式、薄油气层厚度的岩性圈闭或成岩圈闭油气藏,虽然油气藏厚度薄,但分布面积大。对于碳酸盐岩也具有这一规律。

2. 构造油气藏成藏条件及其特征

(1)高幅度明显分异的构造格局与密集型高丰度的聚油气背景。

构造变形强,背斜或隆起幅度高,造成油气的聚敛式富集,储量丰度高。大型背斜带、穹隆带和古隆起顶部是形成大型构造油气田的有利地区。

(2)活动性多变的构造沉积环境与单一油气藏类型的形成机制。

活动性多变的构造沉积环境,造成砂体和烃源岩的不均匀性聚集分布,砂体厚度大,分布范围相对局限,烃源岩厚度大,丰度高,但分布范围相对较小。

(3)相对小规模的沉积体系与大幅度的构造圈闭。

构造圈闭分布范围相对局限,且孤立不连片,但单个圈闭幅度大。

(4)整体高孔渗背景与均质性连通性储集体。

整体相对高孔渗背景下成岩作用的非均质性相对不明显,圈闭主要受后期构造变形或断层控制,同一构造内有效储层通常连续分布。

(5)起伏大的厚层岩性体与整装厚层油气层。

相对陡倾的古地貌背景和较大幅度的构造圈闭、较厚的油气层厚度,但成藏范围小。

(三)两类油气藏成藏机制的差异

1. 岩性地层油气藏成藏机制

在大量岩性地层油气藏解剖的基础上,分析了源内、源下、源上三种组合的成藏动力机制。源上成藏组合为浮力驱动式成藏机制:浮力和生烃增压突破输导层和储集体毛细管阻力,驱使油气向上运移聚集成藏。源内成藏组合为压差交互式成藏机制:源储之间的毛细管压力差、烃浓度扩散压差和盐度渗透压差驱动圈闭内砂体油进水出(图4-2),在油进与水出交互式运动中使得烃源岩中的油气不断向砂体中运聚成藏。源下成藏组合为超压倒灌式成藏机制:烃源岩生烃增压和欠压实积聚的异常超压,克服浮力和毛细管阻力实现油气向下"倒灌式"运聚成藏。

透镜体油气藏是最为典型的岩性油气藏。其成藏机理是,泥岩内烃类生成所产生的流体压差将油气驱向砂岩透镜体;泥岩较砂岩压实程度大所产生的流体压差将油气驱向砂岩透镜体;毛细管压力差将砂岩与泥岩接触带油气驱进砂岩透镜体;浮力使油气向砂岩透镜体的顶部

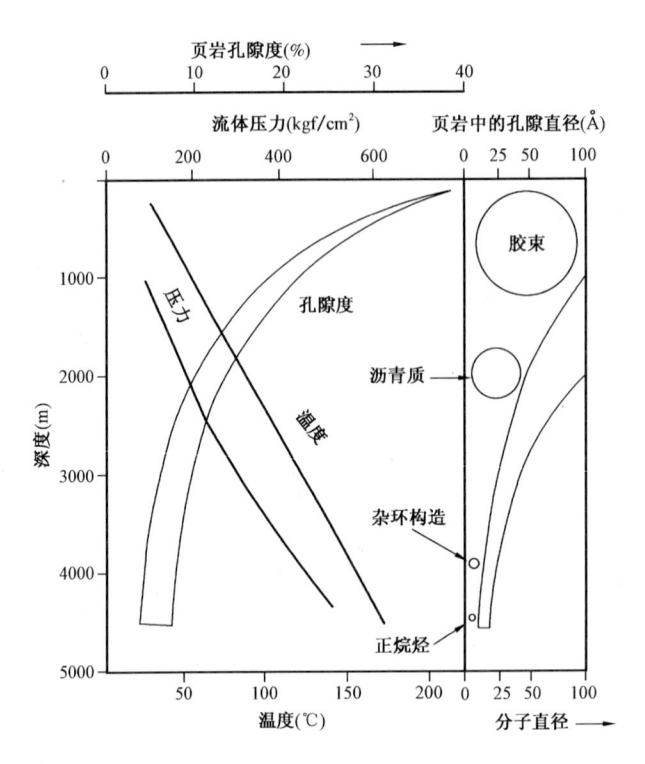

图 4-2 毛细管压力差将油气驱进砂岩透镜体的微观机理(转引 Tissot 和 Welte,1984)

聚集;在毛细管压力差的作用下,水自然地进入到泥岩中,并不需要额外力的作用。

$$p_c = 2\gamma\left(\frac{1}{r_{泥}} - \frac{1}{r_{砂}}\right) = 2 \times 0.0145 \times \left(\frac{1}{5 \times 10^{-9}} - \frac{1}{0.1 \times 10^{-3}}\right)\text{Pa} = 5.79\text{MPa}$$

2. 构造油气藏成藏机制

背斜成藏机理主要靠流体势差,即浮力作用驱使油气向构造圈闭的高部位运移聚集。进入储集体内油气增加了烃柱的高度,在油(气)水界面上任一点,因为油气密度比水小,油气的压力梯度小于水(图 4-3),油气的压力比水的大,油气与水之间的流体压力差(Δp)作用于水,油气替换原生孔隙水,直到达到束缚水饱和度为止。随着该过程的逐渐进行,油(气)水界面下移,将水向油(气)水界面之下的储集体中下推。

(四)盆地(凹陷)深部向斜成藏及其特殊的成藏机制

近年来在盆地或凹陷的深部位,即向斜区发现了大量的油藏,即向斜油藏(吴河勇等,2007)或深盆油藏(侯启军等,2006)。这种油藏与构造(背斜)油藏相反,发育于盆地或凹陷的向斜区,但与岩性油气藏既有相似性,又有明显差异,是属于压力封闭型油藏,现将其成藏机制和特征做一简述。

1. 向斜区油气成藏机理

随着石油勘探的逐步推进,在松辽盆地发现了越来越多的传统石油运聚理论无法解释的地质现象,主要表现在向斜中心大面积含油,并且油水关系倒置及重力分异作用不明显等现象在向斜区内普遍存在(图 4-4),不能用差异聚集原理来解释(陈章明等,1998;王捷等,1999;张云峰,2001)。向斜油藏的形成机理是石油在向斜低部位低—超低渗透储层中非达西渗流产生的滞留效应所形成的非常规油藏(戴金星,1983),低—超低渗透储层中油气水的运移方

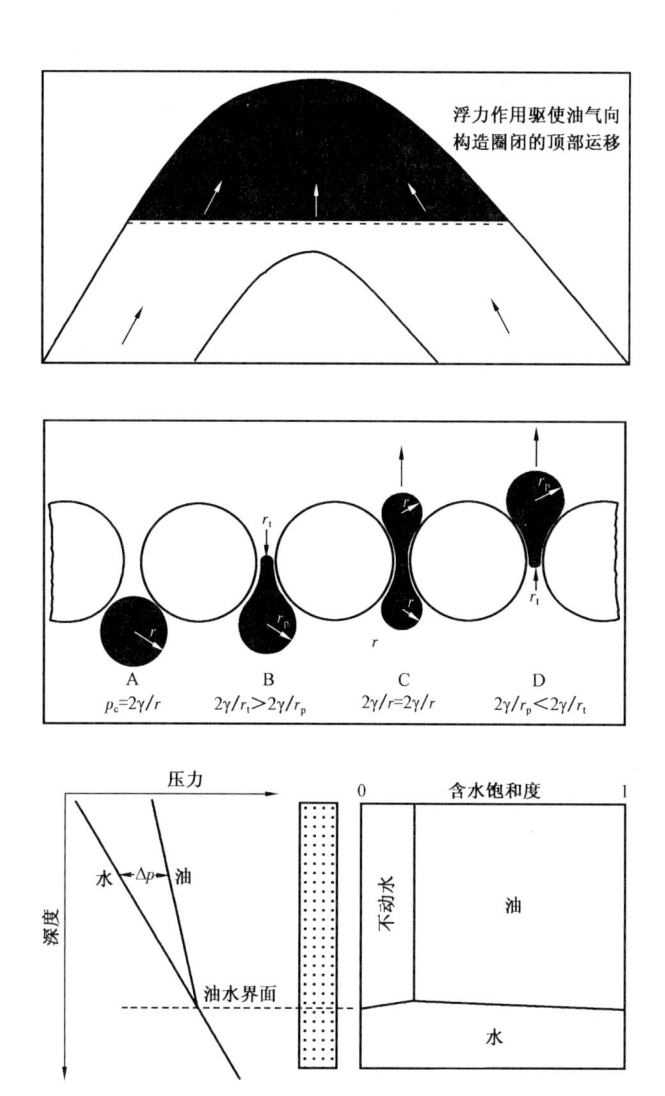

图4-3 构造油气藏形成模式及微观机理示意图

式不同(Chapman,1982;曾溅辉等,1998;Posamentier,2002;傅广等,2002;卓勤功等,2003;林景晔等,2004;陈冬霞等,2004),气、水以单个或几个分子结合的状态运移,能够自由通过孔隙喉道,而油珠的最小直径一般要大于喉道直径,必须通过变形才能通过,导致气、水优先运移,而油珠运移滞后或停留。向斜成藏的动力主要是盆地内部流体压力差、浮力和毛细管力,前两者是石油运移的动力,而毛细管力是石油运移的阻力,当动力小于阻力时,石油滞留成藏。向斜油藏内部由于浮力小于毛细管阻力,不能发生正常的重力分异。

2. 深盆油气藏与岩性地层油气藏的关系

几年来,通过对松辽盆地岩性油藏形成与分布规律的深入研究和勘探实践,发现向斜区的扶杨油层大面积低渗透油藏与中部组合萨、葡、高油层三角洲前缘岩性油藏的形成与分布特征不同,而与深盆气藏的形成机制和成藏条件相似(图4-5),比照深盆气藏,侯启军等(2006)称之为深盆油藏。

借鉴深盆气的形成机理,从沉积及储层特点、烃源岩超压、油气运移动力、油水分布特征等方面剖析了松辽盆地扶杨油层的成藏机制(赵文智等,2004)。认为坳(凹)陷中大面积分布的

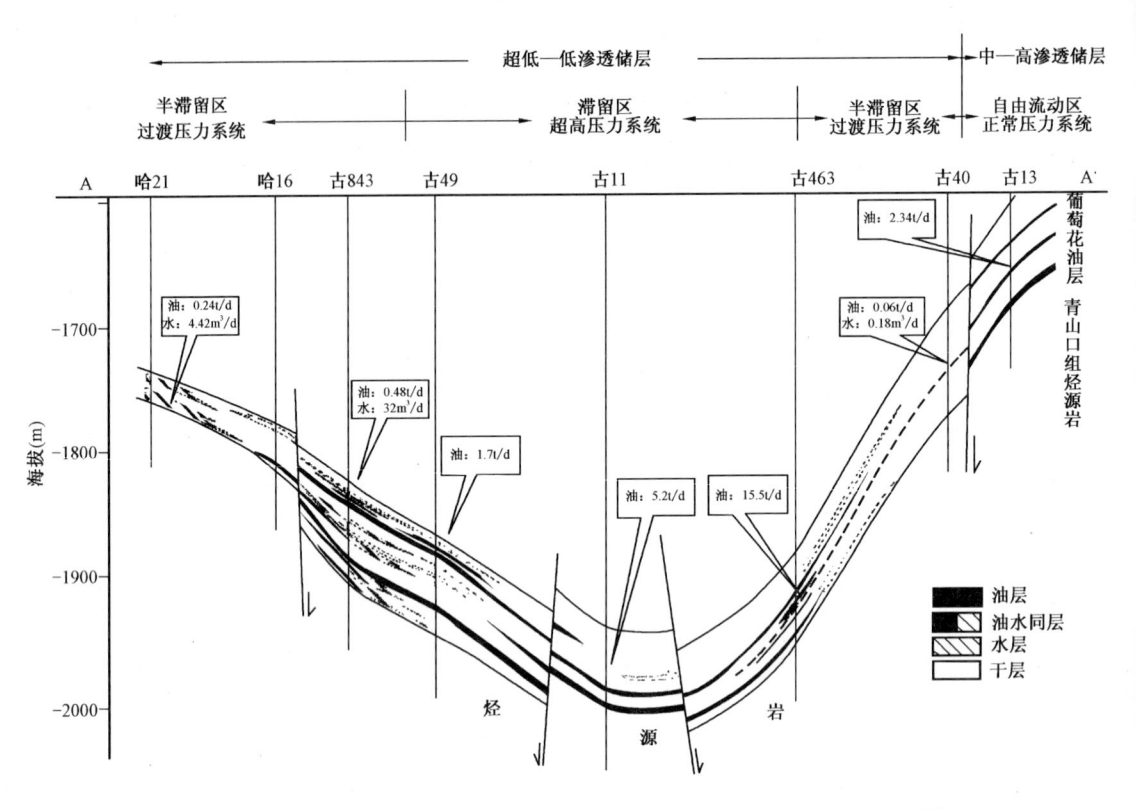

图4-4 松辽盆地北部他拉哈—常家围子向斜葡萄花油层油藏剖面图（据吴河勇等，2007）

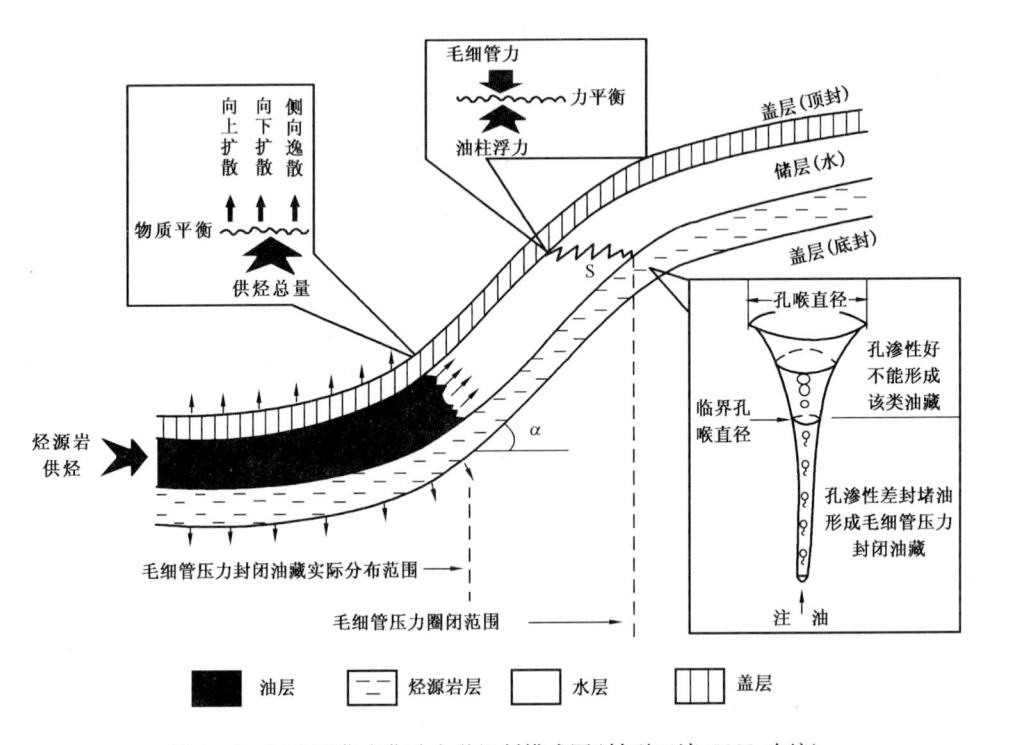

图4-5 深盆油藏成藏动力学机制模式图（转引王涛，2002改编）

低渗透油藏可称为深盆油藏，其成藏特点与常规岩性油藏不同：① 砂岩全盆地连续分布，凹陷区储层致密；② 油源充足，超压为主要排烃动力，浮力作用弱；③ 油藏平面分布具有油水倒置现象;④ 油层连片分布,产量普遍较低,但局部存在储层厚度大、物性好、单井产能高的经济勘探地区,即"甜点"。据此,结合成藏条件综合分析,深盆油藏的形成主要受控于以下几个因素:① 充足油源及超压是形成深盆油藏的前提条件,油源充足提供足够的物质基础,超压为主要排烃动力;② 储层紧邻烃源层,油气通过孔隙、微裂隙或断层直接排入储层之中;③ 致密储层大面积分布是深盆油藏形成的关键条件,使浮力低于界面张力,浮力无法发挥作用,从而成藏。

(五)两类油气藏油气水关系及其成因特征

两类油气藏油气水关系及其成因特征有明显不同,原因在于储集体的集散性、物性和连通性的差异。构造油气藏多发育于厚层、高孔渗、连通性较好的储集体中,而岩性地层油气藏多发育于非均质性强、中低孔渗、连通性差的储集体中,这一特征决定了油气水空间分布的不同格局。

岩性地层油气藏存在多种类型油(气)水关系:上油(气)下水、下油(气)上水(图4-6)、油(气)水界面倾斜和油(气)水混杂型等。圈闭中可以是纯油(气)、纯水、油(气)水混杂或干层,不因空井和干井而影响大区的勘探,往往新的发现就在空井和干井的周围。岩性地层圈闭(油气藏)与构造起伏没有必然联系,低部位可以含油(气)。构造油气藏通常为单一类型油气水关系:上油(气)下水型。圈闭内要么是油(气)、要么是水或干层,从发现井可以在一定区域内展开。存在统一的油(气)水界面,高部位是油(气),低部位是水。

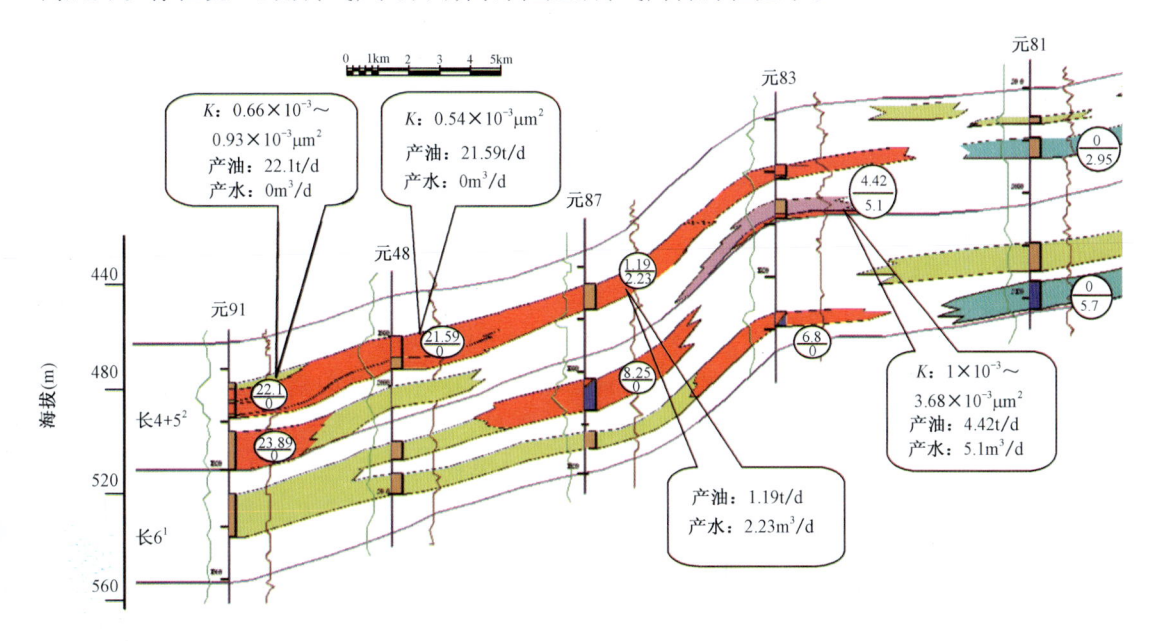

图4-6 鄂尔多斯盆地姬塬地区延长组长4+5²—长6¹油藏油气水倒置关系(据长庆油田分公司,2006)

两类油气藏油气水关系及空间展布特征的不同,是决定两类油气藏不同的勘探研究思路和部署思路的本质因素和灵魂。岩性地层油气藏油气水关系复杂,勘探中面临高低产井并存,工业油气井与干井、水井并存或间互,不能依据高产井区向外盲目展开,也不能因为出现失利井而影响对区块整体的客观评价。而构造油气藏油气水关系简单,根据发现井可以在一定区域内展开。

四、岩性地层油气藏与构造油气藏分布和富集规律的差异

两类油气藏在圈闭成因方面的本质区别,决定或影响到储集体特征、成藏主控因素和分布富集规律的迥然不同。构造油气藏的预测和勘探关键是搜索和发现局部构造(圈闭),油气分布和富集受烃源区和二级构造带控制,符合"源—带"共控论的规律。岩性地层油气藏受沉积微相和成岩相的控制非常明显(邹才能等,2005,2006,2007),油气富集和分布遵从"相控论"的规则。两类油气藏分布和富集规律存在以下几个方面的差异。

(一)两类油气藏产地类型和储量丰度的差异

由于构造背景、储集体连通性和油气聚集程度的不同,决定了两类油气藏产地类型和储量丰度的明显不同。岩性地层油气藏处于斜坡和构造低部位,储集体相变大、连通性较差,油气聚集程度低,多数为分散性产地。可采储量丰度为中—低丰度,大多数为低丰度储量。

构造油气藏位于构造高部位,是油气长期运移聚集的指向区,且单层储集体厚度较大,连通性较好,有利于油气的大规模聚集,因此多数为集中性产地。可采储量丰度多数为高丰度。

(二)两类油气藏分布特征的差异

1. 岩性地层油气藏分布特征

岩性地层油气藏分布于斜坡和向斜区,陆相中低砂地比区,海相高能沉积相区,岩性和地层油气藏的分布又存在一定的差异性。

纵向上,区域 1~2 级层序界面(不整合)控制地层油气藏分布(图 4-7),最大洪泛面控制岩性油气藏分布。三级层序界面控制岩性油气藏分布,如鄂尔多斯盆地中生界高渗透储层发育于三级层序界面下切谷河道砂体中。岩性油气藏近源分布,与最大洪泛面密切相关,如松辽盆地中浅层油藏主要分布在青一段和嫩一段两个最大湖侵面之间。横向上,地层油气藏主要分布于古隆起与斜坡边缘,岩性油气藏主要分布在临近生烃凹陷的边缘。地层油气藏可以远离生烃区分布,岩性油气藏分布范围受生烃区控制。岩性地层油气藏易于大规模、区域性成藏和分布,易于形成大油区或大气区。

2. 构造油气藏分布特征

构造油气藏主要分布于前陆盆地的冲断带、坳陷盆地的中央隆起(长垣)和鼻隆带、断陷盆地的潜山披覆带、克拉通古隆起区。油气富集和高产的甜点控制因素主要是局部背斜和凸起、断裂裂缝、陆相中高砂地比区,海相碳酸盐岩古隆起岩溶发育带等。

纵向上,构造油气藏的分布具有继承性和一致性,不同层位错叠不明显,即油气分布的横向跨度变化不大。纵向上圈闭条件和幅度具有继承性和相似性,油气成藏和富集受烃源通道和供烃强度控制。横向上,由于浮力作用油气云集于局部构造高点或近断层(块)发育区,受局部构造和断层控制。

(三)两类油气藏空间区域分布控制因素的差异

1. 岩性地层油气藏空间区域分布受"三大界面"控制

"三大界面"即最大洪泛面、不整合面、断层面控制了岩性地层油气藏的区域宏观分布特征。

1)最大洪泛面控制烃源层、区域盖层和岩性油气藏的宏观分布

最大洪泛面是指沉积期水体深度相对最大的位置,对应于低能相带泥质岩发育的时期,是烃源层和区域盖层发育的层段。次级洪泛面上下砂泥交互,是岩性圈闭和岩性油气藏发育的有利位置,陆相盆地有利储油砂体(三角洲、扇三角洲、浊积扇等)围绕最大湖侵面上下成群、

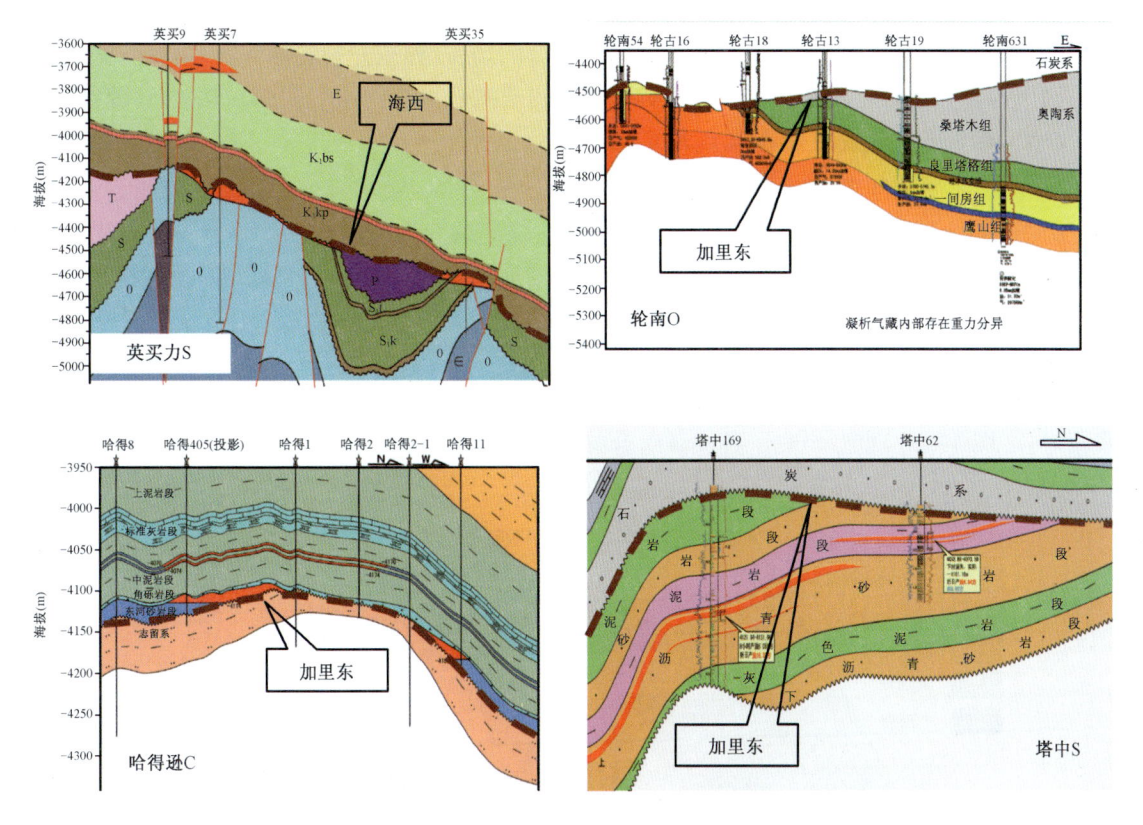

图4-7 塔里木古生界地层油气藏主要受加里东、海西等区域不整合控制

成带分布,或与生油岩呈指状交互紧密接触,或砂岩四周被生油岩包裹,形成大面积岩性油气藏。

2)区域不整合面控制储集体、输导层及大型地层油气藏的分布

首先,地层不整合带是重要的层序界面,在地层不整合带上下是高能相带有利储集体发育和油气富集的有利部位;其次,区域不整合面因风化淋滤对储层物性具有明显的改造作用;第三,区域不整合面作为运移通道控制油气的运移聚集;最后,区域不整合面上下是大型、特大型地层油气藏发育的主要部位。

3)断层面控制油气运聚、储层改造及断层—岩性复合型油气藏的分布

断层面对油气运聚和储层改造具有显著的控制作用,断面是多数盆地油气纵向运移的主干通道。在断裂活动中造成岩石破碎或沿断层上涌的热液对储层有明显的改造作用,断裂对岩溶的发育也具有明显的促进作用,多期次发育的断裂有利于断裂开启,使水循环畅通,更有利于沿断裂带的岩溶发育。断层伴生的裂缝或裂缝储层在一定条件下对油气成藏和富集起着关键性控制作用。构造活动的静止期,断层上盘致密地层对油气藏具有保存封堵作用。断层发育带常常是断层—岩性复合型油气藏分布的有利区带。

2. 构造油气藏空间区域分布受"三大要件"控制

"三大要件"即隆起带、断裂带和底辟构造带控制了大中型构造油气藏的宏观分布。其中隆起带包括普通背斜、古隆起、鼻状构造、潜山披覆构造、长垣和高陡构造;断裂带包括前陆冲断带、裂谷盆地的断块区及海相克拉通盆地断裂裂缝发育区;底辟构造包括盐体刺穿、泥火山刺穿和岩浆岩刺穿等构造。

— 117 —

隆起带是聚集油气储量最多的地区,尤其大型古隆起、长垣等是油气大规模长期运聚的地区。断裂带的两侧同样是世界上许多大油气田发育的场所,如东非裂谷油气区、渤海湾盆地新近系油田等多数依附于断裂而存在。底辟构造区也蕴藏着可观的油气资源,如南海莺琼盆地。

(四)两类油气藏成藏组合及成藏主控因素的差异

1. 岩性地层油气藏成藏组合划分及不同组合成藏主控因素

(1)以初始洪泛面和最大洪泛面将岩性地层油气藏划分为源内、源下、源上三种成藏组合的传统方法主要是根据区域不整合面和含油气结构层系进行含油气组合划分的,分为上生下储、自生自储、下生上储三种组合类型,或上、中、下(深)部组合三种类型。本节是在层序地层学应用研究基础上,根据层序演化特点(Wagoner 等,1988,1990),提出以初始洪泛面和最大洪泛面及其对应的主力烃源层和区域盖层为参照系划分含油气组合,分为源上、源内、源下三种成藏组合(图4-8),重点研究了各成藏组合的供烃方式、成藏动力机制与油气分布规律。

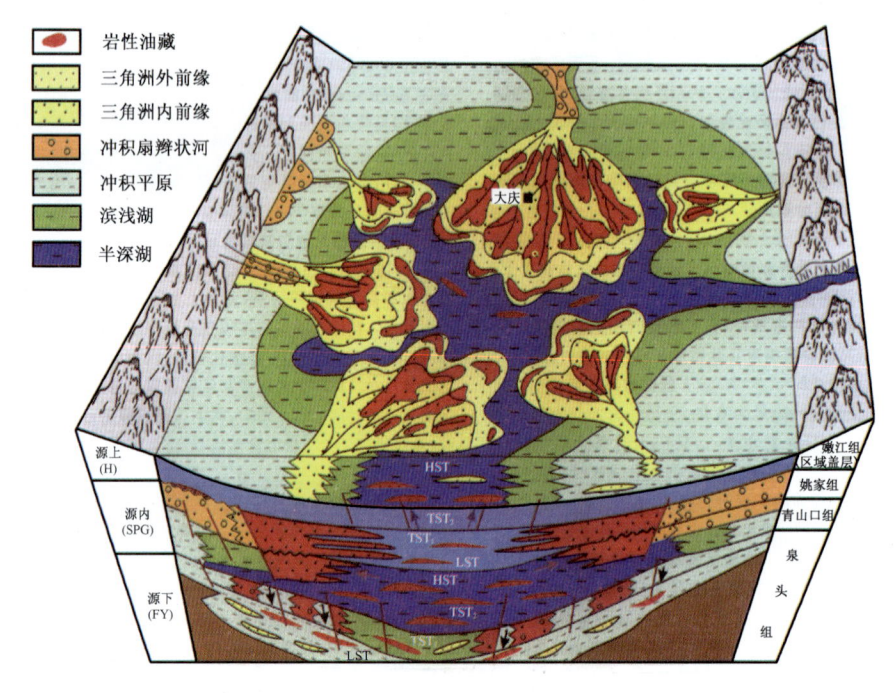

图4-8 松辽坳陷型盆地成藏组合划分与油气分布示意图
H—黑帝庙油层;SPG—萨尔图、葡萄花、高台子油层;FY—扶杨油层

(2)三种成藏组合油气藏形成和分布的主控因素。不同类型组合的成藏主控因素明显不同。源上成藏组合:断裂、古凸起与有利相带控制区带分布,连通砂体上倾尖灭、侧向遮挡控制圈闭的形成,油源断层、输导体系和有效圈闭是油气成藏的主控因素。源内成藏组合:三角洲前缘带适中砂地比,大面积含油,三级层序界面控制岩性油藏大面积分布,主砂带、溶蚀相、断裂和鼻隆控制成藏和油气富集带。源下成藏组合:烃源岩超高压、断裂与砂体控制油藏形成和分布,烃源岩异常超高压,是源下倒灌式运聚成藏的关键条件。这一新认识,突破了传统的"源控论"。研究揭示了松辽南部扶新隆起扶余油层源下油藏主要分布在源储压力差 8~12MPa 的范围内,横向上,整个长岭凹陷 8~12MPa 的环洼区是油气有利分布区,推算下排深度为 270~340m(邹才能等,2005),与实际油层纵向分布相吻合。

2. 构造油气藏成藏组合划分及不同组合成藏主控因素

传统的构造油气藏成藏组合主要是根据不同成盆阶段的主要构造运动形成的大型不整合面来划分的,如渤海湾盆地根据古近系顶底的两个不整合面划分出上部组合、下部组合和深部组合。

构造油气藏不同类型组合的成藏主控因素也存在显著差异。源上成藏组合成藏主要控制因素是烃源断裂和供烃强度。源内成藏组合的成藏主控因素是储层之下或构造外围的有效烃源区和畅通的横向输导通道。源下成藏组合的成藏主控因素是有效烃源岩和输导体系,源下构造油气藏源-储上下直接接触的情况只是其中一种情况,现实中通常是烃源区存在于构造圈闭的外围,如鄂尔多斯奥陶系马家沟组气层来自石炭系的气源区位于古隆起风化壳的侧缘。

五、岩性地层油气藏与构造油气藏勘探理论、部署原则和评价方法的不同

(一)两类油气藏勘探理论的不同

1. 指导理论

构造油气藏以最初沿袭国外的"背斜理论"到后期基于中国中东部渤海湾等盆地的"源控论"和"复式油气聚集带论"为指导,主要按照正向二级构造带的思路进行勘探,即以沉积相为背景找"构造高点"。而岩性地层油气藏以"相控论"和层序地层学等理论为指导,有利相带、相变带和层序界面(不整合面)控制油气藏形成和分布(表4-2)。岩性地层油气藏勘探是在一定构造背景下"定相"找"岩性体"、"物性体"或不整合"消截带",主要针对构造翼部、斜坡低部位和负向单元的岩性地层油气藏勘探。

2. 勘探技术

前期主要勘探思想、方法与技术主要是围绕找构造打高点为工作中心。国外学者以层序地层学分析为基础,结合地震解释,总结出一套隐蔽圈闭勘探的方法步骤,主要包括五个步骤:几何关系分析;地震相和岩相分析;盆地充填分析;预测储层、盖层的质量和位置;评价盆地的潜在圈闭。

近年来,我国岩性地层油气藏勘探技术取得了重大进展。主要勘探技术包括六大技术体系,即层序地层学、高分辨率地震处理、高精度层位标定、三维可视化解释、地震多属性分析、地震储层反演等,其中最核心的技术为层序地层学技术和地震储层预测技术。

构造油气藏的主要勘探技术包括地震解释、构造成图和流体识别等,核心勘探技术是地震构造解释技术和构造圈闭识别技术。

表4-2 岩性地层油气藏与构造油气藏勘探理论、部署原则和评价方法对比表

项别		对比分析	
		岩性地层油气藏	构造油气藏
勘探思路	指导理论	"源控论"和"复式油气聚集带论"	"相控论"和层序地层学等理论
	勘探领域	正向构造带翼部和负向构造区的岩性或物性变化带、地层尖灭(不整合)带	环洼勘探,主要针对正向构造带的高部位
	油气藏类型	针对岩性地层型、岩性地层复合型等多种油气藏类型	油气藏类型主要为单一构造类油气藏
勘探技术	技术系列	层序地层学、高分辨率地震处理、高精度层位标定、三维可视化解释、地震多属性分析、地震储层反演	地震解释、构造成图、流体识别
	核心技术	层序地层学技术和地震储层预测技术	地震构造解释技术和构造圈闭识别技术

续表

项别		对比分析	
		岩性地层油气藏	构造油气藏
部署原则	部署原则	垂直于河道(或主砂带)和礁滩发育带部署	垂直于构造带部署
	钻井部署	根据储集体产状的不同,多种井并用(包括斜井、水平井、分支井等)	以直井为主
	地震部署	大面积三维地震为主	以二维地震为主
区带划分和评价	识别标志	高能沉积相带、建设性成岩相带及地层尖灭(消截带)	正向二级构造带
	划分依据	构造—层序成藏组合	二级构造带
	评价方法	"四图叠合"综合评价(烃源岩或油气源断裂图、三级层序格架下沉积相图、目的层顶面构造图和勘探成果图)	地震构造解释和构造成图
圈闭识别和评价	识别标志	"六线、四面"	构造等高线、断层线和刺穿岩体边界线
	评价方法	五步流程十图一表定圈闭	传统的构造圈闭评价方法
	关键环节	精细岩性体解释、识别,确定储集体的尖灭线、超覆线、剥蚀线,追踪储集体空间展布形态,落实储集体高点	追踪某一地震反射层面,开展精细构造解释,落实局部构造高点
油气藏解剖和评价	边界确定	根据沉积微相、储层物性、空间分布特征、供烃强度以及油气水关系类型综合确定	探井、测井和地震属性分析,确定油气水界面和边界
	评价方法	沉积层序剖析、测井评价、地震属性含油气性检测等确定储层物性、含油气饱和度等	测井评价、地震属性等确定储层物性、含油气饱和度等

3. 勘探领域

岩性地层油气藏按照"选凹定相"的原则优选勘探领域,即有利的高能沉积相、建设性成岩相和有利构造相(地层不整合、斜坡、鼻隆等),把台盆区大型岩性地层圈闭、大隆起的围斜部位、前陆斜坡的大面积岩性地层油气藏作为勘探研究的重点。构造油气藏按照"定凹选带"的原则优选勘探领域,主要在山前冲断带上盘和台盆区大隆起高部位上勘探。

(二)两类油气藏部署原则的不同

构造油气藏地震以二维或大面元三维分区、分块采集部署,并以叠后成像为主,核心是解决构造成像问题,钻井一律沿构造带部署。岩性地层油气藏勘探把岩性地层圈闭野外采集处理及识别岩性体作为重点,钻井沿沉积相带部署。

由于构造圈闭目标比较明确,沿二级构造带进行针对性地震部署,进而确定和落实局部构造圈闭。而岩性地层圈闭和储集体横向变化大,应沿有利相带进行整体地震部署,继而通过地震反演进行储集体预测和岩性、物性变化界限的确定,以进一步识别岩性圈闭。

岩性地层油气藏总的部署原则是垂直于河道(或主砂带)和礁滩发育带部署。钻井部署的原则是根据储集体产状的不同,多种井并用(包括斜井、水平井、分支井等)。地震部署以大面积三维地震为主。构造油气藏总的部署原则是垂直于构造带部署,钻井部署原则是以直井为主,地震以二维地震为主。

(三)两类油气藏评价方法的不同

1. 区带划分和评价

岩性地层油气藏区带评价把沉积与储层研究作为区带评价的重点,以"构造—层序成藏组合"作为区带划分的基本依据。构造油气藏区带评价以构造研究和编制构造图为主,确定有利二级勘探区带。前者是相带及储集体的勘探,后者是构造(变形、变位—断层和刺穿)勘探。

"构造—层序成藏组合"是指在一定的构造古地理背景下充填的沉积层序及其体系域,构成有成因联系的生储盖系统,并在后期构造、成岩演化和成藏过程中形成的储集体、圈闭和油气藏,它们具有相似的成藏条件和油气分布规律,一种构造—层序成藏组合代表一种岩性地层油气藏聚集区带。因此,岩性地层油气藏区带划分原则是:突出区带形成的构造背景,突出主力勘探层系的层序地层结构和储层与圈闭类型特征,突出油气运聚成藏的主控因素和分布规律。

岩性地层油气藏区带评价方法:以编制等时格架内的沉积微相图、有效烃源岩分布图、目的层顶面构造图、目的层勘探程度图等关键性工业图件为基础,在上述"四图"叠合的基础上进行区带综合划分与评价。彻底突破以往完全根据地震反射界面进行构造成图,划分二级构造区带的作法,两者有本质的不同。

2. 圈闭划分和评价

岩性地层圈闭把等时格架下的储集体展布及孔渗岩性体外围空间的封闭性作为圈闭描述的重点,以便进行圈闭的定位和落实。根据"六线、四面"识别和确认圈闭,按照五步流程十图一表评价和落实圈闭。关键环节是精细岩性体解释、识别,确定储集体的尖灭线、超覆线、剥蚀线,追踪储集体空间展布形态,落实储集体高点。而构造圈闭评价以构造外形描述为主,追踪某一地震反射层面,开展精细构造解释,落实局部构造高点。根据"构造等高线、断层线和刺穿岩体边界线"识别和确认圈闭,按照传统的构造圈闭评价方法,即追踪某一地震反射层面,落实局部构造高点的方法评价和落实圈闭。

3. 油藏解剖和评价

岩性地层油气藏根据储层物性、空间分布特征、供烃强度以及油气水关系类型、地震属性含油气性检测、测井评价等综合确定油气水的分布和范围。构造油气藏多通过探井(直井)、测井和地震属性分析,落实储集体物性及有效储层的空间展布,确定油气水界面和范围。综合查明油气藏的各项地质特征和参数,以便计算储量。

第二节 岩性地层油气藏勘探和研究现状

上一节系统解剖了岩性地层油气藏与构造油气藏的共性和差异性,本节重点阐述岩性地层油气藏的国内外勘探和研究现状。

一、岩性地层油气藏的概念与分类

过去对于构造油气藏以外的油气藏类型多笼统称为非构造油气藏或隐蔽油气藏,岩性地层油气藏最早就被人们笼统地归属于非构造油气藏或隐蔽油气藏这个相对模糊的概念中。

隐蔽油气藏最早由卡尔(1880)提出,是指较难发现和识别的油气藏类型。威尔逊(1934)提出了非构造圈闭是"由于岩层孔隙度变化而封闭的储层"的观点。莱复生(1936)提出了地层圈闭的概念,并发表了题为"地层型油田"的论文。哈尔伯蒂(1972)著文将地层圈闭、不整合圈闭、古地形圈闭所形成的油气藏统称为隐蔽油气藏。随着油气勘探技术的发展和研究工作的深入，隐蔽油气藏的内涵扩大为：在现有勘探方法与技术水平条件下，较难识别和描述的油气藏类型，通常泛指所有非构造圈闭油气藏，它涵盖了地层、岩性、古地貌(形)、复杂断块、低幅度平缓背斜、水动力圈闭、毛细管力封闭、水溶气、天然气水合物等油气藏类型。需要指出的是，因为隐蔽油气藏(subtle reservoirs)概念比较模糊，勘探对象的针对性比较宽泛，国外石油界目前已很少使用。

岩性地层油气藏，国外石油界习惯称为"stratigraphicreservoirs"，直译为地层油气藏，按国内习惯应译为岩性地层油气藏"litho-stratigraphicreservoirs"。长期勘探实践和研究结果表明，岩性地层油气藏与构造油气藏一样，均受特定构造背景和沉积条件控制，有一定的分布规律可寻。随着石油地质理论的进步和勘探技术手段的提高，特别是高分辨率数字地震技术和层序地层学理论的广泛应用，能够直接识别的岩性地层圈闭数量越来越多。近几年来，华北、大庆、吉林、长庆、新疆和塔里木等油田分公司，以层序地层学理论为指导，以高分辨率三维地震解释和大比例尺沉积微相工业制图为基础，进行岩性地层圈闭识别和油藏描述，发现了一大批岩性地层油气藏。

国内学者多将"stratigraphic trap"译为"地层圈闭"。英文中"stratigraphy"除了地层学意义外，还有岩性及岩性变化的含义(Glossary of Geology and Related Science, 1957)。莱复生的"stratigraphic trap"不仅包括不同地层之间的削截与超覆所形成的圈闭，也指同一地层内部岩性或物性的变化所形成的圈闭。随着油气勘探的深入，"stratigraphic trap"的内涵存在不同的理解：① 地层物性变化产生的圈闭(Martin, 1966; Rittenhouse, 1969)；② 沉积作用或成岩作用造成地层岩性变化而产生的圈闭(Halbouty, 1969, 1982)，即"岩性变化而不是构造变形所产生的油气圈闭"(Link, 2001)；③ 剥蚀作用或沉积间断作用形成的不整合相关的圈闭(Makhous, 2001)；④ 地层岩性或物性变化而产生的圈闭，也包括与剥蚀作用或沉积间断作用形成的不整合相关的圈闭(Rittenhouse, 1969; North 等, 1985; Biddle 等, 1994; Beaumont 等, 1999)。结合国际石油地质界对"stratigraphic trap"内涵的理解等因素综合分析认为，将"stratigraphic trap"译为"岩性地层圈闭"更符合莱复生(1936)关于此类圈闭的原始定义，也符合目前国际石油地质界对此术语内涵的普遍理解。

国内目前很多情况下使用了"隐蔽油气藏(圈闭)"的概念，这一概念最早来源于莱复生(1966)的遗作"The Obscure and Subtle trap"，文中并没有给隐蔽圈闭一个明确的定义，只是强调油气勘探应由寻找纯构造圈闭向寻找"构造、地层变化及流体流动"等因素共同控制形成的复合圈闭转化。Halbouty(1969, 1982)将隐蔽圈闭(subtle trap)划分为岩性地层圈闭、不整合圈闭及古地貌圈闭等三种类型。而国内使用的"隐蔽圈闭"概念多指"目前勘探技术手段尚不易认识和找到的各种油气藏，包括隐蔽的构造油气藏和地层岩性油气藏，特别是地层岩性油气藏"(翟光明, 1982)。目前，隐蔽油气藏的内涵和外延已扩大，认为在现有勘探方法与技术水平的条件下，较难识别和描述的油气藏类型，通常泛指所有非构造圈闭油气藏。由此可见，"隐蔽圈闭"主要是从勘探技术角度对圈闭进行的描述性术语，从石油地质学理论角度，很难对隐蔽圈闭确定真正的内涵与分类标准。

目前我国在这类油气藏的实际勘探生产中，隐蔽油气藏、非构造油气藏、岩性地层油气藏等术语常混合使用，有时泛指所有非构造成因的油气藏，有时也包括当时地球物理技术难以识别的构造油气藏，存在相互混淆和歧义。针对这种情况，2002年贾承造提出用岩性地层油气藏这一概念来描述这类油气藏，并指出该领域蕴藏着丰富的油气资源，有着巨大的勘探潜力，是中国陆上今后油气勘探的重点领域。2003年贾承造在"中国岩性地层油气藏资源潜力与勘探技术"论文中，为了明确研究对象、避免概念混淆和与国际接轨，建议不使用"隐蔽圈闭"一词，明确提出使用岩性地层油气藏的概念。

由于岩性地层油气藏有别于其他隐蔽油气藏形成的地质背景、圈闭机制、勘探思路和技术方法，同时由于其有巨大勘探潜力，有必要区别于其他的隐蔽油气藏进行定义上的限定和研究。以往多数学者将其中的岩性型或地层型油气藏统归为岩性油气藏，也有的统归为地层油气藏。目前认为，岩性地层圈闭是明显缺乏四个方位闭合且用寻找构造圈闭的勘探战略无法发现的圈闭，如果和构造有关，却发育在一个意想不到的地方（如构造下部侧翼的位置），因而其圈闭无法单独用构造闭合度来定义和描述。

本书根据岩性地层圈闭成因和成藏特征，提出了岩性地层油气藏的定义。岩性地层油气藏主要是指由沉积、成岩、构造与火山等作用而造成的地层削截、超覆、相变，使储集体在纵、横向上发生变化，并在三度空间形成圈闭和聚集油气而形成的油气藏。包括岩性、地层和以构造为背景的岩性（地层）复合油气藏。岩性地层油气藏与隐蔽油气藏在概念上有较大差别，但岩性地层油气藏是隐蔽油气藏的主要类型。

关于岩性地层油气藏的分类，最早是采用由莱复生（1954）提出的圈闭分类方案（表4-3）。半个世纪以来，国内外学者提出了十几种有关岩性地层圈闭（油气藏）的分类方案，不同概念之间存在相互隶属与包含关系（表4-3）。2001年，美国石油地质学家协会（AAPG）重新出版了莱复生的石油地质学（Geology of Petroleum），维持了莱复生（1954）关于圈闭的分类方案，圈闭类型分为构造圈闭、岩性地层圈闭、复合圈闭和流体圈闭。岩性地层圈闭包括了沉积、成岩、剥蚀或沉积间断作用为主控因素形成的圈闭，分为原生圈闭及次生圈闭。原生岩性地层圈闭由岩石的沉积作用和（或）成岩作用形成；次生岩性地层圈闭是由发育在储层沉积和成岩作用以后的某种地层异常或变化所产生的圈闭，一般与不整合共存，可称为不整合圈闭。由圈闭分类方案的历史沿革来看（表4-3），莱复生（1954）分类方案是石油地质界最权威的主流分类方案。据此，本书将岩性地层圈闭（油气藏）分为岩性型、地层型和复合型三大类（表4-3）。

表4-3 岩性地层圈闭分类方案历史沿革表

分类方案	圈闭分类					
莱复生 (1954)	岩性地层圈闭		复合圈闭	流体圈闭	构造圈闭	
^	原生(沉积或成岩)型	次生(不整合)型	^	^	^	
莱复生 (1966)	隐蔽圈闭或复合圈闭				构造圈闭	
Halbouty (1969,1982)	隐蔽圈闭			复合圈闭	构造圈闭	
^	岩性地层圈闭	不整合圈闭	古地貌圈闭	^	^	
Rittenhouse (1972)	岩性地层圈闭			复合圈闭	水动力圈闭	构造圈闭
^	与不整合不相邻型		与不整合相邻型	^	^	^
^	相变圈闭	成岩圈闭	不整合面之下、之上、之间型	^	^	^
Biddle (1994)	岩性地层圈闭			复合圈闭	水动力圈闭	构造圈闭
^	原生型 或沉积型	次生型	不整合相关型	^	^	^

分类方案	圈闭分类					
Beaumont (1999)	岩性地层圈闭			复合圈闭	流体圈闭	构造圈闭
^	沉积圈闭	成岩圈闭	剥蚀圈闭	^	^	^
Link (2001)	岩性地层圈闭	不整合圈闭		复合圈闭		构造圈闭
Makhous (2001)	非构造圈闭					
^	岩性圈闭	成岩圈闭	地层圈闭	地形圈闭	火成岩圈闭	差异压实圈闭
前苏联	非背斜类均一遮挡型				非背斜类非均一遮挡型圈闭、组合类圈闭	—	背斜类圈闭、非背斜类均一遮挡型断裂遮挡圈闭
^	岩性遮挡圈闭	岩性封闭圈闭	地层(遮挡)圈闭			
^	^	^	不整合之上、之下、之间型；潜山型；沥青封闭型			
张厚福等 (1981,1989)	地层圈闭				构造圈闭	
^	原生砂岩体型、生物礁块型	—	地层不整合遮挡型、地层超覆不整合型			
胡见义等 (1984,1986)	非构造圈闭				构造圈闭	
^	岩性圈闭	地层圈闭		混合圈闭	水动力圈闭	
本书	岩性地层圈闭		复合圈闭		构造圈闭	
^	岩性圈闭	地层圈闭	构造—岩性圈闭	构造—地层圈闭		

注：表中国外分类方案中"岩性地层圈闭"原文为"stratigrphic trap"；Makhous(2001)的分类方案可借鉴。

二、国外岩性地层油气藏勘探研究现状

（一）岩性地层油气藏勘探历程

岩性油气藏的勘探几乎与构造油气藏的勘探同步。1859 年的狄拉克井被认为是西方现代第一口"油井"，该井揭示的就是一种地貌型岩性地层圈闭。早在 1871 年，就发现了俄克拉荷马州宾夕法尼亚系布尔班克大型地层油田。1888 年，Edward Orton 首次描述了 Ohio 地层油气田。1907 年，在墨西哥古近系发现了富贝罗辉长岩油气藏。1917 年，在委内瑞拉西部的单斜地层圈闭中发现了全世界的第一个大油田。1930 年，在美国东得克萨斯发现了巨型地层型油田。随后，在墨西哥的黄金港、加拿大的卡尔加里附近和波斯湾盆地都发现了储集岩为石灰岩的油藏。20 世纪 50 年代，国外岩性地层油气藏开始大量发现。从 20 世纪 60 年代开始，北美、西欧等一些国家由于石油储采比的急剧下降，迫使人们加强在岩性和地层圈闭中找油，为在勘探成熟盆地中挖掘油气潜力的主要目标。20 世纪 60—80 年代，所发现的岩性地层油气藏主要分布于陆上盆地。20 世纪 90 年代以来，随着地震技术和海洋工程技术水平的提高，海上盆地成为岩性地层油气藏勘探的主要领域。巴西、美国、委内瑞拉等国家，主要应用层序地层学和三维地震两项技术，在深海扇砂体岩性油藏勘探获得重大突破，成为岩性地层油气藏勘探的一大亮点。

（二）岩性地层油气藏勘探技术与方法

从世界范围看，岩性地层油气藏勘探技术大体上可以分为三个阶段（图 4-9）。第一阶

段,20世纪20年代之前,以地表地质调查为主,油苗是发现油气藏的主要线索。第二阶段,20世纪30—70年代,主要依靠井筒资料的地质解释和老油田、老井复查,相当一部分岩性地层油气藏的发现具有一定的偶然性。第三阶段,20世纪80年代以来,地震技术在岩性地层油气藏勘探中发挥主要作用。根据对166个岩性地层圈闭进行统计,由于偶然因素(包括针对深部目标或基于不正确的地质模型)而发现的占17%;通过测井资料重新评价而发现的占3%;通过对已有油气田浅(深)层测试分析而发现的占7%;野猫井占4%;扩边井占4%;基于油气田类比钻探而发现的占6%;基于岩性地层圈闭模式钻探发现的占8%;地表地质和油苗占8%;地表地质、油苗和地震、重磁占4%;井下地质占6%;地震和井下地质占7%;地震占22%;地震和重磁占4%。如果归纳为偶然发现、非常规方法、基于岩性地层圈闭模型和地震异常四个方面,它们所占的比例分别为21%、12%、14%和33%,其他地质分析和测井占20%。

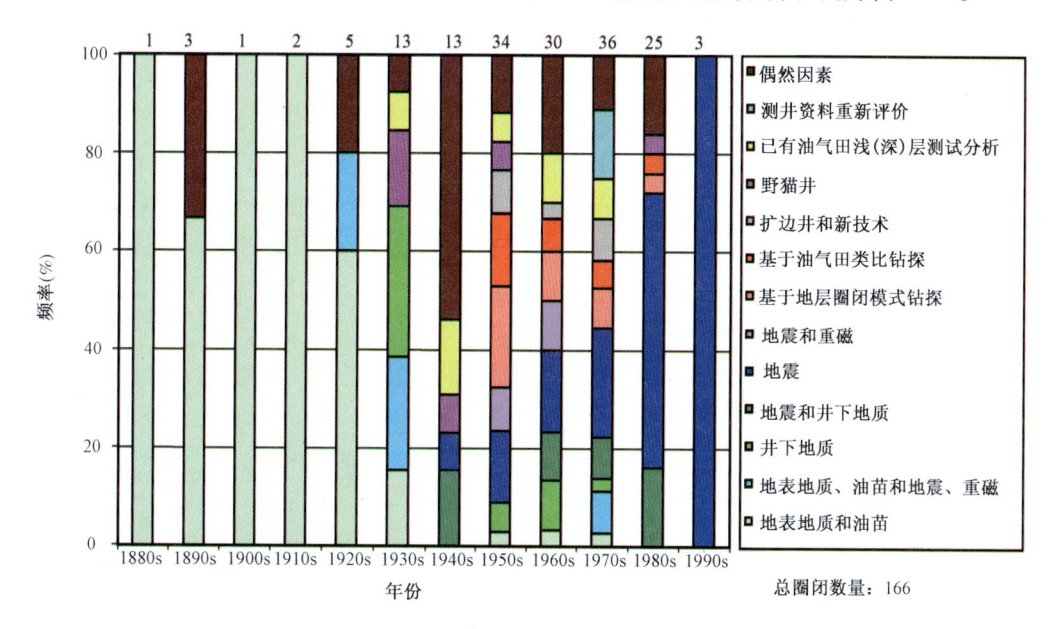

图4-9 岩性地层油气藏勘探技术发展历程图(据 Jack allan,2001)

岩性地层圈闭主要受古老地层面、不整合面以及地层横向岩性变化控制,因此,在寻找岩性地层圈闭的过程中,查明古老地层面、不整合带以及区域性的岩性尖灭带、岩相变化带等的分布及其特征是很重要的。相应地,勘探这种类型圈闭的方法也应当在充分研究这些可能的控制条件的基础上加以选择与组合。当前勘探岩性地层圈闭行之有效的技术方法包括岩相—古地理和古地貌分析法、三维地震方法、层序地层学勘探技术。

1. 高分辨率岩相—古地理和古地貌分析法

在石油勘探成熟地区,高分辨率古地理图是找到岩性地层圈闭的关键。古地理图表明沉积环境在一个特定历史时期的分布。当被分析的层段对应于一个单一的沉积旋回时,古地理图的分辨率就达到了实际极限——即对应于地层成因增量。这种对应于单一沉积旋回的高分辨率古地理图就具有勘探岩性地层油气藏的分辨能力。如在美国得克萨斯州南部,通过对始新统 Reklaw-1 层段编制高分辨率的古地理图,成功地在 Wilcox 生长断层带的上倾部位找到一些岩性地层圈闭,提高了勘探成功率。

2. 地球物理方法

地球物理方法,特别是地震方法,在近20年的勘探岩性地层圈闭中起到了重要作用。由于地震数据的采集与处理技术的不断发展与提高,为地震方法在勘探岩性地层圈闭中的应用创造了条件,产生了许多新的处理方法和解释技术。特别是由于地震地层学、地震岩性学和岩石物理学方法的产生及其应用精度的不断提高,使得人们可以获取地震反射信号同沉积层序之间有关的信息,如地层速度、地震反射的连续性、地震波波形、振幅和频率等参数。它们都可用于解释和定性地确定地层岩相的分布和沉积物的沉积环境。此外,利用地层速度、密度、厚度和吸收衰减资料建立起来的二维和三维地层模拟技术、地震反演技术、层析成像技术以及可视化技术等可以将地震道转换成地震波阻抗剖面或声波测井剖面,同时也可以对地层厚度、速度、砂泥比、孔隙度等作出较为客观的定量估算。总之,地震方法在寻找岩性地层圈闭以及烃类预测中均起着重要的作用。

3. 层序地层学方法

近年来得到迅速发展的层序地层学在岩性地层油气藏的勘探中发挥了重要作用,尤其是高精度层序地层学的发展应用,使得层序地层学的理论和技术在油气勘探实践中地位更加显著。20世纪90年代以来,层序地层学的概念和方法逐渐形成完整体系,并已成为油气勘探中一种广泛应用、被国际上许多著名油公司视作一种权威性的技术。层序地层学突出地层序列中的各种关键性物理界面,特别是地层间断面,并有效地建立沉积盆地的等时地层格架。高精度层序地层学的概念和方法为盆地充填的精细研究、储集体分布和储层不均一性预测以及开发地质等研究提供了重要的方法和手段,对于岩性地层油气藏的勘探、优选开发方案及剩余油分布预测等具有重要的指导作用,标志着岩性地层油气藏勘探研究进入一个全新的精细描述、精确预测阶段。将层序地层学运用到地球物理和地质资料中是岩性地层圈闭有效的远景勘探方法,主要包括五个步骤(Bally,1987;Dolson 等,1999):几何关系分析、地震相和岩相分析、盆地充填分析、储层及盖层质量和分布预测、盆地潜在岩性地层圈闭评价。

4. 非常规油气勘探技术

近年来,为了降低勘探成本,提高勘探效益,在勘探过程中,应用其他廉价找油新技术作为地震法的补充和替代方法来寻找岩性地层油气藏变得越来越迫切。因此,非常规油气勘探技术得到国外各大油公司的普遍重视并取得较大进展。目前应用较多的非常规油气勘探法包括地球物理方法(重力法、航磁法、电法和电磁法等)、地球化学方法(烃测量法、元素测量法、K—V 指纹法等)、遥感方法(航空图像、雷达图像等)、全球定位系统、地理信息系统、综合勘探以及多学科研究,寻找火成岩等岩性地层油气藏等等。

总体而言,由于受到勘探技术手段的限制,长期以来岩性地层油气藏勘探主要依靠地质评价分析,按构造圈闭的思路去勘探,因岩性地层圈闭的隐蔽性,勘探成功率普遍较低。近10年来,由于高分辨率三维地震和层序地层学两项技术的广泛应用,有可能在第一口井钻探之前,根据地球物理资料直接识别岩性地层圈闭目标,这样才真正有可能开展针对岩性地层油气藏的大规模勘探部署,从而极大地提高了岩性地层油气藏勘探的成功率。

(三)岩性地层油气藏发育特征

1. 圈闭基本类型

国外有人将已发现的岩性地层圈闭细化为18种类型:侧向沉积尖灭、侧向相变化、河道充填、区域隐伏露头、沟谷充填、构造侧翼不整合上的超覆、胶结、区域不整合上的超覆、裂缝、深盆气、边缘削截、古构造隐伏露头、白云岩化和溶蚀、煤层吸附甲烷、碎屑岩构形、深切谷充填、水动力、沥青封堵等(图4-10)。在上述的圈闭类型中,侧向沉积尖灭、侧向相变化、河道充填、区域隐伏露头4种圈闭类型最为常见,占到了总数的57%左右。但出现频率高、数量多的圈闭类型的储量却并不一定是最多的。单个圈闭储量比较大的圈闭类型包括构造侧翼不整合上的超覆圈闭、区域不整合上的超覆圈闭、沥青封堵圈闭和深盆气圈闭等。对前苏联1177个岩性地层油气藏的统计表明,岩性圈闭占85%,地层圈闭占2%,构造—岩性地层复合型圈闭占13%。

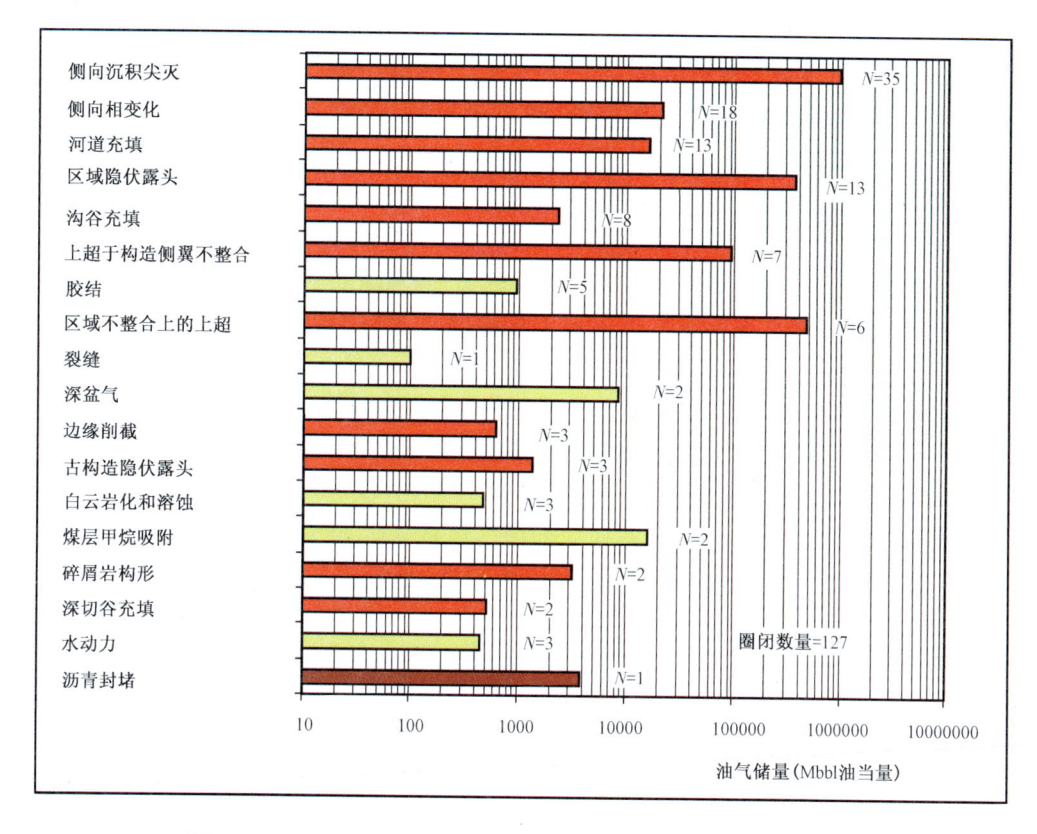

图4-10 岩性地层圈闭类型与探明油气储量(据Jack allan,2001)

2. 油气产层岩性、物性与厚度

从岩性地层圈闭的储层特征来看,对美国共计320个圈闭进行统计,砂岩储层占到总数的63.4%,碳酸盐岩储层占26.2%,砂岩与碳酸盐岩混合储层占10.3%。对前苏联1177个圈闭进行统计,砂岩储层占89%,碳酸盐岩储层占11%。对前苏联701个岩性地层油气藏砂岩孔隙度进行统计,孔隙度小于10%的占7%;孔隙度为10%~15%的占22%;孔隙度为15%~20%的占48%;孔隙度为20%~25%的占19%,孔隙度大于25%的占4%。对前苏联464个岩性地层油气藏砂岩渗透率进行统计,渗透率小于$10 \times 10^{-3} \mu m^2$的占4%;渗透率为$10 \times 10^{-3} \sim 100 \times 10^{-3} \mu m^2$的占19%;渗透率为$100 \times 10^{-3} \sim 500 \times 10^{-3} \mu m^2$的占46%;渗透率为$500 \times 10^{-3} \sim 1000 \times 10^{-3} \mu m^2$的占22%;渗透率大于$1000 \times 10^{-3} \mu m^2$的占9%。对前苏联701个岩性地层油气藏砂岩产层厚度的统计,厚度小于20m的占75%,厚度20~40m的占15%,厚度大于40m的占10%。

3. 圈闭高度、顶面埋深与烃态类型

对前苏联599个砂岩岩性地层油气藏圈闭高度进行统计,圈闭高度小于50m的占65%,圈闭高度50~100m的占20%,圈闭高度100~150m的占8%,圈闭高度大于150m的占7%。

对前苏联830个砂岩岩性地层油气藏顶面埋深进行统计,顶面埋深小于1000m的占17%;顶面埋深1000~2000m的占48%;顶面埋深2000~3000m的占24%;顶面埋深3000~4000m的占9%;顶面埋深大于4000m的占2%。对前苏联1173个岩性地层油气藏烃态类型的统计,油藏占71%,气藏占14%,油气藏占3%,凝析油藏及凝析气藏占12%。

4. 油气藏分布特征

从已知的174个岩性地层油气藏的产出时代的统计来看,从奥陶系到新近系都有分布,但大部分岩性地层油气藏分布在白垩系、古近—新近系、石炭系和二叠系,这四个时代的岩性地层油气藏数量占总数的80%。另外对全球180个地层油气藏的统计表明,47%的地层油气藏发育于古生界,31%的地层油气藏发育于中生界,22%的地层油气藏发育于新生界。而且古生界中大规模地层油气藏占古生界岩性地层油气藏总数的68%,中生界中为36%,新生界中为69%。

从岩性地层油气藏分布的盆地类型来看,前陆盆地、克拉通内盆地、被动大陆边缘盆地和裂谷盆地中岩性地层圈闭发现的数量占到了总数的近85%,其中前陆盆地最为发育,占到了55%。

大量资料也表明,岩性地层油气藏的形成和分布与沉积环境有密切关系,主要发育在古海岸线附近的海陆过渡地带和滨岸平原区,在这些地带岩性地层圈闭数量比构造圈闭数量多,有95%的岩性地层圈闭分布在古今海洋的内海和浅海地区,仅5%的圈闭分布在深海盆地中。根据库尔基斯资料,岩性油气藏约占岩性地层油气藏总数的85%。按其圈闭成因看,其中与三角洲有关的岩性圈闭占26%,沙坝岩性圈闭占23%,而沙滩岩性圈闭占11%。总之,岩性地层油气藏主要与三角洲及其水下分流河道、各种类型沙坝、沙滩有关。此外,生物礁和海底扇也有利于岩性地层油气藏的形成。美国石油地学者认为,凡是找到古代三角洲,就是发现大量岩性地层油气藏的主要标志,三角洲前缘带和古河道是寻找岩性地层油气藏的有利地带。目前已发现近千个三角洲岩性地层油气藏,其石油储量已超过53×10^8t,天然气储层超过$400 \times 10^8 m^3$。Stow(2000)指出,深水浊积岩及其相关储层将是至少未来25年内世界油气勘探开发的前沿领域。从实际效果来看,全球范围内深水领域的岩性地层油气藏的勘探也获得了很大的成功。近十年来,国外深水领域的隐蔽油气藏勘探取得了重大效益,是油气储量增长最快的领域之一。在南美、西非大西洋沿岸、墨西哥湾、北海、巴伦支海、喀拉海以及东南亚、澳大利亚西北大陆架等海域相继发现了许多大型油气田,取得重大突破的区域主要是在被动大陆边缘盆地的陆坡区及深海平原区。据Stow(2000)统计,世界上有1200~1300个油气田来自于陆架台缘带上下的深水沉积体系中,其中巨型岩性地层油气田有四十余个。20世纪90年代,全世界发现了76个特大型油气田,经统计,36%的储量是在陆上发现的,44%是在浅水,深水仅占12%($41 \times 10^{12} ft^3$),但却占油的35%(120×10^8bbl),深水发现中,除个别之外,主要是浊积砂岩储层。

(四)岩性地层油气藏勘探前景

随着油气勘探的深入,国外发现的大型油气田中,大型岩性地层油气田比例逐步提高。1940—1969年的30年中发现的大油气田是278个,其中岩性地层圈闭型仅24个,占8.6%;1970—1999年的30年中发现的大油气田是427个,其中岩性地层圈闭型93个,占21.7%。20世纪90年代,全世界发现了76个特大型油气田。

国外油气勘探统计表明,岩性地层油气藏拥有的储量与构造油气藏相比大体相当,岩性地层油气藏的储量最终可以占到一个盆地总探明储量的40%~65%以上,而且已发现了大型和超大型油气田。美国岩性地层油气藏的勘探高峰期为20世纪五六十年代,对1976年前发现的2709个油气圈闭的统计表明,岩性地层圈闭占总数的40.05%,米德兰德盆地内岩性地层圈闭占到盆地圈闭总数的81%。美国目前已发现的10个最大油田中纯岩性地层圈闭有4个(East Texas,Kern River,Scurry 和 SI Aughter – Levelland),构造—岩性地层复合圈闭有4个,仅有2个是纯构造圈闭油气田。前苏联第聂伯—普里皮亚特与喀尔巴阡含油气区内岩性地层油气藏在20世纪80年代已分别达到含油气区内油气藏总数的38.5%及39.3%。20世纪90年代以来,随着深水勘探技术的提高,将勘探重点向深水区转移,在北海、墨西哥湾及东非等的深水区发现了储量可观的浊积岩油气藏,如墨西哥湾的 Mars(7.5×10^8 bbl)以及 Marlim/Albacora(70×10^8 bbl)油气田等。所有这些资料均表明,岩性地层油气藏在油气勘探中占有非常重要的地位。

对全球174个最终可采储量2000×10^4t以上的岩性地层油田的统计表明,80%以上的油田分布于北美地区。世界上已经发现的岩性地层圈闭的估算储量约有128×10^8bbl,但75%以上的岩性地层油气藏发现在北美洲,这和北美洲的勘探历史长和特殊的地质条件有一定的关系。由此可见,已发现的岩性地层油气藏大多数集中在成熟乃至高成熟探区中,而在世界上勘探程度相对低的探区中,岩性地层油气藏具有巨大的资源潜力和勘探前景。根据统计(图4-9),基于岩性地层圈闭理论和技术发现所占的比例还不是很高,所以无论在成熟探区还是新探区,肯定还存在着大量因为认识的原因还没找到的岩性地层圈闭,有待于我们去探索和发现。

三、国内岩性地层油气藏勘探研究现状

(一)岩性地层油气藏勘探研究历程

20世纪50年代,通过借鉴国外勘探研究经验,初步认识到岩性地层油气藏的成藏条件,在准噶尔盆地西北缘勘探发现了一些浅层地层油气藏(胡见义等,1986)。60—70年代,随着中国油气勘探战略东移,在松辽盆地和渤海湾盆地找到了一批大型构造油气田的同时,在渤海湾盆地发现了任丘、高升、欢喜岭等大型岩性地层油气田(翟光明等,1996;邱中建等,1999)。80年代,随着多次覆盖数字地震技术的广泛应用,以地震相、储层预测、沉积体系、成藏条件等研究为基础,找到一些具有明显前积结构特点的砂砾岩体岩性油气藏和区域不整合遮挡地层油气藏(张万选,1988)。在20世纪90年代以前,国内隐蔽油气藏的勘探工作并未受到太多的关注和重视,构造油气藏依然是勘探的重点。从90年代中后期开始,掀起了隐蔽油气藏勘探的热潮,尤其是中国石油和中国石化两大石油公司,组织了大批精干的科研人员投入其中。在近几年中的石油勘探会议上,相关专家多次提出了发展以岩性地层圈闭为主的隐蔽圈闭勘探技术,加大岩性地层油气藏勘探力度的建议,进一步明确了岩性地层圈闭的勘探潜力和未来的勘探技术需求。90年代以来,随着高分辨率三维地震大面积采集和层序地层学等理论方法的引入,极大地提高了岩性地层油气圈闭识别的准确率和储层预测精度,岩性地层油气藏勘探取得丰硕成果,在松辽、鄂尔多斯、准噶尔、塔里木等盆地,发现了朝阳沟、榆树林、肇州、安塞、靖安、哈得逊等十几个亿吨级的岩性地层大油田。近几年岩性地层油气藏探明储量占中国石油的50%以上,2003年三级储量超过60%,已成为中国陆上油气勘探的重点领域。

从20世纪70年代末期开始,岩性地层油气藏相关理论研究逐步得到重视,相关的论文和专著陆续发表,其中主要的专门著述包括《大庆石油地质与开发》编辑部编写的《中国隐蔽油气藏勘探论文集》(1984),胡见义等(1986)编著的《非构造油气藏》,潘元林等(1998)编著的

《中国隐蔽油气藏》论文集,谯汉生等(2001)编著的《渤海湾盆地隐蔽油气藏勘探》以及蔡希源等(2003)著的《陆相盆地高精度层序地层学——隐蔽油气藏勘探基础、方法与实践》。在这些论著中,基于国外同行对隐蔽油气藏的认识,国内学者根据国内油气藏的特点,对隐蔽圈闭的概念、分类、特征和分布规律等方面进行了系统的界定和描述。基于国内的油气分布和勘探形势,大部分隐蔽圈闭的实例和研究工作主要集中在东部的含油气盆地中。其中,中国石化对济阳坳陷隐蔽油气藏的勘探与研究取得了重要进展。

(二)岩性地层油气藏勘探现状

随着陆相石油地质理论的不断发展完善和油气勘探技术的进步,陆上油气勘探无论是在东部高成熟探区还是在中西部低程度勘探区,近年来在岩性地层油气藏勘探上都取得了重要突破和进展。

东部作为国内的主要产油基地,同时又是勘探开发多年的老油区,发掘潜在资源,增储上产是主要任务和目标,因此对包括岩性地层油气藏在内的勘探开始得相对比较早,发现了一大批规模较大的岩性地层油气藏目标,并探索出了一系列有效的勘探技术方法。松辽盆地北部的大庆油田在三肇地区扶杨油层发现了大面积的岩性油藏,特别是"九五"以来相继在长垣以东的三肇凹陷发现了7个储量超亿吨的大油田,在长垣以西的齐家—古龙凹陷相继发现了齐家南、龙虎泡、葡西和新肇等四个储量达亿吨级的大油田。2000年以来,吉林油田在松辽盆地南部以三角洲前缘带控油为指导,发现英坨和大情字井两个亿吨级以上的岩性油田。

渤海湾盆地的各个油田针对潜山、火山岩和砂砾岩体等隐蔽目标不断加大研究力度,岩性地层油气藏的勘探不断获得突破。"九五"以来,胜利油田在各个凹陷以沙河街组的各种扇体为目标,发现了多个亿吨级的油田。辽河油田在三个主体凹陷中潜山油气藏、砂砾岩体油气藏和火山岩油气藏勘探成果不断扩大。另外华北油田及其他油田通过对老油藏的再认识、确定专门的岩性地层油气藏研究工作流程,近年来在有限的探区领域内找到了一批有一定规模的岩性地层油气藏,为油田的稳产提供了坚实的资源基础。

鄂尔多斯盆地在三角洲成藏理论的指导下,于1984年在陕北安塞三角洲找到了一个亿吨级储量的安塞油田,1989年发现了靖边大型古地貌岩性气田。近年来,以岩性地层油气藏理论为指导,加强沉积相特征及砂体展布研究,在陇东和陕北分别发现了超亿吨级的西峰油田、姬塬油田、绥靖油田,发现并探明了苏里格、乌审旗、米脂气田,扩大了靖边及榆林气田的含气范围,在盆地东部神木地区发现了浅层气藏,实现了油气储量产量快速增长。

西部的塔里木盆地,一直重视岩性地层油气藏的勘探。岩性地层油气藏主要分布在奥陶系碳酸盐岩潜山、石炭系、志留系中,尤其是大型古隆起斜坡发育的岩性地层圈闭是寻找大油田的重要领域。其中,石炭系东河砂岩是不同时期的沉积产物,存在多条超覆尖灭线和相变线,砂岩地层圈闭发育,勘探潜力大。目前已探明哈得逊油田,沿轮南潜山东、西两侧石炭系超覆线还发现了雀马1、草南1、哈得11东等一批岩性地层圈闭,圈闭资源量约2.5×10^8t。

松辽、渤海湾、鄂尔多斯、二连、塔里木、准噶尔等盆地一批亿吨级规模的大型岩性地层油气藏和一批5000×10^4t级规模的中型岩性地层油气藏的发现,成为近年来增储上产的主要领域,成功实现了油气勘探从以构造油气藏勘探为主的阶段到岩性地层油气藏与构造油气藏勘探并重的历史转变,部分盆地岩性地层油气藏已成为近年储量增长的主体。

(三)岩性地层油气藏理论研究现状

随着勘探程度的提高,岩性地层油气藏探明储量所占比重越来越大。近年来,隐蔽油气藏理论研究也取得重大进展,如中国石化针对断陷盆地勘探提出了断坡控砂、复式输导、相势控藏的新认识(李丕龙等,2004)。通过开题调研,认为我国前期岩性地层油气藏相关理论主要取得以下进展。

一是从盆地结构的角度,尤其对于断陷湖盆来说,从这个角度来阐述岩性地层油气藏的发育比较直观。断陷湖盆陡坡带、缓坡带和深陷带三带结构特征明显。在勘探实践中,形成了台缘带(断坡控砂)理论,即陡坡带以及缓坡带因为地形突变或断层形成的台缘带,往往是控制沉积的重要因素,台缘带附近因湖岸线摆动形成多期岩性尖灭和地层超覆,又因为台缘带紧邻生烃中心,所以台缘带常常是岩性地层圈闭油气藏集中发育的地方。深陷带作为生烃中心,其中的砂岩透镜体可以形成岩性油气藏。

二是从沉积体系、沉积相带、岩相的角度,根据不同的沉积体系、相带的物性特征、侧向变化情况,认为发育在湖盆的沉积体系中,三角洲体系最有利于岩性地层油气藏的发育,其中三角洲前缘的水下分流水道、河口坝等又是其中的"甜点"。部分专家和学者根据沉积相、岩相及流体势在岩性地层油气藏成藏中的作用和互动关系,提出了"相势控藏",即在油气藏充满度和成藏的诸多控制因素中,运移条件(流体势)和接受条件(岩相)是控藏的主要因素。流体势与沉积相带呈负相关关系。势能高,孔隙度下限低;势能低,孔隙度下限高。势能大小与沉积相带的耦合决定储层的含油性。在异常压力形成的封存箱中,压力封存箱内形成高势岩性油藏区,压力封存箱外形成常势地层、岩性油藏区。

三是从层序地层的角度,自从认识到层序地层对于寻找岩性地层油气藏的有效性和重要性之后,在层序格架中,根据最佳生、储、盖组合来预测有利区带。在层序界面附近常常容易发育地层油气藏,在最大洪泛面附近则容易形成岩性上倾尖灭油气藏和岩性透镜体油气藏,而在有着类似被动大陆边缘斜坡结构的断陷湖盆的斜坡下部,低位体系域期间形成的各类扇体是形成岩性地层圈闭的有利目标。

四是从圈闭形成的角度,胡见义等人(1986)将岩性地层圈闭形成的基本要素高度概括为三条线和三个面的有机配置,并对非构造圈闭进行了详细的分类。三条线是岩性尖灭线、地层超覆线和构造等高线,三个面是地层不整合面、顶底板面和断层面。通过这个限定在寻找岩性地层油气藏时,就可以在岩性尖灭带、岩相变化带、地层超覆带以及不整合面的附近来寻找。

随着中国石油陆上岩性地层油气藏勘探领域的不断扩展,新的石油地质理论问题不断出现,需要对中国陆上已发现岩性地层油气藏的形成与分布进行深入系统的研究,需要开发集成岩性地层油气藏勘探开发的技术方法。结合我国陆相盆地的石油地质特点与勘探技术需求,开发和完善岩性地层油气藏勘探的新技术、新方法,加强对岩性地层油气藏的基础理论研究,是进一步发展我国岩性地层油气藏勘探大好形势的迫切需要(贾承造,2003)。

(四)岩性地层油气藏勘探前景

我国的油气资源主要赋存于中—新生代陆相盆地中,陆相盆地拥有石油资源量的四分之三和天然气资源量的近半数(翟光明,1996),这与国外油气藏主要分布在海相地层中明显不同。经过半个多世纪的油气勘探之后,在陆相盆地中发现了数量众多的构造油气藏,也找到了一些岩性地层油气藏,目前陆相油田占我国已探明石油储量的95%以上(戴金星,2000)。

中国石油探区岩性地层油气藏剩余资源规模较大,还有很大的勘探潜力。据中国石油勘探开发研究院按岩性地层油气藏、前陆盆地、叠合盆地中下组合和老区勘探等四大领域开展的剩余地质资源预测,其中岩性地层油气藏剩余可采资源量占剩余石油资源量的42%以上(贾承造,2003)。目前东部油区已将岩性地层油气藏作为勘探的主要对象,中西部地区也正在积极开辟岩性地层油气藏勘探新战场,岩性地层油气藏勘探已成为最现实、最有潜力、最有普遍性的新领域,预计在今后相当长一个时期内,岩性地层油气藏仍将是我国陆上最主要的油气勘探领域。

第三节 "十五"主要研究成果与勘探成效

近几年岩性地层油气藏取得了突出的研究成果和显著的勘探成效,这些成果和成效的取得始于正确的研究思路和工作思路,本节首先从问题分析开始,找准勘探和研究面临的关键问题,理清研究思路与攻关目标,为研究工作的顺利而有效地开展打下基础。

一、"十五"主要研究成果

"十五"期间,自中国石油设立"岩性地层油气藏地质理论与勘探技术"重大科技攻关项目以来,通过几年的攻关研究,取得了重大理论与技术进展,揭示了"三因素控砂、两相两带控储、六线四面控圈闭、三种组合控藏、十四种构造—层序成藏组合控区带"的岩性地层油气成藏理论;创造性地提出了中低丰度岩性地层油气藏大面积成藏理论,形成了断陷盆地富油气凹陷"满凹含油观"、坳陷盆地"三角洲前缘带控油观"、前陆盆地"冲断带扇体控油观"、克拉通盆地"台缘高能相带控油观"四类原型盆地的岩性地层油气藏特色勘探理论;开发出"层序地层工业化应用、层序约束储层预测"两项核心技术;建立了以"三维地震整体部署、地质整体评价、钻探分步实施"为核心的凹陷评价,以"四图叠合"为主的区带评价,以及"五步十图一表"编制为内容的圈闭评价三层次的评价方法体系。这些成果有效地指导了岩性地层油气藏的勘探实践,项目实施以来,共获得11项重大突破,形成了8个富油气凹陷和15个富油气区带储量增长的勘探主战场,并实现了勘探领域向四个方面的新拓展。

(一)建立了岩性地层油气藏区带、圈闭与成藏地质理论

(1)创建了"构造—层序"成藏组合理论:提出"构造—层序成藏组合"概念及14种模式,首次建立了岩性地层油气藏区带划分标准。

① 首次提出构造—层序成藏组合的岩性地层油气藏区带概念。

通过我国典型岩性地层油气聚集区带成藏条件精细解剖,发现构造背景、层序格架内的体系域类型、烃源岩与储集体在时空上的配置关系是油气聚集区带的主控因素,即突出了构造、层序和成藏的重要性,因此提出了"构造—层序成藏组合"区带概念。

"构造—层序成藏组合"是指在一定的构造古地理背景下充填的沉积层序及其体系域,构成有成因联系的生储盖系统,并在后期构造、成岩演化和成藏过程中形成的储集体、圈闭和油气藏,它们具有相似的成藏条件和油气分布规律。从构造背景、沉积层序特征和成藏条件的差异出发,一种类型盆地可发育多种"构造—层序成藏组合"。

"构造—层序成藏组合"是将国外海相层序地层学应用于陆相油气勘探研究的重大突破,是中国陆相层序地层学的重大创新。从油气勘探的意义出发,一种类型的构造—层序成藏组合,就代表了一群有成因联系的岩性地层油气藏构成的区带形成的特定环境,它是岩性地层油气藏有利区带划分和评价的重要理论依据。

② 提出了基于构造—层序成藏组合的岩性地层油气藏区带划分原则与科学依据。

岩性地层油气藏区带划分原则:一是要突出区带形成的构造背景,二是要突出主力勘探层系的层序地层结构、储层与圈闭类型特征,三是要突出油气运聚成藏的主控因素和分布规律。

岩性地层油气藏区带划分依据:以编制等时格架内的沉积微相图、有效烃源岩分布图、目的层顶面构造图、目的层勘探程度图等关键性工业图件为基础,根据"四图"叠合进行区带综

合划分与评价。彻底突破以往完全根据地震反射界面进行构造成图、划分二级构造区带的做法，两者有本质的不同。

③ 揭示并建立了我国陆上四类盆地 14 种构造—层序成藏组合模式。

通过对中国陆上陆相断陷、坳陷、前陆和海相克拉通等四类原型盆地的主要油气富集区带系统解剖，发现了 14 种构造—层序成藏组合类型。

陆相断陷盆地有 4 种：陡坡断阶—湖侵和高位体系域水下扇、扇三角洲组合，多坡折缓坡—湖侵和高位体系域河流三角洲组合，深断陷—湖侵和高位体系域火山爆发—溢流相组合，中央构造带翼部—高位体系域三角洲组合。

陆相坳陷盆地有 3 种：长轴缓坡—湖侵和低位体系域河流三角洲组合，短轴缓坡—高位体系域河流三角洲组合，短轴陡坡—高位体系域河流三角洲组合。

陆相前陆盆地有 2 种：短轴陡坡—低位体系域扇三角洲、水下扇、火山岩组合，短轴缓坡—湖侵体系域河流三角洲组合。

海相克拉通盆地有 5 种：台缘—海侵体系域礁滩组合，台内—海侵体系域滩坝组合，台内—滨岸海侵体系域沙坝组合，台内—海陆交互相高位体系域三角洲组合，古隆起—岩溶组合。

(2) 提出了岩性地层圈闭的分类新方案，揭示了岩性尖灭线等"六线"、断层面等"四面"的圈闭形成十个控制要素。

提出以储集体类型为第一要素的圈闭分类新方案。圈闭分类须首先考虑实用性和科学性两个基本原则，在石油地质界广泛流行的分类方案，是根据圈闭遮挡条件的"成因分类"。鉴于中低丰度岩性地层油气藏单一圈闭规模通常较小，单一圈闭的确切边界位置难以事先确定，且一般在一定沉积相内成群、成带大面积分布的特点，从勘探部署实用性角度，提出了以储集体类型为第一要素的圈闭分类新方案，将"十五"期间重点勘探的岩性地层圈闭类型划分为 3 大类 15 小类。这一分类方案在勘探实践中更具有可操作性，已在油田现场全面推广使用。

发展了"六线"、"四面"圈闭形成的十个控制要素。岩性地层圈闭成因远比构造圈闭复杂，多数受两个或两个以上要素的有效配置，才能构成围限或封堵而形成圈闭。在胡见义等 (1986) 提出的"三线（岩性尖灭线、地层超覆线、构造等高线）、三面（断层面、不整合面、顶底板面）"岩性地层圈闭形成要素的基础上，通过大量典型油气藏解剖，揭示了岩性地层圈闭形成主要受"六线"、"四面"十个要素控制，"六线"指岩性尖灭线、地层超覆线、地层剥蚀线、物性变化线、流体突变线、构造等高线，"四面"指断层面、不整合面、洪泛面、顶底板面。发展了传统的圈闭形成理论。

(3) 提出了"三大界面"控制宏观分布理论：认为最大洪泛面、不整合面、断层面控制了岩性地层油气藏的区域展布。

① 最大洪泛面控制烃源层、区域盖层和岩性油气藏的宏观分布。

最大洪泛面是指沉积期水体深度相对最大的位置，对应于低能相带泥质岩发育的时期，是烃源层和区域盖层发育的层段。次级洪泛面上下砂泥交互，是岩性圈闭和岩性油气藏发育的有利位置，陆相盆地有利储油砂体（三角洲、扇三角洲、浊积扇等）围绕最大湖侵面上下成群、成带分布，或与生油岩呈指状交互紧密接触，或砂岩四周被生油岩包裹，形成大面积岩性油气藏。

② 区域不整合面控制储集体、输导层及大型地层油气藏的分布。

首先，地层不整合面是重要的层序界面，在地层不整合面上下是高能相带有利储集体发育和油气富集的有利部位;其次,区域不整合面因风化淋滤对储层物性具有明显的改造作用;第三,区域不整合面作为运移通道控制油气的运移聚集;最后,区域不整合面上下是大型、特大型地层油气藏发育的主要部位。

③ 断层面控制油气运聚、储层改造和侧向封堵。

断层面对油气运聚和储层改造具有显著的控制作用。断层面是多数盆地油气纵向运移的主干通道。在断裂活动中造成岩石破碎或沿断层上涌的热液对储层有明显的改造作用,断裂对岩溶的发育也具有明显的促进作用,多期次发育的断裂有利于断裂开启,使水循环畅通,更有利于沿断裂带的岩溶发育。断层伴生的裂缝或裂缝储层在一定条件下对油气成藏和富集起着关键性控制作用。构造活动的静止期,断层上盘致密地层对油气藏具有保存封堵作用。

(二) 建立了中低丰度岩性地层油气藏大面积成藏理论

(1) 建立了大型坳陷湖盆浅水三角洲前缘带砂体大面积分布成因理论:揭示了陆相坳陷盆地平缓古地形背景下,湖盆中央坳陷区三角洲前缘带大面积分布,广泛发育牵引流成因的大面积水下分流河道砂体的形成机理,有效储层具有明显的"相控"特征。

① 揭示了陆相坳陷盆地大型浅水三角洲体系的形成机理和沉积模式。

陆相坳陷盆地浅水三角洲体系沉积规模大,分布面积可达 $1 \times 10^4 \sim 5 \times 10^4 \mathrm{km}^2$,可与海陆交互相三角洲媲美,显著区别于陆相断陷盆地内发育的小型三角洲体系。盆地演化过程中,盆外隆起持续抬升,水系发育,物源供给充足;盆内稳定沉降,古地形宽缓,湖泊收缩扩张波及范围广,水体总体较浅,有利于入湖河流携带碎屑物长驱进入湖盆腹部,广泛分布大规模、各种形态的砂体,形成我国特有的大面积分布的河控型浅水三角洲体系。将浅水三角洲沉积相划分为三角洲平原、内前缘、外前缘和前三角洲四个亚相,其中三角洲内前缘亚相展布宽广,大面积砂岩、泥岩互层沉积,是形成岩性油气藏的最有利相带。

② 明确提出大型浅水三角洲前缘带主要储集体以大面积分布的分流河道砂岩为主。

与经典三角洲不同,我国坳陷盆地大型浅水三角洲前缘带储集体以水下分流河道砂为主,河口坝、席状砂不发育。其成因机制主要有两点:一是在宽浅湖区相对低可容空间条件下,有利于浅水三角洲砂体的横向迁移与纵向推进,形成呈鸟足状展布的水下分流河道砂体;二是坳陷湖泊周期性扩张与收缩,在前缘带不同时期形成的分流河道砂体平面上叠置连片。主干分支河道砂岩叠置区的储层厚度较大、横向连续分布,反之,纵向砂岩与泥岩呈薄互层分布。前者如鄂尔多斯盆地延长组,后者如松辽盆地扶杨油层与葡萄花油层。

③ 揭示了前缘带有效储层具有受原始沉积微相和溶蚀成岩相两种"相控"的特征。

高能叠加的分流河道微相,以及在此基础上叠加的有机酸溶蚀相,是大面积浅水三角洲前缘带砂体内有效储层形成的两个"相控"主要因素。松辽盆地白垩系为典型大面积薄互层砂岩储层,原始储集空间占主要地位,有利储层一般分布于砂地比 20%～40% 的三角洲前缘带内。鄂尔多斯盆地上三叠统延长组前缘带则普遍发育大面积厚层砂岩,成岩作用强,溶蚀形成的次生孔隙对有效储层形成起关键作用。延伸入湖盆中心的湖侵期分流河道砂岩,或层序界面上覆侵蚀河谷充填分流河道砂体,对盆地中心有机酸流体具备沟通作用,形成溶蚀程度最高的有效储集体。次生溶蚀作用形成的大面积分布的有效储层具有"厚砂层薄储层"的特点,成岩作用形成的成岩圈闭油气藏主要分布于砂地比大于 50% 的前缘带内,储油气层/砂层比约为 30%。

(2) 提出了三角洲前缘带大面积岩性地层油气藏形成机理:指出陆相坳陷盆地大型三角洲砂体与湖相生油岩大面积错叠连片,水下分流河道发育岩性圈闭,低油气水柱与中低压力系统等因素,有利于形成大面积岩性地层油气藏。

① 提出了陆相坳陷湖盆平缓古地理环境在湖侵期有利于形成大面积优质烃源岩。

陆相坳陷湖盆之所以具备大面积成藏的有利条件,首先是陆相坳陷盆地湖侵期发育大面积广覆式烃源岩,如松辽中浅层、鄂尔多斯中生界、四川须家河组烃源岩面积分别达 10×10^4 km^2、$8\times10^4 km^2$ 和 $4.5\times10^4 km^2$,具备大面积生烃和成藏的资源基础;二是平缓古地理环境下形成的三角洲生储油层系大面积间互接触,源储配置关系有利,为"前缘带大面积成藏"提供了有利的资源基础。

② 揭示了陆相坳陷浅水湖盆水下分流河道有利于大面积岩性圈闭的发育。

陆相坳陷浅水湖盆沉积横向多变有利于大面积岩性圈闭的发育,其成因机制主要是沉积过程中砂岩和泥岩在空间上的变化和有效组合而形成圈闭。三角洲前缘带是大面积薄互层砂岩岩性圈闭发育的有利部位,具备形成岩性圈闭的有利条件:一是三角洲前缘带纵向上砂泥间互、横向上砂泥交互,前端被湖相泥岩围限,具备有利岩性圈闭发育带形成的沉积背景;二是浅水三角洲前缘以大面积分布的分流河道砂岩为主,各分流河道砂体之间被分流间湾泥岩封隔,构成侧向封堵;三是沿分流河道砂体的走向方向,被断层或局部构造封隔或遮挡而形成圈闭。松辽盆地上白垩统中部成藏组合萨、葡、高油层和下部组合扶杨油层岩性圈闭主要分布于三角洲前缘带中。

③ 提出小油气柱与中低压力系统有利于三角洲前缘带大面积成藏。

大型浅水三角洲具备中低丰度岩性地层油气藏大面积成藏和油气富集的有利条件。一是小油气柱、中低压力系统降低了成藏条件要求,是中低丰度岩性大面积成藏的基础。二是陆相沉积横向多变保证了大面积发育岩性圈闭,并且平缓的构造背景条件下,大面积浅水三角洲体系形成的弥散状广泛分布的岩性圈闭和成岩圈闭,呈现出大面积低丰度的特征。三是大型浅水三角洲体系中低孔渗砂岩成藏和保存条件好,能够形成自生自储油气聚集,并能形成由大规模岩性地层油气藏群构成的中低丰度大油气田(区)。油气局部富集主要受成岩溶蚀相、断裂裂缝和局部构造背景形成的"甜点"控制。松辽盆地中浅层、鄂尔多斯盆地中生界已基本形成叠合连片分布的大面积中低丰度大油区。

(3) 指出三角洲平原—前缘过渡带有利储层形成机理与分布规律:在建设性成岩作用条件下,高能河道、心滩等最有利的成岩圈闭,与广覆式烃源岩煤系地层接触,易于形成大面积气藏。

① 指出了浅水三角洲平原—前缘过渡带发育高能河道、心滩,是有利的沉积微相。

统计表明,鄂尔多斯盆地盒 8 段以三角洲平原分流河道最有利,有利的微相组合为辫状河心滩单砂体、分流河道单砂体及其叠置砂体,占探明天然气地质储量的 71.73%;山 2 段以三角洲前缘水下分流河道最为有利,有利微相组合为分流河道单砂体及其叠置砂体,占探明天然气地质储量的 53.28%。川西前陆盆地川中斜坡带须家河组,须六段以三角洲平原分流河道最有利,占探明储量的 75%,有利的微相组合为平原河道沙坝叠加、沙坝与沙坪叠加;须四段以三角洲前缘水下分流河道最有利,占探明储量的 43%,有利的微相组合为前缘河道叠加、前缘河道与河口坝叠加。

② 揭示了大面积"厚砂层薄储层"建设性成岩作用有利于形成大规模成岩岩性地层圈闭。

浅水三角洲平原—前缘过渡带大规模低孔低渗厚层砂岩中,主要发育成岩作用形成的成岩圈闭。建设性成岩作用形成成岩圈闭有两种成因,一是在大面积低孔低渗砂岩中存在局部有效储层,外围由于破坏性成岩作用形成的致密胶带,致使渗透性储集体被致密带包裹而形成圈闭,如鄂尔多斯上古生界和川中上三叠统须家河组局部渗透性高能河道砂岩,被钙质砂岩等致密岩性围限而形成成岩圈闭;另一种是低孔渗岩性背景中由于建设性成岩作用形成的次生高孔渗物性变化带,主要是煤系地层排出的酸性水促使溶蚀作用发生而形成有效储层,在低孔渗背景中自成圈闭。前者的意义在于封闭要素的形成,后者的意义在于储层要素的形成。三角洲平原—前缘带成岩圈闭大量发育,如鄂尔多斯上古生界和三叠系延长组等三角洲前缘带岩性圈闭大规模分布。

③ 提出广覆式烃源岩煤系地层与大规模成岩圈闭互层有利于形成大面积气藏。

浅水三角洲平原—前缘过渡带是天然气富集的有利地区。首先是浅水三角洲平原—前缘过渡带发育广覆式煤系烃源岩,煤系烃源岩是优质气源岩,具备大面积生气和成藏的物质基础;二是三角洲平原—前缘带广覆式煤系烃源岩与大面积砂体紧密互层接触,使得源储圈毗邻配置良好,有利于大面积成藏;三是三角洲平原—前缘带水下分流河道等发育大规模成岩圈闭,与广覆式煤系烃源岩地层错叠互层,天然气运移距离短,输导条件良好,有利于大面积高效成藏;四是浅水三角洲平原—前缘过渡带发育有效区域性盖层,保存条件好。鄂尔多斯盆地上古生界和中生界、四川盆地须家河组,目前的勘探发现和探明储量主要集中于三角洲平原—前缘过渡带。

(4)揭示了中低丰度岩性地层油气藏三组合分布理论:首次提出以初始和最大湖泛面为界,划分源内、源下、源上三种成藏组合,揭示了三组合油气藏分布控制因素和源下超压倒灌式成藏机理,进一步开辟了在主力烃源岩下伏地层勘探的新领域。

① 首次提出以初始和最大湖泛面为界划分源内、源下、源上三种成藏组合。

传统的含油气组合划分方案,主要是根据区域不整合面和含油气结构层系,分为上生下储、自生自储、下生上储三种组合类型。本书是在层序地层学工业化应用研究基础上,根据层序演化特点,以初始和最大湖泛面及其对应的主力烃源层和区域盖层为参照系划分含油气组合,分为源上、源内、源下三种成藏组合,重点研究了各成藏组合的供烃方式、成藏动力机制与油气分布规律。

② 揭示了源内、源下、源上三种组合的成藏动力机制。

源上成藏组合为浮力驱动式成藏模式:浮力和生烃增压突破输导层和储集体毛细管阻力,驱使油气向上运移聚集成藏。源内成藏组合压差交互式成藏模式:源储之间的毛细管压力差、烃浓度扩散压差和盐度渗透压差驱动圈闭内砂体油进水出,在油进与水出交互式运动中使得烃源岩中的油气不断向砂体中运聚成藏。源下成藏组合超压倒灌式成藏模式:烃源岩生烃增压和欠压实积聚的异常超高压,克服浮力和毛细管阻力实现油气向下"倒灌式"运聚成藏,揭示的源下超压倒灌式成藏机理大大拓展了松辽盆地扶杨油层与鄂尔多斯盆地长8—长10段两大勘探新领域,新增有利区带资源量超过 $24 \times 10^4 t$。

③ 揭示了三种组合油气成藏的主控因素。

提出了源上断裂、古凸起与有利相带控制区带分布,连通砂体上倾尖灭、侧向遮挡控制圈闭的形成,油源断层、输导体系和有效圈闭是油气成藏的主控因素。源内成藏组合三角洲前缘带适中砂地比,大面积含油,三级层序界面控制岩性油藏大面积分布,主砂带、溶蚀相、断裂和鼻隆控制成藏和油气富集带。源下的烃源岩超高压、断裂与砂体控制油藏形成和分布,烃源岩异常超高压是源下倒灌式运聚成藏的关键条件。这一新认识突破了传统的"源控论"认识。

(三)揭示了四类原型盆地岩性地层油气藏的富集规律

(1)揭示了陆相坳陷盆地大型浅水三角洲"前缘带大面积成藏"的规律。

陆相坳陷盆地规模大,总体地形平缓,发育长轴、短轴大型三角洲体系,都可形成大面积成藏的油气富集区带。

① 长轴缓坡—低位、湖侵体系域三角洲前缘富集区带。

以松辽盆地南、北长轴沉积体系形成的三角洲富集区带最为典型。松辽盆地长轴低位、湖侵体系域三角洲复合体面积达 $4 \times 10^4 km^2$,它们构成了松辽盆地最为重要的三角洲前缘富集区带,并形成了大情字井等多个 $2 \times 10^8 \sim 3 \times 10^8 t$ 级大油田。松辽盆地约80%左右的探明石油地质储量均发现在长轴沉积体系的两个二级层序的低位、湖侵体系域河流三角洲中,即姚家组萨尔图、葡萄花油层和泉头组三、四段扶杨油层。

② 短轴缓坡—高位体系域河流三角洲前缘富集区带。

此种类型以鄂尔多斯盆地北部沉积体系形成的三角洲富集区带最为典型。已发现安塞、靖安等 $3 \times 10^8 \sim 5 \times 10^8 t$ 级大油田。短轴缓坡背景也能够形成大型河流三角洲砂体,如鄂尔多斯盆地广阔的陕北斜坡区从东南至西北分布着多个大型河流三角洲沉积体系,单个三角洲分布面积为 $3000 \sim 5000 km^2$。鄂尔多斯盆地构造活动较弱,平缓简单的陕北斜坡具有油气长距离运移的构造背景,因此大面积有利的岩性圈闭(群)和储集相带是在缓坡单斜背景中形成岩性油藏的关键。岩性尖灭带和成岩胶结致密带是该区岩性油藏的两种主要遮挡形式,浊沸石、长石强溶蚀作用的三角洲前缘带是油气聚集的主要相带。短轴缓坡沉积体系目前已累计探明储量达 $7 \times 10^8 t$。

③ 短轴陡坡—高位体系域辫状河(扇)三角洲前缘富集区带。

此种类型以松辽盆地西斜坡扇三角洲、鄂尔多斯盆地南部沉积体系形成的辫状河三角洲富集区带最为典型。短轴陡坡以发育中小型辫状河(扇)三角洲复合体为特色,与长轴缓坡和短轴缓坡河流三角洲体系比较,短轴陡坡坡降较大,并且与湖盆以陡坡相接。因此其扇三角洲相带相对于轴向河流三角洲相带狭窄、变化快、岩性粗,砂砾岩和含砾砂岩较发育,且在地层剖面上砂砾岩含量高,三角洲内前缘以上地区砂地比一般大于50%,有利于构造—岩性油气藏形成。松辽盆地目前15%左右的探明石油地质储量均发现在该沉积体系中,鄂尔多斯盆地目前25%左右的探明石油地质储量发现在该沉积体系中。

(2)提出了陆相断陷盆地富油气凹陷"满凹含油"的规律。

① 提出了富油气凹陷"满凹含油"的基本概念。

富油气凹陷"满凹含油"是指在富油气凹陷内,优质烃源灶提供了丰富的油气源,使得纵向上各层系、不同类型储集体中均可能形成油气聚集,平面上多层系、不同类型圈闭油气藏相互叠置连片分布。富油气凹陷"满凹含油"着重强调两层含义:一是富油气凹陷具有一系列独特有利的成藏条件,油气藏分布超出正向二级构造带的范围,在凹陷的斜坡区乃至生烃洼陷区,可以形成岩性地层油气藏;二是"满凹含油"的提出并不是突出在凹陷的任何一个部位都可以发现油气藏,而是强调全凹陷整体评价与勘探理念的重大转变。

② 提出了富油气凹陷"满凹含油"的形成条件。

富油气凹陷具有形成"满凹含油"的一系列有利成藏条件。优越的生烃条件是富油气凹陷"满凹含油"的首要前提条件;广泛分布的有利储集体,为丰富的油气聚集提供了储集场所;源储交互接触与广泛发育的断裂系统,为"满凹含油"创造高效率的输导条件;由于富油气凹陷生烃量大,在凹陷边缘的凸起带、滚动背斜带、斜坡上鼻状构造中,可以形成构造油气藏,在洼陷内部储集体与生油岩体直接接触,可以形成大量岩性地层油气藏,从而在渤海湾盆地、松辽深层断陷形成多类型、多层系油气藏叠置连片"满凹含油"的分布特点。

③ 提出了富油气凹陷"满凹含油"的勘探理念。

"满凹含油"是富油气凹陷油气分布的突出特点,注重"主攻富凹"、"下洼找油"、"贫中找富"等勘探理念的变化,这一理念指导了渤海湾盆地等地区富油气凹陷的整体部署、整体勘探。"下洼找油"强调油气勘探应跳出"二级构造带"范围,实施全凹陷整体部署与勘探,其中岩性地层油气藏是近期的主要勘探目标。"贫中找富"指在大面积低丰度岩性地层油气藏背景下,以寻找富集、高产区块为勘探重点。

④ 指导了富油气凹陷整体部署与勘探,发现了四种类型油气富集区带。

在富油气凹陷"满凹含油"指导下,对渤海湾盆地富油凹陷整体勘探、松辽盆地深层富气凹陷整体评价、二连盆地主洼槽重点勘探,发现了四种类型油气富集区带:一是源内陡坡断阶—高位体系域辫状河三角洲前缘带岩性油气藏富集带,如渤海湾盆地留西;二是源内陡坡断阶—湖侵体系域扇三角洲前缘带岩性油气藏富集带,如二连盆地巴音都兰巴Ⅰ—巴Ⅱ油气构造带;三是源内多坡折缓坡—湖侵和高位体系域扇三角洲—湖底扇油气富集带,如辽河西部凹陷西斜坡沙河街组岩性油气藏富集带;四是源内中央隆起翼部—高位体系域三角洲岩性油气藏富集带,如任丘潜山带围斜带、北大港构造带东翼岩性油气藏富集带;中央深潜山基岩风化壳地层油气藏富集带,如大民屯凹陷前古近系深潜山带;深断裂—湖侵和高位体系域火山岩爆发相和溢流相岩性气藏富集区带,如松辽深层徐家围子等富气断陷。

⑤ 揭示了松辽深层断陷火山岩岩性油气藏成藏机理与富集规律,有效指导了松辽深层天然气勘探取得历史性突破。

a. 首次突破了松辽盆地深层缺乏有效储层的传统认识,发现了大面积分布的火山岩有效储层,使有效勘探深度下延2000m。

松辽深层有一套分布较为稳定的火山岩储层,钻井揭示的厚度在200~500m,有利火山岩储层分布面积约20000km^{2}以上。通过创新岩矿鉴定组合技术(如薄片和能谱组合技术、薄片和红外光谱组合技术等)和非常规储层全直径岩心物性分析新技术,发现火山岩刚性度大、后期深部流体具有建设孔隙等特点,火山岩有利储层存在五种相、十五种亚相,其中近火山口等相发育有利储层,相应的有效勘探深度从2500m下延伸至4600m。

b. 揭示了深断裂—湖侵和高位体系域火山岩喷发相岩性气藏富集区带。

天然气藏富集区带主要分布于临近生烃凹陷的古隆起背景和深断裂带附近的火山岩有利储层发育区。断陷内四套烃源岩和四套储层间互,形成了有利的生、储、盖组合条件,有效烃源岩的分布控制了气藏的分布。纵向多套气层叠置,总体为上气下水,没有统一的气水界面。气柱高度大,受不同火山机构控制。沙河子组沉积期末和营城组一段沉积末期发生了两次构造运动,徐家围子断陷西、中和东形成了三个NNW向构造带和宋站、丰乐两个EW向的短轴构造带,为有利天然气富集带,在徐家围子断陷发现探明储量超过$1000 \times 10^8 m^3$。

c. 创新了多源复合生烃理论及定量判别方法,评价表明松辽深层有形成我国陆上"第五大气区"的资源基础。

研制了烃源岩中吸附气态烃制备装置,采用开发的超低温冷冻富集技术,实现了对微量重烃组分的分析,可以检测出天然气中C_5—C_{12}之间160余种烃类化合物。应用该新技术研究认为,确定松辽盆地深层天然气以煤型气为主,兼有油型气和无机气,单个断陷优质的煤系气源岩面积达2000~7000km^2,厚度400~800m,生气强度一般在$20 \times 10^8 m^3/km^2$以上。综合评价多层位、多类型烃源岩特征与演化,重新计算松辽盆地深层天然气资源潜力很大,开辟了我国陆上"第五大气区"。

(3) 揭示了陆相前陆盆地"冲断带扇体控藏"、斜坡三角洲"平原—前缘带控气"的规律。

① 前陆短轴陡坡—湖侵和高位(低位)体系域冲积扇、扇三角洲型和火山岩油气富集区带。

此种类型以准噶尔西北缘冲断带油气富集区带最为典型。在冲断带不整合面上下,存在两种不同类型的储集体和油气藏。不整合之上砂砾岩扇体控油,发育断层—岩性油气藏,油气富集控制因素主要有断层、不整合面、扇体和储层发育程度。不整合之下火山岩风化壳控油,发育大型地层油气藏,大面积连片分布。断裂和火山岩风化强度是准噶尔西北缘石炭系油气富集的关键要素。

② 前陆短轴缓坡——湖侵(水进)和高位(低位)体系域河流三角洲平原—前缘油气富集区带。

此种类型以川西—川中前陆斜坡隆起带上三叠统须家河组河流三角洲油气富集区带最为典型。川西—川中前陆斜坡隆起带须家河组三角洲"平原—前缘过渡带控气",主要发育大面积河流三角洲成岩圈闭气藏。高能河道、构造背景、裂缝的叠合部位是最有利的高产富集区。近三年来,四川盆地须家河组已探明天然气地质储量 $1078\times10^8m^3$。

(4) 揭示了海相克拉通盆地"台缘带礁滩控油气"的规律。

① 揭示了克拉通碳酸盐岩台地边缘礁滩复合体的分布规律。

通过对塔里木、四川古生界克拉通盆地进行层序地层格架内全盆地的岩相古地理图编制,发现我国海相碳酸盐岩台地边缘发育"滩上礁"、"滩中礁"与"礁上滩"三种礁滩复合体类型,而且不同时期礁滩复合体在时空上具有迁移叠加的发育规律,在平面上礁滩复合体大面积分布,如塔里木盆地塔中Ⅰ号奥陶系台缘礁滩复合体,目前勘探已证实礁滩体长达220km,厚200~300m,有利面积超过 $3000km^2$。

② 揭示了台缘礁滩带准同生期溶蚀作用形成层系内部优质储层的机理。

储层成因研究揭示,台缘礁滩带具备多期次生溶蚀与白云石化交替作用形成有效储层的有利条件。潮湿气候下的台缘礁滩相形成同期高地貌,暴露地表遭受淡水淋滤,形成次生溶蚀孔洞、裂缝储层。1~4级层序界面对次生岩溶储层具有不同的控制作用,一级层序边界的不整合面控制了大面积次生岩溶储层分布,高频四级层序边界的短暂暴露则可形成层系内部准同生期次生岩溶储层。干旱气候下的台缘礁滩相带常与台内膏盐潟湖相带相邻,渗透回流白云石化作用下易形成白云石晶间孔,都可形成大面积有效储层。

③ 揭示了台缘礁滩体深埋有效储层形成机理与多层系大面积连片分布规律。

深埋环境下,台缘礁滩带发育的断裂系统与早期孔洞层为埋藏溶蚀作用的发生提供了流体通道与反应空间,形成台地边缘礁滩复合体多期次生孔隙叠加发育带,使得埋深大于4500~7500m发育优质储层。不同类型碳酸盐台地边缘优质礁滩储层分布特征不同,陡坡型碳酸盐台地边缘礁滩垂向叠加,深埋礁滩储层累积厚度大,呈大规模带状分布;缓坡型碳酸盐台地边缘横向迁移,深埋礁滩储层大面积分布。

④ 提出了碳酸盐岩台地边缘礁滩体有利于形成大型岩性油气富集区带。

一是碳酸盐岩台地是克拉通盆地的一种重要的正向古地貌单元,易演化成继承性的古隆起,长期是油气运移的有利指向区;二是大型克拉通内部隆坳变迁,克拉通内部碳酸盐岩台地与台间盆地并存,有利于形成良好的生储配置;三是在台地边缘广泛发育大面积礁滩储集体,易形成大型岩性圈闭;四是圈闭形成早、油气多源多期充注,有利于大面积成藏。目前,在塔中台缘带已获探明油气当量近亿吨,新增区带资源量 13×10^8t 以上。实现了过去从大构造勘探向大面积岩性勘探的重大突破,引领了塔里木碳酸盐岩从大构造向岩性地层勘探思路的重大转变。

(四)开发出"两项核心勘探技术"和特色技术

(1)提出了岩性地层油气藏勘探的两项核心技术。

① 层序地层学工业化应用技术("六步法")。

针对国内层序地层学工业化应用研究不足的现状,在系统分析可容纳空间演变原理的基础上,首次明确提出层序地层学工业化应用六个步骤的研究程序和技术规范,即第一步是沉积背景分析,第二步是层序划分对比,第三步是层序界面追踪闭合,第四步是层序约束储层反演,第五步是沉积相综合分析,第六步是目标评价与成藏规律研究。"六步法"的提出提高了层序地层学研究成果定量化程度和岩性地层圈闭的预测精度。

② 层序约束储层预测技术(六项关键技术)。

开展了针对岩性地层油气藏勘探的三维地震勘探技术,形成了三套针对砂砾岩、碳酸盐岩、火山岩储层的岩性地层油气藏勘探技术系列。集成了六大类岩性地层圈闭识别配套技术:薄互层砂体识别技术(坳陷三角洲、前陆斜坡、台盆区隆起周缘等);条带状砂体识别技术(坳陷河流等);扇型砂体识别技术(断陷陡坡与缓坡、前陆陡坡等);透镜状砂体识别技术(断陷、坳陷、前陆等深水区);碳酸盐岩缝洞储层识别技术(台盆区等);特殊岩性体识别技术(火成岩、泥岩裂缝等)。开发出叠前三参数地震反演识别岩性技术,包括密度反演、v_P速度反演和v_S速度反演等。

(2)开发集成了三类储集体高分辨率地震采集与处理技术:建立了面向大面积薄互层砂岩、深层火山岩、缝洞碳酸盐岩等复杂地质目标的高分辨率地震采集与处理配套技术系列。

① 薄互层砂岩地质目标的地震采集与处理配套技术。

针对松辽盆地中浅层砂岩薄互层、非均质性强、横向变化大等特点,开发超千道、中小面元、宽方位角接收的高分辨率采集技术,形成四项过程监控关键技术,包括野外地震资料检测评价技术、激发能量监控技术、多数据集频谱分析技术、3D激发子波监控技术,提高地震资料的保真度。集成和研发五项高分辨率三维地震处理关键技术,包括初至折射波静校正技术、三维地表一致性振幅补偿技术、组合反褶积、分频叠加、基于小波分频和SVD滤波的多维多空间去噪技术,提高地震资料分辨率,主频较老资料提高10~20Hz。

② 火山岩地质目标的地震采集处理配套技术。

针对松辽盆地深层火山岩勘探,发展了适用深层的三维地震资料采集技术。地震采集设计实现了由经验化向定量化转变,确保采集方法和技术应用的科学性。开发的采集主要关键技术有:模型正演辅助分析确定观测系统设计技术;超千道、中小面元、宽方位角接收技术;垂直叠加提高激发能量技术等。新采集的高分辨率三维地震资料,满足了精细刻画火山岩储层的需要。开发了深层三维地震资料处理技术,地表一致性振幅补偿技术,有效地补偿炮点、检波点等分量上的振幅差异,消除能量横向不一致性;保持动力学特征的压噪技术,把小波多尺度变换与SVD滤波有机地结合起来,建立了地震资料多维多空间去噪方法;子波处理、时—空变反射系数有色成分补偿、相关排序同相叠加技术和分频叠加等高分辨率处理技术;自主研发了以波动方程为主的叠前深度偏移技术流程,实现了深层火山岩体的正确成像。

③ 黄土塬地表条件砂砾岩地质目标地震采集与处理配套技术。

针对鄂尔多斯盆地黄土塬地表条件特点,发展了沟中弯线和黄土山地多线高精度地震采集技术,集成了适合黄土塬、沙漠、戈壁滩的高精度静校正和地表一致性处理技术;开发了三维多波地震勘探技术,提出基于卫片的三维转换波观测系统设计、横波表层结构调查及转换波静校正技术。改善了转换波资料信噪比和分辨率,提高了鄂尔多斯盆地大面积岩性油气藏的预测能力,符合率达到85%。

④ 沙漠覆盖区碳酸盐岩地质目标地震采集处理配套技术。

针对塔里木盆地沙漠覆盖区海相碳酸盐岩油气藏的特点,集成了以"潜水面下激发、叠前去噪和叠前时间偏移"为技术关键的高精度三维地震采集处理配套技术,显著改善了塔中等深层碳酸盐岩成像效果;提出了以野外露头、测井和地震结合的碳酸盐岩综合建模技术,提高了碳酸盐岩油藏描述能力;发展了以古地貌为约束、以多种级联地震属性优选为基础的缝洞型碳酸盐岩储层综合预测技术,成功解决了塔中台缘礁滩相和岩溶型碳酸盐岩油气藏预测难题。

(3) 自主开发了针对性的中低孔渗储层预测技术:发展了叠前弹性参数反演和吸收衰减技术,系统开发了火山岩储层预测与精细描述技术。

① 砂岩薄互层储层预测技术。

针对大面积、中低丰度、薄互层砂岩特点,研发基于地震道模式识别预测薄互层储层的技术,形成具有独立知识产权的"SeiWave 储层预测井位部署系统";研发基于层序格架约束的储层特征反演技术,形成了适合薄互层砂岩勘探的地震反演技术系列;开发基于广义 S 变换的频谱分解技术,提高识别河道砂体能力;集成了以多属性透视和相干体为核心的全三维可视化解释技术,提高了河道、扇体等储集体精确描述的能力。

② 发展了基于叠前地震属性的储层预测技术。

提出基于叠前远近道地震属性差异的薄层识别技术,发展了叠前弹性参数反演和吸收衰减技术,研发了从常规纵波叠前道集提取多波属性的技术,提高了在砂岩岩性中预测高效储层和油气层的能力。

③ 发展了基于高精度重磁电震一体化的火山岩宏观展布预测技术。

针对松辽盆地深层火山岩的分布,开发了包括高分辨率的重磁延拓回返垂直导数目标处理、高分辨率重磁视深度滤波等弱信号增强处理技术,以及电磁 RLM 反演等技术。该技术有效地缩小了勘探靶区,缩短了发现周期,预测火山岩分布面积超过 $2 \times 10^4 km^2$,火山岩预测精度达到80%。

④ 开发了火山岩高分辨率三维地震目标区储层预测与精细描述技术。

将三维地震剖面岩性解释技术、地层切片技术、构造趋势面分析技术、模拟退火反演技术、频谱成像技术、波形聚类分析技术、双相介质弹性波油气检测技术、地震衰减梯度油气检测技术和三维可视化成图技术等九项地震解释技术,集成创新应用于火山岩储层预测。实现了火山岩厚度、有利储层厚度、有效气层厚度等参数的定量评价,为井位部署和储量计算提供了可靠的储层参数。经三年的钻井验证,火山岩储层厚度预测相对误差最大平均4.4%,勘探目标的准确识别,显著提高了勘探效率,有效预测符合率达89%,确保深层探井成功率由52%提高到75%。

(五)建立了凹陷、区带、圈闭评价技术和规范标准

提出了以油气系统为单元的"四图叠合"岩性地层油气藏区带评价方法,建立了基于三级层序地层格架的"十图一表"圈闭评价技术与工业化规范标准。

(1)针对富油气凹陷评价,提出"三步走"的评价方法。

提出了"富油气凹陷"、"富油气区带"新的部署思路,"三维地震整体部署、地质研究整体评价、钻探工程分步实施"的评价方法,同时推动了高分辨率三维地震采集技术(主频提高10Hz以上)和连片叠前时间偏移处理技术的发展。"整体部署"的原则指导了东部8个富油

气凹陷、中西部11个富油气区带的勘探部署。

（2）提出了以油气系统为单元的"四图叠合"的岩性地层区带评价方法。

应用"构造—层序成藏区带"评价思路,制定了主要目的层三级层序单元沉积微相分布图、有效烃源岩分布图、储集体顶面构造图、分目的层勘探程度图的"四图叠合"工业制图方法,对岩性地层油气藏聚集区带划分和评价提出了完全不同于构造勘探的标准。

（3）建立了基于层序地层格架的岩性地层圈闭评价技术与工业化规范标准。

首次提出了"五步流程十图一表定圈闭"的评价程序、技术、规范和标准。第一步定可行性,评价地震资料品质,优选地震资料处理流程;第二步定类型,通过沉积特征分析确定圈闭类型;第三步定边界,通过圈闭形态描述,确定圈闭边界及参数;第四步定有效性,通过成藏分析,确定圈闭最终油气聚集的概率;第五步定钻探目标,通过圈闭综合评价,确定有利的钻探目标与井位。

二、取得的主要勘探成效

"岩性地层油气藏地质理论与勘探技术"项目实施以来,新理论有效指导了勘探部署,新技术强有力地支撑了勘探实践,取得了显著经济和社会效益。

（1）中国石油近期在松辽盆地中浅层和深层、四川盆地川中广安、准噶尔西北缘和塔里木盆地塔中等地区取得了一系列重大勘探突破,陆续发现了一批亿吨级规模的大型岩性地层油气藏和一批$5000 \times 10^4 t$级规模的中型岩性地层油气藏。通过"十五"期间的勘探和研究,中国石油形成了8个富油气凹陷和15个富油气区带共23个储量增长的主战场,同时这也是"十一五"储量持续增长的重要保障。

（2）岩性地层油气藏已经成为中国石油天然气股份公司目前储量构成的主体。中国石油每年新增探明岩性地层油藏储量$2.5 \times 10^8 \sim 3 \times 10^8 t$,所占总探明储量比例从1999年的45%上升到2006年的67%（图4-11）,仅2004—2006年三年新增可采地质储量$6.5 \times 10^8 t$油气当量,取得了巨大的经济效益,为国家能源安全作出了突出贡献。

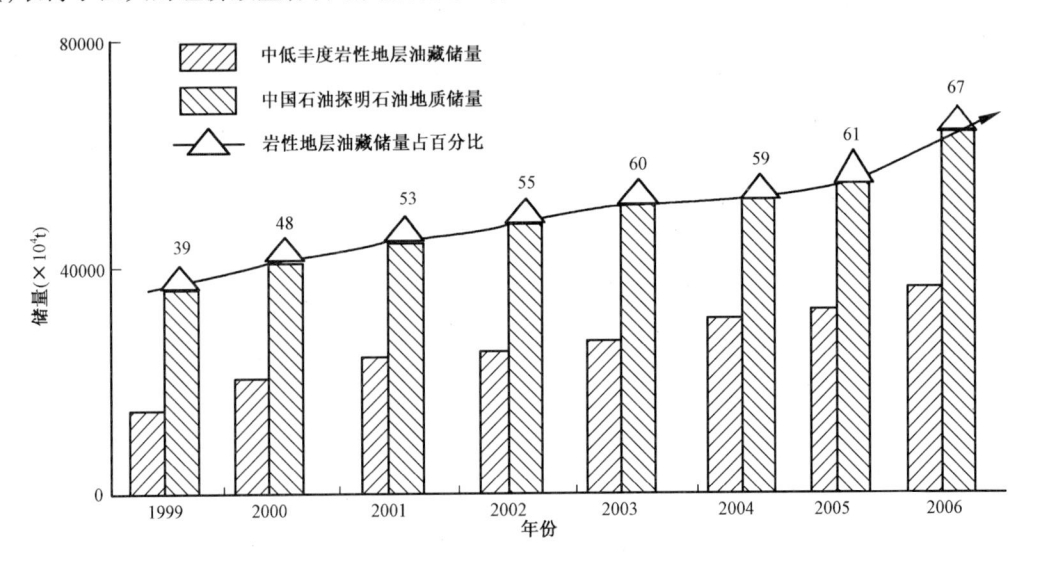

图4-11 中国石油天然气股份公司岩性地层油藏探明储量增长趋势图

（3）通过近几年岩性地层油气藏的理论研究和勘探实践,实现了四个方面新扩展,揭示了我国岩性地层油气藏领域的巨大勘探潜力。一是由陆相断陷一种类型盆地,发展到陆相坳陷、前陆和海相克拉通四类盆地；二是由砂砾岩一种储层，发展到碳酸盐岩、火成岩三类储层；三是由源内油气藏，发展到源上和源下三种油气藏目标；四是由中东部较高勘探程度区，发展到中西部较低勘探程度区。

（4）岩性地层油气藏地质理论的系统建立与核心勘探技术的创新，强有力地推动了中国石油从构造勘探向岩性地层勘探的重大转变，部分盆地已进入岩性地层油气藏勘探的新时代。通过中国石油天然气集团公司组织实施的岩性地层油气藏理论与技术攻关，开创了我国岩性地层油气藏油气勘探重大接替新领域；而且，还将对中国石油在中东、非洲等全球的油气勘探产生积极和深远影响。

总之，在我国陆上构造油气藏勘探难度加大、油气储量递减的形势下，大规模勘探、开发岩性地层油气藏成为缓解矛盾的必然选择。岩性地层油气藏勘探领域剩余油气资源丰富，勘探潜力大，已经成为我国陆上最现实、前景最大的勘探领域，是中国陆上未来油气勘探的发展之本。我们相信，随着岩性地层油气藏勘探的不断深入，其地质理论和勘探技术也将得到进一步完善和发展，必将在我国油气勘探中发挥更大的作用。

第五章　大面积岩性地层油气藏形成条件和分布规律

第二章分析了储集体类型及其发育和分布的主控因素。储集体是油气运移和储存的场所,圈闭是油气充注、聚集和成藏的关键条件。本章主要分析岩性地层圈闭类型、形成条件和控制因素,以及有利岩性地层圈闭发育带的分布特征及主控因素。最后,简要剖析盆地中不同圈闭类型纵横向分布特征以及层序格架、构造沉积背景对圈闭纵横向分布的控制规律。

第一节　油气藏特点与勘探潜力

一、岩性地层圈闭类型与形成条件

圈闭是储层中能聚集和保存油气的场所。岩性地层圈闭与构造圈闭的组成要素相同,均由储集体、上覆盖层和遮挡条件三部分组成(其中上覆盖层和遮挡条件可统归为封闭条件)。遮挡条件包括储层上倾方向和侧向的非渗透性遮挡以及顶底板非渗透性岩层或高势面的遮挡,其中以储层上方和上倾方向的非渗透性遮挡最为重要,在形成圈闭的诸因素中起主导作用,决定着圈闭的形成、特征、性质和类型。岩性地层圈闭的封闭条件主要是由沉积作用、成岩作用引起的岩性、岩相和物性的变化以及不同方向的致密地层遮挡构成的封闭。

(一)岩性地层圈闭类型

关于圈闭类型的划分,不同学者有不同的分类方案。按照储层上方及上倾方向的封闭因素决定圈闭的形成、特征、性质和类型,可将圈闭分为四种类型:构造圈闭、岩性圈闭、地层圈闭和复合圈闭。按照层序地层格架中圈闭发育的体系域的不同,可划为低位体系域圈闭、湖侵体系域圈闭和高位体系域圈闭。按照层序格架中源储位置关系的不同,可分为源上(下生上储)、源内(自生自储)和源下(上生下储)三种圈闭类型。本书根据岩性地层圈闭的成因(封闭要素)和条件划分出三类:岩性圈闭、地层圈闭和复合圈闭(表5-1)。

表5-1　岩性地层圈闭分类表

类	亚类	圈闭成因	实例
岩性型	岩性上倾尖灭型	储层在上倾方向相变为泥岩或致密岩性形成封堵	辽河高升
	岩性透镜体型	透镜状储集体周围为非渗透岩性封闭	东营牛庄
	沟道充填型	河谷、下切谷、各类水道内充填砂体被沟道间非渗透岩性封堵	东营梁家楼
	生物礁型	生物礁块被周围的非渗透岩性围限	川东二叠系
	火成岩型	以火成岩(喷发岩或侵入岩)为储集体被泥岩等致密岩性封堵形成的圈闭	松辽徐家围子
	成岩型	因建设性成岩作用形成有效储集体和(或)致密化成岩作用构成封堵而形成的圈闭,包括溶蚀型、岩溶型、白云岩化型、胶结封堵型等圈闭类型	川中大安寨
	裂缝型	致密地层内部裂缝型储集体发育形成的圈闭	川中侏罗系

续表

类	亚类		圈闭成因	实例
地层型	不整合超覆型		储层上超于不整合面,储层之上超覆沉积非渗透层而形成的圈闭	辽河齐家
	不整合遮挡型		不整合面上覆非渗透层或稠油沥青遮挡不整合面下伏储层所形成的圈闭	辽河齐古
	古潜山型	基岩型	盆地基底各类基岩(碳酸盐岩、碎屑岩、变质岩)古潜山经风化淋滤后被其上的非渗透层围限形成的圈闭	华北任丘
		风化壳型	盆地盖层某一时期因构造抬升遭受风化淋滤或岩溶作用后被致密层覆盖而形成的圈闭	鄂尔多斯盆地马家沟组五段
复合型	构造—岩性型		以岩性变化为主、构造条件(背斜、断层或底辟)辅助围限或遮挡而形成的复合圈闭	吉林海坨子
	构造—地层型		依附于不整合面为主、构造条件(背斜或断层)辅助围限或遮挡形成的复合圈闭	崖13-1
	岩性—地层型		依附于不整合面为主,辅以致密岩性封堵形成的复合圈闭	辽河曙光
	地层—岩性型		以岩性变化为主,辅以不整合面遮挡形成的复合圈闭	钟市

(二)岩性圈闭形成条件

岩性地层圈闭(Stratigraphic trap)是由于沉积条件的变化、储层岩性岩相变化或储层的储集空间横向纵向变化以及储层上、下不整合遮挡的结果。例如一个渗透性储层横向渐变为非渗透性地层;或者储层遭受风化剥蚀后,又被非渗透地层所超覆,形成不整合遮挡等等。这种变化的界限可能是突变的,也可能是渐变的;造成这种变化可以是局部的,也可以是区域性的。除了某些透镜体、生物岩礁、成岩型、喷发型和裂缝型以外,其他岩性地层圈闭都与构造因素有一定的联系或与原有的构造条件有关。但是,控制岩性地层圈闭形成的决定因素则仍然是沉积和(或)成岩条件的改变及不同岩性的地层接触关系的突变。

岩性圈闭是在沉积作用、成岩作用下,因相带变化使储集岩体的岩性或物性发生变化,被非渗透层所围限或侧向遮挡而形成的圈闭。

1. 岩性圈闭形成机理

形成岩性圈闭的基本条件是有利的储集体、遮挡层因素和沉积构造背景。

1)沉积作用

岩性的变化是形成岩性圈闭的根本条件,而沉积作用是控制岩性岩相变化的前提条件和动力基础,其中三角洲砂体、河道砂体、滨岸沙坝、水下扇砂体、湖底扇砂体、浊积砂体等具有良好的储集性能,特别是三角洲的前缘砂和河道砂为岩性圈闭形成的主要砂体类型,有利的储集体与侧向或上倾方向的泥岩遮挡形成良好的配置关系,形成岩性圈闭。我国西部海相克拉通盆地广泛发育滨岸相砂体,东部陆相坳陷和断陷盆地中广泛发育三角洲、水下扇等砂体与周围非渗透岩性形成良好的匹配,为各种岩性圈闭的形成提供了有利条件。碳酸盐岩沉积作用对岩性圈闭的形成也具有直接的控制作用。勘探实践表明,碳酸盐岩岩性圈闭多是在特定的古沉积环境中,由特定的岩性或岩相组合形成。

2）成岩作用

物性变化是形成有效储层及遮挡条件的基础，由沉积后的成岩变化导致孔隙发育和岩石物理性质变化而形成的圈闭通常被称为成岩圈闭。成岩作用在形成岩性圈闭中的作用表现为两个方面，一是建设性成岩作用如溶蚀作用、白云岩作用、TSR作用、岩溶作用等形成有利储集体，或使非储层成为有效储层，周围存在有效封堵的岩性层，进而形成圈闭；二是在大面积有效砂体或其他储集体的背景下，由于胶结作用、硅化或重结晶作用等形成致密封堵，进而形成圈闭。还有潜山型圈闭，是由沉积后地层抬升剥蚀溶蚀淋滤作用导致孔隙发育被上覆及侧向非渗透岩层封闭而形成的圈闭（图5-1）。

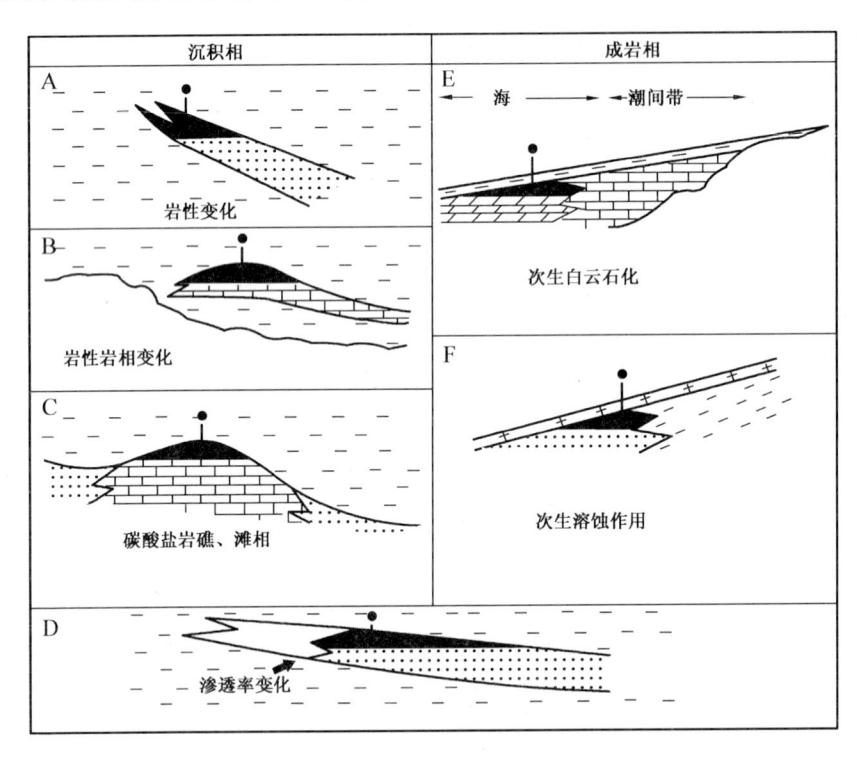

图5-1 碳酸盐岩中沉积成岩作用与岩性地层圈闭的形成

3）岩浆作用

岩浆作用是地下岩浆在地壳运动和热动力作用下沿地壳薄弱带上涌形成火成岩的地质作用过程。按照岩浆活动程度及方式，岩浆作用可分为侵入作用和喷发作用，前者岩浆活动相对较弱，未上升至地表，形成侵入岩或次火山岩；后者岩浆活动剧烈，喷发至地表，形成火山岩。其中火山岩有利于形成岩性圈闭储集体，岩浆作用在圈闭形成中的作用表现为火成岩成为有效储集体，周围被其他非渗透岩性封闭形成圈闭，或火成岩内部由于自身物性的非均质性或后期成岩作用而在火成岩内部形成圈闭。

4）构造背景

纯粹的岩性圈闭如透镜体圈闭工业意义不大，多数是发育于一定构造背景下的岩性圈闭，如鼻状—岩性圈闭、断层—岩性圈闭大多发育于不同级别的正负向构造单元的翼部或端部。从目前所发现的大量岩性圈闭（油气藏）的统计来看，有效的岩性圈闭绝大多数均发育在正向构造的翼部和负向构造的斜坡部位，因此，一定的构造背景是形成此类有效圈闭的重要条件。

2. 不同类型岩性圈闭形成条件

1）岩性上倾尖灭或侧变

储层沿上倾方向发生尖灭或岩性侧变,并被非渗透层所围限,而形成可遮挡油气运移的圈闭。这类圈闭的储层往往被穿插、尖灭在生油层或致密岩性体中,具有充足的油源和良好的储盖组合条件,其上倾方向最易形成岩性油气藏。

2）岩性透镜体圈闭

岩性透镜体圈闭系指各种透镜状、条带状或不规则状渗透性储层被非渗透性岩层包围。储集体以不同成因的砂岩透镜体为主,可包括三角洲远端砂、前缘砂、滨岸沙坝、沙洲、滩砂、河道砂等砂体以及深水浊积砂体等,最有利的是三角洲远端砂、滨岸坝砂、滩砂和水下浊积砂体。还包括碳酸盐岩透镜体以及沉积作用形成地貌突起状储集体被非渗透层封闭,如风成沙丘、湖底滑塌（浊积）扇体等。

3）沟道充填圈闭

河谷、下切谷、各类水道内充填砂体被沟道间非渗透岩性封堵而形成的圈闭。在沉积过程中,河流水系切割下伏地层而形成河道和峡谷,同时堆积陆源碎屑物质,一般属于准同期沉积物,主要是由砾岩、砂砾岩、砂岩、粉砂岩和泥岩间互层组成。具有下粗上细的沉积特点,与其下伏地层呈不整合接触,而上部一般为泛滥平原相粉砂岩或泥岩沉积,构成良好的储盖组合和侧向遮挡条件。在平面上沿河道呈"带状"分布,受一系列断层的切割,形成侧向遮挡,形成一系列"带状"分布的古河道岩性圈闭。

4）生物礁圈闭

生物礁圈闭系指被非渗透性层包围或侧向遮挡的生物礁储集岩体所形成的圈闭。此类圈闭有两种形式:一种是整个生物礁形成统一的古地貌突起圈闭,圈闭受生物礁形态的控制。另一种是生物礁内岩性、物性不均衡,圈闭受生物礁的形态和内部岩性变化双重因素的控制。

5）火成岩圈闭

火山喷发至地表形成火山岩,被非渗透岩性封闭而形成圈闭,如松辽盆地徐家围子火山岩,或火山岩内部因物性的变化而形成圈闭,还有一种圈闭类型是岩浆侵入到地下某个部位当时未出露地表形成侵入岩或次火山岩被周围致密岩性封闭而形成的圈闭。

6）成岩圈闭

成岩圈闭系指在成岩作用,如压实、胶结、硅化、白云岩化、沉淀、结晶、交代、溶解等作用影响下,使岩石物性发生变化而形成的物性封闭圈闭。主要有两类,一类是致密层局部物性优化圈闭,包括致密岩性体或（特）低孔渗背景中因局部次生溶蚀作用产生的孔洞缝而自成圈闭、致密地层内部因岩溶作用而发育储集体形成的圈闭以及致密碳酸盐岩内部白云石化作用形成储集体构成的圈闭;另一类是储层顶部或边部因二次胶结、硅化等作用被区域性致密化所形成的封闭型圈闭,如储层在上倾方向或侧向被破坏性成岩（胶结）作用形成的致密层封堵而形成的圈闭。

7）裂缝圈闭

裂缝圈闭系指在成岩作用、成岩后生作用和构造力作用下,各种致密和性脆的岩层,如致密的石灰岩、白云岩、砂岩、泥灰岩、泥岩和油页岩等可形成层间裂隙或局部裂缝发育区,成为油气的储集空间和渗滤通道,形成裂隙、层间缝型岩性圈闭。裂缝产生原因很多,大体可分为成岩裂缝和构造裂缝两大类,前者是在成岩过程中产生的收缩裂缝和层间缝,在泥岩异常高压带,由于压实和脱水,泥岩由塑性变成刚性,可以形成大量微裂缝;后者是地层受力褶皱或断层也可以产生裂缝等等,而形成裂缝型圈闭。主要类型有泥岩裂缝圈闭、泥岩层间缝圈闭、碳酸盐岩裂缝圈闭和砂岩裂缝圈闭。

(三)地层圈闭形成条件

地层圈闭是指在构造运动引起的沉积间断、剥蚀或超覆沉积等作用下,储集岩体沿地层不整合面或侵蚀面被非渗透性岩层围限或遮挡而形成的圈闭类型。地层圈闭主要包括地层超覆圈闭、地层不整合遮挡圈闭和古潜山圈闭。

地层圈闭与岩性圈闭的本质区别在于,地层圈闭是发生在不同地层之间,其中某一地层中的储集体被非连续沉积的另一地层的致密岩性围限封闭而形成的圈闭;而岩性圈闭是同一地层内部储集体被致密岩性围限封闭而形成的圈闭。

1. 地层圈闭形成机理

1)地层超覆作用

在水进期(低位体系域和水进体系域)沉积过程中,沉积砂体沿不整合面逐层向上超覆尖灭,储集体(砂岩或碳酸盐岩)位于不整合面之上,储层底板与不整合面相切,造成对储层上倾方向的封堵作用,上部或侧面被非渗透性岩层封堵而形成地层超覆圈闭,也称不整合面之上的地层圈闭。

2)地层剥蚀作用

在水退期(高位体系域或水退体系域)或后期构造抬升,由于地层被剥蚀消截尖灭,上覆为不整合面之上的非渗透岩性封堵而形成圈闭,也称不整合面之下的地层圈闭。

3)风化淋滤作用

在构造运动作用下,地层抬升剥蚀并且遭受风化淋滤作用,形成孔洞型储集体,被后期沉积的非渗透岩性覆盖而形成的圈闭,多形成古潜山圈闭。这种类型圈闭储集体也位于不整合面之下,故有学者将此类圈闭归为不整合面之下的地层圈闭。

总之,沉积间断与地层不整合是形成地层圈闭的必备条件,无论沉积间断发生的时期早、晚,间断期的长短,不整合面的起伏大小,均能够导致已形成的圈闭重新组合,而形成新的地层圈闭。而储层的发育程度和一定沉积构造背景,同样也是控制地层圈闭形成与圈闭规模的必备条件。

2. 不同类型地层圈闭形成条件

1)地层超覆圈闭

当海水或湖水向盆地边缘斜坡或隆起翼部侵入时,在不整合面上形成了逐层超覆的旋回沉积,旋回底部的储层超覆在不整合面之上的非渗透岩层上。而储层又被连续沉积的非渗透层覆盖,具备良好的顶、底板遮挡层,从而形成地层超覆圈闭。并非所有地层超覆带附近均有圈闭条件。当不整合面上存在储层及上、下遮挡层的前提下,只有储层超覆线与构造等深线相交时,才能够构成圈闭,此时圈闭的形态受两者相交线的控制,一般呈不规则形态。

2)地层不整合遮挡圈闭

由于构造运动使盆地斜坡边缘或古隆起带储层遭受不同程度剥蚀,早期圈闭或古隆起均遭受不同程度的破坏,后期又被非渗透岩层覆盖,当不整合线与储层顶部构造等深线相交时,则可形成不整合遮挡圈闭。若不整合上部为泥岩等非渗透岩层所覆盖时,能够形成良好的封堵条件,若储层顶部或不整合面是由沥青或稠油封堵,也可以形成地层圈闭。

3）古潜山圈闭

是指与不整合面起伏有关而形成的古地貌圈闭,又称"古潜山圈闭"。圈闭受不整合面、断层和非渗透层等因素的控制。不整合面是形成圈闭的基础,其次为断层和非渗透性隔层。盆地形成时期古地貌地层为基岩层(包括盆地形成前的所有岩层),盆地发育时期沉积地层为盖层。圈闭储层为基岩地层。根据圈闭储层受成岩作用的方式不同,又分为表生淋滤型地层圈闭和地下渗滤型地层圈闭。前者称为"古地貌潜山"圈闭,根据基底岩性的不同,又可进一步划分若干亚类。后者为"内幕潜山"圈闭。根据古潜山圈闭成因的不同,又可分为盆地基底的基岩型圈闭和盆地盖层内的风化壳圈闭。

（四）复合圈闭形成条件

复合圈闭的形成受构造、岩性、地层、流体动力等多种因素中的两种或两种以上因素的复合作用,这里主要考虑构造、岩性、地层三种因素的作用。

1. 复合圈闭形成要素

1）构造因素

主要是背斜(鼻凸、鼻隆)、断层及后期反转等因素在圈闭形成中发生作用,如果构造因素在圈闭形成中起主导作用,则应归入构造圈闭大类。

2）岩性因素

主要是岩性、岩相和物性变化或由于裂缝的形成被致密岩性围限而形成圈闭。若岩性因素在圈闭形成中起主导作用,则该圈闭类型应归入岩性圈闭大类。

3）地层因素

包括地层超覆尖灭、消蚀和潜山披覆等因素。若地层因素在圈闭形成中起主导作用,则此类圈闭应归属地层圈闭大类。

2. 复合圈闭类型

对于复合型圈闭这里只考虑以岩性和(或)地层因素围限封闭为主、构造因素围限封闭为辅的圈闭类型,而不包括构造因素为主的复合圈闭,如岩性—构造、地层—构造、岩性—地层—构造、地层—岩性—构造等视为构造型圈闭大类。作为非常规圈闭的流体圈闭和水动力圈闭既不属于岩性地层圈闭,也不属于构造圈闭,不在本研究之列。

按照圈闭形成要素的多少,可分为两因素复合型和三因素复合型,前者即由形成圈闭的构造因素、岩性因素、地层因素中的任意两种因素作用形成的圈闭类型,如构造—岩性型圈闭、构造—地层型圈闭、岩性—地层型圈闭、地层—岩性型圈闭;后者即由构造因素、岩性因素和地层因素三种因素共同作用而形成的圈闭类型,如构造—岩性—地层型圈闭、构造—地层—岩性型圈闭等。

二、圈闭形成的"六线、四面"控制要素

岩性地层圈闭的发育是形成岩性地层油气藏的前提条件和关键因素,通过对不同类型盆地已发现油气藏的统计和分析研究认为,岩性地层圈闭的发育主要受"六线"和"四面"两个方面要素的控制(图5-2),某一特定圈闭通常是由其中的若干"线、面"要素构成的有效空间组合而成。

（一）"六线"对圈闭发育的控制

"六线"是指岩性尖灭线、地层超覆线、地层剥蚀线、物性变化线、流体突变线和构造等高线。

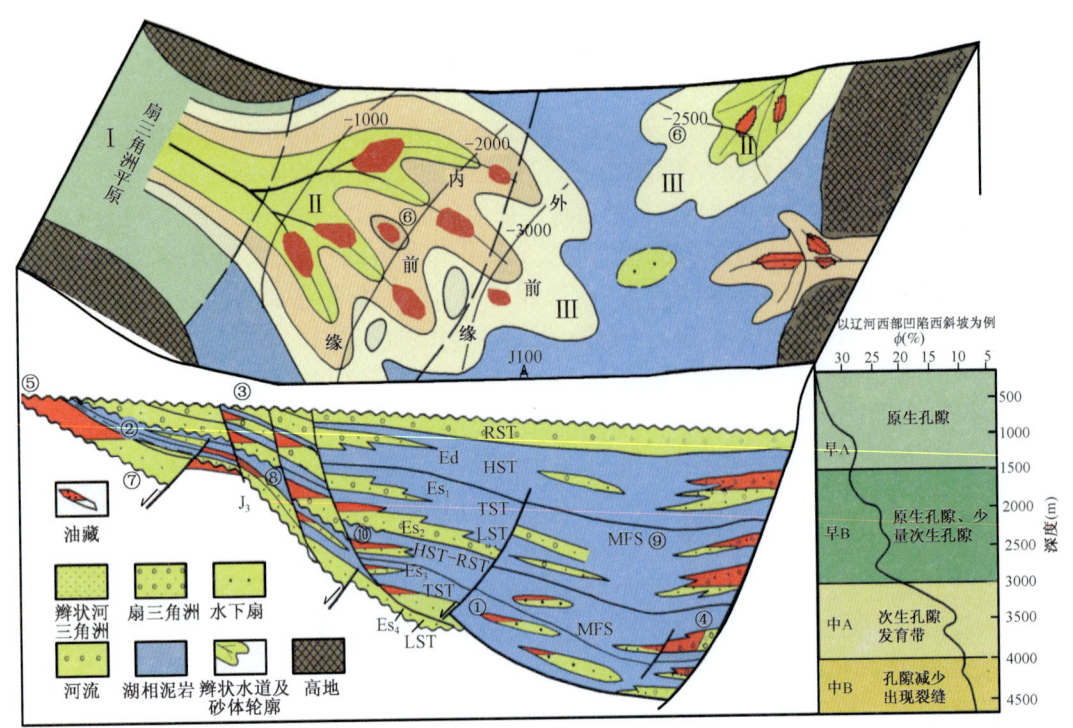

图 5-2　岩性地层圈闭发育的主要控制要素("六线"、"四面")示意图

1. 岩性尖灭线

岩性尖灭线是控制岩性地层圈闭形成最重要的典型条件,不仅岩性圈闭,地层圈闭如地层超覆圈闭也存在岩性尖灭现象,控制此类圈闭的形成。尤其是岩性圈闭,岩性尖灭线是控制其形成的必要条件。例如三角洲的前缘砂、远端砂、滨浅湖滩砂、河道砂等向凹陷或盆地方向延伸与非渗透性岩层接触形成岩性尖灭线(或带),在其上倾方向由于沉积相的变迁形成岩性突变构成的岩性尖灭线,如在其侧向具有遮挡条件存在的情况下,最易形成多种类型岩性圈闭,且岩性尖灭线附近圈闭最易捕获油气形成岩性油气藏。如根据松辽、鄂尔多斯等盆地已发现主要油气田统计,砂地比在 0.2~0.4 之间,发现了大量的薄砂层岩性圈闭(油气藏),而构造—岩性圈闭(油气藏)砂地比则在 0.4~0.6,并且绝大部分圈闭(油气藏)是分布在岩性尖灭带附近。

2. 地层超覆线

地层超覆线是地层超覆圈闭形成的必要条件,同时也是岩性圈闭发育的有利区带。地层超覆线往往与岩性尖灭线有着成因上的联系,但地层超覆线是沿海或湖岸线分布,沿地层超覆线形成的地层超覆圈闭主要发育在凹陷的缓坡,同时,缓坡的圈闭也最易捕获油气,形成地层超覆油气藏。如对不同类型盆地统计结果表明,缓坡发育的地层圈闭的规模较大。另外,对渤海湾盆地 9 个富油气凹陷不同构造带石油探明储量统计结果表明,缓坡 21.7×10^8 t,占 56.7%;陡坡 9.8×10^8 t,占 24.4%;洼槽 7.3×10^8 t,占 19.1%。显然缓坡不仅地层超覆圈闭发育且有效,油气也最富集。

3. 地层剥蚀线

地层剥蚀线是形成地层圈闭的重要条件。在凹陷的陡坡或缓坡部位由于构造活动形成的不整合面,使地层减薄或尖灭,形成大量的地层圈闭,油气可以沿不整合面运移聚集在圈闭内形成地层油气藏。如在准噶尔、渤海湾、二连等盆地的岩性地层圈闭(油气藏)的研究中,发现所有地层圈闭(油气藏)富集于不整合面上下,洼中隆发育最多的是潜山圈闭(油气藏),而在陡坡和缓坡往往富集地层尖灭和岩性上倾尖灭圈闭(油气藏),其中大部分岩性地层圈闭(油气藏)沿地层尖灭线分布。

4. 物性变化线

物性变化线有两种情况,一种是在大面积储集岩中由于破坏性成岩作用形成的致密胶结带,出现的渗透层与相对非渗透层之间的界线;另一种是低孔渗岩性背景中由于建设性成岩作用形成的高孔渗物性变化带,主要是指次生孔隙发育带。前者的意义在于封闭要素的形成,后者的意义在于储层要素的形成。例如,陕北中生界长石砂岩在成岩中期,其浊沸石和长石被溶解形成次生孔隙发育带,即浊沸石—长石溶蚀相是该区最有利的储集岩相,溶蚀作用主要发生于靠近生油洼陷一侧,向湖盆边缘方向溶蚀作用逐渐减弱。溶蚀作用强烈的砂岩,物性及含油性好,孔隙度为13%～16%,最高达18%,渗透率最高达$50 \times 10^{-3} \mu m^2$。而未溶蚀的浊沸石胶结相和其他胶结相则作为致密封堵带构成成岩圈闭。

松辽、渤海湾等陆相盆地沉积成岩作用研究表明,成岩作用引起的物性改变控制着岩性地层圈闭在纵向上的分布。中浅层(2000～2500m)烃源岩大量排放有机酸,砂体与烃源岩接触处溶蚀作用发育(图5-3),砂体边部物性好,形成薄壳状岩性上倾尖灭圈闭,这一深度段的透镜体全部含油。相反,中深层(>2500m)烃源岩排放的有机酸量较少,砂岩与烃源岩接触处溶蚀作用较弱,而成岩胶结作用较强烈,形成致密外壳,但砂体内部物性好,这样砂岩本身由于物性变化而自成圈闭,因而,中深层透镜体因胶结致密化不含油。

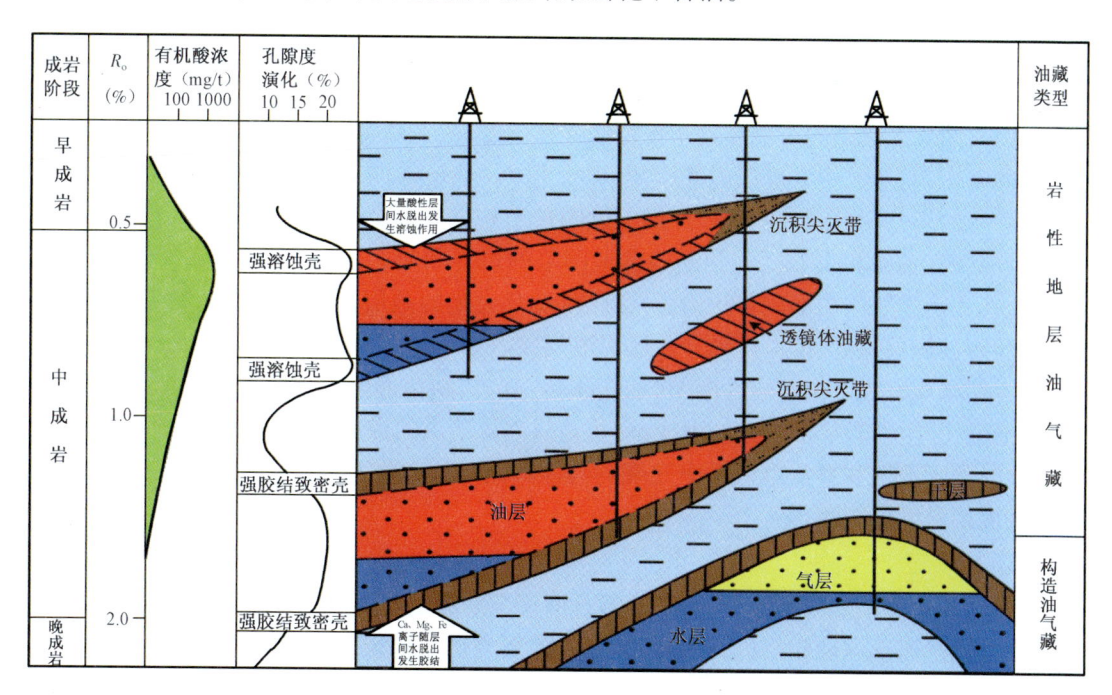

图5-3 地下溶蚀壳和致密壳与岩性地层圈闭形成机制示意图

5. 流体突变线

流体突变线是指在特殊条件下,流体变化是形成岩性圈闭(油气藏)的重要因素,如稠油封堵、沥青封堵、水动力等构成遮挡或围限形成的圈闭。辽河西部凹陷西斜坡古近系沉积过程中,地层逐渐超覆在基岩层之上,由于东营组沉积末期的构造运动,使西斜坡产生不均衡构造抬升,地层上倾端被区域性削截,馆陶组与古近系各层段地层直接接触。由于不整合埋藏比较浅,形成了稠油沥青封堵油气聚集带;西斜坡上欢喜岭、曙光、高升三个大型鼻状构造与不整合附近稠油沥青封堵带、地层超覆带相配置,形成了多种类型岩性圈闭(油气藏)及富集程度很高的地层圈闭(油气藏)聚集带。

6. 构造等高线

某一层段构造等高线反映岩性体顶部的起伏状态,往往在围斜、斜坡等具备一定的构造背景中才有利于形成岩性圈闭。通常岩性地层圈闭的形成在具备岩性或物性尖灭线的条件下,必须与构造等高线成恰当的角度相交才能形成圈闭,否则发散不闭合不能形成圈闭。同时,在相同或相似的沉积与成岩条件下,不同类型的岩性地层圈闭分布在不同级别或不同类型的构造带附近。如从松辽、渤海湾、二连等盆地的岩性地层圈闭(油气藏)的研究中发现,绝大部分岩性圈闭(油气藏)均与一定的构造背景密切相关,主要在构造的围斜和斜坡带附近,并且呈明显的分带性,一般发育多级断阶的陡坡带易富集扇三角洲或辫状河三角洲前缘砂体的岩性圈闭(油藏);缓坡带高部位一般富集地层超覆、地层不整合遮挡圈闭(油气藏)、潜山圈闭(油气藏)等;在缓坡的中低部位一般富集三角洲前缘砂、河道砂等砂岩体的上倾尖灭、透镜状等岩性圈闭(油气藏);在洼槽带一般富集湖底扇及浊积体等透镜状岩性圈闭(油气藏);在凹中隆主要富集潜山、滩砂、坝砂等岩性圈闭(油气藏)。

(二)"四面"对圈闭发育的控制

"四面"是指断层面、不整合面、湖泛面和顶底板面。

1. 断层面

断层面对岩性地层圈闭及油气藏的形成与分布有重要的控制作用,主要表现在以下几个方面:其一,断层尤其是同沉积断层不仅控制砂体的发育,在断距较大时,可以造成断层两盘岩性岩相的突变,而形成相变遮挡岩性圈闭(油气藏)。如辽河西部凹陷陡坡的雷家庄油田等,断层下降盘的扇三角洲或浊积扇砂体的上倾端被断层上升盘的非渗透冲积扇沉积层所封堵,形成岩性圈闭(油藏)。其二,陆相断陷盆地凹陷的边界断层,一般在拐弯处常常发育两条分支断层,在其衔接处往往形成鼻状构造,在此可发育大量的地层超覆或岩性上倾尖灭等圈闭,这些圈闭距油源层很近,最易富集岩性地层油气藏。如二连盆地的巴音都兰、赛汉塔拉、吉尔嘎朗图等凹陷均发现了众多岩性圈闭(油气藏)。其三,断层面是多数陆相盆地油气纵向运移的主干通道,非生油岩层油气藏的形成,多数是靠油源断层的沟通。如在渤海盆地东营组和新近系、准噶尔盆地侏罗系及白垩系中发现的岩性圈闭(油气藏)地区,一般均存在纵向油源断层,否则圈闭是无效圈闭。

2. 不整合面

不整合面主要指角度不整合面,沿不整合面存在地层消截、尖灭、超覆及岩性尖灭现象,同时,不整合面是风化淋滤作用进行的有利场所,控制着优质储层的发育。总之,与不整合面相关的岩性、物性的变化或尖灭为圈闭的形成创造了条件,因此,不整合面是圈闭发育和分布的有利场所,是地层圈闭形成的必要条件。另外不整合面是很好的油气运移通道,在岩性地层油气藏的形成过程中起到非常重要的作用。由于构造活动的多旋回性和构造旋回的多级次性,造成陆相地层普遍存在多个不整合或沉积间断,当不整合面上存在储层及上下遮挡层的前提下,储层超覆线与构造等深线相交时,有利于形成沿不整合面上、下分布的地层圈闭。如果这些圈闭与生油岩之间存在断层或不整合面等油气运移通道系统沟通,就可以形成地层超覆油气藏或不整合遮挡地层油气藏。而在主要湖侵期层系底界和顶界的两个区域不整合面之间油气最富集,控制着凹陷圈闭(油气藏)的纵向分布。如渤海湾盆地各凹陷已发现的地层圈闭(油气藏),主要沿古近系底界的区域不整合上、下分布。古近系底界面不整合主要形成地层超覆圈闭(油气藏),在前古近系储集条件良好,且不整合之上覆盖了非渗透层的地区,可形成"古潜山"型不整合遮挡圈闭(油气藏)。古近系顶界不整合面主要形成不整合遮挡圈闭(油气藏),地层超覆圈闭(油气藏)则少见。

3. 湖泛面

近几年随着陆相层序地层学的广泛应用,对岩性地层圈闭及油气藏的研究取得了突破性进展,湖泛面控制岩性地层圈闭(油气藏)分布的认识加深,并被发现的大量岩性地层圈闭(油气藏)勘探所证实。由于最大湖泛面是湖盆水体发育最广和最深的时期,暗色泥岩发育,有机质含量高,是湖盆致密泥质岩(生油岩)集中发育段。陆相湖盆最好的储集砂体,如三角洲、扇三角洲、浊积扇等砂体围绕最大湖侵面上下分布,这些砂体的前缘相带主要是一些分流河道、河口坝、远沙坝等透镜状砂体,它们在平面上一般成群、成带分布,砂体四周被生油层包裹,与生油层呈指状接触,有利于形成岩性圈闭并优先捕获油气,形成大量的岩性油气藏。如鄂尔多斯盆地三叠系圈闭及油气藏集中分布在两个湖泛面所限定的范围内(图5-4),最大湖泛面附近控制的岩性地层圈闭(油气藏)最明显。再如,二连盆地几乎98%的圈闭(油气藏)是分布在下白垩统阿尔善组和腾一段两个湖侵域之间。同样,松辽、渤海湾等断陷盆地此特征均很明显。

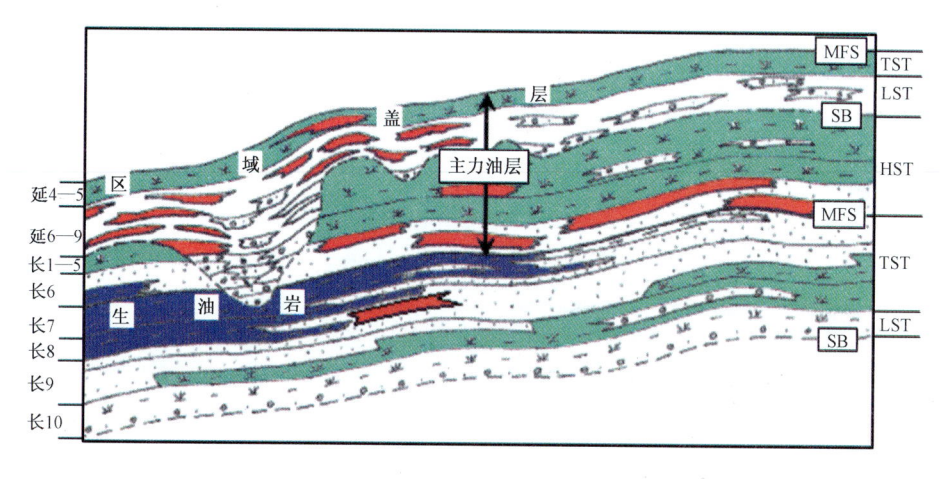

图5-4 鄂尔多斯盆地腹部中生界湖侵面与已知油气藏分布关系图

4. 顶底板面

顶底板面主要有两种含义,一是底板主要是指不整合之下岩层是否为致密地层,如果是渗透层,对圈闭来说是无效圈闭,特别是地层超覆圈闭或地层不整合圈闭对底板层要求较高。如在冀中坳陷束鹿凹陷斜坡上,古近系沙三段砂层超覆在石炭—二叠系之上,如果沙三段砂层是超覆在石炭—二叠系砂层之上的圈闭,钻探结果仅仅见到油显示,而没有发现好的油层,如南小城地层圈闭;如果砂层是超覆在泥岩或泥灰岩地层之上,则发现良好的油层,如西曹固、车城地层圈闭;另一个是砂层顶板层是否是致密地层,也同样决定着圈闭能否形成,如果为渗透层,则圈闭也是无效的。

— 153 —

某种岩性地层圈闭只有在"六线"、"四面"十个要素中的两种或两种以上要素有效配置的情况下才能形成。具备上述某些"面"、"线"但组合或配置不当,同样不能形成圈闭,如岩性上倾尖灭圈闭只有当砂体尖灭方向与地层倾向在90°~270°之间时才能形成。

三、岩性地层圈闭带发育和分布特征

(一)有利岩性地层圈闭带的类型和分布

根据目前勘探发现和储量统计表明,中国陆上储量规模大或富集程度高的岩性圈闭发育带主要有岩性上倾尖灭圈闭带(松辽、渤海湾、二连)、构造围斜岩性圈闭带(松辽大庆长垣外围)、凹陷内透镜体圈闭带(鄂尔多斯三叠系长7段)、碎屑岩成岩圈闭带(鄂尔多斯长6段)、台缘礁滩岩性圈闭带(塔中奥陶系)、台内礁滩岩性圈闭带(四川二叠—三叠系)、火成岩缝洞圈闭带(松辽徐家围子断陷)。储量规模大或富集程度高的地层圈闭发育带主要有地层超覆圈闭带(塔里木哈得逊东河砂岩)、不整合遮挡圈闭带(渤海湾断陷)、隆起风化淋滤圈闭带(鄂尔多斯奥陶系)、潜山圈闭带(渤海湾潜山、塔里木轮南潜山)。这些圈闭发育带发现的油气储量已构成中国石油天然气增储上产的主体。

不仅地下圈闭具有成群成带展布的特征,露头也呈现出成群成带分布的特征。对露头圈闭进行了实地研究,对滦平断陷盆地下白垩统西瓜园组露头的系统解剖表明,岩性地层圈闭发育的有利相带是前缘带。断陷盆地深陷扩张晚期—抬升收缩早期陡坡进积扇三角洲前缘或缓坡扇三角洲前缘带或浅湖滩坝相砂体生、储、盖条件好,岩性地层圈闭形成条件较好。

后期构造活动形成的地层反转翘倾,翘倾端部易形成岩性地层圈闭。兴洲河湖盆深陷扩张期进积扇三角洲剖面上,扇三角洲前缘砂体的上倾尖灭及断层遮挡是岩性地层圈闭形成的主要机制(图5-5)。桑园断陷湖盆抬升收缩期扇三角洲剖面上,四级及三级基准面旋回湖泛面附近扇三角洲前缘水道砂砾岩体及河口坝砂体上倾尖灭,周围与浅湖泥页岩接触,是岩性圈闭发育的有利部位(图5-6)。

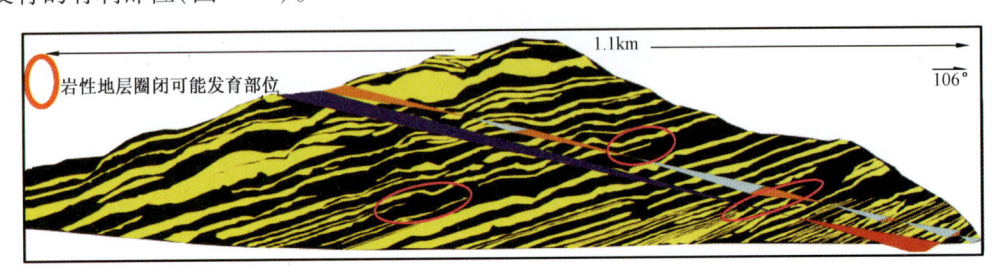

图5-5 滦平县桑园早白垩世断陷湖盆地抬升收缩期进积扇三角洲砂体与圈闭形成写实剖面

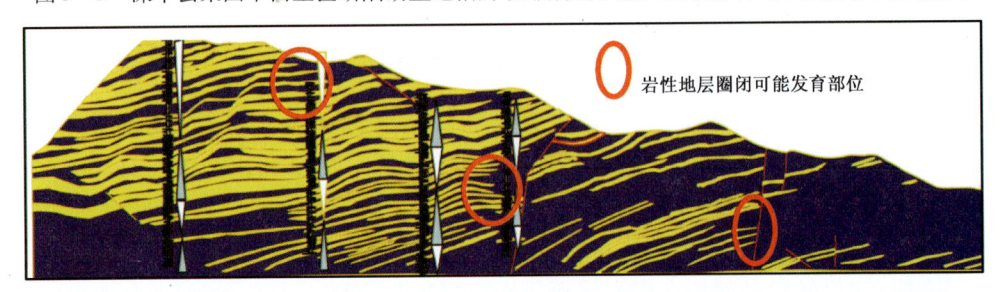

图5-6 滦平县兴洲河早白垩世断陷湖盆深陷扩张期进积扇三角洲砂体与圈闭形成写实剖面

(二)岩性地层圈闭的纵横向分布和控制因素

不同类型原型盆地(如坳陷和断陷)所处的动力学背景和构造格局的差异,造成层序发育模式及不同体系域内发育的圈闭(油藏)类型和分布的不同。本节在圈闭组成、形成条件分析的基础上,以坳陷和断陷盆地为例,对中国东部松辽坳陷盆地和渤海湾断陷盆地层序格架下圈闭(油气藏)类型及其纵向和横向分布规律进行了解剖分析和总结。探讨了层序地层格架下不同体系域中圈闭(油气藏)类型的纵向分布、盆地中不同构造部位圈闭(油气藏)类型的横向分布规律。系统解剖了松辽坳陷盆地白垩系二级层序格架内低位、湖侵和高位体系域中圈闭(油气藏)类型的纵向分布和变化特征,不同体系域由于构造和沉积背景的不同而发育不同类型的圈闭(油气藏)。同一体系域内在横向上由于构造背景和沉积相的变化导致从盆地或凹陷边缘到湖心区圈闭类型的变化(图5-7)。对比分析了坳陷盆地从凹陷带(近凹中心)、过渡带(凹陷边缘)到斜坡带(环凹斜坡)圈闭(油气藏)类型的横向分布和变化规律。圈闭(油气藏)类型的纵、横向分布和变化规律表明,岩性地层圈闭(油气藏)的形成及类型具有纵向"层控"、横向"相控"的规律性,即纵向上受控于层序格架(体系域),横向上受控于一定构造背景下特定的沉积相带。

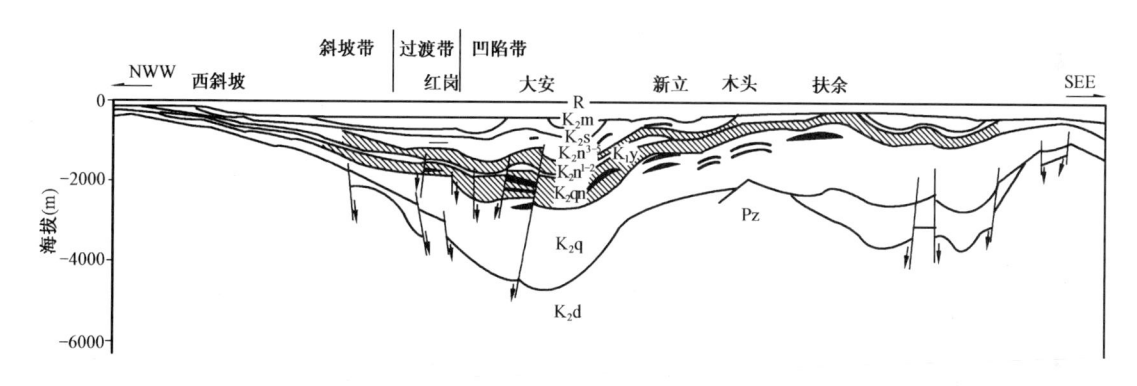

图5-7 松辽南部斜坡带—过渡带—凹陷带—隆起带油藏剖面示意图

1. 圈闭类型在纵向上的分布受层序格架下不同体系域及层序界面的控制

坳陷盆地处于稳定的动力学背景和平缓的构造格局,构造活动较弱,以垂向振荡运动为主,这种构造背景控制着层序发育模式及不同体系域内发育的圈闭(油气藏)类型和分布。沉积体系类型较为单一,规模大、分布广,岩性岩相和沉积厚度分布较为稳定。湖水进退波及范围广,湖岸线摆动幅度大,砂体与湖泛层泥岩在垂向上交替出现,在侧向上交错分布,控制着大面积岩性圈闭(油气藏)的形成。大范围水进超覆、水退与退覆剥蚀是形成地层圈闭(油气藏)的沉积背景。后期的构造反转形成岩性上倾尖灭、构造—岩性或复合圈闭(油气藏)。由于湖水进退及河湖相互作用,在纵向上,坳陷盆地不同体系域由于水动力条件和沉积背景的不同而发育不同类型的圈闭。低位体系域主要发育透镜体圈闭(河道砂—天然堤)和岩性上倾尖灭圈闭等,湖侵体系域主要发育地层超覆圈闭、岩性上倾尖灭圈闭和近凹陷中心的透镜体圈闭,高位体系域主要发育岩性上倾尖灭圈闭、不整合遮挡圈闭、断层—岩性圈闭和鼻状—岩性圈闭等(表5-2)。地层圈闭依附于层序界面和不整合面上下发育和分布。

表5-2 松辽坳陷盆地圈闭类型纵横向分布统计表

划分依据		圈闭类型			备注
体系域	高位体系域	岩性上倾尖灭圈闭、不整合遮挡圈闭、断层—岩性圈闭、鼻状—岩性圈闭			纵向分布
	湖侵体系域	地层超覆圈闭、岩性上倾尖灭圈闭、透镜体圈闭(近凹陷中心)			
	低位体系域	透镜体圈闭(河道砂—天然堤)、岩性上倾尖灭圈闭			
构造单元	发育部位	斜坡带(凹陷边缘)	过渡带(环凹斜坡)	凹陷带(近凹中心)	横向变化
	圈闭类型	鼻状—岩性圈闭、断层—岩性圈闭、构造圈闭	地层超覆圈闭、岩性上倾尖灭圈闭、构造—岩性圈闭	岩性圈闭、断层—岩性圈闭	

1) 低位体系域圈闭类型及其分布

低位体系域主要为冲积扇和河流沉积,松辽盆地如杨大城子和葡萄花油层(K_1q^3 和 K_2y^1)。在盆地不同部位发育不同类型的圈闭(图5-8),边缘斜坡带如镇赉地区来33—来35井区的地层超覆圈闭、乾安—两井地区的透镜体圈闭和岩性上倾尖灭圈闭等。过渡带(阶地、坡折带)多发育复合圈闭,如红岗阶地的红143井区的背斜—岩性圈闭、套保—镇赉地区的构造—岩性圈闭、茂兴农安油层岩性上倾尖灭和断层—岩性复合圈闭。近凹陷中心主要发育岩性圈闭或断层—岩性圈闭,如三肇凹陷徐家围子透镜体圈闭和断层—岩性圈闭,大安地区大42—大4井区的砂岩上倾尖灭圈闭、滑塌浊积岩透镜体圈闭和泥岩裂缝圈闭,乾安油田乾深12井区的岩性上倾尖灭圈闭和透镜体圈闭,大情字井地区的断层—岩性圈闭等。

2) 湖侵体系域圈闭类型及其分布

湖侵体系域主要发育地层超覆圈闭、岩性上倾尖灭圈闭和近凹陷中心的透镜体圈闭。松辽盆地湖侵体系域上部和下部发育的砂体及圈闭类型有所差异,湖侵体系域下部储集体类型主要为轴向三角洲和横向辫状河三角洲砂体,如扶余和萨尔图油层(K_1q^4、K_2y^2 和 K_2y^3),盆地的边缘斜坡带主要发育地层超覆圈闭和断层—岩性圈闭(图5-8),前者如富拉尔基地区的富714—江64井区,后者如朝阳沟扶杨油层。过渡带主要发育构造—岩性复合圈闭,如海坨子油田海2—海5、红75、红77和庙130等井区的岩性上倾尖灭圈闭及断层—岩性复合圈闭。近凹陷中心主要发育岩性圈闭或断层—岩性圈闭,如塔2井区的透镜体圈闭,塔20—塔4井区的岩性上倾尖灭圈闭、透镜体及断层—岩性圈闭。湖侵体系域上部主要发育深水三角洲、浊积扇和浊流砂体,如青一段、萨零组、萨一组(K_2qn^1 和 K_2n^1),圈闭类型在边缘斜坡带有地层超覆圈闭(镇赉来34—来32井区),过渡带为岩性上倾尖灭和断层—岩性圈闭(乾133井区、黑46—乾114井区),近凹中心主要为透镜体圈闭(大安地区)等。

3) 高位体系域圈闭类型及其分布

高位体系域主要发育轴向三角洲、横向辫状河三角洲和扇三角洲砂体,如高台子和黑帝庙油层(K^2qn^{2+3}、K_2n^3),圈闭类型在边缘斜坡带主要为地层圈闭和岩性上倾尖灭圈闭(江桥地区 K_2qn^{2+3}、镇赉来D5—镇2井区 K_2qn^{2+3})。过渡带主要发育断层—岩性圈闭(大27井区)和岩性上倾尖灭圈闭(大北14井区),近凹中心发育透镜体圈闭(乾122—乾深9井区)和泥岩裂缝圈闭(大41—大19井区)等。

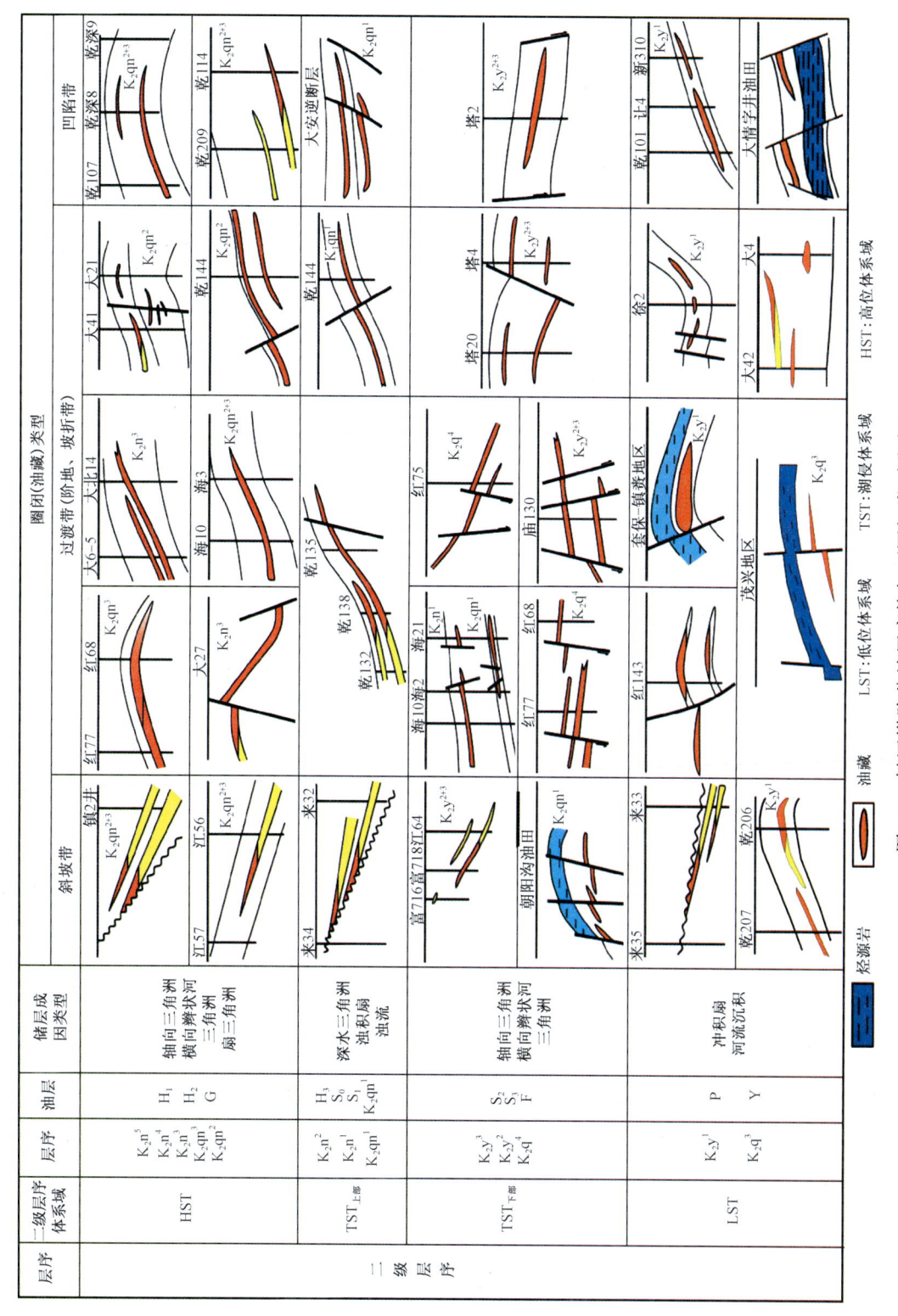

图5-8 松辽坳陷盆地层序格架下圈闭类型分布

H—黑帝庙油层；P—葡萄花油层；S—萨尔图油层；G—高台子油层；Y—杨大城子油层
LST：低位体系域　TST：湖侵体系域　HST：高位体系域

断陷盆地断块差异升降和断层活动极为强烈,沉积体系类型多样,但规模小,相带窄。扇三角洲、水下扇和浊流沉积分布广泛,是形成岩性圈闭的重要砂体类型。断块活动造就了复杂的古地形格局,成为地层圈闭形成的构造背景。统计结果表明,断陷盆地与断层遮挡、潜山披覆及地层超覆剥蚀有关的圈闭占多数(图5-9、图5-10)。生长断层及其伴生构造、反转构造是形成构造圈闭和复合圈闭的组成要素和形式。

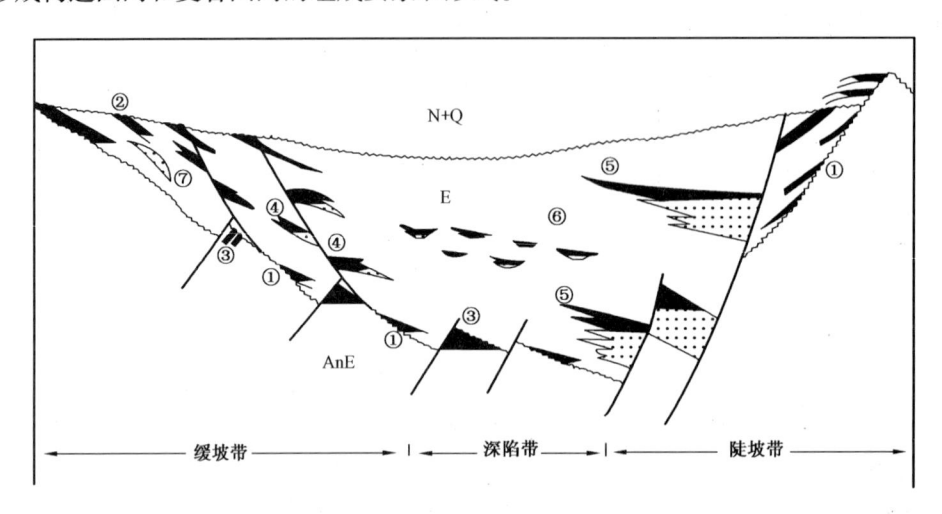

图5-9 断陷盆地圈闭类型分布模式图
①地层超覆油藏;②地层不整合油藏;③古潜山油藏;④断层岩性油藏;
⑤砂岩上倾尖灭油藏;⑥砂岩透镜体油藏;⑦粒屑灰岩岩性油藏

渤海湾断陷盆地圈闭类型及其在层序格架中的分布也具有一定的规律性(表5-3)。在纵向上,低位体系域多发育地层不整合(下切水道)圈闭和透镜体(浊积扇)圈闭;湖侵体系域多发育地层超覆圈闭、断层—岩性圈闭和岩性圈闭;高位体系域多发育不整合遮挡圈闭、透镜体圈闭、上倾尖灭圈闭。

2. 圈闭类型在横向上的分布受盆地构造格局和沉积体系的控制

松辽坳陷盆地,横向上由于构造沉积背景的差异导致盆地不同部位圈闭的分布有所不同(图5-7、图5-8),即同一体系域内在横向上由于构造背景和沉积相的变化也导致从盆地或凹陷边缘到湖心区圈闭类型的变化。凹陷边缘多发育鼻状—岩性圈闭、断层—岩性圈闭和构造圈闭等;环凹斜坡多发育地层超覆圈闭、岩性上倾尖灭圈闭、构造—岩性复合圈闭;近凹中心多发育岩性透镜体及断层—岩性圈闭(表5-2)。

渤海湾断陷盆地,在横向上缓坡带和陡坡带的圈闭类型和分布有一定差异(表5-3)。缓坡带从边缘凸起到凹陷中心依次发育超覆带、断阶带和坡折带,圈闭类型依次为地层圈闭→构造圈闭、潜山地层圈闭→岩性圈闭,如板南斜坡带砂层上倾尖灭圈闭群、辽河西部凹陷西斜坡砂层上倾尖灭圈闭及断层遮挡圈闭群、乌里雅斯太凹陷砂层超覆圈闭及不整合遮挡圈闭(太11—太25、太33井区)。陡坡带从边缘到中心依次发育地层剥蚀圈闭、古潜山披覆圈闭、地层超覆圈闭和岩性圈闭,如廊固凹陷构造反转形成的砂层上倾尖灭圈闭、孔店凸起周缘的烃源岩内透镜体圈闭、乌里雅斯太凹陷太61—太15井区岩性侧变与断层遮挡配合形成的构造—岩性复合圈闭。洼陷带多发育上倾尖灭圈闭和透镜体圈闭,如济阳坳陷牛庄广泛发育的透镜体岩性圈闭。

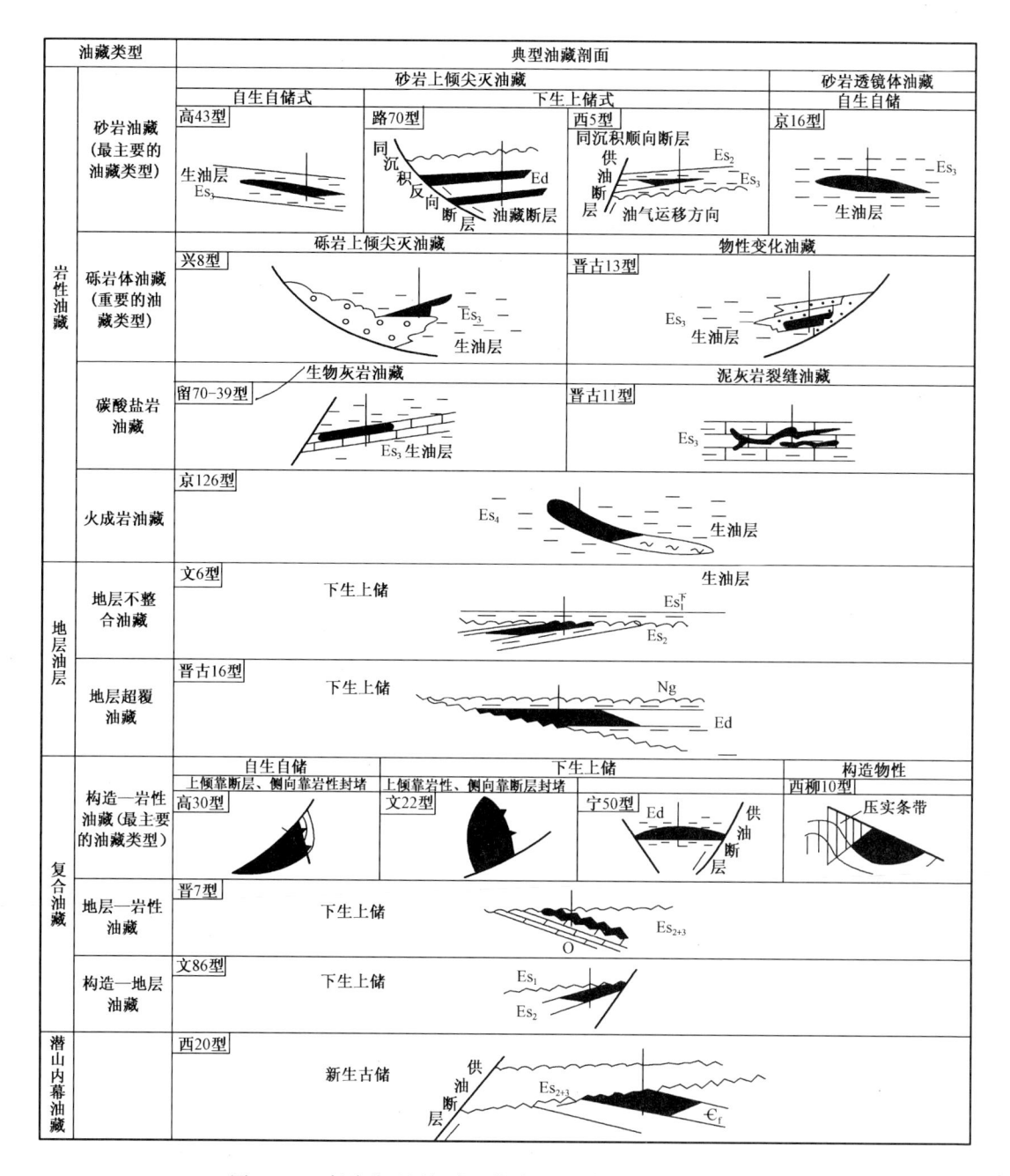

图 5-10 断陷盆地圈闭类型统计图(以渤海湾冀中坳陷为例)

表 5-3 断陷盆地圈闭类型纵、横向分布规律

划分依据		圈闭类型分布			备注
体系域	高位	不整合遮挡圈闭、透镜体圈闭、上倾尖灭圈闭			纵向分布
	湖侵	地层超覆圈闭、断层—岩性圈闭、岩性圈闭			
	低位	地层不整合圈闭(下切水道)、透镜体圈闭(浊积扇)			
构造单元		缓坡带	洼陷带	陡坡带	横向变化
		地层圈闭、构造圈闭、潜山圈闭、岩性圈闭	上倾尖灭圈闭、透镜体圈闭	岩性圈闭、古潜山圈闭、超覆圈闭、地层圈闭	

3. 陆相碎屑岩有利岩性圈闭发育带受砂地比的控制

沉积体系和沉积相对形成不同类型圈闭的控制主要表现在两个方面,一是沉积相带变化形成的岩性尖灭带,二是砂岩百分含量的变化。中国陆相盆地岩性地层圈闭主要分布在砂地比 0.2~0.4 之间,如松辽盆地砂泥岩薄互层岩性地层圈闭储量主要分布在该砂地比范围,而砂泥岩薄互层构造—岩性圈闭主要分布在砂地比 0.4~0.6 之间(图 5-11)。鄂尔多斯盆地上三叠统延长组油田分布在砂地比 0.2~0.6 之间的沉积相带。

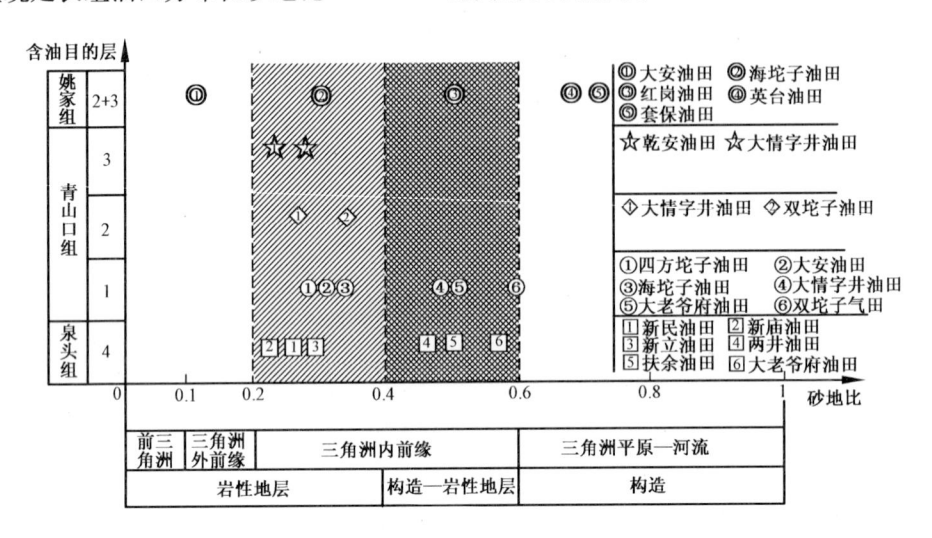

图 5-11 砂地比与岩性地层圈闭油气富集相关图

岩性尖灭带有沉积体系之间和沉积体系内部的不同级别。沉积体系之间的尖灭带,如三角洲前缘岩性尖灭带、三角洲侧翼岩性尖灭带和湖湾区沿岸沉积体系(滩砂、坝砂)岩性尖灭带;沉积体系内部的岩性尖灭带,如河道砂体与泛滥平原、三角洲平原分流河道砂体与河道间、三角洲平原水下分流河道砂体与河道间等岩性尖灭带,是形成岩性圈闭(油气藏)的有利地区(图 5-12)。

一个沉积体系的砂岩百分含量的变化反映其内部储层、泥质隔夹层或生、储层的结构变化,对圈闭(油气藏)类型起着宏观的控制作用,砂地比大于 60% 的砂质岩区位于斜坡高部位,有利于形成构造圈闭(油气藏)或地层不整合圈闭(油气藏),60%~20% 的砂泥交替区(三角洲内前缘)有利于形成构造岩性圈闭(油气藏),20%~10% 的砂泥质岩区(三角洲外前缘)和小于 10% 的泥质岩区有利于形成岩性圈闭(油气藏)(图 5-13)。

松辽盆地下白垩统含油岩系各油层圈闭(油气藏)类型和分布的研究表明(侯启军等,2003),水进早期的杨扶油层的成藏关键是北北东向的断层切割北西—南东向的河道砂岩形成断层—岩性圈闭(油气藏)。高位期的高台子油藏的三角洲砂体与较深湖—深湖泥岩相接触,有利于形成自生自储的岩性圈闭(油气藏);英台地区青一段深水泥岩中可能属于浊积砂体,形成自生自储透镜状岩性圈闭(油气藏)。发育于低位期的葡萄花油层的浅水三角洲,有利于形成大面积岩性圈闭(油气藏)。大部分圈闭(油气藏)分布于砂岩百分含量低于 40% 地区,有河道砂体与背斜相配置、河道砂体与断块相配置形成的高产富集区,也有河道砂体岩性圈闭(油气藏)高产富集区。发育于水进早期的萨尔图油层三角洲砂体侧缘和沿岸沙坝有利于形成岩性圈闭。发育于高位期的黑帝庙油层三角洲砂体在构造上倾方向,如英台西坡属上倾尖灭圈闭(油藏),在凹陷中和斜坡上与烃源岩断层沟通的透镜状砂体形成岩性圈闭(油气藏)。

— 160 —

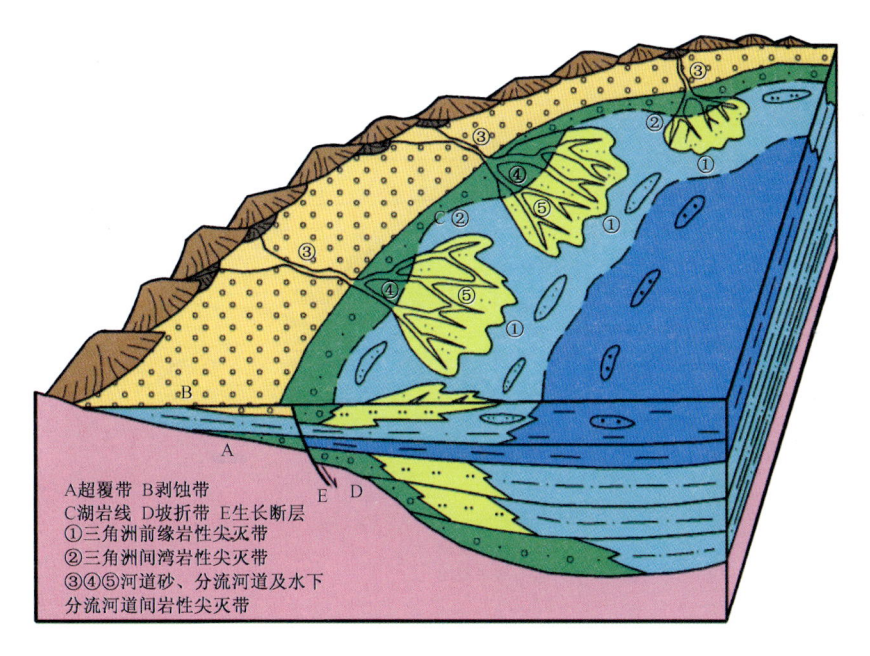

图 5-12　松辽盆地西部斜坡区沉积模式图

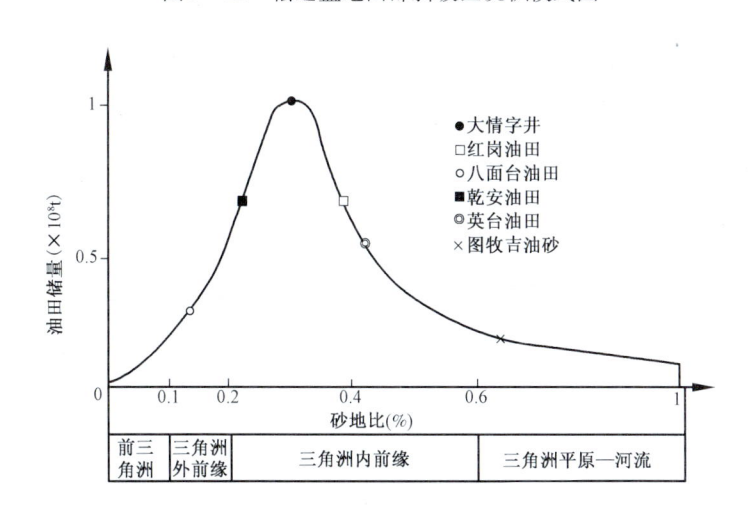

图 5-13　岩性地层油气藏砂地比与储量关系图(松辽盆地南部)

4. 海相碳酸盐岩或碎屑岩有利圈闭发育带受高能相带及外围致密带控制

塔里木中部奥陶系台地边缘礁滩复合体、川东北三叠系飞仙关组台内海侵鲕滩、塔里木哈得逊台内海侵滩坝、鄂尔多斯海陆交互相三角洲叠置河道等高能相带是海相碳酸盐岩或碎屑岩圈闭发育带的有利区。这些地区处于有利的沉积、成岩相带,次生孔洞发育,但横向上岩性和物性又具有强烈的非均质性,储集条件和封堵条件形成有利的匹配,具备圈闭形成的有利条件,且圈闭规模大,成群成带分布。

另外,碳酸盐岩风化壳岩溶型发育带也控制着大型地层圈闭群的发育(图 5-14)。如台地潮坪沉积环境中常发育非渗透封闭层,在干旱气候条件下潮上带沉积的蒸发岩可提供上倾侧向和上覆封闭,尤其是在海退或进积体系中而发育地层圈闭;潮湿气候条件下致密碳酸盐岩和局部分布的煤层提供侧向和垂向遮挡而发育地层圈闭。台地边缘一侧是浅台地相,另一侧

— 161 —

是斜坡到盆地相,这一带通常沉积相对厚的礁和(或)粒状灰岩,是碳酸盐岩发育大型岩性地层圈闭(油气藏)的有利区域。喀斯特溶蚀作用显著地改善了原先储层的孔隙度和渗透率并形成潜山地貌的地形而形成潜山圈闭。

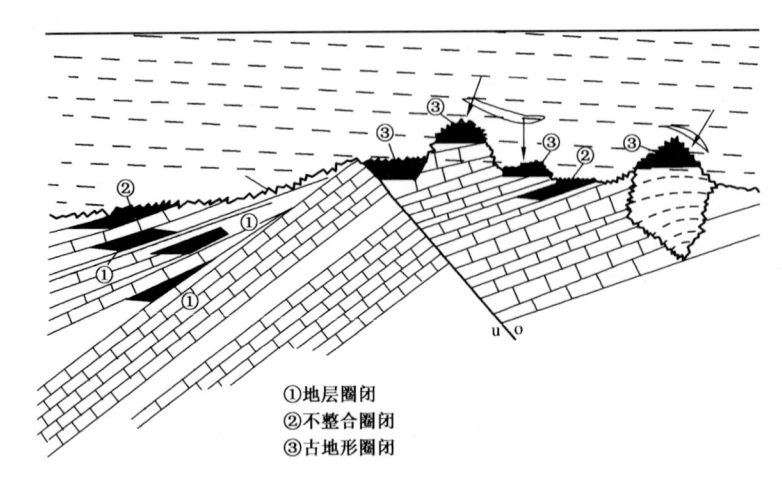

①地层圈闭
②不整合圈闭
③古地形圈闭

图 5-14　碳酸盐岩风化壳岩溶型岩性地层圈闭分布示意图

5. 岩性地层圈闭纵横向分布规律小结

通过以上对松辽坳陷盆地和渤海湾断陷盆地层序格架下圈闭类型及其分布规律的分析,得出如下认识:

(1)岩性地层圈闭的形成及类型具有纵向"层控"和横向"相控"的规律性,即纵向上受控于层序格架(体系域),横向上受控于一定构造背景下的有利相带。

(2)岩性圈闭形成的核心条件是岩性、岩相及物性的变化。因此岩性圈闭(油气藏)直接受层序格架内有利相带,包括沉积相带和成岩相带的变化控制。横向上相带及相带的变化是岩性圈闭形成的必要条件。

(3)地层圈闭受两种"不整合面"及相应两种"体系域"控制,即超覆不整合面和剥蚀(消截)不整合面(该两种不整合面分别形成地层超覆圈闭和地层消截圈闭,亦即不整合遮挡圈闭),对应的二级层序下部和上部的两种体系域分别为水进体系域和高位—水退体系域。因此,地层圈闭(油气藏)的形成与纵向上构造抬升剥蚀或沉积间断等因素形成的不整合面(亦即层序界面)有关。

(4)复合圈闭受岩性(物性)、不整合面、构造等多种要素中的两种或两种以上因素的联合控制,如构造—岩性圈闭(油气藏)、构造—地层圈闭(油气藏)等。

(5)层序格架内不同体系域由于构造和沉积背景的不同而发育不同类型的圈闭。低位体系域主要发育透镜体圈闭(河道砂—天然堤、浊积岩)和岩性上倾尖灭圈闭等,湖侵体系域主要发育地层超覆圈闭、岩性上倾尖灭圈闭和近凹陷中心的透镜体圈闭,高位体系域主要发育岩性上倾尖灭圈闭、不整合遮挡圈闭、断层—岩性圈闭和鼻状—岩性圈闭等。

(6)横向上,盆地或凹陷不同部分由于沉积相带和地层展布的变化而发育不同类型的圈闭。凹陷边缘多发育鼻状—岩性圈闭、断层—岩性圈闭和构造圈闭等,环凹斜坡多发育地层超覆圈闭、岩性上倾尖灭圈闭、构造—岩性复合圈闭,近凹中心多发育岩性及断层—岩性圈闭。

总之,岩性地层圈闭受盆地构造、沉积体系及层序充填机制的控制,在纵向和横向上的发育和分布具有内在的规律性,总结和分析圈闭类型和分布规律对圈闭预测、识别和评价、储盖组合以及成藏条件分析具有重要的指导意义。

第二节 低丰度岩性油气藏形成背景

中国岩性油气藏在很多方面表现出与世界其他地区不同的特征:含油气总体规模很大,但单个油气藏规模不大,且丰度较低;在很多原来认为不适宜形成油气藏的地区仍可以形成大型的油气聚集;在油源区范围内能找到岩性油气藏的范围很大。目前,最为典型的是鄂尔多斯盆地三叠系延长组油田,已形成从平原带到前缘带和湖盆中心整体叠合连片的趋势。

近年来,油气勘探开发面临的双重压力越来越大。一方面,随着社会经济的发展,油气需求与日俱增,全球供应空前紧张;另一方面,国内油气勘探高丰度的"大块肥肉"越来越少,勘探领域日趋转向低孔渗低丰度油气区,全国低丰度难动用储量高达 60×10^8 t。其中长庆苏里格气田探明储量就达 $6000 \times 10^8 m^3$ 以上,四川盆地上三叠统总资源量高达 $9000 \times 10^8 m^3$ 以上,其他盆地如松辽盆地三角洲前缘带及塔里木盆地石炭系滨岸砂岩油藏也具有大规模低丰度的特征。因此,低丰度大油气田是未来油气勘探开发的重点主攻方向之一。

一、低丰度岩性油气藏是未来勘探开发的重点

我国已发现的许多油气田具有低丰度的特征,不仅大型油气田如此,包括一大批中小型油气田也具有低丰度的特征。目前高丰度大气田的气藏特征和分布规律已基本明确,而低丰度大油气田具有很大的资源潜力和储量规模,是未来油气勘探的重点领域,其形成条件及富集规律有待进一步深入研究。本书基于大量统计分析和地质研究,探讨了低丰度大油气田的形成条件、分布特征、富集规律和未来的勘探领域。鉴于低丰度大油气田主要为岩性地层油气田,故这里着重讨论低丰度大型岩性地层油气田的形成条件和分布规律。以期为寻找油气储量的接替区块和稳产增产拓展勘探思路,提供理论依据。

(一)低丰度大油气田的内涵

按照我国储量规模分类规范,特大型、大型、中型、小型和特小型油田和气田的原始可采储量见表 5-4。本书主要对陆上大型油气田的形成条件及富集规律进行探讨。

表 5-4 石油天然气储量规模分类表

分类	原油可采储量($\times 10^4 m^3$)	天然气可采储量($\times 10^8 m^3$)
特大型	≥25000	≥2500
大型	≥2500 ~ <25000	≥250 ~ <2500
中型	≥250 ~ <2500	≥25 ~ <250
小型	≥25 ~ <250	≥2.5 ~ <25
特小型	<25	<2.5

(二)低孔低渗低丰度指标

在储层物性的分类规范中,将孔隙度 15% ~ 25%、渗透率 $50 \times 10^{-3} ~ 500 \times 10^{-3} \mu m^2$ 的碎屑岩储层称为低孔低渗储层,将孔隙度 10% ~ 15%、渗透率 $5 \times 10^{-3} ~ 50 \times 10^{-3} \mu m^2$ 的碎屑岩储层称为特低孔特低渗储层(表 5-5)。在储量丰度分类中,将原油可采储量丰度 $8 \times 10^4 ~ 25 \times 10^4 m^3/km^2$、天然气可采储量丰度 $0.8 \times 10^8 ~ 2.5 \times 10^8 m^3/km^2$ 的称为低丰度油气田,将原油可采储量丰度小于 $8 \times 10^4 m^3/km^2$、天然气可采储量丰度小于 $0.8 \times 10^8 m^3/km^2$ 的称为特低丰度油气田。

表 5-5 石油天然气储量丰度、产能和孔渗级别分类表(据 2005 年国土资源部部颁标准)

分类	储量丰度 原油可采储量丰度 ($\times 10^4 m^3/km^2$)	储量丰度 天然气可采储量丰度 ($\times 10^8 m^3/km^2$)	产能 油藏千米井深稳定产量 ($m^3/km \cdot d$)	产能 气藏千米井深稳定产量 ($\times 10^4 m^3/km \cdot d$)	储层孔隙度 碎屑岩孔隙度 (%)	储层孔隙度 非碎屑岩基质孔隙度 (%)	储层渗透率 油藏空气渗透率 ($\times 10^{-3} \mu m^2$)	储层渗透率 气藏空气渗透率 ($\times 10^{-3} \mu m^2$)
特高					≥30		≥1000	≥500
高	≥80	≥8	≥15	≥10	≥25~<30	≥10	≥500~<1000	≥100~<500
中	≥25~<80	≥2.5~<8	≥5~<15	≥3~<10	≥15~<25	≥5~<10	≥50~<500	≥10~<100
低	≥8~<25	≥0.8~<2.5	≥1~<5	≥0.3~<3	≥10~<15	≥2~<5	≥5~<50	≥1.0~<10
特低	<8	<0.8	<1	<0.3	<10	<2	<5	<1.0

(三) 我国已发现大中型油气田情况

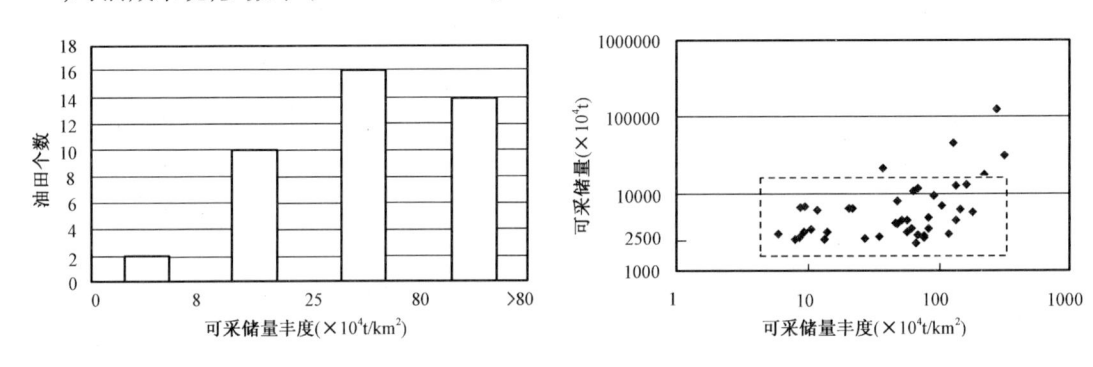

目前我国已发现的大中型油气田,有相当一部分为低丰度油气田(图 5-15、图 5-16),并且发现率逐年在提高,无论是油田还是气田,也无论是大型还是中小型规模,均呈持续增长的趋势。在过去 10 年,中国陆上获得一批重大油气发现,一个重要的特点是低丰度储量、低丰度大油气田占有重要比例。有三个特点:① 含气面积大,多数大于 $500 km^2$;② 储量规模大,多数大于 $1 \times 10^8 t$ 和 $1000 \times 10^8 m^3$;③ 储量丰度低,对气藏来说多数小于 $1 \times 10^8 \sim 5 \times 10^8 m^3/km^2$,对油藏来说,多数小于 $60 \times 10^4 t/km^2$。

图 5-15 中国油田可采储量规模及其丰度分布特征

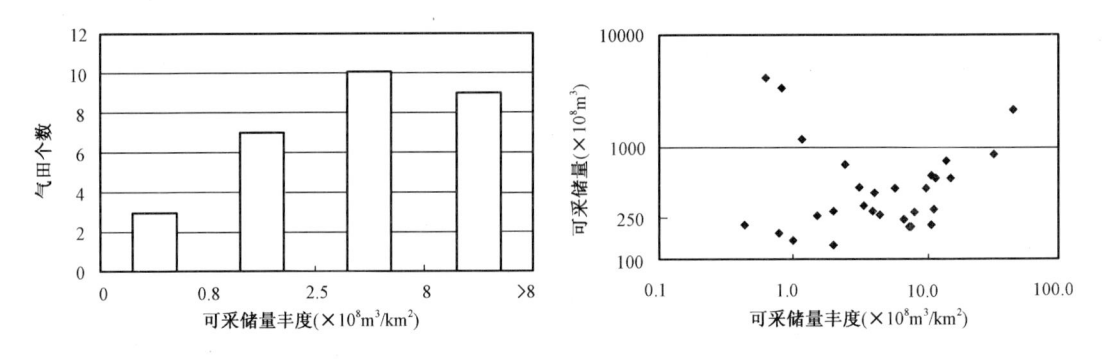

图 5-16 中国气田可采储量规模及其丰度分布特征

1. 低丰度大油田

目前已发现的典型的低丰度油田主要是松辽盆地长垣外围的白垩系油田,鄂尔多斯盆地三叠系延长组油田,准噶尔腹部侏罗—白垩系油田等(表5-6)。高丰度的多数为构造油气藏(如东营凹陷)或潜山油藏(渤海湾盆地华北、大港等探区),占33%。而低丰度油田主要是岩性地层油气藏或构造岩性复合油气藏,低丰度油田占67%。大型油田中以构造型为主的油田个数占55%,而以岩性地层型为主的油田占45%(表5-7)。

表5-6 中国大型油田储量丰度统计表

盆地	油田	层位	面积(km^2)	探明储量($\times 10^4 t$)	可采储量($\times 10^4 t$)	可采储量丰度($\times 10^4 t/km^2$)
松辽	葡萄花	Kf、Kh、Kp	320.5	18209	6470.7	20.19
	朝阳沟	Kf、Kp、Ky	231.1	16168	3186.6	13.79
	宋芳屯	Kf、Kp	323.8	11125	2557.4	7.90
	肇州	Kf、Kp、Ky	339	17675	3133.6	9.24
	永乐	Kf、Kp、Ky	511.2	15837	2995.7	5.86
	喇嘛甸	K_2	100	81472	31497	314.97
	杏树岗	K_2	357.4	79016	45186	126.43
	葡萄花	Kf、Kh、Kp	302.5	18209	6470.7	21.39
	萨尔图	K_2	462.9	256938	126879	274.10
	大情字井	K_1p、K_1g、K	308.4	12559	2636.8	8.55
	扶余	K_1q^4、K_1q	85.9	15494	4060.2	47.27
渤海湾	兴隆台	E_2、E_3	56.8	8239	3169.5	55.80
	高升	E_2、E_3	35.2	13414	2652.1	75.34
	曙光	Es、Mz、N_1	174.3	51444	10872.6	62.38
	欢喜岭	Ar、Es、Mz	171.6	431117	11688.8	68.12
	静安堡	Ar、E_2、E_3	89.3	18622	4519.9	50.61
	任丘	E_3、Jx	80.6	40652	12989.7	161.16
	港东	Nm、Ng、Ed	25.5	5835	2969.5	116.45
	港西	Nm、Ng、Ed	34.8	7543	2297.2	66.01
	胜坨	Ng、Ed、Es	81.6	48633	17779.6	217.89
	东辛	Ng、Ed、Es	103.9	27835	9287.4	89.39
	孤岛	Ng、Ed、Es	96.8	39930	12815.7	132.39
	孤东	Ng、Ed、Es	66.4	27185	6882.3	103.65
	垦岛	Ng、Ed、Es	166.5	41492	7861.5	47.22
	垦东	Ng、Ed、Es	37.1	6843	2787	75.12
	渤南	Ed、Es、O	97.6	13941	2630.6	26.95
	临盘	Ng、Ed、Es	79.7	15704	4462	55.98
	八面河	Es	80	13778	2757.7	34.47
	濮城	Es	60.1	14359	4875.4	81.12
	蓬莱19-3	N_1、N_2	32.5	32448	5788.3	178.10
	绥中36-1	E_3	43.4	28844	6212	143.13

续表

盆地	油田	层位	面积(km²)	探明储量(×10⁴t)	可采储量(×10⁴t)	可采储量丰度(×10⁴t/km²)
渤海湾	QHD32-6	N_1、N_2	43	17034	3509.8	81.62
	双河	E_3	33.8	10176	4467.8	132.18
鄂尔多斯	西峰	T_3	328.5	17624	3444.6	10.49
	马岭	J_1、J_2、T_3	191.3	8930	2522.9	13.19
	安塞	T_3	756.2	34668	6563.3	8.68
	靖安	J_1、T_3	509.8	31175	5999.3	11.77
柴达木	尕斯库勒	E_3g、N_1、N_2	58.4	13220	3515.2	60.19
准噶尔	克拉玛依	B_s、C、J_1	578.9	83398	21229.9	36.67
	百口泉	C、J_1、P_2、T	90.7	16272	4149.2	45.75
	陆梁	J_2、K_1	42.9	11990	2880.1	67.14
塔里木	哈得4	C	168.6	8202	2122.1	12.60
	塔河	C_1、O、O_1	723.3	5256.7	6752.8	9.34

表5-7 大型油气田储量丰度及油气藏类型统计表

	类型	构造油气藏	岩性地层油气藏
油气藏类型比例	油田	55%	45%
	气田	32%	68%
可采储量丰度级别比例(×10⁸m³/km²)	类型	中低丰度	高丰度
	油田	67%	33%
	气田	64%	36%

这些陆相低丰度大型岩性地层或构造岩性复合油田主要发育于三角洲前缘带。储量丰度低，可采储量丰度多数在 $20 \times 10^4 t/km^2$ 以下。大庆外围油田剩余未动用储量主要分布在萨、葡、高油层和扶杨油层，其储量丰度要远低于大庆长垣油田。除喇嘛甸、杏树岗、萨尔图、扶余等构造油藏以外，其余各油田可采储量丰度均在 $25 \times 10^4 t/km^2$ 以下，包括大量的尚未统计在内的中小型油田绝大多数为低丰度油田。鄂尔多斯盆地上三叠统延长组油田可采储量丰度在 $8 \times 10^4 \sim 12 \times 10^4 t/km^2$，均为低丰度油田。还有塔河海相油田亦属低丰度（$9.34 \times 10^4 t/km^2$）之列。

2. 低丰度大气田

相对于油田来说，低丰度气田在我国分布更为广泛，已探明的低丰度天然气地质储量在 $15000 \times 10^8 m^3$ 以上，占总储量的65%左右。已发现的大型气田中，从类型上来说，构造类气田占32%，岩性地层类气田占68%；从储量丰度分布来看，高丰度气田仅占36%，而其余的64%属于中低丰度气田（表5-7）。可见，我国目前发现的气田大部分属中低丰度（可采储量丰度小于 $8 \times 10^4 m^3/km^2$），其中的低丰度气田（小于 $2.5 \times 10^4 m^3/km^2$）主要发育于鄂尔多斯上古生界、四川盆地上三叠统须家河组和莺—琼盆地新生界（表5-8）。来自鄂尔多斯盆地的苏里格气田（图5-17）是一个典型的低丰度气藏，特征如下：①含气面积大：$4067.2 km^2$；②探明储量大:5336.52×10⁸m³;③丰度低:1.31×10⁸m³/km²;④油藏分散:砂岩是广泛分布的,但气藏是孤立分布的。另外一个实例是四川盆地中部上三叠统,在广安地区已经发现大气田,含气面积821km²,储量1353×10⁸m³,丰度1.6×10⁸m³/km²,是典型的低丰度气田。特征是数个小规模气藏被隔绝封闭在非储集性砂岩中,就像玻璃板中的一系列气泡。

表5-8 中国大(中)型气田储量丰度统计表

盆地	油田	层位	面积(km²)	探明储量(×10⁸m³)	可采储量(×10⁸m³)	可采储量丰度(×10⁸m³/km²)
东海	春晓	$E、E_2、E_3$	19.3	330.43	206.87	10.72
莺—琼	番禺30-1	N_1	26.4	300.92	199.81	7.57
	崖城13-1	E、N	54.5	978.51	754.45	13.84
	东方1-1	Rz	287.7	996.8	697.76	2.43
	乐东22-1	Rz	165.8	431.04	250.02	1.51
鄂尔多斯	苏里格	P_1	4067.2	5336.52	3330.68	0.82
	长庆	$O_2、P_1$	6651.5	6230.61	4091.69	0.62
	长东	P_1	478.3	358.48	205.09	0.43
	大牛地	$C_3、P_1$	1016.9	2615.71	1183.86	1.16
四川	威远	$P_1、Z$		408.61	147.82	
	罗家寨	T_1	76.9	581.08	435.81	5.67
	铁山坡	T_1	24.9	373.97	280.48	11.26
	卧龙河	$C_2、P_1、P_2、T$	92.1	380.52	305.35	3.32
	八角场	$J_1、T_3$	69.2	351.36	136.97	1.97
	磨溪	$T_2、T_3$	226.5	375.72	175.68	0.78
	五百梯	$C_2、P_2$	138.6	409	274.77	1.98
	沙坪场	C_2	70.6	397.71	274.42	3.89
	渡口河	T_1	33.8	359	269.25	7.97
	普光	T_1	27.2	1143.63	857.73	31.53
	新场	$J_2、J_3$	99.3	652.04	396.68	3.99
	洛带	J_3	153.3	306.46	151.43	0.99
柴达木	涩北一号	$Q_{1+2}q$	46.7	990.61	535.99	11.48
	涩北二号	$Q_{1+2}q$	44.6	826.33	432.96	9.71
	台南	$Q_{1+2}q$	35.9	951.62	536.72	14.95
塔里木	迪那2	E	52.5	807.61	565.32	10.77
	和田河	$C_{1-2}k、C_1b$	143.4	616.94	445.73	3.11
	牙哈	$E_{1-2}km、K_1$	57.8	376.45	252.14	4.36
	克拉2	$E_{1-2}km$	48.1	2840.29	2130.22	44.29
	柯克亚	$E、N_1$	27.5	339.24	198.91	7.23

因此,随着勘探程度的提高,低丰度气藏将成为我国天然气勘探开发的主要对象。

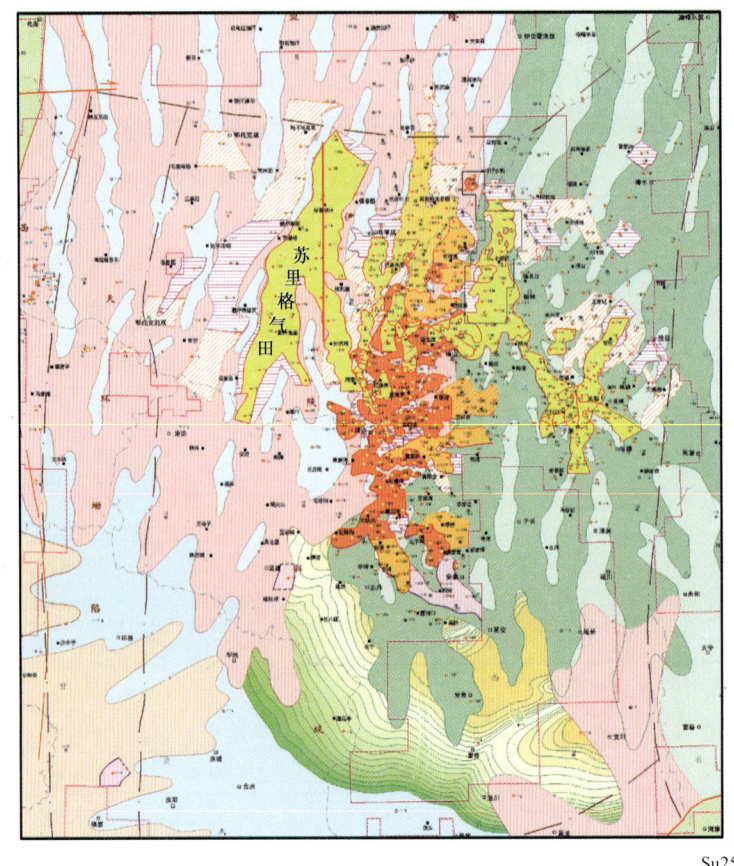

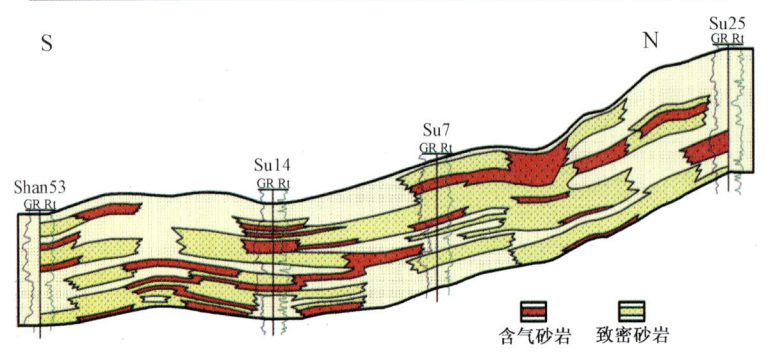

图 5-17　鄂尔多斯盆地苏里格气里分布图

(四)低丰度和高丰度油气区都能形成大型油气田

从图 5-15 和图 5-16 中大型油气田储量丰度与规模的关系来看,可采储量丰度的明显变化,而对应的可采储量规模的变化不明显,即同等规模的油气田可以是低丰度的,也可以是中高丰度的。可见低丰度和高丰度油气区都能形成大型油气田。对于中小型油气田也同样如此。一个油气田储量规模的大小取决于圈闭资源量,而圈闭资源量决定于圈闭面积、幅度、孔渗条件和油气充注程度等因素。对于高丰度油气田,圈闭面积虽不一定很大,但烃源岩厚度大,生排烃量和油气充注强度高。而低丰度油气区虽然资源丰度低,但圈闭大范围,有效烃源岩分布面积广,砂体和烃源岩大范围充分接触,充注效率高,完全可以弥补资源丰度相对较低的不足,从而可以形成大型油气田。

二、低丰度大型岩性油气田形成背景

(一)广布的烃源岩和较高的资源丰度

低丰度大油气田中储量丰度低,但资源丰度不能过低,否则不能满足形成大型油气田所需要的生排烃量和充注量(周荔等,2001)。稳定、广布的成熟有效烃源岩是形成大型油气田的物质基础。烃源岩生烃总量大,为各类砂体油气充注和成藏提供了丰富的物质基础(表5-9)。根据目前的勘探成果统计,形成大油气田的区带资源丰度多在 $1 \times 10^4 t/km^2$ 以上(随着勘探和研究程度的深入,这一指标可能会发生一些变化),表明大油气田分布区都具有较好的烃源岩条件。同时,必须有广布的有效烃源岩,使有利砂体与烃源岩充分接触,有利于油气运聚成藏、叠合连片,形成大面积低丰度岩性油气田。当然,广布的有效烃源岩是形成低丰度岩性地层油气田的必要条件,而非充分条件。要形成大型油气田必须要有广布的有效烃源岩,而具备了这一条件能否形成大气田还要看是否有其他成藏条件相匹配,才能确定是否有可能形成大型油气田。

表5-9 部分盆地单元油气资源丰度表

构造单元	面积(km^2)	油($\times 10^8 t$)	气($\times 10^8 m^3$)	总资源量($\times 10^8 t$)	资源丰度($\times 10^4 t/km^2$)
塔里木库车坳陷	26953	6.09	31566.81	31.24	11.59
塔里木塔北隆起	45228	18.16	8203.91	24.7	5.46
塔里木中央隆起	109888	14.76	11931.62	24.27	2.21
塔里木西南坳陷	146490	9.36	17011.5	22.91	1.56
塔里木北部坳陷	117715	8.63	7461.91	14.57	1.24
塔里木哈得逊	2836	0.64	600.3	1.12	3.94
塔里木满加尔凹陷	62855	6.05	760.51	6.66	1.06
松辽扶新隆起带	4004.3	6.34		6.34	15.83
松辽长岭凹陷	6096	4.52		4.52	7.41
鄂尔多斯志靖—安塞	33230.29	21.88		21.88	6.58
鄂尔多斯陇东	28960.98	14.11		14.11	4.87

(二)平缓的构造背景

低丰度大型油气田多数形成于平缓的构造背景(图5-18),主要发育于坳陷盆地、克拉通后海陆交互相盆地、前陆盆地斜坡—隆起带(如川西前陆盆地)及海相滨岸(如塔里木哈得逊石炭系东河砂岩油藏)等,而以坳陷盆地最具典型和特色。燕山期以来,中国东北部由强烈的伸展裂陷进入整体沉降为主的稳定时期,是坳陷盆地的形成阶段。而中生代以来,我国东部处于拉张应力场,西部处于挤压应力场,而中部则是两种构造应力场过渡减弱的地区,构造活动性相对稳定且平缓,是陆相坳陷盆地发育的地区,如鄂尔多斯盆地和四川盆地。同时,西部地区在大型活动型造山幕之间的相对稳定时期也具有坳陷盆地的形成条件,如准噶尔腹部侏罗—白垩纪坳陷。坳陷盆地构造活动较弱,以垂向振荡运动为主。

(1)平缓的构造背景造就有利的沉积、圈闭和成藏条件。

平缓的构造背景下,尤以坳陷盆地最为典型,沉积体系类型较为单一、规模大、分布广,岩性岩相和沉积厚度分布较为稳定。湖水进退波及范围广,湖岸线摆动幅度大,砂体

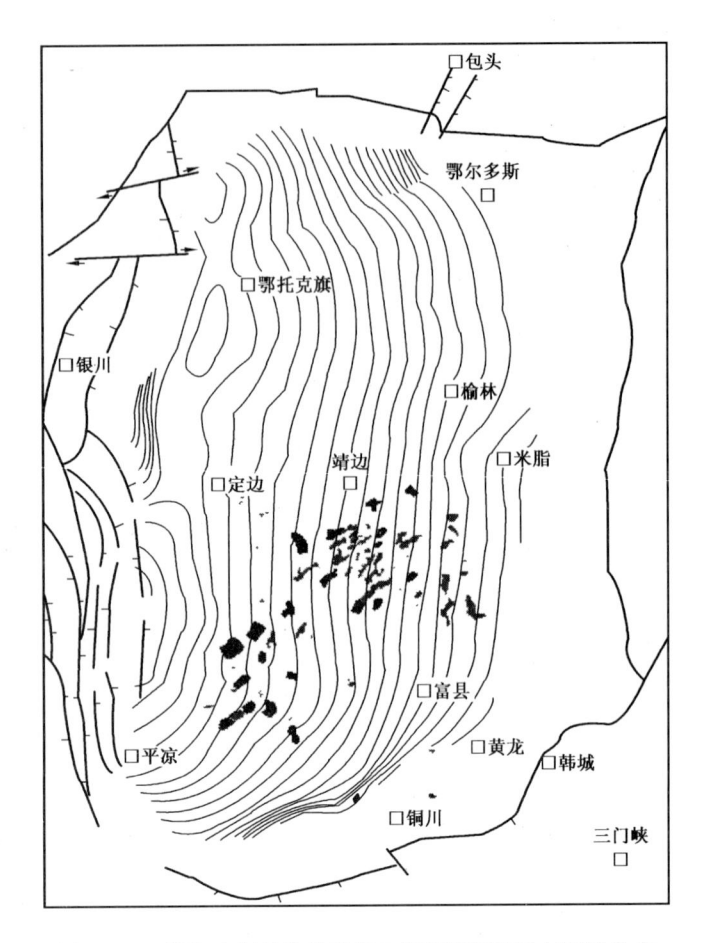

图 5-18　鄂尔多斯坳陷盆地长 7 段底平缓构造与石油分布

与湖泛层泥岩在垂向上交替出现,在侧向上交错分布,控制着低丰度岩性油气藏的形成。大范围水进超覆、水退与退覆剥蚀是形成低丰度地层油气藏的沉积背景。海陆交互相构造背景与坳陷盆地相似,构造均较为平缓,如鄂尔多斯上古生界海陆交互相和川中上三叠统须家河组前陆坳陷沉积阶段具有相似的平缓构造背景,前者三角洲平原和前缘河道砂与煤系烃源岩间互或交互接触,有利于低丰度岩性地层气藏的形成,后者也具有非常相近的特征。我国低丰度气藏的圈闭类型主要有构造—岩性、岩性—构造、地层—构造和构造圈闭等。统计表明,气藏探明储量的 66.5% 赋存于构造—岩性复合圈闭中,65.2% 的气藏属于构造—岩性复合圈闭气藏。

(2)平缓的构造格局形成有利的岩性岩相和生储盖组合。

在平缓的构造背景下,长期继承性整体升降运动下形成的稳定广阔斜坡背景,控制着沉积背景、成岩环境、油气成藏和分布。多物源沉积体系发育,形成的储油岩体呈"三明治"结构,为成藏创造了条件。如松辽盆地三角洲前缘相带,砂、泥岩间互面积占湖盆面积的 56%,有效烃源岩面积大,为各类入湖砂体提供更多的成藏机会,是保证大规模成藏的关键因素。又如鄂尔多斯盆地,在以整体升降运动为主导的动力机制控制下长期保持稳定沉积状态和仅有微弱构造变形提供了形成岩性油气藏的构造沉积背景。盆地整体抬升期形成的重要剥蚀不整合面(O_2 及 T_3 顶面)是形成岩性地层油气藏的古地貌背景。北高南低、相对平缓的古地貌背景下形成的河流三角洲沉积体系是岩性油气藏的沉积条件和主要储集体成因类型。

— 170 —

(3)平缓的构造格局有利于形成低丰度岩性或复合油气藏。

平缓的构造格局有利于形成低丰度岩性地层油气藏或复合型油气藏,主要表现在以下方面。一方面平缓的构造格局控制了沉积砂体的展布,从而为低丰度油气藏的形成提供了储集体;另一方面,整体稳定沉降控制了储层埋藏过程中成岩作用的发生和次生孔隙的发育,从而控制了低孔低渗类储层的形成;第三方面,局部构造薄弱带,如断层裂缝发育带、变形相对强烈带等成为低孔低渗背景中高渗透的"甜点";第四方面,平缓的构造—沉积—成岩背景下,单个气层薄、盖层条件要求低,保证成藏。低丰度岩性油气藏有两个共同的特点,一是含油气面积大,二是油气柱高度小。低丰度油气藏能大规模成藏,主要是面积大,但厚度小,由于油气层厚度不大,因此尽管储量很大,但由于对盖层要求不高,保证了成藏规模很大。表5-10是低丰度大气田与高丰度大气田在气层厚度与盖层质量和厚度方面的差异比较,可以明显看出,低丰度气田气柱高度较小,盖层质量不高,与高丰度大气田相比,质量可以降低。

表5-10 不同气田盖层属性和突破压力对比表

大气田	类型	储量（×10⁸m³）	储量丰度（×10⁸m³/km²）	气柱高度（m）	盖层岩性（时代）	盖层厚度（m）	突破压力（MPa）
苏里格	岩性	5336	1.31	5~20	粉砂质泥岩(P)	7~12	4.5~6.0
广安	岩性	1353	1.7	9~28	粉砂质泥岩(T)	150~180	2~5
克拉2	背斜	2840	59	448	膏盐(E)	435	18~25
坎甘(伊朗)	背斜	50000	83	685	膏盐(T)	400	54

(三)稳定的沉积背景

研究和统计表明,低丰度岩性地层油气藏多数富集于坳陷盆地,包括裂谷后坳陷(松辽盆地白垩系、渤海湾盆地新近系)、克拉通后坳陷(鄂尔多斯盆地三叠系延长组)、褶皱基底坳陷(准噶尔盆地腹部)、大陆边缘坳陷(南海北部诸盆地如珠江口盆地古近—第四系、东海盆地新近系)和造山带内后期挤压坳陷(吐哈、三塘湖、民乐等盆地),其次是海陆交互相盆地、前陆盆地的斜坡—隆起带和海相滨岸砂体。

上述盆地类型之所以有利于低丰度大型岩性地层油气藏的形成,是因为这些盆地发育大规模广布的砂体。因此,低丰度油气田的形成要有稳定的沉积背景,包括稳定的物源供应、稳定的沉降速率和沉积速率(图5-19、图5-20)。统计表明,我国低丰度气藏在陆相、海相和基岩中都有分布,但主要分布于陆相沉积储层中,其中河流相和河流—三角洲体系储层占主导地位,约为78%,占陆相低丰度气藏探明储量的88%。一般大型的沉积体系如三角洲体系是在湖盆发育中期以后,即湖盆经过深陷期回返之后,盆地趋于稳定发育阶段,地形渐趋平缓,河流流域扩大,水体变浅,才适于大型三角洲及低丰度大型油气田的形成,尤其是坳陷期盆地长轴方向最有利于大型三角洲发育,如松辽盆地早白垩世和鄂尔多斯盆地三叠纪延长期大型三角洲均形成于稳定的沉积背景中。

松辽盆地白垩纪进入坳陷演化阶段,构造稳定,以整体沉降为主,表现为平缓稳定的湖水进退及整体沉降沉积或抬升剥蚀,具有稳定的物源供应和相对稳定的沉积速率,沉积演化具有一定的继承性,不同时期沉积体系的宏观展布格局相近(图5-20),展布规模较大。鄂尔多斯盆地三叠系延长组也具有相似的沉积特征,构造—沉积演化具有相对稳定性和继承性,沉积古地形平坦而稳定,具有稳定的物源供应和沉积演化过程。

稳定的沉积背景对低丰度气藏形成的控制作用主要表现在两方面。一方面稳定的物源供

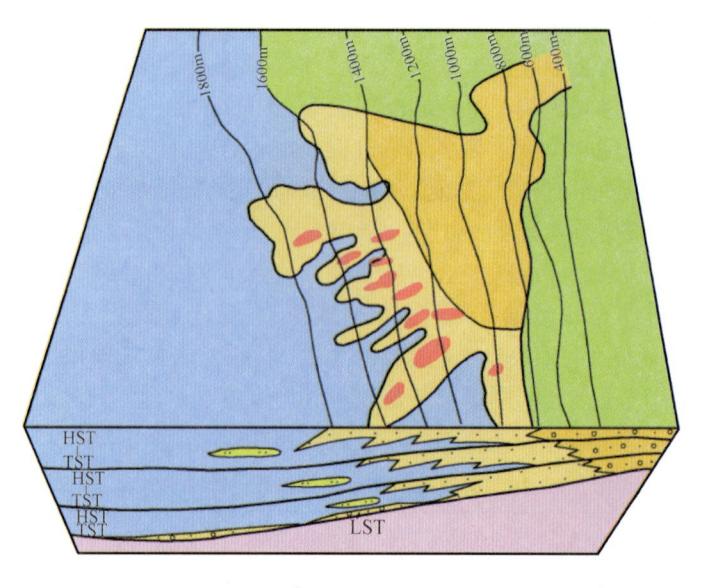

图 5-19　鄂尔多斯盆地北东物源曲流河三角洲构造—层序成藏组合模式图

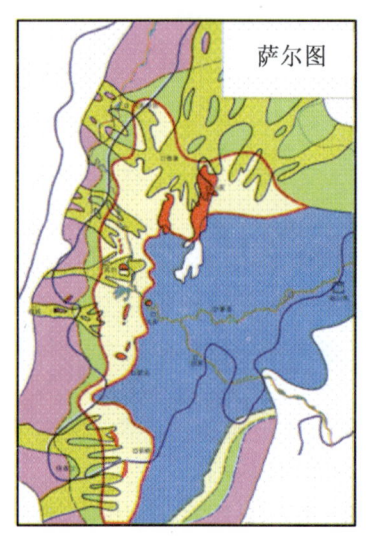

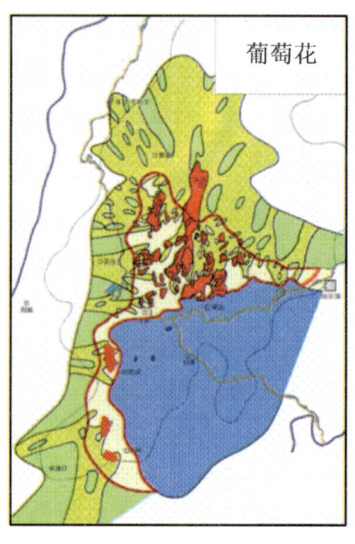

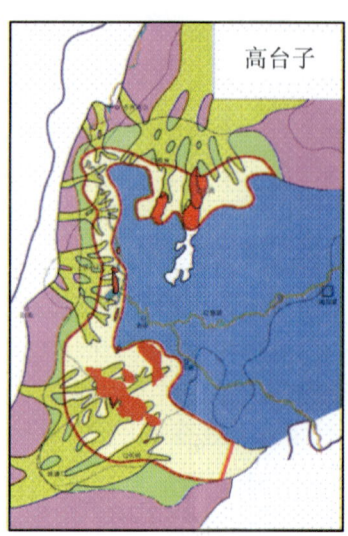

图 5-20　松辽盆地白垩系中部组合沉积体系及油气分布图

应和沉积充填速率决定储层的矿物成分、粒度大小和分选磨圆较好,成分成熟度较高,从而决定孔隙结构成熟度亦较高,控制了孔隙毛细管力的大小,影响流体渗流特征,即相对渗透率和含气饱和度的高低,直接影响储层原始物性特征变化。一般的,低丰度气藏的储层以三角洲相和河流相为主,储集砂岩岩石类型以长石砂岩为主,岩石矿物中长石和岩屑含量较高,泥质含量高,储层孔隙结构复杂,毛细管力大,造成孔隙中含水饱和度增高,含气饱和度降低,致使气藏储量丰度低,产能低。另一方面,稳定的沉积过程和沉积体系决定成岩作用类型和强度。岩屑、长石含量高,易碎易变形使孔道变小,成岩作用中、晚期储层受到白云石、铁白云石、石膏、沸石的充填或交代,自生绿泥石和水云母充填或包围颗粒形成薄膜,又使得低孔渗储层的孔渗结构得到一定程度的改造。

— 172 —

(四)大规模的沉积体系

平缓的构造格局和稳定的沉积背景决定了大规模沉积体系的形成(图5-21)。平缓稳定的沉积背景造就了单一的沉积中心和沉积体系的继承性发育,地形平缓,使得沉积相带宽,沉积物厚度较薄,厚度梯度和沉积速率较小。如我国东部的松辽坳陷、中部的鄂尔多斯坳陷和川西前陆坳陷盆地,地形开阔而平缓,沉积物分异较充分,因而反映盆地内部次级地貌单元的沉积相带较为宽广,沉积背景以缓慢沉降为主,沉积物的供给与沉降处于均衡状态,湖区经常处于浅水环境,深水区仅位于湖盆中部。

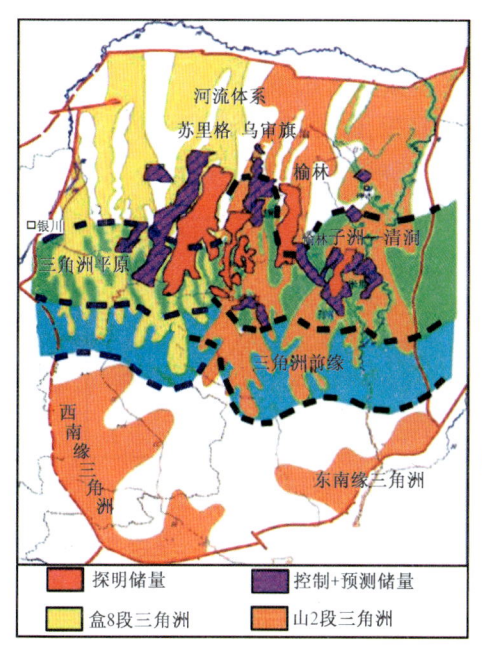

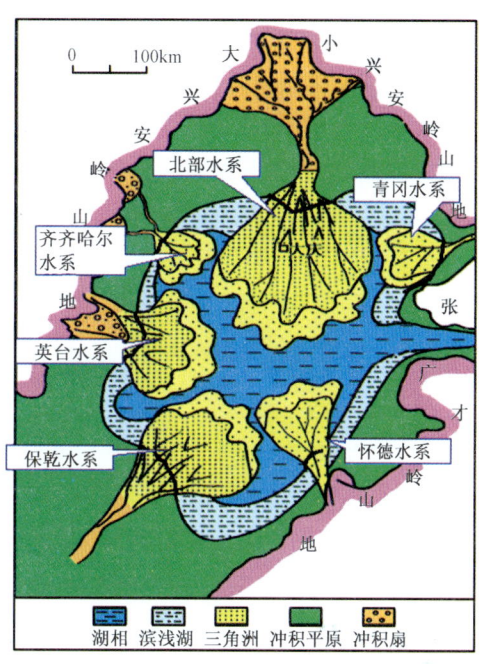

图5-21 鄂尔多斯、松辽盆地大规模沉积体系与大型低丰度油气田

(1)坳陷盆地沉积体系规模最大,最有利于大型低丰度岩性地层油气田的形成。

坳陷盆地最有利于低丰度大型岩性地层油气藏的形成。无论是近海的潮湿坳陷还是内陆的干旱坳陷,都具有大规模展布的砂体和大范围的烃源岩及较高的有机质丰度。如近海的松辽白垩纪坳陷,在潮湿气候环境下,植被繁茂,水系广布,砂体发育($0.6 \times 10^4 \sim 1 \times 10^4 km^2$),湖盆开阔,水生生物种属繁多,数量丰富。鄂尔多斯近海内陆坳陷也具有类似的特征。对于干旱—半干旱内陆坳陷,如古近—新近纪的柴达木盆地,周边山系发育,入湖水系多,碎屑物广布,形成各种类型的沉积体系组合类型。植被类型属于森林—草原过渡和半荒漠草原及灌木丛,为耐干旱、喜盐碱的旱生植物,如麻黄、蕨藜科、伞形科、禾本科等,有机质丰度高。盆地湖岸线频繁摆动,不仅造就了大规模沉积体系和广布的砂体($0.3 \times 10^4 \sim 0.6 \times 10^4 km^2$),而且形成了广泛分布的烃源岩,提供了丰富的油气资源,同时陆相沉积多水系与频繁的湖盆振荡,导致湖水大范围收缩与扩张,砂体与烃源岩纵向上频繁间互、横向上指状交互,两者充分接触,从而使得各类储集体具备有利的成藏条件。

坳陷湖盆岩性资源占比重很大,多以低丰度岩性油气藏为主,这就是大家关注低丰度油气藏成藏特征与分布的原因。湖域面积占盆地总面积的比例大,甚至超过60%,低丰度资源占总资源的比例在80%以上。这些数据表明,低丰度储量是未来发现的重点,其沉积和成藏条件有别于其他盆地类型。

我国低丰度油气田,尤其低丰度油田主要分布于坳陷盆地大规模的三角洲沉积体系中。由于砂体广布、聚集程度低,易形成丰度较低的油田,如松辽盆地白垩系油藏和鄂尔多斯盆地三叠系延长组油藏。低丰度气田主要分布于海陆交互相大型三角洲平原主河道砂及前陆坳陷(斜坡)带富含煤系烃源岩的大型三角洲体系中,如四川上三叠统须家河组气藏。

(2)大规模沉积体系中,圈闭和成藏范围广,高低部位均有油气藏分布。

大规模的沉积体系造就了低丰度大范围成藏,从三角洲平原带到前缘带乃至湖盆中心叠合连片,其中最为典型的是向斜区具备成藏的动力条件,使成藏范围跳出构造高部位,勘探范围明显扩大。

图5-22是一张说明砂岩透镜体成藏的机理图。众所周知,传统的石油地质学认为,油气成藏是油气在浮力作用下于圈闭中不断积少成多的过程,而对于一个平置的砂岩透镜体来说,如果能找到成藏动力,就可以回答为什么向斜区可以成藏的问题了。

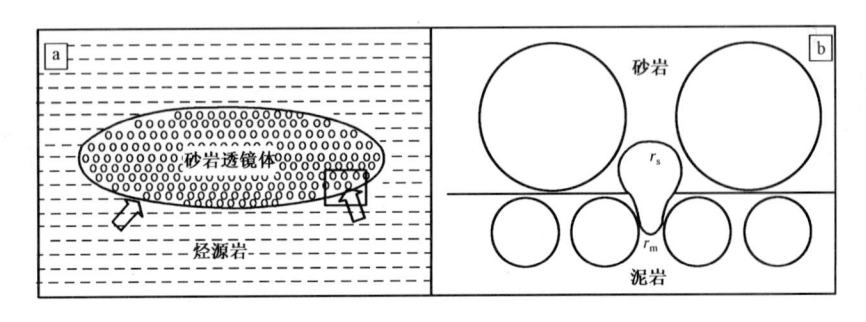

图5-22 砂岩透镜体成藏机理模式简图

图5-22是放大看一看砂岩与泥岩接触面上毛细管力的作用情况,在微观世界里,泥质颗粒与砂质颗粒都可以抽象为大小不同的圆,而在颗粒之间的孔隙,即看作可以允许油气在其中运动的喉道,显然,泥质颗粒产生的喉道大小远小于砂质颗粒产生的喉道,同时,成油气的有机质存于泥岩颗粒中,油气从泥岩向砂岩的运移,可以看作是拥挤的人群从小门进入大门,会更容易。因为从毛细管压力公式可以看出,毛细管压力差是指向砂岩的,油气从泥岩向砂岩的运移是一个自然过程。此外,基于干酪根生油气的物质平衡方程,干酪根向液态和气态烃的转化,体积要增大25%,也是驱使油气向砂岩运移的动力之一,当然还存在泥岩压实程度远大于砂岩产生的动力。应该说,在没有浮力的条件下,砂岩透镜体也可以成藏,这就是为什么能在向斜区找到油气藏的原因。

(五)建设性成岩环境

建设性成岩环境和成岩作用对储层物性具有直接的影响。成岩作用对储层物性的改造,主要以压实作用、胶结作用、溶解作用以及破裂作用对物性影响最为明显。对深部储层来说,压实作用和晚期胶结作用是破坏原始孔隙甚至次生孔隙并造成低渗透储层的最主要原因。而溶解作用和破裂作用则有利于物性的改善,对优质储层的形成起着关键作用。

建设性成岩环境尤其是后期溶蚀作用是次生孔隙形成的关键。在我国上古生界海陆交互相、中生界坳陷盆地陆相地层中,岩石粒度较细、分选较好的细—粉砂岩总体处于低孔低渗的背景。储层成岩阶段多数处于中成岩期,岩石孔渗结构处于低孔低渗的背景,有利的成岩作用是总体低孔低渗成岩相背景中高孔高渗储层形成的决定性条件。

次生孔隙形成的成岩作用因素(机理)有:① 有机酸性水(有机酸和二氧化碳酸性水)溶

解作用;②表生淋滤作用;③白云岩化作用;④硫酸盐热化学还原作用(TSR);⑤地层水热循环对流溶蚀作用;⑥地层水和地表水混和对流溶解作用;⑦无机二氧化碳酸性水的溶解作用。其中有机酸和二氧化碳酸性水的溶解作用在陆相和海相地层中均存在并且起着非常重要的作用。有机质脱羧是产生有机酸酸性流体的重要机理之一,不同类型有机质包括干酪根、煤及其组分、沥青和重质油均可产生有机酸,其中有机质处于低成熟阶段、成岩温度在80~120℃、成岩作用属于中成岩 A_1 亚期时,有机酸浓度最大。有机酸高浓度带常处于正常压力与异常压力过渡带,与次生孔隙发育带相吻合。同时,有机酸的高浓度分布段与蒙皂石经 I/S 无序混层向部分有序混层转化的时间和温度相吻合,也与油田水高矿化度带相一致。

我国低丰度气藏在中—新生界中均有普遍分布,遭受了较强的成岩作用。据统计,我国79.8%低丰度气藏的储层成岩阶段处于晚成岩 A 期,相当于有机质处于成熟到高成熟阶段,对应于大量煤成油和轻质油产生阶段。沉积物沉积后,贯穿整个成岩过程的白云石化、化学压实、淋滤和胶结等成岩作用是控制储层质量的关键因素。对储层物性有利的成岩作用包括长石溶解、碳酸盐矿物溶解及白云岩化作用等;对储层物性不利的成岩作用包括机械压实、化学压溶作用、硅质胶结作用、黏土矿物形成及转化作用、碳酸盐胶结作用等。

以苏里格气田为例,海陆交互相相对高渗砂体的特征和成因,富含石英的粗岩相和次生孔隙的发育是苏里格气田相对高渗砂体最主要的特征,造成这种现象的主要原因是由于典型的煤系地层成岩作用造成的。在成岩早期即为酸性—弱酸性成岩环境,缺乏碳酸盐胶结物,使砂岩的抗压实能力弱,强烈机械压实作用而损失的原生孔隙较多(20%~36%),易形成低孔、低渗致密储层。而灰白色(含砾)粗砂岩粒度粗且石英颗粒含量高,细粒的塑性岩屑填隙物少,其抗压实能力较强。并且,在强烈的成岩作用下,含砾粗—中粒石英岩屑砂岩保留较多原生孔隙,有利于孔隙流体的流动和溶蚀物质的及时排出,因此粗岩相的岩石次生孔隙发育。

坳陷盆地相对高渗砂体的形成受次生溶蚀作用控制,东部松辽盆地白垩系储层主要为长石岩屑溶蚀作用及断层裂缝的改造作用,中部的川中地区侏罗系油藏储层主要受浊沸石溶蚀作用程度控制,高产井位于有油源断裂沟通的厚河道砂体中,鄂尔多斯盆地三叠系延长组油田的分布和产能也严格受三角洲前缘水下分流河道砂体及浊沸石溶蚀程度控制,浊沸石强溶蚀区单井平均日产油20~30t,浊沸石中等溶蚀区单井平均日产油5~10t,浊沸石弱溶蚀区单井平均日产油小于5t。

三、低丰度大型岩性地层油气田形成的主控因素和分布规律

低丰度大型岩性地层油气田分布和富集具有明显的"相控"特征和规律。四类盆地及其三大勘探领域岩性地层油气成藏和分布均具有"相控"的规律性。同时,这些盆地或领域中,占储量构成主体部分的中高丰度和低丰度大油气田的形成从根本上来说均受有利相带(沉积相和成岩相等)控制。已有研究表明,高丰度大油气田形成的主要控制因素包括主生烃气源灶、高孔渗储集体、晚期成藏、良好的保存条件等,如克拉2气田、长垣油田、普光气田、柴东生物气等。低丰度大油气田形成的主要控制因素除了广布有效的烃源岩前提外,主要是有利的沉积相带、有利的成岩相带、构造条件和广泛分布的"甜点",如苏里格、安塞、西峰、川中须家河、松辽南部大情子井等大油气田。而这些成藏主控因素均直接或间接受控于有利相带及其相关成藏要素的时空配置。

(一)沉积相

岩性地层圈闭(油气藏)形成的核心条件是岩性尖灭或突变、物性变化、地层的超覆或剥

蚀,这些条件或因素在纵向上和横向上受沉积相、成岩相及其变化的控制,其中沉积相对储集体分布和圈闭(油气藏)的形成具有决定性的控制作用(图2-25),不仅低丰度大型油气田,而且不同丰度不同规模的油气田的富集和分布均受有利的沉积相带控制(表5-11)。有利的沉积相带控制储集体及油气藏规模,陆相大型三角洲平原—前缘主河道砂体、海相高能相带(台缘礁滩、滨岸砂体)是大型岩性地层油气藏的分布区。

表5-11 典型低丰度大型岩性地层油气藏主要控制相

盆地	油气田(藏)	油气田类型	油气资源丰度	主控相
松辽	长垣外围大型油田	油田	5~22	三角洲前缘相
鄂尔多斯	安塞油田	油田	8.68	曲流河三角洲前缘、浊沸石溶蚀相
	西峰—姬源油田	油田	10.49	辫状三角洲前缘相
	苏里格气田	气田	0.82	辫状三角洲平原相
	中部奥陶系大气田	气田	0.62	表生淋滤相
四川	川中香溪群气藏	气田	<2	辫状三角洲平原相
柴达木	浅层生物气	气田	9~15	湖泊滩坝相
塔里木	哈得逊东河砂岩油田	油田	12.60	滨岸相

注:油的资源丰度单位为 $10^4 t/km^2$,气的资源丰度单位为 $10^8 m^3/km^2$。

1. 高能相

前已述及,低丰度大型岩性地层油气田多数分布于坳陷、海陆交互相、前陆斜坡—隆起带、海相滨岸带。统计结果表明,有利于形成岩性地层油气藏的主要有8种沉积亚相:三角洲前缘亚相、三角洲平原亚相、冲积扇扇中亚相、湖泊滩坝亚相、浊积相、台缘鲕滩亚相、台内浅滩相、滨岸亚相。而不同规模、不同丰度的油气田赋存的相带有所差异。

陆相低渗透油田主要受三角洲相控制,海相大型碎屑岩油田主要受滨岸砂控制。对于气藏来说也同样如此,以鄂尔多斯中部长庆气田为例,有利的沉积相带是大型气田赖以形成的物质基础。奥陶纪马家沟组五段沉积时,盆地中部的乌审旗、靖边、志丹地区发育了盆缘含硬石膏白云岩坪微相带。由于振荡运动导致了沉积微相的多旋回发育,纵向上形成了一套频繁交替的微相韵律和向上变浅的递变序列及层状发育的特征;平面上白云岩坪微相带的展布,由陕北坳陷到中央古隆起,依次呈现出硬石膏泥质白云岩坪、藻泥白云岩坪、含硬石膏白云岩坪这样一个微相演化序列,使盆地中部形成南北长约200km,东西宽30~40km的含硬石膏白云岩坪微相带,为岩溶储层广泛展布奠定了物质基础。

2. 三角洲平原—前缘相

三角洲平原和前缘相多水系河道的频繁改道导致岩性的频繁变化,易形成岩性圈闭,是岩性油气藏广泛分布的主要条件。四川盆地须家河组和鄂尔多斯盆地上古生界岩性横向变化频繁,一系列砂体横向变化很大(图5-25),是岩性油气藏发育的重要条件。

三角洲平原—前缘相带沉积多期砂体叠置,产生很强的非均质性,很多阻流障碍把有效储集体分隔为数个孤立单元,将大油气藏分隔为数个小油气藏,降低了气藏的总体能量,也是低丰度岩性油气藏形成的重要条件。

图5-23是鄂尔多斯盆地苏里格气田的实例,砂体是连续分布的,但含气砂体是孤立分布的,整个气藏是由一系列互不连通的气藏群组成,尽管含气面积很大,但单个气藏(长900~

2500m,宽100~200m,厚2~4m)对盖层质量要求很低,有些气藏的直接盖层基本上是致密砂岩。气藏的压力小于正常的地层静水压力,可见,气藏中低压力状态也降低了对盖层的要求,保证了大范围成藏。同样的情况也出现在四川盆地须家河组。

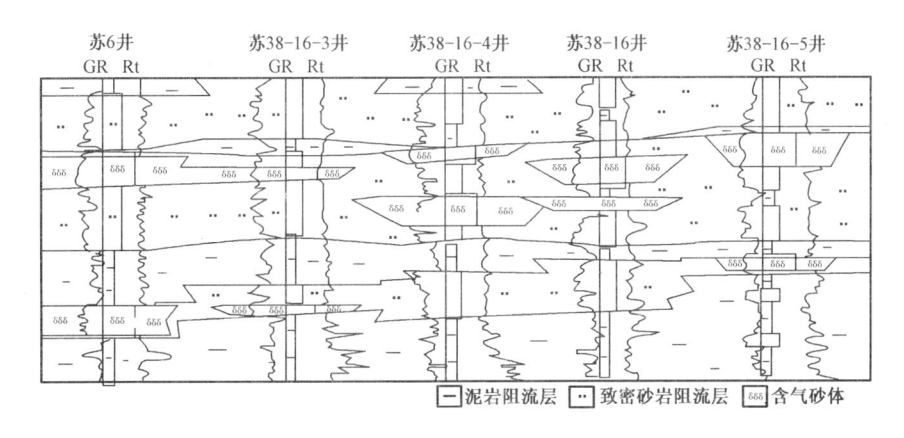

图 5-23 鄂尔多斯盆地苏里格气田连井气藏剖面图

(二)成岩相

有利的成岩作用是低孔低渗背景中相对高孔渗储层形成的关键和前提。次生孔隙发育带的分布与成岩阶段及成岩相有着密切的关系,有利的成岩相带控制储层物性、储量和产能。建设性成岩作用按功能的不同可以分为三类:一类是薄膜胶结阻止后期颗粒次生加大或颗粒间胶结物的形成,如绿泥石薄膜胶结相;二是次生溶蚀作用,如各种胶结物或颗粒的溶蚀作用、风化淋滤作用、TSR作用等;三是矿物转换所引起的体积缩小,如白云岩化作用等。这些成岩作用和成岩相是优质储层及大油气田分布的有利区。

陆相碎屑岩储层中普遍存在的次生孔隙主要发育在成岩阶段的中成岩A—B期,是油气主要分布层段。但次生油藏除外,它也可以分布在早成岩期。次生孔隙主要由碳酸盐类、沸石类胶结物及长石等碎屑颗粒和暗色矿物以及火山物质被溶解所致。次生孔隙的形成,除了由有机质产生的有机酸和二氧化碳对岩石组分进行溶解这一机制外,也发现不整合面下的表生淋滤作用和近源砂体断裂带附近由大气淡水溶蚀作用产生的次生孔隙。

次生孔隙类型在远源的三角洲前缘砂体和盐湖盆地的滩坝砂体中,一般以胶结物溶解为主;而近源砂体,特别是富火山碎屑的储层以及煤系地层中,往往表现为颗粒溶解和部分扩大的粒间孔为主,孔径大、喉道细、渗透率低是这类储层的特点。

次生孔隙主要发育在中成岩A期的溶解作用阶段,部分在中成岩B期,因这一阶段有机质处于低成熟—成熟阶段,有机质脱羧产生的有机酸和二氧化碳浓度最高,泥质岩正处于突变压实阶段,也正是伊利石/蒙皂石混层黏土矿物处于两次层间水脱出时期。酸性水与岩石中不稳定组分反应形成次生孔隙,所以我国各油田的主力产层,除次生油藏外,多处于中成岩A期的储层中,而轻质油和气多产于中成岩A—B期的储层中。因此,可以根据地温梯度、成岩和黏土矿物的演化阶段预测次生孔隙和油气层分布井段。

有利的成岩相带决定优质储层及石油富集分布。研究表明,控制优质储层分布的主要有4种有利的成岩相:淋滤相、白云岩化相、埋藏溶蚀相、TSR作用相(表5-12)。鄂尔多斯盆地三叠系延长组油田,浊沸石次生溶孔发育带是油气富集和发育区。川北前陆盆地侏罗系沙溪庙组有油源断裂沟通的厚河道砂体中浊沸石溶蚀相是高产油井的分布区。吉林油田三角洲前缘带是中低丰度油田的富集区,在有利的构造背景下(断层、裂缝、鼻凸或斜坡),长石、岩屑溶蚀相是相对高孔渗发育区,也是油气成藏的有利部位(表5-12)。

表5-12 典型低丰度油气田建设性成岩作用和成岩相

盆地	油气藏	孔隙度 (%)	渗透率 ($\times 10^{-3} \mu m^2$)	成岩作用	成岩相
鄂尔多斯	延长组油藏	平均10.71	平均0.57	浊沸石溶蚀作用	浊沸石溶蚀相带
	苏里格气藏	7~15	平均10	长石、岩屑、石英以及胶结物的溶蚀	碎屑颗粒和填隙物溶蚀相带
四川	川中侏罗系油藏	多数3~8	<0.1~11	浊沸石溶蚀作用	浊沸石溶蚀相带
	须家河组气藏	平均12.31	平均2.56	绿泥石胶结、浊沸石溶蚀作用	绿泥石—浊沸石相带
松辽南部	白垩系油藏	7~25	0.1~14.5	长石、岩屑溶蚀作用	长石、岩屑溶蚀相带

各类气田也明显受成岩相分布的控制。例如鄂尔多斯长庆大气田明显受成岩相(溶蚀淋滤相)的控制。四川盆地上三叠统绿泥石胶结、溶蚀作用是优质储层发育区。成岩相对优质储层形成的影响关键是绿泥石胶结作用、溶蚀作用,在各区表现不尽相同。储层物性以绿泥石胶结成岩相为最好,平均孔隙度达8.12%,平均渗透率达$0.25 \times 10^{-3} \mu m^2$。次为溶蚀—高岭石胶结成岩相,平均孔隙度6.94%,平均渗透率$0.13 \times 10^{-3} \mu m^2$。硅质胶结成岩相、钙质胶结成岩相和强压实成岩相储层物性较差,孔隙度在5%以下,渗透率在$0.05 \times 10^{-3} \mu m^2$以下。因此,当绿泥石胶结物出现时,储层孔隙就发育,原因是纤维状绿泥石孔隙衬垫的形成有效地防止了胶结物的形成,使粒间孔隙得以保存。溶蚀作用是储层孔隙发育的又一重要原因,但在溶蚀作用发生的同时,一般伴有高岭石的沉淀。胶结物是须家河组砂岩储层中最常见的,且含量较高,一般在3%~8%之间,是储层物性普遍较差的主要原因之一,当成岩作用以硅质胶结作用为主,其他成岩作用相对较弱时,储层物性就很差,孔隙度一般小于5%,仅少数在5%以上。总体来说,川中南部、川中—川南过渡带、龙门山山前带北段的中坝—青林口等为最有利的成岩相带。

(三)构造条件

低丰度油气田多处于平缓稳定的构造背景中,而优质储层和油气富集部位处于其中构造作用相对较强的区带。按应力作用下质点运动的连续与间断性可将构造应力作用的结果分为塑性形变(仅发生形变)和脆性位错(错断移位)两种情况,其中前者对圈闭形成和成藏起控制作用的主要有背斜带、古隆起带、斜坡带、起伏带、鼻隆带等;后者主要有断褶带、断坡带、断陷(块)带、断层反转带、裂缝带和剥蚀带等。构造作用和构造格局对储集体分布、圈闭的形成和油气的运聚成藏有显著的控制作用。因此,构造作用相对强烈地带,包括上述塑性变形和脆性错断区域,是有利的成藏区带。

有利的构造条件控制沉积、圈闭及油气运移和聚集。构造条件对低丰度大型油气田的形成和分布的控制作用,主要表现在:① 平缓稳定的构造背景控制大型沉积体系和储集体的形成和分布;② 构造活动形成的断层在活动期可作为输导体系或其组成部分,在静止期起封堵作用作为圈闭的形成条件;③ 断层及其伴生裂缝可大大改善储集性能,尤其对低孔低渗储层的改造意义更为重大;④ 构造—热活动对成岩流体和能量的控制直接影响成岩作用的类型、演化及其储层发育的结果;⑤ 构造变形形成的古隆起、鼻凸、斜坡等成为聚油背景或形成圈闭

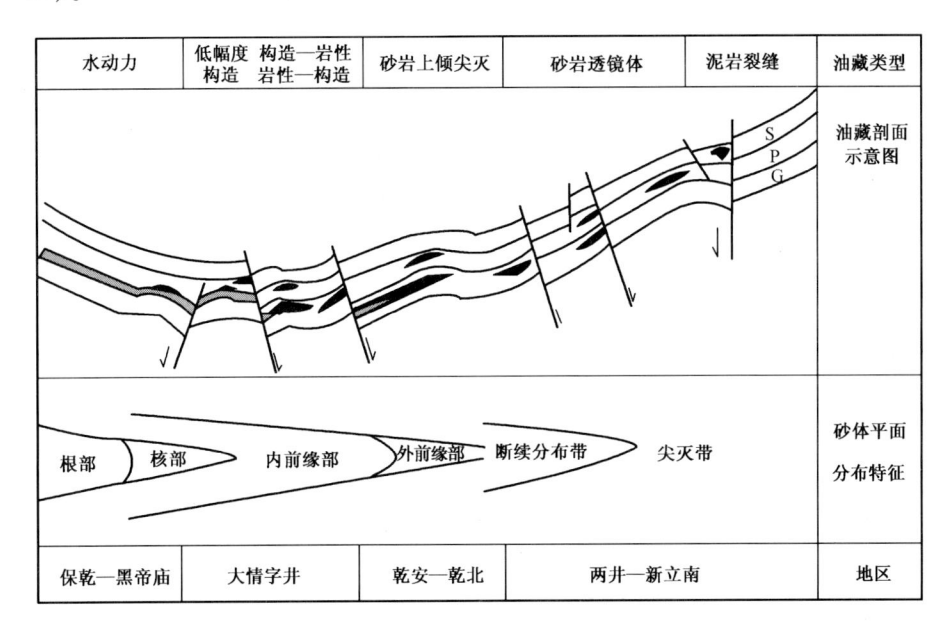

(图 5-24)。

图 5-24 松辽盆地南部中部组合岩性油气藏类型分布与构造背景图

(四)"甜点"区

低丰度油气田分布受局部丰度较高的"甜点"因素控制,而"甜点"发育离不开构造条件、沉积相和成岩相等的综合控制。不同类型盆地"甜点"分布和控制因素有所不同。坳陷、断陷、前陆和克拉通四类盆地"甜点"发育既有共性(均受构造、沉积和成岩等条件复合控制),同时又各具特色(表 5-13)。

表 5-13 四类盆地"甜点"及其控制因素

盆地类型		"甜点"	控制因素			实例
			构造相	沉积相	成岩相	
坳陷	裂谷后坳陷	三角洲前缘+裂缝+鼻凸或斜坡	断裂裂缝、中央隆起两侧和倾没端,坳陷内部低幅构造翼部	三角洲前缘	长石和岩屑溶蚀相	松辽白垩系
	克拉通后坳陷	浊沸石溶蚀带+断层+裂缝	断裂裂缝、古凸起和鼻状构造	三角洲前缘	浊沸石溶蚀相	鄂尔多斯上三叠统
	海陆交互相	高能叠置河道+构造+裂缝	断裂带、鼻隆	三角洲平原高能叠置河道、三级层序界面	长石和岩屑溶蚀相	鄂尔多斯上古生界
断陷	弧后裂陷	岩性或物性突变+地层超覆或剥蚀(含潜山)+不整合面	鼻状构造,缓坡(斜坡超覆带及不整合上下)、陡坡(断层下降盘根部)、隆起或凸起翼部或倾没端	扇三角洲、辫状河三角洲、近岸水下扇、湖底扇	物性明显受埋深控制	渤海湾、二连

续表

盆地类型		"甜点"	控制因素			实例
			构造相	沉积相	成岩相	
前陆	坳陷	主砂带+构造背景+裂缝	构造背景(低缓构造)	三角洲平原、前缘	绿泥石胶结相、粒内粒间次生溶蚀作用	四川须家河组
	斜坡	低幅构造+岩性或物性或地层尖灭或突变	断层、低幅度构造	三角洲平原、前缘	绿泥石胶结相、粒内粒间次生溶蚀作用	四川须家河组
克拉通	台缘、滨岸	古隆起围斜+高能相+强溶蚀相	古隆起、同沉积断裂	高能相带(礁、滩、滨岸砂)	白云岩化、次生溶蚀	塔里木奥陶系、石炭系、川东北飞仙关组

坳陷盆地因湖盆面积大、沉积地形平缓、湖水进退影响范围大、生油岩厚度薄、面积大，最有利于形成低丰度油田。主要储油砂体是河道砂和三角洲前缘相砂体。对于松辽盆地，"甜点"发育的有利构造部位或构造条件是断裂裂缝发育带、盆地边缘斜坡、中央隆起两侧和倾没端，坳陷内部低幅构造翼部有利的沉积相带是三角洲前缘水下分流河道、河口坝、席状砂等。有利的成岩相带为长石和岩屑次生溶蚀作用发育带。鄂尔多斯坳陷盆地"甜点"发育的有利构造条件是 NE 向基底断裂的影响、古凸起和鼻状构造等低幅构造；有利的沉积相带为三角洲平原(上古生界气)和前缘(中生界油)主河道砂体；有利的成岩相带为浊沸石等溶蚀相带。三者的有机匹配构成"甜点"。

断陷盆地如渤海湾盆地和二连盆地，由于盆地分割性强，以凹陷为相对独立沉积单元；沉降快速，生油岩和砂体叠合厚度大；储油砂体规模小、数量多、类型丰富，围绕凹陷周缘呈环状或带状分布。岩性油气藏、地层及潜山油气藏均较发育，"甜点"及油气成藏和分布主要受构造和沉积条件控制，有利的构造条件是鼻状构造、缓坡(斜坡超覆带及不整合上下)及陡坡(断层下降盘根部)、隆起及凸起翼部或倾没端。有利的沉积相带为扇三角洲、辫状河三角洲、近岸水下扇、湖底扇。油气的富集和分布受"四带一面"控制，即岩性尖灭带、物性变化带、地层超覆带、地层剥蚀带(潜山)、不整合面。

前陆盆地目前以构造油气藏勘探为主。岩性地层油气藏发育的有利区带是靠近克拉通一侧的前陆斜坡超覆带。"甜点"发育的有利构造条件为断层、低幅度构造等，有利的沉积相带为三角洲平原和前缘相带，有利的成岩相带是长石、岩屑等次生孔隙发育带。

克拉通海相盆地油气成藏和富集取决于盆地的油气生排量、聚集后的大地构造作用强度和区域封盖层类型。古隆起是最重要的油气聚集背景，良好的区域盖层是海相油气藏得以大量保存的基本条件，断裂、超压与油气聚集关系密切，油气主要沿不整合聚集，中—新生代地层覆盖区是有利成藏区，包括未经强烈改造的构造反转区以及区域盖层未受到严重侵蚀与破坏的地区。克拉通海相地层控制油气成藏和富集的"甜点"，主要受构造条件和沉积成岩条件控制，其中次生溶蚀及白云岩化等成岩作用是关键，有利的构造条件是古隆起、断裂等，有利的成岩相为次生溶蚀相、白云岩化相和 TSR 相等。

勘探和研究证实，低丰度岩性地层油气藏的富集和分布普遍受"甜点"控制，而"甜点"的发育和分布不同程度地受构造条件、沉积相、成岩相三种因素的综合作用(表 5 – 13)，每种因素的影响因子因盆地类型、演化阶段和油气地质背景的不同而有所差异。"甜点"的发育和分布首先受制于构造、沉积和成岩作用。油气的聚集区带和分布具有"三面控制"（不整合面、断层面和洪泛面）的特征。油藏的分布具有"五带富集"的规律，即有利的沉积相带、断裂裂缝发育带、次生孔隙发育带、地层尖灭带、流体性质突变带。

除了上述有利的沉积相、成岩相、构造条件等所制约的"甜点"外，良好的封盖保存条件也是至关重要的。

本节对低丰度大型岩性地层油气田形成条件和分布规律进行了初步分析和探讨，油气成藏机理和分布影响因素复杂，有待进一步深入研究。目前需要深化研究的科学问题主要是深层成岩作用机理研究、储集相划分定量标准、碳酸盐岩有利相带工业化预测以及"甜点"与富集模式的建立等。

总之，低丰度岩性油气藏在中国油气勘探中具有重要的理论地位与意义。中国岩性油气藏勘探已经找到大油气田，并且绝大多数为低丰度储量，低丰度岩性油气藏具有很好的经济效益，不仅斜坡区能够成藏，向斜区也可以成藏，大大拓展了勘探领域。从剩余油气资源潜力看，低丰度岩性油气藏勘探潜力很大。

第三节 低孔渗岩性油气藏地质特征与控制因素

我国低孔渗岩性油气田具有很大的资源潜力和储量规模，在我国从中部到东西部盆地、从古生界到新生界均有广泛的分布，在我国剩余天然气储量中占有很重要的地位，是未来油气勘探的重点领域（王金琪，1993，2000；查全衡等，2003；田昌炳等，2004），但其地质特征、控制因素和成藏机制不清。目前国外对低孔渗岩性油气田的研究，主要是将其作为低渗透油气田来研究和勘探开发的（Weimer 等，1986；Shanley 等，2004），国内也基本上是沿袭国外的模式来进行研究和勘探。其实，低孔渗砂岩气田不完全是深盆气田，还有常规的岩性气藏、成岩圈闭气藏和复合圈闭气藏等。对于低渗透气田，国内外不少学者对其储层成因（Sweet 等，1986；Lander 等，1999；Heiland 等，2001；Adrian 等，2002；何东博等，2004；Eric 等，2006；Jaco 等，2007；Zeng Lianbo 等，2007）、地质特点（MacDonald 等，2001；田昌炳等，2003；George 等，2007）、渗流特征（任晓娟等，1997；Siddiqui 等，2001；Moss 等，2002；Torsten 等，2006；Adibhatla 等，2006）和成藏机制（荣春龙等，1997；Patrick 等，2003；Shanley 等，2004；Zhou Z 等，2007）进行了研究，笔者于 2006 年著文讨论了中国低丰度大型岩性油气田形成条件和分布规律，分析了低丰度岩性地层油气藏大面积成藏的地质条件、主控因素和分布富集规律（邹才能等，2006）。后来又阐述了大油气区及大气区（邹才能等，2007）的地质特征、形成条件和勘探战略，提出了形成大油气区的"六个基本相似性"有利条件（Berg，1975）。低孔渗气田的储层以砂岩为主，还有火山岩和碳酸盐岩储层。

本节在广泛调研、野外露头和岩心观察、气藏地质解剖的基础上，结合大量的储层、成岩、地球化学和成藏样品的实验分析资料，系统分析和总结了低孔渗岩性油气田地质特征、控制因素，进一步剖析了不同类型低孔渗气藏的形成机制。低孔渗砂岩大气区的主要地质特征表现在：大范围、低丰度、小气藏、大气区的天然气聚集特征；广覆式优质烃源岩与紧密接触式生储盖组合；主要发育于大规模陆相或海陆交互相浅水河流三角洲体系；大范围准层状岩性型、成岩型和毛细管压力型为主的多种圈闭类型共生；存在达西流和非达西流双重渗流机理；多种类型气水关系并存，气水分布复杂化；甜点高产、带状富集、宏观连片的资源分布规律及其整体勘探战略。低孔渗砂岩大气区形成的主要控制因素是：稳定的动力学阶段和低平宽缓的构造格局控制广覆式砂泥岩大范围交（间）互分布；大型缓盆弱水动力条件控制大范围浅水三角洲非连续性低孔渗储层的形成;区域性差异成岩作用和非均一性成岩相控制有利储层和成岩圈闭群的发育;弱小弥散的成藏动力导致大范围离散分布的小圈闭气聚—散平衡范围广丰度低。不同圈闭类型的低孔渗砂岩大气区具有不同的成藏机制:低孔渗岩性圈闭气藏的分流式压差交互机制;低孔渗成岩圈闭气藏的分隔式差异汇聚机制;低孔渗深盆气藏的毛细管压力封闭机制。

低孔渗岩性油气田成藏机制和控制因素的研究,对认识我国低孔渗气田的成藏、分布和富集规律,深化和完善我国天然气地质理论,促进发现大气区、构建大气区,实现低孔渗天然气勘探的整体大连片具有一定的实践意义,以推动从源控论的圈闭勘探、复式油气聚集带的带状勘探,向大气区整体勘探的方向转变。

一、低孔渗岩性油气田内涵和分类

(一)低孔渗岩性油气田内涵

低孔渗岩性油气田发育于低孔渗砂岩大气区内,多数为低孔渗低丰度砂岩大气田。按照储层物性的分类规范,将孔隙度10%~15%、渗透率$5 \times 10^{-3} \sim 50 \times 10^{-3} \mu m^3$的碎屑岩储层称为低孔渗储层,将孔隙度小于10%、渗透率小于$5 \times 10^{-3} \mu m^2$的碎屑岩储层称为特低孔渗储层。根据碎屑岩孔渗级别的分类标准及大气田的指标,孔隙度在15%以下,渗透率在$50 \times 10^{-3} \mu m^2$以下的砂岩储层,聚集天然气可采储量达到$250 \times 10^8 m^3$以上的气田,称之为低孔渗砂岩大气田。根据孔渗级别可将大气区划分为三个级别,如低孔渗大气区(孔隙度10%~15%、渗透率$1.0 \times 10^{-3} \sim 10 \times 10^{-3} \mu m^2$)、特低孔渗大气区(孔隙度小于10%、渗透率小于$1.0 \times 10^{-3} \mu m^2$)和致密大气区。根据可以发现的储量规模,可将大油气区划分为不同级别,如大油区可划分$5 \times 10^8 \sim 10 \times 10^8 t$、$10 \times 10^8 \sim 20 \times 10^8$、$20 \times 10^8 \sim 50 \times 10^8 t$和$50 \times 10^8 t$以上等级别;大气区可以划分为$0.5 \times 10^{12} \sim 1 \times 10^{12} m^3$、$1 \times 10^{12} \sim 2 \times 10^{12} m^3$、$2 \times 10^{12} \sim 5 \times 10^{12} m^3$和$5 \times 10^{12} m^3$以上不同级别。以上各类大气区相应的气区边界、有效气区边界和可采储量规模,是大气区的自身基本属性和勘探开发部署的基本依据。

低孔渗油气田以往常称为低渗透油气田或低丰度油气田,用"低孔渗"术语更能全面反映储层物性特征。低孔渗油气田与低丰度油气田常具有统(同)一性,即低孔渗储层中聚集的油气基本上具有低丰度的特征。前者是针对储层物性而言,后者是针对油气储量丰度而言,两者具有因果关系,低孔渗是低丰度的成因和根本控制因素(George 等,2007),且储层孔渗高低是决定储量丰度、渗流机制和成藏机理的根本控制因素。

据2005年国土资源部部颁标准,碎屑岩中等孔渗的标准是孔隙度15%~25%、渗透率$10 \times 10^{-3} \sim 100 \times 10^3 \mu m^2$,而这一范围的储层及对应的中等储量丰度天然气多分布于构造圈闭气田的范围。也就是说,"中"孔渗"中"丰度天然气藏形成的地质背景和成藏条件与"低"孔渗"低"丰度天然气藏差别较大,而与"高"孔渗"高"丰度天然气藏形成的地质背景和成藏条件一致,两者共生或伴生,如"中"丰度的大中型气田:牙哈($4.36 \times 10^8 m^3/km^2$)、新场($3.99 \times 10^8 m^3/km^2$)、罗家寨($5.67 \times 10^8 m^3/km^2$)、沙坪场($3.89 \times 10^8 m^3/km^2$)和卧龙河($3.32 \times 10^8 m^3/km^2$)等均属构造圈闭气田。故宜将"中、高"孔渗(丰度)天然气藏合并研究,而将"中"孔渗(丰度)气藏与"低"孔渗(丰度)气藏区别开来,分别加以研究。

(二)低孔渗岩性油气田分类

气藏分类有不同的标准,或按储集体岩石类型,或按储量规模大小,或按气藏的原次生性质等划分。本节按照气藏的圈闭类型,将低孔渗砂岩气藏分为岩性圈闭气藏、成岩圈闭气藏和毛细管压力圈闭气藏三种类型（表5-14）。我国低孔渗油气田以砂岩为主，圈闭类型除岩性圈闭和成岩圈闭以外，还有以毛细管压力圈闭（或深盆型圈闭）形成的深盆气藏占有一定比例。

1. 岩性圈闭气藏

岩性圈闭的形成机理是一定的构造背景中在沉积作用和岩浆作用下，因相带、岩性变化使储集岩体被另类岩性非渗透层所围限或侧向遮挡而形成的圈闭。如岩性上倾尖灭型、岩性透镜体型、沟道充填型、火成岩型等。岩性圈闭的形成主要受沉积作用控制，岩性的变化是形成岩性圈闭的根本条件，而沉积作用或岩浆作用是控制岩性、岩相变化的前提条件和动力基础。鉴别是否岩性圈闭的本质标志有两项，一是储层侧向或上倾方向被致密岩性遮挡，而非构造或其他因素形成的遮挡；二是储层与遮挡层岩性不同，若岩性相同，如高孔渗砂岩储层被致密砂岩围限或遮挡，应属于成岩圈闭，当然也有将成岩圈闭归入广义的岩性圈闭。火山岩被泥岩或其他岩性遮挡应为岩性圈闭，火山岩内部因物性变化而形成的圈闭为成岩圈闭。碎屑岩岩性圈闭气藏又可分为岩性上倾尖灭型、岩性透镜体型和沟道充填型三个亚类（表5-14）。

2. 成岩圈闭气藏

物性变化是形成有效储层及遮挡条件的基础。成岩圈闭是连通砂体内差异性成岩作用，致使圈闭内储集体与外围封堵层物性发生显著差异而形成的圈闭类型。成岩作用在形成岩性圈闭中的作用表现为两个方面，一是建设性成岩作用如溶蚀作用、白云岩化作用、TSR作用、岩溶作用等形成有利储集体，或使非储层成为有效储层，周围存在有效封堵的致密岩性，进而形成圈闭；二是在大面积有效砂体或其他储集体的背景下，由于胶结作用、硅化或重结晶作用等形成致密封堵，进而形成圈闭。

物性变化线是圈闭内储集体与外围封堵层之间的界限。物性变化线有两种情况，一种是在大面积储集岩中由于破坏性成岩作用形成的致密胶结带（物性隔层或阻流带），出现的渗透层与相对非渗透层之间的界线；另一种是低孔渗岩性背景中由于建设性成岩作用形成的高孔渗物性变化带，主要是指次生孔隙发育带。前者的意义在于封闭要素的形成，后者的意义在于储层要素的形成。例如，陕北中生界长石砂岩在成岩中期，浊沸石和长石被溶解形成次生孔隙发育带，而未溶蚀的浊沸石胶结相和其他胶结相构成成岩圈闭的致密封堵带。

成岩圈闭和岩性圈闭的本质区别在于，成岩圈闭内储集体和外围封堵岩层的岩性相同或相近，而岩性圈闭内储集体和外围封堵层的岩性明显不同。成岩圈闭气藏又可分为成岩封堵型、岩溶型、白云石化型和裂缝型四个亚类（表5-14）。

表5-14 低孔渗岩性油气藏分类一览表

类型	亚类	示意图	成因机制	实例	备注
岩性圈闭气藏	岩性上倾尖灭型		储层在上倾方向相变为泥岩或致密岩性形成封堵	川中八角场	后期构造反转常导致岩性上倾尖灭
	岩性透镜体型		透镜状储集体周围为非渗透岩性封闭	川西	典型的岩性气藏
	沟道充填型		河谷、下切谷、各类水道内充填砂体被沟道间非渗透岩性封堵	苏里格气田	多见于分流河道或下切谷

续表

类型	亚类	示意图	成因机制	实例	备注
成岩圈闭气藏	成岩封堵型		储层在侧向或上倾方向被致密化成岩作用形成的岩石封堵	川中广安	典型的成岩圈闭
	岩溶型		致密地层内部岩溶型储集体发育而形成的圈闭	鄂尔多斯奥陶系马四段	存在于碳酸盐岩地层中
	白云石化型		致密碳酸盐岩内部因白云石化形成物性好的中粗晶白云岩储集体构成的圈闭	川东北飞仙关组鲕滩气藏	仅存在于碳酸盐岩地层中
	裂缝型		致密地层内部裂缝型储集体发育形成的圈闭	川中莲池	气藏形态复杂,产量不稳定
毛细管压力圈闭气藏	斜坡型		盆地或凹陷中心外围的斜坡区低或特低孔渗储层发育而形成的深盆型圈闭气藏	榆林气田	深盆气藏上倾方向气水关系倒置、下倾方向无气水接触(无底水),无明显的气水界面,为一定宽度的气水过渡带
	前缘型		前陆盆地的前缘凹陷内发育低或特低孔渗储层而形成的深盆型圈闭气藏	川西凹陷须家河组气藏	
	深凹型		盆地或凹陷中心低或特低孔渗砂岩分布区的深盆型圈闭气藏,为典型的深盆气藏	东海西湖凹陷西部洼陷	

3. 毛细管压力圈闭气藏

毛细管压力圈闭多数发育于深盆气田中(Berg,1975;Bymes,2003),因此,也称深盆气圈闭、深盆型圈闭、上倾水圈闭等。这种圈闭类型属于非常规圈闭,上倾方向的封堵条件为毛细管阻力。按照气藏所在的构造背景和部位,毛细管压力圈闭气藏可分为斜坡型、前缘型和深凹型三个亚类(表5-14)。低孔渗毛细管压力圈闭气藏一般位于盆地下倾部位,具储层致密、上倾方向气水倒置、下倾方向无底水、压力异常等特征,含气层压力低于静水压力。深盆气藏实际上是一种"动态圈闭"气藏,这种圈闭实际上不存在十分严密的封堵或遮挡条件。致密砂岩使通过的气进入上倾方向多孔含水砂岩的速度放慢,气体连续而缓慢地向上倾方向渗漏、散失,但下倾部位又连续不断地有气体的注入,致密砂岩中的天然气始终处在不断运移的动态当中(荣春龙等,1997;张金亮等,2000;张金亮等,2002)。控制深盆气藏形成的主要地质因素是地层倾角、孔隙孔喉大小和气源的供气能力,地层倾角越小、孔隙孔喉越小(孔隙度和渗透率越低、浮力作用越弱)、供气能力越强,对形成深盆气藏越有利。

二、低孔渗岩性油气田的主要地质特征及成因分析

低孔渗气田具有与高孔渗气田明显不同的特征,包括天然气聚集丰度、烃源岩发育状况、生储盖组合形式、沉积体系特征、圈闭类型、渗流机理和油气水关系等等(表5-15)。

表5-15 低孔渗、低丰度与中高孔渗、中高丰度气田地质特征对比表

气田类型 地质特征	低孔渗、低丰度气田	中高孔渗、中高丰度气田
构造背景	构造平缓、稳定,隆凹幅度低,断层、褶皱发育程度弱	构造活动和变形强度相对较大,起伏幅度大,褶皱、断层发育
沉积体系	大型浅水河流三角洲为主	扇三角洲、辫状三角洲等中小型沉积体系
圈闭类型	岩性圈闭、成岩圈闭、深盆型圈闭等	构造圈闭、以构造为主的复合圈闭等
孔渗条件	孔隙度15%以下,渗透率$50×10^{-3}\mu m^2$以下	孔隙度15%以上,渗透率$50×10^{-3}\mu m^2$以上
储量丰度	圈闭内气充满度低,天然气可采储量丰度低,小于$1×10^8 m^3/km^2$	圈闭内气充满度高,天然气可采储量丰度高,大于$1×10^8 m^3/km^2$
气层厚度	单个气层厚度相对较小,纵向隔层较多	单个气层厚度相对较大,纵向隔层较少
盖层条件	致密砂岩、泥岩为主	泥岩、膏岩为主
分布范围	范围广、面积大,分散分布,但连通性差,存在似栅格状物性隔层或阻流区(致密胶结或强压实)	范围较小,集中分布,连通性较好,栅格状物性隔层或阻流区(致密胶结或强压实)不是很发育
成藏特点	生储盖紧密接触,成藏动力弱而分散,大面积分隔性小气藏错叠连片	生储盖紧密关系多样化,成藏动力强而集中,单个气藏规模大,分布较为集中

(一)聚集特征

储层低孔渗性质是气藏低丰度的理论基础和前提条件。中国低孔渗储层含气范围广、规模大,但单个气藏规模不大,丰度较低(表5-16);在原来很多认为不适宜形成气藏的地区仍可形成大范围的天然气聚集。最为典型的是鄂尔多斯盆地上古生界和四川盆地须家河组低孔渗大气区(田)。目前我国已发现的大中型气田,有相当一部分为低丰度气田,并且发现率逐年在提高,无论是油田还是气田,也无论是大型还是中小型规模,均呈持续增长的趋势。在过去10年中,中国陆上获得一批天然气重大发现,一个显著的特点是,低孔渗天然气储量、低孔渗大气区(田)占有很大比例,呈现出三个特点:一是含气面积大,多数大于$500 km^2$;二是储量规模大,多数大于$1000×10^8 m^3$;三是储量丰度低,气藏多数小于$1×10^8 \sim 5×10^8 m^3/km^2$。

表5-16 中国石油近三年新增探明和可采储量分丰度级别统计表

年度	低和特低丰度(<2.5) 地质储量($×10^8 m^3$)	可采储量($×10^8 m^3$)	中丰度(≥2.5~<8) 地质储量($×10^8 m^3$)	可采储量($×10^8 m^3$)	高丰度(≥8) 地质储量($×10^8 m^3$)	可采储量($×10^8 m^3$)	年度合计 地质储量($×10^8 m^3$)	可采储量($×10^8 m^3$)
2004	872.03	594.94	149.1	107.53	0	0	1021.13	702.47
2005	1689.88	998.39	1893.45	985.13	0	0	3583.33	1983.52
2006	2423.39	1365.28	1230.6	783.17	0	0	3653.99	2148.45
总计	4985.3	2958.61	3273.15	1875.83	0	0	8258.45	4834.44

注:丰度单位为$10^8 m^3/km^2$。

低孔渗岩性油气田总体呈现低丰度的储量分布特征,但天然气资源并非均匀分布的,气区内存在由一系列"甜点"构成的富集带,由多个大气田构成大气区。相对于油田来说,低丰度气田在我国分布更为广泛,已探明的中低丰度天然气地质储量在 $15000 \times 10^8 m^3$ 以上,占总储量的65%左右(田昌炳等,2004)。已发现的大型气田中,从圈闭类型上来说,构造类气田占32%,非构造气田(主要为低孔渗气田)占68%;从储量丰度分布来看,高丰度气田仅占36%,而其余的64%属于中低丰度气田(邹才能等,2006)。可见,我国目前发现的气田大部分属中低丰度(可采储量丰度小于 $8 \times 10^8 m^3/km^2$),其中低丰度气田(小于 $2.5 \times 10^8 m^3/km^2$)主要发育于鄂尔多斯盆地上古生界、四川盆地上三叠统须家河组和莺—琼盆地新生界。中国石油近三年新增探明储量均为中低丰度(表5-16),随着勘探技术的提高,中低丰度气田将成为我国今后天然气勘探开发的主要对象。

(二)生储盖组合

低孔渗岩性油气田储量丰度低,但烃源岩生气强度和资源丰度不能偏低,否则不能满足形成大型气田所需要的生排烃量和充注量。稳定、广布的成熟有效烃源岩是形成大型气田的物质基础。烃源岩生烃总量大,为各类砂体天然气充注和成藏提供了丰富的物质基础。根据大气田形成规律,生气强度应大于 $20 \times 10^8 m^3/km^2$(戴金星等,1996)。据目前的勘探成果统计,形成大气区(田)的区带资源丰度多在 $1 \times 10^4 t/km^2$ 以上(随着勘探和研究程度的深入,这一指标可能会发生一些变化),表明大气区(田)分布区都具有较好的烃源岩条件。同时,必须有大范围广布的优质烃源岩,才能使有利砂体与烃源岩充分接触,有利于天然气运聚成藏、叠合连片,形成大范围低孔渗岩性气田。当然,大范围广布的有效烃源岩是形成大范围低孔渗岩性地层气田的必要条件,而非充分条件。要形成大型气田必须要有大范围广布的有效烃源岩,而具备了这一条件能否形成大气田还要看是否有其他成藏条件相匹配(如成藏主控因素及其时空配置),才能确定是否有可能形成大型气田。

广覆式优质烃源岩是形成低孔渗岩性油气田的前提条件,同时紧密接触式生储盖组合更有利于大气区(田)的形成,使得天然气运移距离短,充注效率高,减少运移途中散失量,保证天然气成藏的有效性和高效性。

(三)分布规律

我国低孔渗油气田,尤其是低孔渗气田主要分布于大规模的浅水三角洲沉积体系中。首先是由于大型浅水三角洲砂体广布,使得气聚集程度低,易形成丰度较低的气田。低孔渗气田主要分布于海陆交互相大型三角洲平原主河道砂及前陆坳陷和斜坡带富含煤系烃源岩的大型三角洲平原—前缘带主河道砂体中,如鄂尔多斯盆地上古生界和四川盆地上三叠统须家河组气藏。这些地区湖域面积占盆地总面积的比例大,甚至超过60%,低孔渗资源占总资源的比例在80%以上。其次是大规模的沉积体系造就了低孔渗储层大范围成藏,从三角洲平原带到前缘带乃至湖盆中心叠合连片,其中最为典型的是向斜区具备成藏的动力条件,使成藏范围跳出构造高部位,勘探范围明显扩大。

大规模的辫状河或曲流河沉积体系是大范围低孔渗砂体和广布的小型圈闭形成的前提。在平缓的构造背景下,大范围分布的辫状河或曲流河沉积体系的水动力条件有两个特点,一是水动力分散,能量较弱;二是受枯、洪期影响,水动力大小变化较为频繁,造成沉积物粒度普遍较细,且分选较差、粗细混杂,泥质含量普遍较高,导致砂岩原始孔渗性较低。

从盆地类型来看,坳陷盆地沉积体系规模最大,最有利于大型低孔渗气田的形成。无论是近海的潮湿坳陷还是内陆的干旱坳陷,都具有大规模展布的非均质性砂体和大范围的烃源岩及较高的有机质丰度。盆地湖岸线频繁摆动,不仅造就了大规模沉积体系和大范围广布的砂体($3000\sim6000km^2$),而且形成了大范围分布的烃源岩,提供了丰富的油气资源。同时陆相沉积多水系与频繁的湖盆振荡,导致湖水大范围收缩与扩张,砂体与烃源岩纵向上频繁间互、横向上指状交互,两者大范围充分接触,从而使得各类储集体具备有利的成藏条件。

（四）圈闭类型

低孔渗岩性油气田发育的圈闭类型主要有岩性圈闭、成岩圈闭和毛细管压力圈闭,这三种类型圈闭在我国天然气储量构成中占有很大比例(图5-25)。非连通砂体岩性圈闭的成因机制主要是由沉积作用产生的砂泥岩间互或交互而成,非均质性连通砂体成岩圈闭的成因机制是由差异性成岩作用引起的物性变化所致。湖盆中心低孔渗连片砂体的毛细管压力圈闭的成因机制是一定含水饱和度的毛细管压力作用而形成。

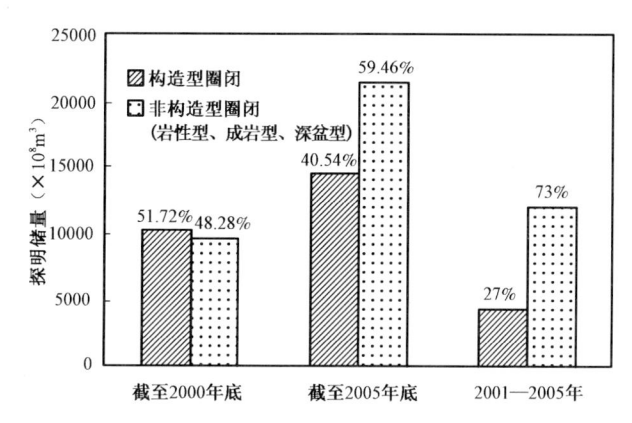

图5-25 中国石油分阶段新增天然气探明储量的气藏圈闭类型构成
（根据国家储量委员会历年储量数据统计）

岩性圈闭多发育于中—低砂地比地区,成岩圈闭多发育于致密砂岩背景中的相对高孔渗溶蚀相带(图5-26),毛细管压力圈闭发育于盆地中心及周缘地带。除了这三种类型的圈闭外,还有并存的构造—岩性复合圈闭,在盆地斜坡(或边缘)不整合上下,尚有小型地层不整合圈闭等。正是这些圈闭大范围广覆式分布,控制了低丰度的储量分布特征。影响储量丰度的主要因素:一是圈闭类型对天然气储量丰度具有明显的控制作用,构造圈闭天然气大规模汇聚程度高,圈闭内储层连通性好,因而储量丰度高,而岩性圈闭、成岩圈闭因单个圈闭规模小、大面积广泛分散分布,储量丰度低;二是储量丰度的高低直接与储层物性有关,特低—低孔低渗储层中的储量丰度多偏低;三是构造背景对储量丰度有明显的影响,平缓的构造背景,如陆相坳陷盆地、前陆盆地宽缓斜坡、海陆交互相地层等因构造幅度小,天然气大规模聚集程度低,有利于形成大面积中低丰度气田。因此,国内岩性和成岩圈闭虽然规模和幅度不大,但圈闭密集,分布范围广,同样可以形成大气田和大气区。

（五）渗流机理

气体渗流特征与储层渗透率、含水饱和度及压力梯度有关。低孔渗储层中在不同的含水饱和度及压力梯度下,会存在达西流和非达西流两种渗流机理。

较低含水饱和度条件下(当岩心含水饱和度低于30%时),气体的渗流特征表现为:渗流速度与压力平方梯度不呈线性关系。在整个实验范围内气体的流动可分为三个区,即受滑脱效应影响的非达西流动区、达西流动区及气体高速紊流区。随着压力平方梯度的增加,气体的渗流形态从受滑脱效应影响的非达西流动区转变到达西流动区,又逐渐过渡至气体高速紊流

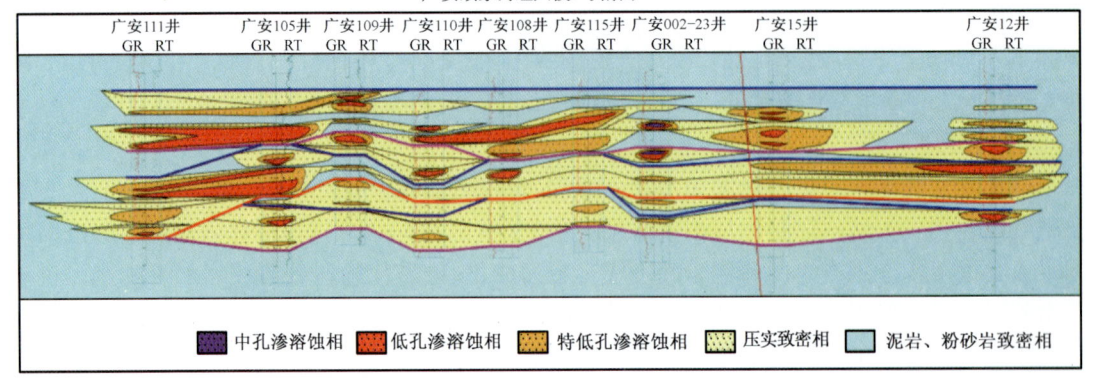

图5-26 广安须六段成岩相和成岩圈闭分布图(据朱如凯等,2006)

区(任晓娟等,1997)。达西流动区的范围与岩心的绝对渗透率及压力梯度有关。随着渗透率的降低,达西渗流区的上下限值均呈现增加趋势。

当岩心含水饱和度大于30%,但岩心中不存在可流动水时,气体渗流表现出了非达西渗流特征,表现为在一定的压力梯度下,气体的视透率随压力梯度的增加而增加,气体的渗流曲线为一上凹的曲线,即气体的流动为非线性流动;当压力梯度高于一定值后,与达西线性流相比,气体的流动为存在附加压力损失的线性流动。在该条件下,气体渗流流态的变化与岩心渗透率、含水饱和度及压力梯度的大小均有关,岩心渗透率越低,含水饱和度越高,气体渗流非线性段越长(任晓娟等,1997)。

(六)油气水关系

低孔渗储层存在多个油气水系统,油气水关系复杂,与构造起伏没有必然联系,低部位可以含气。储层孔渗性及其空间差异分布特征是控制气水分布的根本因素,因为储层中原来被水占据,后来油气注入,油气能否进入孔隙喉道,能否驱替其中的水,则取决于储层孔隙度、渗透率的大小。通常油气优先占据大孔喉,小孔喉中毛细管阻力大、界面压力大,水难以被驱替。对于低孔渗储层中的油气水关系,概括起来,有4种类型气水关系:上气下水型、下气上水型、气水界面倾斜型和气水混杂型。在这些低孔渗储层气水关系类型中,"上气下水"是正常的气水关系,多见于低孔渗背景下相对高孔渗部位或凹陷中心外围的上倾部位高孔渗段。比较典型的下气上水型即气水倒置型是深盆气藏,上倾方向气水关系倒置、下倾方向无气水接触(无底水)。天然气储集在地层下倾较低部位,而上倾较高部位是水,两者之间不存在一般意义上的封堵或遮挡条件,也没有明显的气水界面,而是存在一定宽度的气水过渡带。这一特征正是深盆气藏与一般常规气藏的最大区别之所在。在这个过渡带中,储层和流体的性质逐渐变化;如向上倾方向,地层渗透率增大、水矿化度明显降低、地层电阻率明显减小等(荣春龙等,1997)。

因此,低孔渗储层中油气水关系复杂,圈闭中可以是纯气、纯水、气水混杂或干层。勘探中面临高低产井并存,工业油气井与干井、水井并存或间互的局面,不能依据高产井区向外盲目展开,也不能因为出现失利井而影响对区块整体的客观评价。即不能因为空井和干井而影响大区的勘探,往往新的发现就在空井和干井的周围。

(七)资源分布规律

低孔渗岩性油气田总体资源丰度偏低,但存在"甜点"和富集区带,且纵向上不同层段叠合连片,具有"甜点高产、带状富集、宏观连片"的资源分布规律。"甜点"主要受断层、裂缝、局部凸起、高能微相、增孔成岩相等控制(荣春龙等,1997),油气富集带主要受控于有利的高能沉积相带(如三角洲平原—前缘带、台缘—台内礁滩带等)、建设性成岩相带(如次生溶蚀带、白云石化带)和断层裂缝发育带等。根据低孔渗岩性油气田的资源分布特点,针对该类大气区勘探,构建其特有的大气区勘探模式,应采取"整体研究、整体部署、整体评价"的勘探战略,遵循"整体研究→选点突破→分带控制→宏观连片"的勘探程序,进行整体勘探、整体部署、分块实施、全面推进。

三、低孔渗岩性油气田形成的控制因素

低孔渗砂岩储层和圈闭以及大范围低丰度气藏的形成受特定的构造条件、沉积条件、成岩条件和成藏条件的控制。本节对低孔渗砂岩大气区(田)形成的控制因素进行了研究和总结(表5-17),以下从这几个方面分析阐述低孔渗砂岩大气区(田)形成的主要控制因素及其成因机理。

表5-17 低孔渗岩性油气田形成的控制因素一览表

地质条件	低孔渗气区控制要素	气区形成的控制机制	实例分析（以须家河大气区为例）
构造条件	稳定的构造动力学环境	区域动力学特征控制构造演化节律和天然气的运聚成藏特征,稳定的动力学环境有利于气藏的形成和保存,如中国中部鄂尔多斯上古生界和川中须家河组	川中刚性基底,构造平缓,即使喜马拉雅运动期间构造变形也较弱
	低缓的构造幅度及相应的隆凹分异格局	构造格局控制沉积体系规模及砂泥岩平面分布范围,平缓的构造背景控制着广覆式烃源岩和砂体横向上大范围分布	构造幅度多数不超过200m,隆凹分异程度不大,地层倾角在5°以下
	垂向升降性振荡运动	垂向构造运动控制洪泛面的涨落及纵向上岩性组合和分布特征,整体稳定升降性振荡构造运动控制湖水大范围席状涨落和广覆式砂泥岩垂向上间互分布	晚印支期缓慢性垂向振荡运动形成须一、须三、须五段烃源岩与须二、须四、须六段储层间互分布
	晚期巨幅抬升	晚期构造大幅度抬升,改变了区域应力状态,压应力释放,形成一些断层和裂缝,开辟天然气运移通道	燕山晚期地层大幅度抬升3500m以上,产生断层和裂缝,为成岩圈闭成藏创造了条件
沉积条件	宽缓的古地貌背景	古地貌背景控制沉积体系类型及展布,缓的古地貌条件控制大型浅水河流三角洲体系的形成和分布	川中腹地地貌平缓,发育大平原小前缘型的辫状河三角洲体系
	宽泛的河流三角洲体系	沉积体系类型和特征控制储集体空间连续性,大型缓盆浅水河流三角洲沉积体系内部具有非均质性和非连续性,如分流河道间储层连续性差	单个沉积体系最大可达3×10^4km^2,不同时期河道摆动,砂体错叠连片,其中广安有效储层钻遇率在50%以上

续表

地质条件 \ 控制因素	低孔渗气区控制要素	气区形成的控制机制	实例分析（以须家河大气区为例）
沉积条件	弱沉积水动力条件	水动力条件控制储层岩石分选性、成熟度和孔渗性，大型缓盆弱水动力条件下沉积物分选差、成熟度低、孔渗性差，是低孔渗储层形成的先天沉积动力学背景	分选性较差，成熟度较低，孔渗性不均一，其中广安须六段孔隙度多数在4%~12%之间，渗透率主值区间$0.1 \times 10^{-3} \sim 1.0 \times 10^{-3} \mu m^2$
成岩条件	深埋强压实作用	压实作用降低了储层的原始孔隙度，川陕大型缓盆燕山期整体稳定性大幅度沉降，深埋强压实作用形成了储层低孔渗的成岩背景	最大埋深4000~5000m，其中广安须六段机械压实作用损失的原生孔隙度为36.5%~38.8%，平均37.8%
	中—弱性胶结作用	胶结作用对气藏的形成具有双重性，不利结果是钙质、硅质和泥质胶结作用使岩石致密化，有利方面是形成了成岩圈闭的遮挡条件	胶结作用损失的原生孔隙为2.3%~8.7%不等
	煤系酸性水介质条件	煤系地层因酸性水介质条件，早期缺少碳酸盐胶结物，抗压实程度低，控制了低孔渗储层的大范围分布	pH值在5~7左右，早期碳酸盐很少见，晚期碳酸盐含量大部分在1.5%以下
	火山岩屑及长石溶蚀作用	溶解作用促进次生孔隙的形成，以火山岩屑及长石为主的溶解作用形成相对高孔渗有利储层及甜点的分布	以火山岩屑及长石溶蚀作用为主，溶蚀量或增孔量为2%~4.5%
成藏条件	弱分散性成藏动力	成藏动力强弱控制油气的充注效率和资源丰度，平缓稳定的动力学背景形成的广覆式砂泥岩间互的岩性组合，导致大范围分布的弱分散性成藏动力	源储压力差10~15MPa，相对均匀分布，充注范围广
	较低的气聚集程度	气聚集程度决定储量丰度和气藏分布状况，低孔渗大气田区构造平缓，气聚集程度低，气藏分散分布，但面积大范围广	储量丰度$0.78 \times 10^8 \sim 1.97 \times 10^8 m^3/km^2$
	蒸发式充注—散失的动态平衡过程	大型缓盆烃源岩、储集体和圈闭分布范围大，气充注范围广，同时也存在散失面广，具有蒸发式的聚—散平衡机制，形成低充满度和低储量丰度的油气田	砂体分布面积占盆地的50%以上；烃源岩面积占盆地的60%，充满度30%~60%不等

（一）构造条件

低孔渗砂岩大气区（田）多发育于低平宽缓的构造背景，如大型坳陷盆地、克拉通后海陆交互相盆地、前陆盆地斜坡—隆起带（如川西前陆盆地）等，而以坳陷盆地最具典型和特色。低平宽缓的构造格局控制大规模沉积体系的发育和强度弱的水动力条件，同时，构造背景平缓决定了油气的聚集程度低，有利于形成低孔渗、低丰度油气田。

(1)低平宽缓的构造背景控制着广覆式烃源岩和砂体横向上广泛分布。

低平宽缓的构造背景下,尤以坳陷盆地最为典型,沉积体系类型较为单一、规模大、分布广,岩性岩相和沉积厚度分布较为稳定。湖水进退波及范围广,湖岸线摆动幅度大,砂体与湖泛层泥岩在垂向上交替出现,在侧向上交错分布,横向交互镶嵌接触,控制着大范围低孔渗岩性气藏的形成。大范围水进超覆,水退与退覆剥蚀是形成低孔渗地层气藏的沉积背景。海陆交互相构造背景与坳陷盆地相似,构造均较为平缓,如鄂尔多斯上古生界海陆交互相和川中上三叠统须家河组前陆坳陷沉积阶段具有相似的平缓构造背景,前者三角洲平原和前缘河道砂与煤系烃源岩间互或交互接触,有利于大范围低孔渗岩性地层气藏的形成,后者也具有非常相近的特征。我国低孔渗气藏的圈闭类型主要有构造—岩性、岩性、地层超覆、成岩和毛细管压力圈闭等。

(2)整体升降性构造运动控制湖水大范围席状涨落和广覆式砂泥岩垂向上间互分布。

在低平宽缓的构造背景下,长期继承性整体升降运动形成的稳定广阔斜坡背景,控制着沉积背景、成岩环境、天然气成藏和大范围分布。多物源沉积体系发育,形成的储气层与烃源层在纵向上呈"三明治"结构,为大范围成藏创造了条件。如四川盆地须家河组三角洲平原—前缘相带,砂、泥岩间互面积占湖盆面积的60%以上,有效烃源岩面积大,为各类砂体提供更多的成藏机会,是保证大规模成藏的关键因素。又如鄂尔多斯盆地在以整体升降运动为主导的动力机制控制下,长期保持稳定沉积状态,仅有微弱构造变形,提供了形成低孔渗气藏的构造沉积背景。盆地整体抬升期形成的重要剥蚀不整合面(O_2及T_3顶面)是形成岩性地层油气藏的古地貌背景。北高南低、相对平缓的古地貌背景下形成的河流三角洲沉积体系是低孔渗气藏的沉积条件和主要储集体成因类型。

(二)沉积条件

沉积条件对低孔渗储层形成的控制作用主要表现在三个方面,一是控制沉积体系和沉积相的类型和特征;二是控制砂体的空间展布格局和储层的空间连续性;三是控制岩石成熟度和物性特征。

(1)盆大坡小控制大型浅水宽相带河流三角洲体系的形成。

低孔渗气田多发育于盆大坡小的大型浅水宽相带三角洲体系,沉积体系规模大,相变快,单个分流河道规模小,连续性差,成熟度低。大型缓盆稳定的沉积背景造就了单一的沉积中心和沉积体系的继承性发育。由于沉积演化的继承性和构造升降运动的不均衡性,造成沉积体系既有一定的继承性,不同时期河道又出现摆动,形成大连片分布的砂体,为大范围低丰度气藏的形成提供了储集空间。低孔渗气藏多发育于三角洲平原—前缘带,尤其大型浅水三角洲体系油气最富集。大规模沉积体系的形成取决于低平宽缓的构造格局和稳定的沉积背景。地形平缓,使得沉积相带宽。沉积物厚度较薄,厚度梯度和沉积速率较小。一般大型的沉积体系如三角洲体系是在湖盆发育中期以后,即湖盆经过深陷期回返之后,盆地趋于稳定发育阶段,地形渐趋平缓,河流流域扩大,水体变浅,才适宜于大型三角洲及低丰度大型油气田的形成。如我国东部的松辽坳陷、中部的鄂尔多斯坳陷和川西前陆盆地川中缓坡带,地形开阔而平缓,沉积物分异较充分,因而反映盆地内部次级地貌单元的沉积相带较为宽广,沉积背景以缓慢沉降为主,沉积物的供给与沉降处于均衡状态,湖区经常处于浅水环境,深水区仅局限于湖盆中部。

(2)沉积(微)相控制储集体发育,大型河流三角洲体系分流河道间储层连续性差。

三角洲和河流相储层横向相变快、砂体规模小、连续性差、储层非均质性强(裘怿楠,

1992)是造成低丰度的重要原因。有利储集体受沉积微相控制,心滩和分流河道粗粒岩相物性好,分流河道间物性差。以鄂尔多斯盆地苏里格气田为例,其主力气层下石盒子组八段砂体为三角洲平原分流河道沉积,从下石盒子组八段砂体沉积早期至晚期,河道由平原网状特征逐步演变为具有冲积平原曲流点坝沉积特色的辫状河道特征,网状分流河道侧向迁移、改道频繁,造成河流间相互切割,砂体纵向叠置较为普遍(李良等,2000),沉积砂体纵向上透镜状叠置,平面上呈"土豆状"分布,沉积厚度薄,储层非均质性强。再如美国奥卓拉气田的主要产气层二叠系狼营统坎昂砂层属于三角洲相沉积,砂岩呈透镜体状分布,连续性差,导致低孔渗和低产能结果。

(3)大型缓盆水动力弱决定了储层岩石成熟度低、孔渗性差。

储层沉积类型决定储层的成分成熟度和粒度,从而决定孔隙结构成熟度,控制孔隙毛细管压力大小,影响流体渗流特征(史基安等,1995)。国内外的陆相低孔渗气藏的储层沉积类型以三角洲相和河流相为主,储集砂岩类型以长石砂岩和岩屑砂岩为主,而且泥质含量高,导致储层孔隙结构复杂(李健鹰,1989)、毛细管压力大,造成孔隙中含水饱和度高而含气饱和度低,致使气藏丰度低。以国内的昌德气田为例,其主要储层下白垩统登娄库组属于辫状河—三角洲相沉积,以细粒砂岩为主,分选较差;砂岩主要成分为岩屑、长石和石英,属混合型砂岩类型,成分成熟度较低;泥质含量4.8%,砂岩胶结类型以薄膜—再生式为主;孔隙类型一般为缩小的线状粒间孔,孔喉半径为0.10~0.75μm;孔隙度一般为5%~10%,渗透率一般为$0.01\times 10^{-3}\sim 1.00\times 10^{-3}\mu m^2$(古莉等,2004),属于致密孔隙型砂岩储层。

(三)成岩条件

不同相带、粒度、成分的岩石(Curtis等,1988;Comer等,1991),经历的成岩作用类型和强度有明显差异(Higley等,1985;郑浚茂等,1989;刘宝君等,1992;应凤祥等,2003),导致了总体低孔渗背景下,又发育局域性相对高孔渗储层。成岩作用对储层物性的改造主要以压实作用、黏土矿物充填与转变作用、胶结作用、溶解作用及破裂作用对物性的影响最为明显。对储层发育而言,压实和胶结作用是破坏性成岩作用,溶蚀作用为建设性成岩作用。

(1)压实作用形成了储层低孔渗的成岩背景。

压实作用是碎屑岩固化成岩的主要作用之一,其结果使颗粒的原生粒间孔隙大为缩小。压实作用的类型及其对储层物性的影响与碎屑岩储层的矿物成分有关(Edward等,1991;Lander等,1999)。一般而言,石英、长石和岩屑的相对含量与压实效果有很大的关系,石英颗粒的抗压能力最强,长石次之,岩屑的抗压强度最小。以川中上三叠统须家河组砂岩储层为例,在地史中经历的最大埋深达4000~5000m以上,机械压实作用是本区最显著的成岩事件之一,它是使本区岩石固结成岩,导致孔隙损失的主要原因,主要发生于早成岩期,岩石尚未固结前,但随埋深的增加在石英、长石加大后继续压实,中成岩期可见石英加大后颗粒呈线—凹凸接触,云母弯曲折断、软颗粒呈微缝合线接触。据广安1井、广安5井、广安101井、广安102井和广安109井等多口典型井80块铸体薄片资料统计(表5-18),本区压实作用异常强烈,机械压实作用与胶结作用总减孔率为92.5%~100%,平均98.8%。其中须六段机械压实作用与胶结作用总减孔率为92.24%~100%,平均99.1%,颗粒填隙密度为91.26%~96.9%,平均94.57%,压实强度强。机械压实作用损失的原生孔隙度为36.5%~38.8%,平均37.8%。计算剩余原生孔隙度为0~5%,平均0.65%。面孔率0~10%,平均2.8%。实测孔隙度0.8%~13%,平均5.7%。

表 5-18 川中广安地区孔隙演化特征表

成岩作用	层段	须二段	须四段	须六段
R_o(%)		0.9~1.2	0.9~1.2	0.9~1.2
颗粒接触关系		石英加大后线—凹凸接触	石英加大后线—凹凸接触	石英加大后线—凹凸接触
平均孔隙度(%)		3.7~9.06(5.01)	1.36~15.98(6.89)	0.8~12.94(5.7)
伊蒙混层比(%)		20	20	20
成岩阶段		中成岩 A_2 期	中成岩 A_2 期	中成岩 A_2 期
机械和胶结作用总减孔量		98.4~100(99.94)	95.2~100(98.98)	95.24~100(99.1)
孔隙度变化(据Houseknecht修正)	$\Delta\phi_压$(%)	91.3~96.2(94.82)	90.4~96.9(94.91)	91.3~96.9(94.6)
	$\Delta\phi_胶$(%)	3.85~8.73(5.12)	2.3~6.3(4.1)	2.3~8.7(4.5)
	剩余原生孔/原生孔隙(%)	0~2(0.07)	0~5(0.75)	0~5(0.65)
面孔率(%)		0.5~5(2.4)	0~11(3.5)	0~10(2.8)
溶解作用产生的孔隙(%)		0~7.5(4.77)	0~11.9(4.49)	0~11.4(3.74)

注：A~B(C)，A为最小值，B为最大值，C为平均值。

(2) 胶结作用使岩石致密化，形成了成岩圈闭的遮挡条件。

低孔渗气藏储层普遍受到胶结作用的改造，从而导致储层物性差（Lander 等，1999；Laubach 等，2001）。例如川中须家河组砂岩胶结作用损失的原生孔隙为 0.9%~3.49%，平均 1.81%。川中须家河组主要有三种类型的胶结作用，一是硅质胶结作用，酸性成岩环境有利于 SiO_2 的沉淀，石英加大在砂岩中普遍发育，有次生加大和孔隙充填两种产状，其含量一般为1%~5%，最高可达10%以上。加大边 20~40μm，一般有 2~4 期，以第 2、3 期加大为主，形成于主要压实期之后。强烈的硅质加大使颗粒呈镶嵌状接触，孔隙不发育。二是碳酸盐胶结作用，主要表现为成岩中后期交代成因，对孔隙发育影响较小。煤系地层早期碳酸盐含量很少，以成岩晚期形成的铁方解石、铁白云石为主，多为交代产状，交代杂基和部分岩屑颗粒，其形成一般晚于石英加大和溶蚀作用之后，自身没有明显的溶蚀特征，属于破坏性成岩作用，但由于含量较低（一般小于3%）、零星分布，多为交代产状而不是孔隙充填产状，所以对储层整体物性影响较小。三是自生黏土矿物胶结作用，包括高岭石、伊利石、绿泥石及一些混层黏土矿物等。酸性环境有利于自生高岭石的形成，而且长石溶蚀后会形成高岭石等副产物。随着成岩作用演化，到中后期成岩环境开始由酸性向碱性转化，开始形成自生伊利石、绿泥石等黏土矿物，多形成于 1~2 期石英加大和早期溶蚀作用发生之后，呈孔隙衬边状分布在颗粒表面。这些黏土矿物中存在一定量的微孔隙，对孔隙度有一定的贡献，但对渗透率几乎不起作用。

(3) 煤系酸性水介质条件控制了低孔渗储层的大范围分布。

煤系地层的成岩特征也是造成气藏低丰度、低产能的重要原因。目前中国煤成气占天然气探明储量的50%以上（戴金星等，2002），世界上近20%的天然气探明储量属于煤成气（王庭斌，2002，2003），而国内外低孔渗、低丰度气藏的流体类型普遍以煤型气为主。这说明煤系地层是低孔渗、低丰度气藏的重要气源岩，因而从成岩作用的角度分析低孔渗气藏的地质成因，就应考虑煤系地层特殊的成岩特征。煤系地层成岩早期就具有酸性水介质条件，导致缺少碳酸盐胶结物，机械压实作用强；晚期成岩过程中产生大量有机酸，有利于石英的次生加大和高岭石的普遍发育,进而使储层物性变差(郑浚茂等,1997;古莉等,2004)。以长庆气田上古生界榆林气藏为例,榆林区山西组二段储层砂岩在早成岩阶段经历了强烈的压实、压溶作用,使石英颗粒线面接触,凹凸镶嵌,缝合线发育,同时伴随发生的压溶作用导致石英次生加大发育,其结果是强烈的硅质胶结,使砂岩孔隙度损失5%～13%;在晚成岩阶段A期高岭石等黏土矿物充填粒间孔隙,但产生了大量晶间孔隙,而与之同时发生的压溶作用导致层内物质重新分配,硅质进入残余粒间孔和晶间微孔,使储层孔隙进一步减少;晚成岩阶段B期的碳酸盐岩(铁白云石、菱铁矿)胶结和交代作用造成山西组二段砂岩储层孔隙进一步损失。因此,有较好产能的煤系优质储层必须具有有利的沉积相类型、粒度粗、抗压实能力强(古莉等,2004;陈丽华等,1999)。

(4)长石或岩屑溶解作用形成相对高孔渗有利储层。

溶解作用是低孔渗砂岩储层主要的建设性成岩作用。川中上三叠统须家河组溶解对象主要为长石、富长石岩屑颗粒,还见石英加大边溶蚀,在当前储层中孔隙以颗粒溶孔为主。溶解水可能有三种来源,一是地层中的压实水:泥岩、砂岩中的沉积水随着埋藏深度的增加,沿着渗透性相对好的连通砂体、断层、层序界面等向水势低的区域运移,可以对流体运移通道进行改造;二是泥岩生烃过程中排出的酸性流体(有机酸、CO_2等):该种流体是邻近烃源岩的储层被改造的主要地层水来源,也会优先对运移通道附近的储层进行改造;三是外来水:通过断层从深部或地表运移而来,由于川中地区构造相对稳定,断层较少,该种地层水对储层的改造作用目前尚不明确。溶蚀作用形成的次生孔隙是川中广安地区储层的主要储集空间类型。

(四)成藏条件

(1)低孔渗大气田区构造平缓,气聚集程度低,气藏分散。

低孔渗气藏多发育于构造高点以外的部位,即斜坡或向斜部位,构造平缓,起伏不大。在低平宽缓的构造背景下,水动力强度低,浮力作用小,油气聚集程度低、大面积分散分布,但由于油气分布范围广,储量规模大,仍能形成大气区(田)。如鄂尔多斯盆地上古生界、四川盆地上三叠统须家河组气藏等,这些气田储量规模大、丰度低,天然气可采储量丰度多数在$2.5 \times 10^8 m^3/km^2$以下。

(2)平缓稳定的动力学背景形成大范围低孔渗岩性的弱分散性成藏动力。

平缓稳定的动力学背景控制着大面积砂泥岩广覆式间互分布,造成源—储压力差大范围分散分布,有利于形成广泛分布的低孔渗、低丰度的岩性圈闭、成岩圈闭或深盆型圈闭气藏。一是平缓稳定的动力学背景控制了大范围沉积砂体和大面积泥质岩的广泛分布,砂泥岩分布广,砂泥岩地层间压力差相对较小而分散;二是整体稳定沉降使得储层埋藏过程中普遍经历了强压实作用,从而控制了大范围分布的储层具有低孔低渗性质;三是平缓稳定构造背景中的局部构造薄弱带,如断层裂缝发育带、变形相对强烈带等成为大范围低孔低渗背景中高渗透的"甜点"和成岩圈闭的发育区;四是平缓的构造—沉积背景下,气层厚度薄,需要的盖层厚度和突破压力较小,保证大范围成藏。低孔渗气藏有两个共同的特点,一是含气面积大,二是气层厚度薄。低孔渗油气藏能大规模成藏,主要是面积大,但厚度小,由于油气层厚度不大,因此尽管储量很大,但对盖层要求宽松,保证了成藏规模很大,成藏概率增加。

(3)低孔渗储集体和圈闭分布范围大,散失面广量大,气田充满度和储量丰度低。

以上分析表明,大规模的沉积体系中,砂泥岩纵向上间互、横向上交互分布,易形成小尺度分割性的岩性圈闭和成岩圈闭群。圈闭数量多、面积大、分布广,具备大面积低丰度大气区(田)形成的沉积储层和圈闭条件。同时,由于天然气聚集成藏的过程同时也是天然气不断散失的过程,因此如果没有气源的继续供给和适当的保存条件,随着时间的推移,聚集起来的天然气都会因为扩散等散失作用而破坏殆尽(古莉等,2004)。我国低孔渗气藏储量主要分布在古生界,地质时代较老,具有早期生烃成藏的特点(王庭斌,2003),目前已处于聚集量小于散失量的气藏晚期发展阶段。比如鄂尔多斯盆地的长庆、苏里格等大型气田,虽然属于大型气田,但是气田已进入聚集量小于散失量的成藏晚期阶段(王庭斌,2003),聚集的天然气已受到了一定程度的散失,因此储量丰度低,气藏充满度低,并具有负压特征。

四、低孔渗岩性油气田成藏机制

稳定的构造背景下,盆地构造活动较弱,以垂向振荡运动为主,引起湖水周期性的缩张,纵向上生储盖优势组合达到最佳化,有效烃源岩大面积生烃,近距离运聚成藏,生排烃和运移充注聚集效率高,河道横向迁移、多期交错叠置,垂向升降运动导致释压与聚压周期性交替,使得烃源岩高效地生烃和排运。大规模沉积体系中,圈闭和成藏范围广,高低部位均有油气藏分布。大规模的沉积体系造就了低丰度大面积成藏,从三角洲平原带到前缘带乃至湖盆中心叠合连片。大范围水进超覆、退覆剥蚀导致在湖盆斜坡或边部有利于形成地层不整合气藏。在湖泛面上下的三角洲平原—前缘带易形成岩性气藏和成岩圈闭气藏,前三角洲及湖盆中心易形成透镜体岩性气藏和深盆气藏,具有多种成藏机制和模式。下面重点介绍岩性圈闭、成岩圈闭和深盆型圈闭三种类型气藏的形成机制,不同类型的气藏成藏机制有一定差异(表5-19)。

表5-19 不同类型低孔渗岩性油气田成藏机制对比表

项别	对比分析		
	岩性圈闭气藏	成岩圈闭气藏	深盆气藏
成藏模式			
圈闭形成机制	岩性遮挡,圈闭边界分明	物性遮挡,圈闭边界不完全固定,尤其在物性渐变的情况下	毛细管压力遮挡,动态圈闭
运移机制	气进水出,气水交互式	气进入砂中好砂,差异汇聚式	针筒式或活塞推移式
成藏动力机制	以毛细管压力差为主的多重动力机制(烃浓度压差、盐度扩散压差、浮力等)	欠压实和生烃增压,成岩圈闭内外存在压力差,视孔渗情况,浮力会起一定作用	气体膨胀力(紧邻烃源岩,生排烃增压)形成的源—储压力差,浮力不起作用
成藏阻力	砂体边界泥质充填或钙质胶结,在无断层沟通的情况下即使在源内也不能成藏	物性隔层或阻流区(致密胶结或强压实)影响天然气的运移汇聚	毛细管阻力是天然气运移的阻力,渗透率越低,阻力越大
渗流机理	以达西流为主,视孔渗情况,低孔渗储层存在非达西流渗流现象	受孔渗和含水饱和度控制,可存在达西流和非达西流双重渗流机理	天然气以非达西流渗流为主
后生变化	分布较为稳定,圈闭边界分明,外围被致密岩围限或遮挡,受后期构造调整和破坏影响弱	圈闭内储集体物性下限和空间范围受制于气藏压力,圈闭界限随充满度和供气压力变化会发生一定程度的变化调整	毛细管压力圈闭是一种动态圈闭,随着供气压力的变化圈闭界限在不断变化

续表

项别	对比分析		
	岩性圈闭气藏	成岩圈闭气藏	深盆气藏
分布控制因素	三角洲平原—前缘带、前三角洲砂地比较低、砂泥岩交互的地区	高砂地比的连片砂体中物性好的区域(即砂中好砂)	湖盆中心及斜坡低部位低渗透砂岩分布区
富集因素	高能沉积相(主河道、心滩)	建设性成岩相(次生溶蚀相等)	甜点(局部高孔渗区)
气水关系	分布复杂,受物性控制	受物性控制,可有多种类型	气水倒置型
气藏实例	川中磨溪气田磨147—磨25井区	苏里格气田苏38-16-4井区	榆林气田李华1—榆11井区

(一) 大面积岩性圈闭气藏的分流式压差交互机制

大面积岩性圈闭气藏的典型类型是透镜体气藏,透镜体圈闭砂体与外围泥岩的结构组合方式类似混凝土式或米花糖式结构。理论和实验研究证实(赵文智等,2007),无断层沟通的砂岩透镜体可以成藏,其成藏机理是:流体压差将泥岩中生成的油气驱向砂岩透镜体(图5-27),毛细管压力差将泥岩与砂岩接触带的油气驱入砂岩透镜体,浮力使进入砂岩透镜体中的油气向其顶部聚集,砂岩透镜体中的水可以在毛细管压力差的作用下自然地由砂岩进入泥岩中。某些砂岩透镜体油气藏部分被油气充注而部分没有充注,不成藏的端元可能与驱烃动力不足、生烃高峰期滞后于成岩胶结期导致流体交换通道堵塞等有关。

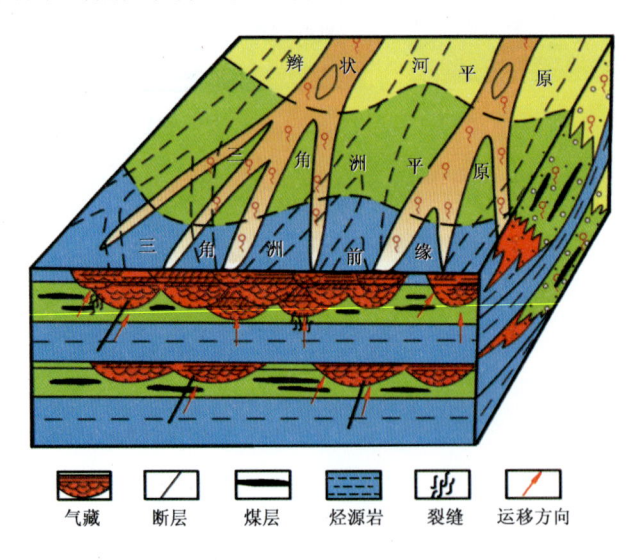

图5-27 大型浅水三角洲岩性气藏成藏机理模式图(以川中须家河组为例)

烃源岩生成的油气因超压膨胀,首先向烃源岩内的砂岩透镜体分流排烃,在浮力作用下向透镜体顶部聚集,而透镜体内的水随着聚集油气的增多自然向下方或侧向排出,呈现出透镜体分流式压差交互式的成藏机制和特点。

因此,烃源岩中无断层沟通的砂岩透镜体成为油气流向和汇聚中心,有利于形成典型的透镜体岩性油气藏。由于海陆交互相地层中岩性气藏主要是河道充填型圈闭,对于非烃源岩的泥质岩中的砂岩透镜体,以及其他致密岩性的高孔渗透镜体的成藏机理,除了有断层沟通成藏机制相似外,关键是要有油气进入的通道。

(二)大面积成岩圈闭气藏的分隔式差异汇聚机制

大面积成岩圈闭有的是周围封闭型如发酵的蜂窝状馒头结构,后被断层或裂缝沟通气源得以成藏,有的底部是无遮挡的,犹如倒扣的锅,下部存在天然通道,有利于来自下伏的天然气进入圈闭而成藏。天然气沿运移通道进入连片砂体后,呈分隔式分流汇聚于孔渗性较好的砂岩成岩圈闭中。低孔渗连片砂岩中成岩圈闭气藏的形成机制可概括为分隔式差异汇聚机制。首先,平缓构造背景下形成的大范围分布的烃源岩和砂体的"三明治"结构,由于压实作用和烃源岩生烃增压,烃源岩中生成的天然气整体向上覆大套厚层砂体驱近,呈弥散状向紧邻烃源岩的砂体推进。随着后期构造抬升,产生断层或微细裂缝(图5-28),在以后的沉降过程中这些裂缝会愈合,因此,在现今的地震剖面上可能不会显示出这些裂缝。并且在物性变化处,即成岩圈闭的边界处更容易产生裂缝,为砂体中弥散状分布的天然气以及砂泥岩接触部位汇聚的高压天然气向分隔状的成岩圈闭中再次运移聚集成藏提供了通道条件和动力条件。烃源岩生成的油气先整体向上覆砂体排驱,再通过后期构造调整,呈分隔式差异汇聚到孔渗性好的砂体中。构造抬升、开辟通道、差异汇聚是成岩圈闭成藏的主要特点(图5-28)。

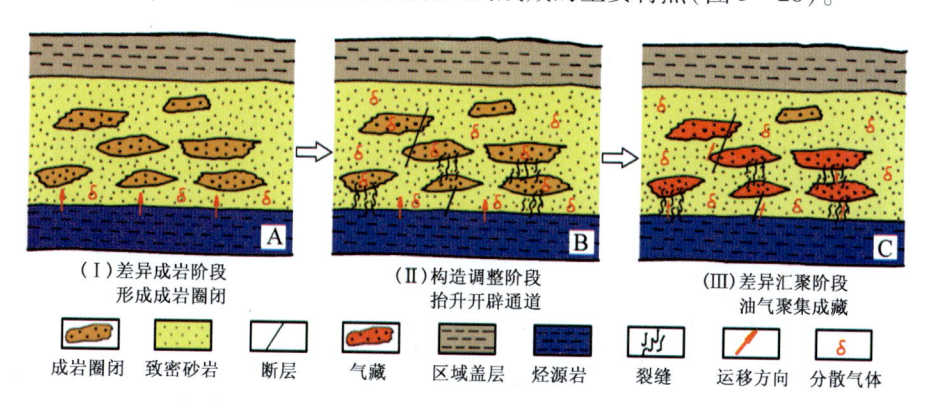

图5-28 成岩圈闭气藏成藏机理示意图

相对高孔渗砂岩储集体外围的致密砂岩成为有效的封闭介质,在平缓的构造背景下,气层薄、突破压力低,致密砂岩可以成为有效盖层。研究表明,低孔渗岩性水封闭效应大大降低了致密砂岩的渗透性,当含水饱和度在50%以上时,渗透率可下降至不含水时的1‰以下(杨晓宁等,2005)。致密砂岩含水饱和度低于50%时可以产气,构成致密砂岩储层;含水饱和度在50%~90%时,处于渗透率"瓶颈区",既不产气也不产水,此时可以构成油气盖层;含水饱和度大于90%时微量产水(杨晓宁等,2005)。致密砂岩所具有的水封闭现象增大了微细孔的毛细管压力,当这种毛细管压力大于气体的运移力时,便构成了油气盖层。低渗透致密砂岩中含水饱和度达到50%时,会产生较高的毛细管压力,在盆地中心的上倾部位会形成深盆气藏的有效封盖层(Shanley等,2004)。例如,美国的大绿河盆地、圣胡安盆地和加拿大的阿尔伯达等盆地的白垩系均存在由致密砂岩作为盖层的气藏。国内鄂尔多斯盆地上古生界、四川盆地上三叠统等均存在由致密砂岩构成的盖层。

通过气田样品的最小孔喉半径法、孔渗关系法以及试气资料等方法确定有效储层的下限。苏里格气田和广安气田须家河组气藏物性下限基本一致,苏里格气田储层孔隙度下限为5%,渗透率下限为$0.03 \times 10^{-3} \mu m^2$;广安气田储层孔隙度下限为6%,渗透率下限为$0.03 \times 10^{-3}$

μm² (何东博等,2004)。也就是说对于气储层而言,孔隙度小于 5%~6%、渗透率小于 0.01× 10^{-3} μm² 以下的砂岩一般为非渗透砂岩。

(三) 大面积深盆气藏的毛细管压力封闭机制

深盆气藏具有类似针筒式或活塞推移式的运移特征,其成藏过程显示出"整体性推进、地毯式运聚"的动力机制。深盆气藏储层孔渗低、气水关系倒置、圈闭形式异常,有其特殊的圈闭和成藏机理。对此,许多研究人员都进行了深入和广泛的研究,并提出了许多观点,主要有:① 向下倾方向的水流对天然气浮力产生一种回压,从而对天然气形成封堵(Masters,1979);② 狭小孔喉中气水饱和度的变化对相对渗透率的影响可以为这种气藏提供遮挡条件,即在低渗透岩石中,水饱和度高可以形成"水堵"(Masters,1979),含气饱和度很高时水的相对渗透率也接近于零使水不能按它的重力向下活动和驱气(Gies,1984);③ "瓶颈"效应和"动态"圈闭(Gies,1984;王涛,2002);④ 低孔渗岩石中的气缺乏浮力(Gies,1984;Berkenpas,1991)等等。

笔者认为,深盆气藏成藏的核心机制是储层的孔渗性低、毛细管阻力大,气藏上倾方向被毛细管中的"水帽"封闭(图 5-29)。一般来说,在低渗透致密岩石中,孔隙与孔隙喉道都很小,当气体压力较低或降低时,孔隙中气体的周围存在着连续的可动水相,水可以绕过气体自由流动,浮力作用不能使气体通过喉道。当气体充满孔隙,可动水全部被驱替,水的相对渗透率为零,浮力不起作用,水不能自由流动,因为束缚水不能传递水流或水压。当气压继续升高,气体受压、变形进入孔隙喉道顶替和破坏可动水膜的连续性。

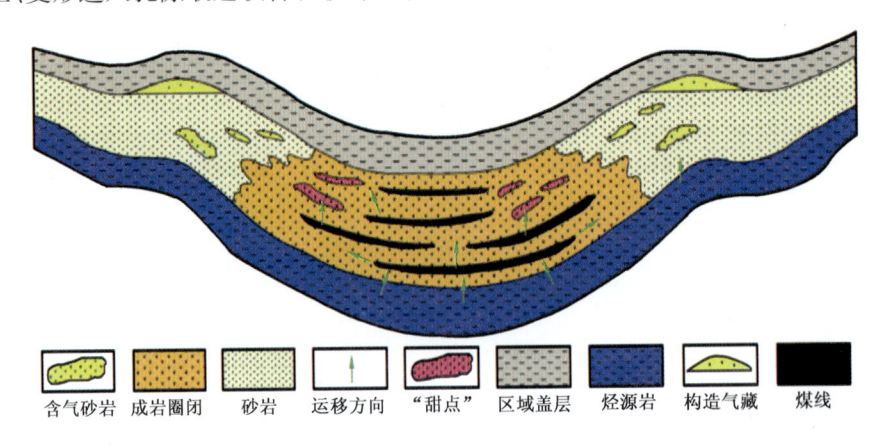

图 5-29 深盆气藏成藏机制模式图

含气砂岩 成岩圈闭 砂岩 运移方向 "甜点" 区域盖层 烃源岩 构造气藏 煤线

深盆气藏的气体运移、充注、聚集和成藏过程是,在一个平缓倾斜且下倾部位渗透率低、上倾部位渗透率较高的饱含水地层中,气体从下倾末端不断注入,气水界面处的气压始终等于或大于水压。这样,气就能以非润湿相冲过受限制的孔隙系统、沿上倾方向驱替孔隙系统中的水,而上倾方向的水不能向下流动和驱气。随着气体的不断注入和沿上倾方向不断地驱替孔隙中的水,气水界面不断向上倾方向推进,气藏不断扩大。当推进的气水界面到达渗透性较好的某个部位,由于孔隙喉道变大,浮力成为主要因素,气体穿过界面而逸散,气藏规模达到最大。

深盆气的成藏动力机制和微观机理是,在微观孔隙系统中,气驱替水并最终达到气圈闭在水下的相对静平衡状态,在力学上主要受浮力(F_b)、界面张力(F_1)和差异压力(F_p)这三种力的控制,摩擦力因流速极低可忽略不计。浮力只有在有连续可动水膜存在时在垂向上起作用,但其分力与地层倾角平行。界面张力与毛细管压力有关,会随压力、温度的降低而增大。差异压力与气—可动水之间的压差有关;在不断供气和所有可动水被驱替之前,气压在所有方向上都高于水压,因而在气水界面上会产生一个压差。Berkenpas(1991)建立的微观系统为一个平缓倾斜的完全饱含水的储层,沿上倾方向孔隙、孔喉及渗透性增大,气源从下倾方向像注气一样进入,如图 5-30 所示。在下倾孔隙(孔隙①)中,气驱替了所有可动水,浮力不起作用($F_B=0$);在 $F_P<F_L$ 时,气是静态的。随着气体的连续注入,气压上升,至 $F_P>F_L$ 时,将有气体沿上倾方向逸散到下一个孔隙(孔隙②)中。随后,只要 $F_L>(F_P+F_B)$,递散过来的气体就能被圈闭在孔隙(孔隙②)中。换句话说,如果可动水未能被全部驱替出孔隙(孔隙②),那么其中的 F_P 基本上就是零,气体就会保留在孔隙中,直到 $F_P<F_B$。一旦达到 $F_L<F_B$,气体就会因浮力作用而向上倾方向散失(孔隙③)。气圈闭在孔隙②与孔隙③之间的孔喉之下,这里的界面张力与浮力平衡($F_L=F_B$)。

大面积深盆气田形成的关键地质因素是地层倾角与孔喉孔隙大小。孔隙、孔喉尺寸和地层倾角越小,对深盆气藏的形成越有利。在孔隙孔喉半径较小时,$F_L>F_B$,气圈闭在水的下方(如图 5-30 孔隙②)。随着孔隙孔喉半径的增大(如图 5-30 孔隙③),到 $F_L<F_B$ 时,浮力起主导作用,气体向上倾方向散失。另一方面,地层倾角越小,作用在气体上的浮力的分量越小,即使孔隙孔喉半径大一些,也可以使气体圈闭在水下。

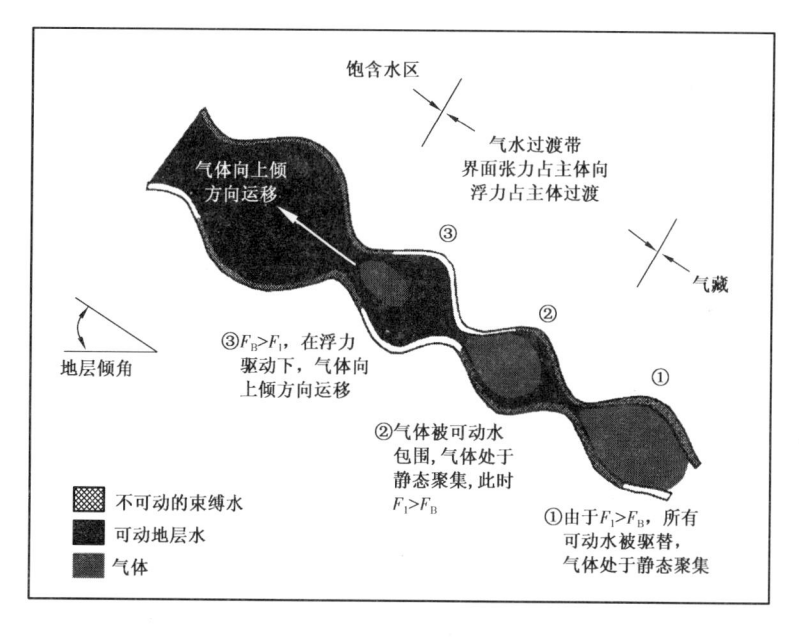

图 5-30　气水倒置的微观聚集机理与理论模型(据 Berkenpas,1991)

第六章 连续型气藏形成分布与评价

本章分析了国内外各种油气藏勘探和研究现状,基于油气分布共性本质特征的认识,阐述连续型非常规圈闭油气藏内涵及成藏特征。连续型油气藏指在大范围非常规储集体系中油气连续分布的非常规圈闭油气藏,其地质特征是:在盆地中心、斜坡等大面积"连续"分布,且局部富集;以大规模非常规储层为主;非常规圈闭,储集空间大,圈闭边界模糊;自生自储为主;多为一次运移;主要靠扩散方式聚集,浮力作用受限;非达西渗流;流体分异差,饱和度差异较大,油、气、水与干层易共存,无统一油气水界面与压力系统;资源丰度较低,储量主要按井控区块计算;开采工艺特殊,需针对性技术。论述了湖盆中心砂质碎屑流成因及其连续型油藏、大型浅水三角洲低—特低孔渗及致密砂岩油气藏、煤层气以及泥页岩裂缝型油气藏等典型实例。

第一节 连续型油气藏成藏机理、分布特征与评价方法

石油地质学的诞生和发展经历了"油气苗"现象→"背斜"理论→"圈闭"理论的过程。勘探开发领域不断扩大,从以构造油气藏为主进入到目前构造与岩性地层油气藏并重,从常规油气资源延伸到非常规油气资源,从常规单一闭合圈闭油气藏扩展到连续型非常规圈闭油气藏。据统计,全球2007年连续型气藏的天然气产量规模达$5000\times10^8m^3$,占天然气总产量的1/6,其中连续型致密砂岩气产量约$3900\times10^8m^3$、煤层气产量约$600\times10^8m^3$、页岩气产量约$450\times10^8m^3$。因此,勘探开发连续型油气资源,加强连续型油气藏的攻关研究,对油气资源的可持续发展具有重要意义。

连续型油气藏与"非常规"油气藏概念不同。"非常规"油气藏突出强调一些特殊的划分标准,如最大基质渗透率界限、非常规特殊技术的使用以及开采的困难程度(极地或超深水地区、油砂),这些标准随着油气工业技术进步而改变,主观性较强,是宽泛和不确定的术语;而连续型油气藏概念更能准确反映油气形成机理、聚集条件、分布特征和技术方法,具有科学性和规范性。本书在广泛调研和较深入研究的基础上,较系统阐述了连续型油气藏的形成背景、地质特征、成藏机理、勘探潜力与评价方法。

一、连续型油气藏的概念与分类

(一)连续型油气藏的研究历史

国外很早就注意到连续型气藏的特征(表6-1),最早认知的连续型气藏属于致密砂岩气藏,1927年发现于美国的圣胡安盆地,并于20世纪50年代初最早投入开发,当时人们称之为隐蔽气藏。1976年在加拿大西部阿尔伯达盆地发现艾尔姆华士巨型深盆气藏。1986年,Rose等在研究Raton盆地时,首先使用了"盆地中心气(basin center gas)"这一术语。20世纪90年代以后,中国国内还出现过深层气、深部气等概念。1995年美国地质调查局(USGS)提出了"连续油气聚集"的概念,突出强调连续气藏是受水柱影响不强烈的大气藏,气体富集与水对气体的浮力无直接关系,并且不是由下倾方向气水界面圈定的离散的、可数的气田群组成。2003年,中国的张金川提出"根缘气"概念。美国地质调查局在2006年提出深层气(deep gas)、页岩气(shale gas)、致密砂岩气(tight gas sands)、煤层气(coal-bed methane)、浅层砂岩生物气(shallow microbial gas sands)和天然气水合物(natural gas hydrate,methane clathrate)等6

种非常规圈闭天然气(unconventional gas),统称为连续气(continuous gas)。

表6-1 连续型油气藏国内外研究进展

类别	序号	概念	作者	年代	针对地区
中国研究进展	1	天然气水合物	贺承祖	1982	海底与永久冻土层
	2	煤层气	戴金星	1986	国内14个煤矿和3口煤层气中深井
	3	致密砂岩气	许化政	1991	东濮凹陷
	4	深盆气	金之钧、张金川等	1996	吐哈盆地台北凹陷
	5	根缘气	张金川	2003	鄂尔多斯、吐哈、四川盆地
	6	页岩气	张金川	2003	吐哈盆地吐鲁番坳陷水西沟群
	7	深盆油	侯启军	2005	松辽盆地(南部)
	8	向斜油	吴河勇	2006	松辽盆地(北部)
	9	连续型油气藏	邹才能	2009	中国相关油气区
国外研究进展	1	油苗发现	Drake		宾夕法尼亚州泰物斯维尔
	2	"开放式"油气藏	威尔逊	1859	不定,预测将会存在并有潜力
	3	煤层气	C. Joseph	1934	美国西部圣胡安盆地
	4	天然气水合物	D. L. Katz	1967	辛普森角、普鲁德霍湾等气田
	5	深盆气	J. A. Master	1971	加拿大阿尔伯达盆地艾尔姆华士深盆气田
	6	致密气	B. E. Law	1976	美国西部地区盆地
	7	盆地中心气	Rose	1979	美国Raton盆地
	8	连续油气聚集	J. W. Schmoker	1986	美国油气资源评价区带
	9	页岩气	A. Tyler	1995	美国油气资源评价区带

(二)连续型油气藏的内涵

威尔逊1934年提出并预测存在"闭合式"和"开放式"两大类油气藏,但认为"开放式"油气藏无工业价值。Schmoker于2005年提出连续油气聚集是那些具有巨大储集空间和模糊边界的油气聚集,其存在不依赖于水柱压力。常规圈闭油气藏指单一闭合圈闭油气聚集,圈闭界限清楚,具有统一油气水边界与压力系统。连续型油气藏与常规圈闭油气藏本质区别在于圈闭界限是否明确、范围是否稳定、是否具有统一油气水界面与压力系统;也可以说前者是"无形"或"隐形"圈闭,以大规模储集体形式出现,后者是"有形"或"显形"圈闭,圈闭边界明确。也有学者认为可把整个聚集连片的储集体(致密砂岩、煤岩、泥页岩、冻土带等)内的油气视为单个大油气藏。

本书研究认为连续型油气藏基本内涵是:在大范围非常规储集体系中,油气连续分布的非常规圈闭油气藏,与传统意义的单一闭合圈闭油气藏有本质区别(表6-2),也可称之为非常规圈闭油气藏。连续型强调油气分布连续或准连续;"油气藏"指油气聚集场所,主要发育于非常规储集体系之中,缺乏明显圈闭界限,无统一油气水界面和压力系统,含油气饱和度差异大,油气水常多相共存,与常规圈闭油气藏的形成机理、分布特征、勘探技术方法等有显著不同。

(三)连续型油气藏的分类

以往研究非常规油气是据当时勘探发现所涉及的领域和类型,指出非常规油气包括致密砂岩油气、油砂、煤层气、页岩油气、气水合物等类型。连续型油气藏目前国内外还没有提出分类方案。本书根据连续型油气藏的圈闭（油气藏）本质特征，提出了几种初步分类方案（表6-3）。

表6-2 连续型油气藏与常规油气藏主要区别

油气藏类型	分布特征	储层特征	源储特征	圈闭特征	运移方式	聚集作用	渗流特征	流体特征	资源特征	开采工艺
连续型油气藏	盆地中心、斜坡等大范围"连续"分布，局部富集	大规模非常规储层为主	自生自储为主	无明显界限的非闭合圈闭	多为一次运移	主要靠扩散方式聚集，浮力作用受限	非达西渗流为主	流体分异差，饱和度差异大，油、气、水与干层易共存，无统一油气水界面与压力系统	资源丰度较低，储量按井控区块计算	开采工艺特殊，需针对性技术
常规圈闭油气藏	圈闭相对独立，非连续分布	常规储层	多种源储关系	界限明显的常规闭合圈闭	二次运移	靠浮力聚集	达西渗流	上油（气）下水，界面明显	储量按圈闭要素计算	常规技术为主，易开采

表6-3 连续型油气藏分类表

序号	分类依据		主要类型
1	储集岩类型		低—特低孔渗（致密）砂岩油气藏、页岩油气藏、碳酸盐岩连通孔缝洞型油气藏、火山岩孔缝油气藏、煤层气藏等
2	油气成因		热成因油气藏、生物成因油气藏、混合成因油气藏
3	生储盖组合	生储组合	自生自储油气藏（煤层气、页岩油气等）、非自生自储油气藏（致密砂岩油气藏等）
		油气来源	自源型油气藏（煤层气、页岩油气等）、它源型油气（致密砂岩油气等）
4	油气赋存状态		吸附型、游离型、混合型
5	连续性特征		成藏过程连续型气藏、成藏空间连续型油气藏、开采过程连续型气藏

二、连续型油气藏基本特征与成藏机理

（一）基本特征

连续型油气藏的本质特征是发育于非常规储层体系之中，圈闭界限模糊不明，范围很大，无统一油气水界面和压力系统。可以认为是无圈闭、非常规圈闭、非闭合圈闭，或"无形"或"隐形"圈闭。

1. 主要类型

包括低—特低孔渗（致密）砂岩油气藏、碳酸盐岩孔缝洞型油气藏、火山岩孔缝油气藏、煤层气藏、页岩油气藏、深盆油气藏、浅层微生物气藏、天然气水合物气藏等（图6-1）。根据连续型油气藏的内涵和本质特征，连续型油气藏的外延与非常规气藏不完全一致，包括了大部分非常规和少部分常规油气藏，也包括了目前尚处于认识盲区的新类型、新领域，但不是所有的非常规油气都是连续油气藏，如油砂等就不属此列。连续型油气藏强调"无形"或"隐形"圈闭、大范围弥散式分布，包括部分受控于成岩作用、水动力作用或分布于火山岩裂缝和风化壳内幕的油气藏等，也具有"连续性"特征。

2. 烃源岩特征

大面积展布的煤系烃源岩或非煤系烃源岩，源储一体或源储紧密接触，源内或近源大面积

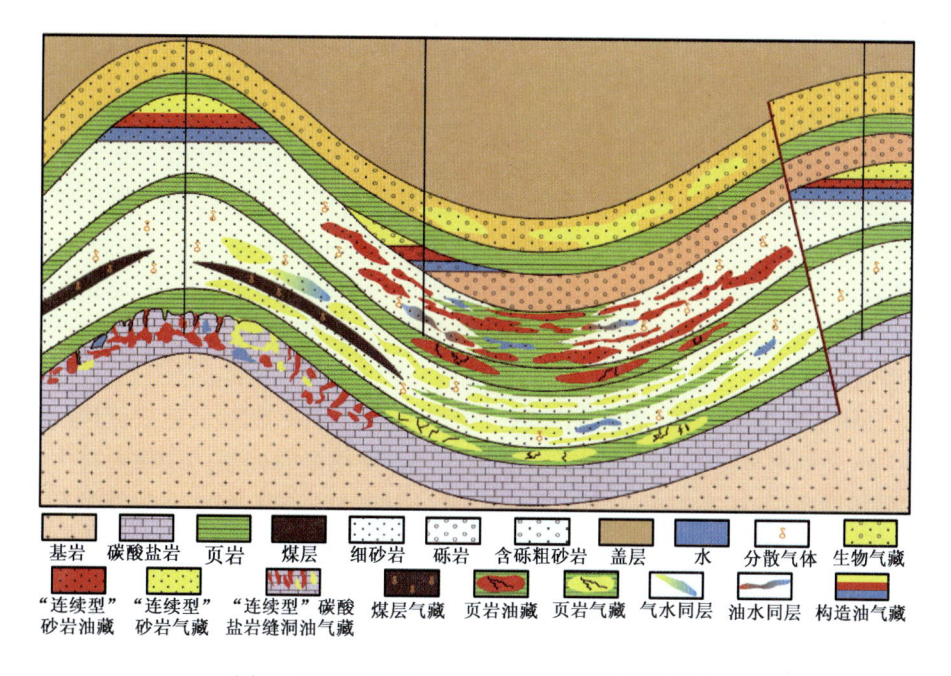

图 6-1 地层中不同类型连续油气藏分布模式图

排烃。良好而丰富的油气源岩是致密砂岩油气藏形成的物质基础。如鄂尔多斯盆地苏里格地区上古生界、川中须家河组等烃源岩有机质丰度高、类型好、中—高成熟度，煤系可持续生气，为低孔渗砂岩大气区(层)的形成奠定了物质基础。

3. 储层特征

各类连续型油气藏储集体大范围展布，孔隙度一般小于10%，渗透率为 $10^{-9} \times 10^{-3} \sim 1 \times 10^{-3} \mu m^2$，发育微裂缝。中国低孔渗、特低孔渗砂岩气，按照孔渗参数分类，属致密砂岩气。鄂尔多斯盆地石炭—二叠系发育大型浅水三角洲复合砂体(图6-2)，苏里格地区盒8段平均孔隙度为9.6%，渗透率为 $1.01 \times 10^{-3} \mu m^2$，山1段平均孔隙度为7.6%，渗透率为 $0.60 \times 10^{-3} \mu m^2$。据对四川全盆地须家河组40000余个分析数据统计，平均孔隙度为5.22%，渗透率为 $0.253 \times 10^{-3} \mu m^2$。页岩油气藏一般也呈现低孔低渗或特低孔特低渗的物性特征，孔隙度一般为4%~6%，渗透率小于 $0.0001 \times 10^{-3} \mu m^2$。处于断裂带或裂缝发育带的页岩储层渗透率则大大增加，孔隙度偶尔可大于10%，渗透率 $1 \times 10^{-3} \mu m^2$ 左右，但总体孔渗性很差。

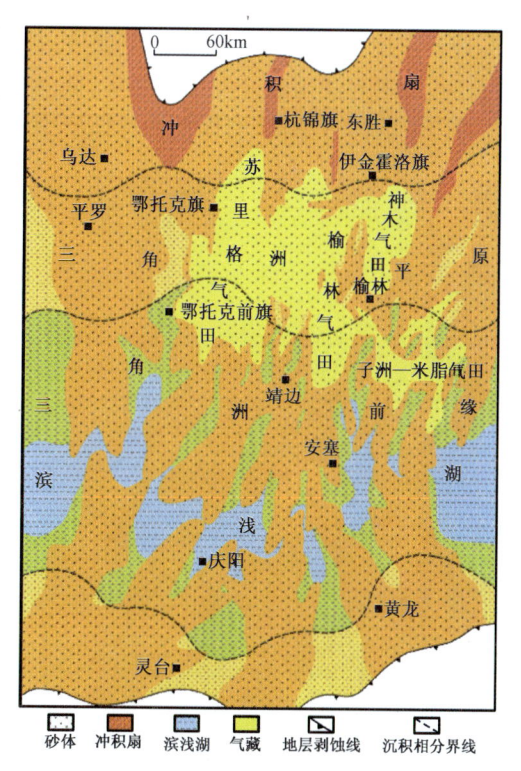

图 6-2 鄂尔多斯盆地二叠系盒8段沉积相与上古生界气藏分布

4. 圈闭特征

不存在明显或固定界限的圈闭和盖层,即"无形"或"隐形"圈闭,是非常规圈闭油气藏。一个大范围连续分布的成藏储集地质体就是一个油气聚集系统,储量计算主要依据井控区块面积。例如,美国 Fort Worth 盆地石炭系 Barnett 页岩气藏,含气面积达 $1.6 \times 10^4 km^2$,2007 年可采储量规模约 $7500 \times 10^8 m^3$,年产量 $315 \times 10^8 m^3$。石炭系 Barnett 页岩既是烃源岩,又是储层,但这种类型的气藏不具有传统意义上的圈闭,天然气分布表现为"连续"聚集特点。中国南方广大地区如四川盆地寒武系、志留系等海相层系也发育丰富的页岩气资源,勘探潜力较大,值得重视。

5. 成藏特征

区域水动力影响较小,主要靠扩散作用,成藏浮力作用受限,低渗低速渗流情况下具有非达西渗流特征,油气水分异差,但"甜点"区油气运移主要受浮力控制。成藏动力为烃源岩排烃压力,受生烃增压、欠压实和构造应力等控制,成藏阻力为毛细管压力,两者耦合控制油气边界或范围(图 5 – 29)。大面积低孔低渗藏多表现为油、气、水、干层易共存,呈连续相,分布较复杂,无明显油气水界线,含油气饱和度差异较大。

6. 运聚特征

连续型油气藏成藏运移距离一般较短,水柱压力与浮力在油气运聚中的作用非常局限,以初次运移为主,尤其是煤层气、页岩油气,"生—储—藏—盖"四位一体,几乎无二次运移,一次运移也尚不充分,基本上生烃后就地存储;致密砂岩油气存在一定程度的二次运移,其中扩散作用是致密地层中天然气运移的主要方式,如四川盆地须家河组大面积含气,但也含水。大庆、长庆、四川等油田的开发实践证实,低渗透油藏渗流特征以非达西渗流为主,需要附加驱替力才可以使流体开始流动,即低渗透储层中的流体流动存在启动压力梯度,增大了流体流动的附加渗流阻力,因而需要采取特殊的针对性开发技术。对煤层气、页岩气而言,天然气多以吸附方式就近聚集在煤层或页岩地层中,与常规天然气的运移聚集方式有本质区别。

7. 分布特征

大范围弥散式含油气(图 6 – 3),存在"甜点"和富集区带,油气藏下部或下倾部位无水,与源区直接接触,油气水分布复杂,无统一气油水界限和压力系统,储量规模大,存在高产富集区块。如煤层气在裂缝或割理带,尤其在地层压力降低时,发生脱水、脱气作用,释放出大量天然气,决定着天然气的富集高产。碳酸盐岩连通的缝洞体、致密砂岩中溶蚀相带或裂缝带是油气的富集区。因此,连续型油气藏中也存在"甜点"控制下的正常油气藏和有利区,是连续油气藏优先开发的重点对象,"先富后贫",但最终是整体开采。连续型油气藏分布在盆地斜坡区或向斜区,突破了传统二级构造带控制油气分布的概念,有效勘探范围

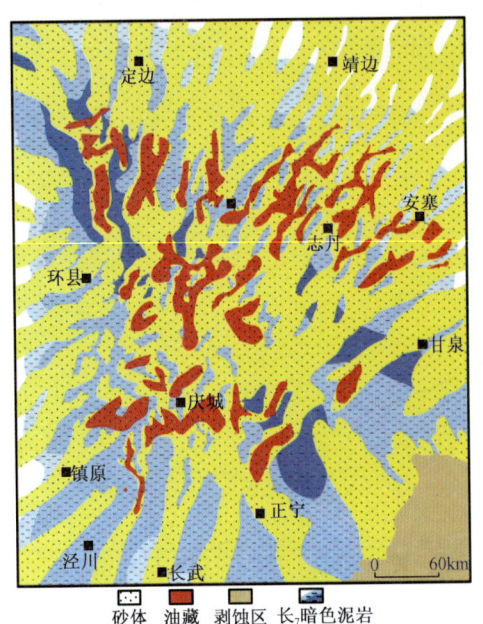

图 6 – 3 鄂尔多斯盆地延长组连续油藏平面分布图

可以扩展至全盆地。油气具有大面积分布、中低丰度不均一的特征。如致密砂岩中毛细管压力封闭具有达西流和非达西流双重渗流机制,广泛存在非达西渗流现象,类似针筒式或活塞推移式的运移特征,其成藏过程显示出"整体性推进、地毯式运聚"的动力机制。毛细管压力控制下形成的油气藏储层孔渗低、油气水关系复杂。这类油气藏勘探中,在高部位可能遇水,而低部位可能含油气,需充分认识油气水分布的复杂性。

8. 开采工艺

常规技术难以开采,需针对性技术,如人工改造增产、大量钻井、多分支井或水平井等,单井产量总体较低,但相对持续稳产。天然气开发中,分散气可持续充注,提供气源,开采寿命长,显示出开采过程中动态"连续性"的特征。需发展针对连续型油气藏的核心勘探和开发技术,如该领域的资源与储量评价方法、叠前地震储层与流体饱和度预测、井筒改造与增产等特殊的勘探开发工艺技术。中国的低渗透砂岩油气藏普遍具有"三低一大"分布特征,即低孔渗、低丰度、低产和大面积分布,一般需要采用油气层保护、改造增产等特殊的工艺和技术。煤层气、页岩气等也是如此,如美国的 Barnett 页岩气藏,具有单井产量低($0.1\times10^4 \sim 1\times10^4 \text{m}^3/\text{d}$)、生产周期长(30~50a)的特点,需要通过水平井、分段压裂等技术才能实现经济有效开发。

(二) 成藏机理

根据连续型油气藏的本质内涵,在分布方面具有连续性者即可称之为连续型油气藏,主要是油气分布连续或准连续,但较多连续型油气藏具有以下4个方面特征,即成藏环境特殊、成藏过程连续、成藏空间连续、开采过程连续。

1. 成藏环境特殊

目前发现的几种主要连续型油气藏,在盆地构造背景、储集体性质、生储盖配置、环境物理化学条件和油气运移充注等方面均表现出特殊性:① 连续型油气藏形成于盆地中心及斜坡部位,处于特殊热力场、压力场和流体场环境。如深层油气或深部油气的成藏环境处于深层或深部的高温高压状态,无论是油气生成、聚集、成藏,还是对其进行开发,都需要具备特殊的条件。② 储集体大范围层状连片分布,孔渗性差,决定了渗流机理复杂,储量丰度低,开采难度较大。如页岩在传统意义上被认为不具备储层的特性,低孔低渗难开发。页岩油气吸附在页岩中有机物的表面,富集于裂缝发育带,总体储量丰度低,但整体规模和潜力大。较致密砂岩油气储集于大面积低孔低渗砂岩储层中,传统开发手段油气产量较低。③ 生储盖配置具有特殊性,或源储一体(煤层气、页岩油气),或源储直接接触(致密砂岩油气等),呈"三明治"结构。煤层气的储集体——煤层,本身就是非常特殊的储层,是低渗透、变形双重介质。④ 环境、生物、物理、化学条件特殊,包括环境温压条件和生物物理化学作用等。如浅层砂岩生物气来源于微生物,其要求的生气环境比较苛刻;天然气水合物主要分布于海底或陆地永冻层,无论是成藏环境还是物质组成均属特殊。

2. 成藏过程连续

成藏过程的连续可以理解为油气运聚(供给与散失)成藏过程是一个持续的动态平衡过程,成藏是相对连续的。煤系烃源岩是"全天候"气源岩,生气时限长,R_o值为 0.6%~6.0%,是典型的生烃过程连续的烃源岩。连续生烃为持续成藏提供了物质基础和前提。页岩油气、煤层气、来自煤系的致密砂岩气等具有明显的"连续性"成藏过程。其他几类连续气如浅层砂岩生物气、天然气水合物也具备成藏过程连续特征。浅层砂岩生物气的成藏就是一个持续的供应与散失动态平衡的过程,只要条件适合,资源充足,微生物产气过程将会持续不断;浅层砂岩生物气的气源不仅是浅层生物气,还可以是深部通过"气烟囱"运移上来的煤层气。天然气水合物也具有类似特征,目前在实验室内已经建立了气水合物形成模型,只要具备基本条件以及充足的甲烷和水来源,天然气水合物将会源源不断地形成。

3. 空间分布连续

成藏空间分布连续或准连续是连续型油气藏的最根本特征。源储一体或储集体大范围连续分布、圈闭无形或隐形决定了油气区大面积连续分布,地层普遍含油气,油气藏边界不显著或难以确定,易形成大油气区(层)。最为典型的连续型油气藏就是低—特低孔渗或致密砂岩油气,国内研究较多的深盆气实际上属于致密砂岩气。致密砂岩气表现出空间上连续的特征:① 气藏大面积连续分布,砂岩地层普遍含气,含气饱和度不均;② 缺乏明显气水界限与边底水,油气藏边界不明确。页岩气作为一种连续气,其连续性特征更明显。页岩气产自其自身,又储集于自身。页岩气存于页岩岩石颗粒之间的孔隙或裂缝中,或者吸附在页岩中有机物的表面,没有明确圈闭界限与气水界面。至于煤层气,是以吸附状态赋存于非常特殊的储层——地下煤层之中,煤层气藏圈闭边界更难以界定。对于源储直接接触的盆地中心及斜坡区的油藏,空间分布上也具有"连续性",如鄂尔多斯盆地三叠系连续油藏平面分布(图6-3)。成藏空间分布连续是连续型油气藏最主要的特征、现象和标志。

4. 开采过程连续

连续型油气藏尤其是连续型气藏,通常持续产气、持续供气,产量低、产能稳定、资源量大,但采收率较低,需要人工改造增产。连续型气藏本身不具备开采连续的地质特征,而是在开发过程中丰度低的游离气、吸附气、自由气(分散气)不断聚集,使得气可以源源不断地被采出,显示出开采过程中的连续性。以页岩气为例,据美国页岩气井的统计,页岩气藏的生产周期比较长,年递减率小于5%,一般为2%~3%。裂缝性页岩气藏投入生产时,首先排出的是裂缝和基质孔隙中的游离气,随着地层压力的降低,岩石表面的吸附气开始解吸,并在基质中通过扩散作用进入裂缝系统,裂缝中的页岩气则以渗流方式进入井底,采至地面。游离气渗流速度较快,吸附气扩散速度慢、产量相对较低,但稳产后的递减速度较慢,生产周期比较长,一般的页岩气田开采寿命可达30~50a。USGS(美国联邦地质调查局)的最新数据显示,Barnett页岩气田开采寿命可达80~100a。致密砂岩气等也具有开采过程连续的特征。

三、主要类型及控制因素与分布特征

非常规储层载体——低—特低孔渗(致密)储集体大范围连续展布是形成连续型油气藏的前提条件和根本原因。低—特低孔渗(致密)砂岩气"连续"成藏的理论基础是宏观上砂体大范围连续,微观上连片砂体内部虽然存在非均质性,但无明确、固定的单个圈闭边界。煤岩气、泥页岩油气和天然气水合物储集体结构与致密砂岩相似,内部不存在边界明确、固定的单个圈闭,为非均质性模糊动态圈闭,只是低—特低孔渗(致密)砂岩油气"源储分离、源藏邻接",而煤岩气、泥页岩油气源内"源—储—藏三位一体"。中国目前发现的大面积低渗透砂岩油气藏、连通缝洞型碳酸盐岩油气藏、泥页岩和火山岩孔缝型油气藏均在一定程度上表现出连续型特点。

(一)连续型砂岩气藏

鄂尔多斯盆地石炭—二叠系和四川盆地三叠系须家河组沉积时为大型浅水三角洲(图6-4、图6-5),大面积烃源岩蒸发式层状排烃,大规模低—特低孔渗砂体连续分布,宏观上呈下生上储或生储盖呈"三明治"结构,形成了平缓背景下大面积分布的连续型大气区(层)。

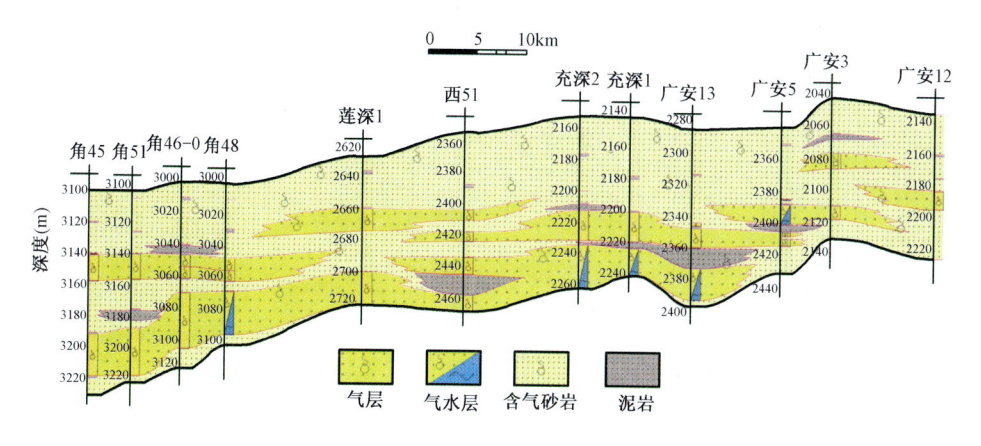

图6-4　四川盆地八角场—广安须家河组"连续型"气藏剖面示意图

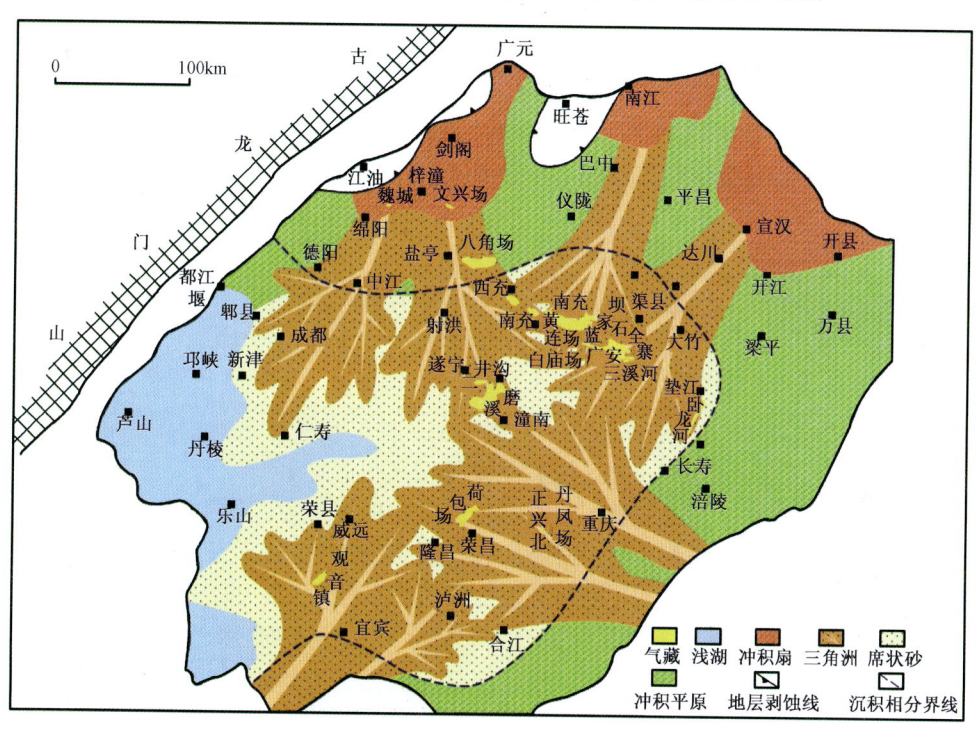

图6-5　四川盆地上三叠统须家河组须四段沉积相(据西南油气田公司,2008)

1)低—特低孔渗(致密)砂岩气藏特征

低—特低孔渗(致密)气藏首先储层本身孔渗性较差(孔隙度小于10%,渗透率$1×10^{-3}$~$10×10^{-3}μm^2$);总体运移距离短,砂泥间互、源藏邻接;无明显的圈闭与直接盖层,处于中晚成岩系统封闭内,但上覆区域性盖层好,构造活动性弱,保存条件好;分布于盆地中部及斜坡部位,气水界限与分布复杂。

2)低—特低孔渗(致密)砂岩气藏成藏机理

该类砂岩中油气聚集服从"活塞式"运移原理,"层状"气运移聚集表现为致密油气层与气源岩的大面积接触。一次运移为主,浮力在成藏中作用受限,与常规气藏依靠浮力驱动的置换运聚模式存在本质上的差异。对于四川盆地大川中非均质性连片砂体,通过气藏实例解剖与模拟实验相结合,揭示了不同类型低孔渗砂岩气藏的成藏机理(图6-6)。

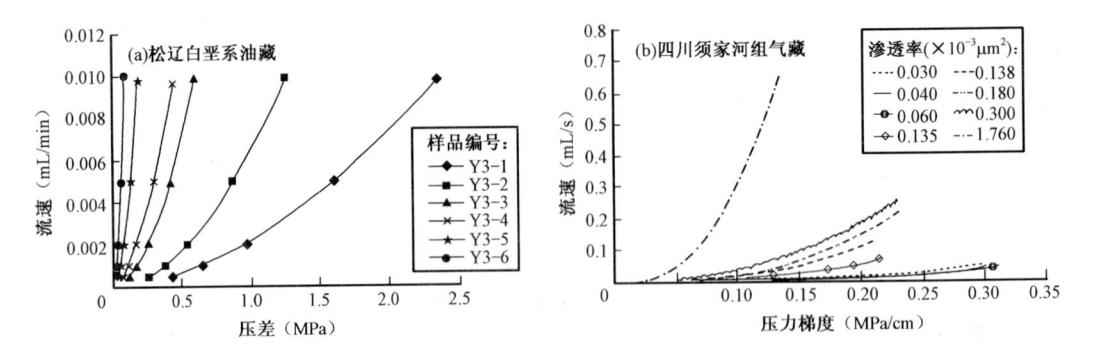

图6-6 低孔渗砂岩非达西渗流特征

对于鄂尔多斯盆地大苏里格连片砂体、煤系烃源岩,两者直接接触,天然气成藏是一个持续充注的过程,从三叠纪到新近纪,一直存在天然气的生排烃和充注成藏,表现为成藏过程连续。由于须家河组烃源层和储层大范围层状间互展布,产状平缓,形成大面积低丰度的连续型或准连续大气区(层)。

3)低—特低孔渗(致密)砂岩气藏高产富集因素

有利储集成岩相、断裂和局部构造是连续型气藏富集的主要因素,四川盆地须家河组有利成岩相是中粗砂岩溶蚀相,不同区块在北北东、东西向等均有断裂发育,在总体西高东低斜坡背景上,发育如广安等局部构造,形成千亿立方米级富集区带。

综上所述,连续型砂岩气需具备以下两个有利条件:① 大范围、层状供气充足、供气速率高的烃源岩条件;② 大面积发育低—特低孔渗(致密)连片砂岩储集体。

(二)连续型砂岩油藏

大型畅流浅水三角洲为大规模储集体系创造了条件。在松辽盆地中深层油藏、鄂尔多斯盆地三叠系大面积连续分布的大油区(层),主要呈层状分布的烃源岩与大面积分布的砂体错叠连片,形成连续型油藏。过去湖盆中心厚砂岩砂质碎屑流沉积物在很大程度上未受到勘探与研究的重视,常被误解为浊积岩,其原因是人们思维中浊积岩占主导因素,Shanmugam修改了前人对深水重力流的分类,增加了砂质和泥质碎屑流。

鄂尔多斯盆地白豹地区长6油层组发育大套深水砂质碎屑流(图2-4)。砂岩中可见砂质碎屑流的两种基本岩性:较纯净的块状砂岩与含有泥砾的细砂岩,正粒序浊积岩不发育,块状含油砂岩是该区的主要储集岩类,侧向具一定连续性,垂向累计厚度较大。

通过露头、岩心观测和测井参数分析,建立以鄂尔多斯盆地长6段为代表的坳陷湖盆中心深水"砂质碎屑流"重力成因沉积模式,指出三角洲前缘坡折带下部是砂质碎屑流分布的主要场所。实例研究表明,白豹地区长6段组存在环三角洲前缘末端呈带状展布的砂质碎屑流砂体,分布较广、厚度较大、物性较好,有利勘探面积约4000km²以上。湖盆中心可以在斜坡中下部或坡折带底部发育因滑塌而沉积的大规模砂质碎屑流,而呈扇状展布的浊流分布规模很小。在中国松辽盆地等广大湖盆中心也发现大型"砂质碎屑流"沉积,砂体连续分布,易于形成连续型或准连续型油藏。这一新认识拓展了湖盆中心部位找油的新领域。

(三)煤层气

煤层气是形成于煤层又储集于煤层中的一种自生自储式非常规天然气,主要由甲烷(含量超过95%)和极少量较重的烃类(大部分为乙烷和丙烷)以及氮气、二氧化碳组成。煤层气源储一体,源藏伴生,圈闭界限不明确。煤岩不仅持续生烃,而且运移、聚集、成藏、分布以及开采过程均表现出"连续性"特征,为典型的连续型气藏。

煤层气的储层含有一组被称为"割理"的正交断层,其方向与煤层垂直,为流体流动提供了主要渠道。控制煤层气含量的主要因素包括煤层厚度、煤组成成分、吸附气含量及气体组成成分。煤组成成分指煤中有机成分的数量和类型,它对可吸附气的数量将产生极大影响。煤层中气体含量变化较大,而且是煤的成分、热成熟度、埋藏和上升历史、运移热量增加或生物气增加等的函数。总之,煤层气以吸附在煤层颗粒基质表面为主,有的在煤层割理、裂缝中含微量游离气、水溶气。煤层气热值在33494.4J/m³(8000kal/m³)以上。

煤层气赋存具有明显的分带性。煤层气藏并非在原地、同期、一次形成,而是在含煤层系中经煤化作用不断生烃,又受上覆沉积、断裂构造和水动力作用不断改造,进而形成了具有内在联系的几个带。依据煤层气$\delta^{13}C_1$值、非烃含量、甲烷含量和开采特点,由盆地边缘向盆地腹地一般可划分为氧化散失带、生物降解带、饱和吸附带和低解吸带4个带(表6-4)。其中饱和吸附带由于盖层条件好,处于承压水封闭环境,含气量大,吸附饱和度高,煤层埋深适中,物性较好,气井单井产量高,是煤层气勘探的主要目标区。

表6-4 中高煤阶区煤层气成因分带特征表

成因分带	构造部位	煤层埋深(m)	煤层气保存条件及含气特征	煤层气储集特点	水动力特征	煤层气组分 烃(%)	煤层气组分 非烃(%)	$\delta^{13}C_1$(‰)	试采井排液特点	典型地区
氧化散失带	靠近煤层剥蚀带	<200	煤层蚀变严重,封盖条件差,处于开放—半开放环境,含气量低	水中溶解气为主	泾流—泄水区	<75	>25	-70~-55	水大气微或无气	鄂尔多斯盆地东斜坡府谷—离石地区,沁水盆地南部斜坡成庄地区
生物降解带	斜坡带上倾部位	200~500	封盖条件较差,含气量较低	溶解—吸附型	弱泾流区	75~95	5~25	-65~-50	日产气量递减快,气井水大气小	鄂尔多斯盆地东斜坡柳林—孟门地区,沁水盆地南斜坡潘庄以南地区
饱和吸附带	斜坡带中部	500~1200	煤层割理发育,物性较好,在有利的封盖条件下滞流区含气量和吸附饱和度高,解吸率高	吸附—游离型	弱泾流—滞留区	>95	<5	-50~-30	初期气小水大,中后期为气大水小	鄂尔多斯盆地东斜坡大宁—吉县地区,沁水盆地南斜坡郑庄—樊庄地区
低解吸带	盆地腹部及斜坡带深部	>1200	以微孔为主,物性差,含气量高,可解吸率低	吸附型	滞留区	90~95	5~10	<-45	气井产量低	鄂尔多斯盆地东斜坡榆林—延川地区,沁水盆地腹部

在煤层气勘探中,对于中高阶煤,需找区域热变质、割理发育、承压水封闭的饱和吸附带;对于低阶煤,需找厚煤层、深盆浅层、封盖条件好的高渗区。

(四)泥页岩连续型油气藏

泥页岩裂缝系统指在泥岩、页岩等岩石组合中,以微隙和裂缝为主要储集空间形成的油气藏,是"自生自储"式的特殊裂缝性连续油气藏,包括泥页岩油和泥页岩气。目前国内外发现的绝大多数泥质岩裂缝油气藏都分布在以暗色泥岩及页岩为主的生油岩中,常富含有机质、钙质或硅质矿物,有机碳丰度一般为1.0%~20%,有机质类型多样,油气镜质组反射率多在0.5%~1.3%。泥岩裂缝型油藏与页岩气类似,通过裂缝网状系统连续分布,为典型的连续型油气藏。

泥页岩裂缝型油藏形成于特殊的地质环境和相应的成藏条件:① 优质的烃源岩条件;② 发育裂缝储集条件;③ 厚层泥页岩中的网状裂缝系统封闭性好。泥页岩气藏主要发育于高成熟—过成熟的泥页岩烃源层系中。页岩气在国内外均有发现,如美国沃斯堡盆地Barnett页岩气有机碳含量为4.5%,R_o值为1.0%~1.3%,裂缝发育,储量丰度为3.28×10^8~$4.37 \times 10^8 m^3/km^2$,经济效益较好(表6-5)。中国页岩气主要发现于四川盆地,如川西南地区九老洞组页岩气藏,有机碳含量为0.44%~2.70%,R_o值为1.83%~3.23%,储量丰度为0.87×10^8~$5.79 \times 10^8 m^3/km^2$(表6-5),埋藏相对偏深,约3200~5000m,资源潜力大,具连续型分布特征。

表6-5 四川与美国典型盆地页岩含气丰度对比表

国家	盆地名称	页岩系统名称	页岩时代	页岩纯厚度(m)	TOC(%)	R_o(%)	储量丰度($\times 10^8 m^3/km^2$)
美国	密歇根	Antrim	泥盆纪	21~36	0.30~2.40	0.40~0.60	0.66~1.64
	阿帕拉契亚	Ohio	泥盆纪	9~30	0~4.70	0.40~1.30	0.55~1.09
	伊里诺伊	New Albany	泥盆纪	15~30	1.00~2.50	0.40~1.00	0.76~1.09
	沃斯堡	Barnett	密西西比纪	300~500	4.50	1.00~1.30	3.28~4.37
	圣胡安	Lewis	白垩纪	60~90	0.45~2.50	1.60~1.88	0.87~5.46
中国	四川		九老洞期	220~350	0.44~2.70	1.83~3.23	0.87~5.79

以上主要讨论了碎屑岩连续型油气藏,对于碳酸盐岩和火山岩油气藏,有一部分亦属连续型油气藏,其前提条件是油气储集于大面积孔洞缝连通构成连续性的网络空间。碳酸盐岩孔、洞、缝同样无明显圈闭界限,难以进行圈闭描述,储集空间具有连续或准连续特点,没有致密砂岩气连续特征显著,但具有连续型油气藏的主要特点。断裂、裂缝和次生溶蚀淋滤作用形成的孔、洞、缝连续型或"准连续型"储集空间,对碳酸盐岩网络状气藏的形成和分布具有关键性的控制作用,如塔里木盆地轮南、塔河油田和鄂尔多斯盆地中部碳酸盐岩气田。部分火山岩缝洞系统形成的网络状油气藏也具有连续型油气藏的特征。裂缝发育程度是火山岩连续型油气藏形成的重要条件,如准噶尔盆地西北缘石炭系大面积风化壳连续油藏。

四、资源评价方法

连续型油气藏具有与常规油气藏完全不同的资源评价方法。美国地质调查局(USGS)提出的连续型油气藏资源评价的FORSPAN模型,最早由美国地质调查局在1995年对美国油气资源的评价中使用,值得研究和重视。FORSPAN提供了预测未来30年内的潜力可增储量的一项评价策略,强调连续型油气藏由一系列油气充注单元组成,油气藏的油气充注单元生产数据是预测潜力可增储量的基础,可以利用生产数据获取关于油气地质储量和"采收率"的信息,与常规资源评价方法有很大不同。

这种评价方法认为,连续油气藏是由油气充注单元组成的集合体。每一个单元都有一定的产气量,但是不同单元的生产开发指数(包括经济效益)差别很大。

这些单元可分为 3 个类型:① 已被钻井证实的单元;② 未证实的单元;③ 未证实但有潜在可增储量的单元。许多情况下,在评价前,一到多个"甜点"的分布区已经很明确,这些甜点区的生产数据比较齐全,而有潜在可增储量的未测单元常常分布在甜点附近。

应用 FORSPAN 模型进行资源评价的程序和流程是,首先把一个连续型油气藏分成若干个评价单元,作为评价的基本单位,通过对每个评价单元进行评价,选取每个评价单元的最终天然气采收率估计值(EUR);然后进行油气地质风险和开发风险评价,并对未来 30 年有潜在可增储量的未测单元的数量和 EUR 作出预测;最后预测潜在可增储量分布。

FORSPAN 模型使用 ACCESS 计算方法(以概率函数为数学计算基础,以评价单元为计算单位的一种电子表格计算系统)进行连续型油气藏评价,评价流程分为以下 8 个步骤:

(1) 把要评价的连续型油气藏划分为若干评价单元——油气充注单元。其中,未被钻井证实(未打井)但有潜在可增储量的单元是 FORSPAN 模型的直接关注对象。

(2) 对每个评价单元的最终可采储量 EUR 取一个下限值,低于下限值的那部分油气在预测年限内不计入储量计算。

(3) 地质风险评估:保证至少存在一个具备充足储层、油气充注时间和充注量并且最终可采储量大于相应 EUR 下限值的评价单元。

(4) 开发风险评估:保证未来 30 年内至少在评价区域某个评价单元区块可进行油气开采。

(5) 计算未来 30 年内有潜在可增储量的未打井单元数量的概率分布,分为 3 个具体步骤:

首先,计算评价区域中具备潜在可增储量的未打井单元比率 T

$$\mu_T = \mu_R \mu_S / 100 \tag{6-1}$$

$$\sigma_T = \sqrt{\mu_R^2 \sigma_S^2 + \mu_S^2 \sigma_R^2 + \sigma_R^2 \sigma_S^2} / 100 \tag{6-2}$$

其中,R 是评价区域中未打井单元比率,S 是评价区域中具备潜在可增储量的单元比率,μ 为均值,σ 为标准差。两者的均值与方差采用抽样统计方法使用概率密度函数求取,一般采用基于中位数的三角分布或截尾对数分布。

之后,利用 T 计算评价区域中具备潜在可增储量的未打井单元面积 W

$$\mu_W = \mu_T \mu_U / 100 \tag{6-3}$$

$$\sigma_W = (1/100) \sqrt{\mu_T^2 \sigma_U^2 + \mu_U^2 \sigma_T^2 + \sigma_T^2 \sigma_U^2} \tag{6-4}$$

其中,U 是评价区域面积,其均值与方差采用概率密度函数求取。

最后,利用 W 计算评价区域中具备潜在可增储量的未打井单元数量 N

$$W = \sum_{i=1}^{N} V_i \tag{6-5}$$

$$\mu_N = \mu_W / \mu_V \tag{6-6}$$

$$\sigma_N = \sqrt{(\sigma_W^2 - \mu_N \sigma_V^2)/\mu_V^2} \tag{6-7}$$

其中,V_i 是具备潜在可增储量的未打井单元各自面积,其均值与方差采用概率密度函数求取。

(6)计算未来30年内有潜在可增储量的未打井单元 EUR 的概率分布:把计算 EUR 的未打井单元的油气藏参数输入到已打井单元动态参数模拟数据库,模拟计算得到 EUR 概率分布。

(7)预测油气副产品或者联产品最终可采储量。以油为主的单元,评价气油比和凝析油气比;以气为主的单元,评价油水/气值。

(8)最终通过下面的计算得出受评价单元中的潜在可增储量 Y 与副产品或联产品的储量

$$Y = \sum_{i=1}^{N} X_i \tag{6-8}$$

其中,X_i 是单个评价单元中的潜在可增储量。由于潜在可增储量 Y 是一个概率分布序列,因此需要计算界定 Y 值的几个关键性数据

$$\mu_Y = \mu_X \mu_N \tag{6-9}$$

$$\sigma_Y = \sqrt{\mu_N \sigma_X^2 + \mu_X^2 \sigma_N^2} \tag{6-10}$$

$$\mathrm{Min}(Y) = \mathrm{Min}(N)\mathrm{Min}(X) \tag{6-11}$$

$$\mathrm{Max}(Y) = \mathrm{Max}(N)\mathrm{Max}(X) \tag{6-12}$$

这种预测模型值得重视。

五、勘探和开发技术

连续型油气藏特殊的油气分布规律,对勘探开发技术和工艺提出了更高的特殊要求,在有利储层分布地震响应、测井判别、钻井与试油气手段、储层改造方式、开发评价、井网方式、提高采收率、工艺配套等方面与常规油气藏有很大不同,需要针对性技术才能开采。

(一)连续型油气藏地质评价技术

1. 层序地层学工业化应用技术

层序地层学工业化应用研究程序可有"6个步骤":① 沉积背景调研;② 层序划分对比;③ 层序界面追踪闭合;④ 沉积相综合分析;⑤ 层序界面约束地震储层预测;⑥ 成藏规律与目标评价。

在高分辨率层序格架约束下,在层序界面内追踪闭合基础上,将各种储层反演技术、等时切片技术、地震波形分类技术、三维可视化解释技术等众多新技术应用于层序分析,可以编制出一系列砂岩厚度图、砂岩百分含量等值线图,提高砂岩分布预测的精度。该程序可以对圈闭显著的岩性圈闭进行预测,也可以对非常规大面积岩性储集体进行预测。

2. 成岩相定量评价技术

连续型油气藏一般物性较差,需要进行成岩相有利储集空间评价。主要是依据地震、露头、钻井等综合预测有利储集体分布,主要步骤:① 沉积成岩背景分析,确定成岩相宏观分布规律和主要控制因素,编制沉积体系或沉积相(亚相、微相)展布图、岩石类型分布图和古—今流体物理化学组成分布图;② 岩心和薄片分析,确定成岩相类型,编制单井成岩相分布柱状图及连井剖面成岩相分布图;③ 测井相和地震相预测,确定无取心井或无井区岩性和孔渗分布,

编制孔隙度、渗透率平(剖)面分布图和成岩相类型预测图;④ 成岩相综合分析评价,编制成岩相平面、剖面分布图,预测有利储集体和甜点分布。

对于低孔低渗储层,如四川盆地须家河组及鄂尔多斯盆地延长组、石盒子组和山西组等,制约勘探的关键问题之一是储层非均质性强,有利储层和油气富集明显受扩容性成岩相控制。如针对四川盆地须家河组沉积和储层特征,运用压实率、胶结率、溶蚀率等定量表征成岩相,对成岩相进行了定量分类,确定出 8 种成岩亚相、20 种成岩微相。运用 R_o 值、地层水矿化度、pH 值等相关数据定量剖析了成岩相的成因。通过提取各成岩相典型测井参数(如元素测井、伽马测井、密度测井等)和地震属性参数,进行有利成岩相预测。

(二)连续型油气藏地震预测技术

连续型油气藏目前广泛应用的地震技术主要包括高分辨率全数字二维地震、高分辨率三维地震、多分量与高密度地震等技术,通过叠前处理和叠前储层流体预测,可以大大提高勘探开发成效,是核心技术之一。

全数字二维地震主要在鄂尔多斯盆地开展,有效频带达 4~110Hz 以上,目的层视主频为 45Hz 以上。通过地震储层预测和气检测,可以有效识别连续型气藏储层与含气砂岩分布。在四川盆地须家河组部署高分辨率二维地震,叠前气检测成功率较高,符合率达到 75% 以上。

对于塔里木盆地轮南等碳酸盐岩缝洞系统,主要是根据高分辨率三维地震数据体,通过雕刻缝洞体在空间的分布、地震切片等预测裂缝分布,指导勘探开发部署。

(三)连续型油气藏开采技术

连续型油气藏储层主要是低—特低孔渗,开采难度较大,常规技术多需进行压裂技术改造,主要采取水平井、多分支井等钻井技术,以提高单井产量。目前已基本形成针对低渗透砂岩等不同储层的钻井、压裂、开发井网等开采技术。上述关键技术在中国石油大面积连续型油气藏勘探中见到了明显的应用效果。

六、资源潜力与研究意义

连续型油气藏资源规模较大,可能远超过目前认识到的油气资源,已引起国内外地质家和勘探开发专家的高度关注和重视,也已成为国内外理论技术研究的热点和未来勘探开发接替的重点新领域。中国连续型油气藏勘探开发主要以低渗透砂岩油气藏、缝洞型碳酸盐岩与火山岩油气藏为主,截至 2008 年底该类油气藏累计探明石油地质储量与天然气地质储量分别占全国的 47%、56%,未来勘探潜力较大。

(一)世界连续型油气藏勘探潜力展望

据 Brown 资料统计,全球连续型气藏天然气资源达 $800 \times 10^{12} \sim 6521 \times 10^{12} m^3$,大约是常规天然气($436 \times 10^{12} m^3$)的 2~15 倍。世界主要产气国连续型气藏占有相当比例,其中美国 43% 天然气产量是连续气,中国连续型气藏也占 40% 以上,产量还呈逐年增加趋势。全球连续型油藏资源是常规油气藏资源的 2~3 倍。

(二)中国连续型油气资源潜力

中国连续型油气资源潜力很大,包括目前正在勘探开发的松辽盆地深层扶杨油层、鄂尔多斯盆地大油区和大气区、四川盆地须家河组大气区、塔里木盆地连通孔缝洞碳酸盐岩油气藏、松辽和准噶尔盆地火山岩油气藏等,成为中国储量增长的重要领域。而松辽盆地深层 J+K、塔里木盆地 S、准噶尔盆地 C 等致密砂岩气潜力也很大。中国煤层气资源丰富,埋深小于 2000m 的煤层气资源量约 $36.81\times10^{12}m^3$。据初步评价四川盆地页岩气地质资源潜力在万亿立方米以上。

中国连续型油气藏需分层次勘探开发:现实领域有鄂尔多斯盆地低—特低孔渗砂岩油气、松辽盆地低孔渗油、四川盆地须家河组低—特低孔渗砂岩气、青西泥页岩油气等;接替领域有煤层气与松辽盆地深层、渤海湾、塔里木、准噶尔等盆地致密砂岩气及四川等地区的页岩气;潜在领域有南海水合物等。中国连续型油气藏的潜力很大。

(三) 连续型油气藏研究的意义

由于连续型油气藏分布面积大、规模大,研究连续型油气藏具重要意义:① 连续型油气藏大面积分布,但含油气饱和度差异较大,需要针对性开展资源评价、储层和流体检测、增产改造、提高采收率等工艺技术;② 连续型油气藏中油、气、水、干层常常共存,有高产、有低产,缺少真正的空井,要不怕钻遇干井、水层,要坚持"整体研究、整体部署、整体评价";③ 连续型油气藏具有形成大油气区(层)的地质条件,储量规模较大,需要研究评价其含油气区的空间边界和三级储量规模,有利于开发和管网建设;④ 目前认为没有工业价值的连续型油气藏资源,特别是一部分连续型气藏,随着技术进步和油价上升,未来都有可能有开采价值。如鄂尔多斯盆地连续型砂岩大油区和大气区,连续分布范围均超过 $2\times10^4 km^2$,目前,油气储量计算和开采渗透率下限为 $0.1\times10^{-3}\mu m^2$,开发技术再进步以后,储量计算和开采经济下限渗透率都可降低,渗透率远低于 $0.1\times10^{-3}\mu m^2$ 的特低孔渗气都可能经济有效开采。从连续型气藏类型与资源潜力看,连续型油气藏是全球油气工业未来重要的接替领域,要从战略上加强基础理论研究与核心技术攻关,为连续型油气藏勘探和开发提供较系统的理论和技术支撑,有其理论价值和实践意义。

第二节 连续型气藏及其大气区形成机制与分布

本书基于对四川盆地上三叠统油气地质背景、成藏条件、运聚机理和分布规律的综合分析,提出了须家河组天然气聚集是发育于含煤地层的连续型气藏、层状岩性大气区,煤系烃源岩大面积层状蒸发式排烃,盆缘造山带"幕式"冲断挤压背景下多物源间断性快速注入形成大平原、小前缘的粗粒三角洲体系,平缓构造背景下低—特低渗透砂体内天然气运聚过程中浮力作用受限,达西和非达西渗流机制并存,形成气—水—干层共生的混相成藏系统等新认识。对成岩相进行了定量分类,确定了 8 种成岩亚相、20 种成岩微相。运用压实率、胶结率、溶蚀率等指标定量表征成岩相,运用 R_o 值、地层水参数等定量剖析了成岩相的成因。连续型气藏形成的大气区主要发育于中国中部构造稳定的大型陆相坳陷、前陆平缓斜坡或海陆交互相环境,具有大面积层状展布、无明显的圈闭界限和直接盖层、连片砂体弥漫式含气但有"甜点"、资源规模大、储量丰度低和开采技术要求高的特点。

一、连续型气藏概念的提出

天然气勘探初期主要以寻找非连续型带状构造圈闭气藏为主,这种气藏天然气聚集程度和储量丰度较高,圈闭界限明确,气水界限清楚,易被发现,开采难度小、成本低。随着勘探程度的提高和技术进步,大面积、低—特低孔渗、低丰度、开采难度较大的连续型气藏逐步进入了勘探开发领域。1995年美国USGS提出了"连续油气藏"的概念。本书认为连续型油气藏是指低孔渗储集体系中油气运聚条件相似、含流体饱和度不均的非圈闭油气藏,即无明确的圈闭界限和盖层,主要分布在盆地斜坡或向斜部位,储层为低孔渗或特低孔渗,油气运聚中浮力作用受限,大面积非均匀性分布,常规技术较难开采的油气聚集。

连续型气藏类型包括低—特低孔渗致密砂岩气、煤层气、页岩气、深盆气、浅层微生物气、天然气水合物等大范围弥散式分布但有"甜点"的气聚集,含气饱和度差异大,以及部分成岩圈闭、水动力圈闭和部分风化壳内幕的圈闭气藏等。低—特低孔渗、致密砂岩气是连续型气藏的重要类型,包含了传统的深盆气、盆地中央气等。连续型气藏天然气组分和同位素分溜效应不明显,显示近源或源内成藏的特征,如苏里格致密砂岩气 CH_4 占88%～94%,$\delta^{13}C_1$ 为 -30‰～-37‰,$\delta^{13}C_2$ 为 -25‰～-23‰。沁水盆地南部煤层气 CH_4 占95%以上,$\delta^{13}C_1$ 为 -62‰～-27‰,大部分在 -40‰～-30‰之间,$\delta^{13}C_2$ 为 -25‰～-12.5‰。四川页岩气 $\delta^{13}C_1$ 多数为 -30‰～-50‰,主要为热解成因。南海琼东南水合物气态烃 $\delta^{13}C_1$ 多数为 -34‰～-29‰,主要为热解成因。四川盆地须家河组气藏是典型的连续型准层状低—特低孔渗致密砂岩气。由于这类砂岩气区多发育煤系烃源岩,是典型的煤成气连续型大气区,故气藏具有"成藏过程连续、成藏空间连续和开采过程连续"的特点,是典型的连续型气藏。

本书以四川盆地上三叠统须家河组大气区为例(图6-7),研究了煤系准层状连续型气藏大气区的特征、分布与评价方法,提出并探讨了准层状岩性大气区、粗三角洲、混相成藏机理、复杂气水共生以及非达西渗流等概念、特征和成因机理。

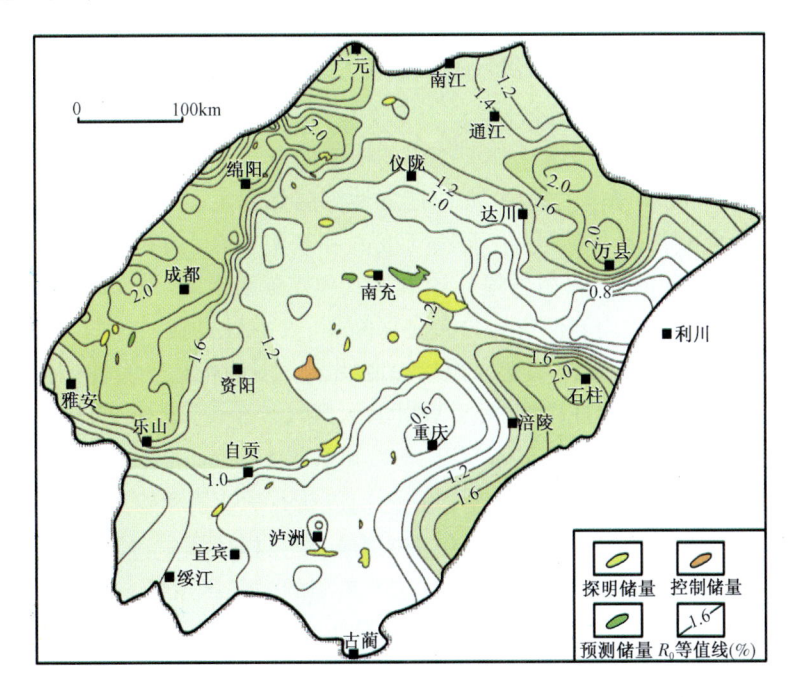

图6-7 四川盆地上三叠统须家河组气田分布图(据西南油气田公司,2008)

二、大气区基本类型

关于大气区有不同的分类方案,如根据含气层系所处的原型盆地类型可把中国大气区划分为断陷型大气区、坳陷型大气区、前陆型大气区和克拉通型大气区;根据天然气聚集样式则可将大气区分为带状构造型大气区、多凹构造—岩性型大气区、准层状连续型岩性大气区(表6-6)。

表6-6　中国大气区聚集样式分类表

分类依据		大气区类型	实例
天然气聚集样式		带状构造型大气区	库车坳陷中生界带状构造型大气区
		多凹构造—岩性型大气区	松辽盆地深层侏罗系—白垩系多凹构造—岩性型大气区
		准层状连续型岩性大气区	鄂尔多斯盆地上古生界、四川盆地须家河组准层状岩性型大气区
储量级别 ($\times 10^{12} m^3$)	>5	Ⅰ级大气区	四川盆地古生界—中生界大气区
	2~5	Ⅱ级大气区	鄂尔多斯盆地上古生界大气区
	1~2	Ⅲ级大气区	库车坳陷中生界、四川盆地须家河组大气区
	0.5~1	Ⅳ级大气区	松辽盆地深层侏罗系—白垩系大气区
	0.3~0.5	Ⅴ级大气区	柴达木盆地新生界大气区

(一)带状构造型大气区

带状构造型大气区发育于挤压构造动力学背景下,多分布于前陆盆地或挤压变形强烈地区,前者如库车前陆大气区,构造作用与沉积响应同步进行,后者如川东石炭系大气区,构造作用晚于沉积作用(构造变形发生于沉积地层形成以后)。这种类型的大气区成藏条件和成藏作用受构造动力作用控制明显。烃源岩集中分布,厚度大,有效厚度和有机质丰度自凹陷中心向外围变化明显,储层发育厚度大,非均质性相对较弱,分布范围相对较小。带状构造型大气区主要发育成排成带的构造圈闭,天然气汇聚程度大,储量丰度高。

(二)多凹构造—岩性型大气区

多凹构造—岩性型大气区发育于伸展裂陷的构造动力学背景和多个次级断陷分隔的构造沉积环境中,多分布于陆相断陷盆地中,如松辽盆地深层侏罗系(白垩系大气区。这种类型的大气区成藏条件和成藏作用非常复杂,天然气成因和来源复杂(有机与无机、壳源与幔源并存),储集岩类型多样(碎屑岩、火山岩等),成藏模式和控藏因素多。烃源岩分布受断陷控制,分布面积和厚度有变化。火山岩储集体分布受深断裂、火山口控制,岩性岩相变化大;碎屑岩储集体受物源和断坡控制,有效储层受沉积相控制明显。多凹构造—岩性型大气区圈闭类型多样,包括岩性圈闭、构造—岩性圈闭和构造圈闭,天然气分布受"源控"明显。

(三)准层状连续型岩性大气区

准层状连续型岩性大气区发育于相对稳定的构造动力学背景和较为平缓的构造沉积环境中,多分布于大型陆相坳陷、前陆大型平缓斜坡或海陆交互相环境中,前者如川中须家河组大气区,后者如鄂尔多斯盆地上古生界大气区。这种类型的大气区成藏条件和天然气分布受沉积作用和成岩作用控制明显。烃源岩大范围层状分布,厚度较薄,有效厚度和有机质丰度受沉积微相控制明显。储层大面积分布,叠合连片,储集体的厚度大,有效储层厚度较小,非均质性较强。准层状岩性大气区资源潜力大,储量丰度较低,但连续型气藏分布范围广、单井产量较低、储量规模大。

三、准层状连续型岩性大气区基本特征

准层状连续型岩性大气区除具有横向展布范围大,大面积层状展布,储量规模大,有效储层受岩性和物性控制的特点外,还普遍具有以下基本特征:

(1)准层状连续型岩性大气区通常发育于稳定的构造背景,平缓的构造格局,断层、褶皱发育程度较弱。湖盆大范围整体升降运动控制大面积砂体和泥质烃源岩纵向上间互分布,水进期发育大面积展布的湖相和河流沼泽相煤系烃源岩,水退期发育大型浅水河流三角洲体系砂体。

(2)准层状连续型岩性大气区古地貌平缓,水动力能量弱,沉积物分异差,煤系早期深埋,碳酸盐胶结物少,抗压实作用弱,后期抬升发生局部溶蚀,使得储层总体孔渗性很差,孔隙度多数小于10%,渗透率在 $10^{-9} \times 10^{-3} \sim 1 \times 10^{-3} \mu m^2$,非均质性强。

(3)低—特低孔渗致密砂岩大气区天然气总体运移距离短,砂泥间互,源藏邻接。区域性平缓构造背景和大范围低孔渗砂体广泛分布是形成连续型大气区的主要原因,扩散作用是致密砂体中天然气运移的主要方式。

(4)非均质性低—特低孔渗砂岩主要发育边界模糊的成岩圈闭,其次是岩性圈闭和毛细管压力圈闭。成岩圈闭和毛细管压力圈闭无明显的圈闭界限和直接盖层。如四川须家河组大面积层状低—特低孔渗岩性大气区为动态平衡圈闭,它不同于传统的构造圈闭、水动力圈闭或其他常规圈闭类型的气藏。这类砂岩气藏虽无明显的圈闭界限和直接盖层,但区域封闭性好,构造活动性弱,天然气保存条件好。

(5)天然气聚集一般不受浮力驱动。低—特低孔渗致密砂岩气藏具异常压力特征,即高于或低于区域静水压力,高压是由于烃源岩生烃增压和泥页岩欠压实作用以及天然气在致密储层中聚集所引起,而低压气藏是由高压气藏散失演变而来。

(6)缺乏明显的气藏边界,表现在两方面:一是气藏界限不明确;二是气藏范围不固定,随着时间的变化气藏范围会发生变化,天然气运移受充注动力的控制。天然气运移和成藏过程中存在达西流和非达西流双重渗流机理,低渗低速状态下非达西渗流现象明显。

(7)天然气主要为煤成气,生物成因或热成因,或两者混合成因。天然气中无或含少量 H_2S,多数伴生有凝析油。

(8)准层状连续型岩性大气区主要分布于大型陆相坳陷、前陆大型平缓斜坡或海陆交互相环境,气水关系与分布复杂,存在气水倒置、气水同层等多种类型的混相成藏系统。

(9)准层状连续型岩性大气区具有大面积、低丰度(天然气可采储量丰度多数小于 $2.5 \times 10^8 m^3/km^2$)、小气藏、薄气层、大气区的天然气聚集特征。气区内具有甜点高产、带(块)状富集、宏观连片的资源分布规律。

(10)天然裂缝和人工压裂缝对于致密砂岩气藏开发十分重要,常规技术难以开采,不同岩性影响人工压裂技术的使用。低—特低孔渗致密砂岩气藏规模较大,地质储量可观,但由于储层具低渗透性,使其生产持续时间不稳定,一般需经过增产措施(水平井压裂等)才能获得工业性气流。

四、须家河组沉积体系与砂体展布

(一)粗粒三角洲沉积体系概念

随着对大量现代和古代三角洲沉积特征及成因的深入研究,发现三角洲的输入系统不仅仅是河流作用,其他如冲积扇、崩塌沉积物、熔岩流均可形成三角洲,相应地引进了如扇三角洲、辫状平原三角洲、岩屑锥三角洲、熔岩三角洲等概念。对三角洲的描述和分类就成为了研究课题,分类的依据主要包括输入系统、厚度分布、构造特征、三角洲前积体以及粒度等方面,如根据河流、潮汐、波浪作用强弱分为建设性和破坏性三角洲类型。Galloway提出了三角洲的三端元分类,三角形三个端元分别代表了河流、波浪、潮汐作用,分别称为河控三角洲、浪控三角洲和潮控三角洲(图1-11)。还有将三角洲划分为冲积型三角洲与非冲积型三角洲两大类,冲积型三角洲又可进一步根据颗粒大小和三角洲前积坡度细分为河流三角洲、辫状平原三角洲、冲积扇三角洲、岩屑锥三角洲。Orton和Reading在Galloway提出的三端元分类基础上,考虑到粒度、盆地地形坡度、规模等方面进行了进一步分类。

沉积物颗粒大小在决定三角洲平原的坡度和河道类型、河流和水体混合特征、岸线类型和三角洲前缘沉积物的再分配样式等方面起重要控制作用,而三角洲物源体系有时很难区分,因而笔者建议以颗粒大小进行三角洲类型的划分,分为粗粒三角洲体系和细粒三角洲体系。粗粒三角洲是指粗粒沉积物快速进入水体中形成的三角洲类型,它包括河流三角洲与扇三角洲。粗粒三角洲已成为近年来勘探和研究的热点,它对盆地构造、气候和基准面变化的研究具有重要指示意义,同时也是重要的烃类储层。

(二)四川盆地上三叠统须家河组粗粒三角洲沉积体发育的构造动力学条件

四川盆地上三叠统须家河组从下往上分为6个层段(须一段—须六段),纵向上岩性呈规律性变化,须一、须三、须五段为以泥质岩夹煤层为主的细粒沉积,是重要的烃源岩层段;须二、须四、须六段以砂砾岩为主,是主要的储集层段。

须家河组沉积期,龙门山前陆冲断带强烈活动并向盆地内逆冲推覆,龙门山的"幕式"冲断给须家河组湖盆的幕式升降提供了动力;构造活动期,盆地基底沉降加快,导致可容纳空间增加,同时由于盆缘相对高差增加,剥蚀区持续隆升,物源供给增加;构造平静期,基底稳定,湖平面维持在最低溢流口处,物源供给相对减弱。

龙门山的3次向盆地内部由西向东的幕式冲断,造成须家河组3次大的基准面升降旋回,而且冲断构造逐渐向盆地内部推进,相应地须家河组的沉积范围由须一段到须六段逐渐由西向东迁移。研究表明,须家河组沉积相反映了龙门山造山带在诺利期从西向东不断侵位、前渊持续沉降以及前缘隆起不断隆升的作用过程,导致了须一段沉积时坳陷沉积范围不断缩小,沉积体不断由川中古隆起向川西坳陷退缩,沉积体系由边缘海沉积向三角洲沉积转换,具有向上变粗的沉积序列。到瑞替期,龙门山造山带已侵位到现今龙门山位置,并已隆升出水面,成为前陆盆地的主要物源区。随着盆地的沉降,沉积体系向盆地内部不断推进,形成了须二—须六段沉积。

须家河组水系规模大、砂体延伸长,沉积相带展布受构造沉降速率横向变化梯度控制。龙门山山前带构造沉降速率梯度变化大,相带展布较窄;川中地区构造沉降速率梯度变化小,以均衡沉降为主,相带展布宽,岩性变化小,为大面积储层发育提供了可容纳空间。

(三)粗粒三角洲沉积亚相与微相划分

在对区域39口典型井岩心、8条野外露头骨干剖面详细观察的基础上,分析了约90口井的测井资料以及5100km^{2}的地震资料。总体上,上三叠统须家河组岩性为黄灰色砾岩、含砾砂岩、砂岩、粉砂岩和泥岩夹煤层,川西及川西北地区水体相对较深,而川中—川南地区须家河组沉积深度总体位于浪基面以上,处于三角洲前缘与下三角洲平原的沉积区,未见前三角洲沉积,不具备吉尔伯特型三层结构,属于典型的浅水粗粒三角洲。川中—川南一带主要为下三角洲平原和三角洲前缘亚相,下三角洲平原广泛发育沼泽相,三角洲前缘以水下分流河道为主,河口坝规模小。潮湿气候背景下的浅水型粗粒三角洲,仅靠泥岩的颜色来区分三角洲平原与三角洲前缘比较难,而且对于底载荷型粗粒三角洲,波浪对浅湖砂体的改造所留下的痕迹也微乎其微,因此,单从某一方面的证据来判断三角洲平原与三角洲前缘似乎很难,需要从多方面寻找证据共同论证。通过大量露头、岩心观察,发现从碳质泥岩与煤的发育程度、砂岩中植物茎干及植物碎片的发育程度、河道底部冲刷的程度、滞留沉积的类型等方面特征可以初步识别出上三角洲平原、下三角洲平原与前缘。

(四)粗粒三角洲大平原与小前缘沉积模式

四川盆地须家河组为扬子地台上的一套含煤地层,受构造活动影响较弱,为典型的湿热气候、地形平缓背景下的浅水三角洲沉积。须二、须四、须六段为一套中(厚层中、粗砂岩沉积,代表了高物源供给、低可容纳空间的浅水粗粒三角洲沉积类型。上三角洲平原的主要沉积微相类型以分流河道为主,分流河道间保存差,滞留沉积以外源的石英岩砾为主,分流河道以大型的槽状交错层理、高角度交错层理为主,岩相组合见图6-8A。下三角洲平原沉积微相多样化,以分流河道为主,可见分流间沼泽、废弃河道、分流间湾、分流间决口、洪泛湖泊等沉积微相,垂向岩相组合见图6-8B。与上三角洲平原相比,下三角洲平原河道底部侵蚀能力减弱,滞留沉积以植物碎片、菱铁矿结核砾及泥砾为主;河道砂岩以高角度交错层理与低角度交错层理为主,也可见少量平行层理。河道间以碳质页岩与煤为主,岩相组合见图6-8E;河道间湾决口沉积一般为块状反韵律中砂岩,零星散布一些泥砾,岩相组合见图6-8D;洪泛湖泊沉积岩相组合见图6-8F。总体而言,上、下三角洲平原组成了宽广的三角洲平原,沉积粒度粗,河道频繁分叉、改道。三角洲前缘以水下分流河道为主,河口坝规模较小,主要的岩相组合见图6-8C,河道底部侵蚀弱,少数河道底部可见泥砾沉积,水下分流河道以低角度层理与平行层理为主,并经常伴有波状交错层理,分流河道间一般为纹层状泥岩,粉砂岩中多见爬升层理(图6-8C)。因此可以认为,粗粒三角洲沉积体系和大面积砂体构成了岩性大气区的赋存载体。

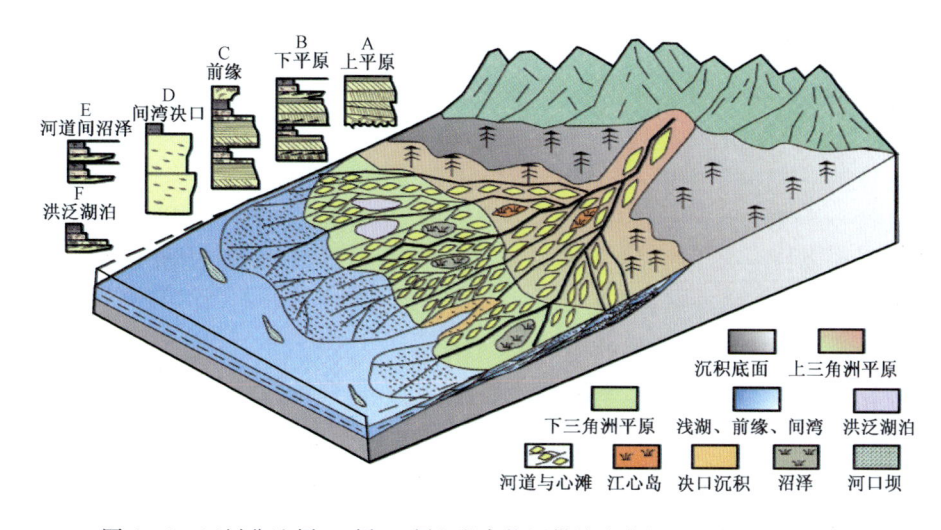

图6-8 四川盆地须二、须四、须六段高物源供给浅水粗粒三角洲沉积模式

五、须家河组储层特征与成岩相成因

储层成岩作用是一个十分复杂的地球物理化学过程,受构造演化、沉积作用、矿物及盆地热流性质、流体运移及成岩环境中物理化学条件等多种因素控制,最关键的是矿物与孔隙流体之间相互作用的条件、方式及随之改变的迁移方向、途径与沉淀位置等。流体流动是影响成岩作用的关键因素,近年来,不同研究者均试图从基于水—岩反应的古流体恢复和盆地成岩定量

化研究等方面来探讨储层质量控制因素和储层评价的新方法。

（一）须家河组储层特征

四川盆地上三叠统须家河组储层在岩石学上表现为低成分成熟度、低胶结物含量和结构成熟度中等的"两低一中"特征，储集岩主要为岩屑长石砂岩和长石岩屑砂岩。据全盆地 3.9×10^4 个实验分析数据统计，储层平均孔隙度为 5.22%，渗透率为 $0.256 \times 10^{-3} \mu m^2$。粒度以中粒为主，其次为中—细粒、细粒，分选中等—好，磨圆次棱—次圆，多呈孔隙式胶结。储集空间主要为残余粒间孔，常见溶蚀孔隙。总体储层物性较差，属低孔渗—特低孔渗型储层，局部发育少量中孔低渗储层。以合川须二段为例，砂岩岩心孔隙度在 4%～12%，平均孔隙度为 7%，产气段主要孔隙度为 6%～12%。渗透率主要分布在 $0.022 \times 10^{-3} \sim 0.385 \times 10^{-3} \mu m^2$，平均渗透率为 $0.103 \times 10^{-3} \mu m^2$，产气段渗透率在 $0.02 \times 10^{-3} \sim 0.32 \times 10^{-3} \mu m^2$。

（二）须家河组储层成岩相定量评价

1. 储层成岩演化与成岩阶段划分

根据薄片鉴定、阴极发光分析、包裹体分析、扫锚电镜能谱分析等分析各成岩矿物共生组合关系，可以确定成岩矿物由早到晚形成的相对顺序与孔隙演化关系（图 2-26）。

采用 R_o 值、黏土矿物组合、T_{max} 等数据定量确定成岩阶段。四川盆地中部须二段营山、广安、龙女寺、合川一带，R_o 值分布范围为 1.3%～1.8%，伊/蒙混层比一般小于 15；安岳、潼南、磨溪一带，R_o 值一般为 1.2%～1.3%，伊/蒙混层比一般为 20。根据成岩阶段划分标准，合川区块以北均进入到中成岩 B 阶段，而安岳、潼南、磨溪一带为中成岩 A 阶段。从平面上看，从北至南，成岩阶段越来越早，成岩强度越来越弱。

2. 成岩相成因类型及成因机理分析

压实作用、胶结（充填）作用、溶蚀作用为碎屑岩最主要的三大成岩作用，它们在一定的成岩环境下，分别对沉积后的岩石进行改造，从而形成了现今的成岩相特征。根据视压实率、视胶结率、视溶蚀率等一系列成岩作用参数，确定成岩相类型。一般地，成岩相类型主要可划分为以下 8 类：Ⅰ类：溶蚀相；Ⅱ类：胶结—溶蚀相；Ⅲ类：溶蚀—压实相；Ⅳ类：溶蚀—胶结相；Ⅴ类：胶结相；Ⅵ类：胶结—压实相；Ⅶ类：压实相；Ⅷ类：裂缝相。

在此基础上，针对胶结—溶蚀相、溶蚀—胶结相、胶结相、胶结—压实相，将相对含量最多的胶结（充填）物参与命名。如绿泥石胶结—溶蚀相、方解石胶结—溶蚀相等。进一步结合储集层物性特征，采用"孔渗级别+成岩（亚）相"综合命名法进行定名，如"低孔渗长石溶蚀相、低孔渗绿泥石胶结—溶蚀相"等等。

根据各分析井段上述参数（视压实率、视胶结率、视溶蚀率）进行成岩作用强度的单因素平面成图，确定平面上的成岩作用强度分布趋势（图 2-27）；同时结合地层水矿化度、黏土矿物分布、R_o 值、压力等平面分布趋势，明确不同构造背景、不同流体背景、不同沉积背景（沉积体系、亚相、微相）的成岩相平面展布规律，探讨成岩相成因。

3. 成岩相的测井、地震参数提取

结合测井资料，提取各成岩相典型测井参数（如元素测井、伽马测井、密度测井等），建立单井成岩相综合剖面；进一步根据典型井成岩相特征标定，提取地震属性参数。

4. 成岩相综合成图与有利区带预测

结合成岩相成因分布、地震属性特征、物性参数，叠合成图，进行有利储层评价，预测川中—川南过渡带是四川盆地须家河组最为有利的储层分布区。

六、须家河组连续型气藏形成机理

四川盆地须家河组广泛发育煤系烃源岩,持续生烃、连续充注,广覆式连片砂体控制层状气层大面积展布,平缓低孔渗薄气层中气水分异差,形成气水混杂的混相气藏系统。

(一)煤系烃源层大面积层状蒸发式排烃

天然气分子半径小、渗透力强、易散失。大面积成藏的前提条件是要有广泛分布的烃源岩和大范围生排烃,煤系烃源层大面积层状蒸发式排烃是形成层状连续型大气区的物质基础。

1. 烃源岩的两种排烃模式

根据烃源岩发育和分布与储层和圈闭之间的位置关系,可以分为生烃灶"中心式"排烃和大面积"层状蒸发式"排烃两种模式。

(1)生烃灶"中心式"排烃模式。主要发育于断陷盆地或前陆盆地冲断带,烃源岩发育于凹陷中心及其周围,烃源岩进入生烃门限后,自生烃中心向上部及外围储层发散式排烃。

(2)大面积"层状蒸发式"排烃模式。主要发育于大型坳陷或海陆交互相层系,烃源岩大面积层状分布,与上覆储层广覆式紧密接触(图6-9),古地温演化至生烃门限后,烃源岩大范围生烃,整体向上层状蒸发式排运。

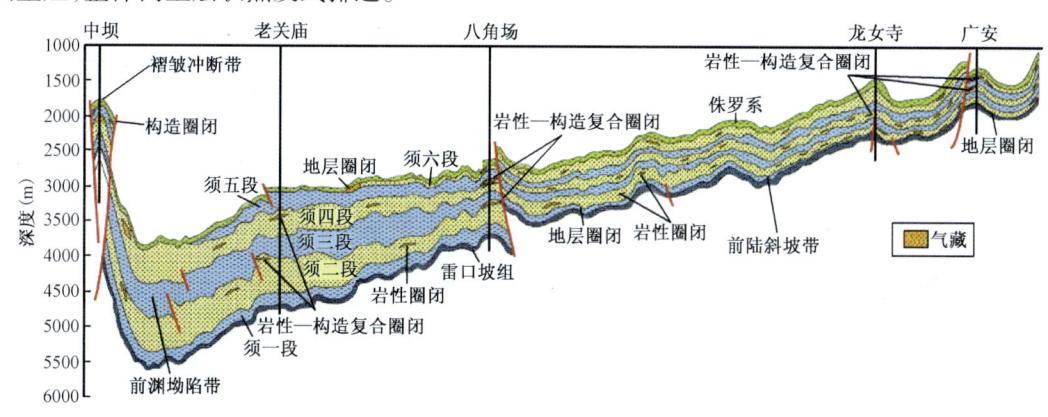

图6-9 四川盆地须家河组烃源岩、储层纵向分布剖面图

四川盆地须家河组发育三套广覆式煤系烃源岩,川中—川西地区须一、须三、须五段烃源岩厚度分别为30~800m、50~150m及50~200m。烃源岩厚度和生排烃强度大,具备大面积层状蒸发式排烃、形成层状大气区的基本成藏条件。

2. 须家河组大面积层状蒸发式排烃机制

龙门山幕式演化和川中刚性基底整体升降运动的耦合,控制川中—川西地区须家河组发育大范围层状泥质烃源岩和层状砂岩储集体,砂体下部物性普遍较好(图6-10)。须一、须三、须五段沉积期广覆式发育三套煤系烃源岩,须二、须四、须六段沉积期大面积发育三期大型浅水河道型三角洲沉积,大范围形成"三明治"式优质生储盖组合。须家河组烃源岩总生排气强度高,尤其在川西、川中地区达到10×10^8~$30\times10^8 m^3/km^2$以上,川中大部分地区总生排气强度为10×10^8~$30\times10^8 m^3/km^2$。川中—川西地区具备大面积层状蒸发式排烃条件(表6-7)。

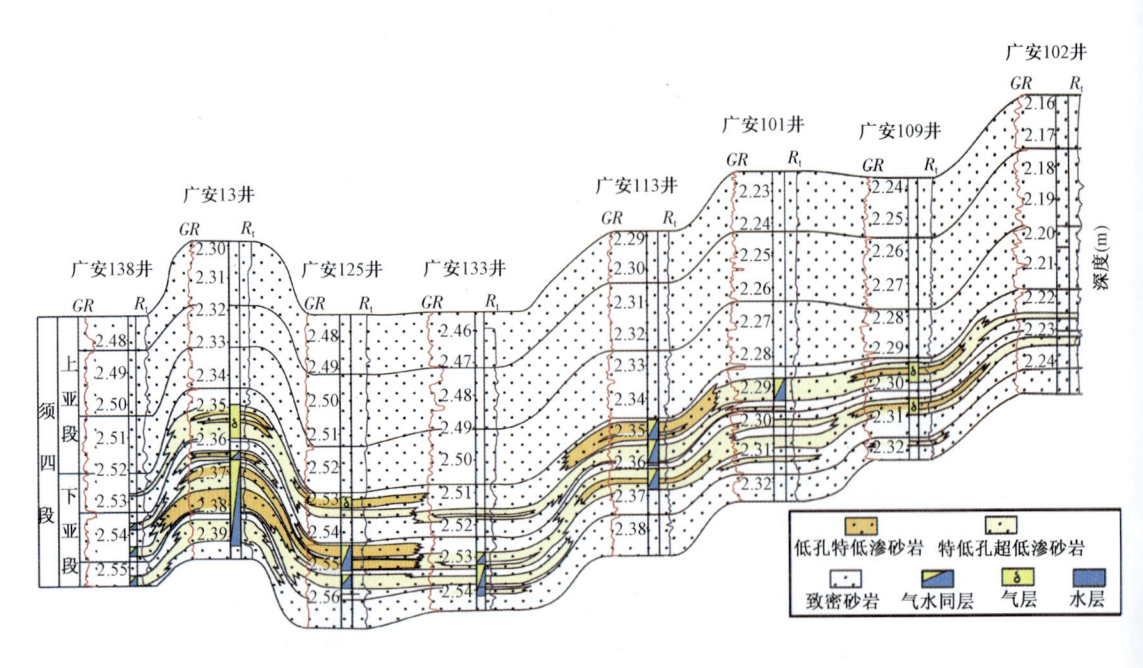

图 6-10 川中广安 138 井—广安 102 井连井剖面

表 6-7 不同聚集模式的大气区成藏机制对比

大气区	构造动力学背景	岩相古地理环境	烃源岩发育特征	储层分布特征	圈闭类型	排烃模式	运移特征	聚集特征	分布和富集规律	典型实例
准层状连续型岩性大气区	相对稳定、以整体升降为主的构造动力学背景，多处于大型陆相坳陷、前陆大型斜坡及海陆交互相环境	较为平缓的构造沉积环境	烃源岩大范围层状分布、厚度较薄、存在一定的非均质性	储层大面积分布，叠合连片，储集体厚度大，有效储层厚度小，非均质性强	主要发育成岩圈闭和毛细管压力圈闭，圈闭形态和界限模糊	大面积"层状蒸发式"排烃	总体以垂向运移为主，存在局部短距离横向运移	气分布较分散，聚集程度较低	气水分布复杂，富集受"甜点"控制	四川盆地须家河组大气区
多凹构造—岩性型大气区	伸展裂陷型构造动力学背景，多处于断陷盆地或走滑拉分盆地	多个次级断陷分隔的格局	多成因、多来源，有机源受次级断陷控制，无机源受深断裂和岩浆活动带控制	储集体受构造活动带、物源和断坡控制，有效储层受沉积相或火山岩相控制	以构造—岩性圈闭为主，其次为岩性圈闭和构造圈闭	多断凹"中心式"排烃	多断凹发散式运移	受构造背景和有利储集体控制	兼具"源控"和"相控"特征	松辽盆地深层侏罗—白垩系大气区

— 222 —

大气区	构造动力学背景	岩相古地理环境	烃源岩发育特征	储层分布特征	圈闭类型	排烃模式	运移特征	聚集特征	分布和富集规律	典型实例
带状构造型大气区	挤压型构造动力学背景,多处于前陆盆地或挤压变形强烈地区	前陆坳陷或后期变形改造环境	烃源岩集中分布、厚度大、有效厚度和有机质丰度自凹陷中心向外围变化明显	储层发育厚度大、非均质性相对较弱、分布范围相对较小	主要发育成排成带的构造圈闭,圈闭形态和界限明确	条带状凹陷"中心式"排烃	横向运移与垂向运移并存	气汇聚程度大、储量丰度高	构造控藏明显	塔里木盆地库车坳陷中生界大气区

须一、须三、须五段烃源岩大面积层状展布,烃源层沉积后整体大幅沉降,深埋环境下煤系烃源岩生成的油气先整体向上覆砂体大面积层状排驱,进入连片砂体后,分流汇聚于孔渗性较好的砂岩成岩圈闭中。后期抬升过程中大面积层状排烃持续进行,再通过构造调整,进一步呈分流式差异汇聚到孔渗性好的砂体中。

(二)平缓背景大面积低孔渗连片储层混相聚集机理

1. 大面积连续性砂岩储层孔渗性低、圈闭界限不明显

制约须家河组勘探的关键问题之一是储层较致密、非均质性强、有利储集体分布难以预测,因此,研究川中须家河组低孔渗储层的成因机制及其控制因素非常重要。储层成岩作用和成岩演化研究结果表明,煤系酸性水环境、早期持续深埋、强烈压实、碳酸盐胶结物欠发育、抗压性弱、后期可溶性自生矿物少、晚期抬升发生非均质性岩屑溶蚀作用形成粒间溶蚀孔等,这些因素共同作用使得须家河组总体表现为低—特低孔渗致密储层。川中须家河组储层孔隙度较低,主要分布在5%~8%,渗透率多小于$0.1\times10^{-3}\mu m^2$。通过对储层形成和控制因素综合研究,有利储层主要受3因素控制:① 高能叠置河道;② 岩屑溶蚀作用;③ 断裂裂缝改造。对于川中非均质性连片砂体,圈闭形态和界限较模糊,主要发育动态成岩圈闭和毛细管压力圈闭,由于其圈闭的特殊性,成藏机理复杂,因此预测难度很大。成岩圈闭呈馒头状、土豆状、条带状、饼状等形态(图6-11)。毛细管压力圈闭发育于整体连片低孔渗致密砂体中,为动态圈闭,随充注压力变化而变化。

2. 砂体的渗透率级差控制了非均质性砂体内的天然气成藏

为查明川中须家河组连片厚层砂体中动态圈闭气藏的渗流特征、成藏机制、气水分布规律和主要控制因素,以广安138井—广安102井连井剖面为基础(图6-10),按其地层砂体分布建立如图6-12所示理论模型,开展了成藏机理物理模拟实验研究(图6-13)。

实验1(图6-13a)和实验2(图6-13b)中由于砂体b、d与外围砂体的渗透率级差小(表6-8),故其中的天然气聚集程度低,难以成藏。实验3(图6-13c)首先向模型中注水,使各砂层充满红色墨水。然后开始注气,气体首先进入图中的砂层4,并沿砂层4向两侧运移,出口开始出水。注气3min左右,气体首先进入砂体b、d的高端,出口出水速度加快,并有微量气

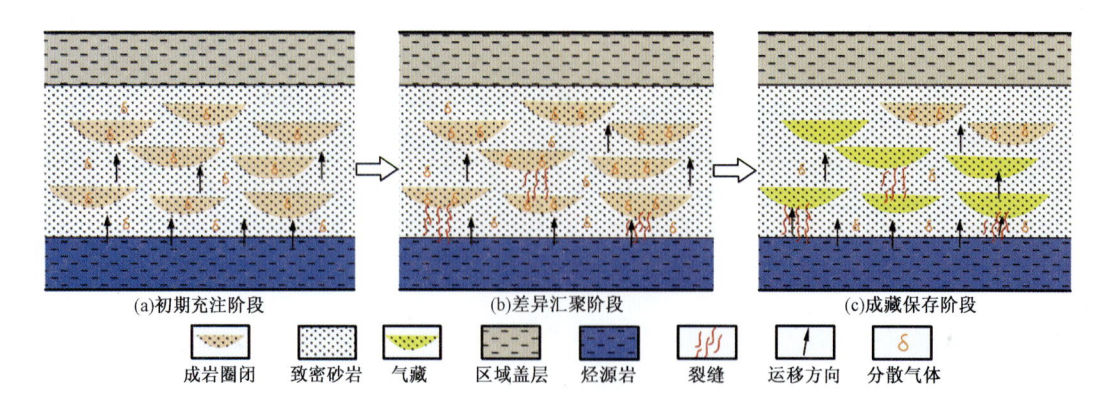

图6-11 广安地区须家河组气藏成藏模式

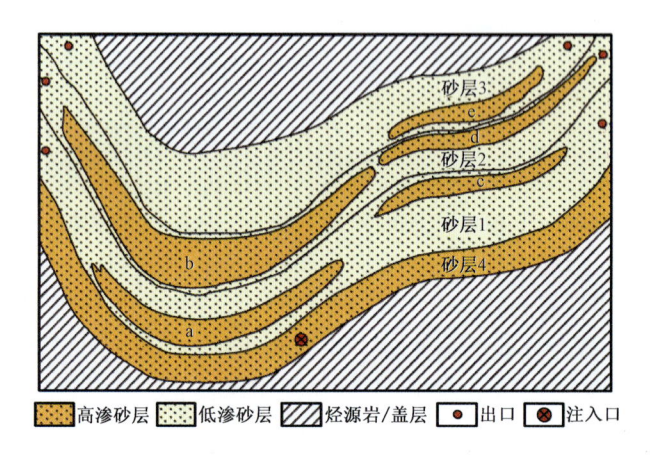

(a)初期充注阶段　(b)差异汇聚阶段　(c)成藏保存阶段

成岩圈闭　致密砂岩　气藏　区域盖层　烃源岩　裂缝　运移方向　分散气体

图6-12 物性非均质性砂体天然气运移聚集过程理论模型

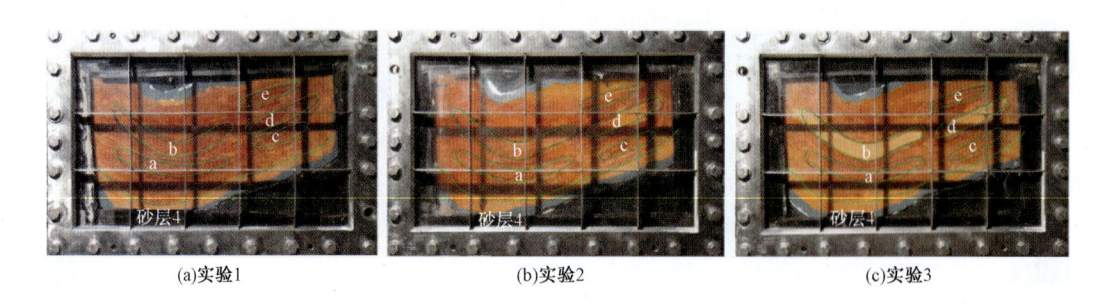

高渗砂层　低渗砂层　烃源岩/盖层　出口　注入口

(a)实验1　(b)实验2　(c)实验3

图6-13 川中须家河组成藏机理模拟实验模型

泡排出。继续注气,气体进入砂体b的右侧高点,气体沿砂体b、d向下运移驱水聚集,出口出气速度加快。注气10min,气体驱走砂体b、d的水并充满砂体,排气量增加,排水减少。出口处排气稳定,模型中现象不再发生明显变化。实验3中通过增大渗透率级差,最终得以成藏。以上结果表明,天然气运聚和成藏的关键条件之一是要具备一定的砂体渗透率级差,这样在相对高渗透率砂体中才能聚气成藏。进一步研究表明:当砂体的渗透率级差为2.8时,砂体中的天然气不能成藏,天然气直接发生运移和散失;当砂体的渗透率级差为5.4时,砂体中的天然气开始成藏;当砂体的渗透率级差为9.0时,砂体中发生天然气的大规模聚集成藏。因此,大面积低—特低孔渗储层渗透率级差是评价储层有效性和成藏可能性的关键指标。

表6-8 砂体物性非均质模拟实验各砂层物性参数

层位	粒径(mm)			渗透率($\times 10^{-3} \mu m^2$)		
	实验1	实验2	实验3	实验1	实验2	实验3
砂层1—砂层3	0.05~0.10	0.05~0.10	0.05~0.10	416	416	416
砂层4	0.25~0.30	0.25~0.30	0.25~0.30	5596	5596	5595
砂体a	0.10~0.15	0.10~0.15	0.10~0.15	1156	1156	1156
砂体b	0.10~0.15	0.15~0.20	0.20~0.25	1156	2266	3746
砂体c	0.10~0.15	0.10~0.15	0.10~0.15	1156	1156	1156
砂体d	0.10~0.15	0.15~0.20	0.20~0.25	1156	2266	3746
砂体e	0.10~0.15	0.10~0.15	0.10~0.15	1156	1156	1156

3. 天然气运聚成藏过程中的非达西渗流机制

低孔渗砂岩大气区渗流机理受孔渗条件和含水饱和度控制,存在达西流和非达西流双重渗流机理,低渗低速渗流情况下非达西流现象明显。本研究采集了广安地区低渗透砂岩岩心样品,进行了天然气充注及含气饱和度增长实验,将不同渗透率岩样的渗流曲线绘制在同一坐标系中,可以看出渗透率对饱和水条件下气体渗流曲线的影响:一是曲线形态、位置随渗透率不同而有规律变化;二是渗透率越低,非线性段越长,其启动压力梯度值就越大(图6-14a);三是随着渗透率降低,渗流曲线逐渐向压力梯度轴靠近,曲线非线性段延伸变长,曲率变小,曲线的直线段在压力梯度轴截距增大。

综合多个不同低—特低渗透率砂岩样品的实验结果可以看出,低渗透率砂岩饱和水条件下气体渗流曲线具有以下特征:一是在实验流速范围内,渗流曲线由平缓过渡的两段组成(图6-14b):ad段表示较低渗流速度下的上凹型非线性渗流曲线;de段表示较高流速下的拟线性渗流曲线。二是渗流曲线呈现低速非达西渗流特征,存在启动压力梯度,其直线段的延伸在压力梯度轴上有一正截距,存在一个"拟启动压力梯度"。三是图6-14b中,a点对应最大毛细管半径的流动压力和流量关系点;b点对应平均毛细管半径的流动压力和流量关系点,基本代表了气体渗流过程中孔隙喉道的平均启动压力梯度;c点对应的是气体能在其中流动的最小毛细管半径的流动压力和流量关系点,a、b两端点对应的压力分别称为真实启动压力和拟启动压力,d点对应的是渗流由非达西渗流到拟线性渗流的过渡点。

上述低渗透砂岩天然气运聚(气驱水)渗流实验中,渗流曲线呈现低速非达西渗流特征,存在启动压力梯度。在实验流速范围内,渗流曲线由平缓过渡的两段组成:较低渗流速度下的上凹型非线性渗流曲线和较高流速下的拟线性渗流曲线,渗流曲线主要受岩心渗透率的影响,渗透率越低,启动压力梯度越大,非达西现象越明显。低渗透率砂岩气驱水实验中,岩心最大含气饱和度不超过50%,主要分布在30%~40%,平均含气饱和度为38.27%。

4. 天然气成藏过程的两种环境和三个阶段

根据样品中与烃类包裹体伴生的盐水溶液包裹体在充注时的广泛性和离散性特征,结合沉积埋藏史研究,认为连续的成藏过程经历了两种成藏环境,即早期成藏环境(持续埋藏环境)和晚期成藏环境(构造抬升环境)。在早期深埋成藏环境,由于生烃增压、砂泥岩差异压实形成的源储压力差构成了强大的运聚动力,烃源岩生排烃呈"层状蒸发—对流"式运移,整个连片砂体中普遍含气。晚期抬升成藏环境处于抬升调整期,生排烃持续进行。由于构造抬升卸压,散布在连片砂体中的气体呈"束状分流—汇聚"式运移,汇聚到物性好的部位(动态成岩

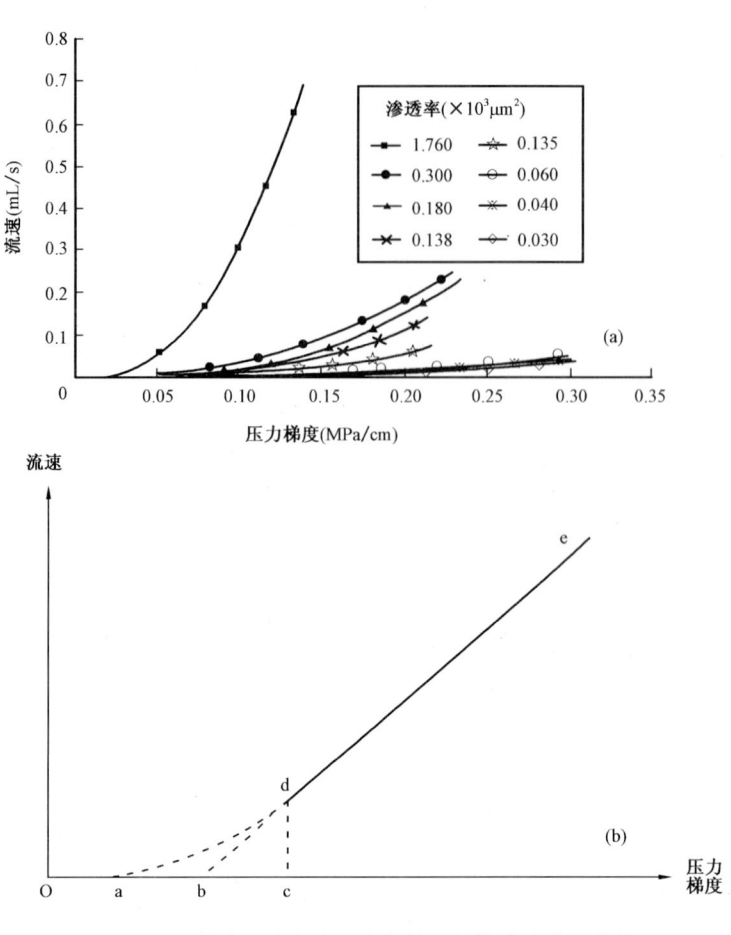

图 6-14 低渗透砂岩饱和水条件下气体渗流典型曲线

圈闭),形成大面积分布的非均一性"动态圈闭气藏"(图 6-11)。

结合成藏机理物理模拟实验过程,天然气在连片厚层砂体动态成岩圈闭中的运移可分为三个阶段:第一阶段,气体充注初期阶段,气体迅速充满砂层 4;第二阶段,气体在砂体中运移聚集阶段,气体从砂层 4 向上部砂体运移,驱走能够成藏的砂体 b、d 中的水,并在砂体 b、d 中聚集;第三阶段,物性圈闭中气体的成藏和保存阶段,在气源充足的条件下,气体能够在物性较好的砂体 b、d 中成藏,含气饱和度为 10%~90%,差异较大。其中第一阶段发生于深埋环境,第三阶段发生于抬升环境,第二阶段在两种环境中都可以出现。

5."气—水—干层"共生的大面积分布混相成藏机制

致密砂岩气聚集成藏需要具备以下三个有利条件:① 大范围、供气充足、供气速率高的烃源岩;② 大面积发育低孔、低渗、连片砂岩储层;③ 气源、储层、封闭体与构造条件的有利匹配。

川中须家河组主要为动态成岩圈闭气藏和毛细管压力圈闭气藏,根据上述包裹体温度—时深关系,本区大面积连片砂体成藏机制可以概括为层状蒸发式排烃、分流式差异汇聚。构造平缓,气水分异性差,具有气水共生或气水同层现象的混相成藏特点。成岩圈闭形成机制实质上是物性遮挡,即致密砂岩封堵,圈闭边界不完全固定,尤其物性渐变的情况下,取决于源储压力差或充注动力。运移机制表现为气进入砂中好砂,呈差异分流汇聚式运移。成藏动力机制取决于欠压实和生烃增压,成岩圈闭内外由于有渗透率级差而存在毛细管压力差,驱使弥漫在连片砂体中的气向成岩圈闭中汇集。成藏阻力为物性隔层或阻流区(致密胶结或强压实),影响天然气的运移汇聚。毛细管压力圈闭气藏,即国外通称的致密砂岩气藏,气聚集上方为毛细管压力控制下的水封闭气藏。成藏后出现一定的后生变化,动态圈闭内储集体物性下限和空间范围受制于气藏压力和后续气源补给,圈闭界限随充满度和供气压力变化会发生一定程度的调整。天然气分布和富集受非均质性连片砂体中物性好的区域(即砂中好砂)控制,即建设性成岩相(次生溶蚀相等)控制。大面积低孔渗平缓砂层中浮力驱气作用局限,气水关系及其分布受孔渗大小控制,可有上气下水、上水下气、气水同层等多种类型的混相成藏系统。

低孔渗砂岩大气区的成因、成藏和分布机制复杂。对于连片砂体和煤系烃源岩,天然气成藏是一个持续充注的过程,从晚侏罗世到古近纪末,一直存在天然气的生排烃和充注成藏。天然气碳同位素组成分析表明,天然气横向运移分流弱,不存在大规模横向运移,但不排除局部地区的短距离横向运移存在。由于须家河组烃源层和储层大范围层状间互展布,产状平缓,气水分异差,天然气聚集程度低,形成大面积低丰度、气水混杂的岩性型大气区。

(三)连续型气藏分布和富集因素

天然气富集受主河道、岩屑溶蚀相、断层裂缝和局部构造控制。致密砂岩储层孔渗普遍较低,因而资源丰度总体较低,但也存在局部"甜点"的高产富集区带。一般而言,高产富集区受以下因素控制:高能沉积微相、扩溶性成岩相、断层裂缝、局部构造等。如川中须家河组低—特低孔渗砂岩富气高产区受三角洲平原—前缘分流河道、岩屑溶蚀相和断层裂缝带控制。

成藏机理物理模拟实验研究表明,对于平缓的煤系层状连续型岩性气藏勘探,需注意寻找渗透率级差大、非均质性强的砂体,并非物性好、连通性好的大片砂体就有利于成藏和富集。好砂体外围要有差的砂体——致密砂岩带才有利于成藏。连片非均质性砂体中天然气聚集、成藏可以不依赖于断层和裂缝的沟通,但断层裂缝发育区成藏速率快,含气饱和度高,控制着天然气聚集。生气强度和不同成岩相组合控制了天然气分布和富集。

第七章　大型地层油气藏形成与分布规律

目前中国陆上油气勘探已进入了构造与岩性地层油气藏并重的新阶段,部分盆地已进入岩性地层油气藏勘探的新时代(赵文智等,2004)。岩性地层油气藏勘探领域不断扩大,盆地从陆相断陷一种类型,扩展到陆相坳陷和前陆等多种盆地;层段从源内一种成藏组合,扩展到源内、源上和源下三种成藏组合;储层岩石类型从碎屑岩,扩展到碎屑岩、碳酸盐岩和火成岩三种岩石类型,地域从东部老油区,扩展到中西部新油气区(邹才能等,2007)。已相继在松辽、渤海湾、鄂尔多斯、四川、准噶尔等盆地中,发现了一批大型或特大型岩性地层油气田。最近几年,中国石油探明储量中岩性地层油气藏占60%以上,构造—岩性地层复合油气藏占80%以上,其中地层油气藏占岩性和地层油气藏总量的50%以上;从剩余资源潜力看,岩性地层油气藏尤其地层油气藏在今后相当长的一个时期内,是我国陆上最现实、最重要的油气勘探领域(贾承造等,2007)。

第一节　地层油气藏勘探研究现状

一、国内外研究现状

目前,对于岩性油气藏,尤其陆相坳陷盆地岩性油气藏的理论认识相对比较清楚(邹才能等,2006),而对地层油气藏的研究程度较为薄弱(郝芳等,2005),尤其是对中西部叠合盆地的地层油气藏认识程度较低,而地层油气藏将是未来中国陆上油气勘探的重要领域。油气勘探遵循由简单到复杂,从构造型到岩性型再到地层型油气藏的勘探过程,地层油气藏成因机制、分布规律和控制因素更复杂,勘探难度更大(Allan等,2006;等,2006)。虽然,地层油气藏的勘探潜力很早就被人们所重视,并发现和总结出了地层油气藏类型,而这些地层油气藏类型主要是针对盆地内部及不整合位置关系提出的,对不整合控制的盆底基岩地层油气藏研究较少。对地层油气藏影响的具体表现形式研究深度不够,与此问题有关的争论说明了这种情况,在沉积间断和不整合对大型油气田形成控制因素问题上存在完全相反的观点,即否定和肯定两种观点(常波涛,2006;田丰华等,2007)。因此,对地层油藏成因机制、控制因素和分布规律研究具有很重要的意义。

以前,我国对以盆底基岩型地层油气藏的勘探重视程度不够,一般将盆底基岩作为盆地基底不予考虑。近几年来,随着油气勘探向纵深发展,盆底基岩地层油气藏不断被发现,逐步成为一个新的勘探领域和热点。与盆内地层油气藏相比,其成因机制、控制因素和分布规律等存在很大差别(胡见义等,1986;沈守文等,2000;庞雄奇等,2007)。研究过程中从世界39个含油气区选取了国外151个、国内88个,包括了不同年代地层、不同类型和储量规模的典型地层油气藏,这些地层油气藏有足够代表性。通过对国内外已发现的盆内、盆底基岩地层油气藏的解剖,总结其类型、分析其成因机制和规模、揭示其分布规律,以指导不同类型地层油气藏的勘探。

二、国内外勘探现状

从国内外多年来的油气勘探实践来看,地层油气藏有着举足轻重的地位,地层圈闭往往易于形成大型和巨型油气田。就世界范围来说,除波斯湾和前苏联外,43%的石油储量和30%

的天然气储量储存于地层圈闭中。国外的普鲁德霍湾、东得克萨斯、哈西—迈萨乌德、夸仑夸尔，国内的华北任丘、鄂尔多斯靖边、塔河等油气藏均属于地层油气藏，且油气储量巨大（表7-1）。世界范围内，在10个最大气田中，布兰科墨萨、沃德和贝森3个气田为地层圈闭，胡果顿潘汉德和卡尔萨基2个气田明显受地层变化因素的影响（王英民，2002）。美国10个最大油田中，有4个油田为地层圈闭，4个受地层因素影响，如普拉德霍湾油田石油地质储量为 $14 \times 10^8 t$，东得克萨斯油田石油地质储量为 $8.4 \times 10^8 t$，它们都是在十分平缓斜坡上的地层油气藏。

表7-1 国内、外大型地层油气藏一览表

油气田名称	圈闭类型	储量 油（$\times 10^8 t$）	储量 天然气（$\times 10^8 m^3$）	数据来源
美国东得克萨斯	地层超覆	7.8（可采）		张厚福等，2008
委内瑞拉夸仑夸尔	地层超覆	8.8（地质）		张厚福等，2008
哈西—迈萨乌德	不整合遮挡	34（地质）		张厚福等，2008
美国普鲁德霍湾	不整合遮挡	13.5（可采）	7360（可采）	张厚福等，2008
华北任丘	不整合遮挡	4.0（地质）		费宝生等，2005
中东基尔库克	不整合遮挡	20.5（可采）		张厚福等，2008
波扎里卡	不整合遮挡	3.7（可采）	350（可采）	张厚福等，2008
田吉兹	不整合遮挡	7.5~11.5（可采）	13000（可采）	张厚福等，2008
塔河	不整合遮挡	5.3（地质）	590（可采）	康玉柱，2005
克拉美丽	不整合遮挡		1059（地质）	新疆油田，2008
鄂尔多斯靖边	不整合遮挡		3411.01（地质）	戴金星等，2007
大港千米桥	不整合遮挡		358.78（地质）	戴金星等，2007
澳大利亚哈利布特	不整合遮挡	0.86（可采）		胡见义等，1986
加拿大皮斯河	地层超覆	11（可采）		胡见义等，1986
越南白虎、龙油田	不整合遮挡	5（可采）		马龙等，2006

中国在多个盆地发现了地层油气藏，近年来中国石油探明储量中岩性—地层油气藏占60%以上，其中地层油气藏占岩性和地层油气藏总量的50%以上。中国石油陆续在辽河大民屯、兴隆台、南堡、准噶尔西北缘、准噶尔盆地陆东地区、三塘湖盆地马朗地区、塔里木盆地塔中、塔北、轮古地区、鄂尔多斯盆地下古生界等地区勘探取得较大突破，中国石化在准噶尔腹部永1井区、济阳坳陷等地区也有不小的斩获，如济阳坳陷古近—新近系地层油藏累积探明石油地质储量已达 $3.9 \times 10^8 t$。从剩余资源潜力看，岩性—地层油气藏尤其地层油气藏在今后相当长的一个时期内，是我国陆上最现实、最重要的油气勘探领域。

2008年中国石油在油气勘探中，地层油气藏勘探成效显著，地层油藏探明地质储量超过当年探明储量的40%，天然气探明储量超过当年探明储量的35%。在辽河凹陷大民屯、兴隆台、东部隆起古生界的变质岩受裂缝和地层控制的古潜山中发现大型地层油气藏,探明石油地质储量超过 $7000 \times 10^4 t$;在塔里木奥陶系碳酸盐岩受风化壳控制的裂缝—溶洞体系古岩溶中发现大型地层油气藏,探明油气地质当量近 $2 \times 10^8 t$;在三塘湖盆地马朗凹陷石炭系火山岩风化壳中发现大型地层油藏,探明储量超过 $4000 \times 10^4 t$;在准噶尔盆地陆东地区石炭系火山岩风化壳中发现大型地层油气藏,探明天然气地质储量超过 $1 \times 10^8 m^3$;在准噶尔盆地西北缘风城地区中生界发现受多期不整合控制的大型砂岩地层稠油油藏,探明储量超过 $4 \times 10^8 t$;同时在大港油田古生界、海塔古生界、冀东古生界、准噶尔盆地西北缘红车断裂带石炭系、辽河凹陷铁炉匠地区等区域都有地层油气藏发现。这些大型地层油气藏的发现展示了我国地层油气藏勘探的巨大潜力,应加强研究,加快勘探。

第二节 地层油气藏类型

一、地层油气藏内涵与分类演变

地层油气藏的内涵及分类随着油气勘探发现的油气藏类型不断增加而有所变化,不同时代的地层油气藏内涵和分类存在差异,不同学者对地层油气藏内涵的定义和分类存在差异。地层油气藏的研究起始于对隐蔽油气藏的关注,很多学者将地层油气藏与岩性油气藏合称为地层岩性油气藏,它成为隐蔽油气藏的主体部分。1936 年,莱复生(A. I. Levorsen)提出了地层圈闭(stratigraphic trap)的概念,并发表了题为"地层型油田"的论文;1972 年,罗伯特(E. K. Robert)主编了《地层油气藏》一书,分为勘探方法、勘探实例2册,首次提出了地层油气藏勘探问题。

从地层油气藏的内涵演变来看分为几个阶段,有几个代表性的定义。Levorsen,1936 年,以储集岩层的地层变化、岩性变化或二者同时变化为基本形成要素的圈闭;Rittenhouse,1972 年,受不整合控制的地层圈闭中聚集了油气;张厚福,1981 年,因储层岩性横向变化,或由于纵向沉积连续性中断而形成的圈闭条件;胡见义,1986 年,由构造运动引起的沉积间断、剥蚀、超覆沉积等作用下,储集岩体沿地层不整合面或侵蚀面被非渗透岩层围限或遮挡而形成的圈闭;贾承造,2007 年,岩性地层油气藏主要是指由沉积、成岩、构造与火山等作用而造成的地层削截、超覆、相变,使储集体在纵、横向上发生变化,并在三度空间形成圈闭和聚集油气而形成的油气藏。包括岩性、地层和以构造为背景的岩性—地层复合油气藏。

(一)国外学者的地层油气藏内涵与分类

地层圈闭是指储层上方或上倾方向直接与不整合面相切被封闭而形成的圈闭,也可称之为不整合圈闭。不整合面的封闭对地层圈闭形成起主导作用,不过也需要与其他因素的结合才能形成圈闭。油气在地层圈闭中的聚集则形成地层油气藏。前苏联学者认为由不整合关系形成的为地层圈闭。Levorsen 将地层圈闭定义为以储集岩层的地层变化、岩性变化或二者同时变化为基本形成要素的圈闭。博蒙特等提出了地层圈闭系的概念,即储层和(或)封闭单元由于沉积、侵蚀或成岩作用形成的特定形态。国外学者大多依据圈闭成因和圈闭与不整合面的位置关系来划分地层圈闭(表 7 - 2)。其中 Halbouty 对隐蔽圈闭进行了分类并建立了模式,此人分类中的地层圈闭与我们一般认为的岩性圈闭对应,古地貌圈闭对应于生物礁圈闭、潜山圈闭和下切谷充填圈闭。Rittenhouse 对地层圈闭进行了分类并建立了模式,此人依据圈闭与不整合面的位置关系划分出不毗邻不整合面的地层圈闭(相变圈闭、成岩圈闭)、毗邻不整合面的地层圈闭(不整合之上、不整合之下、不整合上下)、不整合之下地层圈闭分类中依据不整合面被埋藏时的成熟度(青年期、成年期)划分为青年期和成年期不整合之下地层圈闭。前苏联学者认为地层圈闭与岩性圈闭并无涵盖关系,美国学者则认为地层圈闭涵盖了岩性圈闭。

表7-2 国外学者地层圈闭分类

Levorsen(1954)			Halbouty(1972)		Rittenhouse(1972)		前苏联		Vincelette(1999)	
地层岩性圈闭	原生地层圈闭	透镜体	地层圈闭	沉积圈闭	地层圈闭	相变圈闭	地层(遮挡)圈闭	潜山型	地层圈闭系	沉积圈闭域
^	^	岩相变化	^	^	^	成岩圈闭	^	不整合之上、之下、之间型	^	成岩圈闭域
^	^	带状砂岩	^	沉积后圈闭	^	^	^	^	^	^
^	^	礁体	^	^	^	^	^	^	^	^
^	次生地层圈闭	削截、剥蚀、溶蚀、胶结、裂缝等作用形成的圈闭	^	不整合圈闭	^	不整合之下	^	沥青封堵型	^	侵蚀圈闭域
^	^	^	^	古地貌圈闭	^	不整合之上	^	^	^	^
^	^	^	^	^	^	不整合上、下	^	^	^	^

(二)国内学者的地层油气藏内涵与分类

中国早在1959年就发现了玉门鸭儿峡基底潜山油藏,但大规模开展地层(潜山)油气藏的勘探与研究,是在1975年任丘大型潜山油田发现之后。国内学者在界定和划分地层油气藏(圈闭)时也有类似的两种看法。张厚福等(1999)认为,地层圈闭是指储层由于纵向沉积连续性中断形成的圈闭,不包括由于沉积条件的改变或成岩作用而形成的岩性圈闭。张万选(1981)则不主张把岩性油气藏(圈闭)单独作为一种类型与地层油气藏(圈闭)并列,他认为二者均是沉积条件变化的结果。国内学者划分地层油气藏(圈闭)的依据主要是圈闭的成因、圈闭的形态等(表7-3)。

表7-3 国内学者地层圈闭分类

张万选、张厚福(1981)		胡见义等(1986)	李丕龙(2003)		贾承造(2007)	
原生砂岩体地层油气藏	岩性尖灭					
^	岩性透镜体					
地层不整合遮挡油气藏	潜伏剥蚀突起不整合遮挡	地层不整合遮挡油气藏	地层不整合	地层削截不整合油气藏	不整合遮挡型	
^	潜伏剥蚀构造不整合遮挡	^	稠油沥青封堵	^	^	
地层超覆油气藏		地层超覆油气藏		地层超覆油气藏	不整合超覆型	
		地层不整合"基岩"(或古潜山)油气藏	碳酸盐岩古潜山	潜山油气藏	古潜山型	基岩型
		^	花岗岩基岩	^	^	^
		^	变质基岩	^	^	风化壳型
		^	喷发岩潜山	^	^	^

张万选等(1981)根据莱复生的地层油气藏分类方案提出了一套分类方案,胡见义(1986)根据渤海湾油气勘探提出地层油气藏的分类方案。2000年以后开展大规模岩性地层勘探以来,有一批专家、学者对地层油气藏的概念和分类进行了研究,李丕龙等(2003)基于济阳坳陷

隐蔽油气藏勘探提出分类方案,贾承造等(2007)基于四类原型盆地提出了较为系统分类的方案(表7-3)。

总的看来,岩性圈闭和地层圈闭在成因上有所差异,因为岩性圈闭是同一地层内部储集体被致密岩性围限封闭而形成的,而地层圈闭是发生在不同地层之间,其中某一地层中的储集体被非连续沉积的另一地层的致密岩性围限而形成的;同时所谓潜山油气藏、地层不整合基岩油气藏、古地貌油气藏或风化壳油气藏按其成因均应划在不整合遮挡型地层油气藏之列,因为不整合对于其圈闭形成所起的作用是相同的。

二、地层油气藏内涵与分类

(一)地层油气藏内涵

近几年来,国内勘探发现了一系列新的地层油气藏类型,如塔北奥陶系碳酸盐岩风化壳——准层状,塔中奥陶系碳酸盐岩风化壳——网络状,准噶尔西北缘石炭系风化壳——梳状,辽河古潜山——内幕型,准噶尔陆东石炭系火山岩——蜂窝状等类型,以往的地层油气藏内涵和分类方法,不能完全包含新发现的地层油气藏类型,在前人对地层油气藏和地层圈闭定义的基础上,为了将新的地层油气藏内涵包括新发现的油气藏类型,对今后的地层油气藏勘探有指导作用,对地层油气藏的内涵重新进行了定义。

将地层油气藏定义为:在构造、沉积引起的不整合结构体内,由有效地层组合和横向变化形成的圈闭中聚集的油气藏,受构造、侵蚀、沉积、成岩、断裂等多因素控制(邹才能,2009)。

(二)地层油气藏分类

基于圈闭成因机制、圈闭与不整合面的位置关系、圈闭形态等因素,考虑了我国近几年新发现的油气藏类型,采用覆盖类型全、简单、实用、易评价的指导原则,有利于利用新的地层油气藏分类方案对今后的地层油气藏勘探进行指导。综合油气藏与不整合面的上、下位置关系,构造、沉积、风化强度、断裂改造的圈闭成因,层状、块状、网状、断块、古隆起、斜坡的圈闭形态的分类方法,对地层油气藏进行了重新分类(表7-4)。新的地层油气藏分类中包括了准层状、网络状、梳状、蜂窝状、内幕型、受层序界面控制的层序型等新发现的地层油气藏类型(邹才能,2009)。

表7-4 地层油气藏分类表

分布位置	类型	亚类	国内典型实例	国外典型实例
不整合面之上	超覆型	坡翼型	胜利太平油田	东得克萨斯、夸仑夸尔、玻利瓦尔湖岸油田
		丘翼型	胜利单家寺、孤岛、老君庙	赛格那诺气田
	充填型	沟谷型		南格林洛克油田
		下切谷	长庆马岭油田	米德兰气田
		侵蚀谷		马蹄谷油田
不整合面之下	削截型	单斜型	高青油田、金家油田、西马庄	普鲁德霍湾、拉文河油田
		背斜型	渤海湾东营凹陷	哈西—迈萨乌德
	潜山型	残丘型	兴隆台、任丘	潘汉德尔、派克曼油田
		块体型	马家沟气田	斯塔—拉塞、纽堡—南维斯特霍普
		断块型	任丘、义和庄、千米桥	
		内幕型	辽河古潜山	

续表

分布位置	类型	亚类	国内典型实例	国外典型实例
不整合面之下	连续型	准层状	塔河奥陶系、轮古奥陶系	
		网络状	塔中奥陶系	
		梳状	准噶尔西北缘石炭系	
	间隔型	蜂窝状	准噶尔陆东石炭系	
不整合之间	层序型		准噶尔风城稠油	科灵加油田

按不整合面与地层油气藏的分布位置关系,把地层油气藏分为不整合面之上、之下、之间三种分布类型。不整合面之上地层油气藏包括超覆、充填两种类型,其中超覆型分为坡翼、丘翼两种亚类;充填型分为沟谷、下切谷、侵蚀谷三种亚类。不整合面之下地层油气藏包括削截、潜山、连续、间隔四种类型,其中削截型分为单斜、背斜两种亚类;潜山型分为残丘、块体、断块、内幕四种亚类;连续型分为准层状、网络状、梳状三种亚类;间隔型包括蜂窝状亚类。不整合面之间地层油气藏为层序型(邹才能,2009)。

三、地层油气藏特征

地层油气藏的重新分类中其分布位置主要受不整合面控制,分不整合面之上、之下、之间讨论地层油气藏特征。

(一)不整合面之上超覆型地层油气藏

不整合之上超覆地层型圈闭分布主要受水进速度、砂体展布控制。水进时,沉积范围不断扩大,较新沉积层覆盖了较老地层,坳陷边缘、残余背斜构造、残余突起或下切谷的侵蚀面上沉积了孔隙性砂岩,沉积的砂体随着水进扩展呈现出退积展布,后来在其上沉积了非渗透性泥岩,形成了超覆型地层圈闭的顶板。在背斜构造背景下不整合之上的超覆地层圈闭只需要顶板条件即可,在单斜背景下,超覆型地层圈闭的有效性同时需要顶、底板条件的有效配置,不整合面上的风化黏土层、不整合体顶面的非渗透层可形成有效底板条件。在水进过程中的湖(海)岸边缘的坡折带附近最易形成有效的顶底板有效配置,现今已发现的超覆型地层油气藏大部分发育于坡折带附近。油气在超覆砂体形成的地层圈闭中聚集形成超覆型地层油气藏。典型实例为委内瑞拉东部的夸仑夸尔油气田,该油田是南美洲的大油田之一,上新统至更新统的砂岩超覆沉积在下伏的不整合面上,其上被上新统—更新统沉积的非渗透地层超覆覆盖,形成地层超覆圈闭,油气聚集其中成为巨大的地层超覆型油气藏(图7-1),探明石油地质储量 $8.8 \times 10^8 t$。

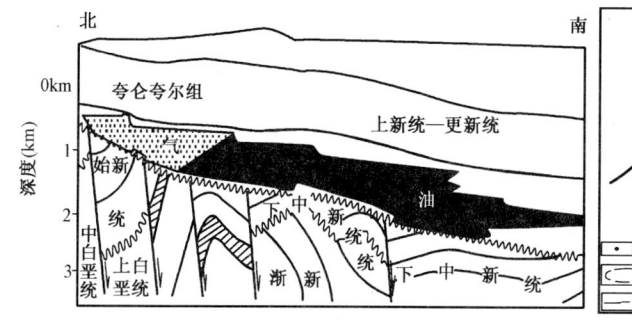

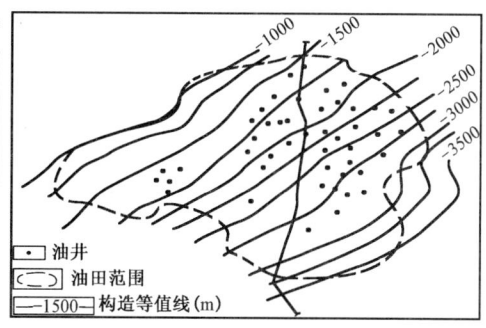

图7-1 委内瑞拉东部夸仑夸尔油藏平、剖面图

(二) 不整合面之下遮挡型地层油气藏

不整合面之下遮挡型地层圈闭中储层的主体是受不整合风化淋滤控制的不整合体,不整合体式残余构造或残余地貌为原始构造或地层经风化改造后残存下来的那一部分,其孔隙、裂缝发育,可作为良好储层。不整合体储层可以是碎屑岩、火山岩、变质岩、碳酸盐岩等岩性。在构造背景下,不整合体有效储层受上覆非渗透层的遮挡即可形成遮挡型地层圈闭;在单斜背景下,要形成有效地层圈闭除了上覆盖层的有效遮挡外,不整合体在上倾方向上必须有遮挡,遮挡条件包括断层、非渗透岩性。不整合体被后来沉积的非渗透性地层覆盖而形成的圈闭称为不整合面之下遮挡型地层圈闭,油气在其中的聚集则形成不整合面之下遮挡型地层油气藏。残余构造可分为残余背斜、残余单斜和残余断块三种类型,其中残余断块的形成主要受风化剥蚀(淋滤)和断层两种作用的控制,按应力机制又可分为拉张型和挤压冲断型两种。潜伏残余地貌型地层圈闭即为由岩层抗风化能力的差异造成了岩层剥蚀程度的差异,显现了高低起伏的地貌形态体,后来又被非渗透层覆盖所形成的圈闭,油气聚集其中则形成潜伏残余地貌型地层油气藏。残丘为其中的一种类型,其形成主要受风化淋滤、埋藏溶蚀或构造裂缝的控制。

1. 潜伏残余背斜型地层油气藏

哈西—迈萨乌德油田属于潜伏残余背斜型地层油气藏(图 7-2),该油田是阿尔及利亚的最大油田,探明石油地质储量 $34 \times 10^8 t$。产层为寒武系砂岩,系一顶部遭受剥蚀的下古生界背斜型潜山,基底为前寒武纪花岗岩与花岗闪长岩和部分变质岩系组成的隆起。上覆的寒武系砂岩组成潜山隆起轴部,奥陶系、志留系砂、泥岩系分布于潜山翼部,而在潜山顶部遭受剥蚀,三叠系沉积以区域性不整合覆盖在下古生界之上。

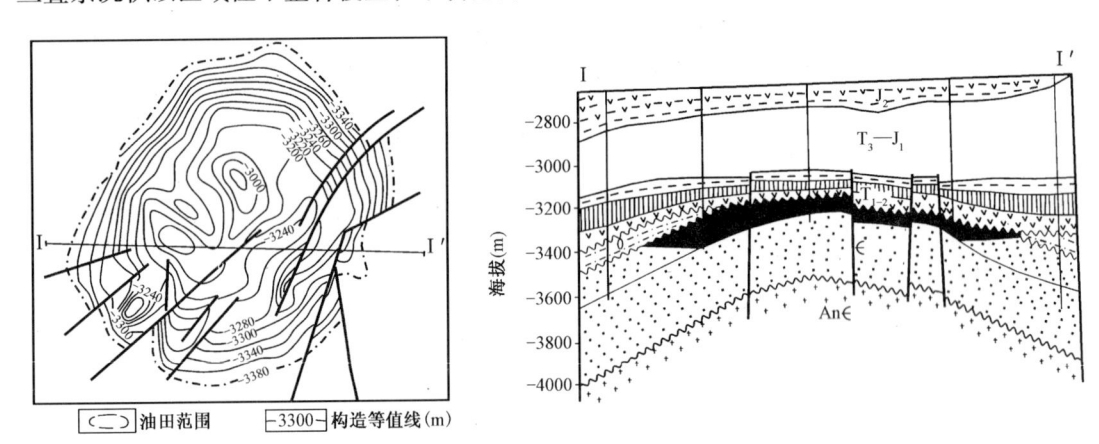

图 7-2 哈西—迈萨乌德地层油气藏平、剖面图

2. 断块—地层油气藏

华北任丘油田属于潜伏拉张—断块型地层油气藏(图 7-3),该断块体形成于拉张环境,碳酸盐岩岩层经历了长达亿年之久的风化淋滤作用,一方面次生孔、洞、缝非常发育形成好的储集空间,另一方面形成局部凸起成为油气运移聚集的有利指向区;断裂的形成为后期油气运移提供了通道。拉张型断块体被生油层掩埋覆盖形成潜伏断块型地层圈闭,上部生成的油气主要通过断裂和不整合面运移到断块体中。

3. 潜伏残丘地层油气藏

越南白虎油田属于潜伏残丘(花岗岩)型地层油气藏(图 7-4),油气来源于下渐新统和

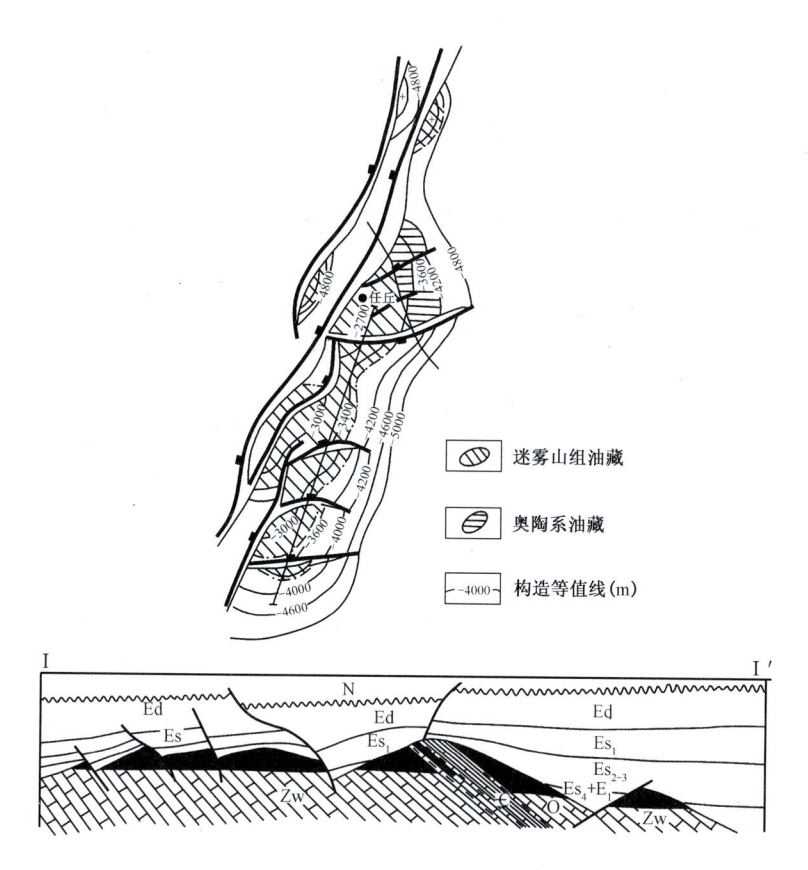

图7-3 华北任丘潜伏拉张—断块型地层油气藏平、剖面图

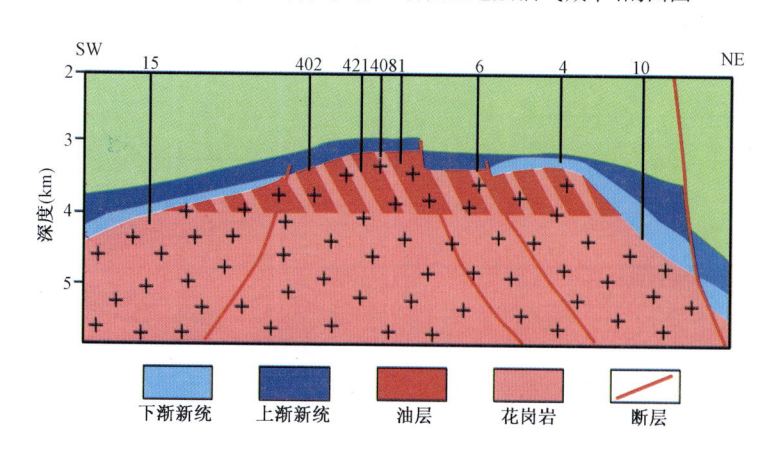

图7-4 越南白虎油田油藏剖面图

可能较深的古近系,储层主要为花岗岩风化体和与基底断层有关的洞穴—裂隙带,其间被低孔低渗带分隔,盖层主要为下渐新统和上渐新统的黏土和陆相沉积物。储层成因与表生风化作用、断裂及热液溶蚀有关,其中表生风化作用对储层发育起着重要的作用,如在基底岩石转变风化壳过程中,总孔隙度最大值可达14.6%(有效孔隙度13.0%),渗透率增至16.7×10^{-3} μm^2;此外基岩聚积石油的能力相当强,白虎基底的油层带厚度甚至大于1km,产油量大于2000m^3/d。

火山岩体型即与火山作用有关的类型(图7-5),岩浆岩沿基底断裂带喷出,在上部地层表面形成锥状火山岩体,火山锥体经风化蚀变后,孔隙和裂缝发育,再加上火山岩体原生的气孔和经构造作用形成的裂缝,火山锥体可作为好的储集体,被细粒沉积物掩埋覆盖后形成地层圈闭。美国里顿泉油田为此类地层油气藏的典型代表。

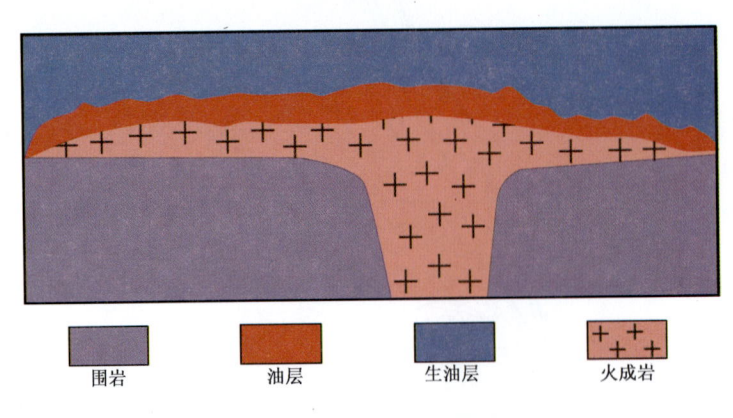

图 7-5　美国里顿泉油田油气藏模式图

4. 潜伏剥蚀单斜地层油气藏

美国普鲁德霍湾油田位于巴若(Barrow arch)穿隆上,是北极斜坡带的一个主要深部构造。普鲁德霍湾构造是一个向西倾没的背斜鼻状构造,北部为断层所限,东部被不整合所截。萨德里诺契特储层顶部闭合面积约为 125000acre,探明石油可采储量 96×10^8 bbl,天然气 25×10^{12} ft² (图 7-6)。萨德里诺契特上部储集物性最好的储层为辫状河水道网状冲积沉积。北部隆起为沉积物来源的密西西比到侏罗系岩层,是油田的主要储层,不整合覆盖的白垩系碎屑岩是主要生油层系,它来源于南部布鲁克斯山脉(Brooks Range)隆起。白垩系生油岩底部不整合阻挡着白垩纪前储层向巴若穿隆延伸,其所形成的普鲁德霍湾储层和生油层形成为一不整合面控制的储油层。

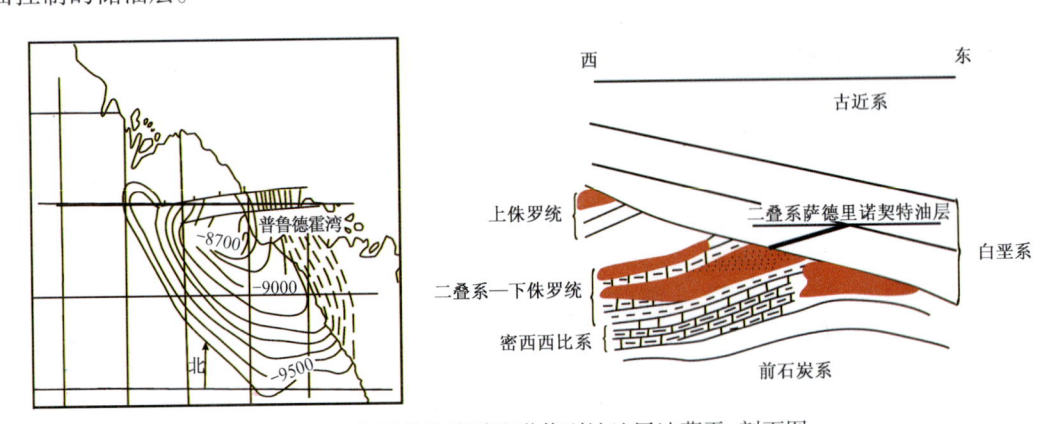

图 7-6　美国普鲁德霍湾潜伏剥蚀地层油藏平、剖面图

(三) 不整合面之间削截型地层油气藏

前期不整合被后期不整合削截时,形成两个不整合相交会的态势,储层位于上下两个不整合面之间并与之接触,进而在交角处形成不整合面之间削截型地层圈闭,油气在其中聚集则形成不整合面之间削截型地层油气藏。前期发育的不整合提供底板封闭,对上覆沉积层的分布有一定的控制作用,后期发育的不整合提供顶板封闭,对下伏沉积层的分布起最终控制作用

(图7-7)。此类油气藏的实例为美国东得克萨斯油田、准噶尔盆地北三台地区、准噶尔盆地西北缘风城地区稠油油气藏等。

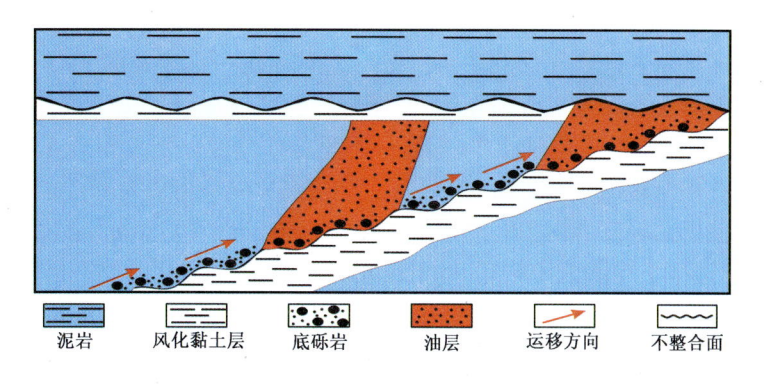

图7-7 不整合面之间削截型地层油气藏模式图

东得克萨斯油田位于美国墨西哥湾盆地北部萨滨隆起的西侧,上白垩统伍德宾组砂岩超覆沉积在下白垩统不整合面上,向东的上倾方向又被其上不整合接触的奥斯汀群超覆覆盖,砂岩顶、底两个不整合面在上倾方向相交,油气聚集其中形成油气聚集(图7-8)。

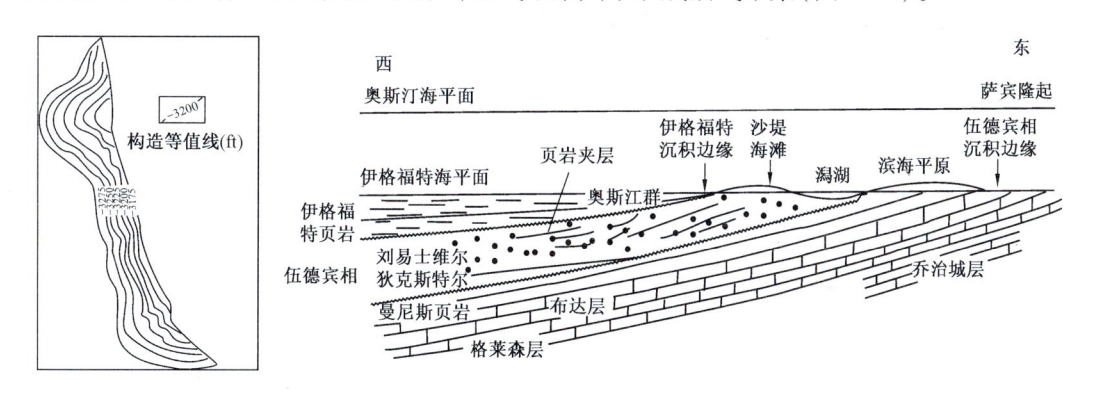

图7-8 东得克萨斯油田平、剖面图

第三节 地层油气藏成因机制

地层油气藏的成因机制不同,决定了其成藏模式也不同。通过剖析不同类型地层油气藏的成因机制,建立成藏模式,指导揭示成藏控制因素。

一、地层油气藏成因机制

不同类型的地层油气藏成因机制不同,不整合面之下地层油气藏主要受不整合体控制,不整合体成因、岩性、规模控制地层油气藏规模;不整合面之上地层油气藏主要受水进体系域中砂体规模控制,砂体沉积时的古地貌、坡度、规模控制砂体的分布规模。

(一)不整合遮挡型风化体

不整合遮挡地层油气藏的成因机制主要是储层的成因,储层厚度、分布范围等控制着该类油气藏的成因及规模。

1. 风化有利于改善碎屑岩风化体储层物性

不整合遮挡型储层成因受不整合之下岩性、不整合时间等控制。不整合之下为碎屑岩时,不整合可对碎屑岩储层进行改造,使储层物性变好,对储层的改造并不需要很长的风化淋滤时间,主要成因是表生作用期间地表水对碎屑岩中可溶物质的溶蚀,增加了储层物性,从而使储层物性变好,风化体储层物性主要决定于风化前原始物性,风化对碎屑岩储层物性只起到一定的改造作用。如准噶尔盆地腹部侏罗系与白垩系之间存在一个较长的不整合,沉积间断对风化壳之下的碎屑岩储层有一定的改造作用,使储层物性明显变好。由于统计井位于现今构造的位置不同,在已钻遇该不整合面的井中,同一不整合面储层分别分布于 4700m 和 6000m 左右两个深度段。在整合地层中 4700m 的储层孔隙度、渗透率平均值为 12%、$3 \times 10^{-3} \mu m^2$,受不整合风化淋滤后储层孔隙度、渗透率平均值分别为 17%、$20 \times 10^{-3} \mu m^2$;在整合地层中 6000m 的储层孔隙度、渗透率平均值为 8%、$0.5 \times 10^{-3} \mu m^2$,受不整合风化淋滤后储层孔隙度、渗透率平均值分别为 12%、$5 \times 10^{-3} \mu m^2$(图 7-9)。可见,沉积间断有利于改善储层物性,使碎屑岩储层物性明显变好。风化后不整合面之下的碎屑岩储层质量明显好于相应深度整合地层的储层质量。

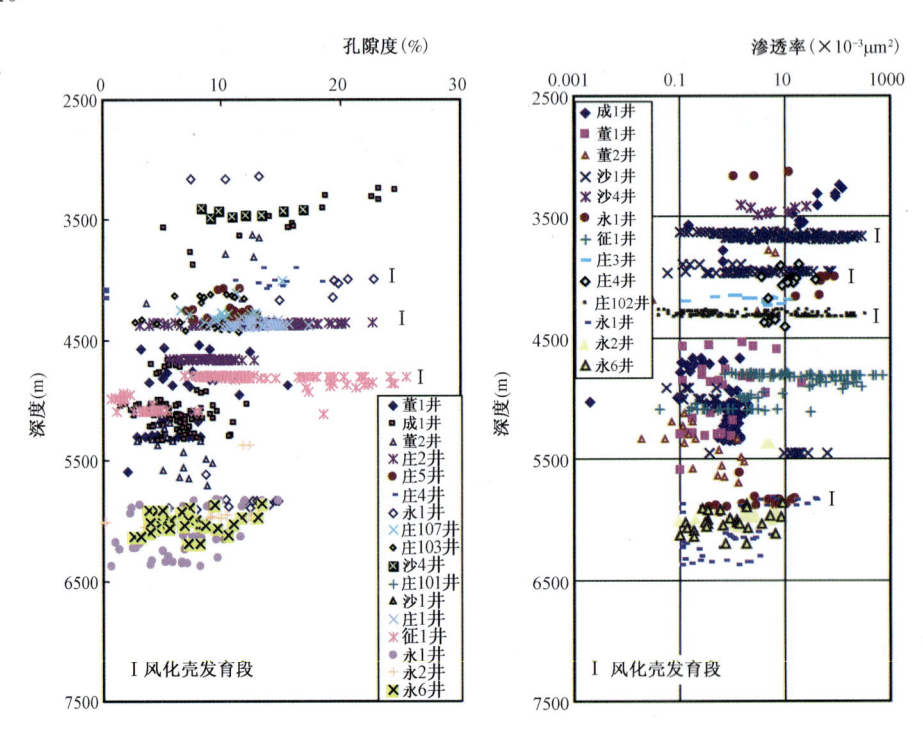

图 7-9 准噶尔盆地腹部孔隙度、渗透率随深度变化关系图

2. 风化体控制特殊岩性储层分布

火山岩、变质岩、结晶岩等特殊岩性原始物性较差,风化淋滤有利于改善风化体的储层物性,使得本来没有储集能力的岩层成为能够储集油气的有利储层。根据风化体形成的机理可见,风化体顶面往下一定范围内是有利储层的分布层段,该层段的厚度决定于风化时间的长短、岩性等控制因素,一般风化体厚度在 150～350m 范围内。

如松辽盆地深层火山岩为未经改造过的原状火山岩,其原始孔隙度虽然受埋藏深度影响较小,但原始孔隙度较低,平均为 10%,最大为 18%(图 7-10)。准噶尔盆地火山岩为经过风化淋滤后的火山岩,孔隙度变大,平均为 15%,最大为 31%(图 7-11)。可见,风化淋滤作用对特殊岩性的储层物性有很大的改造作用。勘探实践已经证明了这一点,因此,对于原始物性较差或不具备储集能力的岩性,风化淋滤作用可大大改善该类岩石的储集物性,从而形成有利储层。辽河坳陷古生界变质岩古潜山地层油藏、准噶尔盆地西北缘上盘石炭系火山岩油藏、陆东地区克拉美丽火山岩气藏、三塘湖盆地马朗凹陷牛东火山岩油藏等特殊岩性风化体均能够形成良好的储层,并能够形成高产。风化淋滤作用不但可以大大改善碎屑岩、火山岩、变质岩、结晶岩等岩性的储集物性,形成层状、块状储集体,同时,对碳酸盐岩的储集物性也有很大改善,由于碳酸盐岩的垂直渗流、水平潜流作用,一般碳酸盐岩风化体可形成准层状储集体。

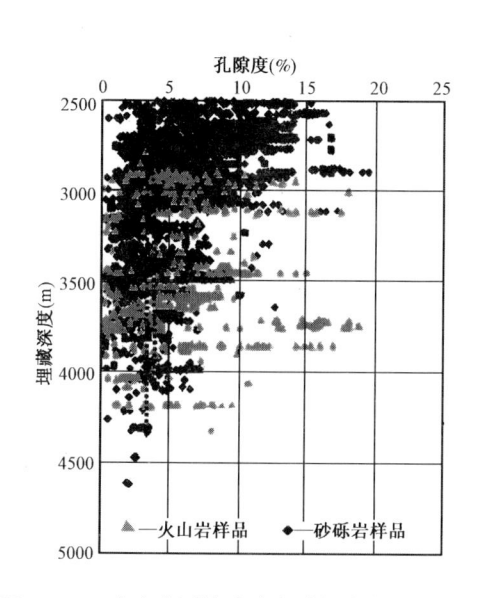

图 7-10 火山岩原始孔隙度随深度变化关系图　　图 7-11 火山岩风化体储层孔隙度变化图

3. 风化强度及时间控制风化体储层

对于碳酸盐岩、火山岩、变质岩等岩性来说,原始的储层物性并不好,风化体储层物性主要受表生风化淋滤作用控制,风化淋滤时间决定了储层厚度。即风化体储层的形成与不整合强度、沉积间断时间有很大关系。相同的沉积间断时间内不同岩性形成的风化体厚度不同,相同风化时间形成的风化体厚度由厚变薄的岩性分别为火山岩、结晶岩、变质岩、碳酸盐岩、砂砾岩。并非风化时间越长形成的风化体厚度越大,风化体厚度随着风化时间的增加而增大,开始风化的一段时间内风化体厚度形成的速度较快,随着风化时间的延长,风化体的剥蚀速度在加大,当风化体形成速度和剥蚀速度基本达到平衡时,此时的风化体厚度达到最大,火山岩、结晶岩、变质岩、碳酸盐岩、砂砾岩达到平衡时的风化体厚度最大值分别约为 500m、350m、300m、280m、250m,风化体厚度达到最大所需时间分别约为 50Ma、45Ma、35Ma、30Ma、20Ma(图 7-12),该风化体的厚度是在断裂不太发育的区域发生的,在断裂发育区风化平衡时的风化体厚度会增加,风化达到平衡时所需时间会减少。

依据不整合间断时间的长短可划分为短期(<5Ma)、中期(5~40Ma)和长期(>40Ma)间断,与此相应可划分小型、中型和大型的不整合。据所分析 150 个油田的随机选择,地层圈闭中小型不整合占 32%、中型不整合占 24%、大型不整合占 44%,因此,大型不整合发育区是寻找大型—巨型油气藏的有利区。在具有大规模剥蚀的圈闭中常有大规模地层油气藏的形成,

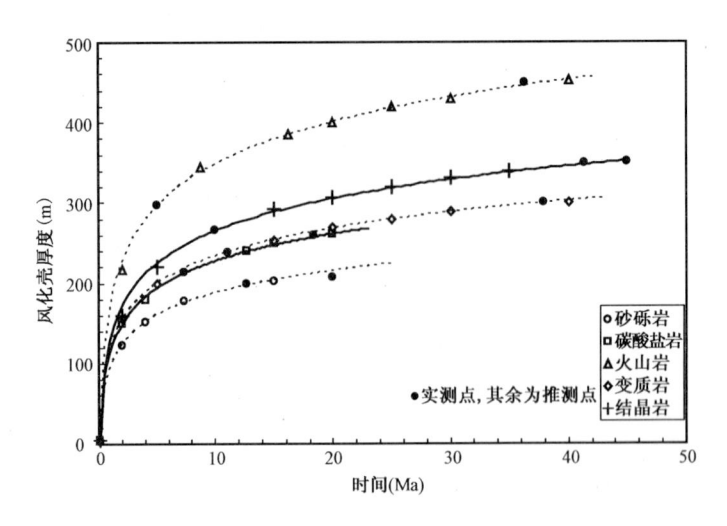

图7-12 不同岩性风化壳厚度与风化时间关系图

如哈西—迈萨乌德、美国普鲁德霍湾等油田,其地层间断时间为数百万年,有时长达100~180Ma,地层的剥蚀规模为数百米或数千米。国内也不乏此类实例,尤其以碳酸盐岩地层油气藏较为典型(表7-5)。

表7-5 国内大型碳酸盐岩地层油气藏特征表

油气藏名称	探明地质储量	层位	储层成因机制	间断时间
华北任丘油藏	4×10^8 t	中—上元古界蓟县系雾迷山组	古岩溶	130Ma
大港千米桥气藏	360×10^8 m³	奥陶系上马家沟组、峰峰组	构造、古岩溶	130Ma
鄂尔多斯靖边气藏	3400×10^8 m³	奥陶系马家沟组	古岩溶	140Ma
塔河油藏	5.3×10^8 t	奥陶系	古地形、古岩溶	110Ma

4. 风化体内沿断裂更有利于形成有利储层

断裂的存在更有利于风化体储层的形成,风化体的厚度会更大,图7-13是风化体的风化模式,一个发育完全的风化体从上往下一般包括残积土层、全风化层、强风化层、弱风化层、微风化层、未风化层,最有利的储层发育于强风化层、弱风化层内。在断裂不发育区域,地表水沿风化体形成的裂缝、次生溶孔向下运移,使风化体内的可溶矿物逐渐被溶蚀;在断裂发育区域,地表水沿断裂、裂缝、次生溶孔向下运移,但地表水更易沿断裂向下运移,从而使得在断裂发育处风化体厚度更厚,地表水沿断裂向下运移同时向其周围渗透,从而使得在断裂附近的溶蚀和风化程度更高,更易形成有利储层,这一点在油气勘探中得到了很好的证实。

准噶尔盆地西北缘是在早二叠世开始发育的前陆盆地,逆冲断裂和走滑断裂发育,从早二叠世到中三叠世,沉积间断时间84Ma,上盘石炭系发育的火山岩在长时间的风化淋滤过程中,形成了较厚的风化体。在断裂不太发育的区域,风化体厚度一般在250~350m,即从石炭系顶面向下发育250~350m的有效储层;在断裂发育区储层厚度会更大,最厚风化体厚度可达1200m。风化体厚度的变化呈梳状结构,沿断裂发育处风化体较厚,在断裂不发育区的风化体厚度较薄。形成梳状风化体的成因是在逆冲断裂控制下,大断裂附近发育次级断裂,次级断裂附近发育微断裂,从断裂发育区向外,风化体储层中的微裂缝逐渐减少(图7-14),大断裂附

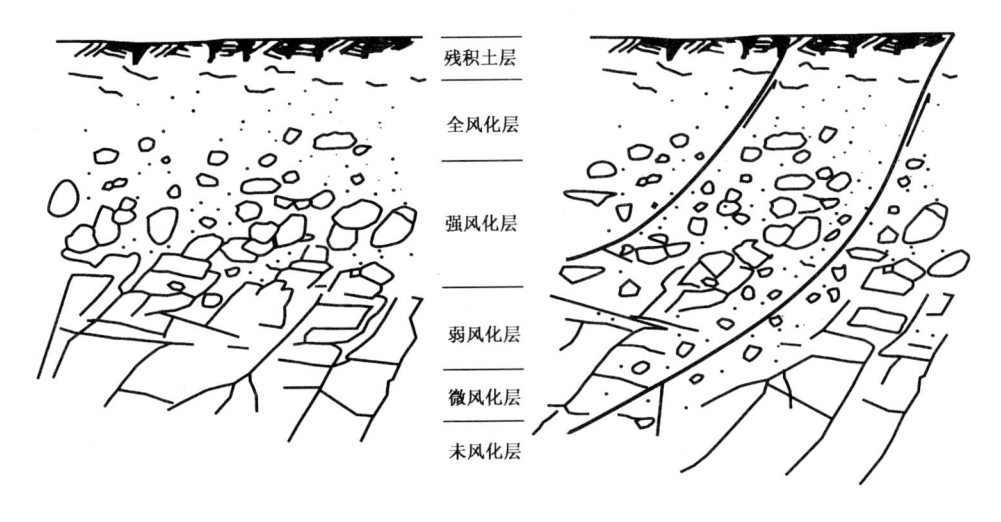

图 7-13 风化体风化模式图

近储层的裂缝密度可达 25 条/10cm,断裂控制的裂缝发育范围约为 2~3km,在距离 3km 以外的储层中裂缝密度少于 2 条/10cm,断裂控制的裂缝分布形成梳状结构,这是断裂控制梳状风化体结构的基础。地表水沿断裂、次级断裂向下运移时,由上向下逐渐风化。在断裂附近地表水供应充足,风化程度较高,形成的储层物性更好,由断裂逐渐向外地表水的溶蚀逐渐减小,风化体储层物性逐渐变差。

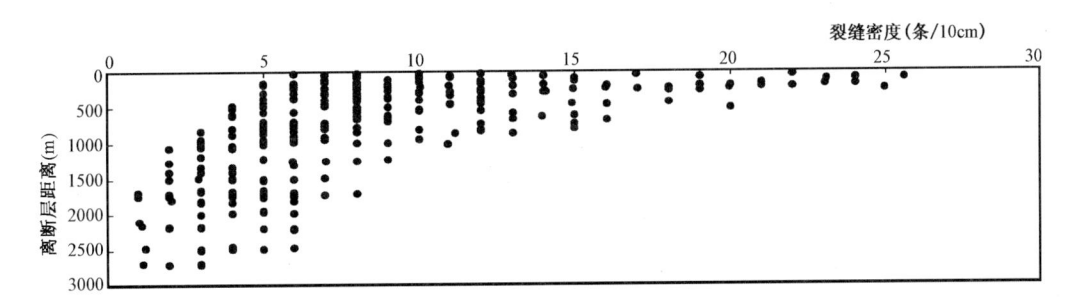

图 7-14 准噶尔盆地西北缘上盘石炭系裂缝密度与距断裂距离关系图

(二)不整合体结构

不整合面是其上、下岩层的接触界面,不整合面还具有结构层或结构体的涵义,这种结构体对地层油气藏的形成具有重要意义。不整合结构大体可分为三层:不整合面之上岩层、不整合面之下风化黏土层及半风化岩层(风化淋滤带)(图 7-15)。其中风化黏土层是地层风化产物,其分布受古地貌、坡度等因素控制,在古地貌坡度较小、风化时间较长时,风化体上部均可发育一套风化黏土层;当古地貌坡度较大时,风化黏土层主要分布于古地貌的斜坡带部位,古地貌坡度较大的高部位一般不发育风化黏土层。

一般来说,风化黏土层在上覆沉积物压实作用下岩性较致密,具有良好的封盖能力,不整合面之上岩层(主要为砂岩、砾岩)和不整合面之下裂隙、溶孔、溶洞发育的半风化岩层(主要为砂岩、砾岩、碳酸盐岩、火山岩及变质岩等)既可作为油气运移通道,又可成为油气聚集的有效储层。不整合体为由不整合面之下一定深度范围内的地层构成,具有风化、淋滤特征的地质体,不整合的层状结构在构造作用或岩性因素影响下自身形成圈闭,不整合体控制的地层圈闭中聚集了油气可称之为不整合体地层油气藏。

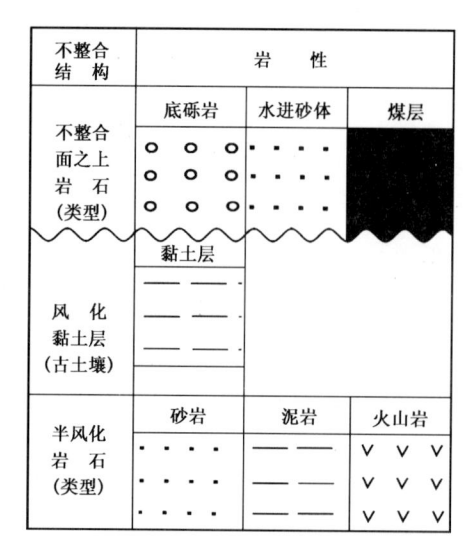

不整合结构	岩性		
	底砾岩	水进砂体	煤层
不整合面之上岩石（类型）	∘∘∘∘∘∘∘∘∘	∘∘∘∘∘	■■■
	黏土层		
风化黏土层（古土壤）	— — —	— — —	— — —
半风化岩石（类型）	砂岩 ∙∙∙∙	泥岩 — —	火山岩 ∨∨∨

7-15 不整合纵向结构模式图

（三）不整合接触类型

由于地质条件的复杂性，不整合面上、下两套地层的接触关系多样，在此基础上对不整合进行分类就显得尤为重要，不整合类型对于地层油气藏的形成也具有很重要的控制作用。不整合可依据分布范围（分为区际、区域和局部不整合）、成因机制、不整合面起伏（平整和嵌入不整合）、地理位置（边缘和盆内不整合）等来分类。此处依据不整合的成因以及与油气成藏的关系将不整合划分为上超/削蚀型、上超/平行型、平行/削蚀型、平行/平行型（表7-6），其中斜线（/）上为上覆层底界反射终端，斜线下为下伏层顶界反射。

上超/削蚀型是由于早期形成的地层因构造运动褶皱、隆起、剥蚀，后续沉积地层对着该凸起层层超覆而形成的，在地震剖面以下伏层顶界削蚀和上覆层底界上超为识别标志。其下伏地层构造形态可以是单斜，也可以是褶皱与挠曲。不整合面上存在超覆型地层圈闭，而不整合面下存在遮挡型地层圈闭。不整合面之下的地层经过长期的风化剥蚀，其渗流层非常发育，储集性能较好，不整合面之上存在水进、水退型砂砾岩层，可成为良好储层。不整合面上、下两套地层相向尖灭，对油气聚集非常有利。

表7-6 不整合接触类型表

不整合类型	样式	不整合类型	样式
上超/削蚀型		平行/削蚀型	
上超/平行型	平行/削蚀型	平行/平行型	

平行/削蚀型是由于早期形成的地层因构造运动褶皱、隆起、较长时间的剥蚀，地形变得十分平缓，后续沉积地层呈近于水平状覆盖在下伏层之上而形成的，在地震剖面上以上覆层底界平行和下伏层顶界削蚀为识别标志。其下伏地层构造形态可以是单斜，也可以是褶皱与挠曲。仅在不整合面之下存在遮挡型地层圈闭，风化黏土层可成为良好的盖层，长期的风化剥蚀可大大改善遮挡型地层圈闭中储层的储集性能，是油气运移的指向区，因而更有利于成藏。

上超/平行型是由于下伏层因构造运动而发生倾斜，但剥蚀量很小，上覆地层则对着该倾斜面层层超覆而形成的，在地震剖面上主要以上覆层的上超和下伏层的平行反射终端为识别标志。仅在不整合面上存在超覆型地层圈闭，不整合面下地层多为单斜，因而几乎不存在圈闭。由于不整合面上地层的层层超覆，多存在水进、水退型砂砾岩层，这些粗粒沉积往往物性较好，可成为油气聚集的良好空间；并且由于上超意味着地层倾斜，因而也是油气运移的指向区。

平行/平行型是在构造相对稳定的地区（一般位于坳陷区），由于地壳垂直升降运动，地块整体抬升，地层遭受大面积剥蚀，之后地壳整体沉降接受沉积而形成的，在地震剖面上难以直接识别。一般来讲，因处于相对稳定的大地构造环境，断裂不发育，这类不整合一般不存在圈闭，油气在不整合面上、下可长距离运移,因而,尽管多位于源内,但不存在油气聚集的基本条件。

二、地层油气藏成藏机理和模式

按着源储位置关系、油气运移和输导体系,将地层油气藏总结为五种主要的成藏模式,即地层超覆侧源成藏模式和不整合遮挡侧源成藏、源下成藏、源上成藏及自生自储成藏模式。

(一)地层超覆侧源成藏机理和模式

不整合面之上超覆沉积了砂体,砂体发育位置主要位于古地貌的斜坡带附近,不整合之上砂体下面或侧源发育早期或同期沉积的烃源岩,超覆砂体下面烃源岩生成的油气沿断裂纵向运移至超覆砂体中聚集成藏,或是侧向低部位发育的烃源岩生成的油气沿不整合面逐步向高部位运移聚集,形成不整合超覆油气藏。这类油气成藏模式可形成大型—巨型地层超覆油气藏,油气藏规模主要决定于超覆砂体规模、烃源岩供油气能力以及保存条件。以准噶尔盆地西北缘中拐地区二叠系为例说明(图7-16)。

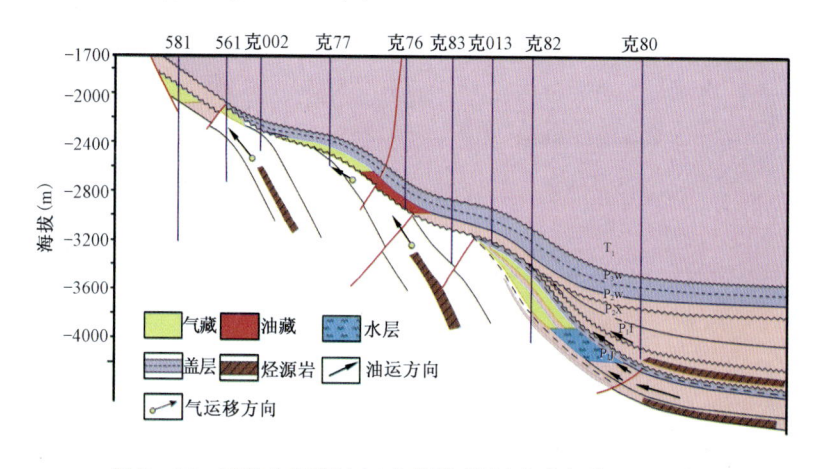

图7-16 不整合超覆油气成藏模式图(准噶尔盆地西北缘)

该地区二叠系与石炭系之间、二叠系内部发育多期不整合,不整合与水进体系域配合控制多套砂体的分布。从烃源岩条件来看,发育石炭系和二叠系两套烃源岩,石炭系烃源岩位于不整合超覆砂体的下面和侧源,二叠系烃源岩位于原型沉积盆地中心部位,现今构造的低部位。石炭系和二叠系烃源岩生成的油气首先沿断裂纵向运移进入超覆砂体或不整合面内,再沿超覆砂体和不整合面横向向高部位运移,在构造相对高部位的超覆砂体内聚集成藏,形成不整合超覆地层油气藏。

(二)不整合遮挡侧源成藏机理和模式

大型风化不整合体控制储层,位于古隆起或斜坡带,风化体内有利储层沿断裂发育,上覆受风化黏土层或直接盖层遮挡形成有效圈闭,位于低部位的烃源岩生成的油气沿断裂和不整合面从低向高部位逐步运移聚集成藏。以准噶尔盆地西北缘上盘石炭系大型风化壳地层油气藏为例说明该类油气藏的成藏机理和模式。

准噶尔盆地在二叠纪发育了一套快速水进形成的烃源岩,在一些地区二叠系烃源岩直接覆盖在石炭系之上,烃源岩既是有利盖层,生成的油气沿石炭系与二叠系之间的不整合面向高部位运移,在石炭系相对高部位聚集成藏,形成新生古储油气藏。西北缘上盘石炭系的大型地层油藏、石西火山岩潜山油藏就是典型实例。

准噶尔盆地西北缘上盘石炭系大型地层油藏,由老山边缘向主断裂纵向含油厚度逐渐加大,由盆地边缘向盆地中心油层呈现出逐渐增厚的楔状(图7-17)。探明和预测含油面积连片,呈现出平面上满带含油、纵向多段含油的岩性—地层油藏特征。克—百断裂带上盘石炭系基岩顶面是一个向盆地中心平缓倾斜的斜坡,区内断层使石炭系基岩呈断阶式下降。但是基岩和基岩相接的断层面对油气起不了绝对分隔作用,断面不能阻止油气沿着区域上倾的方向运移。因此,油气总的分布趋势是受斜坡控制,基岩块体上倾方向一直延伸到盆地边缘的界山。克—百断裂带石炭系油藏是侵蚀面、岩性、裂缝控制的具裂缝、孔隙双重介质的强非均质性块状油藏,油藏被断层分割为台阶状,各区块的油藏含油跨度不同,各台阶油藏高度一般为该台阶顶面与下一级台阶油藏顶面的高程差,油藏底部没有统一的油水界面,边底水不活跃。

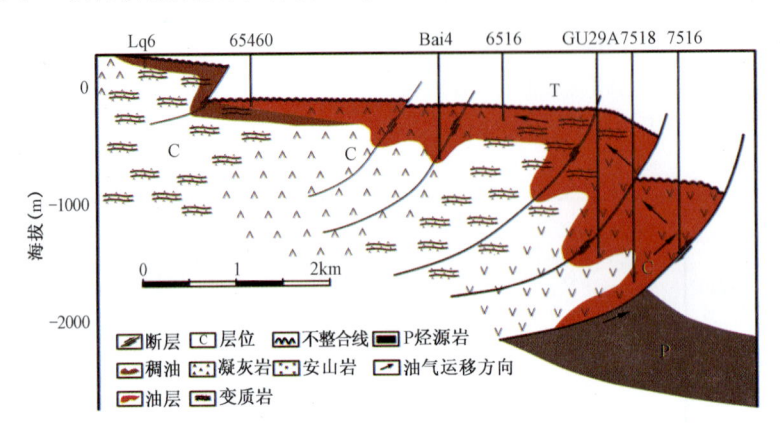

图7-17 不整合遮挡侧源成藏模式(准噶尔盆地西北缘上盘石炭系)

石炭系油藏和三叠系油藏在平面上叠合,三叠系油藏油气富集区也是石炭系油藏油气富集区。主要是由于克—百断裂下盘克拉玛依组油藏可以通过断层补给上盘基岩油藏,上盘基岩油藏里的油气又可以通过基岩顶部不整合面和断层进入克拉玛依组油藏。白碱滩组泥岩是这两个油藏组合的共同盖层。控制基岩油藏的基岩顶面构造和控制克拉玛依组油藏的底面构造二者是一致的,也就是说这两个油藏有共同的构造形态。同一个区域盖层和相同的构造形态,使这两个油藏具有大致相同的形成和分布条件。油藏受岩性、断裂、稠油及沥青阻挡,形成整体含油的封闭或半封闭圈闭。一般情况下,上倾方向、埋藏较浅、靠近老山的边缘区,白碱滩组泥岩盖层不发育,该地区主要为稠油。

二叠系生成的油气沿断裂纵向运移,遇到风化体横向输导体系后,沿横向运移,由低逐渐向高部位运移,在有效的地层圈闭中聚集成藏,形成新生古储侧源风化壳地层型油气藏。

(三)不整合遮挡源下成藏机理和模式

不整合体被烃源岩覆盖,烃源岩既是有效的盖层,同时生成的油气直接和沿断裂输导进入风化体,并且沿不整合面逐步由低部位向高部位运移、聚集形成油气藏。以辽河坳陷古潜山为例说明该类油气藏的成藏机理和模式(图7-18)。

近年来在辽河坳陷的静安堡、曹台、安福屯、边台、兴隆台等古潜山发现了大型不整合遮挡地层油藏。这些地层油藏的发现突破了富油气凹陷潜山具有统一油水界面、潜山风化壳成藏和潜山油气藏为均一块状油气藏的认识。认识的突破不论在纵向上还是在横向上都扩大了潜山油气藏的勘探领域,而且真正实现了两个方面的转变:一是实现了由寻找成藏条件较好的高、中潜山向低潜山的转变,平面上突破了边界限制;二是实现了由寻找潜山风化壳油气藏向内幕油气藏的转变,纵向上突破了深度限制。通过勘探实践,相继在兴隆台潜山、大民屯潜山、

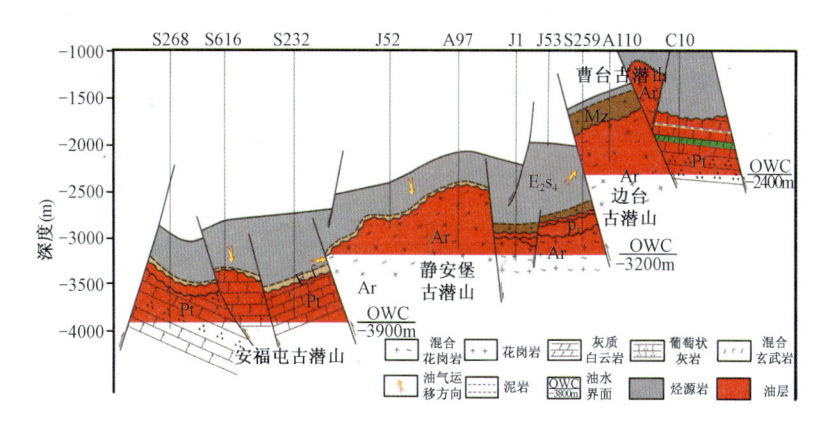

图 7-18 不整合遮挡源下油气成藏模式（辽河）

曙光潜山、中央凸起潜山油气勘探获得重大突破，发现了规模较大的富油气构造和有利含油气区带。这类地层油气藏的成藏具备以下条件。

(1) 油气源充足，供油窗口大小决定潜山含油气幅度。如兴隆台古潜山四周被清水和陈家生油气洼陷包围，兴西和兴东断层可作为良好的油气运移通道，其中南侧的清水洼陷供油窗口可达 4000m，窗口最大埋深可达 6400m，北侧陈家洼陷供油窗口可达 2400m，窗口最大埋深可达 4800m，油气供给十分充足。

(2) 变质岩古潜山内幕油气成藏。传统地质观点认为潜山油气藏一般为风化壳油气藏，它具有两大特点：一是必须有较大的不整合面和较长时间的沉积间段，致使潜山不同类型的岩石经过长期的风化、剥蚀形成有利于油气储存的风化淋滤带；二是在不整合面之上必须有好的盖层存在有利于油气保存，但在这两种因素中，风化淋滤带一般厚度为 40~300m，这也决定了一般潜山的含油气幅度很难超过 300m。辽河坳陷古潜山风化淋滤带主要发育于元古宇石灰岩和石英岩潜山中，最厚的为曙光元古宇石英岩潜山(50~150m)，而太古宇变质岩潜山由于以浅色矿物石英、长石和暗色矿物角闪石、辉石为主，致密坚硬，抗风化能力强，很难形成风化淋滤带和传统认识的潜山风化壳油气藏。兴隆台变质岩潜山油藏的形成受岩性和区域构造应力两种因素控制，具有十分明显的潜山内幕油气藏特点，主要表现在以下四个方面：① 潜山岩性类型多样，变质岩潜山主要发育混合岩、片麻岩和角闪岩三种变质岩及少量酸性岩（花岗斑岩）、中性岩（闪长玢岩）、基性岩（煌斑岩）三种侵入岩。其中变质岩中以片麻岩为主，其次为混合岩，角闪岩最少。② 在区域构造应力相同的条件下，岩性是决定潜山裂缝发育程度的关键，在区域构造应力相同的前提下，潜山中不同岩性裂缝的发育程度不同，主要表现在以石英、长石等浅色矿物含量较高的岩石裂缝十分发育，而以辉石、角闪石和黑云母等暗色矿物含量较高的岩石裂缝不发育。在三类变质岩中，裂缝从发育到不发育的规律是混合花岗岩→片麻岩→角闪岩，角闪岩基本不能作为储层；在三类侵入岩中裂缝从发育到不发育的规律是酸性岩→中性岩→基性岩，基性岩一般不能作为储层。明显表现在区域构造应力相同的条件下，裂缝发育程度受岩性控制。③ 潜山内幕具有多元结构，兴隆台潜山不但有太古宇变质岩，而且有巨厚的中生界碎屑岩存在，主要分布在太古宇之上，具有南北薄、中间厚的特点。同时由于潜山内幕逆断层的存在，致使兴隆台潜山的成藏条件变得更加复杂，但中生界火山碎屑岩好的相带仍可作为好储层，展示了兴隆台潜山太古宇和中生界整体含油的特点。④ 同一潜山具有不同的压力系统，按照潜山风化壳含油整体为一个油藏的传统认识，最具特征的标志是具有统一的压力系统。但由兴隆台潜山不同试油层段的压力状况分析，不同层段压力系数变化较大，明显表现出潜山和潜山内幕油藏的特点。

(四)不整合遮挡源上成藏机理和模式

不整合体受中型—大型不整合控制,古构造平缓,岩溶储层呈准层状分布,烃源岩位于不整合体的下面,生成的油气纵向沿断裂输导,平面沿不整合输导,上覆风化黏土层或直接盖层遮挡,油气在不整合体中聚集成藏。这里以塔中奥陶系为例说明该类油气藏的成藏机理和模式(图7-19)。

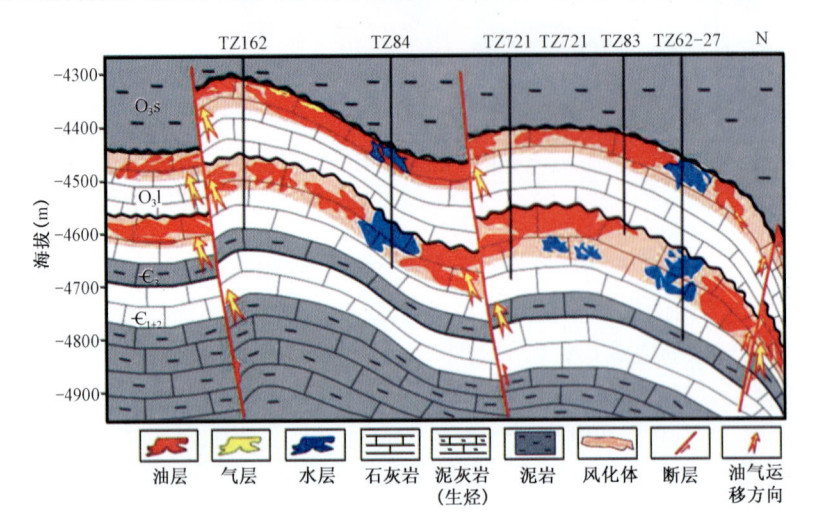

图 7-19 地层不整合遮挡源上成藏模式图(塔中)

塔中岩溶不整合储层为多因素、多期次叠置成因,岩溶广泛分布,钻井、古生物、地震资料及区域地层对比表明,塔中北斜坡下奥陶统鹰山组为巨厚的碳酸盐岩沉积,受构造运动影响,鹰山组与良里塔格组之间广泛缺失吐木休克组、一间房组及鹰山组一、二段,为全球可对比的区域性大型不整合,沉积间断约10Ma,具备形成大型岩溶储集体的地质条件。钻探成果、地震预测证实,岩溶斜坡带是优质储集体发育的有利区。横向上,从东部塔中83井区到中部中古5、中古7井区,再到西部中古8、中古21井区储层连片分布;纵向上,储层厚度分布在不整合面之下220m范围内,集中发育层段为160m左右。其岩溶发育受多重因素控制:沉积岩相是基础,古地貌、断裂是岩溶发育的主要控制因素。

塔中岩溶的发育和保存都非常有利。多期次断裂活动不仅形成了有利于岩溶发育的断裂破碎带,更重要的是为岩溶纵深发育(多期叠置)和横向扩展(层间岩溶)提供了大气淡水与深层热水(烃类演化及火山热流体等)供给,形成塔中下奥陶统具有地区特色的穿时叠置的大型岩溶储集体。

不整合风化体之下的寒武系发育良好的烃源岩,生成的油气沿断裂纵向运移,沿不整合面横向运移,在不整合体内聚集成藏,塔中已呈现出整体富集油气态势,其油气分布受岩溶不整合控制,沿岩溶斜坡带富集,油气藏具有正常的温压系统,以凝析气藏为主,具准层状特征。

(五)自生自储成藏机理和模式

挤压环境形成的倾斜地层,地层整体风化剥蚀,形成了风化体与烃源岩互层发育,小型—中型不整合控制的风化体发育于古隆起斜坡带,烃源岩生成的油气沿断裂纵向运移,沿不整合面横向运移,侧向受岩性遮挡,上覆受风化黏土层或直接盖层遮挡,形成该类油气藏。在具备自生自储的独立油气系统的地区和层位,当地层内部发育不整合时,就有可能为这类地层油气藏的成藏提供条件。北疆石炭系内部发育多期不整合,其中石炭系顶面的不整合为最大,控制了石炭系目前发现的主要油气藏的分布,同时发育受残留断陷控制的烃源岩中心,组成自生自储近源油气系统,属于自生自储油气成藏模式,已发现的克拉美丽气田、牛东油田均属于这类成藏模式。以准噶尔盆地陆东地区石炭系为例说明(图7-20)。

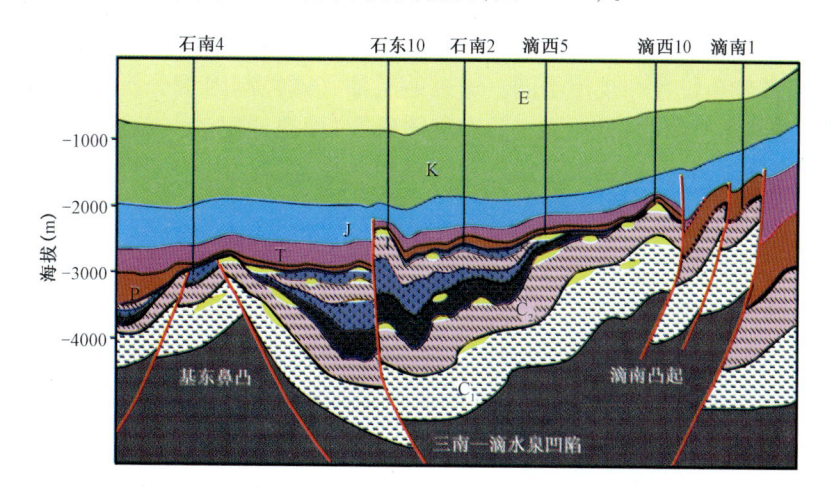

图7-20 地层不整合遮挡自生自储油气成藏模式图(陆东)

石炭系发育多套烃源岩,存在多个受断陷控制的有效生烃中心,油气主要围绕烃源岩中心附近分布,为油气成藏提供了油气来源,烃源岩以Ⅱ、Ⅲ型为主。石炭纪及其之后的构造运动使得石炭系内部形成了系列断裂,断裂在纵向上起到沟通油气源和油气输导作用,油气主要围绕断裂附近分布。后期停止活动而封闭的断裂可形成侧向封堵,断裂在火山岩储层中的作用包括纵向油气输导和封堵两种。

石炭系沉积后经历了不同时间的沉积间断,形成了不同风化程度的风化体,风化体内的有利火山岩相、岩性形成了有利储层。中短期风化时间时,风化体规模主要受风化体火山岩岩相、岩性及火山机构规模控制;长期风化时各种岩性均能够形成有利储层,可形成不受火山岩岩相、岩性及火山机构规模控制的大型地层圈闭,风化体与上覆盖层形成有效的地层圈闭,为油气成藏提供了有利场所。石炭系内部存在多套生储盖组合,火山岩与烃源岩间互发育,在有利的火山岩爆发相、溢流相等岩相,火山角砾岩、玄武岩等岩性中可形成有利储层,同时火山岩在火山喷发间歇期,火山岩中的有利岩相、岩性遭受短暂的风化剥蚀,可形成更为有利的火山岩储层,为内幕岩性圈闭形成提供了有利条件。

盖层和封堵条件是油气成藏的关键控制因素,风化壳地层型有效圈闭主要是依靠上覆风化黏土层、上覆地层中泥岩的遮挡;侧向主要是依靠封堵性断裂和岩相变化,如泥岩、非渗透性碎屑岩、封闭性断裂等的遮挡。内幕岩性型有效圈闭主要依靠石炭系内部纵向上岩性储盖组合的变化、横向上岩性变化以及岩性变化遮挡。

火山岩油气成藏的输导体系,纵向上主要依靠沟通烃源岩和储层的断裂输导。横向上的输导存在较大的差别,风化壳地层型横向上的输导主要决定于风化体在横向上的连通性,但由于北疆石炭系单个火山机构规模较小,在中短期风化条件下,横向上的输导距离较短,油气藏围绕有效烃源岩中心分布;而长期风化可形成大型风化体,油气在此类风化体内横向上的运移距离较长。

对于自生自储风化壳地层型油气藏,石炭系烃源岩生成的油气沿断裂在纵向上运移,沿风化体横向上运移,在火山岩风化体内聚集成藏,形成自生自储的火山岩风化壳地层型油气藏。

第四节 地层油气藏控制因素及分布规律

不同类型地层油气藏的成因机理、控制因素不同,决定了不同类型地层油气藏的分布规律不同,地层油气藏分布位置和规模不同。通过地层油气藏控制因素分析,配合油气地质条件,预测可能发育地层油气藏的盆地;通过分布规律研究,预测地层油气藏发育区;通过地层油气藏规模控制因素分析,研究形成大型地层油气藏的条件,类比寻找大型地层油气藏的发育区,指导大型地层油气藏的勘探和部署。

一、地层油气藏控制因素及地层圈闭特征

(一)地层油气藏控制因素

不整合是地层油气藏成藏的关键因素之一,不整合面对原生油气藏的形成来说具有不利的破坏作用,而对次生油气藏,特别对大型不整合带中的地层油气藏来说则具有积极的输导作用。不同类型的地层油气藏成藏机理、发育特征、控制因素不同,按不整合与地层油气藏的位置分布关系,对不同类型的地层油气藏形成的控制因素进行分析(表7-7),以便预测不同类型地层油气藏的分布规律。邹才能(2009)对不同类型地层油气藏的控制因素给出了全面的详细分析,为地层油气藏的研究提供了模板。

1. 不整合面之上地层油气藏控制因素

不整合之上地层油气藏包括超覆型和充填型两种,对于存在构造背景的地层圈闭,其成藏主要受有效顶板条件、渗透层输导、侧源成藏等因素控制;对于单斜背景下的地层圈闭顶底板条件是关键。对于超覆丘翼型一般发育于盆地内部的残丘披覆部位,快速水进过程中在其周缘形成的砂体和后期沉积非渗透层是形成有效地层圈闭的关键;对于超覆坡翼型一般发育于盆地边缘部位,快速水进过程中形成的低位体系域砂体和高位体系域泥岩形成有效的储盖组合,底板条件至关重要,具备形成大型地层油气藏的条件。对于充填型地层圈闭侵蚀主要在非渗透地层中,充填物之上非渗透层遮挡是形成有效圈闭的基础。

表7-7 地层油气藏特征及控制因素表(据邹才能等,2009)

分布位置	类型	亚类	形成条件	基本特征	成藏机理	控制因素	分布规律	不整合或层序级别
不整合面之上	超覆型	坡翼型	湖水向盆缘或隆起进退,在不整合面上逐层超覆旋回沉积,新储层超覆在较老非渗透地层上,被连续沉积非渗透层遮挡	水进体系域成因,储层岩性以碎屑岩、原生孔隙为主,侧向近源	不整合面及渗透层为输导体,浮力为运移动力,油气侧向运移	砂体分布,良好的顶底板条件,渗透层、断裂输导	盆缘缓坡带	层序组—正层序
		丘翼型				砂体、顶板条件、断裂和渗透层输导	盆内突起区或盆缘缓坡带	巨层序—层序组
	充填型	沟谷型	非储层被水流或风蚀等作用下切充填砂体,被后期非渗透层遮挡		不整合面及渗透层为输导体,浮力为运移动力,油气侧向或垂向运移	顶底板条件、渗透层输导	构造应力或风蚀处	正层序
		下切谷					盆缘河道发育区	正层序
		侵蚀谷					水道下切处,盆缘斜坡处	巨层序—层序组

— 248 —

续表

分布位置	类型	亚类	形成条件	基本特征	成藏机理	控制因素	分布规律	不整合或层序级别
不整合面之下	削截型	背斜型	背斜圈闭部分被剥蚀,后期被上覆岩层遮挡	储层为碎屑岩或碳酸盐岩,储集空间以原生孔隙为主,垂向或侧向近源	不整合面为输导体,浮力为运移动力,油气两边侧向运移	顶板条件,断裂输导	盆内古隆起、底辟隆起区	小型—中型
		单斜型	地层掀斜剥蚀,侧向被同沉积岩层遮挡,被后期上覆岩层或流体遮挡			顶底板条件、断裂、渗透层输导	盆缘、逆冲断裂发育处	小型
	潜山型	残丘型	岩层遭风化剥蚀形成丘状突起,后期被上覆岩层覆盖		不整合面为输导体,浮力为运移动力,油气两边侧向或垂向运移	顶板条件,断裂输导	盆内隆起区	大型—小型
		块体型	碳酸盐岩风化淋滤及表生作用,形成溶孔、缝洞,被上覆地层遮挡			顶板条件,断裂输导	台地边缘、弧后盆地	小型—中型
		断块型	断层切割岩层形成断块,高部位遭风化剥蚀,被上覆地层遮挡			顶板条件,侧向断层封堵,断裂输导	盆缘或陡坡带	小型—中型
		内幕型	脆性岩性在应力集中区形成裂缝为主的储层	变质岩、火山岩等,储层以裂缝为主,源下或侧源成藏	断裂为主要输导体系,浮力为运移体系,油气垂向或侧向运移成藏	正向构造背景,断裂输导	盆地内部古隆起应力集中处	大型—中型
	连续型	准层状	大型或巨型不整合面下岩层整体风化,被残积土层、流体或上覆非渗透层遮挡	储层以变质岩、火山岩、碳酸盐岩为主,以次生孔隙和裂缝为主,侧向近源或远源,新生古储或自生自储	不整合面及渗透层为输导体,浮力为运移动力,油气侧向运移	顶板条件,断裂输导,近源成藏	盆缘、前陆冲断带	大型—巨型
		网络状	微裂缝和风化作用共同形成的风化壳被上覆非渗透层遮挡				应力发育隆起区	小型—中型
		梳状	基岩被断层切割,遭风化剥蚀,沿断裂风化形成,被上覆地层遮挡				盆缘或断裂发育区	大型—巨型
	间隔型	蜂窝状	中小型不整合面下岩层选择风化,侧向被未风化层遮挡,上覆被后期沉积非渗透层遮挡				盆缘、盆内隆起区	中型—大型

续表

分布位置	类型	亚类	形成条件	基本特征	成藏机理	控制因素	分布规律	不整合或层序级别
不整合之间	层序型		受水进、退形成的不整合面控制砂体在不整合面之间形成良好的顶底板条件,封堵成藏	碎屑岩,原生孔隙为主,侧源成藏,自生自储或古生新储	不整合面和渗透层为主要输导体系,油气侧向运移	顶底板条件、渗透层输导,侧源成藏	盆地边缘	中型—巨型

2. 不整合面之下地层油气藏控制因素

不整合面之下地层油气藏包括削截、潜山、连续、间隔4种类型,其形成的主要控制因素均需要良好的顶板条件,存在源上、源下和侧源几种成藏模式。在单斜背景下,对于单斜地层中的地层圈闭需要断层或岩性的侧向遮挡,断裂是油气运移的主要输导体系;在构造背景下,形成有效地层圈闭的条件是有效顶板的遮挡,断裂纵向有效输导。削截型中的单斜、背斜亚类,原始储层的分布控制该类油气藏的形态。潜山型中的残丘、块体、断块亚类,风化体的规模控制地层圈闭储层分布,断层侧向封堵是断块地层圈闭有效性的关键;内幕型亚类储层主要受构造应力形成的裂缝系统控制,裂缝网络控制储层分布,有效储层的分布受岩性性质、特别是弹性模量的控制,脆性岩性(如变质岩、火山岩等)分布区一般易形成储层,塑性岩性分布区不易形成内幕储层。连续型中的准层状、网络状亚类,风化体控制储层规模,有效的盖层条件是形成有效圈闭的关键,其中网络型风化体和裂缝系统的配置关系控制有效储层分布;梳状亚类风化体规模受断裂风化共同控制,断裂规模和风化体的耦合是有效储层规模的重要控制因素,在长期风化淋滤地区各种岩性均可能形成有利储层,油气藏的单井产能主要受裂缝系统控制,在距断裂一定范围内的油气井一般能够形成高产,远离断裂的井产量一般没有近断裂井产量高。间隔型中的蜂窝状亚类,一般是由于水平地层中形成的多套岩性组合,在构造应力的作用下发生了倾斜,在中短期不整合的风化淋滤中,风化淋滤对象具有明显的选择性,容易溶蚀的岩性被风化淋滤形成有利储层,而不易溶蚀的岩性一般为非储层,这样在侧向上形成了风化体储层和非储层的组合,形成了类似蜂窝状的分布,平面上风化体储层与非储层的间互分布和有效的盖层遮挡是该类地层圈闭有效性的关键。连续型、间隔型、削截型和潜山型中的块体型亚类具备形成大型地层油气藏。

3. 不整合面之间地层油气藏控制因素

不整合面之间地层油气藏层序型是在两次或多次沉积间断期间形成的砂体,在后期沉积的有效盖层遮挡下形成的层序型圈闭,这类地层圈闭需要有效的顶底板的条件,构造多次升降或水体多次升降发育的盆地边缘区是发育该类地层圈闭的有利区,一般发育于盆地边缘,具备形成大型地层油气藏的条件。

不整合面之上的超覆型中的坡翼型亚类,不整合面之下的连续型、间隔型、削截型和潜山型中的块体型亚类,不整合面之间的层序型与其他类型相比,更具备形成大型地层油气藏的条件,是今后勘探中寻找大型地层油气藏的主攻对象。

(二)地层圈闭特征

不同成因机制、控制因素的不同类型的地层圈闭的特征不同,地层圈闭有效范围、圈闭界限、溢出点特征差别很大,地层圈闭有效性特征主要从尖灭线、超覆线控制的储集体范围及圈闭溢出点几个方面刻画(表7-8)。

表7-8 地层圈闭特征表

分布位置	类型	亚类	圈闭特征
不整合面之上	超覆型	坡翼型	砂体受尖灭线范围控制,超覆砂体及顶底板控制圈闭分布,圈闭界限明显,尖灭线内砂体与构造线溢出点控制圈闭溢出点
		丘翼型	
	充填型	沟谷型	充填砂体、沟谷边界、顶底板控制圈闭分布,圈闭界限明显,孤立砂体全部可称为有效圈闭,联通砂体的溢出点为圈闭溢出点
		下切谷	
		侵蚀谷	
	削截型	单斜型	削截砂体的不整合范围控制砂体分布,削截砂体、侧向及顶面遮挡控制圈闭分布,圈闭界限明显,削截砂体的溢出点为圈闭溢出点
		背斜型	
不整合面之下	潜山型	残丘型	风化体、顶板及断层侧向遮挡控制圈闭,圈闭界限明显,构造、断层、风化体共同控制圈闭溢出点的分布
		块体型	
		断块型	
		内幕型	储层受裂缝系统发育范围控制,断裂及岩性组合控制圈闭分布,圈闭界限不明显,断裂系统、构造共同控制圈闭溢出点,可存在多个相互不联通的油气水压力系统,同一个圈闭内可包括多个圈闭组成的圈闭群
	连续型	准层状	风化体边界控制储层边界分布,风化体、断裂、顶板遮挡控制圈闭分布,圈闭界限不明显,同一个风化体内可由多个风化、断裂系统控制的储集体控制,可以包括多个风化体的有效圈闭组成的圈闭群
		网络状	
		梳状	
	间隔型	蜂窝状	有效风化体控制储集体分布范围,风化体、侧向及顶面遮挡控制圈闭分布,圈闭界限较明显,一个风化体内可包括多个风化储集体组成的圈闭,形成圈闭群
不整合之间	层序型		储集体受不整合之间的砂体分布范围控制,砂体、顶底板控制圈闭分布,圈闭界限明显,两个不整合面之间砂体的溢出点为圈闭溢出点

二、地层油气藏分布规律

搞清地层油气藏的纵向、平面分布规律,指出地层油气藏赋存的主要层位和分布区域,用于进一步指导地层油气藏的勘探。

(一)地层油气藏规模

1. 地层油气藏数量比例

地层油气藏的成藏条件比构造油气藏要求条件高、控制因素多,造成了地层油气藏储量规模上一般以小型为主,但也有大型和巨型的地层油气藏。根据油气储量大小,地层油气藏如同任何其他类型的油气藏一样,以小型为主,但也有不少储量很大的油气田。在国外114个已探明储量的油气田中,根据它们的储量,按地层油气藏的数量统计,巨型油田($>1\times10^8$t 油气当量)占11%,大型油田($0.3\times10^8 \sim 1\times10^8$t 油气当量)占19%,中型油田($0.1\times10^8 \sim 0.3\times10^8$t 油气当量)占24%,小型油田($<0.1\times10^8$t 油气当量)占46%(表7-9)。

表7-9 地层油气藏规模分布表

油气藏规模	巨型油气藏 ($1\times10^8 \sim 3\times10^8$t)	大型油气藏 ($0.3\times10^8 \sim 1\times10^8$t)	中型油气藏 ($0.1\times10^8 \sim 0.3\times10^8$t)	小型油气藏 ($<0.1\times10^8$t)
所占比例(%)	11	19	24	46

2. 地层油气藏储量比例

通过对世界范围内已探明地层油气藏的统计,国内外已探明的地层油气藏储量占总探明储量的48%,在已探明的地层油气藏中,探明油气当量在0.3×10^8t以上的巨型、大型地层油气藏探明储量占地层油气藏总探明储量的61%。由此可见,地层油气藏是油气勘探的重要类型之一,地层油气藏中的大型—巨型地层油气藏是油气储量增长的重点,在油气勘探中占有十分重要的地位。

地层油气藏中小型油气田的数量还是很大的。同时,也能够形成大型—巨型的地层油气藏,如国外的东得克萨斯、克维里克维列、马尔林、波利瓦、哈西—麦萨乌德、哈西—P麦尔拉克、格罗宁格姆、普拉德霍湾等油气田,国内的克拉美丽气田、牛东油田、辽河古潜山油田、准噶尔盆地西北缘上盘石炭系、鄂尔多斯盆地下古生界气田、千米桥气田、任丘油田、塔中油田等油气田。

在古生代地层中大型—巨型油田占古生代地层油气藏储量的68%,在新生代地层中大型—巨型油田占新生代地层油气藏储量的63%,在中生代地层中大型—巨型油田占中生带地层油气藏储量的36%。但众所周知,在所有各类圈闭的大油田中,中生代地层所含油气储量最大,占60%,这是因为在古老的古生代地台地区存在着大型的不整合和相应的地层圈闭,如北美;而新生代的不整合及地层圈闭通常多位于边缘坳陷和山间坳陷中;同时,中生代的含油气盆地经常分布在后海西期的板块处,沉积层内通常没有大型的地层不整合,所以不具备大型地层圈闭的形成条件。虽然如此,但就整个具有地层油藏的油田来说,小型的在中生代地层中比在新生代地层中还更会经常遇到;而在古生代地层,除巨型的外,任何规模的地层油藏都有。根据国外12个油田中地层油藏的随机选样,有23个油藏与古生代地层有关,5个与中生代地层有关,5个与新生代地层有关。规模很大的地层油藏数量在不整合面之下占52%,不整合面之上占59%,数量基本没有差别。考虑到这个事实并结合围岩年龄对油藏大小的影响,可以认为,影响油气聚集大小的主要条件是圈闭的形成条件,而不是圈闭中油藏本身的形成条件。

(二)地层油气藏的相态分布规律

地层油气藏中流体相态明显以油藏占优势,在国外160个地层油气藏中,油藏占75%,气藏占12%,油气藏占13%,在任何一种圈闭组合中都可以看到这种占优势的变化现象。如在背斜型地层油气藏中油藏75%,在非背斜型地层油气藏中,油藏占75.6%,在不整合之下的地层油气藏中油藏占80%,在侵蚀—残余型的地层油气藏中油藏占82.6%,在不整合之上的地层油气藏中油藏占75%。在古生代地层中的地层油气藏,油田占79%,在中生代地层中油田占73%,在新生代地层中占83%,其余的为气藏和油气藏。

虽然整个地区的含气率很高,但在地层圈闭中,特别是在不整合之下的地层圈闭中,油藏多于气藏。这是许多含油气盆地的一个特征,国外的盆地有阿尔及利亚—利比亚含油气盆地(哈西—麦萨乌德油田、阿尔—阿格里勃油田等)、威利斯顿含油气盆地(科列维尔油田、米杰尔油田等)、亚速海—库班河含油气盆地(阿赫蒂尔斯科—布贡迪尔斯克耶油田、乌克兰油田、克里木油田、霍耳姆斯克油田等)、滨里海含油气盆地(肯基亚克油田、坚佳克索尔油田、田吉兹油田、诺沃博加亭斯科油田等)、西内含油气盆地(俄克拉何马城油田、维尔马油田、卡申格油田、别米斯—夏特斯油等)、二叠含油气盆地(季—埃克斯油田、埃尔油田、基斯顿油田等)。含气率与含油率基本相等或前者超过后者的盆地中(西加拿大盆地、第聂伯—顿涅茨盆地等),常发现油藏占主要地位。此外,石油在这类地层油藏中常被天然气所饱和,为具中等和高密度的高沥青质石油(第聂伯—顿涅茨盆地)。

我国已发现的地层油气藏中同样具有类似的规律,石油探明储量超过天然气。赋存石油为主的盆地或区带有塔里木古生界(塔中、塔北、轮古等油田)、渤海湾盆地古生界(任丘、南堡、辽河古潜山)、准噶尔盆地古生界(西北缘上盘石炭系、石西),三塘湖盆地古生界(牛东油田)等,在已石油为主的盆地内同样有地层气藏的发现,如准噶尔盆地陆东地区的克拉美丽气田,渤海湾的千米桥气田。以天然气为主的盆地主要有鄂尔多斯下古生界(马家嘴气田)。

根据已发现地层油气藏统计可以看出,地层圈闭,特别是不整合之下的地层圈闭,在其他相等的条件下与一般背斜型的地层圈闭相比,以密封性更低为特征,石油与天然气相比,要求的聚集条件相对较低一些,所以地层圈闭中以聚集石油为主。我国在地层油气藏勘探中应该以找油为主,同时,注重对天然气的勘探,在以石油分布为主的盆地勘探也同样要注重对天然气的勘探。

(三)地层油气藏的纵向分布规律

1. 地层油气藏分布层位

从地层油气藏赋存层位来看,地层油气藏多位于古生代地层中。国外160个地层油气藏中,从地层油气藏个数统计来看,位于古生代地层中的占47%,而位于中生代地层的占31%,位于新生代地层的为22%。对这些数据产生影响的是不整合之下的油藏,这些油藏常在古生代地层中遇到,但不整合面之上的油藏则主要分布在中生界(占41%)和新生界中(占44%)。在年轻的地层中地层油藏的保存条件要优于老地层,因为油藏在长时期内有较多遭受破坏的机会。而上面看到的这种分布特征,看来是由于在较长的时期内(由古生代起)有许多机会形成不整合及与其有关的地层圈闭造成的。从地层油气藏储量来看,分布于古生界及以下地层的地层油气储量占82%,分布于中生界及以上地层的储量占18%。

国外典型的含有地层油气藏的古生代盆地有二叠、西内、第聂伯—顿涅茨、阿尔及利亚—利比亚等盆地;中生代盆地有阿克维坦斯基盆地;古生代—中生代盆地有西加拿大、滨里海等盆地;新生代盆地有亚速海—库班河、费尔干纳、中欧、马拉开波湖、吉普斯兰等盆地;中生代—新生代盆地有滨墨西哥湾盆地。国内地层油气藏主要发育于古生界中,以我国西部盆地最为发育,典型的有准噶尔盆地二叠—石炭系、塔里木盆地的石炭—奥陶系、鄂尔多斯盆地下古生界、渤海湾盆地古生界、四川盆地古生界等。

2. 地层油气藏纵向分布与不整合面关系

从不整合面与已探明油气藏的关系统计,已探明油气储量分布于不整合面之下的占65%,分布于不整合面之上的占35%,所以地层油气藏的勘探以不整合面之下的勘探为主。从已探明油气藏数量来看,位于不整合面之下的地层油气藏占52%,位于不整合面之上的地层油气藏占48%。从已探明油气藏与不整合面的关系来看,不整合面之下更有利于形成规模较大的地层油气藏。

(四)地层油气平面分布规律

不同类型地层油气藏的形成条件、控制因素不同,发育的位置也不同,分布规律也有差别。

1. 不整合面之上的地层油气藏分布规律

超覆型中的坡翼亚类地层油气藏主要分布于盆地边缘的斜坡带附近,受古地貌坡折控制;丘翼型亚类主要分布于盆内古隆起周缘,这两类地层油气藏在凹陷盆地内发育较多。充填型中的沟谷型发育于盆内构造应力集中区;下切谷发育于河流或水下分流水道发育区,在盆地内部、边缘具有分布;风成侵蚀谷型发育于古地貌较高部位,水流成因侵蚀谷型发育于水面之上河流发育处,在断陷或凹陷盆地均有分布。

2. 不整合面之下地层油气藏分布规律

削截型中的背斜亚类主要分布于盆内古隆起、底辟隆起区,单斜亚类主要分布于盆缘、逆冲断裂发育处,在各种类型的盆地内均有分布。潜山型中的残丘型亚类主要分布于盆内隆起区;块体型亚类主要分布于台地边缘、弧后盆地内;断块亚类主要分布于断陷盆地内的盆内古隆起、盆缘断裂带;内幕型亚类主要分布于盆内古隆起应力集中发育区,受脆性岩性和断裂控制的组合发育区。连续型中的层状亚类主要分布于大型古隆起附近或盆地边缘隆起带附近;网络状亚类主要分布于盆内大型古隆起风化体与断裂耦合发育处;梳状亚类主要发育于盆内大型古隆起或盆地边缘隆起带附近断裂发育处;间隔型中的蜂窝状亚类主要分布于盆内倾斜地层的大型古隆起、盆缘倾斜地层隆起带附近及火山岩与沉积岩间互发育的古隆起区。

3. 不整合面之间地层油气藏分布规律

层序型地层油气藏主要分布于盆地边缘,受多期不整合与水进、水退控制发育处,一般发育于陆相盆地内部,局限海盆边缘也具备发育该类地层油气藏的条件。

4. 盆地类型与地层油气藏分布规律

断陷盆地,不整合之上地层油气藏主要发育于盆地边缘、盆内断块、古隆起周缘;不整合之下地层油气藏主要发育于盆内古隆起、盆缘斜坡带的古隆起内;不整合面之间的地层油气藏主要发育在盆缘斜坡带。坳陷盆地,不整合之上地层油气藏主要发育于盆地边缘斜坡带处;不整合之下地层油气藏主要发育于盆地基底、盆缘斜坡带古隆起区;不整合之间的地层油气藏主要发育于盆地边缘斜坡带。前陆盆地层油气藏主要发育于断裂带一侧,各种地层油气藏皆有可能发育,斜坡带一侧主要发育不整合之上的超覆型地层油气藏。克拉通盆地内部古隆起附近主要发育连续型地层油气藏,盆缘主要发育超覆型地层油气藏。

纵向上分布在不整合界面上下,横向上分布在古隆起、古凸起、古斜坡和古地理的边、角、坡、湾等处是地层油气藏的基本分布规律。不同类型盆地内或边缘当具备了某种地层油气藏的发育条件后皆可形成相应类型的地层油气藏,勘探过程中应对勘探区的地层油气藏形成条件进行分析,确定寻找的地层油气藏类型和分布区,开展勘探部署。

三、我国地层油气藏勘探潜力

大型不整合、大型古隆起、大型超覆砂体、有效保存条件、充足的油气来源的相互耦合是形成大型地层油气藏的必要条件。

我国受古亚洲洋构造域、特提斯构造域、环太平洋构造域三大构造域前后相继的地球动力学体系复合交切导致不同构造层原型盆地相互叠合,形成大型叠合盆地,叠合盆地的叠合面均发育大型不整合,同时,构造升降、海平面变化也能形成大中型不整合,叠合盆地中发育的大中型不整合是地层圈闭发育的主控因素。多期构造不整合面、不同级别层序界面、大型古风化地貌面造就了大型地层圈闭的发育,为大型地层油气藏的形成提供了有利条件。我国多个盆地发育不同期次的大型不整合(图 7 – 21),其中在准噶尔盆地、塔里木盆地、四川盆地、鄂尔多斯盆地、渤海湾盆地、松辽盆地的大型不整合最为发育,也是已发现地层油气藏的主要分布盆地。

我国主要盆地发育不同的大型不整合,如四川盆地发育 4 期大型不整合,鄂尔多斯盆地发育 3 期大型不整合,塔里木盆地发育 9 期大型不整合、准噶尔盆地发育 5 期大型不整合、渤海湾盆地发育 5 期大型不整合、松辽盆地发育 3 期大型不整合,其中大型不整合内部还发育多个不同级次的不整合。如准噶尔盆地在 5 期大型区域不整合外还发育 8 期局部不整合,不整合

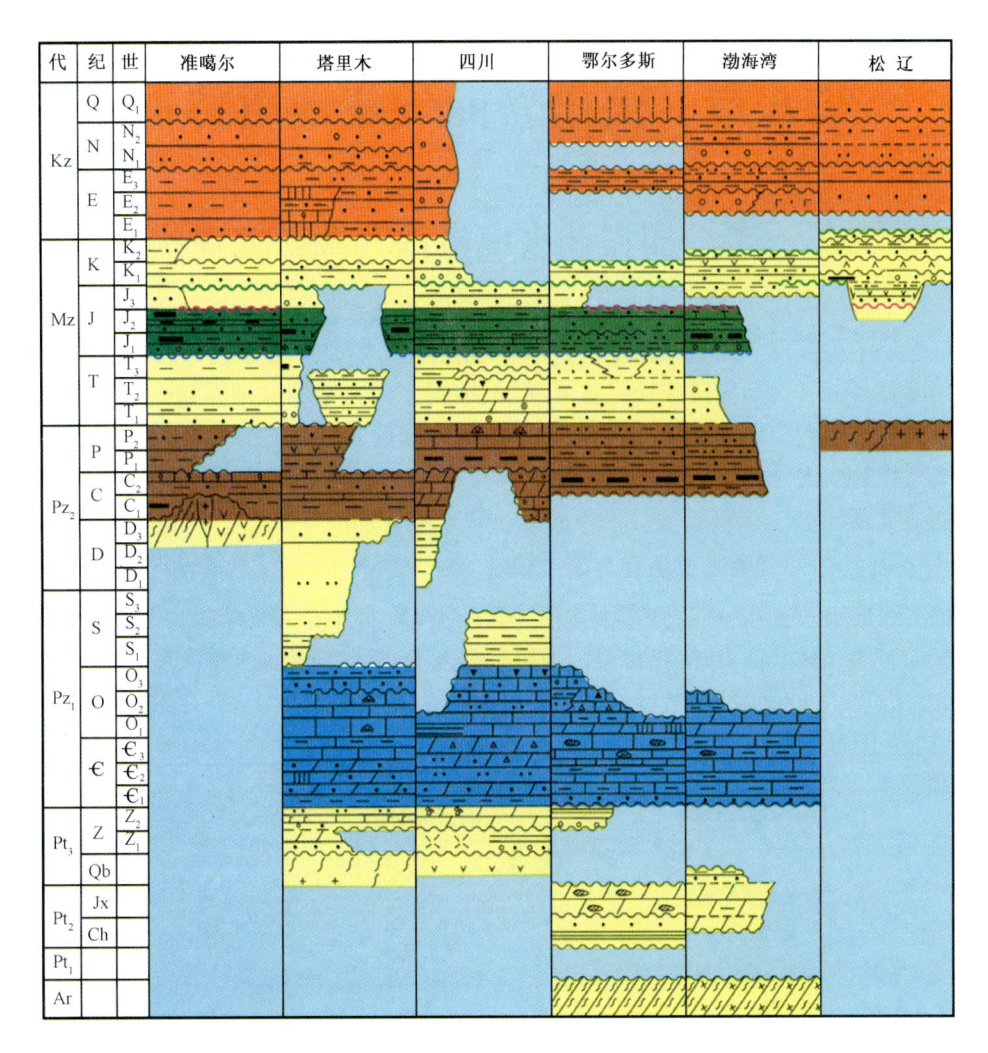

图 7-21 我国主要盆地的不整合发育情况图

发育控制底部超覆砂体、顶部削蚀,不整合及砂体、风化体的组合是形成地层油气藏的基本条件。

我国 5 大盆地 10 个不整合是近期地层油气藏勘探的重点,即渤海湾盆地 E/Mz—Pt,鄂尔多斯盆地 C/O、J/T,塔里木盆地 C/O、Mz/S,准噶尔盆地 P/C、K/J,四川盆地 S/Z、P/C、Tx/T1。

第八章 火山岩油气藏地质特征

第一节 国内外火山岩油气藏研究现状

在全球上百年的油气勘探与开发历程中,火山岩油气藏作为一种特殊类型曾在国内外许多含油气盆地中被发现。如日本新生代火山岩储层,其特点是产层厚、产率高、储量大,已成为最重要的勘探目标。近期我国在松辽盆地深层、准噶尔—三塘湖盆地石炭—二叠系火山岩油气勘探已经取得重大突破和进展,显示了火山岩油气勘探领域具有较大的勘探潜力。目前火山岩油气藏作为国内外油气勘探的新领域,已受到石油勘探家的高度重视,在多个国家已发现了一系列油气藏。

一、国外火山岩油气藏勘探历程与研究现状

勘探实践证实,火山岩广泛分布于含油气盆地中,是油气的主要储集岩类之一,并可形成相应的火山岩油气藏。自1887年在美国加里福尼亚州的圣华金盆地首次发现火山岩油气藏以来,已历经120年的勘探历程,目前在世界范围内发现了300余个火山岩油气藏或油气显示(图8-1),其中有探明储量的火山岩油气藏共169个。

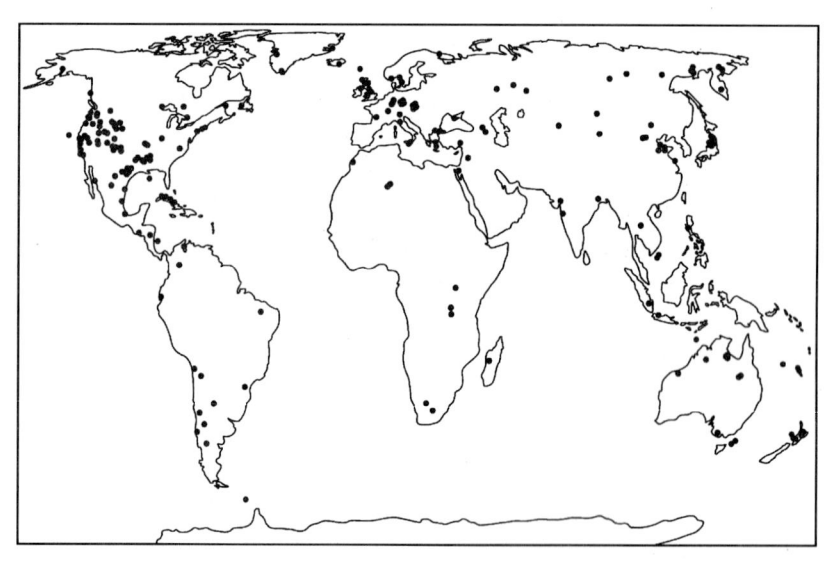

图8-1 全球与火山岩有关的油气分布
油气藏169个,油气显示65个,油苗102个

世界对火山岩油气藏的勘探研究和认识大致可概括为三个阶段。

早期阶段(1950年以前):大多数火山岩油气藏都是在勘探浅层其他油气藏时偶然发现的,人们认为它不会有任何经济价值,因此未进行评价研究。

第二阶段(1950年至20世纪70年代末):开始认识到在火山岩中聚集石油并非异常现象,从而引起了一定的重视,在局部地区有目的的进行了火山岩油气藏的勘探。1953年,委内瑞拉发现了拉帕斯油田,其最高单井产量达到1828m³/d,这是世界上第一个有目的的勘探并

获得成功的火山岩油田,这一发现标志着对火山岩油藏的认识进入了一个新的阶段。

第三阶段(1970年以来):随着一些火山岩油田的不断发现以及对其地质、开发特征的深入研究,在世界范围内广泛开展了火山岩油气藏的勘探。在美国、墨西哥、古巴、委内瑞拉、阿根廷、前苏联、日本、印尼、越南等国家已发现了多个火山岩油气藏(田),其中较为著名的是美国亚利桑那洲的比聂郝—比肯亚火山岩油气藏,格鲁吉亚的萨姆戈里—帕塔尔祖里凝灰岩油藏,阿塞拜疆的穆拉哈雷喷发岩(安山岩、玄武岩)油藏,印度尼西亚的贾蒂巴朗安山岩油藏,日本的吉井—东柏峙流纹岩油气藏,越南南部浅海区的花岗岩白虎油气藏等。

国外已发现油气藏的火山岩以中—新生界为主,主要形成于大陆边缘背景;储层以中基性玄武岩、安山岩为主,其中玄武岩储层占所有火山岩储层的32%,安山岩达17%(图8-2)。裂缝对改善储层具有十分重要作用;油气藏规模一般较小,也有大油田、大气田;产量可很高。总的来说,国外火山岩油气勘探研究现状具有以下3个特点。

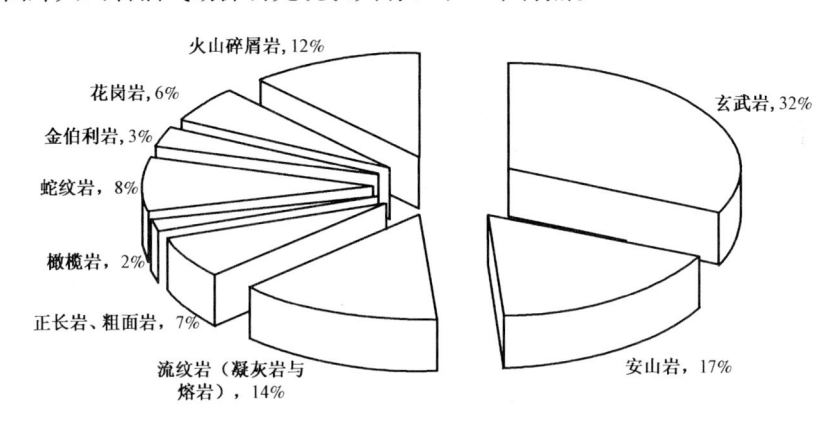

图8-2 国外火山岩油气藏岩性比例图

(1)国外火山岩油气藏勘探、研究程度总体较低。

国外火山岩勘探虽然发现了众多油气藏,但多为偶然发现或局部勘探,未作为主要领域进行全面勘探和深入研究,因此发现的火山岩油气藏仍然较少,目前全球火山岩油气藏探明的油气储量仅占总储量的1%左右。另外,从国内外公开文献调研,专门论述火山岩油气藏的论文、书籍较少,更无权威观点与认识。

(2)国外火山岩油气藏储层时代新,主要分布在环太平洋与中亚地区。

从已发现火山岩油气藏的储层时代统计看,新近系、古近系、白垩系发现的火山岩油气藏数量多,而侏罗系及以前的地层中发现的火山岩油气藏较少。勘探深度一般从几百米到2000m左右,3000m以下发现较少。

从已发现的火山岩油气藏分布统计,环太平洋是火山岩油气藏分布的主要地区。从北美的美国、墨西哥、古巴到南美的委内瑞拉、巴西、阿根廷,再到亚洲的中国、日本、印度尼西亚,总体呈环带状展布;其次是中亚地区,目前在格鲁吉亚、阿塞拜疆、乌克兰、俄罗斯、罗马尼亚、南斯拉夫、匈牙利等国家都发现了火山岩油气藏。非洲大陆周缘也发现了一些火山岩油气藏,如北非的埃及、利比亚、摩洛哥到中非的安哥拉。

从火山岩油气藏储层岩石类型分析,以中基性玄武岩、安山岩为主;储层空间以原生或次生孔隙型为主,但普遍发育各种成因的裂缝,对改善储层起到了决定性作用。

从含油气盆地形成的构造背景分析,以大陆边缘盆地为主,也有陆内裂谷盆地。如北美、南美、非洲发现的火山岩油气藏主要分布在大陆边缘盆地环境。

(3)火山岩油气藏规模一般较小,也有大油田、大气田,可高产。

通过已有公开文献调研,国外火山岩油气藏规模一般较小,但也有大油田、大气田,火山岩油气藏可高产。

表 8-1 是国外较大的 11 个火山岩油气田的储量规模,可采储量均在 $2000 \times 10^4 t$ 以上。其中最大油田为印度尼西亚 NW Java 盆地的 Jatibarang 油气田,石油可采储量为 $1.64 \times 10^8 t$;最大气田为澳大利亚 Browse 盆地的 Scott Reef 油气田,天然气可采储量 $3877 \times 10^8 m^3$。

表 8-1 全球火山岩大油气田储量统计表

国家	油气田	盆地	流体性质	储量 (油:$\times 10^4 t$;气:$\times 10^8 m^3$)	储层岩性
澳大利亚	Scott Reef	Browse	油、气	气:3877;油:1795	溢流玄武岩
印度尼西亚	Jatibarang	NW Java	油、气	油:16400;气:764	玄武岩、凝灰岩
纳米比亚	Kudu	Orange	气	849	玄武岩
巴西	Urucu area	Solimoes	油、气	油:1685;气:330	辉绿岩岩床
刚果	Lake Kivu		气	498	
美国	Richland	Monroe Uplift	气	399	凝灰岩
阿尔及利亚	Ben Khalala	Triassic/Oued Mya	油	大于 3400	玄武岩
阿尔及利亚	Haoud Berkaoui	Triassic/Oued Mya	油	大于 3400	玄武岩
俄罗斯	Yaraktin	Markovo-Angara Arch	油	2877	玄武岩、辉绿岩
格鲁吉亚	Samgori		油	大于 2260	凝灰岩
意大利	Ragusa	Ibleo	油	2192	辉长岩岩床

表 8-2 是国外 12 个代表性火山岩油气田产量统计,其中最高石油日产量为北古巴盆地的 Cristales 油田,每天石油产量高达 3425t;最高气日产量为日本 Niigata 盆地的 Yoshii-Kashiwazaki 气田,每天天然气产量高达 $50 \times 10^4 m^3$。

表 8-2 全球火山岩油气田产量统计表

国家	油气田名称	盆地	流体性质	产量 (油:t/d;气:$\times 10^4 m^3/d$)	储层岩性
古巴	Cristales	North Cuba	油	3425	玄武质凝灰岩
巴西	Igarape Cuia	Amazonas	油	68~3425	辉绿岩
越南	15-2-RD 1X	Cuu Long	油	1370	蚀变花岗岩
阿根廷	YPF Palmar Largo	Noroeste	油、气	油:550;气:3.4	气孔玄武岩
格鲁吉亚	Samgori		油	411	凝灰岩
美国	West Rozel	North Basin	油	296	玄武岩、集块岩
委内瑞拉	Totumo	Maracaibo	油	288	火山岩
阿根廷	Vega Grande	Neuquen	油、气	油:224;气:1.1	裂缝安山岩
新西兰	Kora	Taranaki	油	160	安山凝灰岩
日本	Yoshii-Kashiwazaki	Niigata	气	49.5	流纹岩
巴西	Barra Bonita	Parana	气	19.98	溢流玄武岩、辉绿岩
澳大利亚	Scotia	Bowen-Surat	气	17.8	碎裂安山岩

二、中国火山岩油气藏勘探特点与研究现状

中国火山岩油气藏于1957年首次在准噶尔盆地西北缘发现,已历经50余年,目前已在渤海湾、松辽、准噶尔、二连、三塘湖等11个含油气盆地发现了火山岩油气藏。从中国火山岩油气勘探历程分析,大约经历了三个阶段,即偶然发现阶段、局部勘探阶段和全面展开阶段。偶然发现阶段主要为1955年至1980年,该阶段火山岩油气藏多为偶然发现,主要集中在准噶尔盆地西北缘和渤海湾盆地辽河、济阳等坳陷;局部勘探阶段指1980年至2002年,随着地质认识的不断提高和勘探技术的不断进步,在渤海湾和准噶尔等盆地个别地区进行了有目的的针对性勘探;2002年以后为全面勘探阶段,随着对火山岩勘探领域认识的提高和勘探技术的进步,在渤海湾、松辽、准噶尔等盆地全面开展火山岩油气藏的勘探部署,取得了重大进展和突破,已成为我国目前的一个勘探亮点领域。由此看来,我国火山岩油气藏勘探阶段的进展均与认识程度的提高和勘探技术的进步密不可分。

（一）中国火山岩油气藏主要勘探特点

(1)我国已在11个含油气盆地发现了火山岩油气藏。

历经50年勘探,我国已在松辽、渤海湾、准噶尔等11个含油气盆地发现了数十个火山岩油气藏。截至2006年底,中国石油天然气股份有限公司已提交火山岩探明储量石油47821.3×10^4t,溶解气地质储量229.4×$10^8 m^3$（表8-3）,火山岩油气藏探明天然气地质储量1249.2×$10^8 m^3$（表8-4）。

表8-3 中国石油已上交探明储量油藏统计表

盆地	油田名称	层位	含油面积（km²）	石油地质储量（×10^4t）	溶解气地质储量（×$10^8 m^3$）	储层岩性
准噶尔	克拉玛依	C、P_1	304	22310	111.4	安山、玄武岩
	夏子街	$P_1 f$	15	1549	34.37	火山岩
	红山嘴	C	8	407	5.95	安山岩
	车排子	P_1	15.1	2143	12.06	火山角砾岩
	石西	C	79	6843	87.5	火山岩
	小计		421.1	33252	216.91	
渤海湾	欢喜岭	Mz	0.41	41	0.12	火山角砾岩
	静安堡	Mz	9.8	711		
	黄沙坨	$E_2 s_3$	4.6	2171		火山岩
	曙光	Pt	2.2	155		
	热河台	$E_2 s_3$	2	245	2.16	火山岩
	青龙台	$E_2 s_3$	1.3	75	1.48	火山岩
	牛心坨	Mz	2.76	717	2.08	流纹岩
	大洼	Mz	0.6	154	3.12	火山岩
	欧利坨子	$E_2 s_3$	1.9	913	1.03	凝灰岩
	枣园	J、Mz、$E_1 k_1$		4789	2.36	安山岩、玄武岩
	小计		25.57	9971	12.35	
海拉尔	巴彦塔拉	$K_1 t$	1.02	147.3	0.1721	火山岩

续表

盆地	油田名称	层位	含油面积（km²）	石油地质储量（×10⁴t）	溶解气地质储量（×10⁸m³）	储层岩性
二连	阿尔善	K_1ba_3	16	3722	0	安山岩
	哈达图		4.3	537		
辽西外围	科尔康	K_1y	0.5	63	0	安山岩
	龙湾筒	K_1jf	0.6	129	0	火山岩
	合计		469.1	47821.3	229.4	

表8-4　中国石油已上交探明储量气藏统计表

盆地	气田名称	层位	含气面积（km²）	天然气地质储量（×10⁸m³）	储层岩性
松辽	徐深气田	K_1yc_1	102.09	903	火山岩
	升平气田	K_1yc_1	12.6	31.5	火山岩
	昌德气田	K_1yc_1	26.7	65.2	火山岩
	小计		141.4	999.6	
渤海湾	王官屯	E_3s_3	0.2	0.6	玄武岩
	千米桥	Mz	1.8	6.2	玄武岩
	小计		2	6.8	
准噶尔	车排子	P_1j	10.2	35.96	火山角砾岩
	561—581井区	P_1j	16.8	45.24	火山角砾岩
	克84井区	P_1j	8.2	7.7	火山角砾岩
	克82井区	P_1j	28.3	95.67	火山角砾岩
	彩25井区	C_2b	5.8	8.33	熔结凝灰岩
	滴西10井区	C_2b	12.2	20.2	安山岩
	小计		81.5	213	
四川	观音场	P_1m	8.7	29.8	火山岩
	合计		231.6	1249.2	

(2) 初步形成了以火山岩油气藏为主的两大油气区。

2002年以来,中国石油天然气股份有限公司加大了火山岩油气藏的整体部署和勘探力度,取得了一系列重大发现,东部松辽盆地深层、西部北疆两大火山岩油气区已初具规模。

2002年徐深1井发现徐深气田,在松辽盆地深层断陷发现了世界上最大的深层火山岩气田,2006年提交探明储量$1018\times10^8m^3$。2005年长深1井发现长深气田,2006年提交控制、预测储量$816\times10^8m^3$。截至2006年底,松辽深层探明、控制、预测三级储量达$4308\times10^8m^3$,中国陆上第五大气区已基本形成。

北疆地区火山岩油气藏勘探形势超过预期,在准噶尔盆地发现了西北缘火山岩大油田和克拉美丽大气田,西北缘大油田探明石油储量$1.43\times10^8m^3$,克拉美丽大气田预计控制储量$1000\times10^8m^3$。在三塘湖盆地石炭—二叠系火山岩勘探取得重大突破,火山岩控制、预测储量为8603×10^4t,预测有利勘探面积$1020km^2$。展示了北疆石炭—二叠系火山岩勘探领域具有形成大油气区的潜力。

(二)中国火山岩油气藏主要研究特点

(1)中国火山岩油气藏勘探已经成为目前的热点勘探领域。

20世纪80—90年代,我国相继在准噶尔、渤海湾、江苏等盆地发现了一些火山岩油气藏,如准噶尔盆地西北缘克拉玛依玄武岩油气藏、内蒙古二连盆地的阿北安山岩油气藏、渤海湾盆地黄骅坳陷风化店中生界安山岩油气藏和枣北沙三段玄武岩油气藏、济阳坳陷的商741辉绿岩油气藏等。

进入21世纪以来,我国加强了在火山岩油气藏领域的勘探,勘探领域不断扩展,又相继在渤海湾盆地辽河东部凹陷、松辽盆地深层、准噶尔、三塘湖盆地石炭—二叠系发现了一批规模油气藏,带动了该领域的大规模勘探,使其成为我国目前一个重要的勘探领域。特别是在松辽盆地深层徐家围子断陷发现了世界最深的火山岩大气田,探明储量达到 $1000 \times 10^8 m^3$ 以上,松辽盆地深层已经形成了以火山岩储层为主的我国第五大天然气区。

(2)不同时代、不同类型盆地、各类火山岩均可形成火山岩油气藏。

对我国已发现火山岩油气藏的分析表明,在地质时代上,东部主要发育在中—新生代,西部主要发育在古生代;在盆地类型上,火山岩油气藏主要以发育在大陆裂谷盆地为主,如渤海湾、松辽等盆地,但在前陆盆地、岛弧型海陆过渡相盆地也普遍发育,如准噶尔盆地西北缘和陆东—三塘湖地区;在火山岩类型上,东部总体以中酸性为主,西部总体以中基性为主,但所有类型火山岩都有可能形成油气藏;在油气藏类型和规模上,东部以岩性型为主,可叠合连片分布,形成大面积分布的大型油气田,如松辽深层徐家围子的徐深气田,西部以地层型为主,可形成大型整装油气田,如准噶尔盆地克拉美丽大气田、西北缘大油田等。

(3)基本形成了火山岩地震储层预测、大型压裂等勘探配套技术。

近年来火山岩油气藏的勘探能够取得大规模进展,得益于勘探技术的显著提高。"十五"以来,中国石油天然气集团公司组织专项攻关,初步形成了针对火山岩油气藏的勘探系列。如高精度重磁电与三维地震为主的火山岩分布预测与评价技术,识别岩性、评价储层和含油气性的特殊测井技术,欠平衡钻井技术和大型压裂测试技术等。

第二节 中国火山岩油气藏石油地质特征

火山岩油气地质的重点在于火山岩储层与生烃层系以及圈闭的配置关系。

一、火山岩油气藏油气来源特征

火山岩中的油气藏既有有机成因的,也有无机成因的,但绝大部分油气藏属于有机成因,即油气来自于富含有机质的沉积岩,亦即油气是古代海洋或湖泊中的生物经过漫长演化形成的烃类有机化合物。火山岩形成、分布机理与沉积岩有很大差异,因火山岩一般并不与烃源岩共生,故火山岩油气藏形成的首要条件是与烃源岩伴生,即火山岩位于烃源岩系之中或位于烃源岩系之上、下,或附近有生烃凹陷,这样火山岩储层才具有较多的机会与沉积层中的烃源岩构成良好匹配关系。沉积盆地充填物中,火山岩占相当大的比例,其在各类盆地中对沉积物总量的贡献可达25%。因此,沉积盆地火山岩易接受来自沉积岩的油气,火山岩中的油气勘探具有广阔的前景。

陆上地表环境下形成的火山岩内也常发育湖泊等,其中包含富烃沉积物。Kirkham(1935)认为,美国华盛顿州的Rattlesnake山气田天然气可能来自于玄武岩内部的湖相沉积物,天然气中包含了可观的氮气。

此外,某些火山活动、火成作用也可为火山岩提供油气,由此形成无机成因的油气聚集,该类油气藏的规模还可能相当可观,如刚果基武湖的天然气聚集。

与火山活动密切相关的富有机质沉积物可成为极其重要的烃源岩。因为火山作用有助于形成厌氧环境,火山作用前后伴随大量热液、气液物质喷出,热液中常含有 Ni、Co、Cu、Mn、Zn、Ti 和 V 等过渡金属和 N、P 等物质,这些热液和气液中的物质在有机物的生长繁殖、有机质成熟、有机质转化等方面起到积极作用。另外,在海洋中火山的频繁爆发,地壳活动剧烈,可把大量生物不完全燃烧或浅埋后遇高温生成大量有机酸、有机酸盐,使之成为生烃物质。如在渤海湾盆地,玄武岩火山活动与烃源岩沉积同时发生,湖盆中火山活动产生的温水可增大有机质产率。同时在火山作用和热液作用下,盆地内的地温梯度明显偏高,很大程度上促进了有机质成熟。如辽河坳陷平均地温梯度为 3.5℃/100m,而火山岩分布区在 2200~3200m 深度段的地温梯度达 4.25℃/100m。

有机和无机成因烃类可根据烃类(通常用 CH_4)的 $\delta^{13}C$ 值区别生物源和非生物源。生物来源的贫 $\delta^{13}C$(低于 -30‰),而无机成因富 $\delta^{13}C$(-27‰±)(Schoell,1983,1988)。

有机来源一般可分为三类:CO_2 还原、发酵和热成因。自然界火成岩中的烃类一般都是热成因的。

无机生成烃类主要有三种观点:

(1)直接地幔来源(Petersilie 等,1961)。烃类可能在地幔中通过与 CO 和 CO_2 的反应合成,或者是在地球增长过程中由陨星运送过来并保存在地幔中的原始烃类。Gold(1979)最先报道讨论了来自原始地幔的无机成因烃类油气藏的开发潜能,他发现火成岩中大部分烃类具有统一的 $\delta^{13}C$ 同位素特征,介于 -25‰ 到 -28‰ 之间。这种 $\delta^{13}C$ 同位素的统一特征说明了一个共同的巨大均一源,如地幔。

日本名古屋大学的 Sugisaki 和 Mimura(1994)在全世界 50 个地区的 227 块地幔岩石中发现有重烃(正构烷烃)。这些地幔烃有以下特点:主要沿颗粒边界分布和在矿物流体包裹体中;有类异戊二烯、姥鲛烷、植烷;地幔烃的 $\delta^{13}C$ 均一,为 -27‰。

(2)晚期至岩浆期后温度低于 600℃ 时封闭体系中原始含 CO_2 流体的各种形态的重新形成(Gerlach,1980;Kogarko 等,1987)。

(3)岩浆期后矿物—流体反应(如蛇纹岩化)产生的烃类(Abrajano 等,1990;Sherwood - Lollar 等,1993;Potter 等,1998)。

中国陆上沉积盆地火山岩油气藏中的油气绝大部分来自于沉积岩中的有机质,但也有无机成因烃类气的发现。至于火山活动对有机物形成与演化的影响目前缺乏深入研究。

一般情况下,火山岩能否成藏与烃源岩的类型并无直接关系,只要具备有利的生储盖组合和圈闭条件,就可以形成油气藏。由于中国目前已发现的火山岩油气藏主要分布在叠合盆地深层,烃源岩多为含煤系沉积、热演化程度普遍较高是其共性特征。而现今处于生油高峰期的烃源岩,则以生油为主,如三塘湖盆地、渤海湾盆地等。

以松辽盆地深层为例,总的来看,天然气的 CO_2、CH_4、He、碳同位素等研究表明,区内以有机者占主导位置,但也有无机成因,个别无机 CO_2 含量大于 60%,其中 He 皆为幔源无机成因。

有机成因为主的依据:① 160 口天然气井中 CO_2、CH_4 中 C 同位素研究,有机者占 83%;② 天然气产于沙河子组(煤系)以上地层中者占 85%,而其下地层中者很少;③ 天然产量与沙河子组的厚度、面积大小成正相关;④ 世界各地及中国广大产油气区多与沉积岩系煤系等有机成因有关。

无机成因为主的依据:① 地幔橄榄岩、玄武岩、流纹岩矿物包裹体中均有 CO、CO_2、CH_4、H_2S 等气体存在,尤以 CO_2、CH_4 为主;② 从基性→酸性,岩浆来源深度不同,基性 CH_4 多,酸性 CO_2 多;③ 在沙河子组之下火石岭组及 C—P 变质岩基底中也有工业气存在;④ 不同区、井中均有无机 CH_4、CO_2 存在,有的有工业气流;⑤ CO_2、CH_4 气井中,有地幔来源的 He 存在。

松辽盆地深层发育上侏罗统火石岭组、下白垩统沙河子组、营城组和登娄库组四套烃源岩,其中以沙河子组含煤系泥岩为主力烃源岩,属湖沼相—湖相沉积。根据地球化学分析资料,沙河子组烃源岩有机碳含量为 1.63% ~ 3.47%,氯仿沥青"A"为 0.026% ~ 0.16%,总烃为 220 ~ 1954μg/g,$S_1 + S_2$ 为 1.00 ~ 32.00mg/g,R_o 为 1.15% ~ 1.6%,处于高成熟—过成熟状态,干酪根类型为 Ⅱ—Ⅲ 型(图 8-3),是一套优质的生气源岩。营城组火山岩为主要储层,除发现千亿立方米烃类气储量外,还发现了储量大于千亿立方米的 CO_2。因此除重点寻找有机天然气外,对无机气也应注意寻找研究(赵文智,2008)。

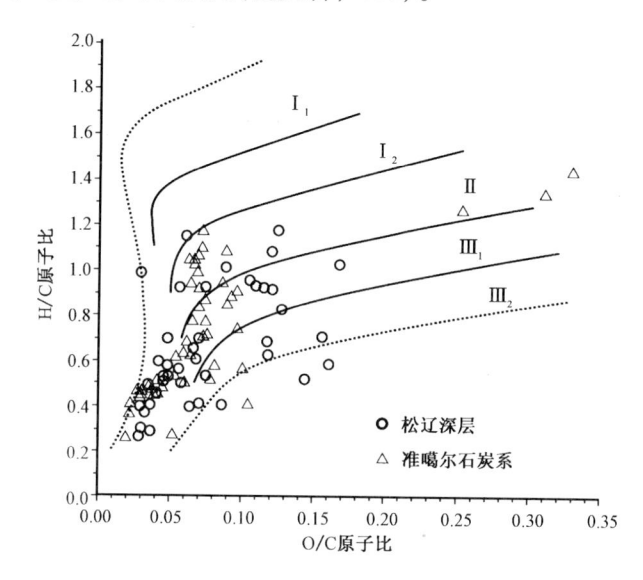

图 8-3 松辽深层、准噶尔盆地石炭系烃源岩有机质类型对比图

长岭断陷烃类气同位素显示烃类气以煤型气为主,其中 CO_2 主要有两种大类成因。一是无机成因,包括岩浆脱气和地壳富碳岩石分解,其 $\delta^{13}C_{CO_2}$ 大于 -8‰;二是有机成因,即有机质分解形成,其 $\delta^{13}C_{CO_2}$ 小于 -10‰。松辽盆地南部 $\delta^{13}C_{CO_2}$ 范围为 -3.73‰ ~ -11.9‰,表明 CO_2 多为无机成因,可能为壳源或幔源岩浆成因。判别图版表明 CO_2 为无机成因,另外通过氦同位素判别图版也表明长岭断陷 CO_2 气藏为幔源—岩浆成因(图 8-4)。

长岭断陷二氧化碳气成藏模式为营城期长岭断陷大规模火山喷发,携带大量气体,但绝大部分均散失了,古近—新近纪,松辽盆地整体处于拉伸环境,深大断裂再次活动,幔源岩浆携带的大量气体沿深大断裂向上运移聚集在营城组火山岩或登娄库组碎屑岩中成藏(图 8-5)。可见高 CO_2 气以无机幔源成因为主,主要分布在晚期活动的深大断裂带附近。

新疆北部地区针对石炭系烃源岩的详细研究正在进行中。根据目前的研究结果,准噶尔盆地陆东地区主要发育下石炭统滴水泉组和上石炭统巴塔玛依内山组两套烃源岩,岩性为泥岩、碳质泥岩,夹薄煤层,属海相—海陆过渡相沉积,有机碳含量为 0.03% ~ 5.44%,氯仿沥青"A"为 0.066% ~ 1.135%,总烃为 22 ~ 2382μg/g,$S_1 + S_2$ 为 0.1 ~ 58.03mg/g,R_o 为 1.14% ~ 1.83%,也处于高成熟—过成熟阶段,干酪根类型为 Ⅱ—Ⅲ 型,是以生气为主的烃源岩。

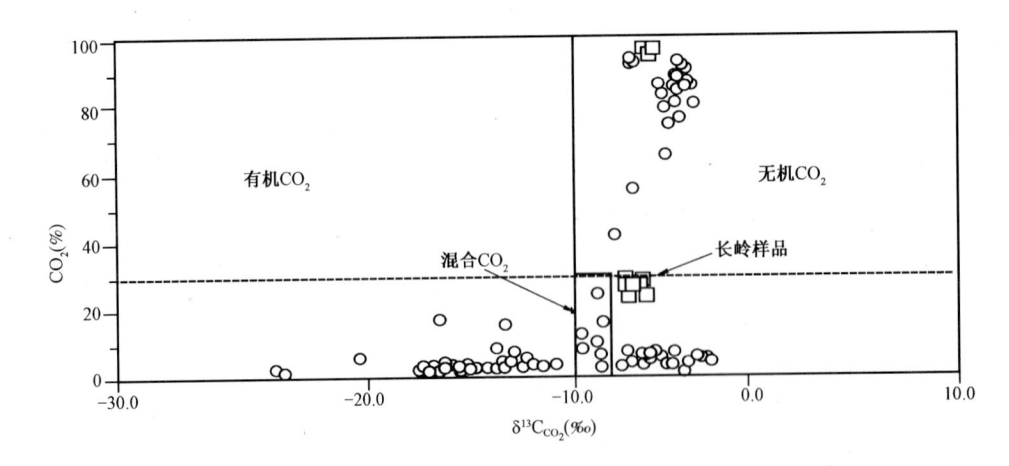

图 8-4　天然气成因图解

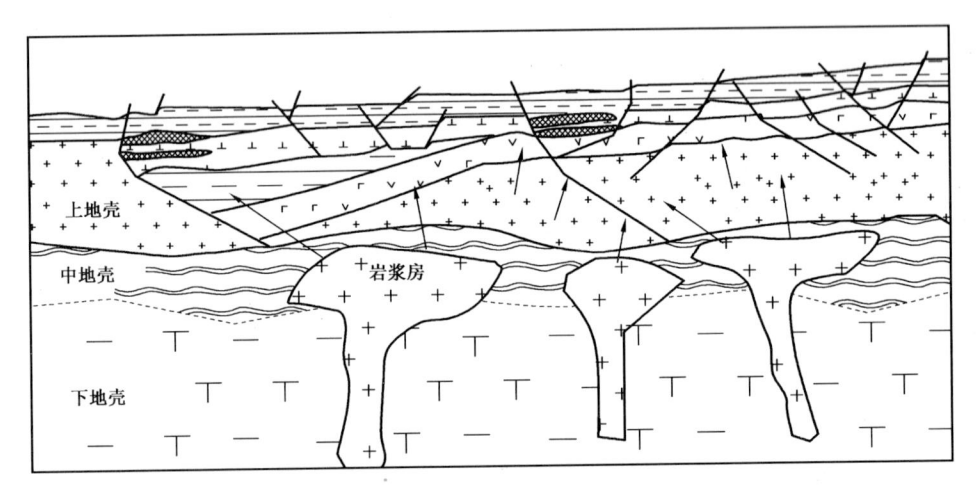

图 8-5　长岭断陷 CO₂ 气藏成藏模式

　　火山岩气藏乙烷碳同位素组成普遍较重，一般大于 -27‰，为煤型气特征，部分为混合成因气。甲烷碳同位素值一般大于 -34‰，松辽深层范围值 -20‰~ -29‰，准噶尔盆地 -28‰~ -32‰，表现出高成熟—过成熟气的特征。对天然气成分组成（表8-5）进行对比发现，甲烷含量占主体，重烃气含量一般小于 4%，主要为干气。松辽盆地深层长深气田 CO_2 含量普遍较高，属后期沿深大断裂涌入的 CO_2，具有无机成因的特点（胡素云，2007）。

表 8-5　火山岩天然气藏气体组成对比表

盆地	气田（藏）	CH_4(%)	重烃气(%)	CO_2(%)	N_2(%)
松辽盆地深层	徐深气田	73~95	1.9~2.99	0.22~22.77	1.13~3.79
	长深1井区	62~75	1.31~2.03	18.28~28.19	4.72~7.82
准噶尔盆地石炭系	陆东—五彩湾	82~89	2.1~3.76	0.2~1.9	4.2~10.3

　　从区域构造环境看，裂谷地带往往是有机、无机烃类异源同聚的地点。裂谷带是地幔隆起区、地幔软流层最近地表区（深 30~40km）、地幔流体集中区、拉张断裂集中区、地壳变薄区、裂陷盆地区；又是幔壳岩浆活动与火山喷发、煤系有机物及其他无机沉积物的沉积区，地温较

高,压力较大,有机质易裂解,易于形成石油及天然气的地区;也是幔、壳来源无机气与生物有机气排放、上升、圈闭、储集的地区。火山锥及火山群锥之隆起,火山岩及火山机构中原生与次生孔洞、裂隙发育,且不易压实,更易成为有机、无机气、幔源与壳源气混合储集的有利区,由于异源同归,气源更丰富。

在中—新生代火山区,储集有利的地段是地幔隆起、软流体底辟、地温较高的裂谷、裂陷盆地。盆地中要注意火山锥及构造隆起处,尤其是高大的锥火山、层火山、穹火山处及在锥火山、层火山之上又叠加穹火山等复合火山锥及火山群;较好的岩性是中酸性火山岩,尤其是酸性的英安岩、流纹岩及其凝灰岩,其强度更大,孔隙更多,更不易压实。

二、中国火山岩储层特征与分布规律

(1)中国陆上含油气盆地火山以中心式喷发为主,主要为层火山,有陆上和水下两种喷发环境,水下喷发—沉积组合最为有利。

我国火山岩主要发育在海相和陆相两种环境,其中陆上又可以分为水上和水下两种。岩石类型主要为基性、酸性岩类,少量中性和碱性岩类。东部燕山期火山爆发均为中心式喷发,东南沿海已恢复古火山有153座,其中破火山口有102座(陶奎元,1999)。

中国含油气盆地内火山岩分布范围广,以中心式喷发为主,部分发育裂隙式喷发。松辽盆地营城组火山岩单个火山机构主要由中心式喷发形成,整体上又受区域大断裂控制而呈串珠状平面分布(黄玉龙,2007)。但也有人认为营城组火山岩裂隙式喷发、中心式喷发均有发育,横向厚度变化较大,火山岩相以喷溢相、火山沉积相为主,常发育火山锥;火石岭组火山岩以裂隙喷发方式为主,横向上分布范围广,厚度变化相对较均匀,多发育层火山机构,火山岩相以喷溢相为主(杨懋新,2002;唐建仁,2001)(图8-6)。辽河坳陷火山岩沿断裂分布,火山活动以房身泡组沉积期最强烈,根据喷发强度和火山岩时空分布,分为4期12次喷发;为与沉积同时的水下多次喷溢产物,属于水下间歇性,多次沿断裂喷溢(郑常青,2007)。南堡凹陷火山岩喷发分为5期,为中心式喷发、裂隙式喷发和沿断裂的溢出。东营凹陷火山岩以熔岩流、熔岩被为主,以喷溢相为主,爆发、侵出相极少;喷发环境以陆相为主,也有水下喷发,以中心式喷发为主;少数为受断裂控制,呈线状排列,断裂复合处是火山活动最强烈的喷发中心(操应长,1999;李淳,1999;马乾,2000)。二连盆地中生代火山活动属于陆相喷发,晚侏罗世为裂隙式喷发,早白垩世巴彦花期的阿尔善组沉积期为裂隙—中心式喷发,晚白垩世早期为裂隙式喷发;新生代为裂隙式喷发,第四纪更新世为中心式间歇喷发(于英太,1988)。苏北高邮凹陷闵桥火山岩属陆上中心式喷溢而成,后期为陆上喷发,流入水中,在水下堆积形成,离火山口越近火山岩厚度越大(周方喜,2003;陶奎元,1998)。江汉盆地在白垩纪至古近纪期间火山岩以水下喷发为主,但江陵凹陷金家场等构造高部位发育陆上喷发的火山岩(闫春德,1996)。

塔里木盆地塔河地区二叠系火山活动具有间歇性喷发特征,以喷溢时间较长的缓慢溢流与短时的迅速喷发交替进行为特点。喷发方式以较宁静的溢流式喷发为主,间或伴随较强烈的爆发式喷发,形成从玄武岩到英安岩或单一英安岩的火山喷发旋回(黄玉龙,2007)。准噶尔盆地西北缘石炭系火山喷发为裂缝—中心式。腹部石西广泛分布的角砾熔岩,褐色、红褐色火山岩所占的比率高,为陆上特别是喷发时遇大气降水或浅水下喷发;东部五彩湾凹陷基底以石炭系火山岩(熔岩与火山碎屑岩交替出现)为主,颜色总体较深,多为灰绿色,很少角砾熔岩、熔结角砾岩,夹薄层泥岩、砂岩,沉积岩层中含海相化石,属陆表海沉积环境,火山活动总体表现为下石炭统相对较弱,上石炭统相对强烈的特征,呈大陆间歇性火山喷发作用特征,属陆表海火山—沉积环境,以深水水下喷发为特点,火山岩在水体深部喷发;从西向东火山岩喷发

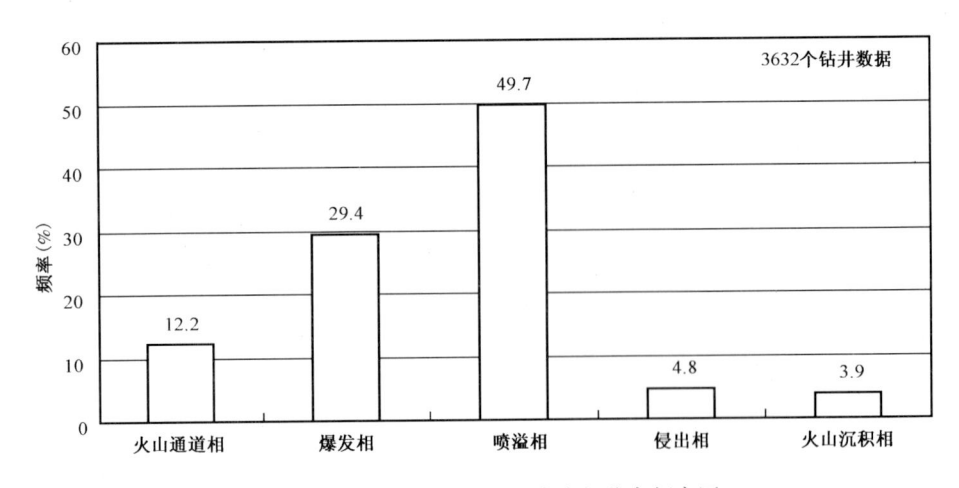

图 8-6 松辽盆地北部火山岩岩相分布频率图

环境有自水上向水下转换的趋势(余淳梅,2004)。

(2)中国东部含油气盆地中生代火山岩以酸性为主,新生代火山岩以中基性为主,西部盆地火山岩以中基性为主。

中国含油气盆地火山岩储层岩石类型多,熔岩类主要有玄武岩、安山岩、英安岩、流纹岩、粗面岩等;火山碎屑岩类主要包括集块岩、火山角砾岩、凝灰岩、熔结火山碎屑岩等。

海拉尔盆地兴安岭群自下而上可分为三段:下部中酸性火山岩段主要为一套中酸性熔岩、火山碎屑岩、灰黄色流纹斑岩、粗面岩、灰绿色凝灰岩;中部为中酸性火山岩夹煤层段,岩性为灰紫色安山岩、安山玄武岩夹煤层;上部中基性火山岩段岩性为厚层黑—灰黑色玄武岩,夹薄层黑色泥岩。松辽盆地火山岩岩石类型主要有 12 种,即流纹岩、安山岩、英安岩、玄武岩、玄武安山岩、粗安岩、流纹质角砾凝灰岩、流纹质火山角砾岩、英安质火山角砾岩、玄武安山质火山角砾岩、安山质晶屑凝灰岩、沉火山角砾岩,其中中酸性火山岩占样品总数的 86%,基性火山岩占样品总数的 14%,主要属于碱性和钙碱性系列(郑常青,2007)(图 8-7)。渤海湾盆地主要为玄武岩、粗面岩、辉绿岩(罗静兰,1996;牛嘉玉,2003;钱峥,1999;刘诗文,2001),如辽河盆地中生代火山岩以安山岩为主,古近纪火山岩以玄武岩和粗面岩为主。冀中坳陷侏罗系为暗紫红色、灰色安山岩为主夹凝灰岩,顶部为玄武岩、安山质角砾岩、火山碎屑砂岩;白垩系下部为杂色火山角砾岩,上部为灰色凝灰质砂砾岩、砂岩、安山质角砾岩。东营凹陷广泛发育有基性火山岩、次火山岩及火山碎屑岩。主要岩石类型为橄榄玄武岩、玄武岩、玄武玢岩、凝灰岩和火山角砾岩等。黄骅坳陷风化店地区火山岩主要为碱流岩、英安流纹岩、流纹岩和流纹英安岩。南堡凹陷主要为基性火山碎屑岩、中性火山碎屑岩和玄武岩。高邮凹陷为灰黑、灰绿、灰紫色玄武岩(陶奎元,1998;周方喜,2003)。江汉盆地白垩系—古近系火山岩石类型主要是石英拉斑玄武岩、橄榄拉斑玄武岩、玄武玢岩(次玄武岩),次要的有辉绿岩和火山碎屑岩(闫春德,1996)。二连盆地主要发育有自碎角砾状安山岩、气孔状—杏仁状熔岩、块状熔岩、凝灰岩、角砾岩和集块岩(王志欣,1991;于英太,1988)。银根盆地查干凹陷火山岩主要为中基性玄武岩、粗安岩及安山岩,少量凝灰岩、熔结角砾岩和辉绿岩(王惠民,2005)。

四川盆地二叠系火山岩主要为斜长玄武岩、凝灰岩、凝灰质角砾岩等(牛善政,1994)。塔里木盆地二叠系火山岩熔岩类包括玄武岩和英安岩,以英安岩为主,英安岩占火山岩总厚度的 80.3%,其次包括角砾英安岩和少量角砾玄武岩、角砾状凝灰质英安岩、角砾状凝灰质玄武岩、

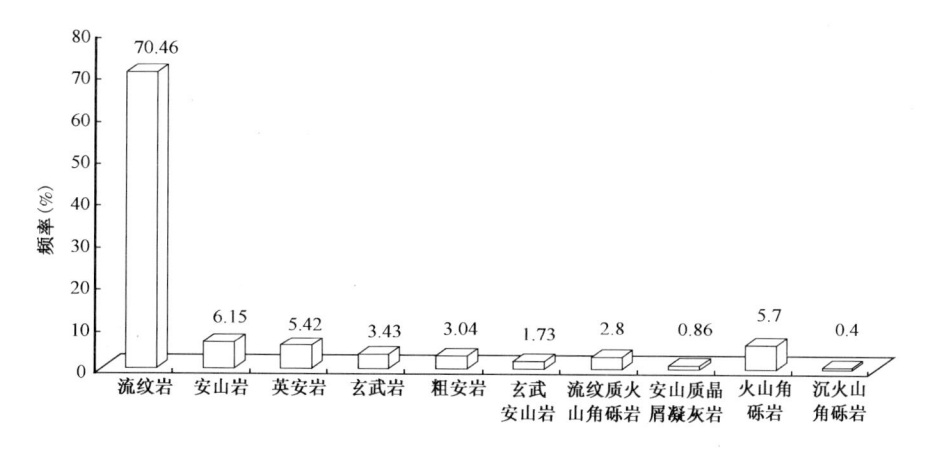

图 8-7 松辽盆地北部火山岩岩石类型分布频率图

凝灰质角砾岩及火山碎屑角砾岩、晶屑玻屑凝灰岩、晶屑岩屑凝灰岩及晶屑凝灰岩、沉凝灰岩及沉火山角砾岩、凝灰质砂砾岩及凝灰质泥岩、凝灰质泥质粉砂岩,少量含砾凝灰质泥岩、含砾凝灰质粉砂岩(杨金龙,2004)。准噶尔盆地陆东—五彩湾地区主要有玄武岩、安山岩、英安岩、流纹岩、火山角砾岩、凝灰岩等(图 8-8);西北缘地区石炭系岩性主要为安山岩、玄武岩、安玄岩、火山角砾岩、凝灰角砾岩、熔结角砾岩、凝灰岩、集块岩等(李嵘,2001;余淳梅,2004)。三塘湖盆地二叠系火山岩主要有玄武岩、安山岩、英安岩、流纹岩、凝灰岩、火山角砾岩等(熊琦华,1998;罗垚,2007)。

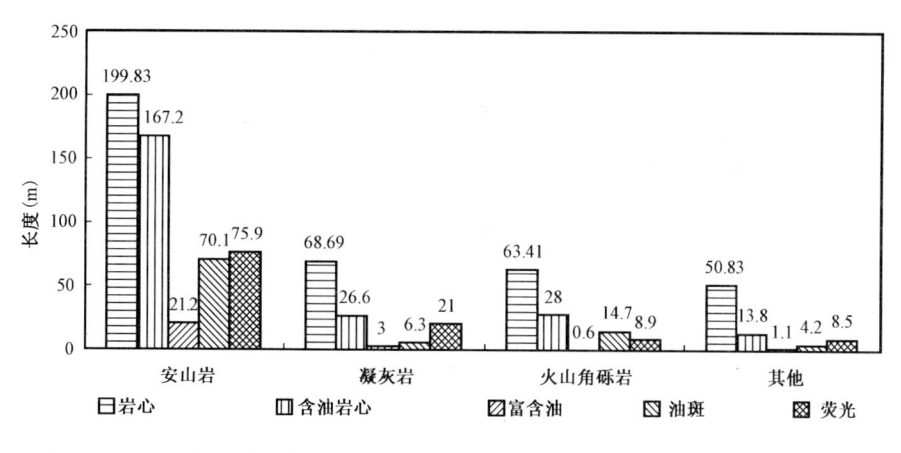

图 8-8 准噶尔盆地腹部火山岩岩石类型分布频率图

(3)中国含油气盆地火山岩储层分布广,储集物性受埋深影响小,但非均质性普遍较强。

我国含油气盆地古生界和中—新生界广泛发育火山岩,具有分布范围广,地质时代长的特征,不具岩石类型的专属性,无论是基性岩、中性岩还是酸性岩,无论是火山岩还是侵入岩,也无论是熔岩还是火山碎屑岩,自新生界至太古宇都有好的储层。如松辽盆地营城组火山岩储层、银根盆地苏红图组火山岩储层、二连盆地阿北油田兴安岭群火山岩储层、渤海湾盆地中—新生界火山岩储层、江汉盆地及苏北盆地中—新生界火山岩储层、西北地区新疆克拉玛依油田石炭系火山岩储层、陆东—五彩湾石炭系火山岩储层、塔里木盆地、三塘湖盆地、四川盆地二叠系火山岩储层(表 8-6)。

表 8-6　中国含油气盆地火山岩储层储集性特征（据邹才能，2008）

地层			盆地	岩性	孔隙度(%)	渗透率 ($\times 10^{-3} \mu m^2$)
新近系	中新统	盐成群	高邮凹陷	灰黑、灰绿、灰紫色玄武岩	20	37
		馆陶组	东营凹陷	橄榄玄武岩	25	80
			惠民凹陷	橄榄玄武岩	25	80
古近系		三垛组	高邮凹陷	玄武岩	22	19
		沙一段	东营凹陷	玄武岩、安山玄武岩、火山角砾岩	25.5	7.4
		沙三段	惠民凹陷	橄榄玄武岩	10.1	13.2
			辽河东部凹陷	玄武岩、安山玄武岩	20.3~24.9	1~16
		沙四段	沾化凹陷	玄武岩、安山玄武岩、火山角砾岩	25.2	18.7
		新沟嘴组	江陵凹陷	灰黑、灰绿、灰紫色玄武岩	18~22.6	3.7~8.4
		孔店组	潍北凹陷	玄武岩、凝灰岩	20.8	90
中生界	白垩系	营城组	松辽盆地	玄武岩、安山岩、英安岩、流纹岩、凝灰岩、火山角砾岩	1.9~10.8	0.01~0.87
		青山口	齐家—古龙凹陷	中酸性火山角砾岩、凝灰岩	22.1	136
		苏红图组	银根盆地	玄武岩、安山岩、火山角砾岩、凝灰岩	17.9	111
	侏罗系	兴安岭群	二连盆地	玄武岩、安山岩	3.57~12.7	1~214
			海拉尔盆地	火山碎屑岩、流纹斑岩、粗面岩、凝灰岩、安山岩、安山玄武岩、玄武岩	13.68	6.6
古生界		石炭系、二叠系	准噶尔盆地	安山岩、玄武岩、凝灰岩、火山角砾岩	4.15~16.8	0.03~153
		二叠系	塔里木盆地	英安岩、玄武岩、火山角砾岩、凝灰岩	0.8~19.4	0.01~10.5
		石炭系、二叠系	三塘湖盆地	安山岩、玄武岩	2.71~13.3	0.01~17
		二叠系	四川盆地	玄武岩	5.9~20	

与沉积岩相比，火山岩在埋深较大情况下一般仍具有较好的储集物性，能够成为有效储层，说明火山岩具有较强的抗压实能力。其原因主要为：① 火山岩形成温度高，固结早，抗压性强；② 火山岩内部保存有大量原生气孔；③ 后期风化淋滤与构造作用形成了各种溶孔、溶洞和裂缝，有效改善了物性条件。从图 8-9 可以看出，火山岩的孔隙度随深度变化不大，在埋深 4000m 以下孔隙度可高达 15% 以上。火山岩储层的抗压性使油气勘探深度下限得以大大延伸。

另一方面，由于火山喷发规模、多期次性与不规则流动等原因，导致火山岩储层非均质性普遍很强，储集性能近距离内可发生较大变化。如松辽盆地深层，徐深气田单个气藏含气范围和井控动态储量差异很大，含气范围 4~38km² 不等，井控动态储量 0.5×10^8 ~ $9 \times 10^8 m^3$，纵向上一般存在 2~3 套气水系统。徐深 1 井和徐深 1-1 井相距仅 1.1km，但生产动态结果差别很大，说明储层连通性不好。火山岩储层的非均质性给后期开发带来一定难度，需要结合开发前期评价，开展精细的气藏描述研究，落实有效储层分布范围。同时，火山岩储层的非均质性也是成藏的重要因素，正是由于岩性和物性横向变化快，使得火山岩体易形成侧向封堵，有利于形成火山岩油气藏，因而具有明显的岩性油气藏特点。

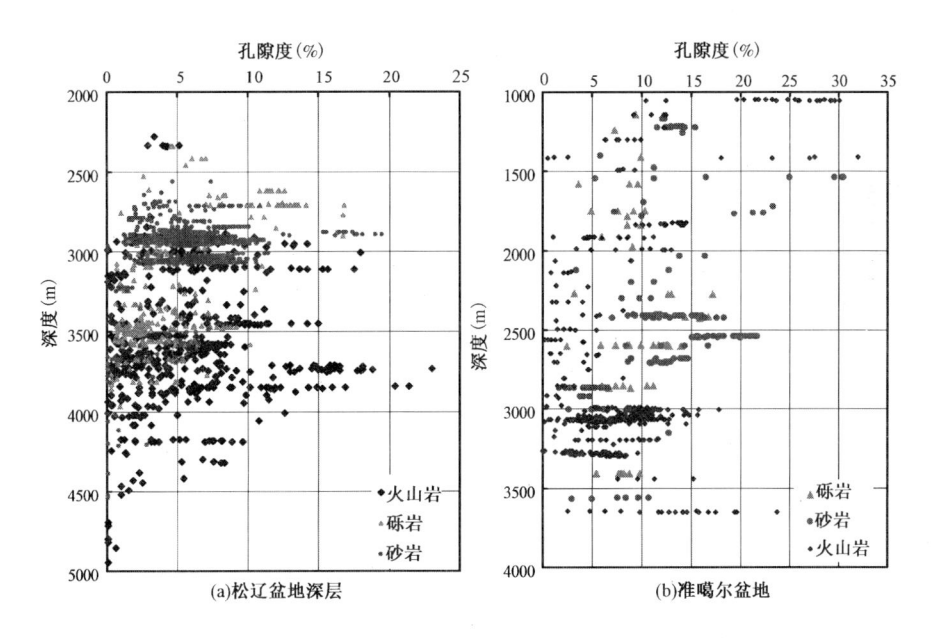

图 8-9 松辽盆地、准噶尔盆地不同类型储层孔隙度随深度变化对比图

三、火山岩油气藏成藏组合特征

(一)成藏组合类型

火山岩本身不能生烃,但能发育优质储层,因此有利的生储盖配置是火山岩油气藏形成的关键。邻近烃源岩的火山岩近源成藏,油气最富集。从成藏机理分析,火山岩主要有两种成藏模式:① 近源型(源内、源下),指在纵向上火山岩与烃源岩基本同层,在平面上火山岩储层主要分布在生烃范围之内,如渤海湾盆地古近系、中生界,二连、海拉尔盆地白垩系,银额盆地白垩系,松辽盆地深层,准噶尔盆地石炭—二叠系;② 远源型(源上),指在纵向上火山岩与烃源岩不同层,在平面上火山岩储层主要分布在生烃范围之外,如四川、塔里木盆地及渤海湾盆地新近系。东部断陷以近源组合为主,高部位形成爆发相为主的构造岩性油气藏,斜坡部位形成喷溢相为主的岩性油气藏;中西部发育两种成藏组合,近源大型地层油气藏最有利(图 8-10)。

从我国主要含油气盆地火山岩纵向生储盖特征分析,东部断陷以近源组合为主,如渤海湾盆地古近系和松辽盆地深层,火山岩主要分布在生烃凹陷内或附近,因此在高部位形成松辽盆地深层下白垩统火山岩气藏属典型的自生自储型组合。火山岩储层主要发育在营城组,烃源岩发育于营城组之下的沙河子组以及营城组内部,区域盖层是登娄库组和泉头组泥岩。纵向上,火山岩储层与烃源岩距离很近,使得油气可以近距离运聚成藏。加之后期发育晚白垩世大型坳陷湖盆,且改造作用不强,因此深层火山岩油气成藏地质要素基本保持了原位性,条件比较理想。

渤海湾盆地发育火山岩的层系较多,而具有工业价值的火山岩油气藏主要发育在古近系沙河街组。沙河街组是渤海湾盆地的主力生烃层系,其中间歇发育的火山岩被生油岩所夹持,构成典型的自生自储型含油气组合。辽河东部凹陷欧利坨子沙三段粗面岩油藏以及南堡沙三段火山岩气藏均属此种类型。

准噶尔盆地陆东地区和三塘湖盆地牛东地区石炭系火山岩油气藏的生储盖组合特征相似,总体为自生自储型组合,但受构造变动影响,生储盖组合既有原位性也有一定的异位性,勘探难度更大。火山岩储层主要位于石炭系顶部不整合面附近,受风化淋滤改造比较明显。烃

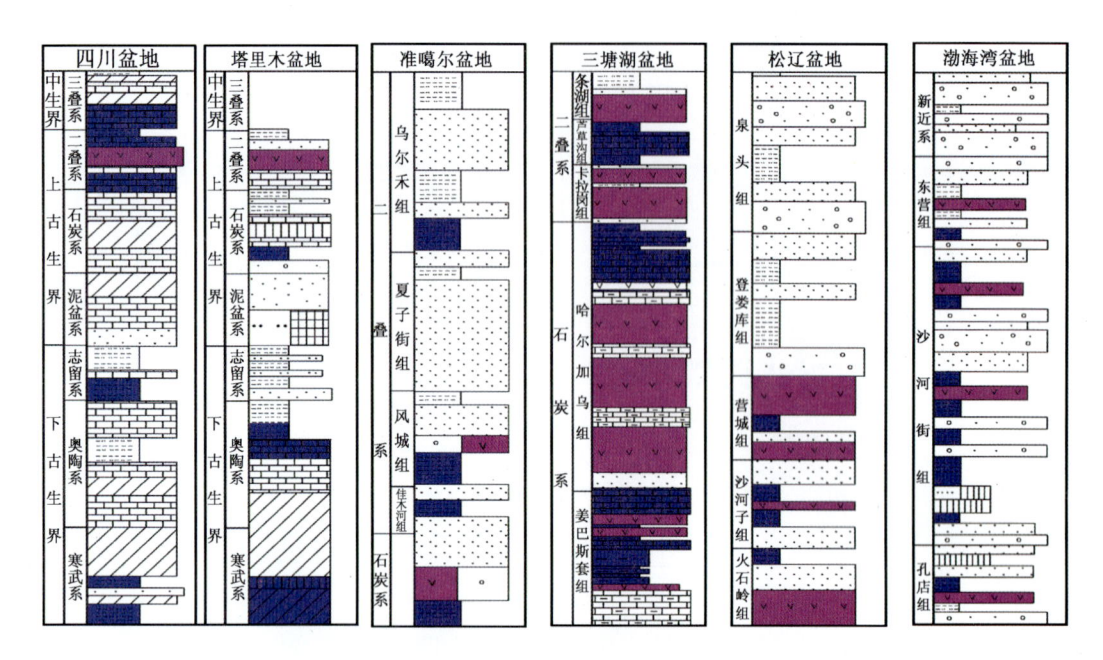

图 8-10 中国主要含油气盆地火山岩生储盖组合纵向分布图

源岩包括下石炭统和上石炭统两套泥岩,盖层为二叠系和三叠系泥岩。石炭系可以构成独立的含油气系统。

中国发育的火山岩分布于多个地质时代,范围很广,但并非所有的火山岩都具有油气勘探价值。主要原因是火山岩只能作为储油气层系但不具备生油气能力。因此,火山岩油气成藏尤其需要生储盖条件在三度空间构成良好的组合才有效。

下面以松辽盆地深层断陷火山岩油气藏和准噶尔盆地石炭—二叠系、三塘湖盆地火山岩油气藏为例,简要介绍近源与远源组合的基本特征。

(二)东部断陷盆地成藏组合

我国东部地区渤海湾、松辽以及二连、海拉尔、苏北、江汉等含油气盆地,火山岩油气藏主要发育在其断陷时期,如渤海湾盆地古近系、松辽盆地下白垩统,断陷盆地内的火山岩在纵向上和平面上均与生烃层系或生烃中心紧密接触,形成近源型成藏组合。松辽盆地深层徐家围子断陷火山岩储层与烃源岩分布基本重叠,是典型的近源成藏组合(图 8-11)。下面以松辽盆地火山岩油气藏为例,重点介绍其近源成藏组合特征。

1. 地层发育特征

松辽盆地深层包括前中生界、中侏罗统和下白垩统,其中下白垩统是目前的主要勘探目的层,埋深 3000~5000m。下白垩统自下而上为火石岭组、沙河子组、营城组、登娄库组、泉头组,火山岩地层主要分布在营城组。

火石岭组下部岩性为碎屑岩夹碳质泥岩或煤层,上部主要为安山岩夹碎屑岩。到目前为止,在松辽盆地北部还没有钻遇相当火石岭组的下部地层。沙河子组上段为砂泥岩,局部地区见有蓝灰、黄绿色酸性凝灰岩,靠断陷边缘砂砾岩增多,下段砂泥岩夹煤层。营城组分为四段,自下而上岩性特征为:营一段以酸性火山岩为主,常见类型有流纹岩、紫红色、灰白色凝灰岩;营二段为灰黑色砂泥岩,绿灰和杂色砂砾岩,有时夹数层煤;营三段以中性火山岩为主,常见类型有安山岩、安山玄武岩;营四段为灰黑、紫褐色砂泥岩、绿灰、灰白色砂砾岩。登娄库组主要

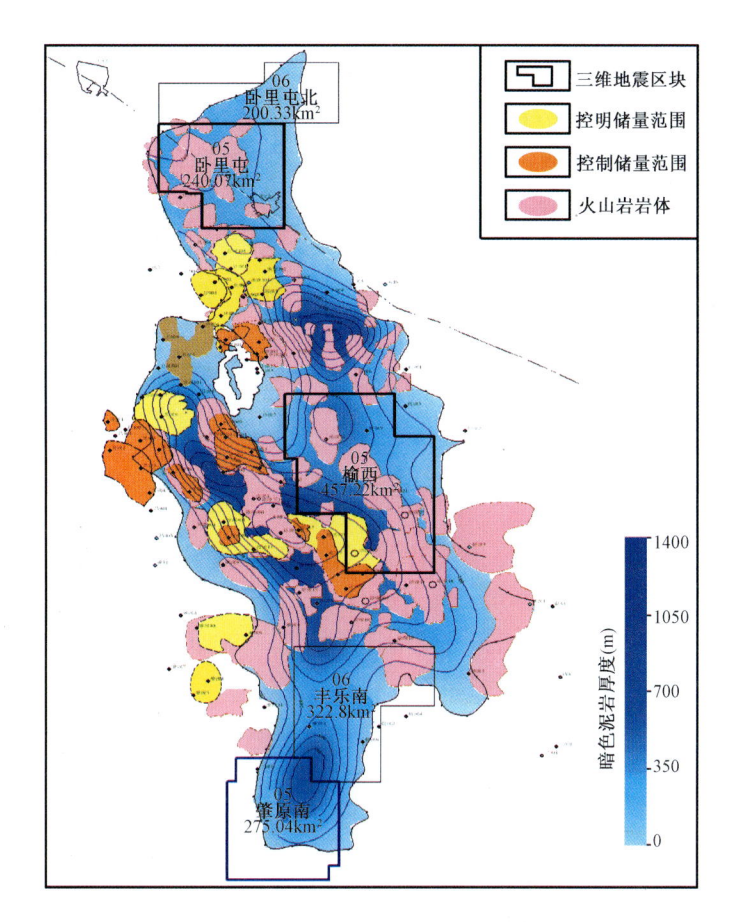

图 8-11 徐家围子断陷暗色泥岩与火山岩体分布叠合图

为砂砾岩沉积,包含部分灰黑色砂质泥岩,无火山岩发育。泉头组主要为灰白、紫灰色砂岩与暗紫红色、暗褐色泥岩互层。

2. 烃源岩分布特征

松辽盆地深层主要发育以含煤岩系为主的烃源岩,包括沙河子组、营城组、登娄库组,其中沙河子组为主力烃源岩,在主要断陷广泛分布。

莺山—双城断陷勘探程度比较低,揭示沙河子组暗色泥岩最大厚度770m,揭示营城组暗色泥岩最大厚度191m,揭示火石岭组暗色泥岩最大厚度201m,证实了该断陷烃源岩十分发育。平面上,烃源岩分布受断陷范围控制,沉积中心烃源岩最大厚度可达1000m以上。

据松辽深层总体分析化验资料,沙河子组有机碳为1.63%～3.47%,氯仿沥青"A"为0.026%～0.16%,总烃为220～1954μg/g,S_1+S_2为1.00～32.00mg/g;营城组有机碳为0.50%～2.43%,氯仿沥青"A"为0.02%～0.176%,总烃为100～1056μg/g,S_1+S_2为2.00～31.90mg/g;登娄库组有机碳相对较低,为0.49%～0.97%,氯仿沥青"A"为0.01%～0.06%,总烃为100～152μg/g,S_1+S_2为0.24～0.76mg/g。研究表明,沙河子组是深层最主要的烃源岩。

松辽盆地北部总体上有机质丰度以沙河子组烃源岩为最高,其次是火石岭组和营城组,登娄库组烃源岩的有机质丰度最低。深层烃源岩由上至下的划分结果是,登娄库组为差的油源岩,营城组为中等气源岩和差的油源岩,沙河子组主要为中等气源岩和中等油源岩,火石岭组为中—差的气源岩。各套烃源岩总体上均具有生气能力,其中沙河子组烃源岩还具有生油能力。

从松辽盆地北部深层样品分析来看,登娄库组烃源岩有机质类型为Ⅲ$_1$—Ⅲ$_2$型;营城组烃源岩有机质类型为Ⅱ—Ⅲ$_1$型;沙河子组烃源岩有机质类型相对多样,包括Ⅰ$_2$—Ⅲ$_2$型,其中Ⅰ$_2$—Ⅱ型的样品分布多于Ⅲ$_1$—Ⅲ$_2$型,反映这套烃源岩具有最好的生烃条件;火石岭组烃源岩的成熟度较高,推测有机质类型为Ⅱ—Ⅲ$_2$型。

从松辽盆地北部深层样品镜质组反射率统计结果看,火石岭组在徐家围子断陷和莺山断陷R_o平均值分别达到3.1%和2.58%,均已达到过成熟阶段。沙河子组在莺山—双城断陷的R_o平均值达到2.7%,早已进入了干气阶段,该地层在徐家围子断陷热演化程度差异比较大,R_o从1.70%到3.56%,处于高成熟—过成熟阶段。营城组烃源岩在徐家围子断陷和莺山—双城断陷处于高成熟—过成熟阶段。

3. 储层特征

松辽盆地深层泉头组二段、一段、登娄库组、营城组、沙河子组及火石岭组的砂岩储层由于地质历史长,埋藏深度大,一般都经历了强烈和复杂的成岩后生作用,所以储层物性较差。相反火山岩经后期构造运动改造后,储集空间的连通性可以得到明显改善,而且其孔隙度随深度增加变化不明显,是深层天然气的有利储层。

但松辽盆地深层火山岩储层有多层位、多类型、岩性复杂的特点,在火山岩研究相对深入的盆地北部,营城组划分的四段地层中,火山岩主要集中在营一、营三段以及火石岭组的第一段中,岩性从基性—中性—酸性都有。由于火山岩储层储集性能与岩性、岩相密切相关,分析火山岩的储层特征首先要研究其岩性和岩相特征。

目前松辽盆地深层主要勘探目的层为营一、营三段火山岩储层,这套储层在各断陷广泛分布。

4. 盖层特征

松辽深层断陷的区域性盖层主要有登娄库组二段和泉头组一、二段。登二段与泉一、泉二段分布稳定,泥岩沉积厚度大,形成了很好的区域封盖系统。

登二段沉积时期盆地处于断陷向坳陷转化的过渡时期,主要为弱补偿条件下的扇三角洲—湖泊相沉积,沉积环境稳定,岩性细,泥岩发育,基本覆盖全区,是深层一套区域盖层。地层厚度一般为100~200m,泥岩厚度50~100m,大部分区域的泥地比大于50%,最高可达到90%,泥岩的泥质含量较高。如徐深1井直接盖层为登二段,地层厚113.5m,以灰紫色泥岩、粉砂质泥岩为主夹薄层灰色泥质粉砂岩、粉砂岩、泥岩、粉砂质泥岩,厚74m,泥地比65.2%,其中有3层泥质岩厚度大于5m。该套地层在长岭断陷厚度约80~160m,泥岩厚度40~60m。

泉头组一、二段沉积时期,主要为曲流河、滨浅湖与辫状河沉积环境,岩性以泥岩、薄层泥质粉砂岩为主,泥质岩占地层的百分比最大可达到90%以上。泉二段泥岩最大厚度在徐中地区徐深2井附近,可达到330m,徐西地区基本大于120m,徐东斜坡沉积厚度基本大于240m,全区最薄的在徐南肇深3井与宋站东侧宋16井附近,厚度一般在90m左右。泉一段泥岩全区基本在90m以上,最厚的在徐西芳深7井与丰乐低隆起朝深3井附近,厚度可达260m,徐中地区最薄在徐深1井附近,厚度为60m。泉一、泉二段累计厚度全区基本大于150m,在徐深2井附近最大厚度达到500m,大部分在300m以上。泉一、泉二段泥岩单层厚度一般大于10m,最大可达到37m。该套地层在长岭断陷厚度约150~260m,泥岩厚度100~180m。

5. 储盖组合及其分布

徐家围子断陷四套烃源岩和四套储层间互,构成有利的生储盖组合条件(图 8-12)。徐家围子断陷深层勘探已证实作为主要储层的登一段、营城组、沙河子组和火石岭组砂砾岩、火山岩储层,二者均具有较好的储集条件;尤其是断陷期火山岩储层,孔隙度一般为 7%~8%。芳深 8 井井深 3778m 处的火山岩孔隙度达到 11%,储集介质以孔隙—裂隙双重介质为主。登二段与泉一、泉二段分布稳定,泥岩沉积厚度大,与营城组火山岩和砂砾岩构成了下储上盖的储盖组合。另外,营城组火山岩内部爆发相火山岩角砾岩、流纹岩与上覆凝灰岩等可构成下储上盖的储盖组合。

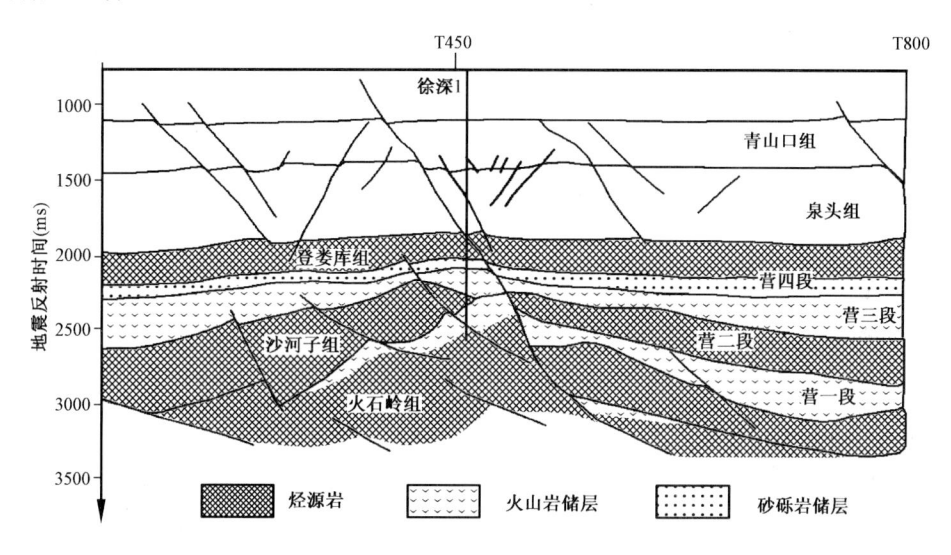

图 8-12 松辽北部深层徐家围子生储盖组合剖面图

齐家—古龙断陷沉积末期构造运动和火山活动均比东部强烈,形成大面积、厚度大、埋藏较深的火山岩和砂砾岩,由于火山岩与砂砾岩储集物性受埋藏深度影响较小,主要受原始沉积相带和后期改造作用控制,因而具有较好的储集条件。

齐家—古龙断陷发育大面积分布的地层超覆圈闭和火山岩岩体圈闭(仅地震针对深层重新处理的区块——古龙断陷北部(面积 2760km^2),就已发现各类圈闭面积达 1640km^2),且集中分布于断陷周边。由于其邻近烃源区,具有优先富集天然气的条件。正钻井葡深 1 井见到的良好天然气显示(发生多次井涌),进一步证实了齐家—古龙断陷区的勘探前景,并成为下一步天然气勘探的突破方向。

东南隆起现已发现的油气主要赋存于下白垩统沙河子组和营城组及泉头组中,基岩裂缝中也发现了天然气。从生烃评价中可知该地区沙河子组和营城组烃源岩在各断陷都有发育,尤其是梨树断陷、德惠断陷和王府断陷,暗色泥岩厚度大、丰度高、类型好,已进入生油气门限。泥岩即是生油层又是好的局部盖层,从而形成了自生自储的生储盖组合。

长岭断陷钻井揭示发育四种类型的生储盖层组合,一是以沙河子组为生烃层,以营城组—泉一段为储层,以泉二、泉三段为盖层形成下生上储上盖式组合;二是沙河子组既为生烃层,又为盖层,以火石岭组为储层,形成上生下储上盖式组合;三是沙河子组既为生烃层,又为储层和盖层,形成自生自储自盖式组合;四是以壳源或幔源为气源,以上覆沉积层为储层和盖层,形成深源浅储式组合。

(三)西部含油气盆地成藏组合

西部含油气盆地火山岩主要分布在石炭—二叠系中,时代较老,原型盆地改造强烈,成藏组合变化较大。如准噶尔盆地火山岩在层系上主要分布在石炭—二叠系,从纵向上看应以近源型组合为主。但由于受后期构造活动影响,准噶尔盆地西北缘石炭—二叠系遭受抬升风化剥蚀改造,冲断带本身地层生烃能力明显减弱,油气来源主要为冲断带下盘的石炭—二叠系,因此在平面上生烃范围与火山岩储层的分布不一致,从而形成远源型成藏组合。

1. 准噶尔盆地腹部近源型组合

准噶尔盆地腹部石炭—二叠系保存较完整,本身具有较好的生烃条件,因而主要形成近源型成藏组合(图8-13)。石炭系烃源岩已成为准噶尔盆地腹部一套有效的烃源层,对石炭—二叠系火山岩有效成藏起决定作用。

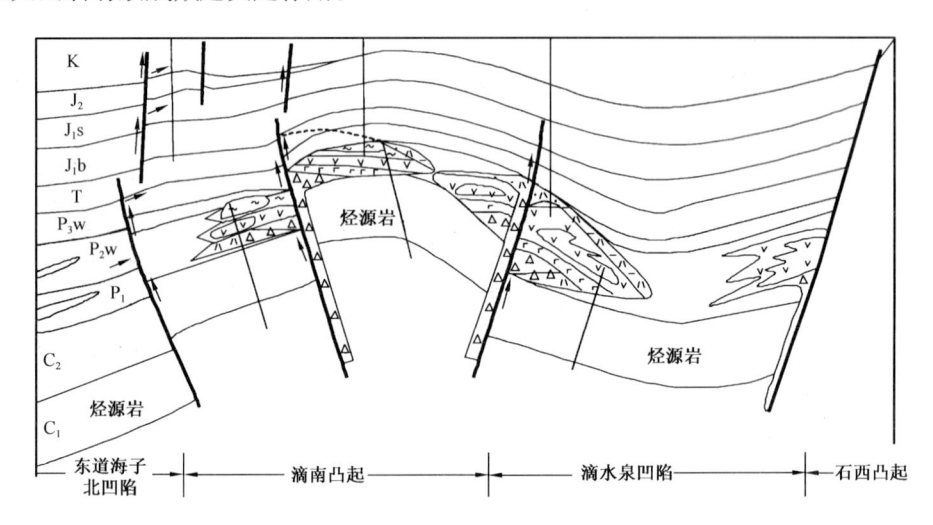

图8-13 准噶尔盆地腹部石炭—二叠系火山岩储层与烃源岩配置关系图

陆梁隆起东段陆东地区滴水泉凹陷及南邻的东道海子北凹陷、五彩湾凹陷主要发育石炭系滴水泉组烃源岩(C_1d),为一套暗灰色泥岩,碳质泥岩不规则互层夹薄煤层及煤线,中部为中基性火山熔岩、火山角砾岩及火山碎屑岩互层。有效烃源岩岩性为深灰色泥岩与碳质泥岩,钻井显示烃源岩厚50~500m,属于碰撞期后短期拉张裂谷裂陷内沉积。

滴水泉组有机碳含量为0.27%~10.7%,平均为2.19%;氯仿沥青"A"含量为0.0014%~0.1291%,平均含量为0.0471%;总烃含量为231.13~989.55μg/g,平均含量为485.49μg/g;生油潜力S_1+S_2为0.07~2.47mg/g,平均为1.05mg/g;氢指数I_H为25.0~262.5,平均为85.56;干酪根类型指数小于-4,反映出腐殖型的母质类型特征;镜质组反射率为0.5%~1.6%,平均为1.35%;T_{max}为446~494℃,平均为468℃。滴水泉组属于中等有机质丰度的烃源岩,处于高成熟阶段。

陆东—五彩湾地区天然气除了甲烷碳同位素很轻外,乙烷、丙烷和丁烷碳同位素都偏重,其中甲烷碳同位素为-34.77‰~-48.4‰,乙烷为-23.72‰~-24.54‰,丙烷为-21.16‰~-22.57‰,丁烷为-21.03‰~-22.33‰,天然气组分中以甲烷为主,为偏干气。该类天然气应该是一种比较特殊的类型,可能与生物改造油气藏有关。生物改造气藏可以使甲烷碳同位素变轻,而乙烷、丙烷碳同位素变重。

从整个陆东—五彩湾地区石炭系成熟度来看,陆东地区石炭系滴水泉组成熟度很高,部分已达到过成熟阶段。滴南凸起上的陆南1井和滴西1、滴西2、滴西3、彩参1、彩深1井在中生界和下伏古生界之间存在明显的间断;石炭系生烃中心位于滴水泉凹陷与东道海子北凹陷,滴水泉组烃源岩成熟度高,以生气为主,主要生排烃期为二叠纪。虽然早期形成的大部分油气藏均已破坏,但仍有少量残余,典型油气藏为滴南凸起带滴西10井区及五彩湾凹陷内的彩25井区石炭系气藏。

准噶尔盆地腹部已发现的火山岩储层以陆梁隆起东段和五彩湾凹陷最为集中,且大都沿主断裂分布,说明古火山活动与断裂形成有密切的关系。火山岩特殊储层发育层位上属于盆地基底下石炭统包谷图组、上石炭统巴塔玛依内山组和下二叠统佳木河组,有效储层主要为火山喷发岩。陆梁隆起与准东地区多属于中酸性火山喷发岩、火山碎屑岩组合,以爆发和溢流相为主。通过对火山岩储层的综合描述及评价,发现火山喷发熔岩及火山碎屑岩为两种主要储层。

由于准噶尔盆地晚海西期具有较强的分割性,形成多个生烃中心与多个含油气系统,在平面上复合叠加(图8-14)。而在陆梁隆起、五彩湾凹陷、中央凸起带处于碰撞期后短期陆内裂陷带,石炭系烃源岩得到有效发育,主要为陆源植物 II_2、III型干酪根生成的天然气。陆梁隆起—五彩湾凹陷石炭系火山岩围绕滴水泉凹陷、东道海子北凹陷、五彩湾凹陷形成自生自储组合,三台与北三台凸起带石炭系火山岩紧邻阜康凹陷二叠系生烃中心形成新生古储组合,吉木萨尔凹陷石炭系在凹陷内形成自生自储组合。

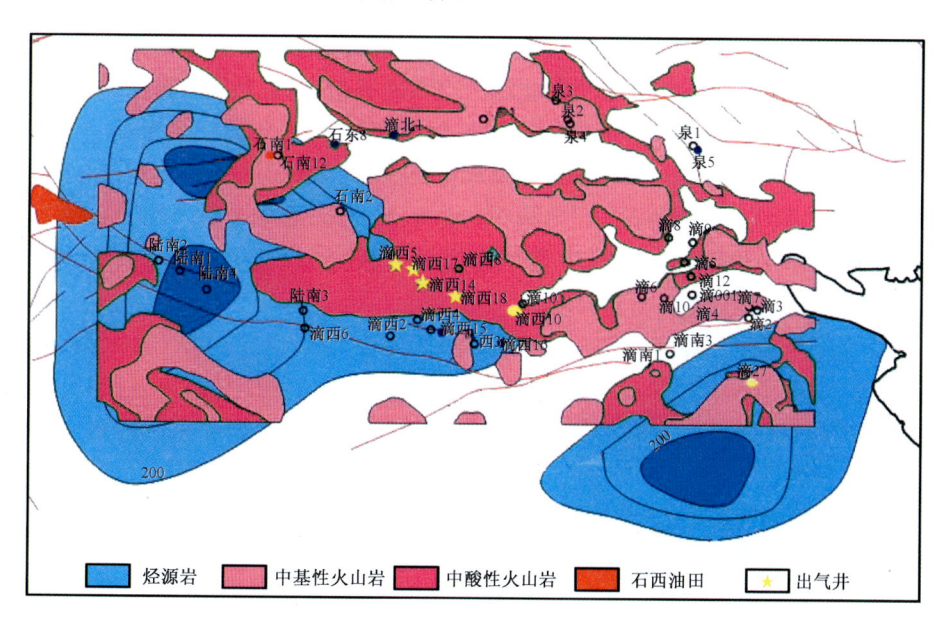

图8-14 准噶尔盆地腹部陆东地区烃源岩与火山岩分布图

因此,准噶尔盆地腹部组成以滴水泉组为主要生烃层、包谷图组、巴塔玛依内山组和佳木河组为储层的下生上储型近源成藏组合。

2. 准噶尔盆地西北缘远源型组合

西北缘处于碰撞岛弧带,石炭系烃源岩发育局限,主要靠冲断带下盘玛湖凹陷二叠系烃源岩生成油气做贡献(图8-15)。西北缘油源主要来自玛湖凹陷的二叠系,烃源层主要为下二叠统佳木河组、风城组和中二叠统下乌尔禾组。

佳木河组烃源岩主要分布在下亚组,最厚可达250m以上。佳木河组残余有机碳含量平

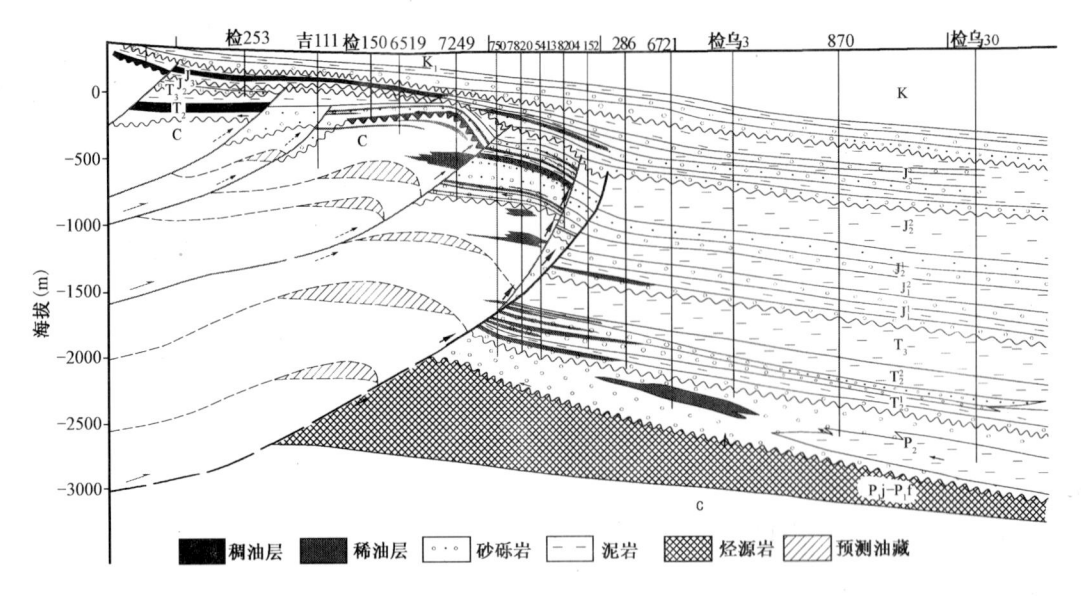

图 8-15 准噶尔盆地西北缘冲断带远源组合成藏模式

均为 0.56%,氯仿沥青"A"含量平均为 0.0056%,生烃潜力 S_1+S_2 平均为 0.25mg/g。残余有机质类型以Ⅲ型为主,个别为Ⅱ$_2$型和Ⅱ$_1$型,干酪根碳同位素较重,一般大于 -23‰。实测 R_o 分布范围在 1.38% ~1.9% 之间,为一套高成熟—过成熟烃源岩。

风城组是主力烃源层,主要分布于西北缘的克百断裂带、乌夏断裂带和中央坳陷区的玛湖凹陷,烃源岩厚度一般在 200 ~300m 之间。风城组属海陆坐近海湖泊相沉积,水介质条件属咸化性质,岩性为黑灰色泥岩、白云质泥岩、凝灰质泥岩、凝灰质碳酸盐岩与沉凝灰岩。残余有机碳含量平均为 1.26%,氯仿沥青"A"含量平均为 0.1493%,总烃含量平均为 0.0820%,生烃潜力 S_1+S_2 平均为 7.30mg/g。有机质类型多为Ⅰ—Ⅱ型,R_o 为 0.85% ~1.16%。处于成熟—高成熟阶段,是一套较好—好的烃源岩。

下乌尔禾组在玛湖凹陷西斜坡艾参 1 井厚 1220m,其中暗色泥岩厚 178m,属浅湖相—半深水湖相沉积。该套烃源岩为典型的陆源生源,有机碳含量平均在 0.7% ~1.4% 之间,氯仿沥青"A"含量平均 0.0088%,有机质类型以Ⅲ型为主,个别为Ⅱ$_2$型和Ⅱ$_1$型。R_o 在断裂带附近平均 0.86%,斜坡区 1.0%,玛北背斜高达 1.7%。总体上,下乌尔禾组处于成熟—高成熟阶段,是一套差—较好的烃源岩。

西北缘冲断带石炭—二叠系火山岩储层主要为地层风化壳型,储层物性与火山岩类型无关,各种岩性均可形成有效储层。根据岩矿鉴定,准噶尔盆地西北缘断裂带上盘的火山喷发岩绝大部分都是基性和中性玄武岩与安山岩组合(多属于下石炭统),以爆发相为主;而下盘多属于中酸性火山喷发岩、火山碎屑岩组合,以爆发和溢流相为主。

西北缘地区区域性盖层主要有中二叠统下乌尔禾组、上三叠统白碱滩组,岩性均为湖泊相泥岩,分布稳定,厚度一般大于 50m。另外,还有一些局部性的盖层,如上二叠统上乌尔组顶部的"泥脖子"、中三叠统克拉玛依组内部的泥岩隔层等。因此西北缘断裂带石炭—二叠系火山岩储层围绕玛湖二叠系生烃凹陷形成远源型成藏组合。

3. 三塘湖盆地石炭—二叠系火山岩近源型成藏组合

三塘湖盆地下组合包括下石炭统的姜巴斯套组、上石炭统的哈尔加乌组和下二叠统的卡拉岗组。主要发育了一套海陆交互相的火山岩夹碎屑岩沉积。盆地石炭系—下二叠统分布广泛、厚度大，残余厚度一般在600～2000m。卡拉岗组主要分布于盆地西南缘，厚度一般在800～1000m，马朗凹陷东北部及方梁凸起以东缺失该套地层，大黑山、淖毛湖露头发现下石炭统的生油岩厚度约300m，展示出良好的勘探潜力。

上石炭统烃源岩集中分布于顶部，马朗凹陷、条湖凹陷、汉水泉凹陷均有钻井揭示，揭示的单井最大累计厚度66m，按地震资料推测东南部一带烃源岩相对更发育。

下石炭统烃源岩主要在盆地南缘露头及方1井揭示，岩屑、气测录井见油气显示，推测下石炭统烃源岩厚度南部及东南部较大，估计最大厚度可达500m，一般厚150～300m。岩性主要包括黑色泥岩、油页岩，有机碳含量为1.87%～8.8%，平均5.5%，生烃潜量平均达21mg/g，有机质类型为II_1型，烃源岩热演化程度较高。

古生界火山岩、中生界角度不整合面全盆地分布，平面上石炭—二叠系各个层系火山岩风化壳改造储层叠合连片分布。风化淋滤溶蚀带主要沿上二叠统剥蚀线发育并控制着优质储层的分布。近火山口相和过渡相是有利火山岩储集相带，火山岩改造型储层的形成是成藏的关键，牛东区块P_1k发育四期火山岩，火山休眠期在各旋回的顶部形成自碎火山角砾岩储层。风化—淋滤孔缝型、溶蚀孔隙型、孔隙—裂缝型是三种有效的孔隙类型。

三塘湖盆地石炭—二叠系火山岩属于近源成藏组合(图8-16)，下石炭统是可能潜在的烃源岩层系，烃源岩与火山岩储层紧密接触，三叠系是优质的区域盖层。该组合成藏范围广泛，钻井揭示汉水泉、条湖、马朗、淖毛湖凹陷均有下组合火山岩地层分布。北部及东、西两端二叠系剥蚀殆尽，但石炭系全盆地分布；中央坳陷带及其南部残余厚度大，中部马朗凹陷—条湖凹陷为残余"沉降"主体，展示三塘湖盆地下组合巨大的勘探前景。下组合成藏模式研究认为，火山岩改造储层的形成是成藏的关键，鼻隆构造带是火山岩油气富集的重要构造背景，裂缝、微裂缝控制着储层产液能力。

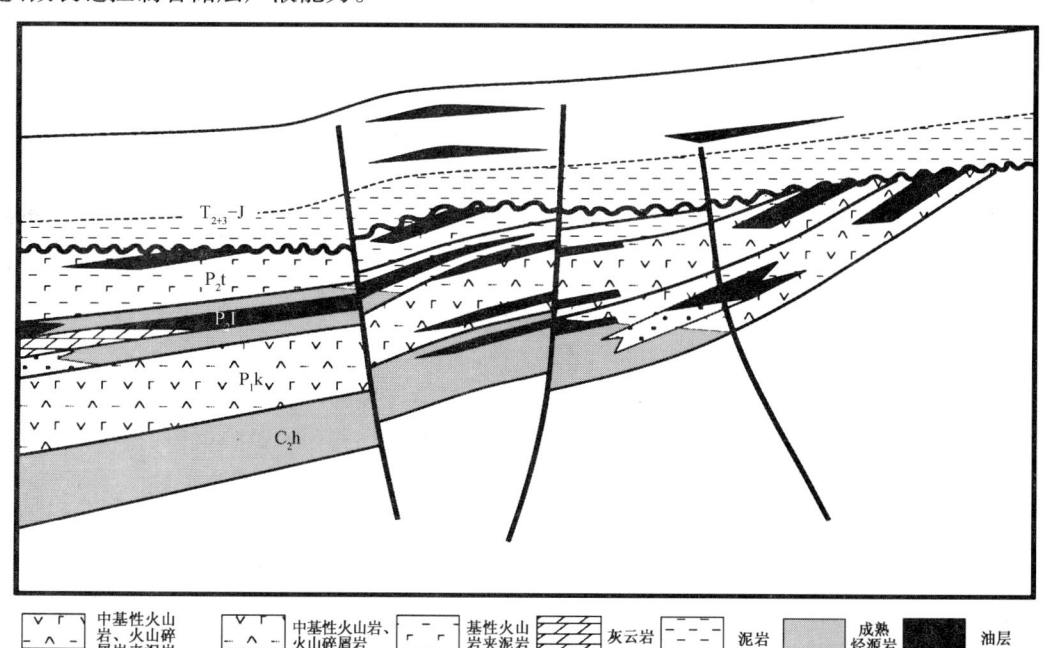

图8-16 三塘湖盆地石炭—二叠系成藏组合剖面图

四、火山岩油气藏主要类型

从国内外已发现的火山岩油藏类型来看,大部分为岩性地层油气藏。因为火山岩作为一种特殊类型储层,其分布本身就具有岩性地层圈闭的特点。如断陷盆地中心式喷发的火山岩体一般局部分布,容易形成岩性圈闭;而大面积分布的火山岩储层,其成因主要受不整合面控制,容易形成地层圈闭。

书中主要对渤海湾盆地火山岩油气藏类型与特征进行了相对深入的研究。

姜在兴等结合渤海湾盆地火山岩油气藏的勘探开发实践,综合考虑火山岩中油气成藏的各种因素及其对成藏的影响,在油藏分类时采取了储集空间成因类型—岩石类型—(+产状或构造特征)的原则,对渤海湾盆地已发现的火山岩油气藏进行了系统分类(表8-7)。

表8-7 渤海湾盆地火山岩油气藏类型划分表(据姜在兴,2001)

油气藏类型			实例
火山岩油气藏	风化淋滤型油气藏	火山岩风化淋滤型古潜山油气藏	辽河兴隆台(Es_{3+4})
		火山岩风化淋滤型不整合油气藏	辽河大平房大13井区(Ed)
	原生孔缝型油气藏	火山碎屑岩粒间孔隙型油气藏	济阳商741井区(Es_1)
		熔岩原生孔缝型油气藏	济阳滨338井区(Es_4)、草桥西区(Es_4)
		侵入岩节理型油气藏	济阳罗151井区(Es_3)
	构造裂缝型油气藏	火山碎屑岩裂缝型油气藏	下辽河欧利坨子地区(Es_3)
		熔岩裂缝型油气藏	济阳邵18井区(Ek)
		侵入岩构造裂缝型油气藏	济阳商741井区(Es_3)
	埋藏溶蚀型油气藏	火山碎屑岩埋藏溶蚀型油气藏	黄骅北12×1井区
		熔岩埋藏溶蚀型油气藏	济阳高青(Ek)
		侵入埋藏溶蚀型油气藏	济阳夏38井区(Es_3)
与火山岩相关的油气藏	围岩接触变质型油气藏	板岩网状裂缝油藏	冀中中岔口安40井(Es_4)
		角岩微孔隙油藏	济阳罗151井区(Es_3)
	火山岩侧向遮挡型油气藏		下辽河红5井
	超覆披覆型油气藏		下辽河兴隆台(Es_{3+4})

该分类方案首先分为火山岩油藏及与火山岩有关的两大类油气藏,然后对其分别进行分类。火山岩油气藏包括风化淋滤型、原生孔隙型、构造裂缝型、埋藏溶蚀型四类11小类;与火山岩有关的油气藏包括围岩接触变质型、火山岩侧向遮挡型、超覆披覆型三类。

风化淋滤型油气藏主要发育在中生界火山岩中,因为在古近系断陷发育之前形成的火山岩较长时间暴露于地表,接受风化作用和大气淡水的淋滤改造而使其原有的储集空间经受改造,并可以形成新的孔缝空间,使储层物性得到较大程度的改善,从而为该类油藏的形成创造了条件。该类油藏在构造上多位于各凹陷基底及盖层中区域或局部不整合面之下,以辽河坳陷兴隆台古潜山和黄骅坳陷风化店中生界火山岩风化壳为代表(图8-17)。

原生孔隙型油气藏主要发育于火山岩或次火山岩中,孔缝等储集空间是岩浆喷出或冷凝过程中原生的,受风化、胶结、溶蚀等作用的改造较弱。溢流相熔岩在喷溢过程中常形成发育的气孔构造,同时在冷凝及次生作用过程中还可以形成少量裂缝,从而使气孔间的连通性增强,为油气的运移和储集创造了条件。这类油气藏以黄骅坳陷枣北火山岩油藏为代表(图8-18)。

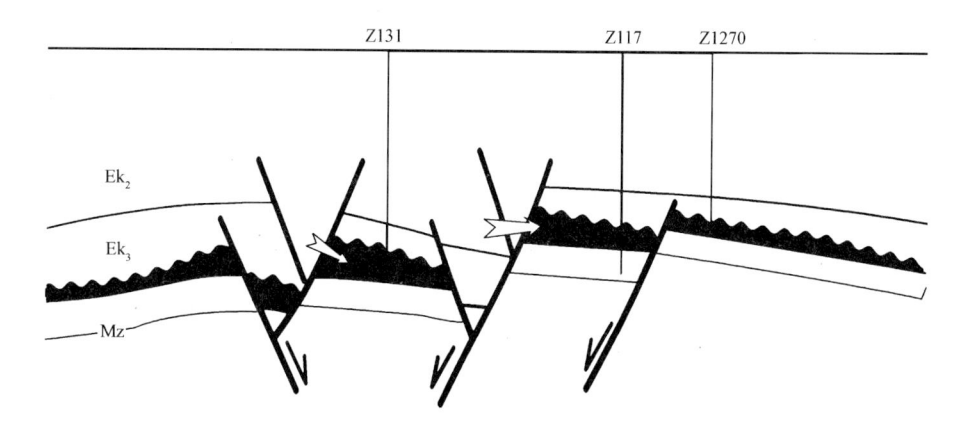

图 8-17 黄骅坳陷风化店中生代火山岩油藏剖面图

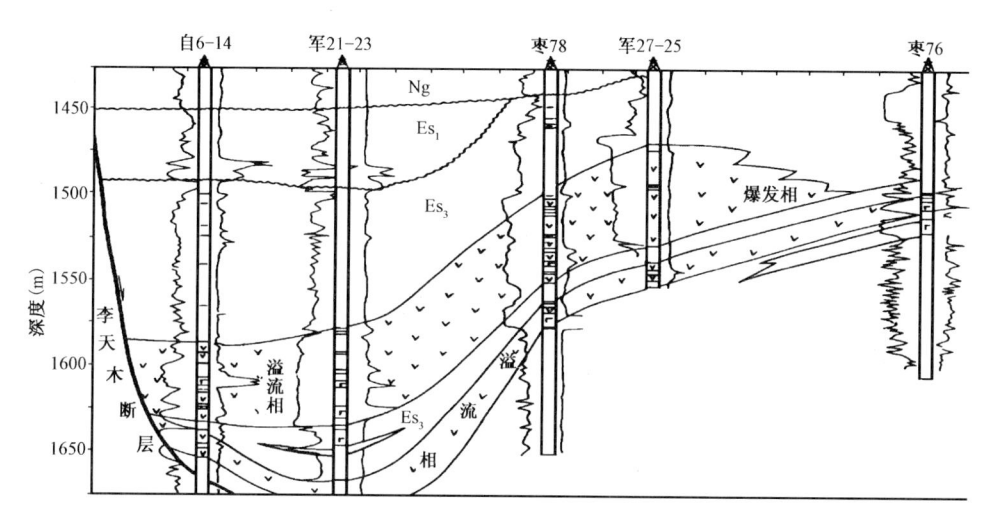

图 8-18 黄骅坳陷枣北沙三段火山岩油藏剖面图

构造裂缝型油藏在各种火山岩中都可以发育,储集空间主要为构造挤压或断裂作用而形成的构造缝。油气藏大多为统一的油气水系统,储层物性好,地层压力高,多为高产油气藏。火山碎屑岩裂缝型油藏以辽河坳陷欧利坨子地区火山碎屑岩油藏为代表(图 8-19),熔岩裂缝型油气藏以济阳坳陷邵家地区邵 18 井区玄武岩油藏为代表,侵入岩构造裂缝油气藏以济阳坳陷商 741 井区沙三段辉绿岩油藏为代表。

埋藏溶蚀型位于各构造旋回及岩浆旋回、期的内部,上下远离不整合面。油气藏的形成与断层有一定关系,表现为一方面与断裂作用相伴随的裂缝既增加了储集空间,又使得如玄武岩所具有的原始孔隙相互连通;另一方面由于火山岩处于埋藏成岩作用的有利地位,容易沿断层或裂缝发生溶蚀,并使因胶结作用而丧失的原生储集空间得以恢复或加大,此外由于断层活动使得大气淡水变得较为活跃,也可以加快和加深火山岩的溶解溶蚀程度。储集空间为孔隙—裂缝型。孔隙主要是各种溶蚀空间,裂缝为多种成因,越靠近断层裂缝越发育。

溶蚀型代表性油气藏有:火山碎屑岩埋藏溶蚀型油气藏,如黄骅坳陷北 12-X1 井区凝灰岩油藏;熔岩埋藏溶蚀型油气藏,如济阳坳陷高青地区孔店期玄武岩油气藏;侵入岩埋藏溶蚀型油气藏,如济阳坳陷夏 38 井区辉绿岩油藏以及济阳坳陷纯西地区辉绿岩油藏。

渤海湾盆地除发育火山岩油气藏外,还发育与火山岩相关的油气藏。主要类型包括:围岩

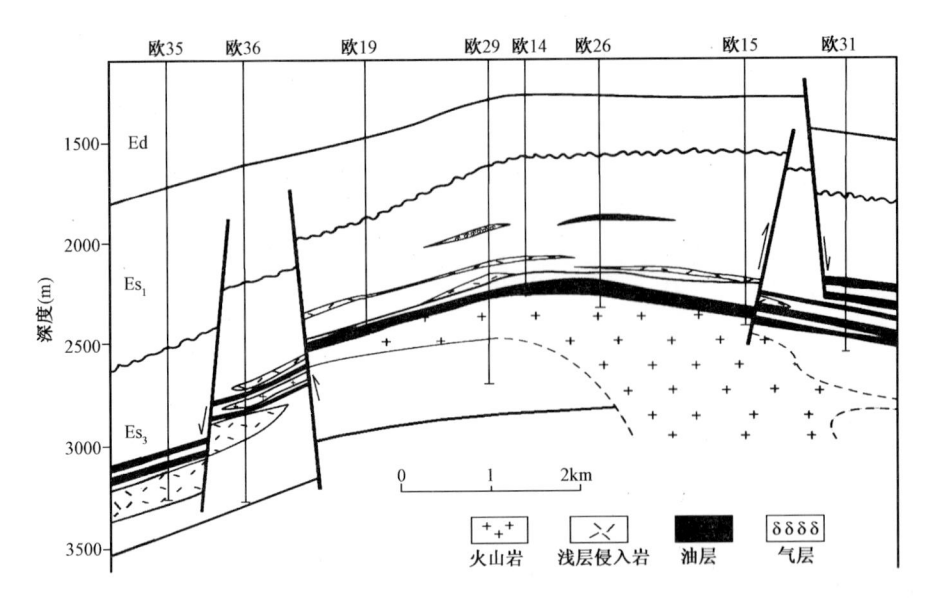

图 8-19　辽河坳陷殴利坨子沙三段裂缝型油藏剖面图

接触变质型油气藏,如廊固凹陷中岔口安 40 井油藏属板岩油藏;火山岩体侧向遮挡型和超覆披覆型油气藏,如辽河坳陷红 5 井玄武岩侧向遮挡油藏及披覆气藏。

第三节　中国火山岩油气藏分布规律

火山岩油气藏是含油气盆地中的非常规油气藏。做为一种非常规的含油气地质体,火山岩油气藏的形成有其自身独特的要求,火山岩形成也具有一定的规律。书中在对国内外火山岩油气藏勘探成果进行广泛调研分析的基础上,进行火山岩成藏条件研究,进一步探讨火山岩油气藏分布规律。

(1)独特的区域构造环境控制火山岩大油气区的形成。

按板块构造背景,大陆裂谷、陆缘弧、岛弧、被动陆缘、大洋中脊等是火山岩发育较集中的几种构造环境。因此,最有利于火山岩成藏的区域构造带就是发现大油气区的重要场所。近年来我国火山岩勘探取得一系列重大发现,东部、北疆两大火山岩油气区初具规模,这与我国火山岩发育特点密切相关。中国火山岩主要发育在上古生界、中生界和新生界三个层位。上古生界火山岩发育主要与天山—兴蒙海槽和古特提斯洋发育有关,分布在北疆、塔里木及川藏等地区,目前在北疆地区准噶尔盆地石炭—二叠系火山岩油气勘探取得重大突破,三塘湖盆地石炭—二叠系火山岩勘探获得重要发现,表明北疆大油气区的形成与天山—兴蒙海槽的形成与相关火山岩及烃源岩发育有关。北疆地区的火山岩主要发育于地块内裂谷和地块边缘的岛弧环境,且火山岩发育与海相、海陆过渡相沉积环境相伴生,其中海相、海陆过渡相烃源岩发育,成藏条件有利。中—新生界火山岩在东部大陆裂谷带广泛发育,渤海湾、松辽等盆地属于该裂谷系的一部分。盆地内火山岩发育在陆相湖盆沉积的间歇期或同期,构成有利的成藏组合,目前已在松辽深层发现大气田,在渤海湾盆地发现了火山岩油田。

从构造环境分析,四川盆地二叠系火山岩形成于裂谷环境,与特提斯洋伸展构造环境有关,且峨嵋玄武岩呈裂隙式喷发,分布较广,其下伏多个层位的烃源岩与火山岩构成近源或远源组合,已发现高产气流,进一步勘探潜力很大。塔里木盆地二叠系火山岩分布广,其发育与古特提斯阶段特提斯洋向塔里木板块俯冲有关,属于弧后裂陷背景下形成的,其与下伏寒武—奥陶系烃源岩构成远源组合,已见良好油气显示,是值得进一步探索的领域。

(2)有效成藏组合是成藏关键,生烃中心控制油气分布。

① 充足的油源供给是火山岩形成规模油气藏的必要条件。

火山岩系自身不能生油,一般不具备成藏条件,它与有效烃源岩的良好匹配是成藏的关键,火山岩邻近或位于主要烃源岩层系中是火山岩油气藏形成的有利条件。

对于裂谷盆地,大扩张期既是水域最广和生油岩最发育的时期,又常常是火山活动最强烈的时期,因此,裂谷盆地火山岩成藏条件有利。渤海湾盆地古近系沙三段沉积期是湖盆最大扩张期,也是古近纪湖盆的最大湖侵期,该时期火山活动频繁,因此分布于沙三段中的火山岩具有近油源、富油源的成藏条件。在辽河坳陷,古近系存在多套烃源岩,包括沙四段、沙三段、沙一段和东营组。沙三段烃源岩分布最广,最厚可达 2000m 以上,沙四段烃源岩在西部凹陷和大民屯凹陷最厚可达 700m,沙一段烃源岩发育不及沙三段,最厚 400~600m,东营组烃源岩面积更小,厚度也更小。这些烃源岩有机质丰度高,具有未成熟—过成熟演化程度。辽河坳陷火山岩主要发育在沙三下亚段,其上为高位期泥岩所覆盖,因此油气来源极为丰富。

松辽盆地深层裂谷盆地主力烃源岩为下白垩统沙河子组湖相泥岩和煤层,其次为登二段灰黑色泥岩,烃源岩以含煤岩系为主。沙河子组暗色泥岩最大厚度 384m,该套烃源岩与其上、下发育的营城组、火石岭组火山岩储层构成良好匹配关系。

准噶尔盆地石炭系发育海相、海陆过渡相烃源岩,上石炭统火山岩与之构成良好组合。西北缘、陆梁及准东一带形成沉积、生烃中心,发育较厚烃源岩,最厚达 1000~2200m。干酪根主要为Ⅲ型,有机质丰度较高,成熟度较高,已进入生气高峰期,由此为石炭系火山岩提供了丰富的油气源。

三塘湖盆地石炭系发育下石炭统海相和上石炭统海—陆过渡相两套烃源岩,它们为石炭—二叠系火山岩储层提供油源。下石炭统烃源岩为海相暗色泥岩层、油页岩,厚度大,在大黑山有效烃源岩厚 688m,出露遍及三塘湖盆地周边,展示了下石炭统巨大的勘探潜力。上石炭统烃源岩主要为油页岩、深灰色泥岩、泥灰岩、黑色碳质泥岩和煤层,厚度为 9~66m,推测最大厚度 100~300m。烃源岩演化程度较高,生烃早,持续时间长,品质较好,为较好—好生油岩。

② 近源组合最有利,远源组合需断层或不整合面沟通。

火山岩与烃源岩的近源组合中,烃源岩位于火山岩储层之上、下或侧缘,火山岩储层分布在生烃凹陷内或附近,烃源岩生成的油气与储层有最大的接触机会。如东部的松辽盆地深层(图 8-20)、渤海湾盆地古近系,西部的准噶尔盆地内部石炭—二叠系、三塘湖盆地石炭—二叠系等均属于近源组合。在三塘湖盆地,上、下石炭统均发育烃源岩,石炭系内部发育五套主要储盖组合,火山岩发育在烃源岩内部或附近,成藏条件优越。准噶尔盆地石炭系发育两个火山岩旋回,火山旋回间发育沉积岩包括烃源岩,形成好的成藏组合。在远源组合中,火山岩储层与烃源岩间隔以多套地层或火山岩距离生烃凹陷中心较远,火山岩获得油气需借助油源断裂或不整合面,如塔里木盆地二叠系火山岩中发现油气显示或油流来自于下伏寒武—奥陶系烃源岩;四川盆地二叠系火山岩气藏天然气来自于下伏不同层位的烃源岩。一般来说,近源组合使火山岩具有"近水楼台先得月"的条件,最有利于油气的富集。

③ 生烃中心控制油气分布。

火山岩油气藏主要分布在生烃凹陷内或周围。以松辽盆地深层徐家围子断陷为例,与生

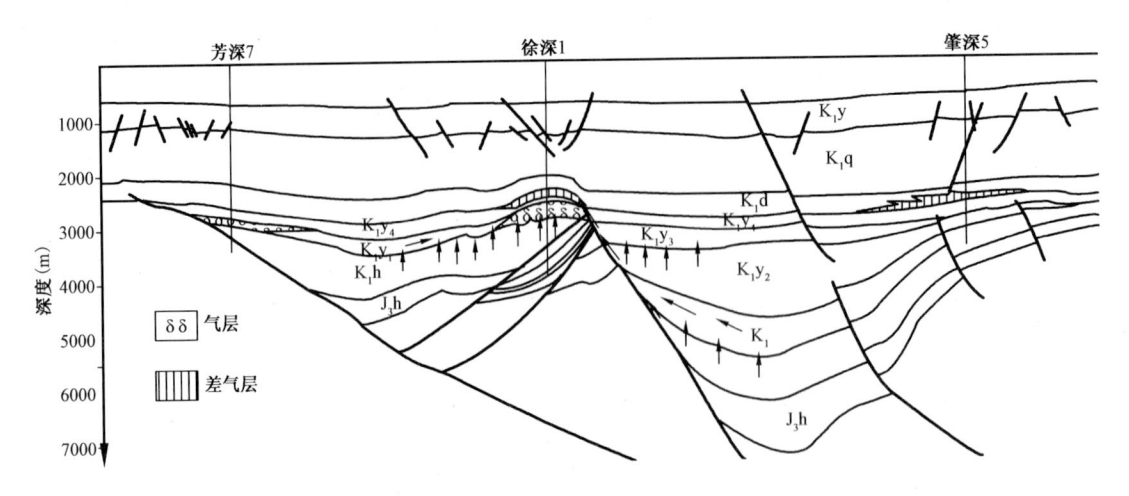

图 8-20　松辽盆地徐家围子断陷气藏剖面

烃凹陷相邻的古隆起及构造高部位是天然气运移、聚集的有利地带，在合适的构造和岩性圈闭内，形成多层位、多种类型气藏相伴生或错叠分布的气藏组合（图 8-11）。

在辽河坳陷，发育东部、西部和大民屯三个主要生烃凹陷，油气生成、运移、聚集以凹陷为单元。各凹陷内，油气主要发生近距离运移，聚集在凹陷周边相对高部位的不同类型圈闭中，凹陷内部的火山岩岩性圈闭也可以成藏。

（3）爆发相、喷溢相火山岩均可形成优质储层。

① 良好的储集体是油气富集高产的条件。

勘探实践表明，爆发相、喷溢相火山岩受不整合面溶蚀作用和断裂作用，均可形成具有良好储渗性能的优质储层，优质储集体是火山岩油气藏富集高产的重要条件。火山岩储层的储层类型属于裂缝—孔隙型，以双重介质储层为特征，储集空间主要有裂缝和溶蚀孔隙两种，储集空间主要包括气孔、节理缝、构造缝及溶蚀孔洞等。油气藏具有产层厚、产量高的特点，可形成具有规模储量的大油气田。

火山岩岩性、相带可控制火山岩储集体的发育和分布，良好的火山岩储层是火山岩油气富集高产的主要原因之一。可发育好储层的岩石类型很多，如凝灰岩、粗面岩、玄武岩、辉绿岩、火山碎屑岩等；就岩相而言，不同岩相中火山岩储集空间的成因类型、丰度也存在差异。在火山岩喷发过程中，可发育气孔、晶间孔、角砾间孔及收缩缝、爆炸缝等原生裂缝和孔隙。以济阳坳陷古近系火山岩为例，侵入相主要为浅成、超浅成辉绿岩、玄武岩，储集空间以冷凝收缩缝、构造裂缝、晶间孔以及沿裂缝发育的溶蚀孔隙为特征，在以超浅成产出的玄武岩中还发育丰富的气孔；喷溢相火山岩主要发育气孔、晶间孔、冷凝收缩缝、构造裂缝、溶解孔隙等储集空间；爆发相火山岩以粒间孔、成岩收缩缝、气孔、构造微裂缝等为特征。

次生储集空间指火山岩固结成岩以后，遭受热液蚀变、溶解、构造应力、风化作用等外营力作用而形成的各种孔隙和裂缝。断层及侵蚀面是形成次生孔隙的重要条件。无论是何种类型的空间，要形成有效的储集体，必须借助大小不一的裂缝和裂隙的沟通，孔缝形成网络是火山岩优质储层形成的必要条件。频繁的构造活动是形成裂隙、促进油气运移和聚集的重要机制，构造裂缝的发育受断裂、局部构造等控制。

风化淋滤作用可有效地改造储层，形成的溶蚀孔隙发育带厚度可达数百米至上千米。

② 东部断陷盆地火山岩沿断裂条带状分布，火山岩储集体多保持原位，后期改造较弱，近

断裂爆发相储层发育,斜坡部位喷溢相大面积分布。

我国东部中—新生代裂谷盆地中,广泛发育火山岩,它们与烃源岩具有较好的匹配关系,成为油气勘探的重要目标。

裂谷盆地火山岩发育与大陆板块大规模拉开、断陷、地幔上隆相伴生。一般在每一旋回的早期火山活动强度大,火山岩分布广泛,溢流相玄武岩发育,还有次火山岩相辉绿岩及爆发相的火山角砾岩和凝灰岩,面积和厚度大,以裂隙式喷发为主;而晚期岩浆活动变弱,表现为以中心式喷发占优势,火山岩分布相对局限、厚度薄,次火山岩相相对发育,其次为溢流相,而少见火山碎屑岩。一般裂谷边部火山岩时代老,向裂谷中心时代变新,这与断裂演化特征有关。

在渤海湾盆地古近纪岩浆活动旋回,孔店组至沙四段沉积时期为以断裂为主的构造活动最强烈的时期,大断裂的剧烈活动造成了沿其呈裂隙式喷发而广泛分布的火山岩;旋回晚期随断裂由整体活动性变为局部性,岩浆活动逐渐演变为以中心式喷发和侵入为主。

在裂谷盆地,火山岩储层发育受断裂控制。早期构造活动形成的断裂,为岩浆活动提供了通道,晚期发育的构造活动,使早期形成的火山岩发育一系列构造裂缝。如在渤海湾盆地,沈阳—潍坊、黄骅—德州—东明、霸县—束鹿—邯郸三条具走滑活动性质的北北东向深大断裂带,基本控制了火山岩的分布。在坳陷内部,与走滑断裂带相伴生的大断裂控制着火山岩的分布形式。走滑断裂带的活动控制着与其相伴生的大断裂,而这些大断裂的活动方式和活动程度决定了区内火山岩的分布。这些大断裂的存在,特别是大的剪切拉张(离散平移)断裂的存在,使得沿着走滑断裂带上升的岩浆很快即可能喷发或侵入到地壳表层。断裂复合处是火山活动最强烈的喷发中心。

由此,火山岩多沿一级断裂(分割坳陷内凸起与凹陷的断层)所派生的二级断裂呈条带状分布,在东营凹陷沿石村断裂一线分布的金家庄岩被和石村—草桥岩被规模最大,面积达160km^2,最厚达134~160m。产出形态上以溢流相熔岩流、熔岩被为主,爆发、侵出相极少;喷发环境以陆相为主,也有水下喷发。且火山岩被多呈等轴状、多孤立分布、推测以中心式喷发为主;少数为受断裂控制,呈线状排列,喷发类型以宁静溢流的夏威夷型为主,厚度大、面积广、产出平缓。

在松辽盆地深层断陷,火山岩体主要沿断裂分布,在近断裂处爆发相较发育,喷溢相主要分布在斜坡部位。

对于东部断陷盆地,断陷边界断裂控制盆地发育,同时控制火山岩的发育及其相带展布(图 8-21)。在大断裂附近的爆发相、近火山口喷溢相较发育,而向斜坡和凹陷部位,喷溢相大面积分布。一般而言,近断裂储层易受断裂改造形成裂缝,从而改善储层;溢流相储层发育除与喷溢和成岩作用有关外,还受到溶蚀等次生作用控制。由于近断裂部位一般也是构造部位相对较高的部位,因此以岩性—构造油气藏为主,斜坡部位主要形成岩性油气藏。

③ 西部叠合盆地火山岩大多经历多次构造运动,沿不整合面分布着大面积风化淋滤型储层,可形成大型整装地层型油气藏。

中西部盆地火山岩发育与古亚洲洋、古特提斯洋形成及其闭合、造山运动密切相关。如准噶尔、三塘湖、吐哈盆地火山岩是在天山—兴蒙海槽演化背景下发育的,以上古生界为主;古特提斯洋在晚古生代的伸展及其向欧亚大陆俯冲造成弧后伸展,形成了四川、塔里木盆地二叠系火山岩。从构造背景看,盆地内部的火山岩主要是由于克拉通或陆块内拉张作用形成的,而盆地边缘以及造山带内的火山岩为大洋内及岛弧背景下形成的。

三塘湖盆地石炭系火山岩累计厚度最大可超过7000m。岩性以玄武岩为主,其次为安山

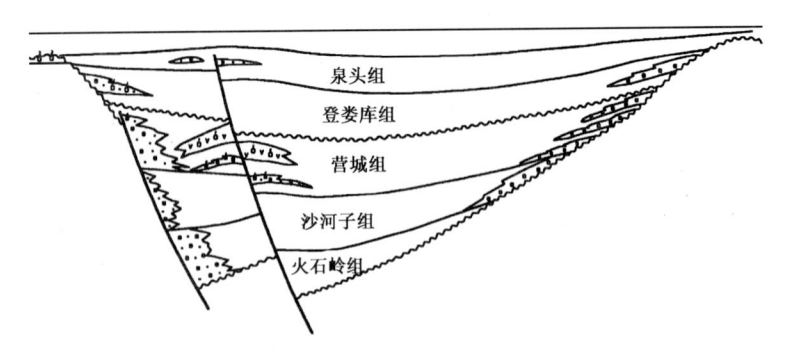

图 8-21 断陷盆地火山岩发育模式图

岩。火山岩多分布在断裂附近,火山活动受深大断裂的控制,主要以多火山口的裂隙式喷发为主。卡拉岗组火山岩以溢流相为主,部分地区见爆发相的火山角砾岩。厚度平面变化较大,沿深大断裂呈串珠状展布。卡拉岗组火山岩可分为四套,每套火山岩之间存在不整合面。分析表明,遭受强风化作用的火山岩储层物性最好,其次为弱风化作用的火山岩储层。未遭受风化的火山岩基质孔隙度普遍很低,孔隙度在 3% ~ 8% 左右,渗透率均小于 $0.05 \times 10^{-3} \mu m^2$,储层含油性也较差;遭受风化淋滤作用改造的火山岩储层物性明显增大,可达 11% ~ 16%,最高为25%,储层渗透性也有明显改善。有效储油空间主要是溶孔,爆发相的火山角砾岩和溢流相上部亚相淋滤溶蚀段物性最好,孔隙度为 14% ~ 16%,最高达 25%。卡拉岗组火山岩主要经历了两期风化淋滤。第一期风化淋滤是在第三期火山喷发后,火山休眠时间最长、遭受长期风化淋滤,以物理风化作用为主,化学风化作用为辅,储层裂缝发育,储集性能最好,是本区的主力含油段;第二期风化淋滤是在石炭系火山岩向二叠系沉积岩转化时期,卡拉岗组火山岩遭受第二次更大范围、更长时间的化学淋滤作用,形成了第四套火山岩体内部优质储层。

在准噶尔盆地西北缘,石炭系不同岩性的火山岩经历风化淋滤作用后,均可形成好储层,在风化面以下 600m 范围内储层最发育,储层发育深度可达到 1000m 以下。

在准噶尔盆地陆东地区,火山岩以中性熔岩为主,有基性和酸性熔岩,火山碎屑岩较发育,分布受断裂控制,火山岩体沿断裂呈串珠状分布。

(4)良好的盖层条件是油气成藏的前提。

与火山活动有关的生油岩可能为富含有机质的泥岩,如其覆盖在火山岩之上,既有利于油气的运移,又提供了良好的封盖性,对油气聚集十分有利。而火山岩本身也有致密段与孔缝发育段的交替出现,其中致密段本身就可作为良好的盖层。如在准噶尔盆地陆东地区,石炭系之上的二叠系泥岩为区域盖层,石炭系内部泥岩和凝灰岩为局部隔层。

(5)继承性发育的构造高部位是油气富集的有利地区。

火山岩发育的构造背景对火山岩成藏起着关键作用。构造高部位是油气运移的主要指向区,同时是有利储集体和不同类型圈闭发育的有利场所。

火山喷发物往往形成古地形锥状隆起,在其上往往有继承发育的构造,有利于油气运聚。渤海石臼坨隆起玄武岩油藏是中生代末期以来潜山上的继承性隆起。日本新潟地区的东新潟气田和颈城油气田、新近系"绿色凝灰岩"油藏是火山岩组成的古地理锥状隆起后继承性发展为背斜而捕集油气的。美国得克萨斯州沿岸平原油田、白垩系的玄武岩油藏是呈火山锥体的熔岩继承发展为穹隆而捕集油气的。

火山岩构造高部位是构造应力较强的部位,强烈的构造作用可以改善火山岩的储集性能。

一方面构造作用诱发大量构造缝,提高渗透率,另一方面构造作用产生的构造缝能够促进地下流体活动,形成次生储集空间。构造缝系统与其他成油条件良好的配合,是形成火山岩油气藏的关键。

在断陷盆地,处于继承性高部位的火山岩一般近火山口的爆发相较发育,且近断裂易发育构造裂缝,故储集物性一般较好,是油气聚集的有利部位。而在斜坡部位,喷溢相火山岩发育,更近油源,主要形成岩性油气藏。

在中西部地区克拉通内或陆内坳陷盆地,在构造相对高部位,往往风化溶蚀作用较强,形成大面积分布的溶蚀型储层,可形成大型整装油气田。如在准噶尔及三塘湖盆地,古鼻隆带风化溶蚀强,有较大规模断裂发育,有利于产生裂缝,形成好储层,且具有长期捕获油气的有利条件,是寻找火山岩油气藏的主要方向。在准噶尔盆地西北缘和三塘湖盆地已发现了与火山岩风化淋滤有关的大型地层油气藏。

(6)火山岩油气藏以岩性地层型为主。

火山岩储层非均质性一般较强,因此油气聚集往往受构造及岩性双重因素的控制,但总体受岩性控制。火山岩油气藏含油气面积一般较小,但储量丰度高,油气藏规模一般较小,但也可形成大油气田。

在东部断陷盆地,盆地原型遭受后期改造较为微弱,因此原始岩相决定着储集性能进而控制油气聚集。断陷盆地火山岩沿断裂呈带状分布。在断裂带周围构造相对高部位,爆发相储层发育,主要形成断块构造油气藏和构造—岩性油气藏;而在斜坡部位喷溢相大面积分布,岩性型油气藏普遍发育,且多层系叠合连片。

在中西部地区,如准噶尔、三塘湖、塔里木、四川等盆地,火山岩形成的区域构造背景为克拉通内或陆内坳陷盆地中的伸展作用,这些盆地多经历了多旋回的构造演化。受不整合面控制,风化淋滤型储层可大面积发育,呈面状分布,并可形成大型整装地层油气藏,如准噶尔西北缘石炭系火山岩大型地层油气藏。

第三篇 评价技术

第九章 岩性地层油气藏勘探核心技术

相对构造油气藏勘探而言,岩性地层油气藏勘探难度明显增大。构造油气藏一般以地震成像容易、油气水关系简单、储量丰度高、单井产量大等为典型特征,对勘探技术要求相对较低。比如应用常规二维地震等资料就能开展圈闭描述,应用常规测井资料就能开展油气层识别,应用常规钻井和测试技术就能进行勘探与生产。而岩性地层油气藏一般以地震成像困难、油气水关系复杂、储量丰度低、单井产量小等为典型特征,因此对勘探技术要求较高。比如主要用高分辨率三维地震才能进行精细的描述岩性圈闭,只能用一些特殊的地震、测井解释技术才能开展储层精细描述和油气层识别,只能应用欠平衡钻井和压裂技术才能有效保护和解放油气层,从而获得工业油气流。总之,应用构造油气藏的常规勘探方法和技术已不能满足岩性地层油气藏的勘探需要。"十五"期间,中国石油天然气股份有限公司针对岩性地层油气藏的勘探形成和发展了配套技术系列,本章结合项目攻关成果,重点介绍地震层序地层分析和储层预测等关键技术。

第一节 层序地层学工业化应用技术

海相层序地层学理论和方法引入我国之后,国内学者主要开展陆相层序地层学研究,在陆相层序成因理论、层序划分对比方法、层序特征描述技术及陆相层序演化规律等方面都取得了重要进展。特别是中石油学者提出的层序地层学工业化研究程序与技术,改变了过去过分依赖被动大陆边缘盆地层序模式、地震资料与解释技术应用不足等问题,使我国层序地层学研究从偏重于理论、概念探讨,发展成为指导岩性地层油气藏勘探的核心技术,得到了石油勘探界和石油地质学界的广泛认可,并在各有关油田广泛推广应用。

一、陆相层序地层学理论

层序成因是层序地层学理论研究的核心问题,主要研究内容包括两个方面:一是分析层序发育的主要控制因素,二是根据地史主控因素变化的沉积响应特征,分析各种级别层序和体系域的形成过程,建立具有成因意义的模式。

(一)陆相层序发育的主要控制因素

长期以来,我国构造学家、沉积学家、石油地质学家都普遍认为构造作用是沉积演化的首要控制因素,并建立了我国各主要盆地纵向沉积演化阶段性与构造发展旋回的关系(朱夏等,1990;胡见义等,1991;吴崇筠等,1992;田在艺等,1997)。受海相层序地层学观点的束缚,20世纪80年代末至90年代中期,一些学者收集各种海侵影响证据,论证我国中—新生代陆相盆地普遍受到海侵或海泛影响,并以此说明我国中—新生代盆地可以开展层序地层学研究,尝试根据海平面变化解释我国陆相层序形成过程,从而引发了海侵影响问题的大讨论。通过讨论逐步达成一些共识,是否受到海侵影响,不是能否开展层序地层学研究的先决条件;一些疑似海侵影响的证据,不能改变我国主要中—新生代盆地作为陆相盆地的性质;幕式构造沉降作用控制了陆相盆地层序形成,气候变化和物源供给主要影响层序组成特征(汪品先,1992;孙镇城等,1992;池英柳等,1996)。

1. 构造条件

构造沉降作用是陆相层序形成的首要控制因素,主要表现在以下几方面:① 没有构造沉降形成的可容纳空间,就没有沉积物堆积的场所,也就没有层序形成;② 构造沉降速率和沉降面积旋回性变化,引起可容纳空间演变和补偿关系的变化,导致沉积作用阶段性和沉积环境变迁,形成各级层序和体系域;③ 构造作用形成的古地理格局,决定了物源区和沉积区在空间上的展布,是陆相盆地具有近物源、多物源和快速沉积充填等特征的主要控制因素,盆地内部构造古地理格局则控制了沉积区内沉积体系的分布;④ 不同类型陆相盆地的形成动力机制、沉降演化历史、地质结构特点、沉积区与周围隆起区(物源区)空间配置及相互作用特点等方面的差异,导致各种盆地的层序地层结构特点、主要砂体类型。

陆相盆地一个大的构造—沉积旋回,特别是一个完整的二级构造—沉积旋回,通常可区分为四个沉积演化阶段(图9-1)。第一阶段为构造沉降初期沉积的红色碎屑岩,如渤海湾盆地各凹陷断陷初期沉积的孔店组下部或沙四段下部,主要为坡积、洪积、冲积扇、河流—泛滥平原相沉积。第二阶段为湖盆扩展期沉积的湖侵沉积序列,如渤海湾盆地孔二段、沙三段中下部、沙一段等,盆地边缘发育扇三角洲、三角洲、滩坝等类型砂体,盆地中心发育深水暗色生油岩及重力流沉积。第三阶段为湖盆萎缩期沉积,如渤海湾盆地孔一段、沙三段上部、东营组等,盆地周围为河流相—三角洲沉积,盆地中心发育半深湖—浅水沉积。第四阶段为盆地稳定水体消亡后的沉积,以曲流河泛滥平原沉积体系发育为特色,渤海湾盆地陆上部分东营组上部普遍发育这种类型沉积。

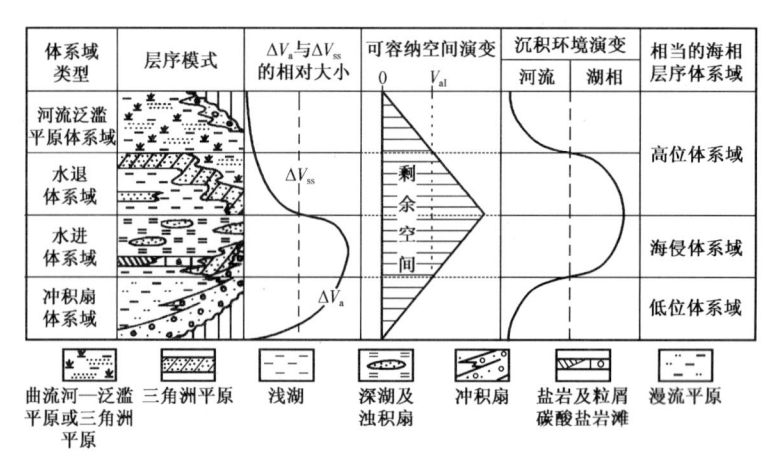

图9-1 陆相盆地层序模式与成因分析图(据池英柳,1998 修改)

ΔV_a—可容纳空间增长速率;ΔV_{ss}—沉积物供给速率;V_{a1}—I类空间

2. 气候条件

气候主要影响陆相层序的沉积特征。陆相盆地沉积水体规模小,气候变化对陆相层序的影响比对海相层序的影响更为明显。古气候背景不同,导致母岩风化作用方式和产物类型、沉积物搬运方式、湖盆水体规模及水介质条件等方面差异,进而影响沉积类型(图9-2)。在干旱气候背景下,母岩以物理风化为主,风化产物中机械破碎的碎屑物质所占比例较高,间歇性洪水作用和风力是沉积物搬运的主要介质,砂体以重力流沉积为主,主要发育冲积扇、扇三角洲等类型砂体,如二连盆地下白垩统。潮湿气候条件下,母岩以化学风化为主,沉积地层中泥岩所占比例高于干旱背景沉积,主要发育正常牵引流沉积砂体,在构造沉降深陷期,湖盆面积大、水体深,发育大面积深水暗色泥岩,同时伴随有深水湖底扇重力流沉积,如渤海湾盆地古近系沙河街组。

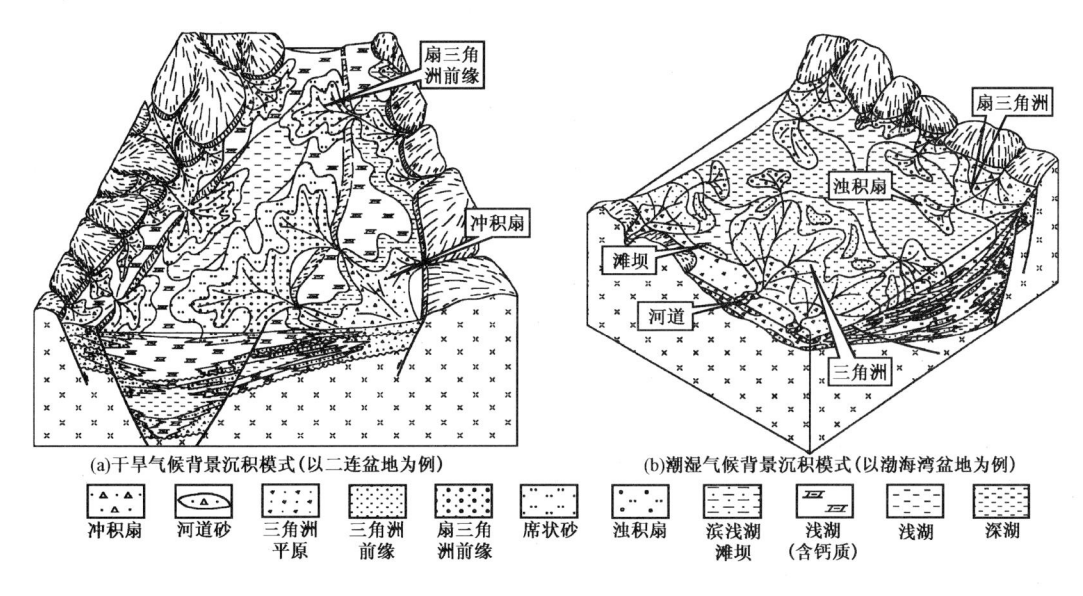

图 9-2 陆相断陷盆地不同气候背景下沉积类型差异模式图(据贾承造等,2004)

此外,气候变化引起湖平面波动才是"气候层序"形成的主要控制因素。"气候层序"一般指与米兰科维奇气候周期有关的旋回性沉积,其变化周期为 2 万年、4 万年、10 万年和 40 万年。气候变化可以解释部分 5 级或更高频层序的形成机制,主要应用于中新世以来沉积的年轻地层。更为古老地层"气候层序"的识别,因同位素测年精度的限制,难以获得可靠证据,应用受到局限,故"气候层序"不是油气勘探的主要研究对象。但气候干旱引起湖平面下降,并不一定意味着有大量类似海相层序"低位扇"砂体形成,事实可能恰恰相反。里海上新统"气候层序"的详细研究成果说明,砂体主要形成于湖平面上升期,湖平面下降期几乎没有砂体形成(Nummedal 在中国讲课材料,2005)。

3. 物源条件

物源供给影响砂体平面分布。陆相盆地湖盆水动力弱,陆源碎屑物质入湖位置控制了主要砂体的平面分布位置。主要物源区与沉积区空间配置差异,可能导致沉积特点的巨大差异。例如,冀中坳陷西部凹陷带临近太行山隆起主物源区,粗碎屑物质优先快速充填,导致深湖相暗色泥岩欠发育,成藏条件较差;东部凹陷带远离太行山主物源区,生油条件相对较好,成为冀中坳陷已发现油气藏的主要分布区。黄骅坳陷与之类似,北塘凹陷优先截留来自燕山隆起区的粗碎屑物质,使生油岩体规模相对较小;板桥—歧口凹陷远离主物源区,生油岩体规模和生烃潜力大,纵向上发育新近系、古近系和前古近系三大套含油气层系,成为渤海湾盆地五大富油气凹陷之一。歧口凹陷南部和沧东—南皮凹陷,沙一段沉积时期因碎屑物质输入少,发育大面积湖相碳酸盐岩内源沉积。

沉积物供给量(V_{ss})与同期构造沉降产生的可容纳空间(V_a)之间的对比关系,控制了纵向沉积演化与横向沉积相迁移(图 9-3)。$V_a > V_{ss}$,为欠补偿背景沉积,近源沉积相向物源区方向退却,形成退积型沉积序列。$V_a < V_{ss}$,为超补偿背景沉积,形成进积型沉积序列。$V_a = V_{ss}$,为恰好补偿背景沉积,形成加积型沉积序列。$V_a = 0$,沉积物恰好充填至基准面,形成无沉积间断。$V_a < 0$,表明陆相盆地处于构造抬升环境,早期沉积物遭受侵蚀,形成不整合面。

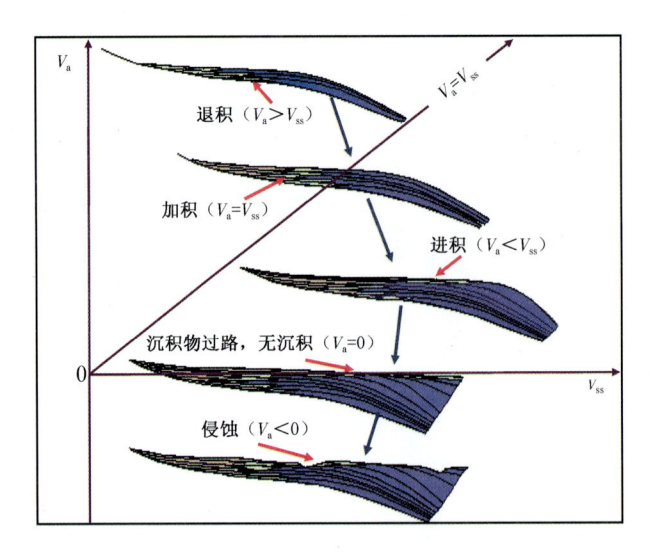

图 9-3　可容纳空间演变与层序形成过程（据 Shanley 等,1994）

在 V_a 和 V_{ss} 两个变量中,构造沉降产生可容纳空间,是沉积作用的前提条件,是主动起作用的因素,因此构造沉降是陆相层序形成的第一控制因素。很显然,物源供给是否充足,对相似构造背景下沉积环境和相类型有重要影响,但物源条件是被动起作用的伴随性因素,不是主导因素,物源区侵蚀作用及沉积物供给量与构造活动密切相关。

（二）可容纳空间演变与陆相层序体系域形成

受海相层序地层学观点的影响,我国学术界先后流行根据海平面变化、湖平面变化和基准面变化,解释和划分陆相层序和体系域,目前流行根据基准面变化解释层序和体系域的形成机制。Wheeler(1964)在阐述基准面概念的时候,特别强调基准面是一个想象的界面,不是沉积作用的控制因素。基准面不是一个实际的物理界面,多数情况下没有足够的证据识别或判断地史时期的基准面变化。用抽象、推测的基准面变化,指导层序划分和识别体系域类型,缺少客观、可供操作的标准,不同研究者掌握的资料和对基准面理解的不同,必然导致层序分级混乱、体系域划分命名不一致等许多问题。因此,笔者主张根据可容纳空间演变的沉积相应特征,分析层序和体系域形成过程,建立陆相层序成因模式(池英柳等,1998;邹才能等,2004)。

可容纳空间指(基准面之下)"可供沉积物堆积的潜在空间"(Jervey,1988)。陆相盆地作为地表的局限洼地,可容纳空间变化主要受构造升降、沉积物供给、气候变化三个因素控制。构造沉降控制可容纳空间产生、规模大小及增长速率,沉积物供给充填作用和构造抬升则导致可容纳空间减小、消亡。气候变化引起闭流湖盆的湖平面升降,决定湖相和河流相沉积空间所占的比例,对沉积环境和相类型分布有重要影响。

Shanley 等(1994)根据可容纳空间增长量与同期沉积物供给量的比值关系,建立了用于解释层序结构和层序边界形成机制的模式,该模式既可以用于分析海相层序形成,也可以解释陆相层序的发育过程(池英柳,1998)。以陆相断陷盆地为例,一个完整的二级层序可区分出四个构造—沉积演化阶段,参照 Brown 和 Fisher(1977)首先提出的体系域定义,可分别命名为冲积扇体系域、湖侵(或水进、湖扩展)体系域、水退(或湖退)体系域和河流—泛滥平原体系域(图 9-1)。层序边界为不整合面,层序内部体系域的分界面自下而上分别为初期湖侵面、最大湖侵面、湖泊消亡面。各体系域及体系域分界面的形成机制,可根据二级裂陷幕沉降过程中产生的可容纳空间增量(ΔV_a)与同期沉积物供给量(ΔV_{ss})的比值变化来解释(池英柳等，1996)。

根据可容纳空间演变过程中的沉积响应特征，可以分析层序、准层序组、准层序及各类体系域的形成机理，这一思路不仅适合海相盆地，也适合陆相盆地，是层序地层学的思想精华，而区别于沉积学。沉积学思想的精华是根据沉积物搬运介质和沉积环境介质的能量变化，这一思路适合于解释同时期形成的各种沉积结构、沉积构造和沉积相类型与分布的成因机制，但不适合于解释沉积序列的成因。成因理论的差异反映学科思想的差异，因而笔者不主张将层序地层学作为沉积学的组成部分，而应当作为与沉积学并列的沉积地质学的分支学科。

(三) 不同类型陆相盆地层序发育模式

我国陆上主要的陆相盆地可以分为陆相坳陷盆地、陆相断陷盆地和陆相前陆盆地三种基本类型(贾承造等，2004)。不同类型盆地的沉降动力机制、地质结构特点、沉积时期古气候背景、沉积区与周围隆起区(物源区)空间配置及相互作用特点等方面的差异，导致各种盆地的层序地层结构特点、主要砂体类型及其三维空间分布差异，但各种类型陆相盆地的体系域组成和形成过程均可根据新增可容纳空间与同期沉积物供给量的比值变化解释。

1. 陆相断陷盆地层序模式

根据渤海湾盆地和二连盆地的层序地层学研究，陆相断陷盆地一个完整的二级层序，可以区分出沉积特征差异明显的四个体系域(图9-1)。但有的二级层序可能缺少某一个或两个体系域，一般有以下组成特点：① 冲积扇体系域在断陷沉降初期第一套层序底部普遍发育，曲流河—泛滥平原沉积体系域在断陷阶段最后一套层序顶部普遍发育，中间裂陷幕的层序上述两类体系域可能都不太发育；② 由于陆相断陷盆地堆积速率高，沉积物分异程度低，三级层序一般表现为"半旋回"，多数情况下难以区分出不同类型体系域，此时我们将三级层序称为准层序组；③ 大型陆相断陷盆地存在明显的裂陷中心迁移现象，各凹陷每一套层序的发育特点可能存在很大差异。如渤海湾盆地古近纪裂陷中心由陆上向渤海海域方向迁移，各凹陷层序发育特点明显不同。

2. 陆相坳陷盆地层序模式

据对松辽盆地和鄂尔多斯盆地的层序地层学研究，陆相坳陷盆地主要发育以下三种类型层序，每一种类型层序的体系域组成不同。第一种类型，主要由辫状河、曲流河、泛滥平原沉积组成的层序。这种层序形成于构造沉降相对缓慢的背景下，层序内部缺少稳定的湖相沉积，水进和水退体系域均不发育，仅发育冲积扇体系域和曲流河泛滥平原体系域。渤海湾盆地陆上部分新近系馆陶组层序属于这种类型。第二种类型，层序内部发育稳定湖相沉积，纵向上由冲积扇体系域、水进体系域和水退体系域组成。这种类型层序形成于陆相坳陷盆地主成湖期，如松辽盆地泉头组—青山口组层序、鄂尔多斯盆地延长组6段—10段层序均可划分为三个体系域。第三种类型，层序内部仅发育水进、水退两种类型体系域，冲积扇体系域和曲流河—泛滥平原体系域欠发育。这种层序组成是陆相坳陷盆地主成湖期三级层序的典型组成特征，如泉头组—青山口组二级层序中，泉头组四段和青山口组可以进一步划分为三个三级层序，每个三级层序均由水进和水退两个体系域组成。

3. 陆相前陆盆地层序模式

除了川西、鄂西缘等少数盆地外，我国中西部大多数前陆盆地与国外经典前陆盆地有较大差异，往往缺少被动边缘海相沉积层序，以楔形陆相沉积为特色。近山一侧发育厚度很大的冲积扇—(扇)三角洲沉积体系,砂体规模较大时,(扇)三角洲前缘可延伸覆盖至前缘隆起的斜坡区。如准噶尔盆地腹部隆起的砂体主要来自盆地外围的山系,源自盆内隆起的砂体规模小、分布局限。我国许多前陆盆地,如柴北、鄂西、酒泉等前陆盆地,其前缘隆起区与盆地主体一起被掩埋,本身缺少大规模水系输入,在前缘隆起的斜坡区往往发育各种滩坝沉积,潮湿气候条件下以砂岩类滩坝沉积为主,在气候较干旱条件下广泛发育碳酸盐岩鲕滩或薄层碳酸盐岩。

临近山系的构造活动性控制了盆地古地理格局,从而控制了纵向上沉积演化和层序发育特点。造山幕早期,是山系逆冲推覆活动的主要时期,引起山前带快速沉降,发育冲积扇体系,水进期演变为扇三角洲、湖底扇体系,与此同时在前缘隆起斜坡区发育小型扇三角洲和滩坝砂体。造山幕晚期,山系活动性减弱或停止活动,盆地缓慢沉降,古地形变平缓,形成水退体系域三角洲沉积体系,而后演变为曲流河—泛滥平原沉积。

川西前陆盆地上三叠统是我国较为典型的前陆盆地,纵向上可划分为五个层序,即马鞍塘子组层序、小塘子组(或称须一段)层序、须二段层序、须三段层序、须四段—须五段层序(图9-4)。其中马鞍塘子组层序、小塘子组为海相沉积,须二段至须五段三个层序主要为陆相沉积,每个层序由2~3个体系域组成。根据野外露头剖面观察和井筒资料分析,川西前陆盆地陆相地层在各地区沉积特点差异较大,但总体上看层序底部冲积扇体系域河道滞留底砾岩沉积,具有粒度粗、厚度较大、平面上分布局限的特点。湖侵体系域主要为浅湖、沼泽相泥岩和辫状河三角洲沉积。水退体系域主要发育三角洲平原分流河道砂岩、泛滥平原泥岩沉积,在层序顶部局部地区发育冲积扇砾岩沉积。

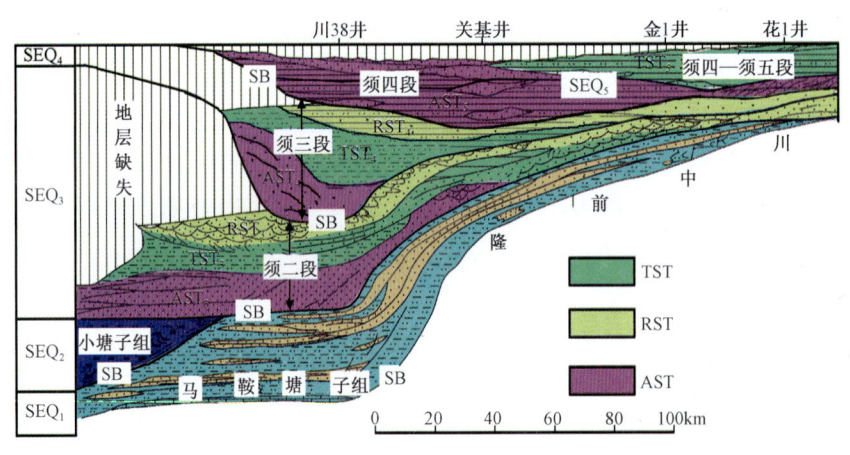

图9-4 川西前陆盆地上三叠统层序划分与结构特点
AST—冲积扇体系域;TST—水进(湖侵)体系域;RST—水退体系域

除了上述进展外,陆相盆地"坡折带"控砂作用、层序演化过程模拟等方面理论研究也有一定进展。这些研究能够结合盆地实际地质特点,分析陆相层序特征形成机制,比机械照搬海相层序模式可以视为一种进步。陆相"坡折带"控砂作用的机理,主要反映古地形、古地貌变化对砂体分布的影响,与过去认识到的"断槽控砂"作用、"构造传递带控砂"作用机理有相似之处。与海相层序模式强调海平面下降至陆架边缘坡折带之下,引起陆架暴露、侵蚀并在陆坡或深海平原形成盆底扇的成因机制有根本不同。

二、层序地层学工业化应用六个步骤

20世纪90年代,我国陆相层序地层学研究偏重于探讨海相层序地层学概念在陆相盆地的适用性,在研究积累不足的情况下,参照海相层序模式,提出了许多与陆相盆地沉积特点不一致的"陆相层序模式"。研究时地震资料和地震解释技术运用不充分,影响了层序分析结果的定量化水平和目标评价的精度,离解决油气勘探中的实际问题还有较大差距。针对这些问题,"十五"期间,中国石油勘探开发研究院加强层序地层学工业化应用研究,提出了层序地层学工业化应用研究程序,并针对岩性、地层油气藏勘探的技术需要,提出每个步骤应完成的基本研究内容、存在问题与技术对策(贾承造等,2004;邹才能等,2004)。

(一)沉积背景调研

无论是区域层序地层学研究还是目标区块的高分辨率层序地层学研究,首先需要调查研究区及研究目的层段沉积时所处的地质背景,重点了解构造背景、古气候背景和物源供给条件。构造背景调研主要了解研究区所处的板块构造背景、盆地类型、盆地的构造格局、构造演化史,了解宏观沉积演化历史,指导层序划分对比与组成特征分析。古气候背景调查主要根据岩性、岩相特征、古生物组合等特征,分析或推测沉积时期的古气候特征,判断可能的沉积类型。物源供给条件调研主要是应概略了解研究区与物源区空间配置、物源区规模、母岩性质、构造活动性等,有助于分析沉积体系和相分布。

沉积背景调研具体作用有以下三方面:① 增强研究思路、方法的针对性,制定合理的研究方案。陆相盆地层序组成特征及其对油气分布的影响差异较大,在开展具体层序地层学研究之前,了解研究区的背景资料,可以把握研究的重点问题,有效解决油气勘探的实际问题。② 了解构造演化阶段,提供层序划分依据。陆相层序形成主要受构造演化阶段性控制,构造活动多旋回性控制多套层序形成,构造旋回或构造幕的多级次性决定层序的多级别层次,陆相层序划分的实质就是确定构造旋回和构造幕起始或结束的,以往区域构造演化史研究成果对区域大套层序划分有重要参考价值。③ 预见层序发育特点,建立合理的层序模式。尽管目前尚无普遍认可的陆相层序模式,但构造、气候、物源条件对沉积特征的影响是清楚的。从陆相层序形成三个主要控制因素分析入手,可以为沉积环境、相类型与分布特征研究提供背景资料和宏观判断依据。基于对沉积背景的了解,可以合理排除一些局部、细节特征,把握宏观总体的层序组成特征,建立反映研究区主要特征的层序模式。

忽略沉积背景调研,可能得出与实际不吻合的结论。例如,冀中坳陷牛坨镇凸起现今是缺失古近系的高凸起,但孔店组沉积时期凸起并不存在,对廊固凹陷和霸县凹陷不起分隔作用,也不是物源区,渐新世才逐渐抬升使古近系剥蚀殆尽。有些研究者不了解冀中坳陷的构造演化历史,编制的孔店组沉积相图中,围绕牛坨镇凸起有一系列砂体,与事实相悖。

(二)层序划分对比

目前,国内层序地层划分对比的主要问题有两个:① 层序分级混乱,不同研究者对同一研究区块的层序划分结果不统一,同一研究者对同盆地不同区块的层序划分方案不一致;② 钻井和地震层序划分不统一。

针对层序分级混乱问题,建议:① 层序分级与石油地质界广泛采用的"五级旋回"划分相对应,与构造演化阶段相统一。例如,渤海湾盆地古近系属断陷期沉积,为一级层序;孔店组、沙四段—沙三段和沙二段—东营组为3个二级构造幕控制下的3个二级层序,如此类推,四级层序相当于砂组,五级层序相当于过去所说的"第五级沉积旋回"。② 区域层序地层学以盆地或坳(凹)陷为研究单元,目的是寻找新的含油气层系和有利勘探方向,应着重划分二级和三级层序,以识别层序边界不整合面和最大湖侵面为重点。③ 高分辨率层序地层学研究以区带或目标为研究对象,目的是寻找有利圈闭和落实井位,应划分至四级层序(或称准层序)。

解决同一盆地不同区块建立的层序格架不等时问题应注意:① 应注重区域沉积背景调

研,即使只研究一个三维地震区块的层序地层,也需要注意调研全盆地构造演化史,使盆地内部二级和三级层序界面与盆地边缘地区通常都存在的不整合面对应。② 钻井与地震交互对比,使钻井层序划分与地震划分相互统一(图9-5)。

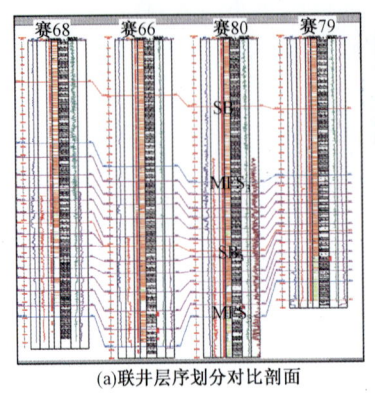

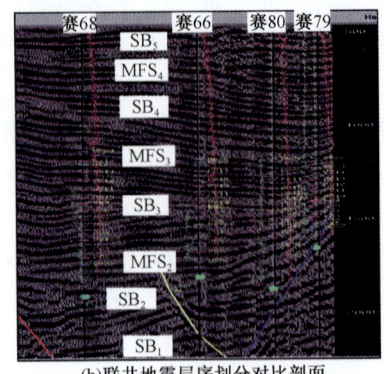

图9-5 二连盆地赛汉塔拉凹陷赛68井—赛79井层序划分对比图

建立层序地层格架基本步骤为:建立基干联井地震剖面网格,网格密度应能控制研究区内沉积体系分布;确定典型井纵向层序划分方案,一般选择位于过渡相带的井,根据纵向沉积相序演化的转换面或突变面识别层序、体系域和准层序边界;联井剖面层序对比,层序划分与对比实际统一完成,可以采用沉积序列对比法、层拉平对比法、地层叠置方式对比法等,使联井剖面层序划分结果一致;根据地震不整一特征或宏观地层结构转换面,识别层序边界不整合面或最大湖侵面;通过钻井与地震交互对比,使二者层序划分相互统一。

需要注意的是:① 陆相沉积相变快,一般缺少很稳定的标志层,必须采用多种方法,充分利用各种钻井和地震信息,单独根据钻井剖面或地震剖面都难以建立合理的等时层序格架,钻井和地震层序划分必须统一;② 划分局部区块层序必须与全盆地构造演化阶段和层序演化过程相一致,才能通过多个项目的研究积累,最终确认一个合理的、被普遍接受的盆地层序划分方案;③ 陆相层序形成主要受构造演化阶段控制,能够指示不同级别构造幕或旋回开始和结束的标志,都可以作为层序划分依据;④ 层序界面是不同级别的沉积间断面,区域性、沉积间断时间长的界面是一级、二级层序界面,而局部沉积间断则是三级、四级层序的界面,层序划分必须从高级别到低级别划分。

(三)层序界面追踪闭合

层序界面追踪闭合的方法与通常的地震构造层位解释没有根本区别,解释地震层位的技术都可以用。不同的是,层序地层学研究强调识别不整合面、最大湖侵面,因为它们与岩性、地层圈闭关系最密切。不整合面控制了地层超覆圈闭和不整合遮挡圈闭,最大洪泛面则与各类孤立砂体岩性圈闭相伴生。划分对比高分辨率层序时强调识别湖侵面,这是因为其等时性最好。多年实践证明,高分辨率层序地层学研究主要有以下作用:① 减少追踪层位穿时现象,提高构造成图精度;② 分析地层尖灭和断缺层段,查明不同类型油气藏分布;③ 提供测井约束地震反演更为符合实际的地质模型,提高地震储层预测精度;④ 建立等时地层格架,认识储层和油层连通性;⑤ 进一步理清储盖组合,明确勘探目的层;⑥ 分析岩性、地层圈闭的形态、边界和成藏条件。

(四)沉积相综合分析

针对沉积相存在多解性的问题,应将岩心、露头、测井、录井等资料作为确定沉积相类型的依据,以地震相、地震波形分类和地震储层预测结果作为确定各种沉积相分布范围的依据。

层序地层学与传统沉积学研究提供的成果图件形式上一样,但预测作用有明显区别。传统沉积学主要用钻井资料按照沉积模式编图,只起描述研究区沉积特征概念的作用,缺少预测功能。层序地层学的各种沉积相剖面图和平面图是在层序界面约束下,使用地震岩性反演等定量储层预测结果编制,因而有预测意义,可作为井位部署的直接依据。

(五) 层序界面约束地震储层预测

目前,识别层序格架内的砂体主要采用20世纪70年代末地震地层学提出的地震相识别技术(即"相面"法),编制的层序单元砂体分布图主要是定性或半定量图件。地震储层预测技术已普遍应用,但不用层序地层格架约束反演,只能反映多套复合砂体的分布,而难以预测单个砂体分布与接触关系(图9-6a)。层序分析与储层反演分离,影响了地震储层预测精度。多年研究实践表明,在高分辨率层序格架约束下,采用各种储层预测技术,地质建模到同相轴,可以提高储层预测精度,有利于识别砂层尖灭线、孤立砂岩体的分布(图9-6b)。在层序界面内追踪闭合基础上,将各种储层反演技术、等时切片技术、地震波形分类技术、三维可视化解释技术等许多新技术应用于层序分析,可以编制出一系列砂岩厚度图、砂岩百分含量等值线图,从而提高层序分析的定量化水平。

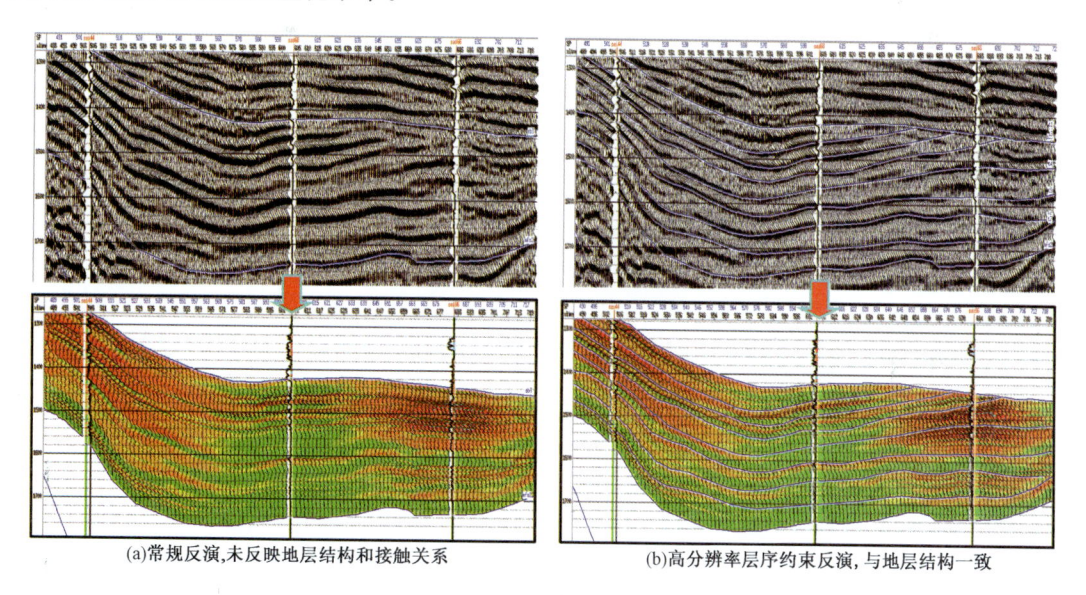

(a) 常规反演,未反映地层结构和接触关系　　(b) 高分辨率层序约束反演,与地层结构一致

图9-6　层序约束反演与常规约束反演对比剖面图

(六) 成藏规律与目标评价

在目标评价与研究成藏规律时,层序地层学应完成以下几方面内容的研究:① 通过区域层序演化规律的研究,查明纵向上区域生储盖组合规律,明确勘探主攻目的层序,探索油气勘探新领域;② 通过高分辨率层序地层学研究,查明目标区的勘探目的层;③ 在层序格架约束下综合评价分析有利砂体,包括储层物性预测分析、含油气性分析等;④ 通过岩性、地层圈闭条件分析,查明层序格架内地层超覆线、圈闭边界线分布等。

将层序演化、分布特征与油气成藏规律结合,深化了中国陆相岩性、地层油气藏分布规律,提出了许多新认识。提出"三面控藏"模式,反映陆相层序演化规律与岩性地层油气藏分布的关系;建立了四类盆地多种类型构造—层序成藏组合模式,反映不同构造背景下层序组成特征及其与岩性地层油气藏聚集区带的关系；通过分层序单元编制沉积体系与岩性油气藏分布关系图，认识到陆相坳陷盆地具有三角洲前缘大面积含油的特点，陆相断陷盆地富油气凹陷多套叠合具有联片含油的趋势；以三级层序为基本单元，编制沉积相图、构造图、油气藏分布图并与有效生烃强度图叠合，寻找岩性地层油气藏勘探有利区带。

第二节 储层预测关键技术

在岩性地震勘探的实践中，无论是东部的松辽盆地，中部的鄂尔多斯盆地，还是西部的塔里木和准噶尔盆地，都面临着许多共性的难题。如在储层与非储层岩性速度差异较小的时候，常规地震反演无效；在 AVO 分析中，现有方法还不能有效满足岩性和油气检测的需求；松辽盆地中浅层薄互层砂体识别、塔里木深层碳酸盐岩储层和东河砂岩识别、准噶尔腹部的低信噪比资料砂岩识别，都面临地震分辨率的制约。因此，采取新的思路，研发针对性的技术十分必要。下面重点介绍近年来针对中国岩性油气藏勘探研发的一些关键技术。

一、多属性储层特征反演技术

地震反演是目前最常用的储层预测方法，基于模型的地震反演对于提高岩性解释的分辨率十分有效，但是在储层和非储层岩性速度差异较小时，这种方法就遇到困难。基于模型的地震反演通常是采用声波波阻抗进行约束，但是，声波测井资料在做环境校正之前，有时并不能有效区分岩性、储层和烃类的差异。因此，在实际工作中，为了有效解决岩性、储层、烃类识别问题，我们在大量实践的基础上提出基于储层特征重构基础上的多参数储层特征反演方法。这种方法经过大量的实践已被国内广泛接受和普遍应用，成为目前解决复杂储层预测最主要的技术。其基本思路如下：以储层特征重构的拟声波约束模型的物理参数，以地震解释的层位约束模型的几何参数，建立合理的油藏地质模型，通过对地质模型进行优化和修改，使模型的合成记录与实际地震记录尽可能接近。由于反演结果是通过正演得到的，因此，可以突破常规地震分辨率的限制，使反演分辨率向测井分辨率靠近。储层特征重构和多参数储层特征反演是关键环节。

（一）储层特征重构技术

根据电测曲线重新构造一条反映储层特征的拟声波曲线，用于模型约束反演，其关键是储层地球物理特征的识别和构造。如果声波波阻抗可以有效识别研究对象，则用实测声波进行约束反演；如果声波不能有效识别研究对象，我们需要借助别的测井曲线，通过经验关系构造一条反映储层地球物理特征的拟声波曲线，用于测井约束反演的初始模型建立，或作为多属性地震反演的目标函数。储层特征重构的目的是为了使反演结果能够有效分辨岩性、识别储层和检测烃类。这种思想在实际工作中是有效的和可行的，图 9-7 为声波、自然伽马和自然电位曲线，不同的电测曲线从不同侧面反映同一岩石的物理性质。宏观上看，它们在形态上存在相似性，因为它们反映同一岩石的物理性质，这意味着它们存在关联性；微观上看，它们在曲线细节、幅度和量纲上又有区别，因为它们从不同侧面反映岩石的物理性质，分别反映岩石的弹性、放射性和电性，这意味着它们又存在差异性。相关性意味着不同电测曲线可以重构，差异性意味着不同电测曲线又不完全等价。由于重构的拟声波只是用于构造测井约束反演的初始模型，只是一个参考答案，并不需要十分精确。事实上，地震反演过程中会根据地震模型响应和实际地震记录的差异，对初始模型进行修改。因此，基于重构的地震反演在实际工作中是可行的。

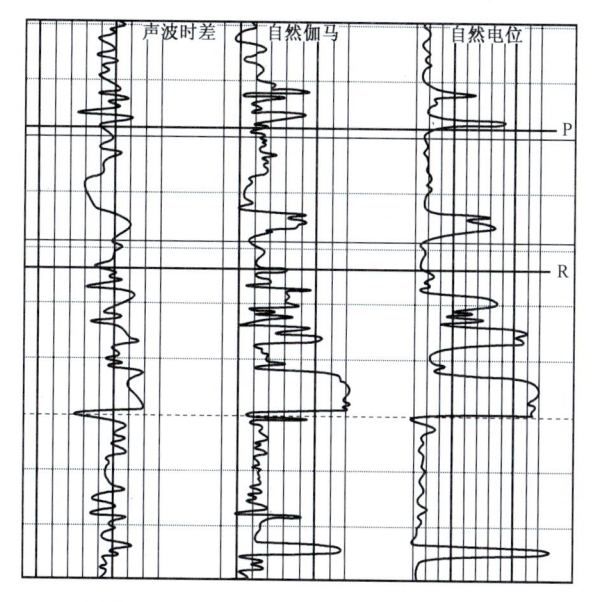

图9-7 声波时差、自然伽马和自然电位曲线(据郑晓东,2001)
不同的电测曲线从不同侧面反映同一岩石物理性质

(二)储层特征反演技术

在储层特征重构的基础上,进行基于模型的地震反演,以储层特征重构的拟声波约束模型的物理参数,以地震解释的层位约束模型的几何参数,建立合理的油藏地质模型,通过对地质模型进行迭代修改,使模型的合成记录与实际地震记录尽可能接近,这样得到的模型结果就是反演的结果。由于这种方式的反演结果经常更多地是直接反映储层的特征,更便于进行解释,我们经常把这种反演称为储层特征反演。图9-8对比了常规地震波阻抗反演和储层特征反演的结果。(a)为常规地震剖面,在地震振幅剖面上很难识别砂体的分布;(b)为声波约束反演剖面,砂泥边界模糊、不可靠,岩性分辨率低,储层解释困难;(c)为用自然电位转换的拟声波约束的储层特征反演剖面,砂泥边界清晰、可靠,岩性分辨率高,可以有效追踪地震剖面。显然,在实际工作中,如果我们不进行储层特征重构和储层特征反演处理,直接用声波进行约束反演,反演的结果不能有效描述砂体,不能指导井位部署,反演工作等于白做。但是,采用储层特征重构的储层特征反演,反演的结果不仅可以有效改善砂体的垂向分辨能力,而且可以精确描述薄砂层的空间变化,有效指导油气田勘探和开发井的部署。因此,基于重构的地震反演在实际工作中是十分必要和有效的。

(a)常规地震剖面　　(b)声波测井约束反演剖面　　(c)储层特征反演剖面

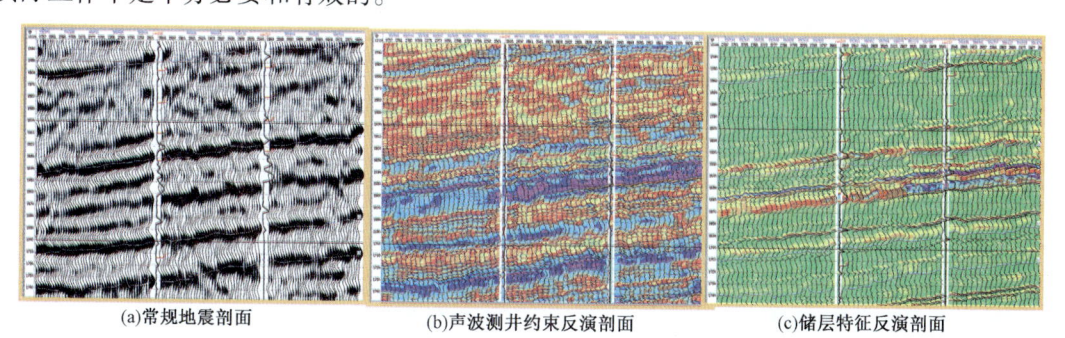

图9-8 储层特征重构与储层特征反演(据郑晓东,2001)

(三) 多属性储层特征反演技术

许多复杂的储层,像裂缝储层,常规的储层预测技术很难有效进行描述。多属性储层特征反演技术提供了一种新思路,其基本方法是:通常由测井信息构造一种裂缝敏感属性,作为反演的目标函数;利用多参数储层特征反演技术构造一种或多种裂缝敏感的地震属性,结合其他各种地震属性,采用神经网络技术对目标函数进行学习,并对三维数据体进行外推,得到类似目标函数的裂缝敏感特征参数数据体,对裂缝储层进行精细描述。我们采用这种技术对华北桐43井区的砾岩裂缝进行了预测,取得了较好的效果(图9-9)。通过岩性反演确定砾岩体的分布,利用裂缝特征反演描述砾岩体内幕裂缝的分布。

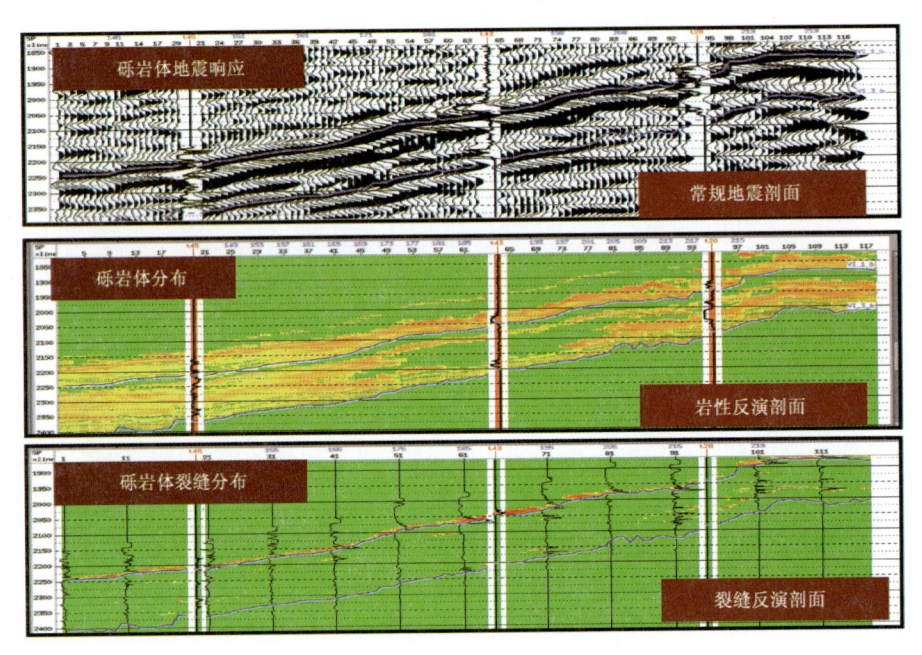

图9-9 华北桐43井区砾岩裂缝体多属性裂缝特征反演结果

多属性储层特征反演技术特点是反演对象广泛,可以是岩性参数声阻抗、密度、速度;可以是物性参数孔隙度、饱和度、裂缝参数、泥质百分比含量;也可以是供参考的拟测井属性,如拟伽马属性体、拟电阻率属性体、拟电位属性体等。其技术关键是模型道的构造和地震属性优选,即如何选取合理和有效的目标函数,如何构造储层敏感的地震特征属性。这种方法适用于井比较多的情形,多用于开发阶段,也经常用于复杂储层描述。

二、叠前多波属性反演新技术

AVO分析的关键是要充分挖掘和利用叠前地震记录中非零偏移距地震信息的潜力,潜力的挖掘需要对AVO理论的深刻理解。AVO精确理论表明:纵波振幅系数随入射角变化不仅饱含岩石的密度和纵波速度,而且也隐含横波的速度,同时也隐含了横波、转换横波等多波属性信息。因此,可以进一步得到各种弹性参数,如拉梅常数、体积模量和泊松比。AVO分析的精确理论十分复杂,实际应用不方便,实际工作中多采用近似解。

虽然近似公式的表达式不尽相同,但其精度无太多差异。人们总是喜欢使用那些形式简洁、物理意义明确的近似公式。近似公式是进行AVO反演、AVO交会图分析、岩性预测和烃类检测的基础。不同的近似公式强调不同的侧面,Aki(1980)表达式强调的是岩性参数变化量,在弹性参数反演中经常使用;Shuey(1985)表达式强调的是角度的变化,经常应用于零偏移距剖面和 AVO 属性提取;弹性阻抗(Patrck 表达式,1999)强调的是岩石的阻抗特征,这是一种包括角度和横波信息的阻抗,比声阻抗更灵敏;郑晓东(1990,1991,1994)的表达式强调的是广义振幅和入射角的分离,广义振幅与岩性参数变化量 C_ρ、C_α、C_β 的分离,岩性参数变化量与弹性参数 ρ、α 和 β 的分离,多波信息的分离和转换。因此,更容易实现岩性信息和角度的分离、岩性参数的全面反演、AVO 属性分析和多波信息的分离与提取。

结合前人的工作和笔者提出的 AVO 近似方程,研发了一系列的 AVO 多波属性分析方法。包括基于 Shuey 的 AVO 属性反演、基于笔者理论(郑晓东,1991,1992,1994)的广义振幅反演、岩性参数属性反演、多波属性信息重构、后 AVO 反演等技术,可以进一步得到岩石的密度、纵波速度、横波速度、泊松比、拉梅常数和体积模量等弹性参数,实现更为全面的地震参数反演。可以提取三大类 50 种以上的 AVO 多波属性,包括岩性参数类(广义振幅属性、岩性变化属性、岩石弹性参数)、多波属性类(纵波、横波、转换波重构和角道集)、烃类检测类(AVO 烃类检测因子、多波属性烃类检测、三参数流体因子)。建立的 AVO 多波属性反演分析系统见图 9-10。下面介绍几项具有自己特色的叠前反演技术,对于改善岩性识别和烃类检测很有帮助。

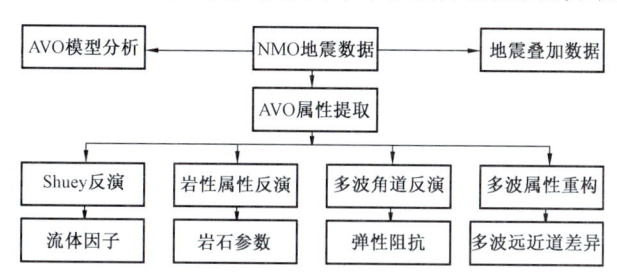

图 9-10 AVO 多波地震属性反演系统

（一）叠前岩性参数属性和弹性参数反演技术

叠前岩性属性反演包括岩性参数变化量属性、弹性阻抗和岩石弹性参数。图 9-11 为利用青海三湖地区常规纵波叠前地震资料反演的纵波速度和横波速度属性剖面,在存在气烟窗的地方,纵波速度属性受气层影响大,剖面上反射出现模糊带,在横波速度属性剖面上,地层反射清晰,成像比纵波好,表明模糊带与气层有关。图 9-12 为从常规纵波叠前资料反演的纵波速度和体积模量剖面,图中的曲线为伽马曲线。比较两张反演剖面可见,纵波速度不能有效区分岩性,体积模量较好地反映了岩性的变化。

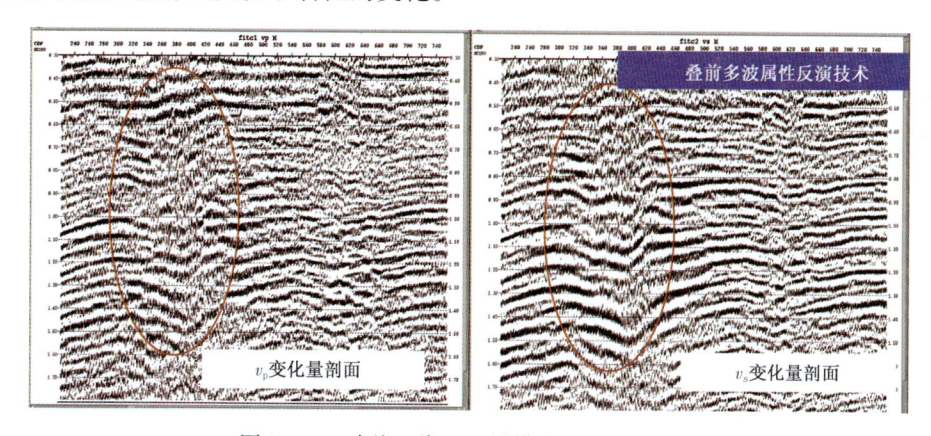

图 9-11 青海三湖地区纵横波速度属性剖面

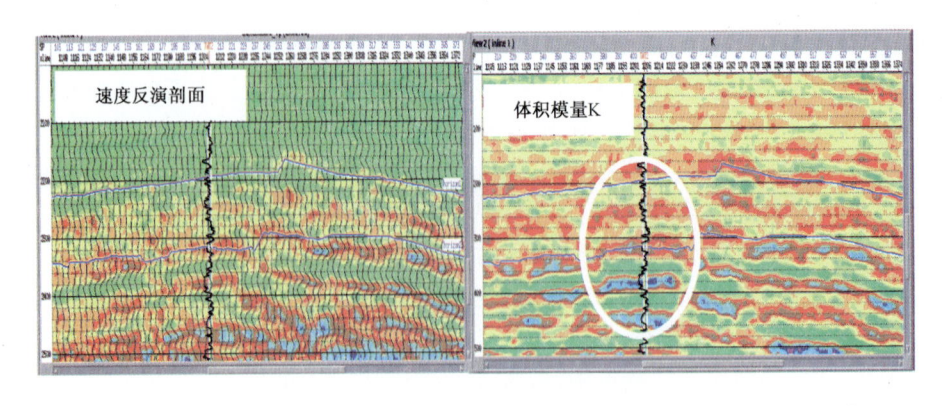

图 9-12　纵波速度和体积模量反演剖面

(二) AVO 多波属性反演技术

叠前多波属性反演技术是从常规的叠前纵波道集中反演包括多波角道集和各种转换波叠加剖面,这是一种挖掘和利用常规 CDP 道集中大角度信息的新方法。图 9-13 为从常规纵波叠前道集反演的 0°和 45°纯纵波(PP 反射)与纯横波(SS 反射)剖面。显然,大角度的纵波剖面深层反射优于小角度的剖面,这实际上利用了广角反射信息改善深层反射,在纵波剖面上我们可以看到明显的气烟窗,在其顶部有明显的亮点响应,指示可能的气层。而在横波剖面,在气烟窗范围内地震成像优于纵波剖面,这反映横波受气层影响较小。纯横波剖面上,小角度的剖面成像优于大角度剖面,纵波和横波剖面在气烟窗范围内地震成像的差异也间接指示气层的存在。图 9-14 对比了青海三湖地区从常规纵波叠前道集构造的多波叠加剖面,可以看到在气烟窗区域,地震同相轴出现下拉现象,PP 叠加效果优于常规叠加,PS 叠加优于 SS 叠加。

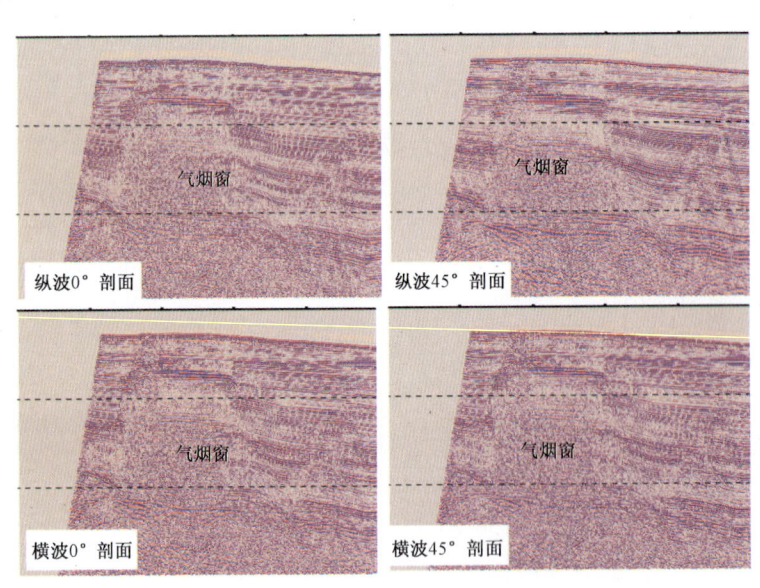

图 9-13　从常规纵波叠前道集反演的 0°和 45°纵波与横波剖面

(三) AVO 烃类检测技术

AVO 分析是继"亮点"技术之后的烃类直接检测技术,早年通常采用 Shuey 的 P * G 和 Smith 的流体因子,近年来也经常用弹性阻抗。这里采用笔者提出的多波属性反演技术,图 9-15对比了青海三湖地区从常规纵波叠前道集反演的纵波和横波的零偏移距剖面的瞬时振

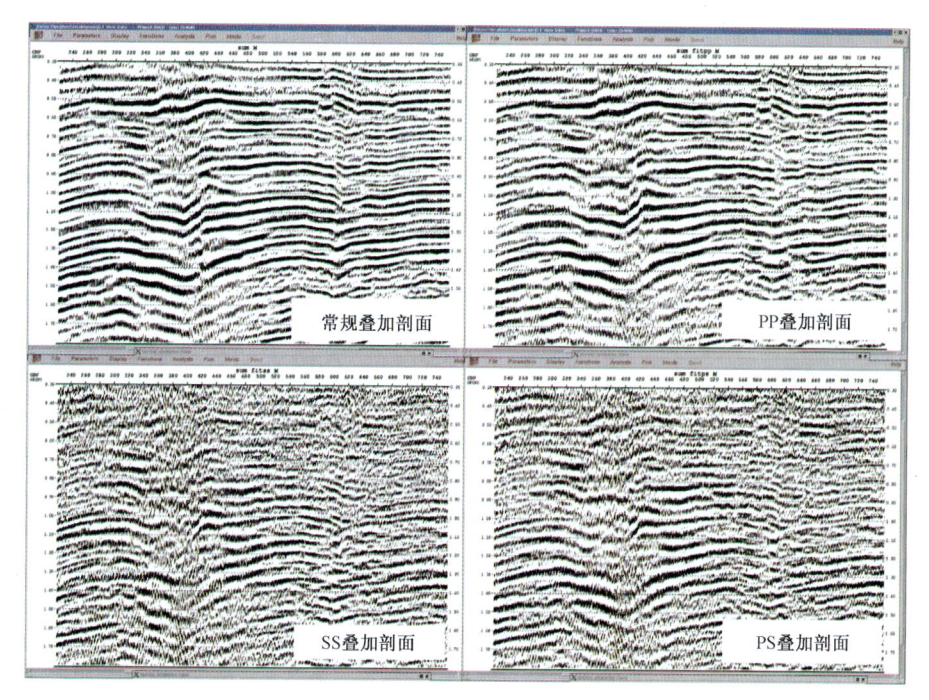

图 9-14 青海三湖地区多波叠加剖面对比

幅和瞬时频率剖面,可以看到在气烟窗区域内出现一个明显的低频区,反映高频信号在气烟窗区受到极大衰减,这在纵波的瞬时振幅剖面上也得到印证,在气烟窗内外纵波瞬时振幅差异非常大,相对而言,在横波瞬时振幅剖面上差异相对较小,纵横波振幅受到衰减程度的不同正好也间接地指示气层的存在。

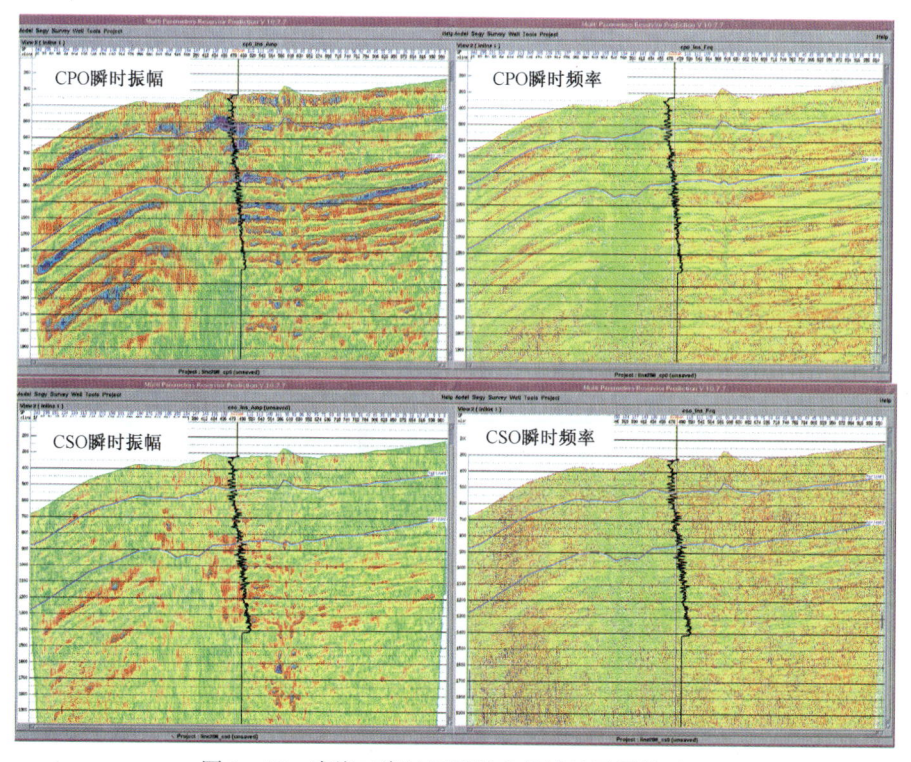

图 9-15 青海三湖地区纵波和横波地震属性对比

三、薄层分析技术

薄层识别是地震勘探面临的最主要难题,提高分辨率是地震采集、处理和解释永恒的话题,人们不断在探索和研究新的薄层识别技术,近年来发展的频谱分解技术就是一个例证,它的出现使得人们在利用地震属性、提高储层识别的横向分辨率方面迈出重要一步,已经成为目前薄层识别的重要手段。下面介绍近年来在薄层识别方面的一些研究成果。

(一)薄层地震响应特征与调谐能量增强技术

薄层调谐现象是制约地震分辨率的重要原因。假定有一个薄层,薄层顶底反射的反射时差为 T,当地层的厚度比较大时,地层顶底的地震反射分开,人们可以用顶底地震反射子波的时间差异识别地层的厚度,但随着 T 的减少,顶底地震反射波叠加成为一个复波,随着地层厚度不断减薄,到一定程度后顶底的反射无法区分,薄层无法识别(图 9-16)。能否从复合波形中提取有关薄层的信息?许多人为此作了努力。Widess(1973)是第一个作出尝试的先驱,在他的经典论文中采用楔形体模型分析了薄层调谐现象,如图 9-17 所示,模型采用两种,一种是顶底反射系数相同,另一种是顶底反射系数符号相反。当地层厚度大于 1/4 波长时,顶底界面的反射波在时间上可分辨,可以根据顶底反射之间的时间间隔估计厚度。当地层厚度为 1/4 波长时,对于顶底反射系数符号相反的情形,调谐振幅最大,而对于顶底反射系数符号相同的情形,调谐振幅最小。当地层厚度小于 1/4 波长时,薄层无法区分,可以借助振幅调谐现象进行识别。

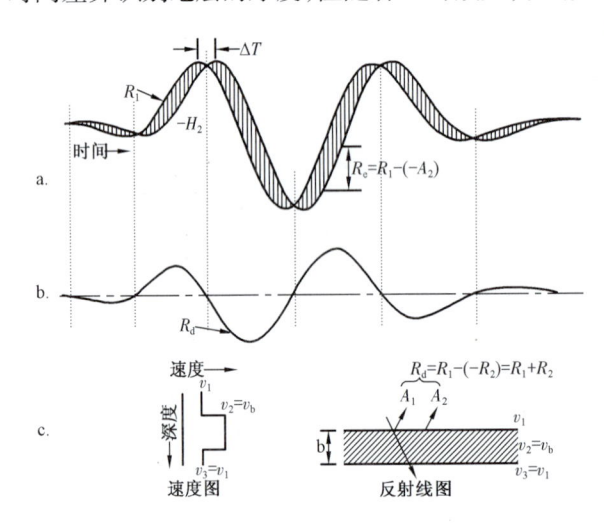

图 9-16 薄层调谐现象

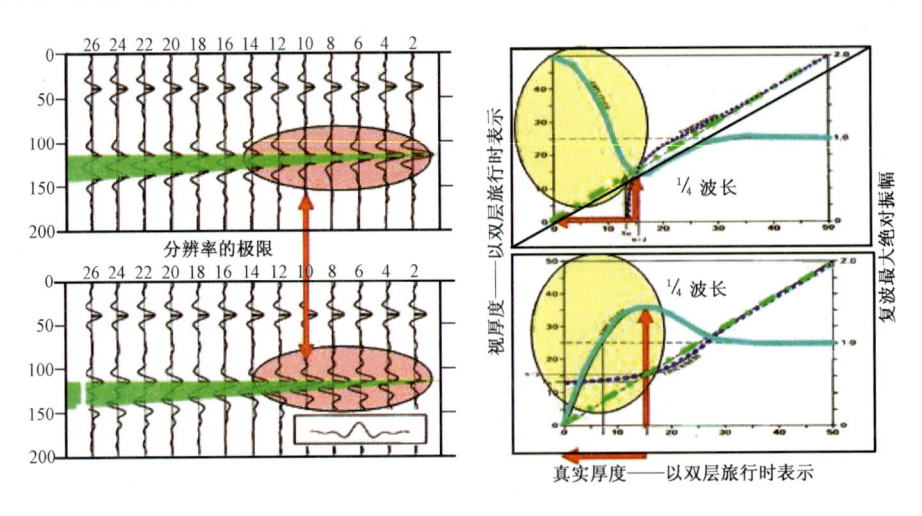

图 9-17 Widess(1973)楔形体薄层调谐模型

分析调谐模型还可以看到:在小于 1/4 地震主波长内,一方面,振幅调谐现象限制薄互层地层地震分辨能力;另一方面,在调谐频带内,振幅变化大,地震差异属性敏感,分辨率高,因此,突出调谐频带地震属性差异可以提高薄层的分辨能力。这也提示我们,一方面需要通过提高地震资料主频来提高地震分辨率;另一方面,可以利用调谐频带内地震能量的差异或地震属性的差异来间接提高地震的分辨率。由图9-17可见,在振幅调谐带内,地震振幅变化梯度大,地震属性差异变化对地层厚薄的变化更为敏感。因此,突出调谐频带地震属性差异可以提高薄层的分辨能力。在石南21井区,主要目的层砂岩的厚度一般在10~20m,假定四分之一波长为10~20m,根据本区砂岩的速度就可以推测所需地震主频,确定调谐频带的分布范围,对地震数据进行调谐能量增强处理,然后计算相应的地震差异体。图9-18比较了常规地震差异体和频带为36~48Hz分频差异体的时间切片,显然,分频处理后的差异体比常规差异体有更高的分辨率,揭示的砂体边界更清晰。

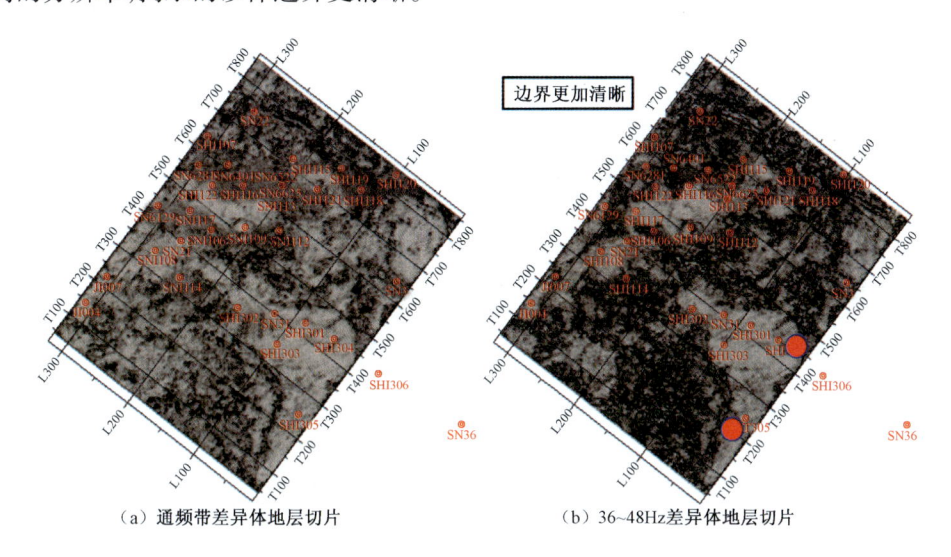

(a)通频带差异体地层切片　　　　(b)36~48Hz差异体地层切片

图9-18　石南21井区常规地震差异体和分频差异体的时间切片

地震子波是一个带限信号,饱含不同频率的地震成分,由于地震波在传播过程中地震高频吸收衰减严重,因此,在地震资料中低频信号是优势频率,振幅能量较强,经常把信号中的高频成分掩盖,为此,我们研究了调谐能量增强的技术来突出地震资料中的高频成分。如通过三角窄带滤波压制低频信号的能量,突出高频成分,达到提高地震剖面视分辨率的效果。图9-19为石南21井区地震资料调谐能量增强前后对比,由地震资料频谱看,振幅谱最大峰值频率是25Hz,地震主频25Hz左右,在高频端50Hz左右可以看到振幅谱的次峰值,在常规的地震剖面上,以地震低频能量为主,视分辨率较低。在调谐增强的地震剖面上,低频信号得到压制,高频成分得到突出,视分辨率明显提高。

(二)薄层频谱特征与谱分解技术

假定有一个两个界面的薄层,假设入射波为$f(t)$,其频谱为$f(\omega)$,入射到薄层上,薄层顶底反射系数为γ(符号相反),其时间延迟为τ,顶底透射系数为t_1和t_2,那么顶底反射干涉形成的薄层反射波为

$$R(t) = \gamma f(t) - t_1 \gamma f(t-\tau) \qquad (9-1)$$

如果反射系数很小,透射系数近似地视为1,那么频谱可以近似地表示成

$$R(\omega) = \gamma f(\omega) - \gamma f(\omega) e^{-i\omega\tau} = \gamma (1 - e^{-i\omega\tau}) f(\omega) \qquad (9-2)$$

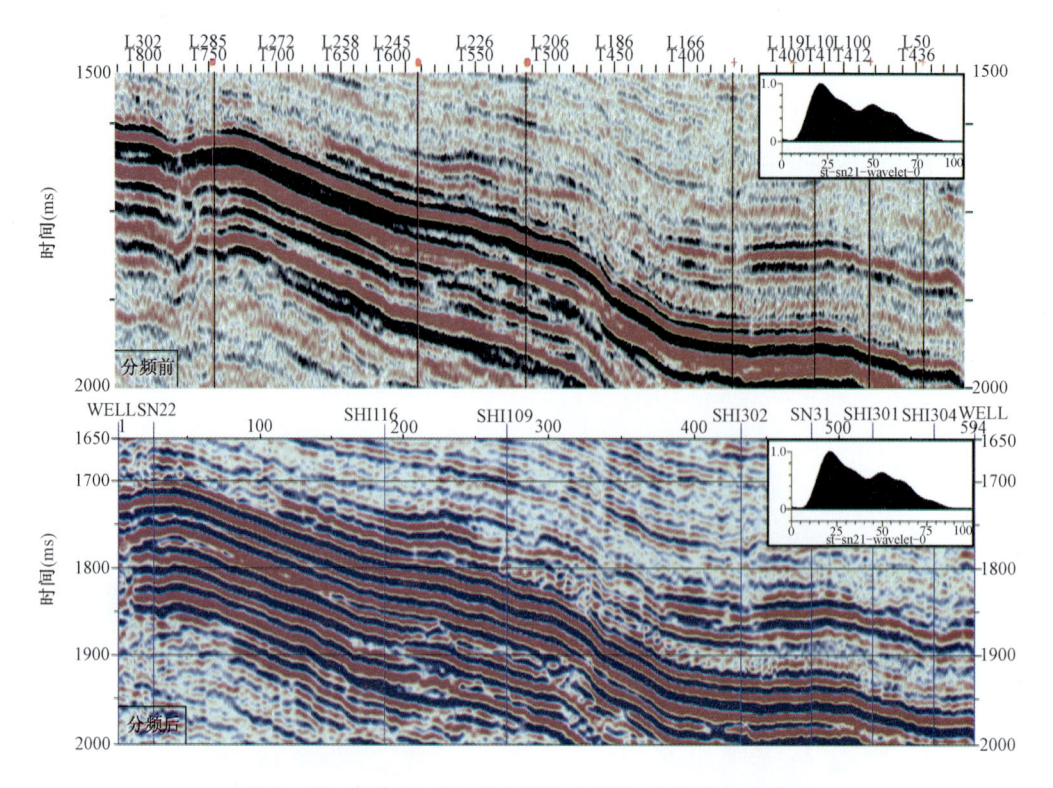

图 9-19　石南 21 井区地震资料调谐能量增强前后对比

因此,薄层反射的频率响应为

$$H(\omega) = \gamma(1 - e^{-i\omega\tau}) = \gamma(1 - \cos\omega\tau + i\sin\omega\tau) \quad (9-3)$$

式中,γ 视为常数,其幅值起比例缩放作用,在讨论振幅谱形状时可以省去,其功率谱为振幅谱的平方,即

$$|H(\omega)|^2 = 2 - 2\cos\omega\tau \quad (9-4)$$

相位谱是 $\varphi(\omega)$,即

$$\varphi(\omega) = \arctan\left[\frac{\sin\omega\tau}{1 - \cos\omega\tau}\right] \quad (9-5)$$

令功率谱式(9-4)一阶导数为零,有 $\sin\omega\tau = 0$,这时有极值;其二阶导数为 $2\cos\omega\tau$,当 $\cos\omega\tau > 0$ 时,为极小值。由此可见,功率谱式(9-4)不仅是一个周期函数,而且在 $\omega\tau = (n-1)\pi$ 时有极小值($n = 1,2,3,\cdots\cdots$),其频率值为 $f_n = \frac{n-1}{2\tau}$。从式(9-1)可知,τ 为薄层的双程旅行时间,反映地层的时间厚度,f_n 为陷频,两个相邻陷频之差 Δf 为陷频周期 P_f,有

$$P_f = f_n - f_{n-1} = \frac{1}{2\tau} = P_f \quad n = 1,2,3,\cdots\cdots \quad (9-6)$$

综上所述,可以得出如下结论:薄层的频率响应函数是一个陷频周期函数,陷频周期与薄层的时间厚度的倒数有关,若能确定陷频周期 Δf,则薄层的时间厚度就能唯一确定。小波变换的瞬时谱分析,可以产生一系列具有单一频率(较窄频带)的振幅能量体,在不同频率的三

维地震能量体上,可以看到薄层干涉特征。在给定频率的三维地震能量体上,具有相似声学特征和厚度的储层,表现出相似的薄层调谐特征。因此,解释人员可以根据振幅谱的变化描述反射层厚度的变化,利用相位谱研究地质现象的横向不连续性。该技术适合于河道砂岩等横向快速变化的薄储层预测。

谱分解方法可以在频率域分出各频带来自薄层顶底反射干涉中的虚反射信号,虚反射处的频率或谱陷频对应于薄层的双程时间厚度。地震子波包括了许多高于地震波主频的频率成分,那么,岩性地层的细微特征变化都可以通过频谱中陷频信息计算出来。谱分解技术通过最近几年的发展和推广,在实际生产中已得到了相对广泛的应用。

针对薄层识别问题,研发出多项基于谱分解的储层预测特色技术,包括短时傅立叶变换、小波变换、三角形递归滤波扫描、最大熵等方法。通过应用对比,小波变换和三角形递归滤波扫描两种谱分解方法更为可靠,效果更好。二者都具有较好的稳定性和刻画细节的能力。与短时傅立叶变化方法相比,小波变化的优点是不受时窗的影响。特定的频率调谐立方体可以刻画和表征特定的地质体,有助于对薄层岩性的识别,可以在频率域突破地震分辨率小于传统的1/4波长的限制。

谱分解技术也是利用薄层调谐现象来识别薄层,这与前面介绍的调谐能量增强法具有相同的理论依据和方法基础,不同的是,调谐能量增强法强调的是突出薄层地震响应,增强地震数据视分辨率,是一种窄带滤波处理技术;而谱分解技术用于刻画和描述薄层特征,侧重薄储层地震横向预测,是一种解释手段。两者可以联合使用,即首先用调谐能量增强法对地震数据进行窄带滤波处理,增强薄层地震响应,在此基础上进行谱分解,使薄层的描述和预测更为准确、细致。两项技术的联合应用,保证了薄层地震响应及薄层特征的准确刻画,可为地质规律和沉积特征的正确认识提供更为丰富的信息,为针对薄储层的地震勘探与开发提供了一项可靠的配套技术。

图9-20比较了小波谱分解和短时傅立叶变换谱分解的频率切片,在50Hz频率切片上,小波谱分解切片刻画储层轮廓特征更为细致、准确,由于小波谱分解的时频分辨率高,所以对薄层厚度横向变化响应敏感。而短时傅立叶变换的谱分解频率切片上,由于地层厚度的横向变化,由层位控制的空间窗口并不能准确包含薄层的地震响应,造成频率切片上成像不准确。

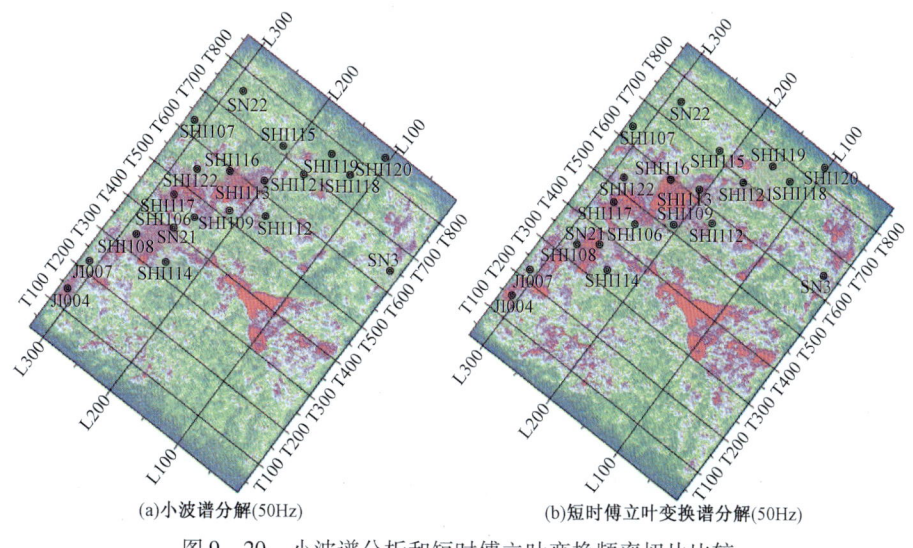

(a)小波谱分解(50Hz)　　(b)短时傅立叶变换谱分解(50Hz)

图9-20　小波谱分析和短时傅立叶变换频率切片比较

（三）分频地震反演技术

为了进一步提高地震分辨率，研发了分频反演技术，其基本思想是在对地震数据进行分频处理之后进行地震反演。通常是根据研究地区砂体的厚度分布估算地震调谐频带，在调谐频带内对地震数据进行调谐能量增强处理，然后再进行地震反演。

（四）零偏移距剖面提取技术

地震资料处理通常是为了得到一张叠加剖面，但是叠加剖面虽然信噪比比较高，但是，它的分辨率和保真度受到一定的伤害。因为地震道集数据存在 AVO 现象，因此把不同偏移距的地震资料叠加起来并不能反映垂直入射的地震记录，同时也损失了地震数据中的高频成分。事实上，在地震道集中，小偏移距的剖面通常分辨率比较高，而大偏移距的地震剖面分辨率比较低，常规的叠加技术把不同偏移距的地震叠加起来，这相当于是低通滤波处理过程，因此，叠加损失了地震数据的高频信号，也畸变了地震振幅信息。为此，我们根据 AVO 理论研究了具有抗噪能力的高分辨率零偏移距剖面提取技术。

四、储层预测配套技术的集成

在油气勘探中，不仅需要应用常规的地震解释技术，研发先进的地震解释技术，更重要的是要结合实际问题，集成各种先进技术，开发针对性的配套技术组合。由于我们研究的目标主要是围绕岩性地层油气藏，因此面临更为复杂的储层描述问题。岩性勘探的基础方法是层序地层学研究，通过建立研究区的层序格架，预测研究区的岩性油气藏类型，指导岩性地震勘探。针对岩性地震勘探过程，集成了基于层序地层构架约束的储层预测配套技术；针对复杂储层描述过程，开发了基于虚拟现实系统的地震三维可视化解释配套技术。

（一）基于层序格架约束的储层预测配套技术

层序地层学是进行岩性勘探的基础，储层预测技术是进行油藏描述的手段，在以往的研究中，两者往往是分离和并行进行的。在准噶尔盆地腹部岩性勘探实践中，由于地震分辨率的限制，加上油气成藏规律认识的不足，传统的储层预测技术面临严峻的挑战，需要探索新的思路和方法，层序地层学研究与储层预测技术的结合是岩性圈闭识别的必然趋势。下面结合准噶尔盆地腹部石南 21 井区岩性圈闭识别介绍基于层序格架约束的储层预测配套技术。

1. 地质特征与研究难点

石南地区位于准噶尔盆地腹部古尔班通古特沙漠腹地，地形起伏变化剧烈，地表结构复杂，静校正问题严重，地震资料信噪比和分辨率低。侏罗系目的层的频率范围在 4~32Hz，主频为 17Hz 左右，并且在记录上存在面波、浅层多次折射和随机噪声干扰，白垩系的有效反射被噪声所淹没，信噪比很低，白垩系目的层几乎无有效反射波同相轴。

石南地区在中侏罗统沉积时期处于三角洲前缘沉积环境，由于受北东向断裂坡折带的控制，三角洲前缘水下分流河道砂体呈条带状展布，延伸方向与构造线平行或斜交，有利于形成岩性圈闭。侏罗系头屯河组为低能辫状河三角洲沉积，横向上大面积发育，砂体沉积厚度薄，横向变化大（0~18m）。砂体相变主要表现为泥质含量的变化，砂泥岩波阻抗差异小，地球物理响应的变化频繁、微弱，存在多解性。

准噶尔腹部侏罗系油气成藏规律复杂，属次生岩性油气藏，油气成藏除了储集条件外，还与油源断层的沟通密切相关。石南 21 井区头屯河组二段油藏除南部受油水边界控制之外，油藏的边界主要受岩性边界的控制，如何有效识别岩性尖灭和预测岩性圈闭的有效性是勘探的难点。

2. 研究思路与技术对策

针对准噶尔腹部岩性圈闭识别存在的技术难点,采用的主要技术对策是:采用层序地层学方法建立等时地层格架,约束地震储层预测各个环节。开展层序地层格架约束下的构造变速成图、岩相、岩性、物性和含油气性预测,如图9-21所示。其特点是层序地层格架约束地震储层横向预测的每个环节。采用的主要技术包括:层序地层学、变速成图、地震相—沉积相分析、地震反演、分频反演、地震属性、分频地震属性、三维可视化体解释技术。

3. 配套技术与技术关键

1)层序地层学研究

首先结合单井相分析进行层序地层学解释,建立等时地层格架,用等时地层格架替代传统的地震层位解释,在地震剖面追踪相应的地震层序,按层序解释各个层序的构造,并作为地震储层预测各个环节的约束层位,如图9-22所示。

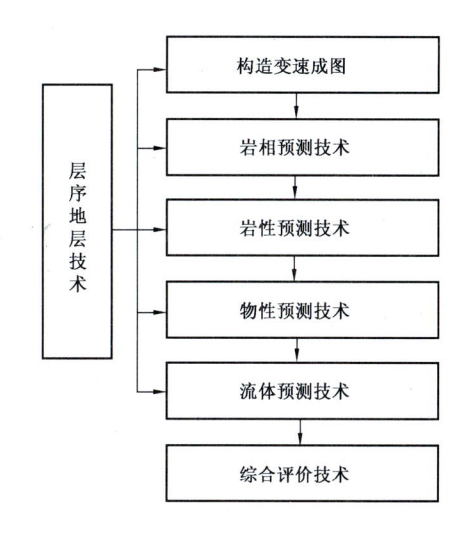

图9-21 储层预测解释流程

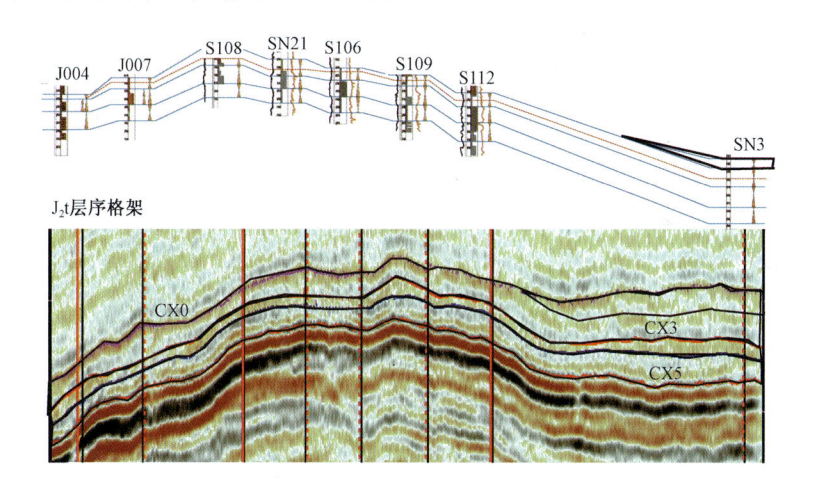

图9-22 石南21井区等时地层格架建立

2)层序地层格架约束下的构造变速成图技术

建立了层序地层格架后,严格按层序计算地层的平均速度,开展构造变速成图,提高微幅度构造成图的精度。加入层序地层格架约束后得到的白垩系底界平均速度场(图9-23a),克服了资料和解释结果的局部影响(图9-23b),能够更客观地反映目的层段的速度场特征。由此得到的白垩系底面构造图(图9-24),对其后钻探的石南31井的预测深度为2651m,实钻井深为2659m,误差仅为8m。

3)层序地层格架约束下的岩相预测技术

在单井相分析的指导下,以层序地层格架为约束,开展波形分类、属性体聚类等地震相分析处理和解释,将地震相信息转化为沉积微相信息,分层序预测有利沉积相带的分布,指导砂体预测;加入层序地层格架的约束后,研究工作具有了更强的针对性。

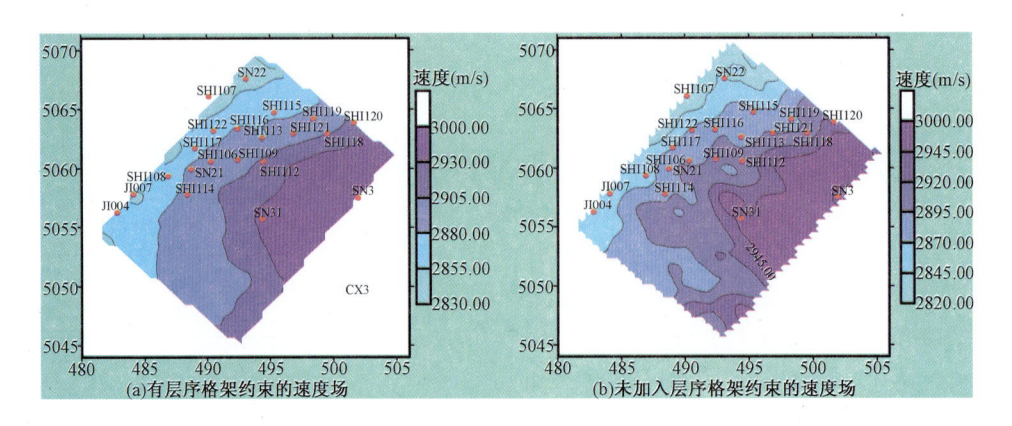

图 9-23 白垩系底界平均速度图

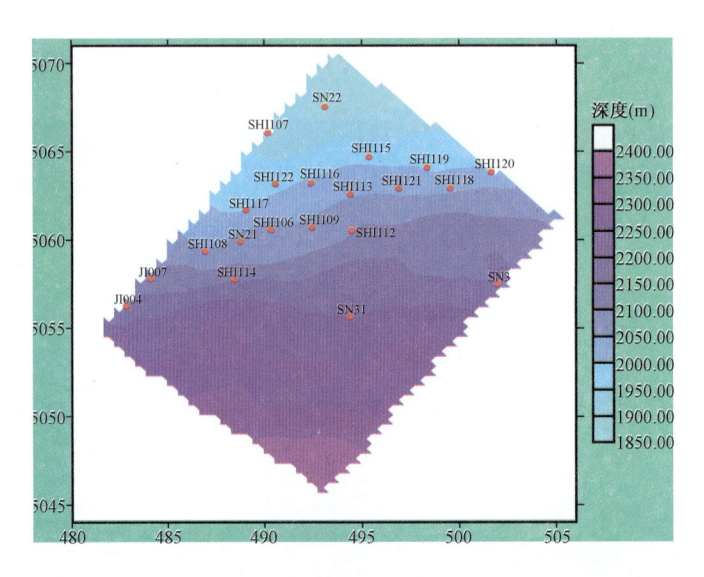

(a)有层序格架约束的速度场　(b)未加入层序格架约束的速度场

图 9-24 加入层序格架约束的白垩系底界构造图

图 9-25 对比了不同层序约束下地震波形分类结果,根据层序地层对比结果,在地震剖面追踪层序 CX0、CX3 和 CX5,处理时窗选择:CX0—CX3、CX3—CX5 和 CX0—CX5。

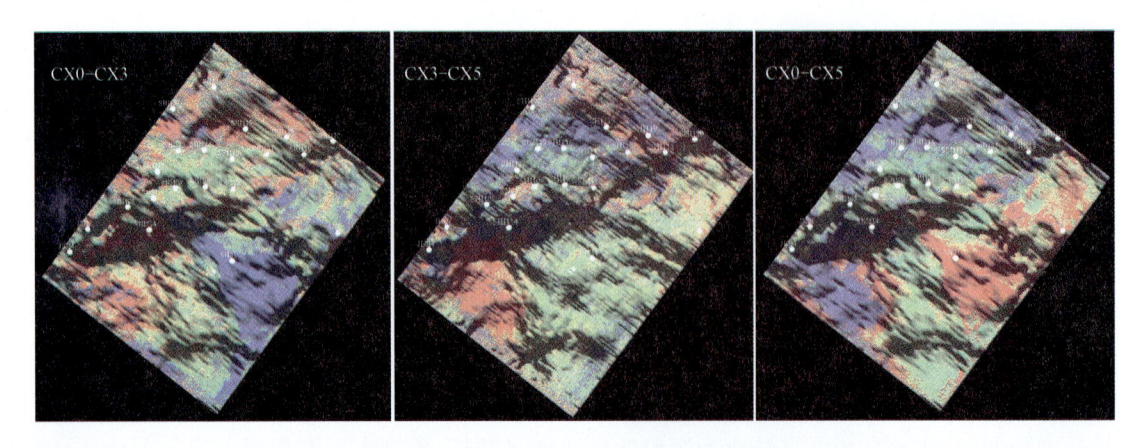

图 9-25 层序格架约束下的地震相分析

显然,层序格架约束对于沉积微相预测结果有比较大的影响,只有按层序格架约束分析才能正确地刻画地层和沉积体的分布。

图 9-26a、b、c、d 是包含目的砂体的层序界面间由下至上的地层体切片,清晰地反映了头二段辫状河道在不同沉积时间的横向迁移变化。

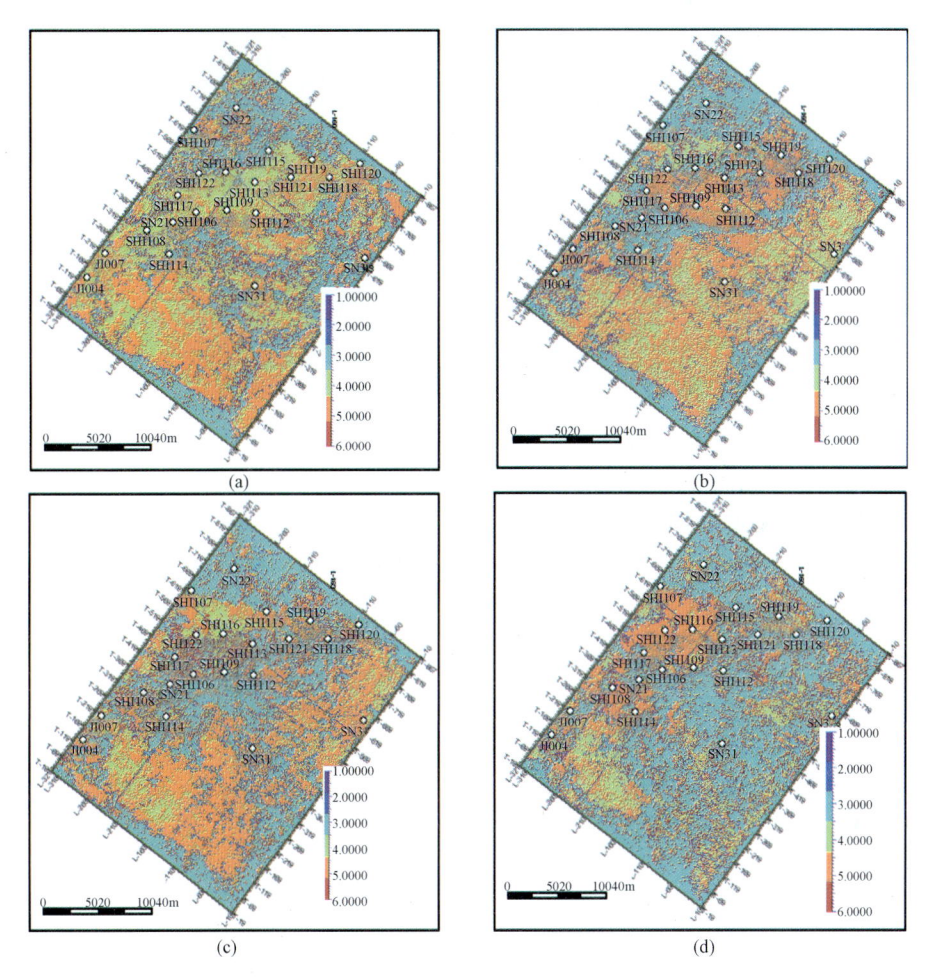

图 9-26 层序 CX3—CX5 间的沿层切片

由下至上反映 J_2t_2 砂体分布

4)层序地层格架约束下的岩性、物性和含油气性预测技术

在石南 21 井区岩性预测面临的主要难题是:侏罗系砂岩和泥岩波阻抗存在较大的变化,差异大可分辨,但是,部分泥岩含钙后速度变大,砂泥波阻抗差异变小,无法有效区分砂岩和泥岩,常规的波阻抗反演无法解决储层识别的问题。

根据石南 21 井区 J_2t_2 的岩性划分标准,自然伽马值小于 80API 为有效砂岩,采用基于储层特征重构的岩性反演方法,利用自然伽马和声波的拟合关系,将自然伽马转换为"拟声波",进行测井约束地震反演,结合地震属性分析,综合描述砂体空间展布。

图 9-27 是加入层序地层格架的过石南 21 井反演剖面与未加入层序地层格架的反演剖面的对比。可以看到,加入层序地层格架约束后,J_2t_2 砂体的横向变化特征更为清晰。图 9-28 为利用地震反演结果预测的 J_2t_2 砂体的平面分布,结果显示,石南 21 井区 J_2t_2 砂体与基007—基 004 井一带的砂体不连通,并且在工区东部,石南 21 井区 J_2t_2 砂体与石 120 井附近的

砂体也不连通。用开发阶段扩边井的钻探结果对上述预测进行检验，检验井包括石6625、石6281、石6129、石6401和石6622井。预测结果与实钻结果的误差见表9-1。

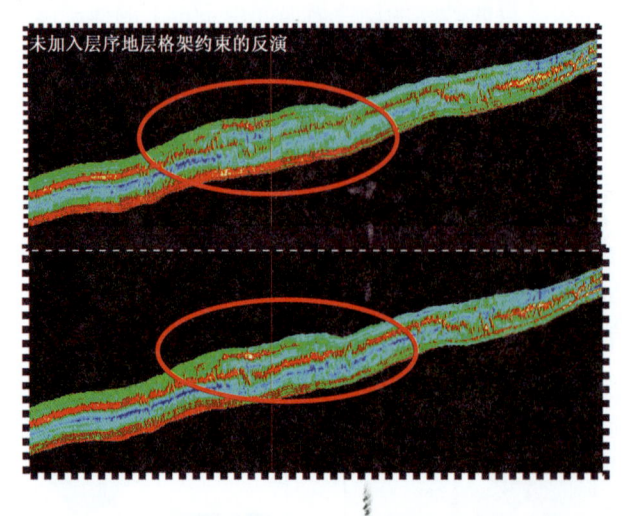

图9-27 石南21井区加入和未加入层序格架约束的地震反演对比

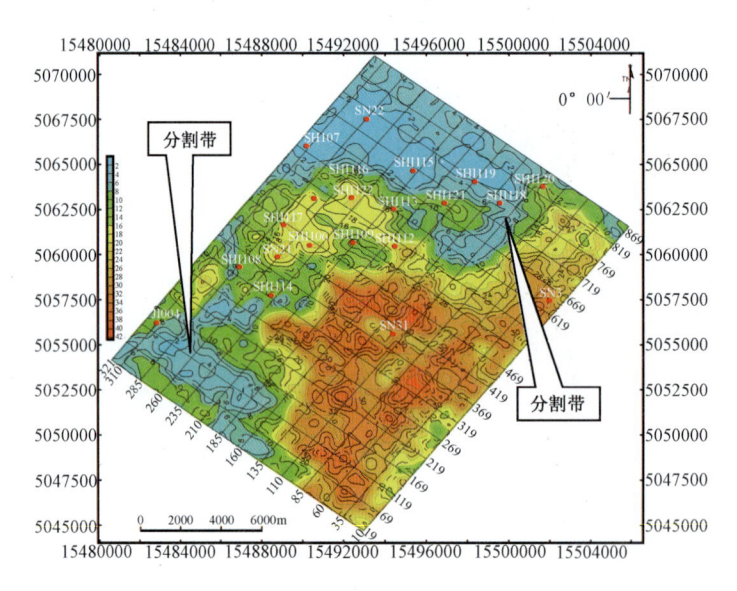

图9-28 地震反演预测J_2t_2砂体分布平面图

表9-1 五口开发检验井的预测厚度和预测误差

井名	预测厚度（m）	实际厚度（m）	预测误差
石6625	11.87	11.9	0.1%
石6281	9.17	10.6	13.5%
石6129	10.36	13.6	23.8%
石6401	11.30	20.2	44.1%
石6622	9.27	19.18	51.7%

在实际工作中，一般是采用反演技术预测砂体厚度，利用地震属性约束砂体边界；通过地震属性预测储层物性的变化，应用分频属性精细刻画储层变化的细节，利用三维属性体透视和

体解释技术预测储层的空间展布;在地震资料品质比较好的条件下,探索烃类检测分析,如采用模式识别、叠前地震属性、吸收衰减预测含油气性。考虑到准噶尔腹部侏罗系地层岩性油气藏主要是次生油气藏,因此,在研究中要注意断层和不整合面对油气的输导作用,同时也要注意储层的封堵性条件,如断层的封堵、岩性的连通性、岩性的侧向尖灭或物性的横向变化。在此基础上,结合地质、测井、钻井和地震成果进行综合评价。

4. 应用效果

准噶尔油田公司通过针对隐蔽性岩性油气藏地球物理处理、解释技术和方法的攻关,指出基东鼻凸东西两翼是下一步寻找侏罗系头屯河组岩性油藏的潜在目标区。成功预测了石南21井区侏罗系头屯河组含油砂体的展布。针对石南21井区侏罗系头屯河组部署实施了四轮评价井,钻探评价井14口,完钻14口,钻井成功率达94%以上。截至目前已有10口井获得工业油气流。上报探明储量$2696 \times 10^4 t$,石油地质控制储量$3184 \times 10^4 t$,实现了石南地区油气勘探的又一重大突破(图9-29)。

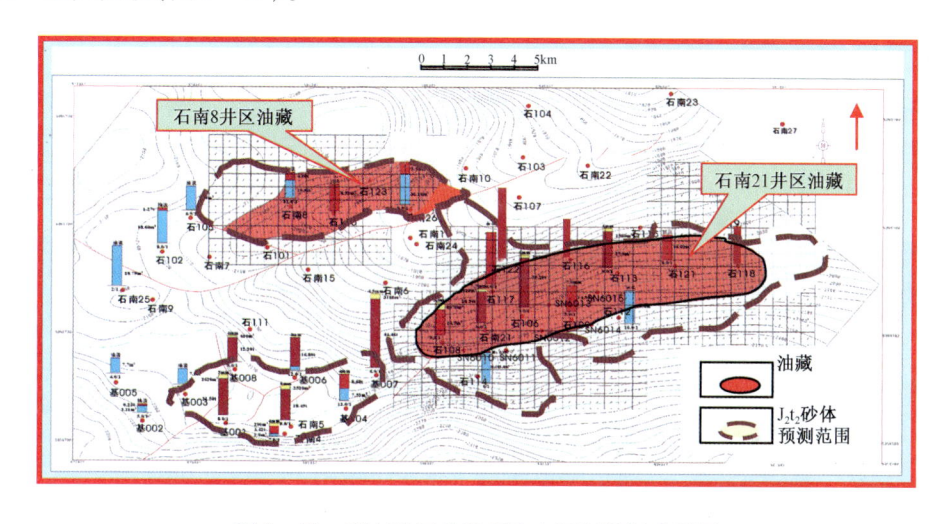

图9-29 石南地区侏罗系头屯河组勘探成果图

(二)基于虚拟现实的储层预测技术

虚拟现实技术是近年来快速发展起来的一种三维可视化解释技术,它是根据三维立体原理,利用三个投影仪把三维地震数据体及研究成果投影到空中,利用它的幅面大、视野宽、强烈的数据沉浸感和实时交互操作能力,对地震数据进行解释。通常可以利用地震属性体进行透视,精细雕刻储层的分布,利用种子点追踪技术进行真正意义上的三维体解释,追踪储层的顶面和厚度,解释断层和构造;可以利用各种三维立体显示手段,结合属性信息来刻画层面、断面的特征,可以将多种点、线、面、体的信息叠合显示,极大提高了信息的利用率;也可以用透视方式展示储层的空间分布,并可以方便地进入数据体内部观察储层和断裂的特点,帮助进行井位部署,提高储层钻遇率。随着虚拟现实系统的推广和普及,它将成为今后一项革命性的地震解释技术。下面结合四川盆地川中公山庙河流相砂体识别介绍虚拟现实配套解释技术。

1. 地质特征与研究难点

四川盆地川中公山庙油田下沙溪庙组油藏勘探开发经历了构造勘探到构造岩性勘探的历程,随着勘探程度的提高,对油藏主控因素的认识不断深化。成藏主控因素主要有:河道砂体和断裂的配置对岩性圈闭的控制,裂缝发育带对高产带分布的控制。从勘探的角度看,关键是要精细描述条带状砂体的空间分布规律,刻画断层与砂体的有效配置关系,预测裂缝的发育和分布规律,为提高钻探成功率提供依据。

2. 研究思路与技术对策

针对条带状砂体预测面临的难点,采取的技术对策是:在高精度构造解释建立的层序等时格架基础上,利用虚拟现实技术,识别地震属性体的空间特征、交互标定井控砂体、预测无井控砂体、立体雕刻条带状砂体的空间分布、计算和标定条带状砂体的物性参数。针对断层和裂缝预测面临的难点,采用的技术对策是:用相干体、地震倾角和方位角计算刻画断层的三维数据体,利用虚拟现实技术,全三维立体描述断层空间特征和与条带状砂体的配置关系,综合优选有利勘探区带,识别岩性圈闭,部署勘探开发井位。关键点是基于层序格架约束的储层预测和圈闭评价与虚拟现实系统有机结合。

3. 配套技术与技术关键

1) 虚拟现实技术识别地震属性体的空间特征

沙溪庙组底界地震反射能量强,地震解释标志层可稳定连续追踪,下沙溪庙段砂体地震响应可精确标定,利用虚拟现实技术幅面大、视野宽、强烈的数据沉浸感和实时交互操作能力,可以有效地识别条带状砂体的空间展布。图9-30为沙溪庙组底界地震反射层以上30ms处沿层地震振幅属性显示,图中清晰地展示了过公2井和公35井河道砂体的展布。

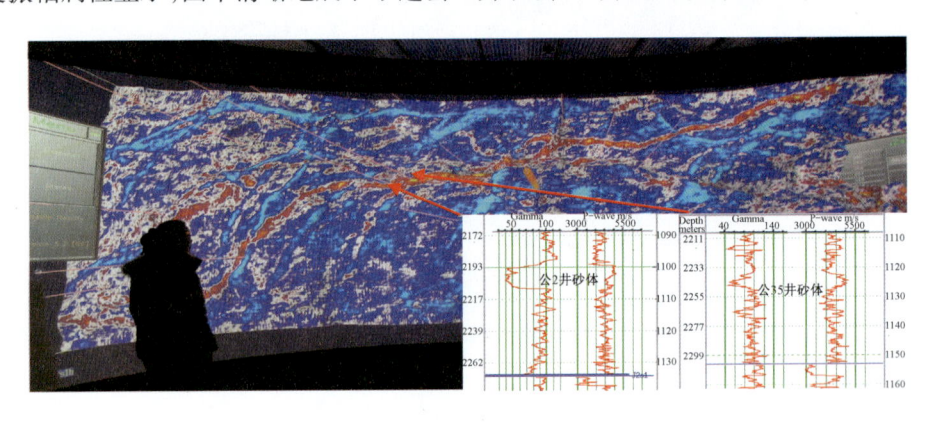

图9-30 虚拟环境下条带状砂体的地震属性显示

2) 虚拟现实技术立体雕刻条带状砂体的空间分布

在虚拟现实的环境下,通过属性门槛值设定进行体透视,并在虚拟空间进行交互雕刻,可以有效地描述砂体的空间展布。图9-31刻画的条带状砂体只是一个地震层面的反映,通过雕刻发现该砂体是由多期条带状砂体叠合而成,在工区范围内的西南端可以看到河道迁移现象。

3) 相干体、地震倾角和方位角计算刻画断层分布

沙溪庙组油藏受断层,尤其是深部派生断层、裂缝控制作用明显,利用多属性相干体,把相干体、倾角和方位信息同时计算出来,综合刻画公1号断层及其派生断层的展布特征。倾角和方位角信息的叠合发现和描述了多个南北向断层发育带(图9-32),精细刻画了公山庙油田的断裂系统。

4) 优选有利区带,部署勘探开发井位

利用虚拟现实强烈的数据沉浸感和空间交互能力,结合多项地震属性体的综合分析,在沙

图 9-31 虚拟环境下条带状砂体的精细雕刻

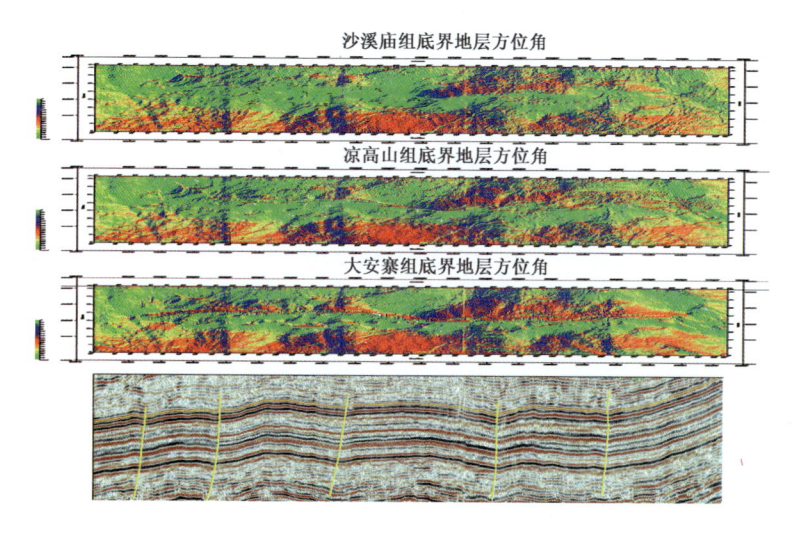

图 9-32 地震倾角和方位角识别南北向断层

溪庙组下伏断层和派生断层发育的有利区带和沙溪庙组底部条带状砂体分布的有利区域,优选部署井位(图 9-33)。

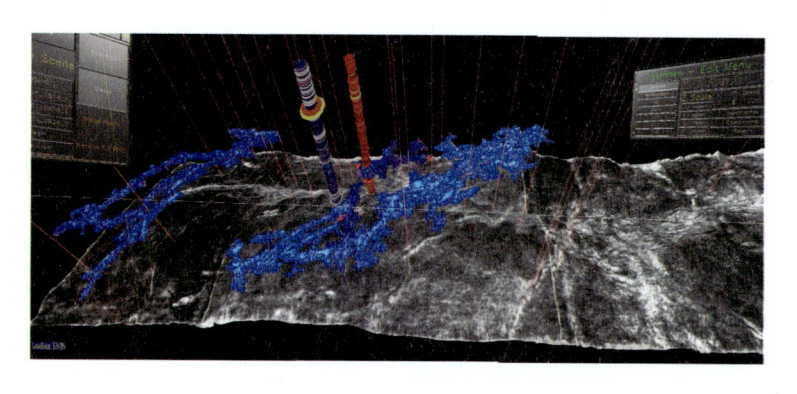

图 9-33 虚拟现实综合优选目标

— 315 —

5) 应用效果

通过虚拟现实技术的应用,对条带状砂体储层综合描述研究,在沙溪庙组底部识别了多条较有利的砂体,刻画了三类有利断层区带以及多个有利派生断层发育的目标区块,为公山庙油田沙溪庙组油藏的评价开发提供了可靠的地质依据,部署的公 39 等井位获得了高产油流。

第十章 火山岩重磁电震综合预测技术

  火山岩具有特殊的地球物理特性,特别是火山岩有较强的磁性、电性和较大密度使非地震勘探方法技术在火山岩的综合预测中可以发挥至关重要的作用。在国内外半个多世纪的火山岩勘探实践中反复证实了重磁电勘探成果的重要性。根据近五年来在松辽和准噶尔盆地火山岩油气勘探实践,可以把火山岩重磁电震综合勘探概括为以下四个步骤:首先,以重磁资料为主,进行火山岩及岩性分布区域预测,缩小勘探靶区。在此基础上,结合地震、电法、钻井、测井、地质资料进行综合评价,优选区带,进一步缩小勘探靶区。第二步,在区带优选的基础上,以地震资料为主,结合电法等资料描述火山岩的形态,预测火山岩勘探目标。第三步,以地震资料为主结合测井资料,利用地震属性、相干数据体及叠后反演预测火山岩储层。最后,以地震或电法资料进行流体检测,进一步降低勘探风险。前三步已经形成了配套技术,技术及流程相对成熟,第四步是今后的发展方向,应积极储备技术。

第一节 火山岩勘探方法技术现状

一、国内外重磁电方法技术现状

  在重磁勘探中,重磁异常的分离与反演是两个重要的技术环节。多年来,重磁异常的分离在空间域中主要采用的是多项式拟合法、位变滤波、圆周平均和插值切割等,在波数域中主要采用维纳滤波、匹配滤波和最佳线性滤波等方法。但在实际应用中,多项式拟合法存在多项式阶次受人为因素影响大,位变滤波属非线性滤波,不能实现自动选择计算点位和点数,维纳滤波、匹配滤波和最佳线性滤波等波数域方法虽计算速度快,但精度较低,难以用于定量计算。

  重磁异常的反演方法前期主要受前苏联的影响,有正则化法、奇异值分解法;20世纪80年代以来也研究和应用了欧美的一些方法,如褶积、欧拉反褶积、解析信号逼近法和连续小波变换等方法。

  这些从不同方面及不同角度提出的不同位场反演方法,特别是20世纪60年代以来所提出的不同反演方法,大多数都需要求解大型方程组,甚至超大型方程组,这在不同程度上增加了实际反演计算与实现的难度,有的甚至很难求出稳定的解。所以,寻求理想且实用的位场反演方法一直是大家在不断探索与解决的难题。

  不同方法的应用条件和应用目的有所不同。在现代重磁资料处理与解释中,由于数据量大,要求反演速度要快,所以快速反演算法倍受青睐,因此欧拉反褶积和解析信号等方法得到了广泛应用。但欧拉反褶积法是基于欧拉方程进行反演求解的,欧拉结构指数必须是已知的或者预先要设定的,而且它除了需要知道位场外,还同时要求知道该位场的一阶导数。即使是改进后的欧拉反褶积法,也是在求总场与背景场的相关系数为最小值时获得近似解,这是欧拉反褶积法的缺点。

  在解析信号法中,仅仅考虑了解析信号的模值,没有利用解析信号的相位信息。这样,就丢掉了一定的有用信息,因此,它的应用受到了很大限制。

  此外,20世纪60年代以来,位场反演发展的另一条途径是涉及位场的尺度性质,引入了快速傅氏变换分析(FFT)。傅氏分析在位场资料处理中无论是作为位场转换、滤波还是作为识别位场源特征都得到了广泛应用。近来在位场资料处理中又引入了小波变换分析。小波在位场中的应用主要有两个优点：① 对位场能进行局部分析（而傅氏变换只能进行整体分析）；② 去噪能力强，这一点是传统的方法如局部欧拉反褶积法所做不到的。这些反演方法的计算速度都很快，但反演结果的可靠性较差，多解性强。主要原因是计算中难以有效地加入先验信息和约束条件，从而在实际应用中有必要综合应用其他方面的资料成果。

西方的电法勘探主要采用的是大地电磁法和频率域电磁测深，而在独联体国家主要采用的是大地电磁法和时间域电磁测深（建场法）。我国主要采用的是大地电磁法和频率域电磁测深法，东方地球物理公司也引进和开发了俄罗斯的建场法。目前引进和自行开发的处理软件五花八门，处理效果也相差很大。

总之，重磁电的处理解释方法主要有空间时间域方法及波数频率域方法两大类。空间时间域方法具有精度和分辨率高的特点，而波数频率域方法计算速度快，定性评价效果好。国内外勘探应用上的一种做法，就是在处理过程中分阶段应用这两类方法技术，先做定性分析评价，发挥波数频率域方法的优势，然后根据研究的重点，针对具体的异常区，利用空间时间域方法，开展精细研究和定量模拟分析。这种做法有利于发挥波数域和空间域各自的优势，提高处理解释成果的针对性、精度和有效性。

在石油普查勘探中，经典的重磁电勘探方法曾建立过历史性的功勋。但是，随着地震勘探技术的飞速发展，石油重磁电勘探一度步入了低谷。自20世纪80年代以来，随着非地震勘探设备和技术的数字化、自动化和轻便化，石油重磁电勘探作为综合地球物理勘探的一支方面军又异军突起，以新的姿态投身到石油勘探之中。

二、国内外地震技术现状

与沉积岩相比，火山岩类通常以地震波速较高、密度变化较大、磁化率高、电阻率大和地震波吸收能量大为特征，这就为综合应用各种地球物理勘探方法提供了物理依据。目前火山岩勘探技术国外主要依靠地球物理技术来识别火山岩体、划分火山岩相带、描述火山岩储层。火山岩体的识别主要综合利用重磁电震宏观技术，在此基础上利用地震技术波形分类和属性分析与火山岩测井相结合划分火山岩相带，再进一步应用储层预测技术进行火山岩储层描述。目前尚未收集到国外对火山岩储层流体方面的研究报道。

国内火山岩勘探技术研究现状主要集中在三方面，一是火山岩宏观展布与形态预测问题，主要采用措施是重磁电加上地震技术，在东部松辽盆地和西部准噶尔盆地已经得到了很好的应用，这项技术已经相对成熟；二是火山岩岩相与储层预测问题，主要是应用地震叠后属性与反演技术，这项技术在东部地区已经相对成熟，而在西部地区由于地下地质情况复杂，深层成像效果差，此项技术还处于完善中；三是火山岩有效储层及流体预测问题，主要涉及地震叠前、叠后综合预测，目前，火山岩流体检测技术刚刚起步，正处于攻关阶段，我国在火山岩流体识别方面已经走在了世界的前列。

第二节 技 术 流 程

一、火山岩区域预测

（一）技术应用基础

表10-1为准噶尔盆地岩石磁化率统计表，从中可以看到，从中基性岩、火山角砾岩、安山岩、英安岩、凝灰岩、砂砾岩、泥岩磁化率由强变弱，火山岩具有较强磁性，这是利用磁力资料进行火山岩预测的基础。

表 10-1　准噶尔盆地岩石磁化率统计表

岩性	陆西—莫北地区岩心 样品数	平均值	滴南—白家海地区岩心 样品数	平均值	克拉美丽山露头 样品数	平均值	综合磁化率 (10^{-5} SI)
砾岩	22	150	5	34	50	42	77
泥岩	14	40	21	39			39
砂岩	1	17	22	46	45	29	40
凝灰岩	21	85.3	35	34			85
火山角砾岩	7	455	54	675	30	75	454
安山岩	84	57	42	366	65	258	205
英安岩	21	175					175
玄武岩	28	727	41	600	30	1160	850
辉绿岩	17	813	30	750	30	730	810
流纹岩			6	10	60	108	108
霏细岩	10	25	29	32	30	12	30

表 10-2 为准噶尔盆地岩石密度统计表,从表可以看到,从辉绿岩、玄武岩、泥岩、砂砾岩、安山岩、火山角砾岩、英安岩、凝灰岩、霏细岩密度由高变低,火山岩存在密度差异,这是利用重力资料进行火山岩岩性预测的基础。

表 10-3 为准噶尔盆地岩石电阻率统计表,从表可以看到,火山岩电阻率普遍较高,这是利用电法资料识别火山岩的基础。

表 10-2　准噶尔盆地岩石密度统计表

岩性	陆西—莫北地区岩心 样品数	平均值	滴南—白家海地区岩心 样品数	平均值	克拉美丽山露头 样品数	平均值	综合密度 (g/cm³)
砾岩	22	2.4	5	2.555	50	2.663	2.56
泥岩	14	2.585	21	2.527			2.58
砂岩	1	2.576	22	2.542	45	2.716	2.57
凝灰岩	21	2.422	26	2.442			2.44
火山角砾岩	7	2.535	41	2.545	30	2.672	2.53
安山岩	84	2.383	32	2.629	65	2.66	2.54
英安岩	21	2.43					2.5
玄武岩	28	2.695	35	2.701	30	2.75	2.7
辉绿岩	17	2.708	26	2.747	30	2.66	2.71
流纹岩			6	2.523	60	2.525	2.52
霏细岩	10	2.231	21	2.409	30	2.554	2.41
花岗岩					30	2.643	2.52
闪长玢岩					30	2.76	2.65

表 10-3　准噶尔盆地岩石电阻率统计表

时代	岩性	样品数	电阻率(Ω·m) 最大	最小	平均	时代	岩性	样品数	电阻率(Ω·m) 最大	最小	平均
K	砂岩	2	564	263	414	C	砂岩	3	1084	296	690
J	泥岩	1	635	635	635	C	砾岩	2	2336	2287	2310
J	砂岩	37	1355	186	690	C	霏细岩	5	1564	376	827
J	砾岩	2	646	635	641	C	凝灰岩	10	3608	275	1450
T	泥岩	4	730	339	588	C	安山岩	11	3246	822	1800
T	砂岩	1	527	527	527	C	火山角砾岩	9	4480	1918	2450
P	砂岩	8	681	559	620	C	火山碎屑岩	3	3161	923	1985
P	泥岩	7	879	275	552	C	辉绿岩	3	3402	2436	3200
C	泥岩	2	846	841	843	C	玄武岩	6	4772	1745	3353

(二)技术构成

重磁勘探是一种体积性勘探,重磁异常是地下由地表到地球内部深处各个相应场源的综合叠加效应。因此,在利用重磁数据认知地质目标时需要对重磁数据进行变换处理,以便突出和分离不同场源的信息。

各沉积盖层密度界面、内部构造、沉积基底起伏和莫霍面起伏等都能使重力异常复杂化;浅部火山岩、侵入体、磁性不均匀体、含磁性沉积岩、磁性基底起伏和居里面等也会构成复杂磁异常的因素。因此需要针对不同的地质任务和研究目标以及解释需要对重磁数据进行变换处理。

重磁解释常把实测重磁异常看作由区域异常和局部异常组成。区域异常指由分布范围较广、相对深的地质因素引起的异常。局部异常是指区域地质因素范围较小的研究对象(如构造、矿体或岩体)引起的范围和幅度较小的异常。从位场异常中去掉区域异常后的剩余部分,称为剩余异常,习惯上看作局部异常。为了根据实测异常求某个场源体,首先必须从叠加异常中分离出单纯由这个地质体引起的异常。

为了分离区域场和局部异常,对重磁数据可进行频率域滤波、解析延拓、分场和求导等处理。

1. 频率域滤波

一般来讲,由深部地质体引起的宽缓异常具有低频的性质,而由浅部地质体引起的局部异常具有高频的特征。观测误差及近地表不均匀性引起的异常则是一些高频干扰。由多个地质体引起的叠加异常可分离的必要条件是这些异常之间具有不同的频率。频率差异越大,不同的异常越容易分离。

在重磁资料的频谱分析中,通过选取不同的截止频率,可以得到不同的区域场,对不同计算结果进行对比分析,同时结合已知地质、地球物理条件,可以合理的选取区域位场效应。

2. 解析延拓

将观测面上的异常换算到不同的高度上,地质体引起的异常强度、梯度会发生变化,但不同规模大小地质体的异常随深度变化的速度不一样。向上延拓时,原来埋深小、规模也小的地质体的异常衰减速度比埋深大、规模大的地质体大得多。因此,向上延拓可用来压制浅部、突出深部异常体,而向下延拓则与之相反。

3. 求导

从求导的数学和物理意义来看，宽且弱的异常其导数值小，而窄且强的异常其导数值大。显然，导数异常对深的、规模巨大的地质体和地质构造引起异常信息具有明显的压制作用，可以突出浅的、局部的地质体和地质构造。水平方向导数用来确定断裂体系，垂向导数则可较好地分离叠加在背景场上的局部场和旁侧叠加异常。

断裂在重力异常图上一般表现为沿一定方向延伸的重力梯级带或重力异常等值线的扭曲。直接应用重力异常图确定断层的位置时存在一定的不准确性。为了能较准确的确定断裂的平面位置，对重力异常进行处理，把重力梯级带转换为重力梯度异常极值线，可提高重力异常对断裂的分辨能力，可进一步突出断裂位置以及突出次级断裂。

4. 重力水平总梯度

由重力异常计算的水平总梯度值绘制的等值线平面图，异常线以 $E(10^{-9}s^{-2})$ 为单位，根据情况，一张图上等值间距可以不同。

在直角坐标系中，重力异常沿 x 方向和 y 方向变化率的平方和的平方根称为重力水平总梯度。

重力水平总梯度图对地下断层有明显的反映，比布格异常图有更强的分辨率。利用总梯度的峰值带确定断层的位置和走向，是解释人员常用的一种方法。

5. 插值切割

插值切割方法以当前计算点场值与四点圆周平均值的插值运算为基础，相当于利用由这五个点构造的一个二阶差分量来提取计算点周边场值中的高阶成分，其值的大小可随位场特征而自动调整，属空间域非线性滤波方法。

6. 匹配滤波

匹配滤波方法是根据埋深、延深、规模大小不同的物性体在位场波谱特征存在明显差异，通过构建不同波谱特征的正演算子，实现不同类型物性体的波谱特征分离。

7. 重磁线性反演

利用直立六面体单元将地下空间剖分成具有不同物性（密度或磁化率）的长方体组合体，通过各长方体正演计算建立所有观测点的重磁异常方程组，求解方程组即可获得模拟地下空间介质的长方体组合体的物性分布特征。但剖分太细导致大型线性方程组出现病态问题，一般解法很难收到满意的效果，甚至失败。而借鉴地震层析成像反演中的 DLSQR 法可以较快和较精确地反演地下介质的物性分布。

（三）技术应用

1. 航磁区域异常揭示大区磁性体平面宏观展布特征

航空磁力（简称航磁）测量是以飞机为载体在距地面一定高度上，使用航空地球物理勘探（简称物探）测量仪器获取观测面以下磁性体的磁场强度信息的地球物理测量方法。

由国土资源部航空物探遥感中心 2004 年重新处理和编制的 1∶500 万全国航磁 ΔT 异常图，反映了国内十几家单位 40 多年来获得的不同比例尺和不同精度的 432 个测区的航磁测量数据和成果，是研究地壳结构及沉积盆地的重要地球物理资料。它不仅能在横向上提供不同地质单元的信息，而且在纵向上将人们的认识引入到地壳深部。对于地质构造的演化形迹，无论出露于地表还是隐伏在地下，大多能在航磁图中有清晰反映。这次编图与历史上各次编图的最大不同在于：

(1)陆上航磁覆盖面积达到97%,尤其是填补了青藏高原的空白;

(2)应用了全部1980年以后数字收录、1989年以后GPS定位的高精度测量数据;

(3)编图过程实现了全部数字化,除台湾海峡地区外,编图的素材来自每一个测区。

通过叠合全国主要大中型沉积盆地的边界,并对盆地分布与航磁异常特征的对比分析表明,由于深大断裂控制着主要构造单元的边界,全国主要大中型盆地(松辽、二连、海拉尔、渤海湾、南华北、鄂尔多斯、四川、准噶尔、吐哈、塔里木、柴达木、措勤等)的盆地边界均表现为沿断裂带分布的高磁异常带。特别是,沿着盆内的深大断裂带多有强磁异常反映,是盆内火成岩(火山岩)发育的重要标志。松辽盆地中部近南北向高磁异常带、准噶尔盆地中部北西向高磁异常带、塔里木盆地中部东西向高磁异常带、鄂尔多斯北部近东西向和中南部北东向高磁异常带以及四川盆地中部北东向高磁异常带均受盆内深大断裂控制,是火成岩(火山岩)储层的有利发育带。松辽盆地和准噶尔盆地的勘探实践证实,沿着盆内高磁异常带可以形成$1000 \times 10^8 m^3$以上大型天然气田(如庆深气田、克拉美丽油气田),沿着盆缘高磁异常带可形成亿吨级以上大型油气田(准噶尔盆地如西北缘)。

从全国航磁异常分布特征来看,东部盆地高磁异常带受北东向断裂构造控制,西部盆地高磁异常带受北西和近东西向断裂构造控制,而中部盆地处于东西部过渡带,高磁异常带受北西和北东向断裂构造的复合控制。

2. 重磁区域异常与局部异常分离,揭示深浅源磁异常特征

地面观测到的重磁异常是地下各种地质体的综合效应。这些地质体包括了从沉积盆地、基底、壳源等不同层次结构中的物性体。为了研究勘探目标的重磁异常,可以利用不同深度地质体重磁异常的特征差异,通过重磁异常分离,突出勘探目标层次的重磁异常特征。

图10-1是利用插值切割法对北疆航磁异常进行区域场和局部场分离的结果。对比分析表明,航磁区域异常反映了壳源地质体的磁异常特征:准噶尔腹部至准东大面积高磁异常对应了准噶尔古陆块分布,准南高磁异常对应南缘俯冲带壳内重熔岩浆带,吐哈南缘高磁异常对应了南缘俯冲带壳内重熔岩浆带。而航磁局部异常突出了褶皱基底磁异常的分布特征:准噶尔盆地西北缘磁异常带反映了推覆构造中火成岩(火山岩)分布,腹部至准东高磁异常对应了岛弧型火山岩分布,准南缘和吐哈南缘磁异常对应碰撞带火山岩分布,准北缘和三塘湖南缘磁异常对应了准吐板块与西伯利亚板块碰撞带上火山岩分布。

3. 重力总梯度异常揭示区域断裂构造,控制火山岩的展布

地下地质体的重力效应叠加在地球总重力场上。地质体异常一般小于地球总场的百万分之100。为了提取这些效应,须使用高精度的重力仪器设备。在油气勘探中重力异常是以毫伽($mGal, 1mGal = 10^{-5} m/s^2$)为单位,一般地质体重力异常的强度小于25mGal,典型重力仪的观测精度小于0.5mGal。

与地磁场相比,地球重力场的方向总是向下,测量值为标量,而地磁场的方向是任意的,因此,在解释磁异常时,向量信息更为重要。

典型的各类岩石(火成岩、变质岩和沉积岩)密度变化范围为$1.60 \sim 3.20 g/cm^3$。通常沉积岩的密度变化范围为$1.80 \sim 2.80 g/cm^3$,可见,沉积岩之间的密度差较小,低精度重力仪不能检测出。用重力数据推测地下地质体密度的误差经常是在5%~10%的范围。磁法勘探利用了地质体与围岩高达几个数量级的磁化率差异,因而具有更高的分辨率。

由于重力方法能有效地揭示地下地质体侧向密度的变化,因此特别适合于用来确定水平方向上的地质构造。如大型断裂和构造单元边界两侧的地质体往往存在明显的密度差异,很容易通过重力异常的梯度陡变带或等值线走向的挠曲来揭示断裂带和构造单元边界的位置。

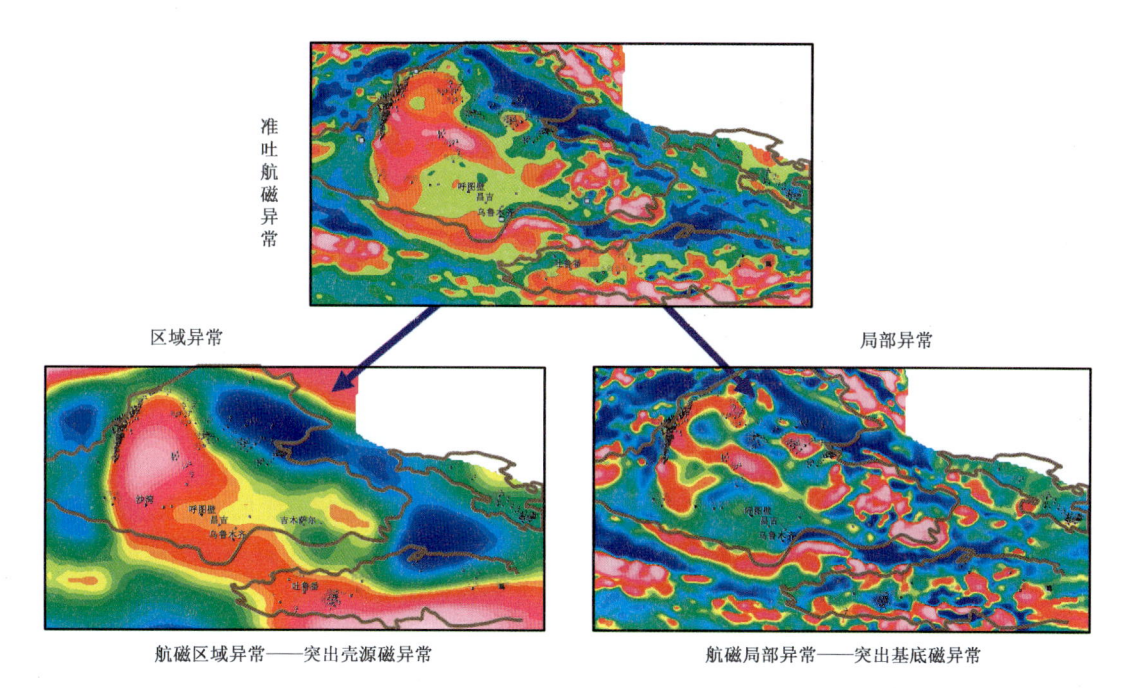

图 10-1 北疆地区深浅源航磁异常分离

图 10-2 是利用北疆地区重力总水平一阶导数异常来识别区域大断裂的应用实例。与区域地质和地震剖面所揭示的断裂分布的对比表明，准噶尔盆地、吐哈盆地和三塘湖盆地的主要控盆断裂(达尔布特断裂带、克拉玛依—莫索湾断裂带、艾比湖—星星峡断裂带、博格达山前断裂带、克拉美丽—麦钦乌拉断裂带)基本上都对应于明显的重力总水平一阶导数异常。盆内的一些深大断裂(红车断裂、克拉玛依—莫索湾断裂、滴水泉断裂、白家海断裂、布尔加断裂、东北逆冲断裂)也有较强的重力总水平一阶导数异常响应。

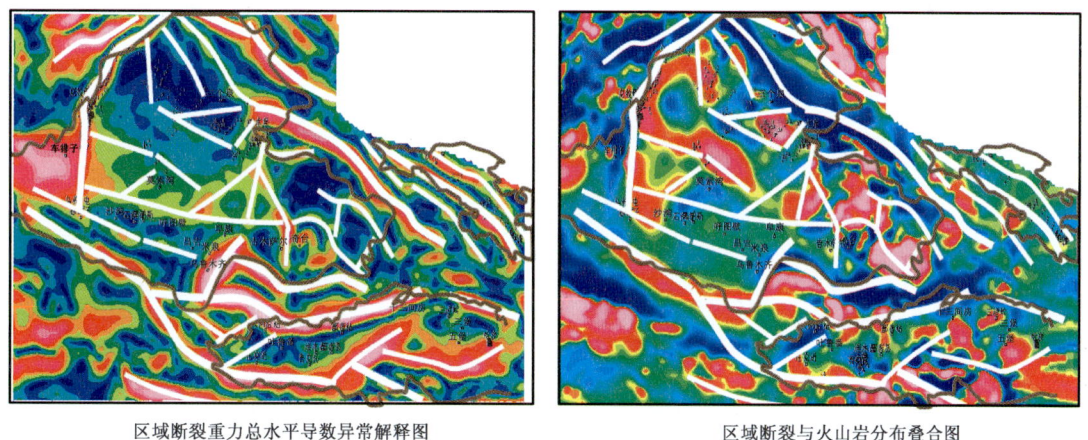

图 10-2 北疆地区控制火山岩发育断裂分布特征

与局部航磁异常分布对比表明，火山岩磁异常主要分布在控盆断裂和控凹断裂的附近，呈带状分布，在控盆或控凹断裂的交会部位及其附近凹陷内火山岩磁异常强、分布范围广，往往与烃源岩叠置配套，是火山岩爆发相和喷溢相储层最为发育的区带。西北缘、石西和滴西地区即是如此。

4. 岩心露头资料标定火山岩岩性、层位和物性特征

重磁异常是地下不同层次和不同类型火山岩体的综合反映,往往受火山岩体埋藏深度和岩性等因素的影响而表现为不同的异常特征。因此在利用航磁异常识别火山岩属性特征时,必须充分利用已有的岩心和露头资料,标定火山岩岩性和层位。

二、火山岩区带预测

(一)技术构成

1. 重磁异常增强

通过引入延拓回返带通滤波算子,对传统的求导进行了改进,开发了针对勘探目标深度的重磁异常增强处理——高分辨率的重磁延拓回返垂直导数目标处理技术,提高了对火山岩性体的识别能力。

提出并采用广义垂直 n 次导数技术进行重磁异常的处理,并通过多次的向上延拓和向下回返处理,压制高频噪声,突出不同目标层段的异常。利用该技术对松辽盆地深层勘探程度最高的徐家围子断陷的航磁资料进行目标处理,与钻井资料对比表明,经处理后的航磁资料可以较好地反映火山岩的分布特征。

图10-3是本方法与传统滤波器频谱对比图。本方法的滤波器为一个主频较低(f_0 = 0.178Hz)的窄带滤波器,对信号进行放大,对噪声进行压制,带通效果好,因此,处理结果图件异常规律性较强;传统的二次导数为一个主频较高(f_0 = 0.318Hz)的宽带滤波器,对信号与噪声均放大,带通效果不好,因此,处理结果图件异常规律性较差,图面较乱。另外,本方法的滤波器滤波曲线较陡,在频率0.08~0.18Hz较传统二次导数滤波器数值要大,意味着在该频率段,本发明的滤波器具有较大的放大作用,更能突出传统二次导数突出不够较低频(如深层潜山构造等)的信号。

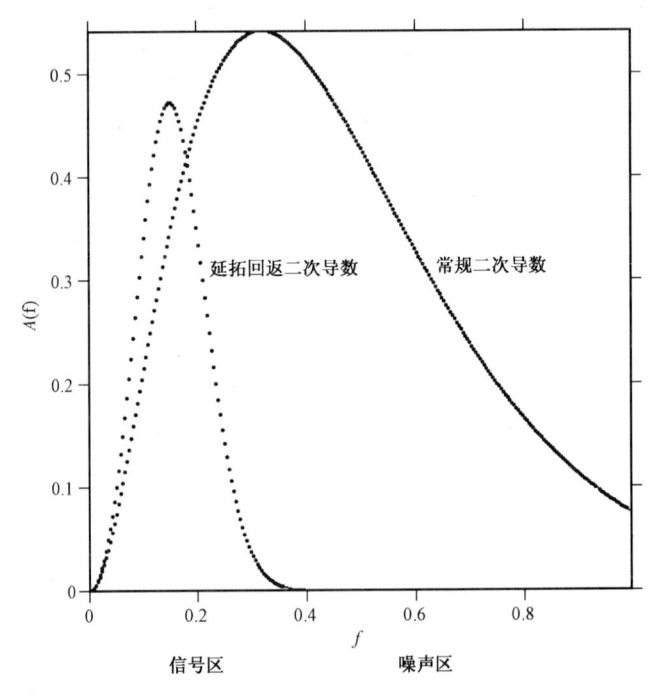

图10-3 本方法与传统滤波器频谱对比图

图 10-4 为本方法滤波器频谱特征图。从图中可以看出,该滤波器随着导数阶次的增加,主频逐渐向高频移动,意味着通过导数阶次 n 的选择,可以突出不同目标层段的异常。

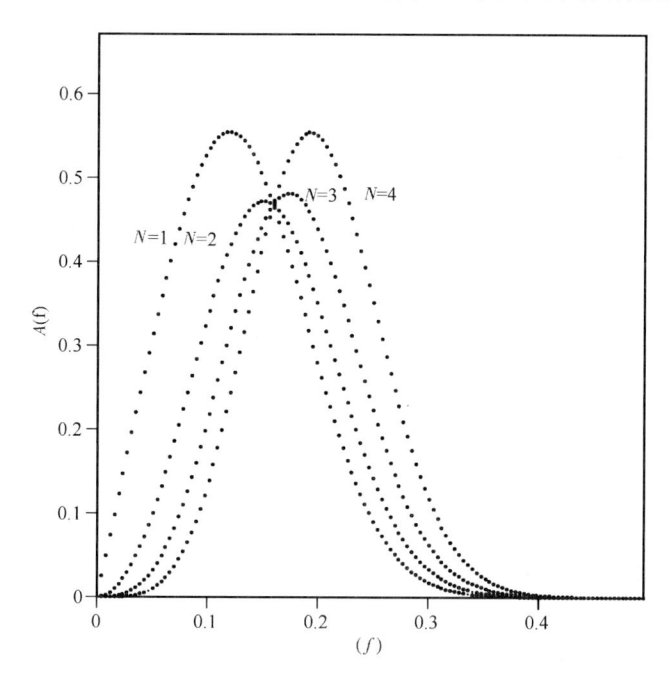

图 10-4 本方法滤波器频谱特征图

2. 电磁反演深度

建场测深资料处理大致分为如下四个步骤:

第一步是叠前处理:对接收到的信号 $E(t)$ 进行可视化回放和分析,删除明显畸变的信号,并进行傅立叶分析,了解信号频谱成分。

第二步是同步叠加:采用同步叠加求均及滤波平滑等手段抑制噪声,提高信号的品质。接着就是对信号进行标定并消除系统的阶跃响应畸变,在此基础上,将信号换算成反映电磁能量在地下传播特征的标准化函数 $F(t)$。

第三步是叠后处理:就是从 $F(t)$ 函数出发,参照时间域电磁传播理论,求取每个测点的地电参数曲线,最终获得表征地下岩层电性分布特征的异常场时间剖面和深度剖面,为资料的综合地质解释提供依据。

第四步是资料的正反演处理:包括一维处理和二维处理,一维正反演处理已经比较成熟,实际应用较多;二维正反演理论研究也取得了明显进展,但实际应用较少。

建场测深资料一维正反演都是建立在一定假设条件下的近似方法,为了做到真正意义上的定量解释,就必须和其他电法方法一样,从一维模型的建场测深理论公式计算入手,采用计算机自动叠代反演,实现理论模型与实测模型的逼近拟合。

不同于 MT 等其他电法,均匀水平层状介质模型的建场测深理论公式比较严格,是由模型的核函数(层厚度和层电阻率)与贝塞尔函数乘积的双重无穷积分组成。其中贝塞尔函数仅与装置的几何尺度有关,由于它具有振荡且缓慢衰减特性,采用常规的数值积分计算方法耗时很多,精度也难以保证。20 世纪 80 年代荷兰学者考福特提出了采用线性数字滤波方法求解以后,多层介质模型建场测深理论计算变得相当容易,合理地选择滤波系数,计算精度也得到提高,从而为建场测深一维反演奠定了基础。目前,建场测深法定量处理以一维反演为主,二维反演还处于研究阶段。

(二)技术应用

1. 重磁二阶导数异常精细刻画火山岩分布

由原始航磁异常分离得到的局部磁异常仍然是由基底内部各磁性体产生的异常叠加的综合反映。为了能更精细地刻画基底磁性体的分布和形态特征,可利用垂向二阶求导数的方法来分离叠加在中下磁性体组合异常上的顶部异常和旁侧叠加异常。

图 10-5 是对准噶尔盆地航磁异常垂向二阶求导的处理结果。可以看出,垂向二阶导数异常在盆地内部分布广泛。初步统计表明,垂向二阶导数异常的分布面积约 6800km^2。与陆东—五彩湾地区 50 多口钻遇石炭系火山岩的井对比结果表明,垂向二阶导数异常与火山岩分布的吻合率达到了 85% 以上。

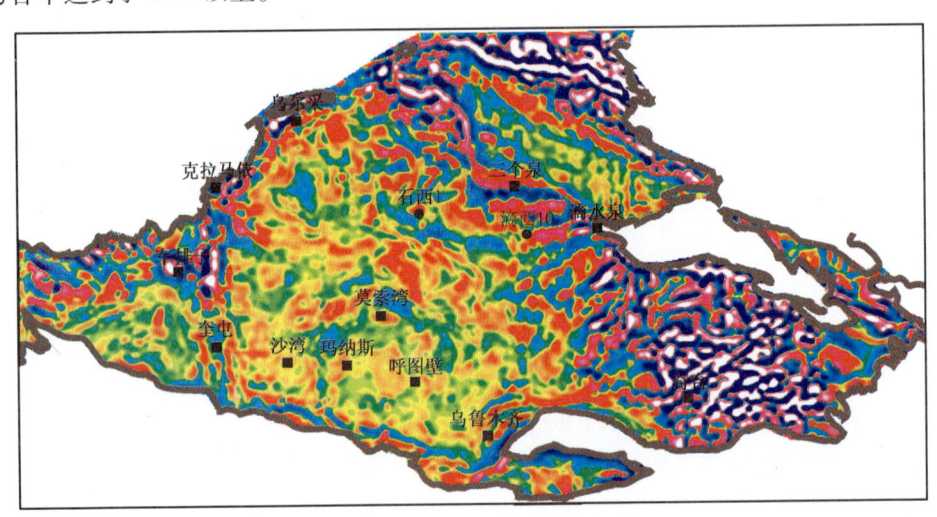

图 10-5 准噶尔盆地重磁二阶导数异常精细刻画火山岩分布

此外,准噶尔盆地内部的磁异常以面状分布的中弱磁异常为主,而盆缘的磁异常以沿断裂带连续或串珠状分布的强异常为主;准东地区以较杂乱的强异常分布为主。

2. 重磁正演剥层处理,消除浅层影响,突出深层目标的重磁特征

在准噶尔盆地地震勘探中,陆东—五彩湾地区的勘探程度较高,仅次于西北缘。通过建立二叠系以上地层的密度模型并进行重力正演计算,可以从原始重力异常中减去中浅层重力异常效应,就可以消除浅层影响,突出石炭系火山岩地层的重磁特征。

图 10-6 是利用重磁正演剥层处理来针对增强石炭系火山岩磁异常特征的应用实例。可以看出,陆东—五彩湾地区原始重力异常曲线平缓,与火山岩相关的信息量少,中浅深层磁异常难以有效分离。通过重力正演剥层,较好地揭示了滴水泉凹陷内部、滴南低突起内部不同密度地质体的分布。特别是滴西 5—滴西 8—滴西 10 含火山岩带具有较低的密度特征,是中酸性火山岩发育的有利地带。

3. 沿层下延拾取重磁异常增强目的层段火山岩异常分布特征

前面的处理分析工作是从地面上远距离地研究探讨勘探目标的。为了近距离精细刻画火山岩勘探目标的重磁异常特征,可采用下延的方法逼近场源、沿层拾取重磁异常,突出勘探目标的局部细节特征。

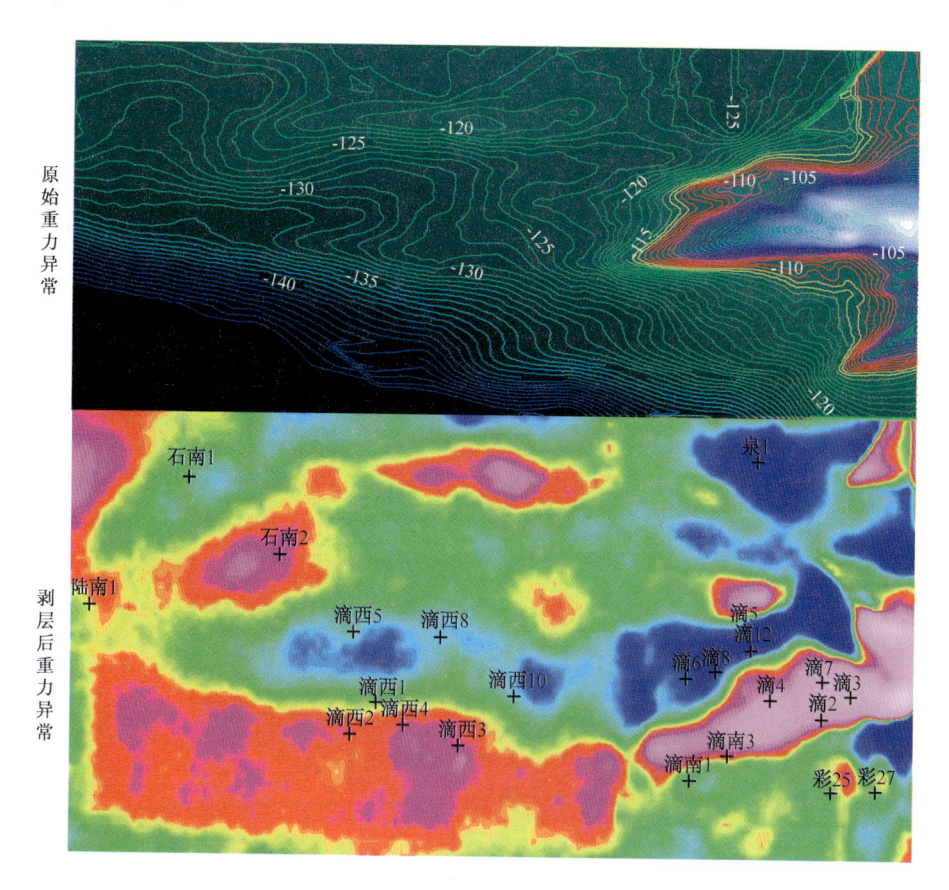

图 10-6　陆东—五彩湾地区重力异常沉积盖层(Q—P)剥离处理结果

图 10-7 是利用正则化下延方法下延到石炭系顶面对准噶尔盆地石炭系火山岩磁异常进行沿层拾取的结果。与原始航磁异常的对比表明,沿层拾取的磁异常反差强度增大、边界特征清晰、展布形态精细。由于距离石炭系顶面较远,陆东—五彩湾地区的原始磁异常呈一整体团块状分布,而沿石炭系顶面拾取后的磁异常表现为两条近东西向展布的异常带夹一环形异常的复杂结构。腹部地区磁异常原来为一北西向条带展布,沿层拾取后磁异常为北东向和北西向磁异常交错叠合的复杂结构。

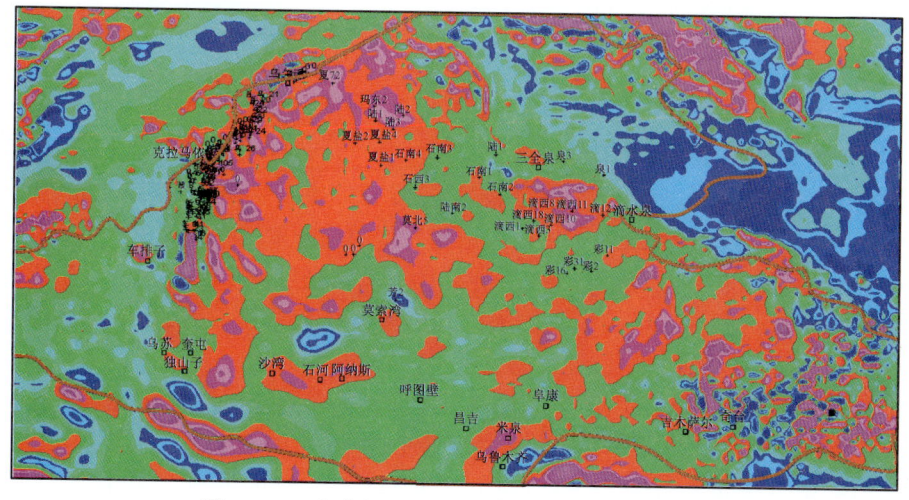

图 10-7　准噶尔盆地石炭系沿层追踪拾取磁异常

— 327 —

4. 重磁电震综合处理解释减少多解性,增加火山岩体识别可靠性

实践表明,任何地质体均具有弹性模量、电阻率、密度等多种属性特征,特别是对于火山岩体还具有明显的磁性特征。通常的各种勘探技术只是分别观测地质体的单一属性参量,但由于地面观测条件和地下地质构造条件的不同,所获得的各种参数均具有一定的不确定性,从而造成反演解释的多解性。因此,在火山岩勘探中充分利用已有的重磁电震多种资料进行综合处理解释,才有可能提高火山岩体识别的可靠性和层位划分的准确性。

图 10-8 是综合利用重磁电震资料对陆东地区 L2007—05 线进行火山岩识别的实例。L2007—05 线为通过滴水泉凹陷的地震攻关剖面。在地震剖面的中部有一个地震异常体,具有较连续、低频和较强反射的特征。但仅凭地震异常难以确定该异常体的性质:是火山岩体还是岩性变化?若是火山岩体,是酸性还是基性火山岩?在附近的建场电法剖面的相应位置上也有明显的电阻率异常响应,表现为双中心的高阻异常体。利用正则化下延对该剖面对应的航磁异常和重力异常进行下延处理,所得到的磁异常下延剖面中部表现为一中高磁异常体,重力下延剖面中部表现为次低密度异常体。勘探实践表明,中等磁异常、高电阻率异常和低密度重力异常是中酸性火山岩体的标志。综合上述重磁电震异常信息,推断该物探异常体为中酸性火山岩体,有待钻探验证。

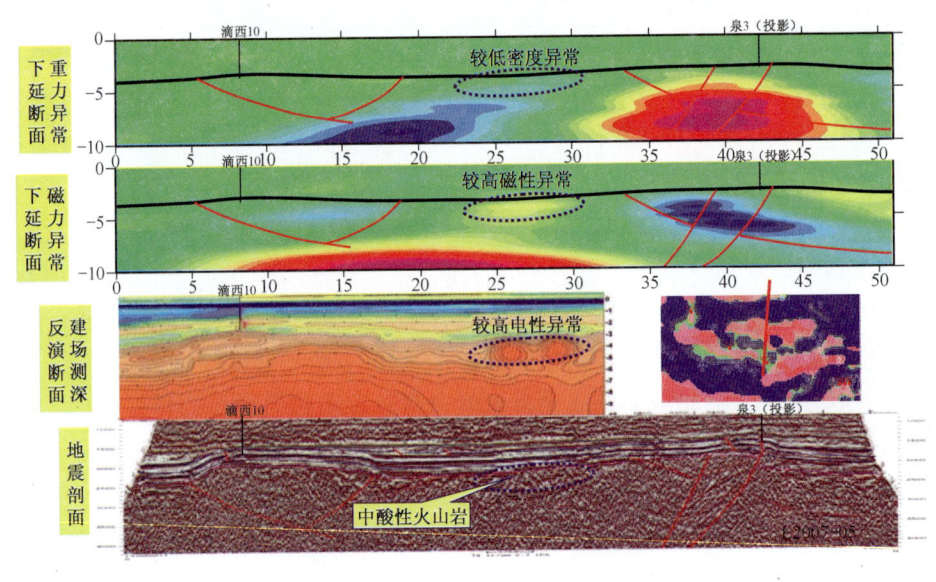

图 10-8 陆东—五彩湾地区 L2007—5 重磁电震综合处理解释

5. 有利区带综合预测

根据国内外火山岩油气勘探实践,火山岩储层发育带主要受断裂带、风化壳、火山岩岩性和岩相等因素控制。断裂带发育是火山岩构造缝发育的最重要的影响因素。深大断裂既是沟通烃源岩的通道,又是火山岩储层物性改造的条件。风化壳淋滤作用是火山岩次生孔隙发育的主要成因。在风化壳上下 300m 以内的火山岩中次生孔隙非常发育,是油气藏的主要储集空间。中酸性喷溢相是火山岩储层发育的有利岩性岩相。

图 10-9 是根据临近烃源岩、断裂带发育和靠近风化壳的原则,综合评价出 6 个火山岩勘探有利区带。①陆梁隆起带;②达巴松—白家海带;③乌伦古带;④西北缘带;⑤帐北带;⑥准东带。其中,陆梁隆起带和西北缘带已有大型火山岩油气田的发现,达巴松—白家海带、帐

北带和准东带已钻遇火山岩油气流,建议对上述区带加快勘探步伐,扩大勘探成果,力争有新突破。

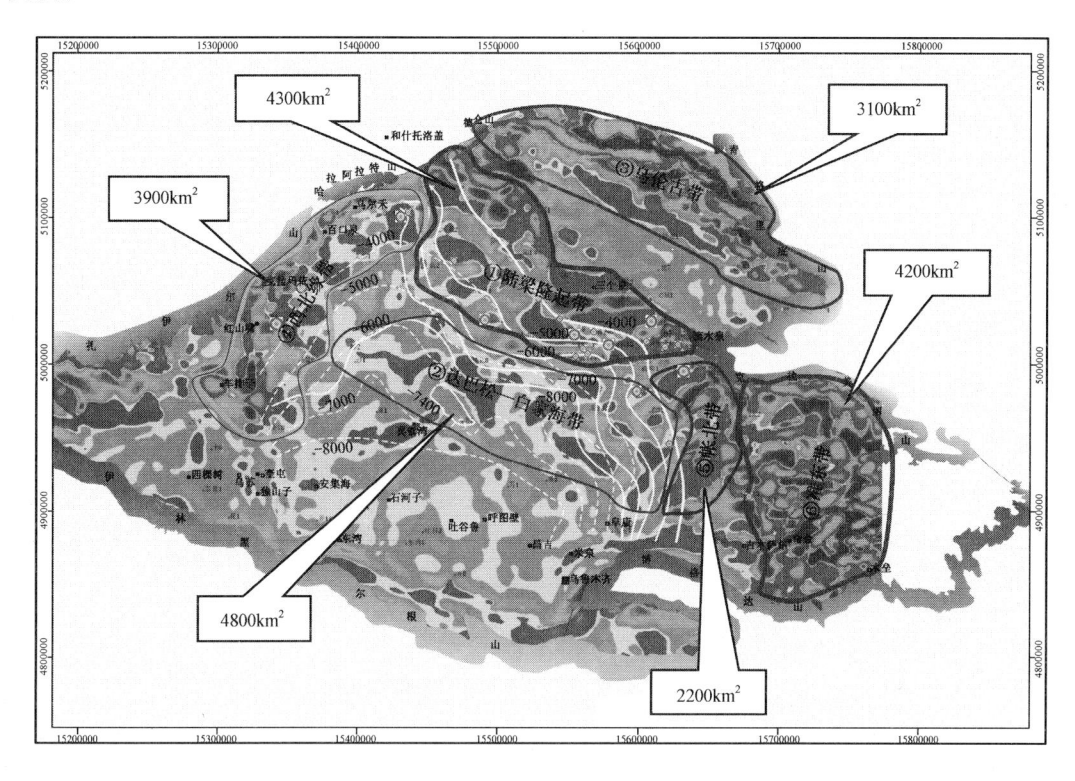

图 10-9 准噶尔盆地石炭系火山岩勘探有利区带综合预测

三、火山岩储层预测

火山岩储层预测的核心包括火山岩相带划分和火山岩储层预测,主要的技术手段是地震和测井。储层的地震预测主要是通过分析地震波的速度、振幅、相位、频率、波形等参数的变化来预测储集岩层的分布范围、储层特征等。岩性、储层物性和充填在其中的流体性质的空间变化,造成了地震反射波速度、振幅、相位、频率、波形等的相应变化。这些变化是储层地震预测的主要依据。火成岩储层同碎屑岩、碳酸盐岩等储层一样,其发育程度受到多种因素的控制,主要包括构造作用、岩相、成岩作用等。其中,火成岩岩相是控制储层发育程度的内因,不同的火山岩相,其储层的发育程度有很大差别。因此,火山岩相带的识别与划分显得在火山岩储层研究中就显得尤为重要,储层相带的研究是火山岩储层研究的基础。在相带研究的基础上,开展储层预测技术,寻找火山岩发育的有效储层,是储层预测的关键。

(一)技术应用基础

储层岩相是影响不同类型储层发育程度的关键因素之一,储层的岩性类型和原生孔隙发育程度往往受其岩相控制,在很多情况下储层岩石类型和发育程度的预测可以通过预测岩相来间接实现,特别是对于复杂岩性体圈闭,如火山岩、碳酸盐岩、裂缝性油气藏等,储层的物性往往不易搞清楚,这时也可以通过预测岩相的办法来间接预测储层发育程度。岩相预测是通过对地震相、沉积相和沉积体系的研究,分析储层形成的主控因素,确定储层发育的有利相带的过程。

(1)地震反射特征的差异为利用地震手段识别相带提供了基础。

不同火山岩相带在地震内部反射结构(如振幅、频率、相位以及波形特征)和外部几何形态上(如丘状、席状、平行亚平行)具有不同的地震反射波特征,这就为利用地震手段识别火山岩相提供了基础。由于火成岩的产出、侵位方式不同,火成岩岩相也存在着多样性,目前对喷出相火成岩岩相研究较深入,但由于划分的标准存在差异,划分的岩相名称和界线等也还存在差异。根据国际地科联推荐的火山岩分类方案(邱家骧,1991)将火山岩划分为五种相带、(即爆发相、溢流相、火山通道相、侵出相、火山沉积相)十五种亚相。爆发相划分为热碎屑流亚相、热基浪亚相、空落亚相,溢流相划分为上部亚相、中部亚相、下部亚相;火山通道相划分为火山颈亚相、次火山亚相、隐爆角砾岩亚相;侵出相划分为内带亚相、中带亚相、外带亚相;火山沉积相划分为凝灰岩夹煤沉积亚相、含外碎屑火山沉积亚相、再搬运火山碎屑沉积亚相。它们所表现出的特征如图 10-10。

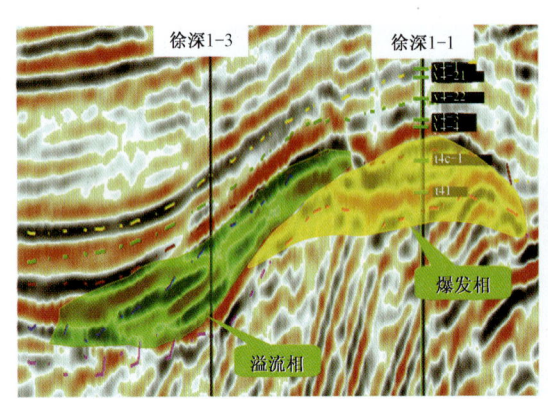

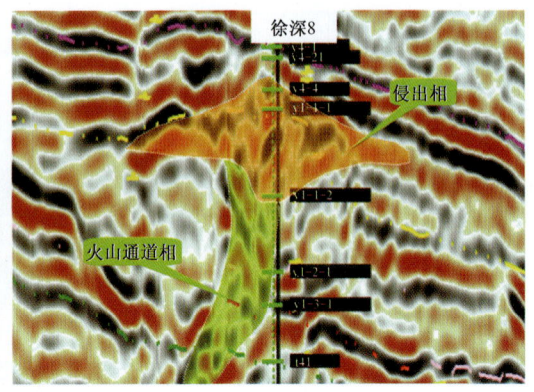

图 10-10 火山岩相地震反射特征

爆发相:集中发育在火山口附近,多与较大断裂伴生,火山岩体分布受火山口控制,火山口附近为爆发相,反射波组外形呈丘状,顶部为碎屑岩与火山岩的强反射界面,内部反射杂乱,连续性差,为中低频特征,现今多表现为局部构造,在地震剖面上易识别。

溢流相:根据距离火山口的远近可划分为近源溢流相和远源溢流相。地震反射波特征表现为从火山口丘状的外型到斜坡及低洼部位的席状或楔型,火山岩顶部反射波同相轴横向上具有连续性较强、振幅较强、中高频率。内部反射成层性好于爆发相,特别是远溢流相成层性更好,呈平行或亚平行结构。

火山通道相:位于整个火山机构的下部,形成于整个火山旋回同期和后期。在地震剖面上易识别,位于火山口的中心部位、锥体顶端的正下方,产状近于直立,一般呈柱状,内部为连续性差、杂乱、低频的反射特征。

侵出相:位于火山口上部,形似穹隆。地震剖面上表现为断续反射,侵出相反射波组外形呈伞状、丘状或枕状结构,同向轴出现直立,其横向连续性差,能量强,同相轴以底部为中心呈扇形向外发散。

火山沉积相:经常与火山岩共生的一种岩相,可出现在火山活动的各个时期,碎屑成分中含有大量火山岩岩屑,主要为火山岩穹隆之间的碎屑沉积体。不同火山岩体之间多为火山沉积相。地震反射特征表现为同相轴强、中高频率、连续性好、波形稳定、席状外形,测井响应与沉积岩基本相同。

研究火山岩的地震反射特征是利用地震识别火山岩的基础,只有识别了火山岩在地震上的响应特征才能通过技术手段来揭示它。深大断裂控制了火山岩的形成,沿深大断裂火山口呈串珠状分布,火山口控制了火山岩体的展布特征,火山口的外部几何形态和火山岩体的分布特征决定了不同相带火山岩的展布。

(2) 不同的火成岩类型具有不同的测井响应特征,这就为测井地球物理技术识别火山岩岩性提供了基础,为划分相带和储层预测奠定了基础。

一般来说,从常规测井曲线来看,从基性到酸性火山岩,放射性元素铀、钍和 GR 曲线值逐渐增加,密度和电阻率逐渐降低,如图 10-11 所示。利用成像测井可以识别火山岩的结构,如利用成像测井和井壁取心,很容易识别出气孔流纹岩、熔结凝灰岩和熔结角砾岩等,如图 10-12 所示。一般来说,声波时差和密度测井曲线对储层孔隙结构反应最灵敏,密度越低,声波时差越高,孔隙结构就越好。声波时差和电阻率测井曲线则较灵敏,声波时差和深浅三侧向幅度差越大,电阻率绝对值越高,含油性越好。对火成岩地层来讲,同种类型的岩石,由于岩相及储集空间方面的差异,其电阻率有时可能变化很大,量值从 $n \times 10 \sim n \times 10^4 \Omega \cdot m$ 不等。致密块状熔岩电阻率值高,"三电阻率"基本无差异。气孔杏仁状熔岩表现为低电阻率,"三电阻率"差异较小。角砾化熔岩较前者略高,"三电阻率"有差异。凝灰岩"三电阻率"呈低值。通常,密度测井受井眼影响较大,但当井眼条件正常时,密度曲线能较好地反映岩石的岩性特征,随火成岩酸性程度的增加,密度呈相对减小的趋势,而声波测井值则相应增大。

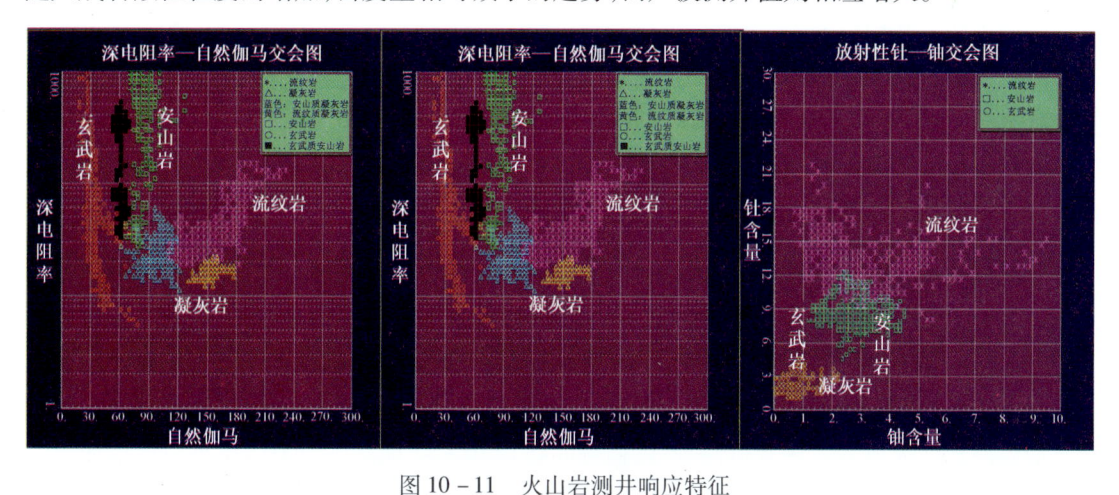

图 10-11 火山岩测井响应特征

图 10-12 火山岩 FMI 测井响应特征

我国中—新生代含油气盆地玄武岩储层电测曲线的特征一般是"三低二高",即低声波、低感应、低自然伽马、高电阻、高密度,剖面上可见明显的电测台阶,以此可以确定火成岩的顶底。不同层段相同岩性火山岩的测井响应特征不同;同一层段不同岩性的测井响应特征也不同。一般规律如下。

玄武岩:具有低自然伽马值、较高电阻率、中等声波时差值、密度及中子测井值低的特点。

安山岩:具有中等自然伽马值、中等电阻率、中等声波时差值、密度及中子测井值低的特点。

流纹岩:具有较高自然伽马值、相对较低电阻率、声波时差较高、密度相对较低、中子值相对较高的特点。

粗面岩:具有高自然伽马值、高电阻率值、声波时差和中子值小、密度测井值大的特点。

凝灰岩:具有中等自然伽马值、低电阻率值、高声波时差值、中子测井值大、密度测井值低的特点。

玄武质粗面岩:具有介于玄武岩和粗面岩之间的自然伽马值,其他测井值基本上都介于玄武岩和粗面岩之间。

根据以上特征,可以建立不同层位、不同火山岩岩性类型的识别标准继而对有测井资料的井进行火山岩岩性划分。岩性的识别为利用测井资料识别相带奠定基础,因此可以确定不同火山岩相带的测井响应类型。

爆发相:测井上表现为中低值,锯齿状。热碎屑流亚相主要为熔结凝灰岩;热基浪亚相为晶屑凝灰岩;空落亚相主要为集块岩、角砾岩、熔结角砾岩与角砾熔岩。

溢流相:电阻率的曲线外形表现为厚层、微齿化,中高电阻率。下部亚相为低孔流纹岩;中部亚相为致密流纹岩;上部亚相为气孔流纹岩。

火山通道相:测井上表现为中高值,锯齿状。岩性为熔结角砾岩与角砾熔岩。

侵出相:在成像测井上表现内带为枕状和球状珍珠岩;中带亚相为块状珍珠岩、细晶流纹岩;外带亚相为变形流纹构造角砾熔岩。

火山沉积相:测井曲线外形常表现出韵律特征,薄厚不等。岩性为火山喷发间歇期含陆源碎屑的火山碎屑岩。

渤海湾地区火成岩岩相及电性、地震相特征如表10-4(谯汉生,2001)所示。从渤海湾盆地钻井揭示的古近系火成岩来看,基本上可分为两大类,一类为喷发岩,另一类为浅层侵入岩或次火山岩。火山喷发岩横向上可以划分为两个储集相带即火山口亚相和火山斜坡亚相。由于火山喷发所形成的锥体规模不大,地震上表现为小型丘状,水平切片上呈环状分布,与上下左右围岩呈不连续接触。火山斜坡亚相地震上以明显的角度接触,振幅较弱,范围不大。火山喷发溢流亚相地震上呈较好的连续性,振幅强,一般与地层界面平行,形同标准反射层。

表10-4 渤海湾地区火成岩岩相及地震相特征简表

岩相类型	岩相	岩相组合	电性特征	地震相特征	典型地区
浅层侵入岩	中心亚相	中—粗晶结构,雪花状,辉绿岩岩相组合,单层厚度大于50m	高阻块状、高密度、低时差、低自然伽马	顶底强振低频穿层反射,内部反射特征不明显	胜利商河地区
	过渡亚相	中粒斑状辉绿岩,中—粗粒雪花状辉绿岩岩相组合	纵向上表现为三段式电性特征,中部电性特征同上,顶底电性同下	板状强反射,低频	

续表

岩相类型	岩相	岩相组合	电性特征	地震相特征	典型地区
浅层侵入岩	边缘亚相	隐晶—细粒结构辉绿岩、气孔、杏仁构造煌斑岩、辉绿岩相组合,且大多为热烘烤蚀变变质带	低密度、低阻、高自然伽马、高时差	顶、底界反射不明显	胜利商河地区
火山喷发岩	火山口亚相	位于火山锥体的中部,火山角砾岩与熔积角砾状玄武岩岩相组合	电性变化较小,大多表现为高密度、高电阻率、低时差、低自然伽马。井径变化较大层段可能对应了裂缝的发育	丘状、穹隆状强反射	胜利商河地区、辽河欧利坨子地区
	火山斜坡亚相	位于火山锥斜坡上,火山角砾岩及火山凝灰岩岩相组合	高阻、高自然伽马、时差、密度变化大	与两侧沉积地层呈明显的角度接触,振幅较弱,范围不大	
	火山喷发溢流亚相	玄武岩具杏仁构造,局部见辉绿岩	电阻率呈高值、时差中等,自然伽马一般较小,但变化较大	强振幅,连续性较好,与地层界面平行,形同标准反射层	

浅层侵入岩体的储集空间主要有三种:裂缝、溶蚀孔洞和气孔。侵入火成岩大多顺层分布,与上下地层呈整合—不整合接触。浅层火成岩顶底反射品质较好,其内部无明显的反射,一般外形上呈缓丘形板状。浅层侵入岩其纵、横向上均可分为三段式。纵向上包括顶底蚀变变质段、上下过渡段和中心段,变质段地震反射特征不明显,过渡段地震特征表现为以强振与顶底变质段接触,中心段地震特征同过渡段。横向上则可分为中心亚相、过渡亚相及边缘亚相,中心亚相地震特征表现为低频强振,过渡亚相表现为板状低频强振,边缘亚相顶底特征不明显,反射层似有减薄的趋势。浅层侵入岩相对喷发岩而言,其孔隙度要小,主要的储集空间为裂缝和溶洞,其规模往往比喷发岩大,埋藏又深,裂缝和溶洞的发育是油气聚集的有利场所。

(二)技术构成

火山岩储层预测的核心是火山岩岩相预测和储层预测。相带预测包括地震相分析对火山岩相进行定性分类,波形分类和多属性聚类分析可以对火山岩岩相进行半定量评价。储层预测反演是在相带划分的基础上,对火山岩储层发育程度以及有利储层进行预测。火成岩储层发育在喷发岩和侵入岩之中,喷发岩、侵入岩高角度裂缝、侵入岩蚀变带等是重要的火成岩储集体类型。与火山活动有关的喷发岩系储层进一步划分为爆发相和溢流相,喷发相火山岩储集条件要优于溢流相。因此,储层相带分析对于火成岩储层的预测和描述十分重要。适用的技术包括测井分析技术、储层特征重构及反演技术、相干体或方差体技术、分频属性分析技术等。

1. 地震相分析技术

关键技术:利用地震属性、波形分类与聚类分析、储层反演、三维可视化等方法定性识别火山岩相。

1) 地震属性分析

充分利用地震资料具有横向分辨率高、信息丰富的特点,沿目的层从地震数据中提取与相带属性变化有关的敏感性参数,如振幅、频率、相位、吸收系数等识别火山岩相。波形分类技术采用了神经网络原理,在目的层段内对地震道波形进行对比、分类,刻画出地震信号的横向变化,从而得到地震相分布规律图。由于火山岩速度、密度都与沉积岩相差很大,火山岩与围岩的振幅差异可以判别火山岩的存在。一般火山岩顶部致密,速度高、密度大,与上下围岩差异明显,地震波反射的强度大,在振幅属性图上表现为强振幅。

2）波形分类与聚类分析

该技术是根据地震道波形及其特征变化,对某一储层内的实际地震数据道进行逐道对比,细致刻画地震信号的横向变化,建立地震相模式,同时结合单井相划分结果,建立地震相与测井相关系,解决无井区域沉积相的空间相序组合问题,编制地震相平面分布图。

基于地震波形分类的地震相分析技术就是从地震地层学的基本原理,强调沉积相和岩相的变化总是对应着反映地震反射的变化,但它认为某几个地震信号的特性(振幅、相位、频率等)没有一个能够单独描述地震信号的异常,并不能代表反映地震信号的总体变化的知识。而地震波形的总体变化与这种变化更有密切的联系,更具代表性。通过对地震波形变化的分析,进行有效分类可以找出波形变化的总体规律,从而认识地震相的变化规律。而它运用神经网络对地震波形进行分类,可以克服"相面"法所带来的主观随意性。

使用 stratimagic 软件,可以采用两种方式进行波形分类:一是直接使用地震数据,直接进行波形分类;二是采用多属性聚类分析,提取多种地震属性,在多属性的基础上进行聚类分析。由于火山岩带变化窄、相变快、岩性复杂、储层非均质性强,因此应该采用简单实用的办法,单独使用地震数据进行波形分类效果要好,分类结果规律性强。多属性分别反映了不同的地层信息,再加上火山岩的复杂,导致多属性聚类过程中规律性会较差,因此,使用单一地震数据直接分类效果好些,如图10-13。

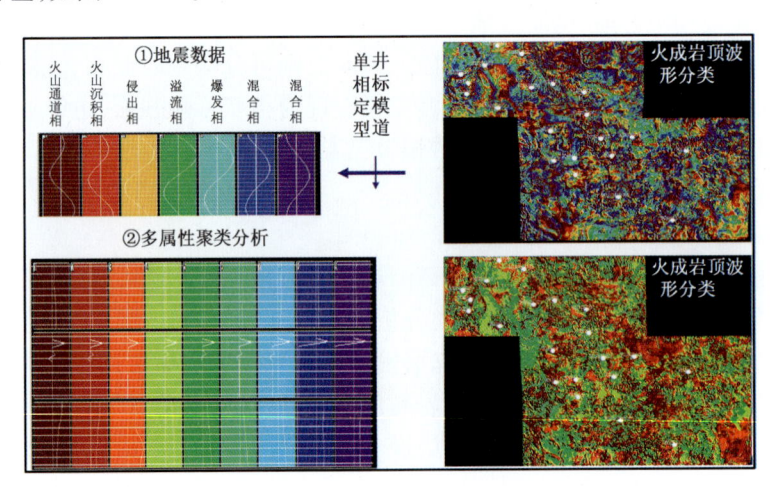

图10-13 应用波形聚类实现火山岩岩相平面成图

2. 储层预测技术

储层预测技术主要包括地震反演技术、地震属性分析技术以及储层地质参数的地震预测方法。它们都是以常规地震反射纵波法勘探为基础的。储层地质研究——指导横向预测;测井解释评价——建立预测标准;储层地震反演——岩性预测(区分砂泥岩、砾岩、火山岩),储层预测(找砾岩、火山岩中的储层);多属性储层综合——精细描述储层分布。

储层预测的核心是高精度的地震反演,地震反演技术是储层预测研究中最有效的技术之一,其核心是要研究储层的非均质性,其地质任务是对储层及其参数做出预测,着眼点是储层特征的横向和纵向变化,利用的地震信息更多。工作内容以地震反演、信息提取为基础,进行地震综合解释。其工作内容包括:精细储层标定;地震属性分析、地震相干体分析;储层地震反演——基于声波时差的波阻抗反演;储层特征反演——基于自密度的储层参数反演。地震反演是利用地表地震观测资料,以已知地质规律和钻井、测井资料为约束,对地下岩层物理结构和物理性质进行成像(求解)的过程。与模式识别、神经网络、振幅频率估算厚度等统计性方法相比,波阻抗反演具有明确的物理意义,是储层岩性预测、油藏特征描述的确定性方法。

火山岩一般埋藏较深、岩性复杂,火山岩储层发育受相带、构造等多因素控制。火山岩储层预测技术难点表现在火山岩埋藏深,纵向厚度大和横向岩性岩相变化大,火山岩地层成层性差,平面分布规律复杂;火山岩地震追踪困难,地震属性分析时窗难以确定,反演建模难度大。只有综合应用多学科多技术手段并紧紧围绕储层主控因素,采取分步骤循序逼近储层真实的实用有效方法,才能对火山岩储层作出较为准确的预测和描述。针对火山岩储层特征,设计了火山岩储层预测的技术流程如图10-14。

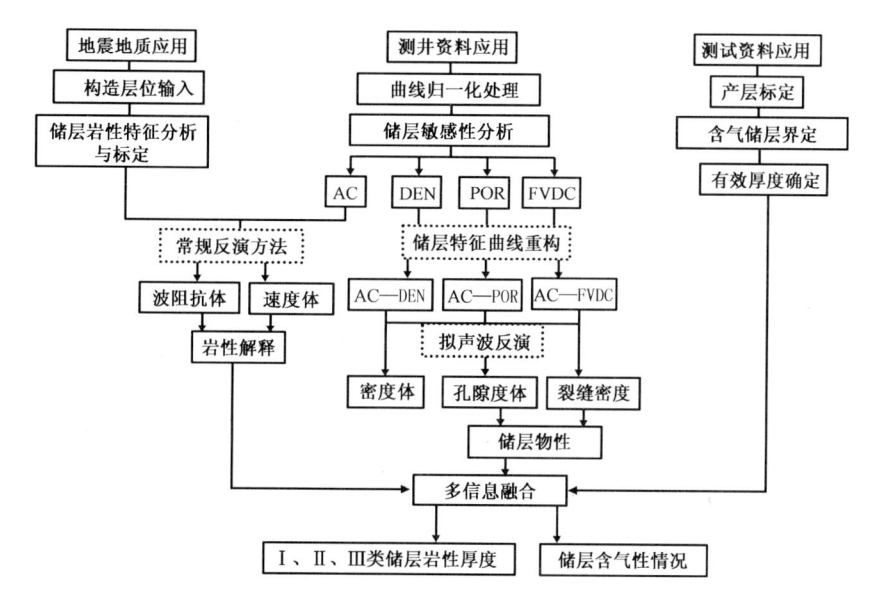

图10-14 储层研究技术流程

1) 常规地震波阻抗反演技术

针对火山岩储层横向多变的特点,在使用地震波阻抗反演技术中,重点把握测井曲线(AC)归一化处理及子波选取、储层标定及反演初始模型的建立等关键技术环节。

2) 特征反演技术

由于火山岩储层非均质性极强,相带变化快,用常规方法不能有效进行岩性识别和储层预测。因此,通过储层物性响应特征分析,确定敏感参数,将能够有效反映储层岩性(密度)、物性(孔隙度等)的特征参数通过"特征曲线声波量纲构建"技术,构建成声波量纲然后进行反演或地质统计反演技术进行储层特征反演。实现过程:① 构建成声波量纲;② 储层标定及子波提取;③ 反演初始模型建立;④ 进行体反演,得到反映储层特征的拟波阻抗体;⑤ 进行储层特征参数反演,得到密度体、孔隙度体等。将特征曲线构建成声波量纲后建立地质模型用于反演,得到拟波阻抗反演体,这个反演体本身与储层特征关系密切,在此基础上进一步使用波形相干或统计算法建立反演体与储层参数的联系,再次反演求取出储层参数。通过两种反演方法进行储层参数反演,求取储层特征参数的研究思路,整个过程物理意义、地质含义明确,研究结果也证实了该方法非常可靠。在使用测井约束波阻抗反演技术得到了波阻抗反演数据体。应用特征参数反演的研究思路,得到了密度体和孔隙度体。这三个体对于火山岩岩性和物性比较敏感,可以精细刻画火山岩储层,为储层描述、厚度计算提供依据。

3)裂缝发育程度预测技术

裂缝是指岩石中因失去岩石内聚力而发生的各种破裂。火山岩在漫长的地史发展过程中经历了多次构造运动,因而各种构造裂缝和成岩缝较为发育,它们和次生孔隙一起,不仅构成了储层的主要储集空间,而且形成了油气渗流的重要通道,因此,裂缝发育程度的预测在火山岩储层预测中具有重要地位。

识别并描述裂缝,使用岩心、测井等手段较为可靠。但是,由于裂缝的发育往往在区域上具有某种规律性,断裂及裂缝发育密集带在相干体切片上表现为密集的条带状差相干带,而断裂不发育或裂缝发育程度低的部位在相干体切片上则表现为相干性较好的均匀区。因此根据相干性的好坏有可能预测裂缝的发育程度及分布规律,如图10-15。

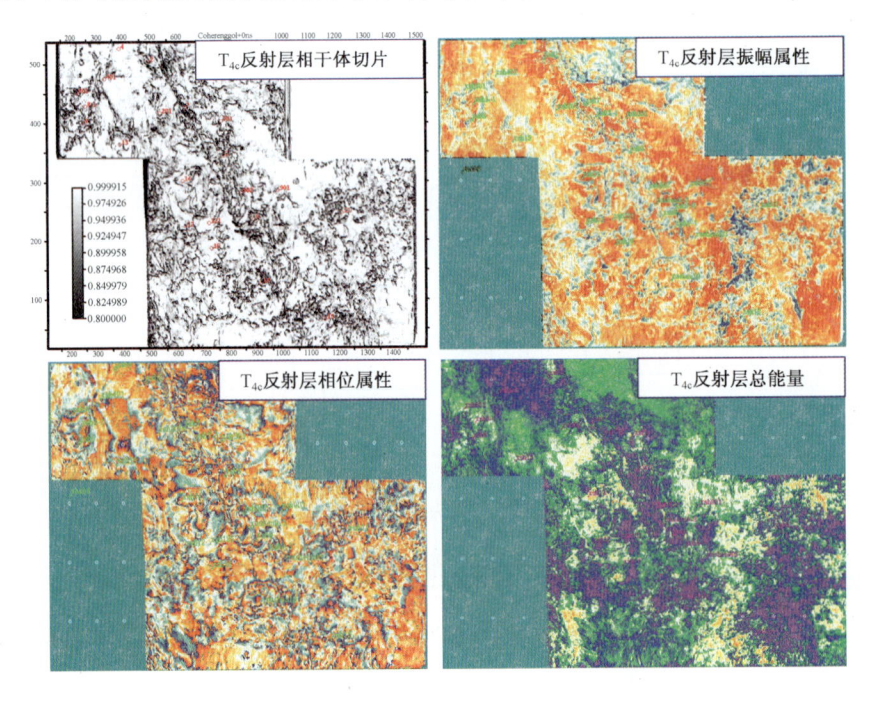

图10-15 反射层叠后地震属性定性分析裂缝发育

4)储层厚度的计算

火山岩储层和有效储层厚度的计算通常有两种方法。一种是以密度体作为约束条件,另外一种是以孔隙度作为约束条件。

(三)技术应用

1. 松辽盆地深层徐深气田火山岩储层评价技术应用

松辽盆地深层由三个构造单元组成,即东部断裂带、古中央隆起带、西部断裂带。松辽盆地深层有利勘探面积为28860km^2,主要勘探领域为徐家围子断陷、古中央隆起带、双城断陷和古龙断陷。其中,徐家围子断陷勘探程度相对较高,其他断陷勘探程度均较低。针对火山岩埋藏较深,多期喷发,相带纵向互相叠置横向叠错联片,岩性变化大,储层非均质性极强,成藏条件复杂等难点,建立了火山岩综合评价技术。

第一步:利用重、磁资料和地震结合宏观识别火山岩体。

第二步:梳理断裂体系,恢复古地貌(图10-16),确定可能的火山口和火山通道(图10-17)。

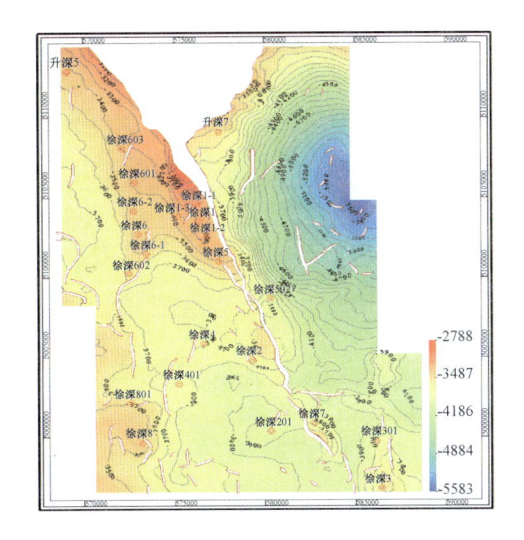

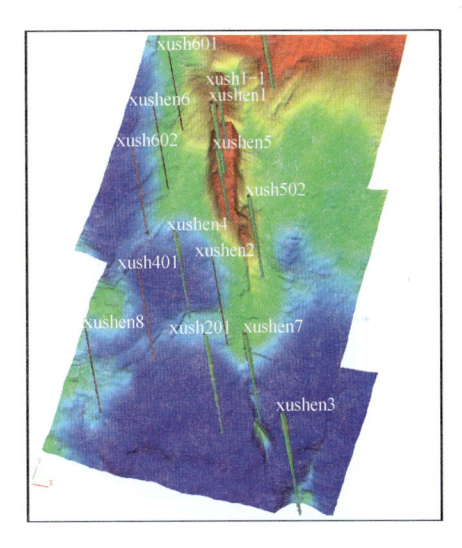

图10-16 兴城气田火山岩顶断裂组合图、火山口岩体分布图

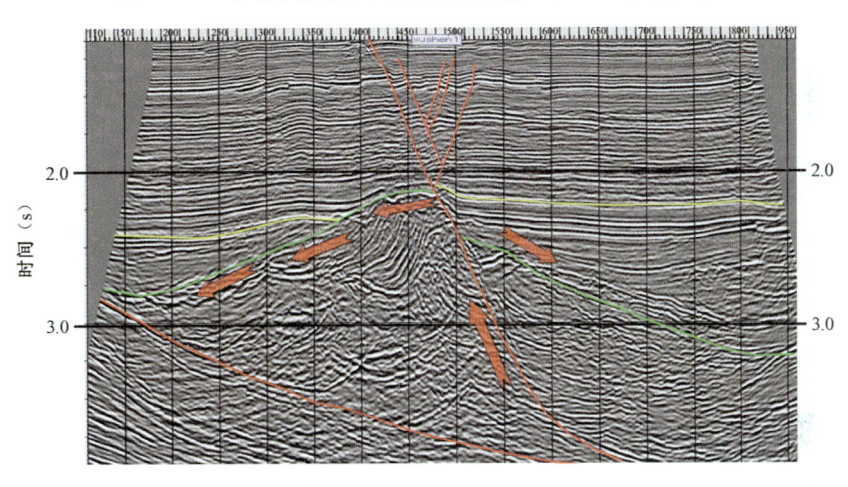

图10-17 徐深1井火山口剖面显示

第三步:建立火山岩地球物理识别标志(测井和地震),利用地震属性和波形分类划分火山岩岩相(图10-18)。

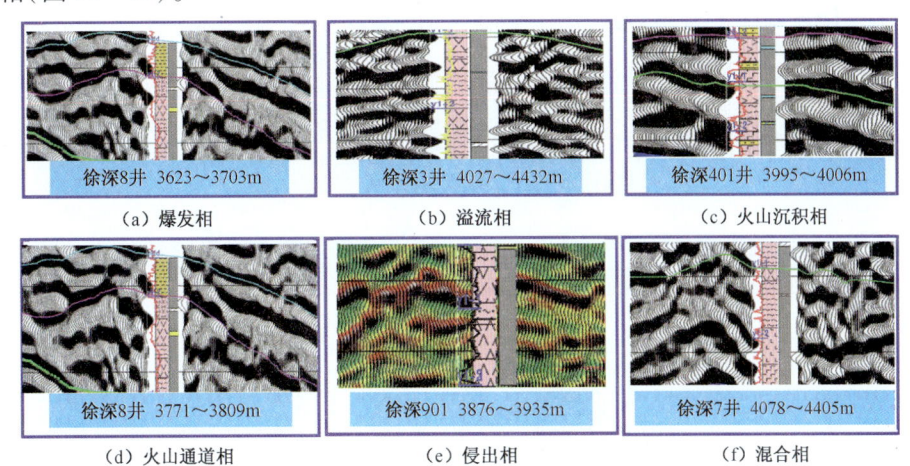

(a) 爆发相　徐深8井 3623~3703m
(b) 溢流相　徐深3井 4027~4432m
(c) 火山沉积相　徐深401井 3995~4006m
(d) 火山通道相　徐深8井 3771~3809m
(e) 侵出相　徐深901 3876~3935m
(f) 混合相　徐深7井 4078~4405m

图10-18 测井与地震结合划分火山岩相

爆发相:强振幅中高频反射(峰值靠下)。地震反射外形为杂乱的丘状反射,岩性为晶屑熔结凝灰岩。

溢流相:中高频反射强振幅(峰值较平)。地震反射外形平行、亚平行反射结构,岩性为流纹岩。

火山沉积相:弱振幅上旋反射波(峰值靠上)。地震反射外形平行、亚平行反射结构,岩性为火山沉积岩。

火山通道相:强弱振幅交替,中高频反射。地震反射外形为杂乱的反射,岩性为角砾熔岩。

侵出相:强振幅中高频反射,地震反射外形为球状反射。岩性为流纹质晶屑熔结凝灰岩和角砾熔岩。

混合相:中高频反射中强振幅,地震反射外形杂乱。岩性以流纹岩和熔结凝灰岩为主。

第四步:地震属性和储层预测定量预测火山岩储层的分布。

第五步:多属性相干分析预测裂缝发育范围。

第六步:通过特征参数反演(密度、孔隙度)等划分储层有效厚度。

综合以上各种参数,对火山岩高效储层进行预测。最终实现了从宏观到微观、从定性到定量、从非地震到地震、从叠后到叠前、从勘探到开发对火山岩储层进行综合评价。

2. 准噶尔盆地陆东地区火山岩目标评价技术应用

准噶尔盆地地处中亚腹地,是我国西北大型含油气盆地之一。总体形态呈三角形,面积约 $13 \times 10^4 \text{km}^2$。四周被褶皱山系所围限,盆地基底具有双层结构,即前寒武变质结晶基底和古生界浅变质基底。由于准噶尔盆地构造演化复杂,地表以及地下地质情况复杂,深层成像差,因此,火山岩目标评价技术的应用与东部有所不同。目前只能借助重磁电联合识别火山岩体、火山岩相,火山岩储层预测技术目前尚处于定性预测阶段。火山岩储层预测首先进行相带划分,然后进行储层的定性分析。

第一步:梳理断裂体系,利用重磁电震资料宏观识别火山岩体(图10-19)。

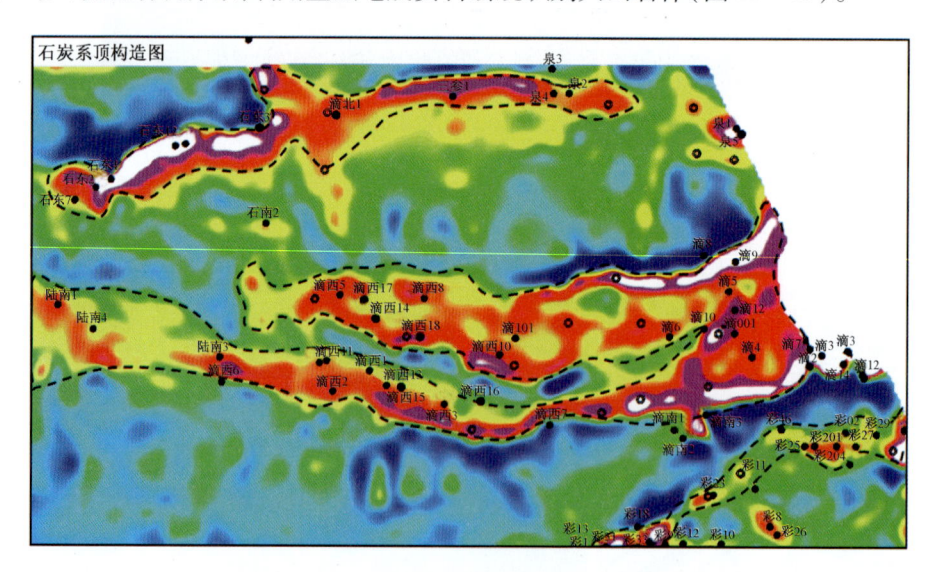

图10-19 陆东地区石炭系顶火山岩分布图

现今构造表现为三隆两坳的构造格局。发育三条向东沿伸的鼻状构造带,火山岩沿凸起带分布。

第二步:建立火山岩地球物理识别标志(测井和地震)。

通过岩心观察、薄片鉴定、测井解释,建立石炭系岩性识别量板(图10-20),找出岩性、储层变化敏感的参数。从基性到酸性,放射性逐渐增加,密度降低,电阻率呈现降低的趋势。

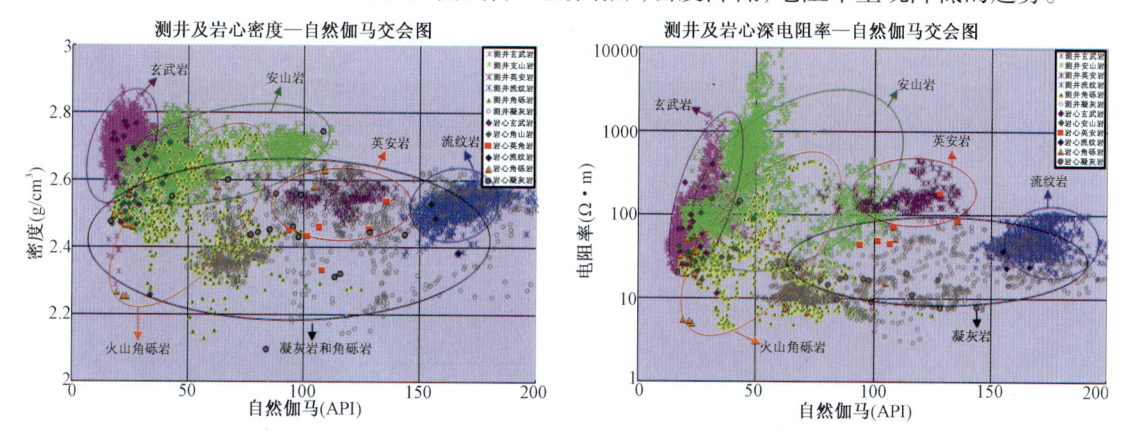

图 10-20 火山岩岩性识别图板

第三步:地震属性和波形分类划分火山岩岩相(图10-21)。

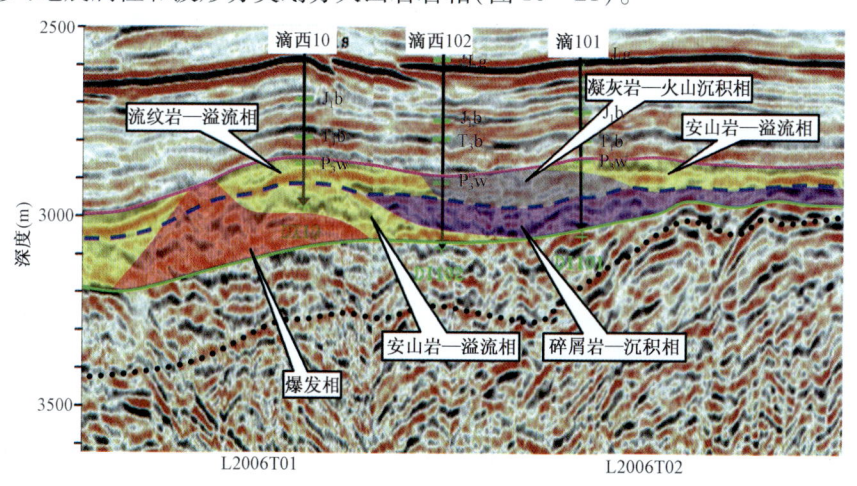

图 10-21 石炭系地震相划分

第四步:地震属性和储层预测定量预测火山岩储层的分布(图10-22)。

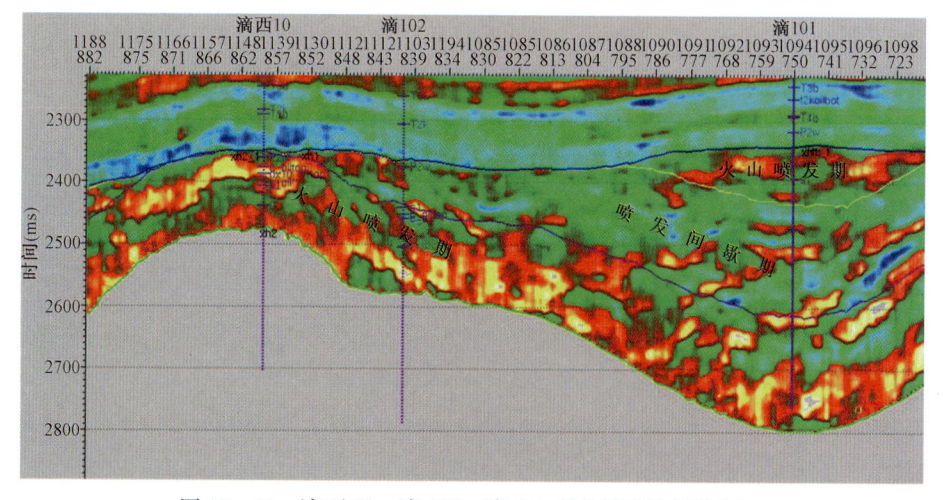

图 10-22 滴西10—滴102—滴101 联井波阻抗反演剖面

从过滴 10 西井、滴 102 井、滴 101 井联井波阻抗反演可以明显将火山岩和沉积岩区分开。石炭系火山喷发间歇期波阻抗值明显低于火山岩,可以定性识别火山岩体。

第五步:多属性相干分析预测裂缝发育范围(图 10-23)。

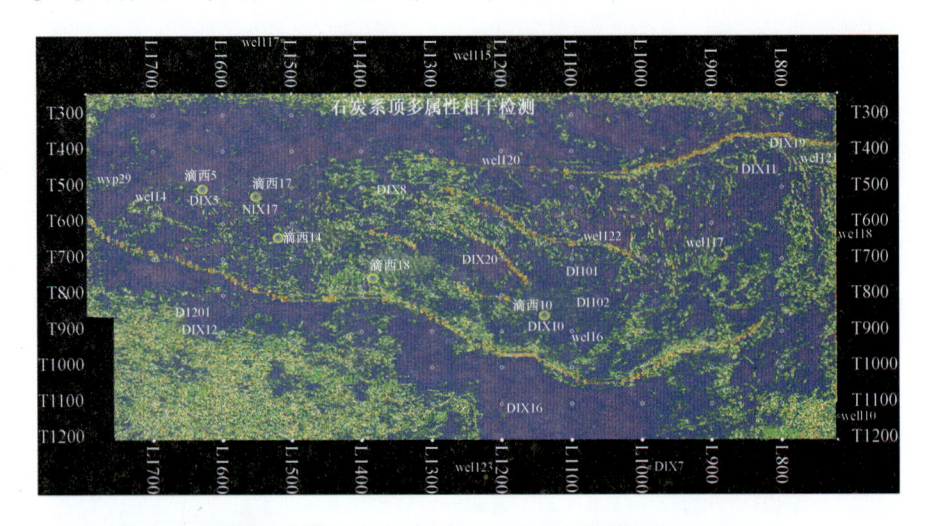

图 10-23　滴南凸起带石炭系顶多属性相干检测

利用倾角、方位角以及振幅信息等多属性相干检测,可以定性预测裂缝的发育程度。裂缝发育主要受断裂和古构造控制,断裂带和凸起带裂缝较发育。

第六步:综合分析确定火山岩有利目标分布区(图 10-24)。

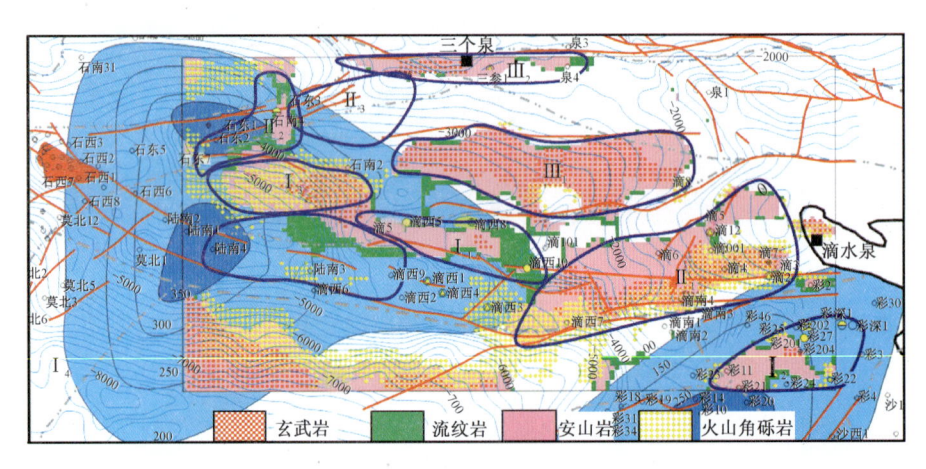

图 10-24　陆东地区滴南凸起带综合评价图

在分析构造、烃源岩、有利火山岩岩性岩相带、保存条件等成藏主控因素的基础上,评价、优选了 9 个火山岩带。I$_1$ 为滴西 5 构造带、I$_2$ 为彩 25 构造带、I$_3$ 为石南 2 构造带、I$_4$ 为滴西 6 北构造带;II$_1$ 为滴 12 构造带、II$_2$ 石南 1 构造带、II$_3$ 石南 12 东构造带;III$_1$ 为滴水泉凹陷岩性带;III$_2$ 为三参 1 构造带。

四、火山岩流体预测

火山岩圈闭流体检测主要是由叠后流体检测技术和叠前流体检测技术组成。目前正处在研究试验中,在此不作详细介绍。

第三节 技术发展趋势及综合勘探建议

一、重磁电技术发展趋势

近20年来,由于测量仪器、方法技术的迅猛发展和计算机的普及,石油重磁电勘探有了重大的进展。重力观测精度从几微伽提高到十几微伽,磁测精度从几纳特提高到千分之几纳特,电法仪器从单道模拟信号发展到多道数值分析,由于GPS的使用,使测量精度提高到厘米级水平。随着仪器精度的提高、方法技术的改进以及解释方法的发展,为重磁电方法在火山岩油气勘探中发挥作用提供了良好的条件。

国内外重磁电勘探技术的发展趋势表现在三个方面:一是走高精度、精细处理解释之路,向高精度要信息,向精细处理解释要效果。二是走3D处理解释之路,通过大面积3D连片处理解释,精细刻画异常特征。三是走综合之路,从综合物探解释中找出路,在综合解释中发挥重磁电的潜力。面对油气勘探的新形势,要向地质条件困难的地区进军,勘探工作的广度、深度和难度都在大大增加,重磁电与地震的综合物探是解决复杂问题的最有效方法。

二、地震技术发展趋势

火山岩勘探技术中地震叠后预测技术是现阶段最现实的应用技术,关键是针对各种盆地不同地区特殊地质、地球物理问题,把握好技术组合与地质综合评价;叠前预测技术刚刚起步,开展旨在提高信噪比的保真处理和岩石物理建模的基础方法研究,积极进行技术储备。

火山岩气藏勘探技术今后的发展趋势,在勘探程度成熟区,主要向叠前流体检测技术发展,识别火山岩储层和进行流体定性到定量评价。在火山岩勘探程度较低地区主要集中重磁电震配套技术上,宏观识别火山岩体。

针对我国目前火山岩勘探现状,火山岩勘探技术的应用紧紧围绕构建两大气区、深化四个盆地、突出三个地区展开。火山岩勘探技术的应用分三个层次。

层次一:采取不同的技术措施,促进两大气区的建设。

(1)松辽盆地,目前火山岩宏观分布重磁预测技术基本成熟,方向是进一步研发火山岩分布精细描述技术、积极探索叠前流体检测技术,扩大储量规模,同时利用重磁资料积极探索新领域。

(2)对于准噶尔盆地,在综合应用重磁电的同时,加强深层成像研究,完善陆东—五彩湾地区重磁电震火山岩综合处理解释技术系列,推广应用到全盆地的火山岩分布预测。

层次二:积极推广火山岩勘探配套技术,深化五个盆地的勘探。

(1)对于渤海湾盆地、二连盆地、海拉尔盆地,积极拓展重磁电震综合识别与地震叠后预测技术,扩大储量规模。

(2)对于三塘湖盆地,加强石炭系成像效果,拓展重磁电震综合识别与地震叠后预测技术,扩大储量规模。

(3)四川盆地有广泛的火山岩分布,周公山气田1号井在玄武岩中获高产气流,有必要推广应用重磁电震勘探成果,综合预测有利火山岩勘探区带。

层次三:火山岩勘探潜在领域,加强重磁电部署及技术应用,开辟新战场。

(1)准噶尔盆地1:5万高精度航磁勘探(线距500m,点距<10m,精度<1nT)。

(2)准噶尔盆地1:5万高精度重力勘探,按照整体部署、分步实施(按照重点)的原则进行勘探(线距500m,点距500m,精度$25 \times 10^{-8} ms^{-2}$)。

(3)准噶尔盆地重点地区三维建场法勘探(线距2km,点距250m)。

(4)岩心磁化率测定:同时观测感磁及剩磁。

第十一章 岩性地层油气藏区带、圈闭评价方法与技术

第一节 勘探思想与勘探程序

一、岩性地层油气藏勘探思想

（一）中东部老区突出富油气凹陷"满凹含油论"的勘探思想

油气勘探思想离不开勘探理论的指导和勘探配套技术的不断进步和完善。指导我国东部油气勘探过去提出的主要理论有"源控论"、"复式油气聚集带"等（表11-1），其勘探指导思想在我国东部松辽、渤海湾盆地油气勘探的不同阶段发挥了极其重要的作用。20世纪90年代以来，随着岩性地层油气藏勘探的不断发展和深入，其勘探理论也得到了进一步发展，赵文智等（2004）提出了富油气凹陷"满凹含油论"和开展富油气凹陷"整凹勘探"、其他凹陷"主洼槽勘探"的勘探思想，有力地指导和推进了渤海湾、松辽以及二连盆地的岩性地层油气藏勘探。

表11-1 东部盆地主要油气勘探理论总结

勘探理论	源控论	复式油气聚集区带论	富油气凹陷"满凹含油论"
发展年代	20世纪50—60年代	20世纪70—80年代	20世纪90年代以后
勘探理论概要	油源区控制油气田分布，油气田环绕生油凹陷呈环带状分布	二级构造带为多种类型圈闭的复合体，造成不同层系、圈闭类型油气藏相互叠置连片	以凹陷为整体，以部署高精度三维地震为手段，寻找多种类型油气藏，特别是岩性地层油气藏，实现富油气凹陷"满凹含油"
主要勘探思路	"定凹选带"	"区带整体解剖、滚动勘探开发"	"富油气凹陷"精细勘探
勘探对象及目标	坳中（间）隆凹中（间）凸	各种正向二级构造带及其中的复合圈闭	构造围斜、凹陷斜坡等背景上的岩性地层油气藏
主要应用范围	盆地勘探早期阶段	盆地勘探早中期阶段	盆地勘探中晚期阶段
应用效果	有效指导了东部油区勘探初期和早期的油气大发现	促进了盆地勘探早中期的储量快速增长	保障盆地油气深化勘探和持续稳定发展

"源控论"是前人在20世纪60年代初期在松辽盆地的勘探实践和研究基础上提出来的。其实质是强调油源区控制油气田的分布。"源控论"发展了我国早期学者提出的沉降带或坳陷中心找油有利的观点，明确提出勘探要找有利的生油凹陷和地区，并且认为这是决定一个新区有无油气田的根本前提。"源控论"的勘探思路主要为"定凹选带"，亦即在一个盆地的勘探初期，要尽快利用各种手段查明生油中心，发现和确定生油区，并在其中或邻近地区选择有利勘探区带进行钻探，必然会找到一批油气田。"源控论"曾有效指导了东部油区勘探初期和早期的油气大发现。

"复式油气聚集带"油气勘探理论是前人在20世纪80年代系统总结我国东部断陷盆地油气分布规律基础上提出来的。"复式油气聚集区带"理论的提出，极大的加强了渤海湾盆地

油气分布规律的认识,并提出了主要针对各种正向二级构造带的"整体解剖、滚动勘探开发"的勘探思想,成功地指导了渤海湾盆地许多凹陷的油气勘探,提高了油气勘探效率,发现了胜坨、北大港、曙光、孤岛、任丘、东濮等一批大油田,为我国原油产量在1978年上亿吨作出了重大贡献。"复式油气聚集带"油气勘探理论使我国油气地质理论与勘探技术方法达到了一个新水平,成为我国油气勘探历史上的又一个新的里程碑。

富油气凹陷"满凹含油论"是在中国东部裂谷断陷盆地进入较高勘探程度,进一步深化老区勘探、寻找优质效益储量背景下提出的(赵文智,2004)。该理论起步发展于20世纪90年代,目前仍在不断完善之中。该理论的实质是在那些烃源岩发育、资源丰度高、油气十分富集的凹陷中,树立"富油气凹陷"的勘探思想,以凹陷为整体进行"满凹"精细勘探,寻找以岩性地层为主的多种类型油气藏。这些油气藏不仅包括正向构造带中的油气藏,更重要的是寻找负向构造带中的油气藏,特别是构造背景下的岩性地层油气藏,如砂砾岩体、火成岩、潜山和地层油气藏等,同时大力发展层序地层学与三维地震储层预测等核心勘探技术,从而推进岩性地层油气藏的勘探。

1. 富油气凹陷"满凹含油论"的概念内涵

早在20世纪50—60年代,基于我国东部地区油气勘探的实践,提出了生油凹陷控制油气分布的认识,即后来的"源控论"(胡朝元,1982)。随着勘探的程度提高以及地质认识的深入,油气地质工作者认识到油气资源在不同凹陷中的分布是不均衡的,又提出了"富生烃凹陷"、"富油气凹陷"的概念(龚再升等,1997;袁选俊等,2002;谯汉生,2003)。"富油气凹陷"根据资源丰度和勘探潜力的差异,对陆相断陷盆地生油凹陷进行分级评价,强调资源丰度高、生烃规模大的凹陷为重点勘探领域的理念。

随着油气勘探与研究的不断深入,特别是近几年陆上岩性地层油气藏勘探的重大进展,揭示油气藏分布并不局限于正向二级构造带内,在一些富含油气的一类含油气凹陷中,凹陷的斜坡区甚至是洼陷中心向斜区,也发现有丰富的油气聚集。基于富油气凹陷多层系、不同类型油气藏在平面上叠合连片的分布特点,赵文智等(2004)提出富油气凹陷"满凹含油论"的观点。"满凹含油论"的提出,坚定了中国石油以富油气凹陷为重点的勘探发展战略,在东部老油区选择一些富油气凹陷,实施全凹陷三维地震满覆盖部署与整体评价,使油气勘探跳出正向二级构造带范围,拓展了油气勘探领域,推动了我国陆上岩性地层油气藏的勘探。

富油气凹陷"满凹含油论"是指在富油气凹陷内,优质烃源灶提供了丰富的油气源,使得纵向上各层系、不同类型储集体中均可能形成油气聚集,平面上多层系、不同类型圈闭油气藏相互叠置连片分布。"满凹含油"是富油气凹陷油气分布特点的形象描述,着重强调两层含义。一是,富油气凹陷具有一系列独特有利的成藏条件,油气藏分布超出正向二级构造带的范围,在凹陷的斜坡区乃至生烃洼陷区,可以形成岩性地层油气藏。二是,"满凹含油"的概念并不是说在凹陷的任何一个部位都可以发现油气藏,而是强调对富油气凹陷"主攻富凹"、"下洼找油"等勘探理念的变化。

富油气凹陷始终是我国油气勘探的重点领域。油气藏在地壳中分布的不均一性是一个普遍的地质规律,富油气凹陷控制了我国主要油气藏的分布。富油气凹陷并不局限于陆相断陷盆地,也包括松辽盆地的中央坳陷、鄂尔多斯盆地的中生界含油气系统、准噶尔盆地的玛湖含油气系统等一些富油气区。截至2004年底,我国陆上10个富油气凹陷合计探明石油储量$133\times10^8 t$,占中国石油已探明石油总量$156\times10^8 t$的85%。近几年新发现的油气藏,也主要分布在10个富油气凹陷中,其他广大地区探明储量不足20%,坚定地贯彻实施富油气凹陷勘探为重点的战略,可以提高我国油气勘探的总体效益。

超越正向二级构造带,对富油气凹陷实施整体部署、整体评价,"下洼找油"是岩性地层油气藏勘探的重要发展方向。经过数十年勘探,在我国陆上七大盆地中,除了塔里木盆地外,其余盆地构造油气藏勘探程度低的地区已经不多,但是岩性地层油气藏勘探程度相对较低(贾承造等,2004)。根据第三轮资源评价结果,中国石油探区剩余石油资源总量 $233 \times 10^8 t$,岩性地层圈闭石油资源量 $111 \times 10^8 t$,占剩余石油资源量的48%,岩性地层油气藏是我国陆上近期储量增长最现实、最有潜力的勘探领域。"满凹含油"论坚定了"下洼"寻找岩性地层油气藏的信心,指明了近期岩性地层油气藏勘探的重点地区。

2. 富油气凹陷整体部署、整体评价的思路与方法

基于"满凹含油论"的思想,中国石油股份公司将富油气凹陷作为勘探重点领域,进行了整体评价和重点研究,主要包括以下几方面。

(1)资源评价优选富油气凹陷、确定重点勘探领域。中国石油股份公司勘探开发研究院与各有关油田分公司一起,运用多种方法,包括以含油气系统运聚单元为基本单位的盆地模拟法、以勘探历史现状分析为基础同时考虑经济可采性的统计法等,对我国陆上28个主要含油气盆地进行了再次系统评价,为优选勘探主攻方向提供了依据。评价结果表明,中国石油探区内的主要富油气凹(坳)陷有10个,即松辽盆地的中央坳陷,鄂尔多斯盆地的中生界含油气系统,准噶尔盆地的玛湖含油气系统,渤海湾盆地的辽河西部凹陷、大民屯凹陷、饶阳凹陷、歧口凹陷、南堡凹陷、沧东—南皮凹陷,吐哈盆地的台北凹陷。这10个凹(坳)陷具备了前述富油气凹陷的所有条件,石油资源量合计 $248 \times 10^8 t$,虽然探明储量占中国石油探区的85%以上,一些地区正向二级构造带勘探程度较高,但岩性地层油气藏勘探程度较低、剩余潜力很大,富油气凹陷仍是近期中国石油勘探的重点领域。

(2)实施高分辨率三维地震整体部署、整体评价,加快油气藏勘探节奏。三维地震技术是岩性地层油气藏勘探的两项核心技术之一(贾承造等,2004)。"满凹含油论"为富油气凹陷三维地震满覆盖部署、整体评价有利勘探方向提供了理论依据。2005年中国石油股份公司先后召开两次渤海湾盆地勘探研讨会,优选五个富油气凹陷进行三维地震整体部署、分批实施,大民屯凹陷和南堡凹陷已经实现三维地震满覆盖,3~5年内歧口凹陷、辽河西部凹陷一类资料整体覆盖,饶阳凹陷一类资料覆盖率80%。通过整体评价优选出26个带作为近期勘探的重点,并且已经取得了一些实际效果。

(3)区域层序演化和生储盖组合特征研究,优选勘探目的层系。富油气凹陷普遍具有多层系含油的特点,理清含油气层系分布规律,选准勘探主攻目的层系,是富油气勘探的重要研究内容。近几年来,中国石油广泛开展层序地层学研究,采用以区域层序分析为主线的方法,进行生储盖组合与含油气层系分布规律研究。主要研究内容包括区域层序划分、地震反射结构分析、区域层序约束储层反演、沉积演化历史分析、区域生储盖组合特点与含油气层系分布规律研究等,分层系评价和弄清成藏条件。通过区域层序与含油气层系分布规律研究发现,陆相盆地不同地区油气供给、圈闭分布、储集条件和盖层分布等成藏条件的差异,使各地区岩性地层油气藏的主要类型与纵向分布均有所不同。但陆相盆地岩性地层油气藏纵向上分布也有共同点,纵向上油气藏主要受三个面控制,即主要受最大湖侵面、不整合面、断面控制,由此提出了"三面控藏"岩性地层油气藏分布模式。

(4)"四图叠合"分层系评价,寻找有利岩性地层油气藏聚集区带。富油气凹陷"满凹含油论"的提出,突显出已有二级构造带概念的局限性,急需要建立岩性地层区带的概念,并提出

相应的划分评价标准。岩性—地层含油气区带的含义与二级构造带的概念有较大差异,是指受沉积环境和构造背景的联合作用,而形成的在岩性、岩相组合与构造发育历史上密切相关的地层段,受层段和地理范围的双重限定。对岩性—地层区带的划分更多地要在沉积环境研究的基础上,通过油源与岩性、地层变化带空间展布的组合关系来实现,同时考虑不同沉积相带油气聚集与分布的特征。为此,提出在区域层序演化规律和"三层"划分的基础上,分勘探目的层系进行评价,提出应在三级层序地层格架内编制四类工业化图件,包括等时格架内的沉积微相图、有效烃源岩分布图、主目的层顶面构造图与分层段勘探程度图。然后,对岩性地层有利靶区和目标进行综合评价,它是划分和评价岩性地层油气藏聚集区带的纲领性图件,与构造勘探编制的二级区带划分图有质的不同。有关区带评价方法技术与实例将在本章第二节详细介绍。

跳出二级构造带进入向斜区的油气勘探主要是发现岩性地层型油气藏。这类油气藏的特点是:①单体规模不大,但多个油藏错列叠置,可以形成大面积连片的油藏复合体,因此总体规模较大;②单个油藏油柱高度不大,油水系统多,但油藏复合体范围内总的油层厚度不小;③油层总体平缓,油水分异不彻底,单井产量总体偏低,但仍有较大经济效益。

根据近几年对岩性地层油气藏油气富集与分布特征的研究,发现在呈席状分布的砂体中,主砂带、裂缝发育带以及与鼻状构造背景配位的各类储集体可使低丰度聚集的大面积岩性地层油气藏"贫中有富",国外称之为"甜点"(sweet point)。很显然,在特定探区,如果能对上述三类岩性地层油气藏分布的规律有客观认识,对提高岩性地层油气藏探明储量的动用率和勘探效益都是有十分重要作用的。

(5)圈闭精细评价,落实有利钻探目标。确定了岩性地层油气藏有利形成区带后,主要使用高分辨率层序地层学和地震储层预测两项核心技术,落实有利岩性地层圈闭目标。主要评价步骤包括"五定":① 定方法,在地震资料质量评价基础上,根据资料的品质,确定相应的评价方法;② 定类型,选择一些典型剖面,采用地震相分析的方法,同时结合所处的地质背景,确定岩性地层圈闭类型;③ 定圈闭边界,在高分辨率层序划分的基础上,采用与地震资料品质相适应的方法进行储层预测,圈定圈闭的边界,确定圈闭的形态和埋藏深度;④ 定有效性,通过计算或预测圈闭有效储层厚度、分布面积、遮挡条件,对圈闭的有效性进行评价;⑤ 定含油气性,通过油气来源、圈闭形成期与生排烃运聚期配置和保存条件评价分析,预测圈闭形成油气聚集的可能性。有关圈闭评价方法技术与实例将在本章第三节详细介绍。

3. 富油气凹陷"满凹含油论"推动勘探的实际效果

(1)"满凹含油论"的提出,进一步明确了富油气凹陷是岩性地层油气藏勘探的重点领域,为东部一些勘探程度相对较高的富油气凹陷实施整体三维部署和勘探提供了依据。"十五"期间,渤海湾盆地每年探明储量约 1×10^8 t,三分之二为岩性地层油藏,主要分布在富油气凹陷,勘探领域从过去的正向二级构造带向洼陷区推进。根据这一勘探现状与发展趋势,2004年中国石油股份公司决定对渤海湾盆地南堡、辽河西部、大民屯、饶阳、歧口五大富油气凹陷进行整体三维地震部署。现在南堡凹陷、大民屯凹陷已完成整体三维地震二次采集,辽河西部凹陷、饶阳凹陷、歧口凹陷也在近年内完成三维地震二次采集。这一勘探举措加快了渤海湾盆地岩性地层油气藏勘探步伐。

(2)"满凹含油论"的提出,坚定了"下洼"寻找岩性地层油气藏的信心,从而大大地扩展了油气勘探领域,取得了良好勘探效果。东部地区陆相断陷型盆地以富油气凹陷为重点,以高分辨率三维地震和等时高精度层序地层学预测为核心技术,在洼槽带发现了一大批岩性地层圈闭和油气藏,使东部老区进入了以岩性地层油气藏为重点的勘探发展新阶段。在南堡凹陷陆地部分东营组和沙三段,发现两个五千万吨级岩性油藏区。滩海地区2004年钻探老堡南1井,在奥陶系潜山和古近系均获得高产,目前已看到$4×10^8$t大场面,这是一个构造和岩性地层因素配合形成的$5×10^8$t以上规模的大油田,是我国近几年的重大发现之一,揭示了东部富油气凹陷扩展勘探的巨大潜力。饶阳凹陷、辽河西部凹陷和歧口凹陷也相继发现多个三千万至五千万吨级岩性地层储量增长区块,扭转了渤海湾盆地中国石油辖区探明储量和年产油量下滑的局面,呈稳步上升势态。二连盆地巴音都兰、乌里雅斯太、吉尔嘎朗图等凹陷的主力洼漕中,先后发现了3个三级储量五千万吨级的岩性地层油气田。

(3)"满凹含油论"的勘探思想,不仅适合陆相断陷盆地,也适合于陆相坳陷盆地。陆相坳陷型沉积盆地的中央坳陷区是优质烃源岩发育,那里沉积的一系列储集体具有很好的接受油气、形成油气藏的条件。因此,油气分布呈现"满凹含油"的特点。如松辽盆地,自从大庆长垣构造特大型油田发现并探明石油储量$44×10^8$t之后,石油勘探主要在长垣以外的凹陷区、围绕不同时期的三角洲前缘带进行,目标主要是岩性油藏。目前已累计探明岩性油藏储量$23×10^8$t。"八五"和"九五"期间,在三肇凹陷发现朝阳沟、榆树林、头台、肇州、永乐等多个亿吨级油田。近几年来,在松辽北部葡西、新肇、卫星、英台东、敖南等地区、在松辽南部的英台—四方坨子、大情字井、红岗北等地区,陆续新发现了一批石油地质储量在五千万吨至亿吨级的储量区块。鄂尔多斯盆地近几年每年探明岩性油藏地质储量上亿吨,继盆地北部安塞、靖安等亿吨级大油田发现后,最近几年在盆地南部的姬塬—陇东地区又新发现了西峰、堡子湾—马家山、铁边城、宁县—合水等多个亿吨级油田或富集体。鄂尔多斯盆地中生界含油气系统下洼勘探,在三角洲前缘带发现了志靖—安塞延长统长6和长2+3层段的岩性油藏,在南部辫状河三角洲前缘带的长8段发现了大型的西峰岩性油田。

总之,在以东部为主的老区勘探中,突出富油气凹陷"满凹含油论"的思想,相信勘探无禁区,重点围绕控制圈闭发育的"六线"和"四面"十大要素,分层次系统做好圈闭配套研究和工业化制图,并精细地进行目标评价和优选,那么以岩性地层油气藏为主要目标的勘探工作就会持续取得明显成效。

(二)中西部盆地突出"富油气区带"的勘探思想

相对于我国东部以中—新生代为主的断陷、坳陷相互叠加的含油气盆地来说,中西部以发育古生界—新生界的克拉通、前陆、坳陷原型盆地相互叠加的大型叠合含油气盆地为特征,其构造活动较为强烈,油气成藏和分布都比较复杂。加之盆地面积普遍较大,勘探程度总体较低,因此不能按照东部老区"富油气凹陷"的勘探思想指导部署。目前勘探和研究成果表明,中西部前陆、坳陷和克拉通组合的叠合盆地油气分布具有"区带富集"的特点,如准噶尔盆地西北缘、塔里木盆地塔中、四川盆地川东北等地区。通过区带富集规律研究认为,不同类型盆地岩性地层油气藏富集区带分布规律有很大差异,如陆相前陆盆地主要分布在扇体发育的前陆冲断带,海相克拉通盆地主要分布在台缘高能带,这两类富油气区带是中西部叠合盆地岩性地层油气藏勘探的重点。

因此对于中西部前陆、坳陷和克拉通组合的叠合盆地,要以"富油气区带"的思想为指导,加强不同类型原型盆地"富油气区带"的"整体部署"和"精细勘探",进一步拓展岩性地层油气藏的勘探领域。如"十五"期间准噶尔盆地西北缘、塔里木盆地塔中台缘带针对岩性地层油气藏的整体勘探与部署,取得了重大突破和发现。

准噶尔盆地西北缘是一个多领域多层系多类型的富油气区带。目前已经在石炭系至白垩系5大层系15个层组发现工业油气藏,油气藏类型多样。通过最新研究认为,准噶尔盆地西北缘是一个以前陆冲断带为主的富油气区带类型,因此应以陆相前陆盆地"冲断带扇体控油论"为指导,树立冲断带扇体宏论控藏,构造、岩性、地层油气藏共同形成富油气区带的勘探思想,坚持该富油气区带的整体勘探与部署。基于目前西北缘老区地震资料品质和老区深化勘探要求,对地震进行了重新部署,整体部署三维地震采集2221km², 二维地震采集1195km,并开展了整体石油地质综合研究和评价工作。近两年来,准噶尔盆地西北缘按照富油气区带的勘探思想进行的老区深化勘探,取得了显著成果,目前已上交三级石油地质储量达2×10^8t左右。

同样,塔里木盆地塔中Ⅰ号台缘带应用海相克拉通盆地"台缘高能相带控油论",树立在台地边缘及内部广泛分布的礁滩相储集体岩性地层油气藏发育的勘探思想,并按照富油气区带勘探思路进行了整体部署和评价,整体部署三维地震4086km², 2005年实施3126km², 2006年实施960km²。塔中Ⅰ号台缘带2005年探明加控制油气储量当量1.39×10^8t,其中油6170.13×10^4t、气970.12×10^8m³。

二、四类原型盆地的勘探程序

(一)岩性地层油气藏勘探的一般程序

通过调研发现,目前还没有专门针对岩性地层油气藏的勘探程序,现在各国和各油气公司执行的勘探程序(表11-2)已不能完全满足目前的勘探需要。因为岩性地层油气藏是受区域构造和沉积相带等多种因素控制,虽有一定的分布规律,但由于其复杂隐蔽,勘探难度相对较大。一般说来,岩性地层油气藏勘探是在已有一定勘探程度的沉积盆地并已证实为含油气区以后,才着手进行这类油气藏的勘探。因为这类盆地或探区已有扎实的地质和地球物理基础工作和水平较高的综合研究工作,有利于岩性地层油气藏的整体评价和区带优选。岩性地层油气藏勘探比背斜构造油气藏勘探技术难度大,效率要低。所以,岩性地层油气藏勘探必须在深入细致的科学研究和综合评价基础上,并按照较为严格的勘探程序进行有序勘探,以争取最好的勘探成效。

与构造油气藏勘探程序以强调构造评价研究为主线不同,岩性地层油气藏勘探程序更强调在一定构造背景下的沉积储层为主线的评价研究。因此,岩性地层油气藏的一般勘探程序应紧紧围绕储层分布展开。如二维地震能够较好预测宏观构造特征甚至构造圈闭,但要预测储层分布难度较大。储层预测和岩性地层圈闭的识别只能依靠高分辨率三维地震资料。岩性地层油气藏勘探长期以来缺乏一种有效的寻找岩性地层圈闭的手段,但随着三维地震的广泛应用,已逐步形成一套储层预测和圈闭描述的手段,可以有针对性地开展岩性地层圈闭评价和油气藏描述工作。

岩性地层油气藏勘探一般应在整个盆地勘探阶段的中后期进行,它必须在资料积累较多和勘探程度较高的情况下进行,也就是:① 经过了盆地地震普查和构造带的地震详查,区域构造和局部构造面貌基本清楚;② 对盆地在平面上要有必要的探井控制,通过区域探井和构造带的详探井了解主要地层的岩性岩相变化特征及主要储集体类型;③ 对生储盖组合及其评价有基本认识;④ 主要的构造型油气藏已经发现;⑤ 对区域性岩性岩相变化及其所形成圈闭类型作出初步分析。

表 11-2 中国、原苏联、美国勘探程序对照表（据丁贵明等，1997）

国家	中国			原苏联		美国	
	中国地矿部		中国石油天然气总公司				
勘探阶段和任务	普查阶段	区域概查	通过区域性的概查、重点面积普查和有利构造的详查，发现油气田	盆地区域勘探	① 大区域勘探：在一个大区域开展勘探，划分和优选含油气盆地，提交盆地远景资源量； ② 盆地勘探：对优选出的含油气盆地开展勘探，划分和优选含油气系统，搞清远景资源量的空间分布	调查阶段	① 区域地质地球物理工作对盆地进行区域调查、研究和预测油气聚集带； ② 钻探地区的准备时期对各构造层中的各类圈闭进行准备，对提供钻探的圈闭要计算出 C_2 级、D_1 级储量； ③ 油气藏调查钻探时期在新区发现油气田或在老区发现新的油气藏，计算出 C_1 和 C_2 级储量	初步勘探阶段	① 盆地评价：研究盆地结构，确定构造模式和沉积模式，作盆地模式类比，进行含油气远景评价和分区，估算盆地远景资源量； ② 区块评价或圈闭评价：对圈闭分类排队，计算圈闭资源量并作风险分析；地震详查，再作一次评价，进一步钻探； ③ 发现油气田和油气藏，初步计算出一定数量的商业储量或潜在储量
		面积普查		圈闭预探	① 区带勘探：在优选出的有利含油气区带中，通过勘探识别圈闭，提交圈闭资源量； ② 圈闭勘探：对优选出的圈闭进行勘探，发现油气藏，提交预测储量				
		构造详查							
	勘探阶段	探明油气田		油气藏评价	对已获工业油气流的圈闭进行勘探，提交控制和探明储量	勘探阶段	进一步探明油气田，并获取必要的参数资料，计算出 C_1、B 和 A 级储量，准备出开发面积	勘探阶段	第二步钻探：扩大油田面积，计算探明储量

表 11-3 为根据我国岩性地层油气藏的勘探实践所制定的一般勘探程序。该程序强调了富油气凹陷或富油气区带优选、三维地震采集与处理整体部署、储层预测与圈闭描述、目标评价与井位论证、钻探实施与油藏评价等五个方面。

表 11-3 岩性地层油气藏一般勘探程序

勘探流程		主要任务	重点工作内容	实施方案
一	优选富油气凹陷或富油气区带	成藏条件综合分析，确定岩性地层油气藏发育区带，分析预测勘探潜力与方向	① 确定主要勘探目的层段； ② 重点层段大区沉积相工业制图； ③ 成藏条件综合分析； ④ 有利区带预测评价； ⑤ 估算远景资源量	"四图叠合"区带划分与评价
二	三维地震部署	制定三维地震采集、处理方案	① 制定三维地震整体部署方案； ② 地震资料采集方案与实践； ③ 叠前地震处理方案与实践	整体部署分步实施
三	储层预测与圈闭描述	发现和落实岩性地层圈闭，计算圈闭资源量	① 层序划分与对比； ② 层序界面追踪与闭合； ③ 层序约束储层反演； ④ 层序界面构造图； ⑤ 砂体微相工业制图； ⑥ 圈闭综合描述； ⑦ 计算圈闭资源量	层序地层工业化应用；"五步十图"圈闭评价

续表

勘探流程		主要任务	重点工作内容	实施方案
四	目标评价与井位论证	提供钻探井位	① 关键成藏要素分析评价； ② 预测油气藏类型； ③ 圈闭排队与优选； ④ 井位设计与论证	目标评价优选
五	钻探实施与油藏评价	发现和评价油气藏，提交三级储量	① 井筒配套技术措施与方案； ② 油气层综合解释与测试； ③ 地质—地球物理参数采集； ④ 提交三级储量	油气藏评价

(二)四类原型盆地的勘探程序

通过对我国四类主要原型盆地岩性地层油气藏分布规律的总结及勘探特点分析，分别提出了如下针对性的勘探程序。目前对于中东部断陷、坳陷原型盆地的勘探程序认识较为清楚，能有效指导岩性地层油气藏的勘探实践。而对于中西部原型盆地的勘探程序正在摸索完善之中。

1. 陆相断陷盆地勘探程序

陆相断陷盆地油气分布具有明显不均一性，富油气凹陷油气资源丰富，岩性地层圈闭发育，因此优选富油气凹陷是必须首先要面对的问题。富油气凹陷勘探思路为"整凹精细勘探"；勘探对象以斜坡和洼陷带及构造围斜部位分布的各种砂砾岩体为主；勘探目标为各种岩性地层圈闭；其勘探难点为骨架砂体预测和圈闭描述；勘探对策为高精度三维地震部署和高分辨率层序地层学的应用。

断陷盆地的勘探程序分为六步：
(1)优选评价富油气凹陷，确定勘探主战场；
(2)整体三维地震部署，提高地震资料品质；
(3)层序格架下工业制图，确定有利储集相带和成藏背景；
(4)"四图叠合"划分区带，"分源"预测勘探潜力；
(5)圈闭评价与目标优选，确定钻探井位；
(6)钻探实施与油藏评价，预测油气藏规模。

2. 陆相坳陷盆地勘探程序

陆相坳陷盆地以中央坳陷"三角洲前缘整体含油气"为特征，因此其勘探主要围绕中央坳陷三角洲前缘砂体进行。勘探思路为"分层、分带评价"；勘探对象主要为三角洲前缘带，勘探目标为岩性和构造—岩性复合圈闭；勘探难点为骨架砂体预测与圈闭描述；勘探对策是高精度三维地震部署和高分辨率层序地层学的应用。

坳陷盆地的勘探程序分为四步：
(1)开展层序格架下沉积相工业制图，分层确定有利沉积相带；
(2)分层开展"四图叠合"区带划分，优选有利区带，制定地震部署方案；
(3)层序格架约束下储层预测和圈闭描述，进行圈闭评价和目标优选；
(4)钻探实施与油藏评价，预测油气藏规模。

3. 陆相前陆盆地勘探程序

陆相前陆盆地总体以构造油气藏为主，特别是前陆冲断带更是以发育大型构造带为特色，因此目前岩性地层油气藏勘探程度总体较低,对其油气分布规律还有待进一步认识。但是在早衰型前陆冲断带和前陆盆地斜坡带岩性地层油气藏也较发育,如准噶尔盆地西北缘和四川川中前陆斜坡带近两年岩性地层油气藏勘探取得了重要进展。

前陆盆地的勘探程序分为五步:
(1)石油地质重新认识,预测岩性地层油气藏的勘探潜力;
(2)老资料重新评价找线索,优选新的有利勘探层系与区块;
(3)三维地震重新部署及连片处理解释;
(4)高分辨率层序地层格架下的地震、地质一体化综合研究与目标评价;
(5)钻探实施与油藏描述,预测油气藏规模,进行储量计算。

4. 海相克拉通盆地碳酸盐岩勘探程序

海相克拉通盆地碳酸盐岩以古隆起及台地边缘"整体含油气,岩溶缝洞体系和礁滩相带富集"为特征。因此,勘探思路是在非均质性强的碳酸盐岩地层中预测、寻找岩溶缝洞体系和礁滩相带发育的有利储集体。勘探对策是大面积整体部署高精度三维地震和实施勘探开发一体化。

海相克拉通盆地碳酸盐岩的勘探程序分为五步:
(1)古隆起及其斜坡油气成藏条件综合评价,优选有利勘探层位和区带;
(2)大面积整体部署高精度三维地震勘探,分步实施;
(3)预测有利岩溶缝洞体系和礁滩相带,建立"准层状"油气藏地质模型;
(4)实施勘探开发一体化,建立高产稳产井组和产能试验区;
(5)整体部署油气藏评价方案与规模预测,分步实施,整体探明。

第二节　区带评价方法与技术

油气勘探理论和程序认为,一个完整的勘探评价系统应包括盆地评价、含油气系统评价、区带评价(成藏组合)、远景圈闭评价等四个阶段(Magoon,Dow,1994)。目前,我国和世界上大部分含油气区已完成区域普查勘探阶段(盆地评价、含油气系统评价),进入以区带、圈闭评价为工作重点的目标预探甚至油气田评价勘探阶段。区带评价是油气勘探的重要环节,其主要目的是确定和优选有利勘探区带,其主要任务包括地质评价、资源评价和综合评价优选三个方面。

随着油气勘探的深入,岩性地层油气藏已成为我国目前油气勘探及其增储上产的主要对象。过去那种利用二级构造带来指导构造油气藏勘探和区带评价的方法已不能完全适用岩性地层油气藏的勘探。岩性地层油气藏区带划分与评价应强调储集体的分布以及储集体所处的构造背景、与主力生烃区的空间关系等因素。通过分析近两年我国岩性地层油气藏的勘探实践,总结出一套适合我国岩性地层油气藏区带评价的流程、规范以及进行区带评价的"四图叠合"关键技术。

一、"四图叠合"区带划分与评价方法

区带是指具有相同的生储盖组合和圈闭特征,油气具有相同或相似的运聚配套史,很可能已聚集油气的一个地质单元(郭秋麟等,1996)。根据该定义,区带既可能是以某一构造区划为单元,如一个二级构造带,也可能是以某一沉积相类型或某一地层分布区为单元,如三角洲前缘带、地层超覆带。因此目前从地质成因上区带一般分为两种类型,即构造型区带和非构造

型区带。构造型区带包括长垣构造带、穹隆构造带、挤压背斜带、逆牵引背斜带、披覆背斜带、断裂构造带等;非构造型区带包括生物礁滩带、三角洲前缘砂岩上倾尖灭带、古河道分布带、透镜体分布带、地层超覆不整合带、潜山带等。

构造型区带划分与评价主要是根据盆地的构造特征来进行,特别是对一些构造分区明显的盆地(或凹陷)来说,其油气聚集规律与构造带分布和圈闭类型密切相关,因此可以根据构造特征划分若干油气区带,研究和评价各区带的油气富集规律和潜力,能够以区带为单元来指导多层系的勘探。如渤海湾盆地的每个含油气凹陷均可划分为陡坡带、中央隆起带、凹陷带和缓坡带。每种构造带的油气分布具有相似性。所以构造型区带划分评价的关键是构造研究,具体说来就是通过大区构造成图来进行区带划分和评价,这也是目前我国最为常用的区带划分评价方法。

由于构造因素并非是岩性地层油气藏成藏的主控或主导因素,许多盆地的油气分布并非与构造带一致,因此不能将二级构造带作为岩性地层油气藏区带划分的依据。岩性地层油气藏区带划分评价应以富油气凹陷"满凹含油论"和岩性地层油气藏成藏理论为主要依据,应遵循的原则主要体现在纵向和平面两方面。纵向上应将油气成藏组合作为岩性地层油气藏区带划分的地层单元,突出主要勘探目的层;平面上应围绕油气藏的主控因素,即有利沉积储集相带、油气优势输导体系、烃源岩和储集体的时空配置及其组合作为重点进行综合分析和划分,确保同一成藏组合的同一区带内的主要输导体系、优势聚集方位和油气成藏特征以及构造和沉积背景等因素大致相似。同时注意不同类型的成藏组合的区带划分方案应有所差异,划分结果应与现有勘探成果相吻合,且具有预测作用。

基于岩性地层油气藏区带划分应遵循的原则和主要研究内容,其有利区带评价流程与规范应突出以下五步,强调地质和地球物理一体化攻关。

第一步:层序地层格架建立和沉积相工业化制图,突出层序格架下有利相带分布规律;

第二步:层序界面或目的层顶面构造解释和工业化制图,突出控带断裂、控沉积断裂和控源断裂以及构造圈闭的分布;

第三步:主要成熟烃源岩研究及其厚度或生烃潜力的工业化制图;

第四步:目的层勘探程度分析,突出已发现油气或储量的分布;

第五步:"四图叠合"区带划分和评价,主要以油气成藏组合为纵向地层单元,针对目的层进行"四图叠合",即构造图或主干输导体系、沉积相图、油气勘探程度图和有效烃源岩分布图的叠合,综合分析油气成藏关键要素和聚集规律,完成油气区带划分和评价及其工业化成图。

二、松辽盆地南部泉四段三角洲前缘区带划分与评价实例

松辽盆地南部泉四段扶余油层是吉林油田的主力含油层系,其探明石油地质储量占总探明储量的60%以上。最新勘探与研究表明扶余油层"满坳含油,宏观连片",目前已探明 $5.5 \times 10^8 t$,预测+控制储量近 $3 \times 10^8 t$,剩余远景资源达 $6 \times 10^8 t$。为了进一步深化扶余油层的勘探,按区带评价流程与规范开展区带划分与评价。

(一)层序格架下的沉积相图

吉林油田已累计完钻探井约2400余口,进尺约 $320 \times 10^4 m$,其中在中央坳陷区钻穿泉四段的探井达800余口,因此具备了主要应用钻测井资料开展传统沉积相工业制图的条件。此种沉积相工业制图技术的主要思路为:"综合分析建模式、层序格架分砂组、工业制图编相图"。

1. 岩心观察定类型,综合分析建模式

岩心观察描述是开展沉积特征研究和沉积相编图不可缺少的环节之一,通过岩心观察描述能使研究者建立研究工区的直观认识。岩心观察的目的是判断沉积环境、确定相标志,并以此为基础鉴别砂体微相类型及其沉积特征,进而综合分析建立沉积模式,建立反映本区特色的沉积模式是开展工业制图的关键。吉林探区取心井众多,我们根据取心井的平面分布、取心层段、相带类型及采样计划等因素综合考虑,共优选重点取心井30余口进行岩心观察,取心进尺达2000m。通过大量岩心观察描述和系统分析,并充分应用前人研究成果认识,认为在松辽南部中央坳陷区主要发育湖泊和三角洲沉积相类型,其沉积模式为浅水型三角洲。

2. 建立高分辨率层序地层格架,开展地层划分与对比

地层正确划分与对比是进行沉积相工业图件编制的关键。大区地层划分对比的主要难点是不同沉积体系之间的对比关系,特别是不同砂体之间的对比关系。传统地层对比方法"砂对砂、泥对泥"在小范围内可能有效,但是开展大区对比就有比较明显的局限性,因为区域性的等时标志层发育、分布有限。比如嫩一段、青一段底界发育的区域性湖侵泥岩标志层分布广泛,能够进行全区对比,但泉四段、青二段、青三段底界等缺乏区域性标志层,因此不易全区地层对比。而对于更小级别砂层组的划分更难进行全区展开。

目前最为先进的地层对比划分方法是以层序地层理论为指导,通过建立等时层序地层格架剖面的方法进行地层组、段或砂层组大范围的划分对比(图11-1)。

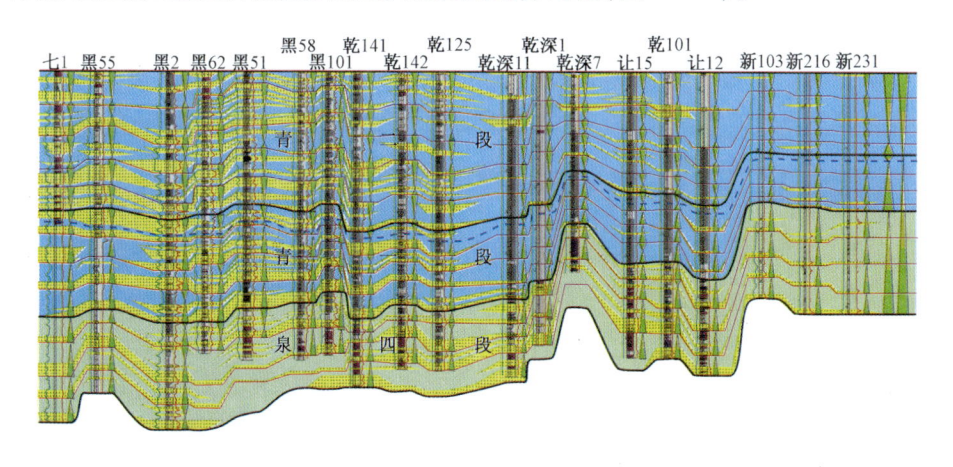

图11-1 松辽盆地南部七1—新231井高频层序沉积相对比连井剖面

首先是应用高分辨率层序地层学理论,依据沉积基准面的旋回变化进行单井地层划分,然后通过建立多井高分辨率层序地层格架剖面,并通过剖面井间对比来进行相互对比和校正,以获得最为合理的划分对比方案。最后根据地层划分对比方案建立了工区的分层数据表和分砂层砂岩厚度统计表。在松辽盆地南部的沉积相编图工作中,共建立层序地层对比格架剖面16条,对600余口探井进行了砂层组划分和分层数据采集,此项工作为分砂层组地层厚度图、砂层厚度图、砂岩百分比图的编制打下了良好基础。

3. 沉积相工业制图

沉积相工业制图应在一定的沉积模式指导下,应用多种资料来进行。下面以松辽盆地南部中央坳陷区泉四段沉积相编图为例进行简要介绍。

1)编制基础图件确定砂体分布与形态特征

利用砂层组划分和砂层分层统计数据资料编制各砂层组地层厚度图、砂岩厚度图、砂岩百分比图系列基础图件,就能了解各砂层组的砂体分布及形态特征。图11-2就是根据地层划分对比和砂层统计数据编制的松辽盆地南部中央坳陷区泉四段的地层厚度图、砂岩厚度图、砂岩百分比图。从图上可以清楚的看出泉四段沉降中心位于长岭凹陷,砂体主要分布在长岭凹陷大情字井和红岗两个地区,砂体分布明显呈三角洲形态展布。

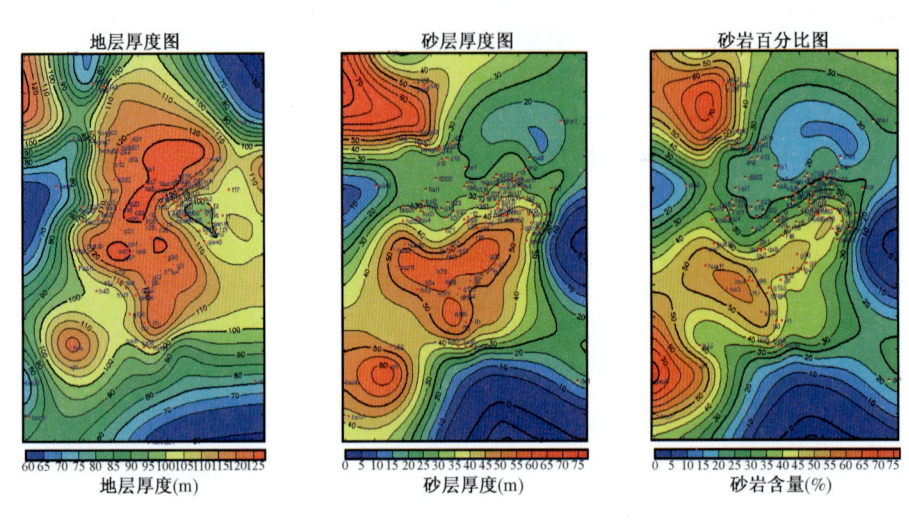

图11-2 松辽盆地南部中央坳陷区泉四段地层与砂体分布图

2) 确定湖岸线位置和主要物源方向

湖岸线位置是湖盆沉积相图中一条非常重要的界限,它控制了湖泊和三角洲前缘砂体的分布。湖岸线的确定主要根据岩心观察、单井相分析、层序格架下的沉积相剖面图等确定具体点的位置,并参考地层厚度图确定湖岸线的分布。一般说来,湖岸线附近地层厚度变化快,并出现地层等厚线密集带,在湖岸线以下地层明显增厚。

沉积盆地的宏观物源方向一般是根据区域古地理背景特征等综合确定的,如松辽盆地南部在泉四段沉积时期主要发育三大物源,即东南的怀德物源、西南的保康物源和西部的英台物源。但涉及编图层系的具体物源方向还要根据钻井、地震等多种资料综合分析,一般说来应用砂岩百分比图能比较直观的反映物源方向。泉四段砂岩百分比图反映的三个物源方向与区域沉积物源方向一致。

3) 沉积相综合编图

沉积相工业制图一般采用"多图叠合"的方法,即地层等厚图定湖岸线、砂层等厚图定范围、砂岩百分比图定物源,最后根据沉积特征综合研究结果确定沉积亚相或微相类型的分布。图11-3就是根据上述方法编制的松辽盆地南部中央坳陷区泉

图11-3 松辽盆地南部泉四段沉积相图

四段的沉积相图,反映了泉四段在滨浅湖背景上主要发育四个三角洲复合体,其中以东南物源和西部物源形成的三角洲复合体规模较大。

以段为单元的沉积相编图主要反映的是复合储集砂体的宏观分布特征,有利于区带评价优选。而以砂层组为单元的沉积相编图主要反映的是单砂体的分布特征,有利于目标评价优选。

吉林油田近年来应用这种方法技术开展了全区多层系以段和砂层组为单元的沉积相工业化编图,取得了显著成效。

(二)目的层顶面构造图(T_2)

泉四段扶余油层顶面相当于 T_2 地震反射层,这是一个全盆地的区域地震反射界面。通过层序地层研究分析认为,T_2 地震反射层总体上是一个等时层序界面,反映的是青一段底部湖侵层。吉林油田"十五"期间开展了全区构造工业化编图,完成了松辽盆地南部中央坳陷区 T_2 构造图(图11-4)。

从图中可以看出扶余油层成藏具有西部斜坡、中部凹陷、东部隆起(阶地)的构造背景。同时在中部凹陷、东部隆起(阶地)断裂十分发育。这些断裂其断面比较平直,剖面上成对或成组出现,形成地堑、地垒及阶梯状组合;垒堑型组合多出现在基岩隆起区,平面上成带展布,它们在纵向上与基底和断陷期断裂有一定的对应关系;阶梯状组合多分布于斜坡—阶地和坳—隆过渡带。

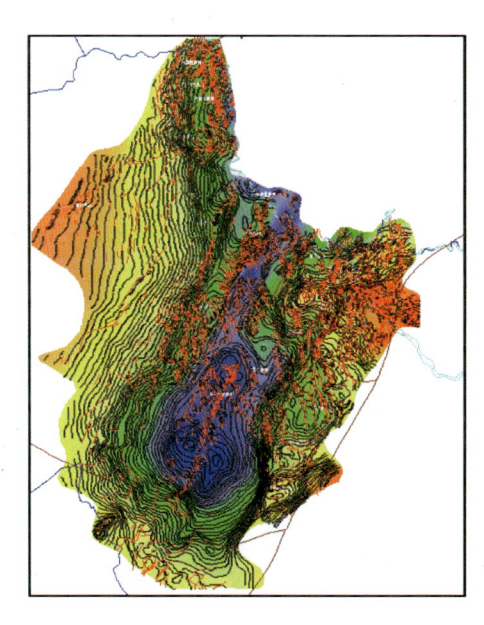

图11-4 松辽盆地南部中央坳陷区 T_2 构造图

"T2"界面上发育的这些断层是盆地区域性抬升背景下形成的一种张性断层系,后期很少活动,一般向上消失在青一二段的泥岩段中,它们沟通了烃源岩和泉四段储层及圈闭,且与上部青三段—姚二三段储层不沟通,因此是扶余和杨大城子油层垂向输导体系的重要组成部分。

(三)编制扶余油层形成的主力生烃范围

扶余油层是比较典型的源下成藏组合,其油气源主要来自上覆的青山口组烃源岩,因此青山口组主力烃源岩的分布对扶余油层的油气藏分布具有重要控制作用。初步确定青山口组烃源岩厚度50m以上、生烃强度 $200 \times 10^4 t/km^2$ 以上、超压2MPa以上区域为一个扶余油层超大型岩性油气藏群(图11-5)。

中央坳陷区扶余油层岩性油藏有利勘探范围达 $7000 km^2$,目前已在约 $1300 km^2$ 的范围提交探明和控制储量约 $4.6 \times 10^8 t$,剩余资源潜力达 $5.5 \times 10^8 \sim 6 \times 10^8 t$ 以上,比第三次资源评价时增加一倍。目前勘探显现出三个具有亿吨级勘探潜力的区带目标,成为松辽盆地南部近几年的主要勘探战场。

(四)勘探程度分析

扶余油层是吉林探区储量分布最多的层位,已在扶新隆起带上发现扶余油田、新民油田、新立油田、新庙油田、木头油田、两井油田(图11-5),在华字井阶地发现大老爷府油田、孤店油田,在大安—红岗阶地发现大安油田。已发现的油气藏主要分布在华字井阶地南部大老爷府—双坨子地区、大安—海坨子—乾安及其以东地区,在长岭凹陷勘探程度较低。至2004年底,共探明石油地质储量$5.77×10^8t$,占总储量的65%。按第三次资源评价结果,扶杨油层拥有可探明资源$8.97×10^8t$,剩余可探明石油地质储量$3.2×10^8t$。最新依据中央坳陷满坳含油、扶余油层大型复式岩性油气藏的新认识,重新进行区带评价,初步认为,其待探明资源量可达到$6×10^8t$以上,因此下部组合的扶杨油层是"十一五"勘探的重要层系,关键是产能突破。

(五)"四图叠合"区带划分与评价

应用前面编制的松辽盆地南部泉四段沉积相图、T_2构造图、青山口组主力超压烃源岩分布图、泉四段勘探程度图,并应用"四图叠合"方法将这四种工业性图件有机叠合起来(图11-6),即可指导岩性地层油气藏有利区带划分和评价。

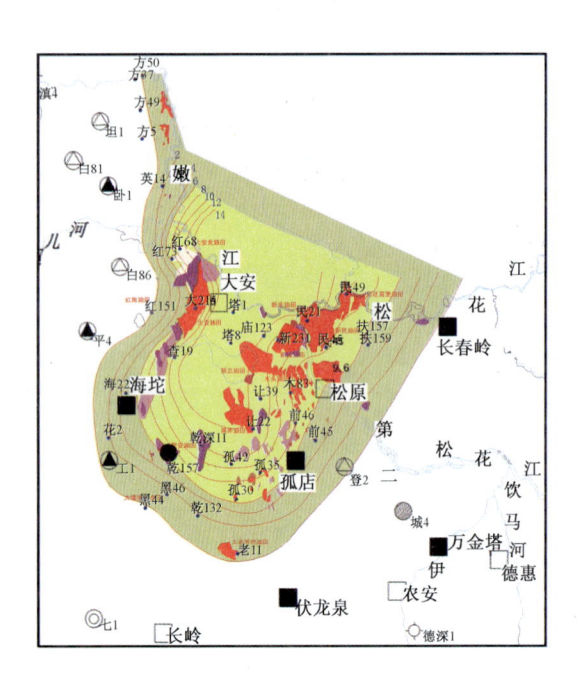

图11-5 松辽盆地南部青山口组泥岩超压分布

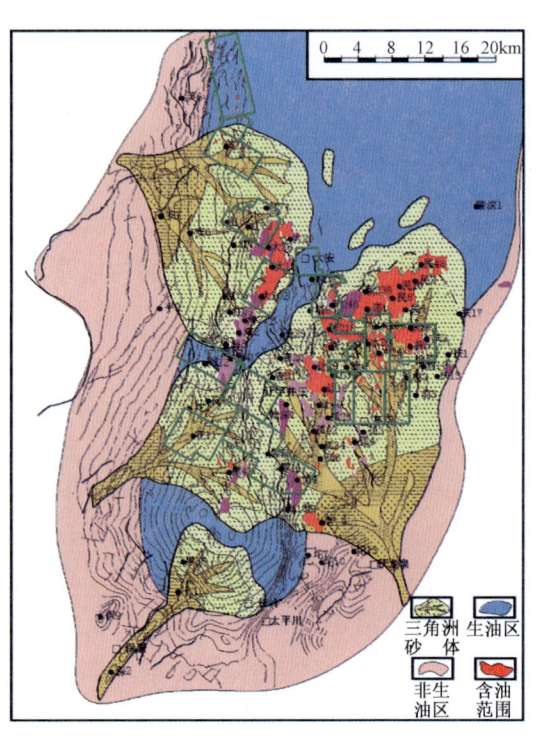

图11-6 松辽盆地南部中央坳陷区泉四段"四图叠合"区带综合评价图

从松辽盆地南部中央坳陷区泉四段岩性油藏综合评价图分析,存在三大岩性油藏富集区带。

第一个区带为东南怀德水系形成的三角洲前缘带。该区带主要位于扶新隆起及围斜部位,区带面积为$3548km^2$。本区带成藏条件十分优越,具有长期隆起的构造背景,油源断裂发育,青一段超压烃源岩直接覆盖在泉四段三角洲前缘砂体上,因此具有良好的源下成藏组合。该区带在扶新隆起高部位勘探程度较高,已发现和探明了多个构造—岩性复合油藏,油藏明显呈连片分布特征。目前勘探主要围绕隆起围斜部位展开,以岩性油藏为主。应用刻度区平均储量丰度预测,该区带还具有$2×10^8t$勘探潜力。

第二个区带为西北英台水系形成的三角洲前缘带。该带主要位于红岗阶地及周边,区带面积为2290km²。该区带构造面貌整体为一东倾斜坡,是西部陡坡带的坡脚部分,发育有红岗、大安两个反转构造和海坨子局部构造。该区带的三角洲前缘砂体被青一段超压烃源岩直接覆盖的范围较小,因此有利勘探面积较小,油藏主要发育在三角洲前缘的边部。资源评价预测该前缘带还有 1.8×10^8 t 勘探潜力。

第三个区带主要为西南保乾体系形成的三角洲前缘带。该带主要位于长岭凹陷,区带面积为2223km²。该区带成藏条件相对较差,一是缺乏明显的构造背景,二是黑帝庙地区青一段生油岩厚度较薄,三是在青山口组储集砂体发育,盖层条件较差,四是目的层埋藏较深。资源评价该区带扶余油层具有 1.2×10^8 t 的勘探潜力。

第三节 圈闭评价技术

圈闭评价是整个岩性地层油气藏勘探最关键的环节,从构造勘探到岩性勘探,勘探对象日趋复杂和多样。从碎屑岩、碳酸盐岩、火成岩到变质岩,从背斜构造、复杂断块、低幅度构造到推覆体构造,从低渗透油藏、裂缝性油藏到薄互层砂泥岩,从缓坡型三角洲沉积体系到陡坡型扇三角洲沉积体系,岩性地层油气藏无处不在,圈闭评价的难度增加。不同的构造条件、沉积背景和岩性类型,形成不同类型的岩性地层圈闭,虽然圈闭类型不尽相同,圈闭评价方式存在差异,但是,圈闭评价技术还是存在一定的共性特征。我们既需要建立圈闭评价的工作规范与流程,又需要结合地质问题,建立针对性的圈闭评价配套技术。

一、"五步十图"圈闭评价规范与流程

岩性圈闭是在沉积作用或成岩后生作用下,储集岩体的岩性或物性发生突变,被不渗透层所包围或遮挡而形成的圈闭。在一个盆地和地区的油气勘探过程中,初期的勘探目标通常主要是一些易被识别、勘探难度较低的构造圈闭。但随着勘探程度的提高,构造圈闭逐渐减少,迫使勘探家的注意力不得不转向难以识别的岩性圈闭。与构造作用形成的构造圈闭相比,岩性圈闭不但与构造背景有关,更和储层发育特征以及储层、构造配置关系密不可分。同时岩性圈闭无论在形成机理、封闭机理还是在地震识别方面都有其自身的特点。因此相对构造圈闭,岩性圈闭评价是一项技术要求更高、涉及内容更多的全新课题。近几年随着层序地层学理论与技术的广泛应用,地震资料处理与解释技术手段的快速发展,使得岩性地层油气藏的勘探屡屡获得成功,与此同时,部分地区由于圈闭评价的失误导致钻探失利的例子也屡见不鲜。由此可以说对岩性圈闭评价的合理性、准确性直接决定了勘探的成败。

为了提高岩性圈闭评价的有效性,我们通过全国多个盆地不同类型岩性圈闭评价工作实践,针对岩性圈闭评价的工作特点,将岩性圈闭评价的流程划分为五个步骤:定可行性、定类型、定边界、定有效性和定钻探目标。这五个步骤包括了岩性圈闭评价的整个过程,涉及了与岩性圈闭有关的主要内容。与此相应形成了岩性圈闭评价图表规范,包括地震地质剖面图、沉积相图、地震相或地震属性平面图、圈闭顶(底)面构造图、储层预测图、储集体与构造叠合图、封堵条件分析图、成藏条件分析图、含油气性分析图、圈闭综合评价图和圈闭综合评价表,即"10图1表"。

第一步:定可行性

岩性圈闭评价的前提工作是岩性油气藏区带评价。这是因为盆地中不同区带的资源丰度

具有较大的差异,而岩性圈闭与构造圈闭中烃类充注的方式有较大的差异,主要取决于其所处的烃环境。在富烃环境中有可能成为油气藏;而在贫烃环境中,尽管其他条件都优越,但仍然会是空圈闭。所以,不同区带的圈闭所处的成藏条件(圈闭成藏环境系数)对于圈闭最后的成藏具有很大的影响。

在区带评价的基础上,分析岩性圈闭、评价可行性的首要工作就是分析资料品质是否满足储层预测的要求。储层预测主要利用地震反射波的到达时、传播速度、振幅、波形、反射特征随偏移距的变化等地震波动信息对储层的特征进行预测,因此地震、测井等基础资料的品质直接影响着反演的精度和准确性。因此在圈闭评价之前,可以通过地震、测井等基础资料的品质分析,来确定圈闭评价工作的可行性,这是取得良好评价效果的先决条件。地震数据的品质主要可以通过三个物理参数来表现:信噪比、分辨率和能量。若能达到高信噪比,高分辨率,目标的能量适中,则这类资料品质是好的。评价图件主要是地震资料品质分析评价图(图11-7)。

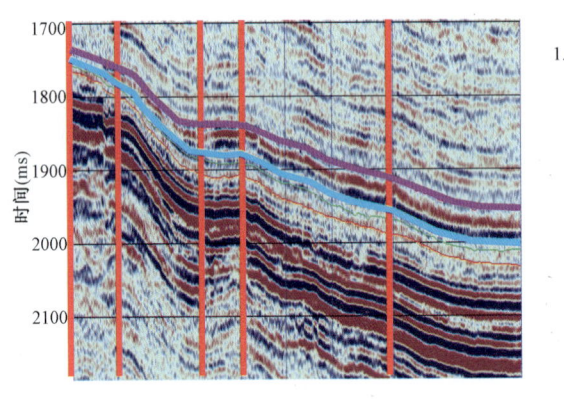

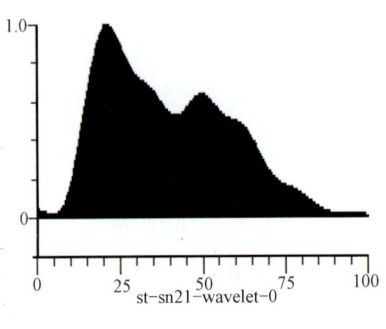

图11-7 准噶尔腹部石南地区地震资料品质分析图(地震主频22Hz,砂体厚度10~20m)

第二步:定类型

在陆相沉积体系中,不同体系域中的砂体由于其物源条件、水动力条件的差异而导致储集物性、沉积展布特征具有较大的差异性。湖盆低位体系域中发育的下切谷、低水位河流—三角洲体系及湖底扇等可形成盆地深部重要的潜在储层,其展布明显受盆地洼陷边缘构造坡折带的控制。断裂坡折带低水位扇(水下冲积扇、大型浊积扇、小型低水位三角洲及低水位扇三角洲)具有离源岩近、次生裂隙发育和输导条件优越的特点,易形成原生岩性地层油气藏。位于低位体系域坡折之下的挠曲坡折,有利于形成深水重力流砂体和透镜体岩性圈闭;位于湖盆中央隆起带两翼的挠曲坡折如果与大的砂体组合,则可以形成砂体上翘尖灭圈闭;沉积坡折带与重大的湖平面下降组合则可以控制低位体系域的发育,形成低水位扇和岩性圈闭。

因此,在这个工作阶段,研究人员除了依据区域地质资料对研究区石油地质基本条件进行深入的分析之外,还需要通过典型地震地质剖面图和区域沉积相图来建立沉积储层的宏观概念。一方面分析地层纵向总体配置关系,包括烃源岩、储层及盖层发育情况、目的层段储层(如陆相沉积中砂岩发育段)特征;另一方面分析沉积体系平面关系,包括生烃中心及砂体展布、物源方向等石油地质条件。最后结合区域构造资料和钻井资料建立起本区岩性圈闭可能的圈闭类型,以指导后续工作确立评价重点。评价图件主要包括地震地质剖面图和沉积相图(图11-8)。

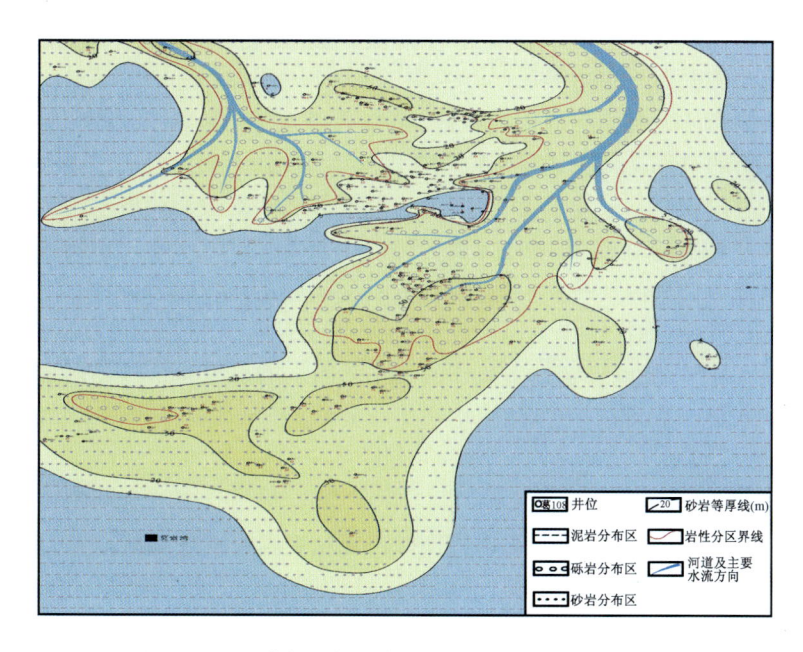

图 11-8　准噶尔腹部石南地区清水河组一段沉积相图

第三步：定边界

岩性圈闭的边界是由储层构造形态和储集空间的发育状况（如储层厚度、储层物性、储层类型）等因素决定的。一般用储集物性、储层厚度等指标对储层的储集能力进行评价。定边界实际上就是要确定岩性尖灭线（带）或物性变化带，通常需要在储层预测的基础上，解释岩性体的厚度、物性的变化和构造的配置关系。

1. 储层构造图编制

储层构造图的编制方法与一般的地层构造作图方法相同。构造图制作方法大体有平均速度法、变速成图法、层速度法（层饼法）等三类。平均速度方法主要用于地表及上覆地层速度横向稳定、构造较简单的地区；变速成图法则主要用于地表条件复杂、上覆地层速度横向变化大的地区；对于地表地形复杂、上覆地层构造复杂、地层层速度横向稳定的地区，可以采用层速度法。由于常规剖面上反射同相轴是振幅调谐的结果，并且受子波的影响，常规剖面上储层顶、底面反射时间拾取难以准确，对于薄互层通常采用反演剖面来拾取 t_0 时间进行构造成图，以提高构造作图精度。

2. 储层预测

储层预测主要描述各类砂层、砂砾岩体以及各类分布相对独立的特殊岩性体如火山岩体、砂岩浊积体的空间展布。在砂层侧向叠置、相接的条件下，划分单砂层的分布范围有助于研究砂层的连通性。对于侧向渐变的三角洲前缘砂体，由于地震分辨率的影响，往往很难搞准实际尖灭线位置，根本的出路还是要提高地震资料本身的分辨能力。

对于厚度大于四分之一波长的储层，做出储层顶、底面构造图后，二者相减便是储层的厚度图。如果储层厚度小于四分之一波长，在上下围岩厚度较大、岩性单一的情况下，可以根据实际地质情况制作地层尖灭模型，计算振幅调谐曲线量板，根据地震反射振幅来预测储层厚度。另一种方法就是直接在反演剖面上量取储层的时间厚度转换成厚度图，这种方法薄、厚层都适用，关键是取决于反演剖面的精度。对于超薄储层，近年来发展了频谱分解预测技术，它仅使用与相位无关的振幅谱进行厚度预测,使得该方法对薄层厚度的估算更加稳健。自然零厚度等值线也就是储层的分布边界。

储层物性预测指的是对储层的物性参数(诸如孔隙度、渗透率)的预测研究过程,也是对储层性质评价分析的过程。利用地震资料估算物性参数,分为确定性方法和统计性方法。确定性方法指的是利用物性参数与速度、密度或波阻抗等之间的关系,建立经验公式直接求取。估算孔隙度的确定性方法包括利用孔隙度—时间平均方程、孔隙度—密度平均方程和孔隙度—波阻抗方程等。构造油气藏受构造控制,一般沉积稳定,岩相横向变化不大,油气集中在构造的高部位,这类油藏的物性预测比较容易,各种储层参数预测方法精度都会较高。对于构造—岩性油气藏,由于影响储层物性参数横向变化的因素增多,如断裂体系、储层非均质性等,直接求取物性参数精度不高,一般采用统计性估计方法,并在足够井控制的情况下,才能满足精度要求。

3. 储集体与构造叠合图

通过储集体与构造的叠合成图,结合属性体透视和三维可视化解释技术,能够较容易地建立起高孔、高渗储集体的空间分布格架,准确刻画岩性圈闭的边界和规模,主要圈闭要素包括顶点埋深、圈闭幅度、圈闭面积、储层厚度、储层物性参数等。评价图件主要包括圈闭顶(底)面构造图、储层预测图、储集体与构造叠合图(图11-9)。

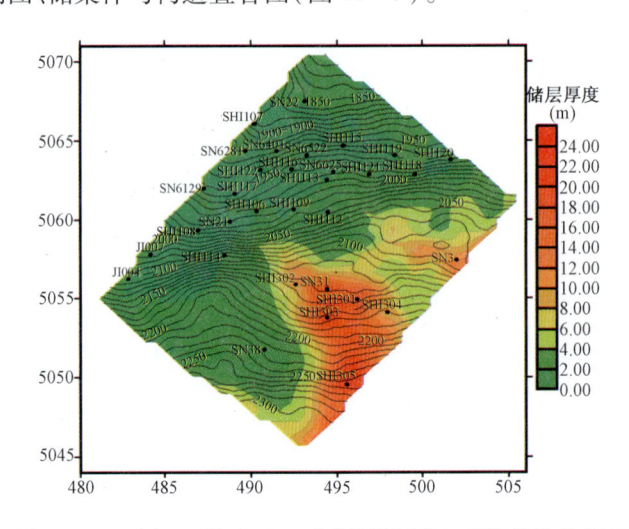

图11-9 石南31井地区K_1q^{1-2}储层厚度与顶界构造叠合图

第四步:定有效性

一般从"生、储、盖、运、圈、保"六个方面对圈闭自身的有效性进行评价。从圈闭的定义及其成藏特点看,储层和盖层的存在及其良好的组合关系是圈闭和形成油气藏的先决条件,圈闭良好的油源条件以及相互配置关系是形成油气藏的关键,而较好的保存条件是确保油气藏具有一定经济规模的重要保证。

因此在评价岩性圈闭的有效性时,应从圈闭的成藏条件分析和后期的保存条件两方面入手,并且运用含油气性检测技术进行验证。

1. 圈闭成藏条件分析

圈闭烃源条件是圈闭评价中首先要解决的问题。在实际勘探中常常会钻遇一些空圈闭,钻后评估分析其原因是烃源缺乏或烃源不落实。

岩性圈闭烃源条件的评价与构造圈闭不同。岩性圈闭是由于岩性岩相变化而形成的一类圈闭,其上倾尖灭砂体和透镜体都会直接或间接接触烃源岩,砂体本身可成为良好的运移通道,其同沉积断裂和砂体表面的微裂隙及粒间孔喉均是油气运移的重要通道,经初次运移和二次运移即可成藏。只有当输导层、不整合面、裂缝系统或断层将烃源岩与岩性圈闭联系起来时,才有可能形成油气聚集,而与烃源岩联系不紧密的那些岩性体油气聚集的可能性小。与构造圈闭一样,当岩性圈闭位于富烃凹陷时,容易获得足够的油气,反之,则只会有少量油气充注或不充注。因此,评价时选择区带资源丰度、运移距离、输导系统和裂缝系统(断裂)发育状况几个因子。区带资源丰度是一个地质要领与地理概念相结合的判别指标。区带是一个具有相同油气地质特征和成因联系(包括共同的烃源、共同的储层发育条件、共同的油气运移和聚集等成藏特征)的构造单元,但在区带的不同部位(可能分属于不同的勘探区块),由于储集岩横向发育上的差异性而造成资源丰度的较大差异。

2. 圈闭后期的保存条件

圈闭后期的保存条件从直接盖层岩性、直接盖层厚度、底板封闭条件、侧向遮挡条件和破坏程度等五个方面进行评价。不同沉积岩类的封盖性能有较大的差异,同时,它们也与所处的成岩作用阶段有较大关系。中晚成岩期原膏岩—泥岩、粉砂质泥岩、铝土质泥岩具有好的封盖能力,其次为泥灰岩、石灰岩、碳质泥岩。随着沉积岩颗粒的变粗,盖层质量逐渐变差。

3. 储层含油气性预测

储层含油气性预测就是研究储层内所含流体性质及其分布。储层流体识别是地震储层预测中难度较大的课题,是一个多学科结合的过程,只有通过对多种信息的聚类和综合,才有可能预测油气水的分布。

常用的方法是使用统计方法在井控制区建立流体类型与地震属性之间的转换关系,然后外推。随着地震资料采集、处理水平的提高,直接烃类指示技术也得到了快速发展,预测成功率明显提高,从过去的根据亮点、暗点、相位转换等识别气油水,发展到现在的利用吸收系数增大、速度降低、纵横波速度比异常、气油水流体接触界面平点反射等现象区分流体性质。随着AVO叠前反演以及多波多分量技术的发展,流体识别有了更多的稳健技术。AVO分析及多波多分量都可得到横波属性数据,从而能够求出泊松比、拉梅系数等弹性参数,结合纵横波的差异,能够较易识别储层流体。储层中孔隙流体的识别要与物性参数结合分析,增加判断的可靠性。

需要指出的是,无论地震资料采集、处理和解释技术有多大的提高,对含油气性的预测都只是一种间接参考,都是降低勘探风险的一种手段。油气预测和油气藏描述过程中必须充分发挥地质研究的作用,只有地震地质的有机结合才能减少地震资料地质解释的多解性,从而提高预测的可靠程度。在此过程中,地质研究人员要充分消化吸收地震资料提供的丰富信息,但也不能过度依赖地震信息,更要防止利用某一两个信息进行片面解释的倾向。评价图件主要有成藏条件分析图、封堵条件分析图、烃类检测分析图。

第五步:定钻探目标

综合上述研究结果,即构造特性、断裂特征、砂体分布特征、孔隙分布特征、含油气性特征,对目的层进行叠合成图综合评价。填写圈闭综合评价表,形成评价结论,确定钻探井位。评价图件有圈闭综合评价图(图11-10)、圈闭综合评价表。

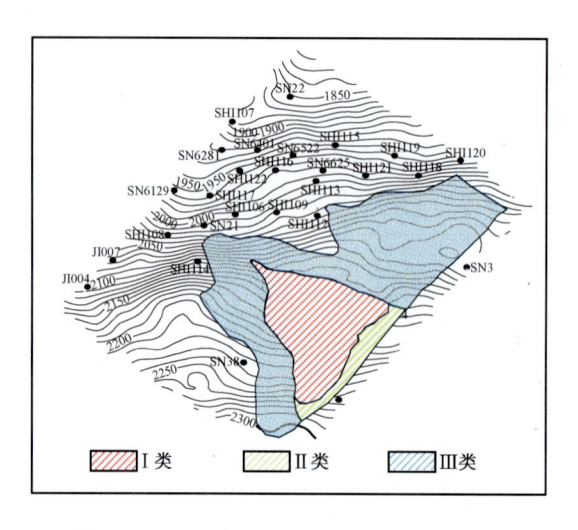

图 11-10　石南 31 井地区圈闭综合评价图

二、岩性圈闭识别配套技术

我国岩性地层油气藏普遍存在于断陷、坳陷、前陆和克拉通四类盆地,勘探岩性涉及碎屑岩、碳酸盐岩和火成岩,油气成藏因素复杂,岩性圈闭类型多样。岩性地层油气藏地震勘探要求更高的分辨率、信噪比和保真度,同时,许多类型的岩性地层油气藏预测技术方法还不成熟,因此需要结合我国岩性地层油气藏的特点开展针对性的地球物理识别配套技术研究。

在富油气凹陷盆地中,发育大型三角洲沉积体系,不同的位置存在不同类型的岩性地层油气藏。例如,在松辽盆地中,三角洲前缘带席状砂、叠置河道形成大量的薄互层岩性油气藏;在鄂尔多斯盆地中,辫状河三角洲体系中河道迁移引起的砂岩物性横向变化,引发低渗透砂岩中如何找"甜点"问题;在准噶尔盆地腹部,发育大型的辫状河三角洲沉积体系,油气运移形成各类次生岩性油气藏。在富油气断陷盆地中,陡坡(陡岸)发育冲积扇、扇三角洲和深水浊积扇,深湖区发育湖底扇、滑塌浊积扇,缓坡发育斜坡扇、扇三角洲,形成众多的上倾尖灭岩性油气藏和透镜状砂岩油气藏等。如二连乌里亚斯太的扇体、华北廊固地区的砂砾岩体等。在前陆盆地,岩性控制因素不容忽视,例如,准噶尔西北缘前陆冲断带发育大量上倾尖灭的冲积扇、扇三角洲岩性油气藏;在川西北前陆斜坡带天然气勘探出现规模场面。在海相地层中,碳酸盐岩地层和海相滨岸砂岩也发育大量的岩性油气藏,例如,在塔里木台盆区,塔中台缘区礁滩相碳酸盐岩油藏,轮南风化壳缝洞型碳酸盐岩油藏,哈得逊东河砂岩岩性尖灭带海相砂岩岩性油气藏;四川川中飞仙关鲕滩等。在叠合盆地的深层,近年来也有不少新的发现,如在大庆徐家围子地区深层和吉林长岭地区松辽深层的火成岩天然气的突破。岩性地层油气藏勘探已成为中国石油最现实、前景最大的勘探领域,也给地球物理技术提出新的挑战。

尽管,这些岩性地层油气藏的沉积背景、岩性类型和圈闭类型不同,岩性地层油气藏目标的规模、厚薄、深浅、物性、阻抗、与围岩接触关系不尽相同,但是,岩性侧向尖灭、储层物性横向变化是形成岩性圈闭的两个最基本的条件,岩性体识别和形态的描述、储层识别和物性非均质性的描述是关键,而基础是地震分辨率。根据目前中国石油岩性地层油气藏勘探的主要对象和储量分布规律,考虑岩性勘探的地球物理技术特点,我们把岩性地层油气藏地球物理识别问题归结为薄互层砂体、条带状砂体、扇型沉积体、透镜状砂体、碳酸盐岩储层和特殊岩性体(火成岩和裂缝)等六种目标的识别与描述问题(表 11-4)。

表 11-4 岩性圈闭地震识别的主要地质问题与技术集成和研发方向

地质问题	河控条带砂体识别	扇型沉积体识别	透镜状砂体识别	薄互层砂体识别	碳酸盐岩储层识别	特殊岩体储层识别
研究对象	辫状河、曲流河、分流河道砂体	冲积扇、水下扇、斜坡扇和盆底扇	湖底扇、滑塌浊积扇、透镜状砂岩等	三角洲前缘席状砂、河流相、滨海相东河砂岩	表层风化壳储层、内幕溶蚀缝储层、岩溶	火成岩储层、低渗透地层的裂缝储层
技术难点	辫状河:识别泥岩隔层和物性横向变化;曲流河:区分曲流带不同期次砂体	砂砾岩相变和储层非均质性、扇型体形态、内部结构、连通性、分辨率	砂体边界有效识别	砂体垂向可分辨性与横向连通性	成像差、信噪比和分辨率低、储层非均质性强、顶部风化壳和内幕溶蚀洞识别	火成岩相、岩性和物性横向变化大、地震响应复杂多变;低孔低渗岩性裂缝响应微弱
研究思路	寻找主河道砂体。辫状河:提高地震分辨率;横向分辨;曲流河:有效刻画河道侧向迁移的分频技术	古地一地貌恢复、沟扇对应、扇形体空间分布识别、地震反射结构分辨、地震相分析、储层非均质性反演	构造和沉积背景控制属性体透视与地震反演	关注岩性反演垂向分辨率、地震属性空间横向和储层物性横向变化	关注沉积相带和古岩溶控制作用、提高缝洞描述精度、强化高产带分布规律综合预测研究	火成岩体成像、火成岩分布;储层分布、含油气层分布;裂缝形成条件和裂缝敏感物理属性预测裂缝发育特征
研究内容	①典型河流相砂体地震有效识别配套技术筛选与集成;②河流相砂体地震属性特征分析;③基于层序地层格架约束的地震反演;④研究有效刻画河道侧向迁移的分频技术	①典型扇形体地震有效识别配套技术筛选与集成;②典型扇形沉积相和地震属性体特征分析;③多属性体提取和解释技术;④地震属性差异性特征提取和解释技术	①典型透镜体识别地震有效识别配套技术筛选与集成;②多属性三维可视化识别研究	①薄互层砂体地震有效识别配套技术筛选与集成;②薄层振幅调谐分析技术研究;③基于频率分解的高分辨率反演技术研究;④基于三参数 AVO 分析的反演方法研究	①碳酸盐岩储层地震识别的配套技术筛选与集成、奥陶系储层预测、碳酸盐岩风化壳储层溶缝洞储层预测以及储层内幕预测;②碳酸盐岩裂缝预测;②碳酸盐储层地球物理特征分析	①火成岩储层有效识别套配技术筛选与集成、火成岩体成像、岩相、物性、裂缝和含油气性储层有效识别和描述配套技术筛选与集成;③裂缝敏感属性筛选与裂缝特征反演
关键技术	储层特征反演;分频地震属性;三维可视化技术	古地貌恢复;多属性体分类和聚类;属性体透视和三维可视化	地震属性分析;属性体透视	薄层振幅调谐的时频分析;高分辨率地震反演;叠前信息提取和反演	地震属性信息的有效提取和应用	多属性相分析、三维可视化;裂缝敏感属性幅频透视与反演
研究地区	准噶尔、松辽	冀中、二连、准噶尔	渤海湾、准噶尔	松辽、渤海湾	塔里木、渤海湾	松辽、渤海湾
合作油田	吉林、新疆油田	华北油田、新疆油田	华北油田	吉林、塔里木	塔里木油田	大庆、华北

第四节 区带、圈闭评价软件介绍

一、圈闭评价软件系统 TrapDES 3.0 介绍

(一)软件开发背景

1994年中国石油天然气集团公司油气勘探部提出"研制盆地分析模拟、圈闭描述评价、油气藏描述评价、勘探生产管理数据库和勘探规划计划决策五个综合软件平台"的计划,按计划要求中国石油勘探开发研究院圈闭描述评价软件开发部负责实施圈闭描述评价软件系统的研制。

1998年5月举办了两期"圈闭描述评价软件系统"技术交流会,研讨会上专家对软件的进一步改进和完善以及存在的问题提出了很多有益的意见和建议。之后,软件开发部对软件进行了改进和完善,于1998年7月正式推出了TrapDES 1.0版,向全国推广使用50多套,共有二十多家用户,覆盖了全国的二十多家油气田、地质研究所和油公司。在1998勘探局勘探例会上,绝大部分用户使用该软件进行了圈闭评价和圈闭成果管理,提高了管理的效益和评价的科学性、准确性和系统性。1999年4月推出了TrapDES 1.5,并为各用户进行了免费升级。2001年推出了TrapDES 2.0。

2002年TrapDES 2.0被选为中国石油第一批指定推广的7套国产软件之一。在2002—2003年的第一轮软件推广中,按勘探生产分公司的要求向提交申请的合法用户免费提供软件系统,并负责技术支持。

2004年软件系统有了很大的发展:① 按"厦门会议修订的圈闭评价规范"与"中华人民共和国石油天然气行业标准,圈闭评价技术规范(报批稿)"要求,及时增强了软件功能、修改了软件报表;② 开发出功能强大的经济评价与决策系统。2004年底推出了TrapDES 2.5。

2004—2005年是TrapDES软件推广的第二轮,按推广计划向提交申请的合法用户免费提供TrapDES 2.5,并负责技术支持。2005年1月,由中国石油勘探与生产分公司组织在中国石油勘探开发研究院举办两期培训班。之后,根据用户反馈的意见以及新的"油气资源与目标技术研究"平台的要求,对TrapDES 2.5版本进行了重大修改。修改后的新系统TrapDES 3.0(图11-11)在运行环境、数据库等方面与"区带评价系统PlaySys1.8"和"经济评价与决策系统EDSys1.1"完全兼容,在功能上完全符合"中华人民共和国石油天然气行业标准,圈闭评价技术规范(2005年)"的要求。

(二)圈闭评价业务流程

近年来,贯穿于圈闭评价业务的环节是:圈闭准备、圈闭评价、圈闭报审、圈闭钻探跟踪、圈闭变动(升级核减、落空核减、降级)、年终圈闭工作统计等工作(图11-12)。

1. 圈闭准备

包括新圈闭识别和已有储备圈闭的复查两部分工作,这些工作主要由物探公司完成。通过研究物探公司提交的圈闭识别资料,核查与校正相关的评价参数,再进行圈闭筛选,即扣去面积小于$1km^2$、幅度小于$10m$、落实程度为不可靠的圈闭(不同探区的需要设置筛选参数不同),然后把被选中圈闭的评价参数录入到储备数据库中,这就是圈闭准备的主要过程。对于重查的圈闭,必须使用原有的圈闭名称,录入新的圈闭形态参数。

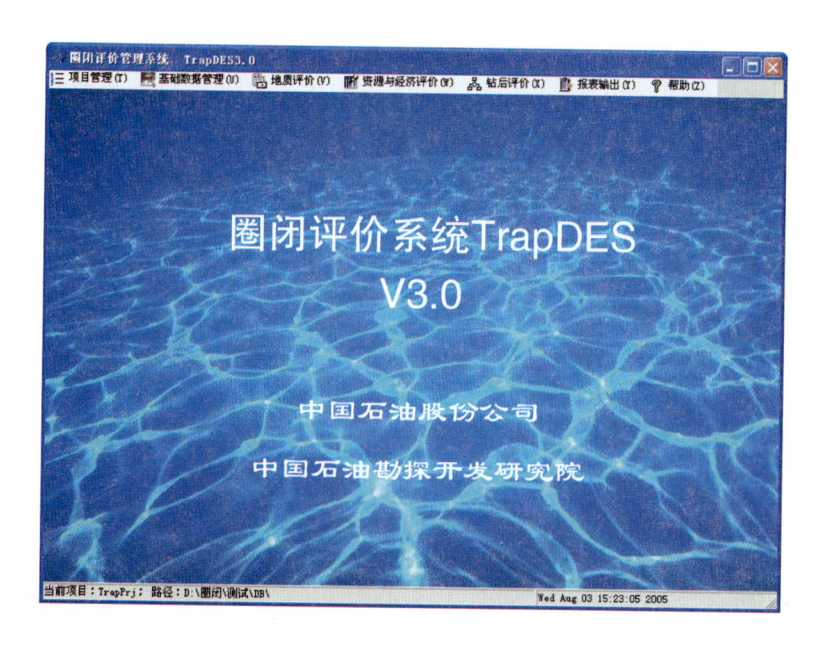

图 11-11　圈闭描述评价软件系统 TrapDES 3.0

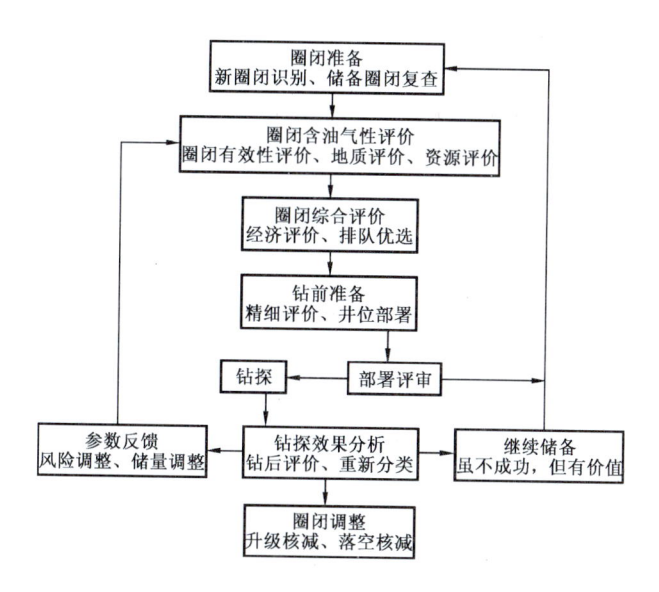

图 11-12　圈闭评价业务流程

2. 圈闭评价

对于准备好的圈闭,逐一进行资料可靠性评价、圈闭地质评价、圈闭资源量计算和圈闭经济评价。在单个圈闭评价的基础上,进行多圈闭(新发现、重查、储备)的综合评价,圈闭综合排队后优选出有利圈闭。

3. 圈闭钻前准备与报审

为满足下半年勘探总体部署的要求和每年在7月至9月之间中国石油股份公司勘探与生产分公司召开的年度圈闭评价工作会议的要求,应对上年度至本年度新发现和重查的可靠、较可靠圈闭及储备的Ⅰ、Ⅱ类圈闭的评价成果以及勘探统计数据,按要求制作出报表。对重点圈闭进行精细描述,并制订钻探井位部署,然后上报主管部门。

4. 圈闭钻探效果分析

包括钻探圈闭类别划分、钻探圈闭综合分析和圈闭预探信息的反馈及圈闭的滚动评价三部分内容。钻探圈闭类别划分是指根据钻探结果将圈闭划分为Ⅰ、Ⅱ和Ⅲ类;钻探圈闭综合分析包括油气藏形成的区域地质条件评价,油气藏的前期描述,勘探效果和经济效益分析,提出下步勘探工作意见等工作;圈闭预探信息的反馈及圈闭的滚动评价包括预探井井筒信息和圈闭的滚动评价参数反馈等评价工作。

5. 圈闭调整

重查引起的圈闭类别(类别升降级)的变化,在圈闭准备阶段作了处理,发现情况填写复查。钻探评价引起的升级核减与落空核减要在下一评价年度中增加一条对此圈闭的评价数据,发现情况填写复查,核销原因填写"升级、落空",同时将圈闭原先纪录中的储备情况去掉。

6. 圈闭统计

油田以计划年度和计划年度的季节为统计单元,对圈闭评价和勘探情况进行统计,制作统计报表。

(三) 软件结构

根据新圈闭评价规范的内容,以及实际勘探工作中圈闭评价的流程和评价需求,将新圈闭评价系统设计为3个层次,即数据管理层、圈闭评价层和钻前钻后评价层(图11-13)。

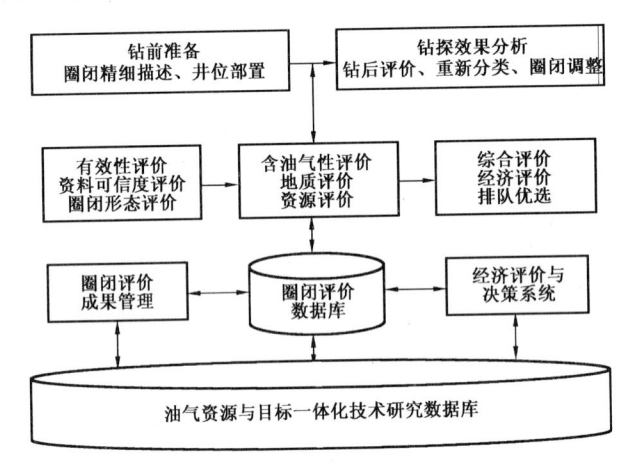

图11-13 圈闭评价系统 TrapDES 3.0 总体框架

1. 数据管理层

该层依托于"油气资源与目标一体化技术研究数据库",建立圈闭评价本地数据库和圈闭评价成果管理数据库,并与"经济评价与决策系统"建立紧密连接的数据接口。

2. 圈闭评价层

圈闭评价层包括三部分内容,即圈闭有效性评价、含油气性评价和圈闭综合评价。其中:① 圈闭有效性评价又包含资料可信度评价和圈闭形态评价两部分,前者可进行定量或半定量评价,后者一般只进行定量描述;② 含油气性评价包括定性地质评价、定量地质评价、资源量评价和重要参数研究等内容,这是圈闭评价的主要内容之一;③ 圈闭综合评价包括经济评价和排队优选等内容。

3. 钻前钻后评价层

钻前钻后评价层主要包括钻前准备和钻后评价两部分。前者包含圈闭精细描述和井位部署,以及钻探部署申报等内容;后者包含钻后评价、重新分类、圈闭调整以及储量评价参数和风险评价参数反馈等内容。

(四) 主要功能

最新的圈闭评价系统主要功能模块有:① 主控模块,包括主界面、主菜单、项目管理、数据库管理等功能,它是用户的主要操作平台,也是本系统的入口;② 圈闭可靠性评价模块,是圈闭有效性评价中的定量评价部分,主要是评价地震、测井等资料的可信度;③ 圈闭地质评价模块,包括评价标准制订,各种评价方法、评价模型的实现等功能,它提供了定量风险评价和地质评价的场所;④ 资源量估算模块,包括重要参数分布研究、蒙特卡罗算法、容积法等功能,它提供了"交互式"的参数研究、资源量计算等研究工具;⑤ 经济评价模块,在本系统中只提供与外部系统"经济评价与决策系统 EDSys1.1"的接口;⑥ 综合评价模块,包括评价模型设置、二因素和多因素综合评价与排队优选;⑦ 钻探效果分析模块,包括圈闭重新分类与调整以及储量评价参数和风险评价参数反馈等功能;⑧ 圈闭评价成果管理模块,包括报表管理、图册管理和各种圈闭评价及相关文档管理等功能(表 11 - 5)。

表 11 - 5 模块划分及子功能表

模块	模块子功能	备注
主控	① 项目管理 ② 基础数据中分类数据定义 ③ 基础数据编辑(分类定义及编辑) ④ 数据一致性匹配	管理功能界面风格同区带、经济评价一致;基础数据编辑界面风格类似于圈闭评价基础数据编辑
可靠性评价	① 地震、钻井、剖面总体定义 ② 可靠性分项定义 ③ 可靠性评价	界面风格类似于VB版圈闭评价,但是这次采用ExpressQuantumGrid来实现编辑,同时增加可靠、较可靠、不可靠分级标准
地质评价	① 地质评价参数模型(参数定义及量化) ② 地质评价设置与选项 ③ 风险概率法 ④ 加权平均法 ⑤ 模糊数学法 ⑥ 专家系统法 ⑦ 综合法 ⑧ 圈闭含油气性评价分类	在地质评价部分不在为构造与非构造建立独立的评价体系,舍弃原来的描述参数编码存储方式;地质打分参考区带评价
资源量估算	① 参数研究 ② 资源量参数编辑 ③ 单储系数法 ④ 容积法	数据编辑采用ExpressQuantumGrid控件
经济评价	① 简单的经济评价模型(如资源评价中) ② 与EDSys交互(参数、结果)	

模块	模块子功能	备注
综合评价	① 综合评价模型	模型选择置于一个窗口;各种选项设置放在同一窗口;其他与 VB 版圈闭评价相同
	② 综合评价设置(权重、归一化、分级标准等)	
	③ 二因素法	
	④ 多因素加权平均	
	⑤ 多因素系数定义	
	⑥ 多因素模糊评判	
钻探效果分析	① 钻探圈闭分类	
	② 圈闭调整	
	③ 信息反馈	
成果管理	① 报表	
	② 图册	
	③ 评价报告	

(五)推广应用情况

推广应用分为两个阶段。第一阶段,2002年以前的市场化或准市场化阶段,主要依据市场的需求,推广 TrapDES 1.0 和 TrapDES 1.5 产品,约推广 70 多套。第二阶段,2002 年以后的统一推广阶段,主要根据中国石油股份公司的要求,推广 TrapDES 2.0、TrapDES 2.5、TrapDES 3.0 产品,共推广 176 套,分两个轮次进行。

1. 2002 年之前 TrapDES 1.0 和 TrapDES 1.5 的推广成果

从 1998 年到 2001 年底,共推广 70 多套 TrapDES 1.0 和 TrapDES 1.5。应用单位达到 21 家,分别为大庆油田、吉林油田、辽河油田、大港油田、冀东油田、华北油田、南阳油田、中原油田、江苏油田、江汉油田、四川油田、胜利油田、塔里木油田、吐哈油田、克拉玛依油田、玉门油田、青海油田、北京石油勘探开发研究院、西北地质研究所、杭州地质所和广州南方石油勘探公司。

2. 第一轮统一推广成果(2002—2003 年)

该轮以分散培训和推广为主。为 6 个油田新升级(安装)20 套圈闭评价软件 TrapDES 2.0,8 次直接下油田为用户培训,共培训 45 人;为 14 个油田(单位)的新老合法用户提供维护与咨询服务;根据用户反馈的信息以及软件发展的需要,对软件进行了修改与完善,并释放了 2.5 版本。

3. 第二轮统一推广成果(2004—2008 年)

该轮以集中培训和推广为主。2005 年共举办了三期技术培训班,为 14 个油田(单位)培训了 138 人,共推广了 156 套软件系统(TrapDES 2.5 和 TrapDES 3.0)。为 14 个油田(单位)的合法用户提供维护与咨询服务;根据用户反馈的信息以及软件发展的需要,对软件进行了修改与完善。

二、区带评价系统 PlaySys1.8 介绍

PlaySys 是中国石油股份公司为做好三轮油气资源评价而研制的一套系统,该系统自 2001 年释放第一个版本以来,迄今已发展到 1.8 版本(图 11-14)。该软件作为中国石油第三轮油

气资源评价的主力评价软件,为中国石油的资源计算、有利区带优选起到了决定作用。该软件已推广到中国石油下属的 15 个二级单位,已有 50 多套软件正在科研生产中发挥作用。该软件作为"油气资源与目标评价"重大课题的一部分,在今后几年内将得到较大发展。

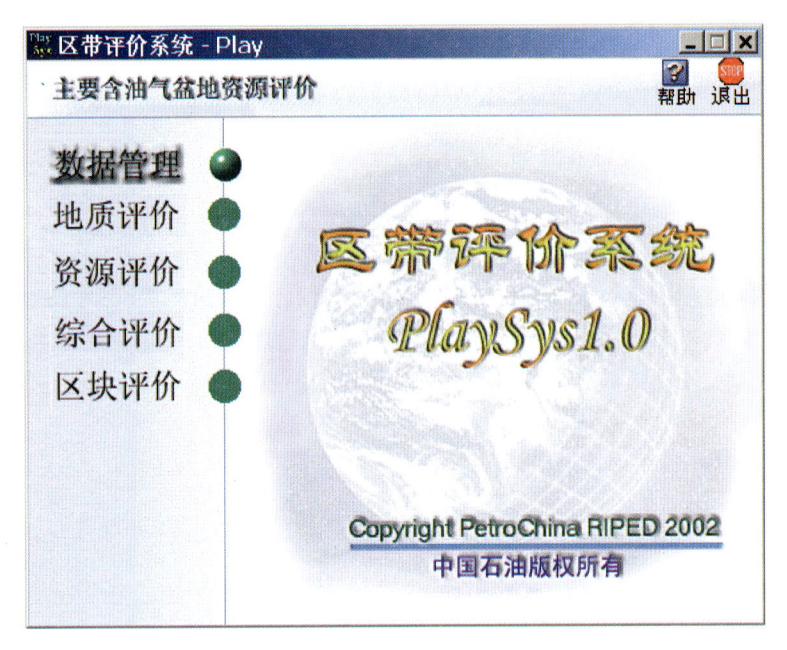

图 11-14　区带评价软件系统 PlaySys1.8 主界面

(一)主要功能

区带评价的任务是预测区带油气资源量及其分布,建立区带资源序列,优选勘探目标;评价内容包括区带划分、地质评价、资源量估算、经济评价、综合优选五部分。地质评价是区带资源评价的基础,资源量估算是核心。

1. 区带地质评价

区带地质评价采用国际上最通用的地质风险概率统计分析方法,对烃源、圈闭、储层、配套史、保存等五项成藏地质条件进行评价,并确定区带的地质风险和区带的地质评价结果——好、中、差。

2. 区带资源评价

资源量计算是区带评价的核心内容。PlaySys 系统共有四类资源量计算方法,它们分别为:统计法(包括油藏规模序列法与油藏发现序列法)、类比法(包括资源丰度法与远景圈闭数法)、目标评价法(即圈闭加和法)和成因法。根据方法的适用范围,把以上方法分为两类,即中低勘探程度与中高勘探程度。另外,为了对各种不同的计算方法进行科学的综合,PlaySys 系统还增加了特尔菲综合方法。本系统计算的资源包括地质资源和可采资源,为了更好地计算可采资源,本系统还增加了可采系数计算模块。本系统不仅可计算油的资源,而且能计算天然气的资源。

3. 区带综合优选

区带综合评价是建立在地质评价、资源量评价以及经济评价基础上的二因素综合评价。根据地质评价值的高低、油气资源当量的大小计算综合评价值,并按需要进行排队优选,指出最有利的勘探区带。

4. 区块评价

区块评价应当在盆地或含油气系统评价完成以后或者与之同时进行。国外通常不设区带评价级别，而直接进行区块评价。由于区带是地质单元，而区块是评价单元，因此区块评价是在区带评价基础上，采用资源分割方法求取区块资源量。当区块范围与区带一致或相近时，不再重复进行区块评价，而直接借鉴区带评价成果。区块评价的内容包括：区块成藏地质条件分析、区块远景资源量估算、区块经济评价及区块的综合评价与决策分析等。

(二) 参数与运行环境

1. 输入与输出参数

PlaySys 输入数据主要分为三大类：① 区带基础数据，包括名称、位置、类型等数据；② 区带五大成藏条件数据，即生、储、盖、圈、保等方面的数据；③ 油藏数据，如三级储量及其发现时间等数据。

PlaySys 输出数据包括区带地质评价结果数据、资源评价结果数据和区带综合优选数据等。

2. 软件语言、控件及数据库

PlaySys 主体是用 C++Builder 语言编写，个别算法用 Fortran77 语言编写。系统中除了应用 C++Builder 本身携带的控件外，还应用了 Tidestone(Formula one)、TeeChart 专业版、Olectra Chart6.0 等控件。这些控件将随安装盘一起安装到用户机器中。

PlaySys 大多数的数据访问与存储采用数据库管理方式，个别算法的中间数据采用文件管理方式。PlaySys 采用的数据库是最常用的 Microsoft Access，数据接口采用 ODBC 和 ADO 两种连接方式。

3. 运行环境

PlaySys 只能在 PC 机(包括便携机)上运行，不能在工作站上运行；操作系统为 Windows XP 专业版；显示器分辨率不低于 1024×768；内存不小于 1GB。

(三) 评价流程

区带评价工作一般要经过以下五个步骤：① 区带资料收集、分析与研究；② 区带划分、刻度区选择、刻度区研究等；③ 区带地质评价、资源量计算、经济评价；④ 区带综合评价、优选排队；⑤ 钻探与钻后评价(图 11-15)。

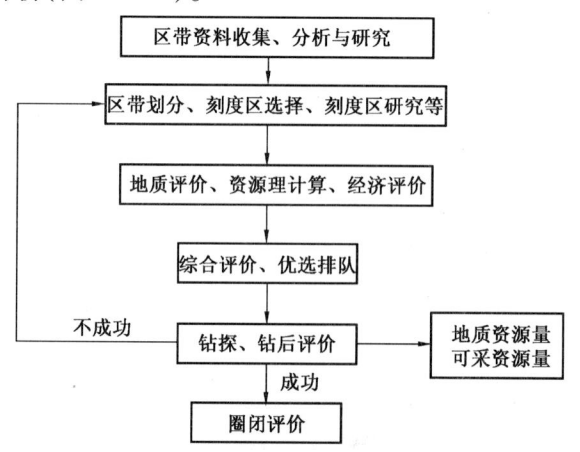

图 11-15 区带评价工作流程

(四)软件结构

区带评价系统包括4大功能模块,分别为区带数据库与图形库管理模块、评价模块、智能学习模块和区块评价模块(图11-16)。其中,数据管理模块是基础,也是进行实时动态评价的关键;评价模块是区带评价的核心,包括地质评价、资源计算、经济评价、综合评价、优选排队等内容;智能学习模块是区带评价初学者必不可少的"教师";区块评价模块是对区带评价的补充,它是建立在区带评价基础上的对地理区块评价的一种方法,它的评价对象可跨区带、不固定边界。

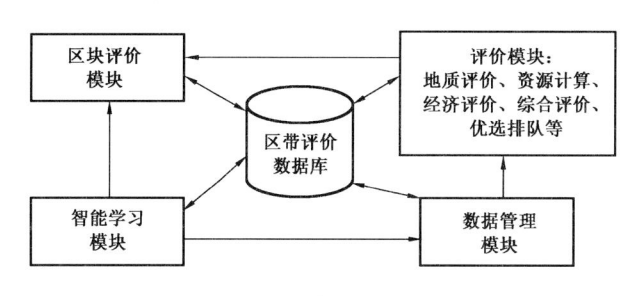

图11-16 区带评价系统总体结构

1. 数据管理模块

该模块负责管理区带基础数据、区带地质评价数据、区带资源量计算数据、区带经济评价数据、区带评价成果数据与图表,以及工程管理(图11-17)。

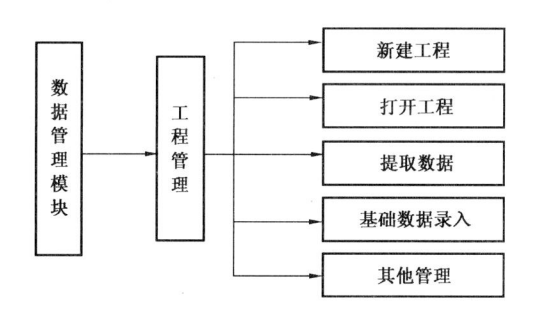

图11-17 数据管理模块

2. 智能学习模块

该模块提供区带评价的全方位知识,包括:① 区带评价定义等基础知识;② 区带划分及类型;③ 国内、外典型区带描述;④ 区带评价方法及实例;⑤ 在线学习与帮助系统等(图11-18)。

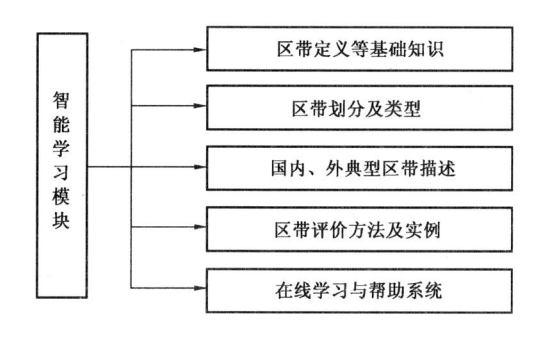

图11-18 智能学习模块

3. 评价模块

该模块是区带评价的核心,包括地质评价、资源计算、经济评价、综合评价、优选排队等内容(图11-19)。

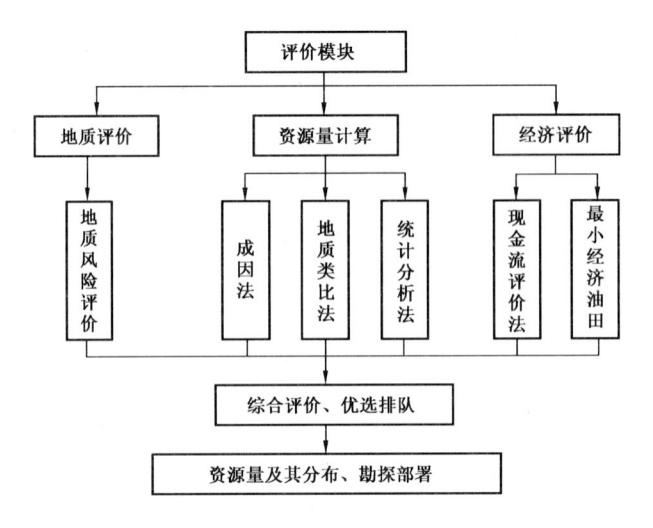

图 11-19 评价模块

4. 区块评价模块

区块评价应当在盆地或含油气系统评价完成以后或者与之同时进行。国外通常不设区带评价级别,而直接进行区块评价。由于区带是地质单元,而区块是评价单元,因此本次区块评价是在区带评价基础上,采用资源分割方法求取区块资源量。当区块范围与区带一致或相近时,不再重复进行区块评价,而直接借鉴区带评价成果。

区块评价的内容包括:区块成藏地质条件分析、区块远景资源量估算、区块经济评价及区块的综合评价与决策分析等。

中国陆上油气勘探目前正处在勘探目标战略转型时期,由以往的构造油气藏勘探为主转为构造和岩性地层油气藏勘探并重的新阶段,部分盆地已进入岩性地层油气藏勘探的新时代。相信随着岩性地层油气藏大规模工业化勘探的历史进程,其地质理论和勘探配套技术必将得到进一步的发展和完善。

本章所介绍的岩性地层油气藏区带、圈闭评价方法与技术,仍主要建立在2008年以前成果认识的基础上,还未能反映出近两年的最新研究进展。如最新关于"连续型"油气藏成藏机理和分布规律等认识(见第六章),已突破了传统的常规圈闭油气藏的概念,而更强调了油气不受孤立区带和圈闭控制的"连续型"分布。因此,对于"连续型"油气区的评价重点已转向空间分布边界、储量规模预测和富集区块优选上,而不再以优选区带、评价圈闭、落实目标为重点。"连续型"油气藏形成理论和评价方法技术将逐渐成为研究热点,将对我国致密砂岩油气、页岩油气、煤层气等非常规油气藏勘探起到有力推动和促进作用。

参 考 文 献

白新华.1999.浅析断裂活动对火山岩油气藏形成的控制作用.特种油气藏,6(1):6~9

操应长,姜在兴,邱隆伟.1999.山东惠民凹陷741块火成岩油藏储集空间类型及其形成机理探讨.岩石学报,15(1):129~136

查全衡,何文渊.2003.试论"低品位"油气资源.石油勘探与开发,30(6):5~7

陈冬霞,庞雄奇,邱楠生等.2004.砂岩透镜体成藏机理.地球科学——中国地质大学学报,29(4):483~488

陈书平,张一伟,汤良杰等.2001.准噶尔晚石炭世—二叠纪前陆盆地的演化.石油大学学报(自然科学版),25(5):11~15

陈章明,张云峰,韩有信等.1998.凸镜状砂体聚油模拟实验及其机理分析.石油实验地质,20(2):166~170

迟元林,萧德铭,殷进垠.2000.松辽盆地三肇地区上生下储"注入式"成藏机制.地质学报,74(4):371~377

戴金星等.1992.大中型气田发育的气聚集带特征.见:天然气地质研究.北京:石油工业出版社,1~7

戴金星,倪云燕,周庆华等.2008.中国天然气地质与地球化学研究对天然气工业的重要意义.石油勘探与开发,35(5):513~525

戴金星,王庭斌,宋岩等.1997.中国大中型天然气田形成条件与分布规律.北京:地质出版社,184~237

戴金星.1983.向斜中的油、气藏.石油学报,4(4):27~30

戴金星.2007.中国煤成气潜在区.石油勘探与开发,34(6):641~645,663

戴金星,邹才能,陶示振等.2007.中国大气田形成条件和主控因素.天然气地球科学,18(4):473~484

冯增昭.1993.沉积岩石学(第二版,下册).北京:石油工业出版社

冯增昭,王英华,沙庆安,王德发.1994.中国沉积学.北京:石油工业出版社

傅广,张云峰,杜春国.2002.松辽盆地北部岩性油藏形成机制及主控因素.石油勘探与开发,29(5):22~24

高瑞祺,赵政璋.2001.中国油气新区勘探(Ⅲ):渤海湾盆地隐蔽油气藏勘探.北京:石油工业出版社

高先志等.2007.辽河西部凹陷兴隆台高潜山内幕油气藏形成条件和成藏特征.中国石油大学学报,31(6):6~9

高先志,庞雄奇,李晓光.2008.断陷盆地潜山构造带油气复式成藏特征及油气藏系列——以辽河西部凹陷兴隆台构造带为例.中国科学(D辑),38:95~102

古莉,于兴河,李胜利,徐安娜,朱怡翔,田昌炳.2004.低效气藏地质特点和成因探讨.石油与天然气地质,25(5):577~581

顾家裕等.1994.沉积相与油气.北京:石油工业出版社

郭元岭.2006.济阳坳陷地层油藏勘探实践分析.石油勘探与开发,44(3):432~436

何登发,尹成,杜社宽等.2004.前陆冲断带构造分段特征——以准噶尔盆地西北缘断裂构造带为例.地学前缘,11(3):91~101

何国貌,张峰,王文霞.2004.三塘湖盆地火山岩油气藏特征及有利成藏条件.吐哈油气,9(4):309~312

侯明才,田景春,陈洪德,陈学华,肖焕钦,邱桂强,贾光华.2002.东营凹陷牛庄洼陷沙三中段冲积扇特征研究.成都理工学院学报,29(5):506~510

侯连华等.2009.老油气精细勘探潜力与方法技术.30(1):108~115

黄玉龙,王璞珺,冯志强等.2007.松辽盆地改造残留的古火山机构与现代火山机构的类比分析.吉林大学学报(自然科学版),37(1):65~72

贾承造,赵文智,邹才能等.2007.岩性地层油气藏地质理论与勘探技术.石油勘探与开发,34(3):257~272

贾承造,赵政璋,杜金虎等.2008.中国石油重点勘探领域——地质认识、核心技术、勘探成效及勘探方向.石油勘探与开发,35(4):385~396

焦养泉,李思田.1998.碎屑岩储层物性非均质性的层次结构.石油与天然气地质,19(2):89~92

解宏伟等.2008.准噶尔盆地东部石炭系火山岩成藏条件.特种油气藏,15(3):29~34

匡立春,吕焕通,齐雪峰等.2005.准噶尔盆地岩性油气藏勘探成果和方向.石油勘探与开发,32(6):32~37

匡立春,薛新克,邹才能,侯连华.2007.火山岩岩性地层油藏成藏条件与富集规律——以准噶尔盆地克—百

断裂带上盘石炭系为例.石油勘探与开发,34(3):285~290

李长宝.2007.车镇凹陷不整合特征及地层油气藏形成模式.石油地质与工程,21(5):17~19

李淳,康仁华.1999.济阳坳陷罗151块火成岩储集空间成因类型.地质论评,45(增刊):599~604

李国玉.2003.世界石油地质.北京:石油工业出版社

李虎山,吴云桐,吕义军,王萍,王岩.2003.牛庄地区沙三段远岸浊积扇发育及分布规律.油气地质与采收率,10(2):11~13

李明忠,李云伟,耿绍宇,袁庆文.2007.东营凹陷南斜坡地层油藏成藏条件及分布规律.内蒙古石油化工,12:356

李丕龙,庞雄奇.2004.陆相断陷盆地隐蔽油气藏形成——以济阳坳陷为例.北京:石油工业出版社

李嵘.2001.准噶尔盆地西北缘二叠系储层特征及分类.石油与天然气地质,22(1):78~87

李新景,胡素云,程克明.2007.北美裂缝性页岩气勘探开发的启示.石油勘探与开发,34(4):392~400

HG 里丁.1986.沉积环境和相.北京:科学出版社

林景晔,门广田,黄薇.2004.砂岩透镜体岩性油气藏成藏机理与成藏模式探讨.大庆石油地质与开发,23(2):5~7

刘宝珺主编.1980.沉积岩石学.北京:地质出版社

刘传虎等.2008.准噶尔盆地地层油气藏主控因素及勘探方向.新疆石油地质,29(2):147~151

刘诗文.2001.辽河断陷盆地火山岩油气藏特征及有利成藏条件分析.特种油气藏,8(3):6~10

刘雯林.1996.油气田开发地震技术.北京:石油工业出版社

陆邦干主编.1989.中国典型地震剖面图集.北京:石油工业出版社

罗静兰,曲志浩,孙卫等.1996.风化店火山岩相、储集性与油气的关系.石油学报,17(1):32~39

罗垚.2007.马朗凹陷火山岩储层特征描述.吐哈油气,12(1):16~19

马乾,鄂俊杰,李文华等.2000.黄骅坳陷北堡地区深层火成岩储层评价.石油与天然气地质,21(4):340~344

穆龙新,贾爱林,陈亮,黄石岩.2000.储层精细研究方法.北京:石油工业出版社

牛嘉玉,张映红,袁选俊等.2003.中国东部中、新生代火成岩石油地质研究、油藏勘探前景及面临问题.特种油气藏,10(1):7~12

牛善政,庞家黎.1994.周1井二叠系玄武岩储层评价.天然气工业,14(5):20~23

奇林格等.1978.沉积岩的进展,碳酸盐岩.北京:石油化学工业出版社

钱宝娟.2007.兴隆台古潜山储层特征及成藏条件研究.特种油气藏,1(5):35~39

钱峥.1999.济阳坳陷罗151块火成岩油藏储集层概念模型.石油勘探与开发,26(6):72~74,94

裘亦楠,薛叔浩,应凤祥.1997.中国陆相油气储集层.北京:石油工业出版社

裘怿楠,薛叔浩等.1994.油气储层评价技术.北京:石油工业出版社

石砥石.2005.济阳坳陷太平油田网毯式油气成藏体系研究.成都理工大学学报(自然科学版),32(6):592~596

宋国奇.2007.陆相断陷盆地断—拗转换体系与地层超覆油藏"T-S"控藏模式——以济阳坳陷第三系为例.地质学报,81(9):1208~1214

隋风贵,王学军,卓勤功等.2007.陆相断陷盆地地层油藏勘探现状与研究方向——以济阳坳陷为例.油气地质与采收率,14(1):1~7

隋风贵,李训海.1996.东营凹陷北带下第三系砂砾岩体沉积特征与油气聚集.复式油气田,7(3):45~50

唐建仁,刘金平,谢春来等.2001.松辽盆地北部徐家围子断陷的火山岩分布及成藏规律.石油地球物理勘探,36(3):345~351

陶奎元,毛建仁,邢光福等.1999.中国东部燕山期火山—岩浆大爆发.矿床地质,20(4):27~35

陶奎元,杨祝良,王力波等.1998.苏北闵桥玄武岩储油的地质模型.地球科学——中国地质大学学报,23(3):272~276

田昌炳,罗凯,朱怡翔.2004.低效气藏资源特征及高效开发战略思考.天然气工业,24(1):4~6

田昌炳,于兴河,徐安娜,朱怡翔.2003.我国低效气藏的地质特征及其成因特点.石油实验地质,25(3):235~238

王德发,孙永传,郑浚茂.1987.黄骅拗陷第三系沉积相及沉积环境.北京:地质出版社
王广利,朱日房,陈致林等.2001.义和庄凸起及其北部斜坡带油气运聚研究.油气地质与采收率,8(4):12~14
王化爱,高永进,张建忠,张宇.2004.王庄地区地层油气藏形成条件及分布规律.特种油气藏,11(5):27~30
王惠民,靳涛,杨红霞.2005.银根盆地查干凹陷火成岩岩相特征及其识别标志.新疆石油地质,26(3):249~254
王捷,关德范.1999.油气生成运移聚集模型研究.北京:石油工业出版社
王捷.1984.关于济阳坳陷地层油藏的讨论.大庆石油地质与开发,3(1):107~117
王金琪.1993.超致密砂岩含气问题.石油与天然气地质,14(3):169~179
王金琪.2000.中国大型致密砂岩含气区展望.天然气工业,20(1):10~15
王绪龙,康素芳.1999.准噶尔盆地腹部及斜坡区原油成因分析.新疆石油地质,42(2):108~112
王绪龙.1996.准噶尔盆地石炭系的生油问题.新疆石油地质,17(3):230~233
王英民,刘豪,王媛.2002.准噶尔盆地侏罗系非构造圈闭的勘探前景.石油勘探与开发,29(1):44~47
王永诗等.2006.济阳坳陷新近系地层油藏特征.油气地质与采收率,13(1):44~47
王屹涛,蒋少斌.1998.准噶尔盆地西北缘稠油分布的地质规律及成因探讨.石油勘探与开发,25(5):18~20
王志欣,赵澄林,刘孟慧.1991.阿北油田火山岩岩相及其储集性能.石油大学学报(自然科学版),15(3):15~21
蔚远江,张义杰,董大忠等.2006.准噶尔盆地天然气勘探现状及勘探对策.石油勘探与开发.33(3):267~273
吴崇筠.1983.构造湖盆三角洲与油气分布.沉积学报.1(1):5~26
吴崇筠,薛叔浩等.1992.中国含油气盆地沉积学.北京:石油工业出版社
熊琦华,吴胜和,魏新善.1998.三塘湖盆地二叠系火成岩储集特征及储层发育的控制因素.石油实验地质,
    20(2):129~134
熊伟,闵伟,尚冰等.2007.济阳坳陷地层型油气藏成藏模式.地球科学,32(2):219~226
肖乾华等.2003.辽河东部凹陷北部不整合类型及油气成藏规律.石油勘探与开发,30(2):43~45
徐兴友.2005.准噶尔盆地东部克拉美丽地区石炭系烃源岩研究.油气地质与采收率,12(1):38~42
薛良清.1993.利用测井资料进行成因地层层序分析的原则与方法.石油勘探与开发,20(1):33~38
薛叔浩.1989.中国中新生代陆相盆地类型特征及其含油气潜力.见:含油气盆地沉积相与油气分布.北
    京:石油工业出版社
薛叔浩,刘雯林,薛良清,袁选俊.2002.湖盆沉积地质与油气勘探.北京:石油工业出版社
薛叔浩,应凤祥.1991.陆相盆地沉积相和储层.见:陆相盆地石油地质理论与实践.北京:石油工业出版社
闫春德,俞惠隆,余芳权等.1996.江汉盆地火山岩气孔发育规律及其储集性能.江汉石油学院学报,18(2):1~6
杨斌,严志民,尤绮妹等.2002.准噶尔盆地东部石炭系原油地球化学特征.新疆石油地质,23(6):478~481
杨金龙,罗静兰,何发歧等.2004.塔河地区二叠系火山岩储集层特征.石油勘探与开发,31(4):44~47
杨懋新.2002.松辽盆地断陷期火山岩的形成及成藏条件.大庆石油地质与开发,21(5):15~23
杨瑞麒.1989.准噶尔盆地西北缘稠油油藏地质特征及成因分析.新疆石油地质,10(1):55~60
应凤祥,罗平,何东博著.2004.中国含油气盆地碎屑岩储集层成岩作用与成岩数值模拟.北京:石油工业出
    版社,224~238
于兴河.2002.碎屑岩系油气储层沉积学.北京:石油工业出版社
于英太.1988.二连盆地火山岩油藏勘探前景.石油勘探与开发,15(4):9~19
余淳梅,郑建平,唐勇等.2004.准噶尔盆地五彩湾凹陷基底火山岩储集性能及影响因素.地球科学——中国
    地质大学学报,29(3):303~308
袁选俊,薛良清.2003.坳陷型湖盆层序地层特征与隐蔽油气藏勘探——以松辽盆地为例,石油学报,24
    (3):11~15
袁选俊,薛叔浩,王克玉.1994.南堡凹陷第三系沉积特征及层序地层学研究.石油勘探与开发,21(4):87~94
曾溅辉,郑和荣,王宁.1998.东营凹陷岩性油气藏成藏动力学特征.石油与天然气地质,19(4):326~329
张金川,徐波,聂海宽等.2008.中国页岩气资源勘探潜力.天然气工业,28(6):136~140
张抗.2002.对中国天然气可采资源量的讨论.天然气工业,22(6):6~9

张抗.2004.世界巨型天然气田近十年的变化分析.天然气工业,24(6):127~130

张明洁,杨品.2000.准噶尔盆地石炭系(油)气藏特征及成藏条件分析.新疆石油学院学报,12(2):8~13

张善文,王永诗,石砥石等.2003.网毯式油气成藏体系——以济阳坳陷为例.石油勘探与开发,30(1):1~10

张云峰.2001.源岩内岩性油气藏形成的模拟实验及机理分析.实验室研究与探索,20(2):103~106

张子枢.1990.世界大气田概论.北京:石油工业出版社

赵白.1992.准噶尔盆地的基底性质.新疆石油地质,13(2):95~99

赵文智,胡素云,董大忠等.2007."十五"期间中国油气勘探进展及未来重点勘探领域.石油勘探与开发,34(5):513~520

赵文智,邹才能,汪泽成等.2004.富油气凹陷"满凹含油"论——内涵与意义.石油勘探与开发,31(2):5~13

郑常青,王璞珺,刘杰等.2007.松辽盆地白垩系火山岩类型与鉴别特征.大庆石油地质,26(4):9~18

周方喜.2003.非线性大变形方法在金湖凹陷闵7块火山岩裂缝预测中的应用.油气地质与采收率,10(1):12~13

周荔,雷一心.2001.中国主要陆相含油气盆地油气田规模特征.中国石油勘探,6(2):8~15

卓勤功,邱以钢,郝雪峰等.2003.岩性油藏聚油排水机理探讨.石油勘探与开发,30(6):127~128

邹才能,池英柳,李明,薛叔浩.2004.陆相层序地层学分析技术:油气勘探工业化应用指南.北京:石油工业出版社,192~199

邹才能,贾承造,赵文智等.2005.松辽盆地南部岩性—地层油气藏成藏动力和分布规律.石油勘探与开发,32(4):125~130

邹才能,陶士振.2007.大油气区的内涵、分类、形成和分布.石油勘探与开发,34(1):5~12

邹才能,陶士振,谷志东.2006.低丰度大型岩性油气田形成条件和分布规律.地质学报,80(11):1739~1751

邹才能,陶士振,薛叔浩.2005."相控论"的内涵及其勘探意义.石油勘探与开发,32(6):7~12

邹才能,陶士振,袁选俊等.2009.连续型油气藏形成条件与分布特征.石油学报,30(3):324~331

邹才能,陶士振,朱如凯等.2009.连续型气藏及其大气区形成机制与分布——以四川盆地上三叠统须家河组煤系大气区为例.石油勘探与开发,36(3):307~319

邹才能,赵文智,贾承造等.2008.中国沉积盆地火山岩油气藏形成与分布.石油勘探与开发,35(3):257~271.

Bowker K A. 2007. Barnett Shale gas production, Fort Worth Basin: Issues and discussion. AAPG Bulletin, 91(4): 523~533

Brown A. 2000. Evaluation of possible gas microseepage mechanisms. AAPG Bulletin, 84(11): 1775~1789

Chapman R E. 1982. Effects of oil and gas accumulation on water movement. AAPG Bull., 66(3):368~374

Collett T S. 2002. Energy resource potential of natural gas hydrates. AAPG Bulletin, 86(11): 1971~1992

Cordell R J. 1977. How oil migrates in clastic sediments. World Oil(Part 3), 184(1):97~100

Curtis J B, Montgomery S L. 2002. Recoverable natural gas resource of the United States: Summary of recent estimates. AAPG Bulletin, 86(10): 1671~1678

Dai Jianchun, Niranjan B, Diana G, et al. 2008. Exploration for gas hydrates in the deepwater, northern Gulf of Mexico: Part II, Model validation by drilling. Marine and Petroleum Geology, 25(9): 845~859

Eaton S R. 2006. Coalbed gas frontier being tapped. Explorer, 12: 20~24

Galloway W E. 1989. Genetic stratigraphic sequences in basin analysis I: architecture and genesis of flooding – surface bounded depositional units. AAPG Bulletin, 73(2):125~142

Galloway W E. 1989. Genetic stratigraphic sequences in basin analysis II: application to northwest Gulf of Mexico Cenozoic basin. AAPG Bulletin, 73(2):143~154

Garcia – Garcia A, Orange D, Lorenson T et al. 2008. Reply to comments by Mastalerz V on "Shallow gas off the Rhone prodelta, Gulf of Lions" Marine Geology 234(215~231). Marine Geology, 248(1~2): 118~121

Garcia – Garcia A, Orange D, Lorenson T et al. 2006. Shallow gas off the Rhone prodelta, Gulf of Lions. Marine Geology, 234(1/4): 215~231

Gautier D L, Mast R F. 1995. US geological survey methodology for the 1995 national assessment. AAPG Bulletin, 78(1): 1~10

Greg Partyka et al. 1999. Interpretational application of spectral decomposition in reservoir characterization. The Leading Edge, 3

Hill R G, Zhang Etuan, Katz B J et al. 2007. Modeling of gas generation from the Barnett Shale, Fort Worth Basin, Texas. AAPG Bulletin, 91(4): 501~521

Hubbert M K. 1953. Entrapment of petroleum under hydrodynamic conditions. AAPG Bull., 37(6):1954~2026

Khataniar S. 1992. The effect of reservoir heterogeneity on the performance of unstable displacements. Pet Sci Eng, 7(3,4): 263~281

Kvenvolden K. 1988. Methane hydrates and global climate. Global Biochemical Cysles, 2: 221~229

Law B E. 2002. Basin – centered gas systems. AAPG Bulletin, 86(11): 1891~1919

Mohr S H, Evans G M. 2007. Model proposed for world conventional, unconventional gas. Oil & Gas Journal, 105(47): 46~50

Nick S. 2008. Study: US unconventional gas resources underestimated. Oil & Gas Journal, 106(29): 30~31

Orange D, Garcia – Garcia A, Lorenson T et al. 2005. Shallow gas and flood deposition on the Po Delta. Marine Geology, 222~223: 159~177

Petzet G A. 2008. UGI: Unconventional gas wealth seen in world's basins. Oil & Gas Journal, 106(37): 38~39

Posamentier H W. 2002. Ancient shelf ridges – a potentially significant component of the transgressive systems tract: case study from offshore northwest Java. AAPG Bulletin, 86(1): 75~106

Sant'Anna L G, Clauer N, Cordani U G et al. 2006. Origin and migration timing of hydrothermal fluids in sedimentary rocks of the Paraná Basin, South America. Chemical Geology, 23: 1~21

Schmoker J W. 1995. National assessment report of USA oil and gas resources [DB/CD]. Reston: USGS

Schmoker J W. 2002. Resource – assessment perspectives for unconventional gas systems. AAPG Bulletin, 86(11): 1993~1999

Shanley K W, Cluff R M, Robinson J W. 2004. Factors controlling prolific gas production from low – permeability sandstone reservoirs. AAPG Bulletin, 88(8): 1083~1121

Shanmugam G, Zimbrick G. 1996. Sandy slump and sandy debris flow facies in the Pliocene and Plaistocene of the Gulf of Mexico: Implications for submarine fan models. Proceedings of American Association of Petroleum Geologists International Congress and Exhibition, Caracas, Venezuela. Tulsa: AAPG, A45

Shurr G W, Ridgley J L. 2002. Unconventional shallow biogenic gas systems. AAPG Bulletin, 86(11): 1939~1969

Sweet M I, Blewden C J, Certer A M, Mills C A. 1996. Modeling heterogeneity in a low permeability gas reservoir using geostatistical techniques, Hyde field, southern North Sea. AAPGBulletin, 80(11):1719~1735

Tissot B P & Welte D H., 1984. Petroleum Formation and Occurrence (Second Edition), Springer – Verlag, Berlin, Heideberg, New York, Tokyo, 12~46

Van wagoner J C et al. 1988. An overview of the fundamentals of sequence stratigraphy and key definitions. SEPM Special Publication 42:39~45

Van Wagoner J C et al. 1990. Siliciclastic sequence stratigraphy in well logs, cores and outcrops: concepts for high – resolution correlation of time and facies. AAPG Methods in Exploration Series 7

Zou Caineng, Zhao Wenzhi, Jia Chengzao et al. 2008. Formation and distribution of volcanic hydrocarbon reservoirs in sedimentary basins of China. Petroleum Exploration and Development, 35(3): 257~271